KB055940

진화론 통사

The history of evolutionism

진화론 통사
The history of evolutionism

펴 낸 날 2015년 9월 23일

지 은 이   김종태
펴 낸 이   최지숙
편집주간   이기성
편집팀장   이윤숙
기획편집   박경진, 윤은지, 주민경
표지디자인   박경진
책임마케팅 임경수
펴 낸 곳   도서출판 생각나눔
출판등록   제 2008-000008호
주   소   서울 마포구 동교로 18길 41, 한경빌딩 2층
전   화   02-325-5100
팩   스   02-325-5101
홈페이지   www.생각나눔.kr
이 메 일   webmaster@think-book.com

• 책값은 표지 뒷면에 표기되어 있습니다.
  ISBN 978-89-6489-509-2 03400

• 이 도서의 국립중앙도서관 출판 시 도서목록(CIP)은 서지정보유통지원시스템 홈페이지
  (http://seoji.nl.go.kr)와 국가자료공동목록시스템(http://www.nl.go.kr/kolisnet)에서
  이용하실 수 있습니다(CIP제어번호: CIP2015024552).

Copyright ⓒ 2015 by 김종태, All rights reserved.
· 이 책은 저작권법에 따라 보호받는 저작물이므로 무단전재와 복제를 금지합니다.
· 잘못된 책은 구입하신 곳에서 바꾸어 드립니다.

진화론 통사

The history of evolutionism

김종태 지음

'관조적인 유물론자의 시선으로 바라본 진화론'

이제, 무지의 안개로 덮여 있던 아득한 고대로 돌아가서,
스로 미몽에서 벗어나고자 진화론의 햇불을 들어 올렸던 선각자들의 발자취를 더듬어 보는 일부터 시작해보고자 한다.

생각나눔

『종의 기원』이 발표된 후, 그에 대한 종교계의 반응은 둘로 나뉘었다. 유기세계에서의 설계 또는 목적을 부정하는 '순전한 가설'에 불과하다는 냉소와 이성적 종교는 과학을 의식할 필요가 없다는, 이른바 '겹치지 않는 교도권'을 주장하는 외면이 그것이었다. 이런 반응들은 그 전에 있었던, 신성에 대한 과학자들의 도전에서도 흔히 나타났던 것이었으며, 어느 쪽이든 크게 동요하는 분위기는 아니었다.

그러나 1871년에 『인간의 조상』이 출간되자 분위기가 고조되기 시작했다. 『종의 기원』에서 다소 모호하게 표현했던 인간의 기원 역시 진화론의 틀에서 벗어나지 않음을 다윈이 분명하게 기술했기 때문이다. 다윈의 주장이 사실이라면, 신의 존재와 영혼의 불멸은 무의미하거나 불가능한 것이 되고, 그리되면 가톨릭 교인들은 잘못된 신앙 속에 사는 게 된다.

이런 모욕감은 다윈의 책이 출간된 영국보다는 미국의 학자들이 더욱 참아내기 힘들어했다. 예일, 프린스턴, 윌리엄스, 브라운 대학 총장들은 '근거 없는 추측'을 가르치길 거부했고, 신학자들은 다윈의 '신성모독'을 공격했다.

그렇지만 이미 타오른 다위니즘의 불길은 쉽게 잦아들지 않았다. 문명 세계 전역으로 들불처럼 번져나갔다. 한 학자의 주장이 이렇게 전 세계적인 파문을 일으킨 적은 일찍이 없었다. 급작스럽고 과격한 파문을 일으켰기에 과장과 왜곡이 혼재되어 있기는 했지만, 그 폭발적인 붐은 다윈조차 예상치 못한 것이었다.

다윈니즘은 거침없이 나아가면서, 고대에서부터 내려오던 생기론과 하나님을 등에 업고 있던 창조론을 제압한 것은 물론이고, 다윈니즘의 조력세력이었던 라마르크주의마저 제거해버렸다. 물론, 그러는 동안 가톨릭이 주축인 대척 세력의 반격이 없었던 건 아니다. 그러나 무기와 전략이 너무 구식이었다. 그들이 무기로 삼았던, 기적의 강조, 신성모독에 대한 하나님의 단죄, 사후 내세의 응징 등은 진화론자들에게 거의 위협이 되지 못했다. 그리고 성서의 문자에 집착하는 근본주의자들의 독설, 성모 마리아 현신과 파티마 예언 등을 가톨릭 도그마에 편입시킨 행위 등은 도리어 과학자들의 냉소 거리가 되었다.

이런 식의 논쟁에서는 과학자들이 주축인 진화론 진영이 유리할 수밖에 없다. 가톨릭은 어차피 주장의 근거를 성경에서 찾을 수밖에 없지만, 과학자들은 『종의 기원』에서 분화되고 진화된, 수많은 이론을 다양하게 쓸 수 있기 때문이다. 이런 한계 상황을 인식한 창조론자들은 20세기 중반부터 창조론을 성경적 창조론(biblical creationism)과 과학적 창조론(scientific creationism)으로 구분하여, 논쟁의 대상과 상황에 맞추어 대처하기 시작했으며, 그로 인해서 논쟁은 더욱 격화되었다.

이런 종류의 논쟁이 지속될 경우에, 그 폐해는 논란의 당사자보다는 진영 밖에 있는 대중들에게 더 많이 돌아간다. 창조론이나 진화론 중 어느 하나만으로는 진정한 위안을 얻을 수 없는 대중들이기에, 논쟁이 가중될수록 혼란이 깊어질 수밖에 없다.

그렇지만 논쟁의 당사자들은 이런 현실을 백안시한 채 진영논리 속에서 상대에 대한 비판에만 열을 올리고 있는 게 현실이다. 정말 무책임한 처사다. 이런 상황이 장기간 지속되면 극단적인 상황이 벌어질 수도 있다. 양측의 대립에 환멸을 느낀 대중들이 과학적 결론의 신뢰성이나 종교의 가치를 모두 부정하고, 비과학적 사고, 천박한 영성, 존재 가치에 대한 무관심에 빠지는 상황이 도래할지도 모른다. 아직 이런 극단적인 상황이 벌어지고 있지는 않지만, 소모적 논쟁에 대중들이 환멸을 느끼고 있는 건 틀림없는 것 같다.

현실 상황이 이렇게 막막할 경우에, 우리는 습관적으로 과거를 되돌아보며, 현안과 관련된 과거 역사와 논쟁의 기반을 되짚어보게 된다. 이 논쟁에 대해서도 그런 시도를 해보면, 대중들이 희생을 감수할 만큼 양측의 대립이 필요불가결한 것이고, 양보할 수 없을 만큼 절대적인 논리의 기반을 가지고 있는 것인지, 그리고 다윈 시대 이전에는 이와 유사한 논쟁이 없었는지 등의 의문들이 자연스럽게 부각된다.

그리고 이런 의문들을 추적해 가다 보면, 놀라운 사실들을 발견하게 된다. 창조론과 진화론 사이의 논쟁 역사가 상상을 초월할 정도로 오래됐으며, 그에 비해 그 논란의 기반이 아주 허약하다는 사실을 알게 된다. 다시 말하면, 다윈 이전에도 현재와 유사한 논쟁이 무수히 있어 왔지만, 그렇게 오랫동안 요란을 떨 만큼 논리의 기반이 단단하지 않고 실체적이지도 않다는 뜻이다.

우리가 일반적으로 알고 있는 진화론과 창조론 사이의 논쟁의 시발은 거의 오해에 가깝다. 그러니까, 원래는 자연과 성서가 신(神) 이해의 두 인식론적 지평이었는데, 종교개혁 후에 자연은 신적 지평을 상실하게 되었고, 성서만이 하나님 계시의 통로로 인식될 수 있게 되었으며, 17~18세기 계몽주의 사조가 이런 식의 이원적 분리를 심화시켜서, 진화론과 창조론 간의 19세기적 갈등을 유발했다는 것은 지극히 단편적인 역사에 불과하다. 진화론과 창조론 사이의 갈등은 예수가 태어나기 전, 그러니까 기독교가 생기기 전부터 있었다.

창세기가 쓰이기 전에 이미 광의의 창조론이라고 할 수 있는 우주 목적론이 중동지역의 중요한 철학들의 중심이론으로 자리 잡고 있었다. 그리고 이런 사조의 대칭점에 있는 유물론 역시 당시에 이미 존재했었고, 에피쿠로스나 레온티온에 의해 널리 전파되었는데, 그 속에는 다위니즘과 유사한 원시 진화론이 이미 담겨 있었다. 그러니까『종의 기원』이 세상에 나온 후에 진화론과 창조론 사이의 논쟁이 발발하게 됐다는 견해는 근시안적인 것이라고 할 수 있다.

이런 역사의 진면목을 제대로 파악하는 것은 중요한 일이라고 생각한다. 그래야 이론의 실체를 확실히 알 수 있고, 더불어 논쟁의 본질을 관통할 수 있는 시선을 갖게 될 것이다. 그리고 이것은 이 책을 쓰게 된 이유이기도 하다.

책의 내용은 까마득히 잊혀가는 진화론의 과거사를 되살려내어 현재의 이론과 잇고, 나아가 진화론의 미래 행로를 예측해보는 것이다. 유물론적 입장에서 진화론의 변화를 시대별로 전개하긴 했지만, 고대, 중세, 근대, 현대 등으로 엄밀하게 구분하진 않았다. 사조의 흐름이 일반 역사의 흐름과 불일치하였고, 시대적 부침이 너무 심해서 그런 서술이 불가능했다. 다행히 확실한 역사의 축이 될 만한 사건과 인물이 있어 객관적인 서술의 기준은 마련할 수 있었다.

진화론 역사의 축으로 삼은 대표적 인물은『만물의 본성에 대하여 (De rerum natura)』를 쓴 고대의 에피쿠로스와『종의 기원』을 쓴 현대의 다윈이다. 에피쿠로스는 신의 미몽에 빠져 있던 인간들을 일깨우고자 유물론을 설파한 학자이고, 다윈은 그 유물론을 생물학적으로 재해석하여 현대적 의미의 진화론을 설파한 학자다.

두 사람 사이에 다양한 유물론적 세계관이 있었지만, 세상의 생멸과 변화를 우연의 관점에서 보는 기본적인 가치관은 그대로 유지되어 왔다. 그리고 그런 스탠스는 현재에도 유지되고 있다. 다윈이 생물학 분야에 그 원리를 구체적으로 적용하기 시작한 이후, 다양한 아이디어들이 집속되어, 혹자들은 현재의 진화론이 다윈의 주장과는 전혀 다르게 변했다고 주장하기도 하지만, 그건 지나친 역설이다. 다위니즘에 다양한 재해석이 가해지고 보강된 것도 사실이나 유물론적 뿌리는 그대로 유지되고 있기 때문이다.

이 사실을 확인하기 위해서 진화론을 미시세계로 확장해보기도 했고, 진화론의 한계상황에 대한 논의들도 검토해봤다. 물론, 이렇게 다양한 시각으로 진화론을 조망한 것은, 분자생물학과 유전자 공학 등의 발달에서 비롯된 불가피한 선택이기도 했다. 그리고 책의 뒷부분에 진화의 미래상을 담았는데 그 이유는 생물의 진화 자체가 결정적인 변곡점에 이르렀다고 여겼기 때문이다. 자연 위에 구축된 수많은 인공시스템과 문명의 도구들이 진화의 근본 원리인 자연선택의 기작을 봉쇄할 수 있는 수준에 다다른 것 같기에, 이런 시점에 진화의 미래상을 그리는 일은 시대적 소명일 수도 있다.

아무튼, 고대의 진화이론에서부터 미래의 진화전망까지 최대한 객관적으로 그려보기 위해서, 관조적인 유물론자의 시선으로 진화론을 바라보았다. 사실, 진화론의 핵심은, 우주 만물이 오랜 기간의 시행착오를 거치며 우연히 만들어졌다고 주장하는 자연주의적인 사고체계이며, 물질로부터 만물이 유래되었다고 믿는 유물주의적 신앙임은 기지의 사실이다. 이러한 유물론이 사회과학의 형태로 나타난 것이 마르크시즘(Marxism)이며, 자연과학으로 나타난 것이 진화론(evolution theory)이기에, 진화론의 뿌리부터 우듬지까지 살피는 데 유물론적 시각을 유지하는 것은 당연하기도 하다.

그리고 집필함에 있어, 역사의 일반적인 기록방식인 편년체나 기전체를 사용하지 않고, 특정 주제를 선택하여 중점적으로 기술할 수 있는 강목체를 빌렸는데, 그런 이유는 긴 역사에 비해서 특징적인 사건이나 인물의 수가 적었고, 어떤 때는 장구한 세월 동안 암흑 속에 정체되어 있기도 했기 때문에 불가피한 선택이었다.

　이제, 무지의 안개로 덮여 있던 아득한 고대로 돌아가서, 스스로 미몽에서 벗어나고자 진화론의 횃불을 들어 올렸던 선각자들의 발자취를 더듬어 보는 일부터 시작해보고자 한다.

CONTENTS

제2강 진화론의 행진

제3강 진화하는 다위니즘(Darwinism)

제7강 진화론의 새 아침

제1강

진화론의 아침

Before the dawn

진화론은 현존하는 생물의 다양성과 복잡성을 설명하는 과학이론이다. 생명체는 끊임없이 변이하고 그것이 아무리 작은 것이라도 후대의 자손에게 이어져 축적되며 충분한 시간적 여유가 있다면 가시적인 변화를 가져올 수 있다는 것을 주요 골자로 삼고 있다. 물론, 이 이론에 대한 이견들도 있다. 그들의 대부분은 진화론이 증명할 수 없는 가설에 불과하다거나 경전에 서술된 내용과 다르다는 이유 때문에 반대하며, 진화에 관한 이론이 여러 종류라는 이유로 신뢰하지 못하겠다는 이들도 있다.

그렇지만 이 이론의 진실성을 따지기에 앞서, 생명의 존재에 대한 깊은 성찰과 회의 그리고 그것의 해소를 위한 지적인 노력의 역사를 고찰하는 일부터 해야 할 것 같다. 그런 절차 없이 이론의 특성을 무시한 채 증거를 강요하거나 생명체에 담겨있는 신의 지문을 운운하면서 비판을 앞세워서는 안 될 것 같다.

그렇게 진화론 태동기 때부터 차근차근 역사를 살피다 보면, 촛불처럼 희미하던 인간의 지성이 태양처럼 밝아지는 과정을 알게 될 것이고, 그리되면 그에 대해 품고 있던 반감도 눈 녹듯이 스러져 갈 수도 있을 것이다.

물론, 역사의 전반을 살핀다고는 하지만, 르네상스 시대가 도래하기 전까지는 인간의 지적활동 자체가 미미했음은 참작해야 한다. 특히 가톨릭 사상이 지배하던 중세는 과학자의 입장에서 보면 긴 암흑기였다고 말할 수도 있다. 학자들은 교회의 눈치를 보느라 진실을 말할 수 없었고, 경제적인 궁핍 때문에 학문적인 연구에 몰두할 수도 없었다.

더구나 생활과 직접적인 연관이 없는 비실용적인 학문분야는 환경이 더욱 열악했다. 그래서 거기에 속한다고 볼 수 있는 생명체의 기원이나 분화에 대해서는 학문적인 연구가 깊게 이뤄질 수 없었다. 그리고 그런 이유 때문에 형이상학적이거나 생명체에 관한 주제들은 경전에 설명되어 있는 대로 믿고 살면 된다는 분위기가 사회 전반에 깔리게 됐다.

그렇지만 경이로운 잠재력을 가진 것이 인간이다. 의식주의 문제가 어느 정도 해결되기 시작하자 다른 동물과는 차별되는 고상한 지성이 개화되면서, 신화와 전설의 미몽에서 벗어나 생명체의 근원과 역사에 대해 고찰하기 시작했다. 생명의 근원이 자연과학의 바깥에 있을 거라는 전제는 버려지고, 존재의 시원에 대한 근원적인 고민을 하게 된 것이다.

물론, 이런 시도가 처음은 아니다. 과거에도 있었다. 세상에 널리 알려질 만큼 그 활동이 활발하거나 지속적이지 못했으며, 긴 단절의 시간이 있기도 했지만, 분명히 있었다. 아득한 옛날, 처음으로 미몽에 갇혀있던 인류의 지성을 일깨우기 시작한 것은 신의 자비나 도그마가 아니었고, 유물론 선지자들의 나팔소리였다.

근대의 자연철학도 그 수많은 선지자가 피와 눈물로 가꿔놓은 토양 위에서 자라났고, 다윈의 진화론 역시 그러하다. 그렇기에 진화론이 다윈에 의해서 갑자기 생성된 것으로 생각하는 것은 순전히 오해다. 유물론자들이 장구한 세월 동안 비옥한 토양을 만들기 위해 노력해왔고, 어느 정도 성공을 거두었기에, 다윈이 그 토양 위에 꽃나무의 묘목을 심을 용기를 낼 수 있었다.

아주 오래전, 지진과 화산, 그리고 폭풍우에 시달리던 황폐한 땅에 에피쿠로스가 유물론의 정원을 조성하기 위한 첫 삽을 떴다. 존재 여부를 알 수 없는 신 따위는 더 이상 믿지 않기로 하고, 그렇게 지성의 씨앗들을 심을 정원을 꾸미기로 마음을 먹었던 것이다.

그리고 먼 훗날 다윈이 나타나 그 정원의 중심에 진화론이라는 꽃나무 묘목을 심었다. 정말 그가 심은 꽃나무는 만개할 수 있을까?

아마 그럴 수 있을 것 같다. 조짐이 참 좋다. 묘목이 심어진 직후, 새가 날아와 노래하는 걸 보니까 말이다. 그 새의 노래에 귀를 기울여보자.

불타는 카오스가 던져지고 시간은 시작되고
둥근 세상을 이루는 빛나는 구슬의 시작.
각각의 태양보다 갑자기 지구에서 나와
게다가 행성보다 위성에서 나온다.

같이 태어나고 언덕이 없는 지구를 안은 바다는
물결치고 또 물결친다.
파도 밑에 태어나고 유기적 생명은
기원의 동굴 속, 따뜻한 햇볕에서 자라지 않는다.

우선 화학적 용해의 열이 나오고
그 파도는 벗어나고 날개를 물질에 주고,
강한 인력을 가지고
폭발하는 덩어리를 부수고 녹여 깨끗한 물로 하고,
기체로 만든다.

다음 인력은 땅이나 바람이 잠잠할 때
빛보다 앞서 오거나 하고 무거운 원자를 나누고
가깝게 다가오는 조각들을 연결지어
크게 지구로 하고 길게 부분이 된다.

다음으로 작은 침과 글루텐의 실,

일어날 때 끈은 끈을 잡고, 직포는 직포와 만난다.

그리고 빨리 수축이 에테르 불꽃으로

실로 짜인 것에 생명의 불을 붙인다.

이렇게 부모 없이 스스로 탄생하고

생명 있는 땅에 첫 얼룩이 지고,

자연의 자궁을 헤엄쳐 나가는 작은 손발이나 나뭇가지도

초목이나 벌레는 싹이 나고 숨을 쉰다.

대충 들어도 노래가 너무 어려운 것 같다. 우아하면서도 지적인 이 가사는, 천체의 생성 원인에 대해서는 라플라스의 성운설을, 생명의 기원에 대해서는 외계기원설을, 생명체에 대해서는 진화론을 표현하고 있는 듯하다. 그런데 이 가사는 도대체 누가 쓴 것인가? 다윈이 쓴 것이다. 다윈? 찰스 다윈? 아니다. 다윈은 다윈인데 『종의 기원』을 쓴 찰스 다윈이 아니고 에라스무스 다윈(Erasmus Darwin)이다. 에라스무스 다윈? 그가 누군가? 찰스 다윈과는 무관한 사람인가? 아니다. 그는 찰스의 할아버지다.

에라스무스 다윈(Erasmus Darwin, 1732~1801) 영국의 의사, 자연철학자, 케임브리지 대학교의 세인트 존 대학과 에든버러 대학교에서 수학한 다음 1756년 노팅엄에서 의사로 개업하였다. 찰스 다윈과 프랜시스 골턴의 할아버지다.

『자연의 전당』이라는 이 시를 음미해보면, 그는 찰스보다 훨씬 더 과격한 진화론자였던 것 같다. 그렇기에 이런 가문의 내력을 고려해보면,

찰스가 진화론자의 길로 우연히 접어들게 됐다는 역사는 더욱 믿기 어려워진다. 그리고 현대 진화론의 진정한 시조는 찰스 다윈이 아니고 에라스무스 다윈이라고 봐야 하지 않을까 싶다.

찰스의 주장과 핵심이 거의 같은, 아메바가 원생동물로 진화한 다음에 무척추동물과 척추동물로 진화되었다는 주장을 에라스무스가 먼저 했고, 찰스는 생명의 시원에 대해서 얼버무렸지만, 에라스무스는 무생물에서 아메바가 생겨났거나 외계에서 생명의 씨앗이 떨어졌을 거라고 밝혔기에, 손자보다 훨씬 더 확고한 주장을 폈다고 봐야 한다. 그리고 그는 찰스에게만 진화론자의 영감을 불어넣은 게 아니고, 또 다른 손자 프랜시스 골턴(Francis Galton)에게도 지적인 재산을 물려주어 우생학을 창시하게 했다.

에라스무스의 아들인 로버트 워링 역시 가업을 이어받아, 찰스로 하여금 어려서부터 생명과 생물에 관한 관심을 갖게 했고, 찰스가 진화론자의 길을 가는 데 버팀목이 되어줬으니, 다윈 가문 전체는 창조론의 대척점에 설 수밖에 없는 운명이었던 것 같다. 가톨릭 교부들의 입장에서 보면, 오늘날 진화론과의 끝이 안 보이는 대립의 씨앗을 에라스무스가 심었던 게 확실하기에, 그가 급진적인 주장을 폈던 초기에 그 예봉을 꺾지 못한 것이 후회될 수도 있겠다.

에라스무스는 도대체 어떤 사람이었을까? 찰스와 골턴의 할아버지라는 사실은 이미 밝혔다. 그는 케임브리지 대학교와 에든버러 대학교에서 공부한 뒤, 리치필드에서 의사 개업을 하여 성공을 거두었다. 개업한 지 얼마 안 되어 조지 3세가 그에게 런던에 와서 자신의 주치의를 맡아달라고 제안할 정도로 재능 있는 의사로 평판이 났지만, 그 제안을 사양하고 리치필드에 머물면서 조지프 프리스틀리, 장 자크 루소, 새뮤얼 존슨 등 많은 저명인사와 교분을 맺었다. 그의 급진적 사고가 발현된 것은 아마 이때쯤이었던 것 같다. 그는 갑자기 더비로 이사하여 철학학회를 창설했다.

그는 학술논문을 운문(韻文)형식으로 종종 발표했는데, 아마 그 내용이 너무 파격적이어서 격렬한 비판을 피하고자 그런 양식을 채택했던 것 같다. 주목할 만한 저술로는 『식물원(The Botanic Garden)』, 『자연의 전당 또는 사회의 기원(The Temple of Nature or the Origin of Society)』이 있다.

그는 『동물생리학 또는 생물의 법칙(Zoonomia or the Laws of Organic Life)』이라는 책을 통해서, 그는 종들은 합목적적으로 환경에 적응하여 변화해나간다는 라마르크의 주장과 거의 흡사한 진화개념을 전개했다. 그는 18세기 유물론의 입장과 가치관을 대변하는 인물이었다. 그러나 진화에 관한 그의 결론에는 논리가 부족해 보이는데, 그것은 당시의 사회적 상황을 고려한 의도적인 행위였을 가능성이 높다.

에라스무스의 손자이자 찰스 다윈의 배다른 외사촌 동생인 프랜시스 골턴 경에 대해서도 잠시 살펴보자. 그는 버밍엄 스파크브루크에서 새뮤얼 골턴의 아들로 태어나 버밍험 병원과 킹스 칼리지에서 의학을 공부하였다. 그 후 케임브리지 대학교의 트리니지 칼리지에서 학위를 받았는데 인류학, 특히 유전에 관심이 많아서 이에 관련된 여러 권의 책을 출간했다.

1865년에 골턴은 인류의 발전을 위해서는 부적격자의 탄생률 확인과 적격자의 탄생률 증진을 위한 체계적인 노력이 필요하다고 주장했는데, 학계 반응이 신통치 않자 논문을 세밀하게 보강해서 1884년에 이를 재(再)주장하였으며, 그 과정에 우생학(eugenics)이라는 용어를 처음으로 사용했다. 인류학 주제에 대해서도 많은 논문을 작성했는데, 인체 측정학의 과정을 확립하였고, 지문과 그것을 이용하여 범죄자를 가려내는 방법도 개발해냈다.

다윈 가문의 얘기는 이쯤에서 접고 화제를 본류로 옮겨가 보자. 그렇다면, 다윈 가문이 진화론을 주장하기 전에는 진화론을 주장한 사람들이 없었을까? 있었다. 진화론을 현대적 의미로만 해석하지 않고 광의로 해석한다면 당연히 있었다고 봐야 한다.

진화론의 근원은 그리스의 자연철학(自然哲學)에서 풍미했던 '생명=물질 사상'으로 거슬러 올라간다. 아낙시만드로스는 사람이 물고기로부터 생겨났다고 주장하며, 지금의 진화론과 유사한 생각을 펼쳤다. 그는 아페이론(apeiron, 무한정자)이라고 불리는 것이 세상에는 있어서, 그것이 더운 것과 찬 것에 의하여 분리도 되고 혼합되기도 한다고 하였다. 그렇게 되는 과정에 조금씩 변화되어 생명체가 탄생하게 되었으며, 그 생명체가 사람으로까지 발전하였다고 주장했다. 그렇기에 물고기는 사람의 조상일 수 있다는 것이었다. 이것은 오늘날의 진화론자들 생각과 유사한 면이 많이 있다. 그의 제자였던 크세노파네스는 화석으로 된 조개류 등을 그런 이론의 증거로 제시하기도 했다.

그들의 유물론적 사고는 레우키포스와 데모크리토스 같은 철학자들에게까지 계승되어 원자론(atoma theory)이라는 유물이론이 탄생하게 됐고, 마침내는 여러 유물론의 세력들을 집속시켜, 우주 목적론자들과 본격적인 논쟁을 벌이기 시작한 학자도 나타나게 되었다.

그렇다면, 그런 진보적 세력을 규합한 최초의 인물은 누구인가? 그를 찾는 데 시간을 허비할 필요는 없다. 아주 오래전부터 우주 목적론자들이 그 원흉을 미리 지목해 놓았기 때문이다. 그는 에피쿠로스(Epicuros)다. 그는 가장 도전적인 성향을 가진 유물론자였을 뿐 아니라 고대 진화론을 가장 논리적으로 주장한 인물이기도 하다.

에피쿠로스는 우주의 참된 실재는 공간(canon)과 원자(atoma)뿐이며, 원자의 충돌로 신(神)을 포함한 모든 만물이 형성되었다고 하였다. 그리고 "신성한 힘에 의해 아무것도 창조된 것이 없다."라는 루크레티우스의 주장을 더욱 발전시켜서, 우주는 영원하지만 창조된 것이 아니고, 스스로 운행할 뿐 감독자가 필요치 않으며, 생명은 비생명체(대지)에서 발생했다고 주장했다.

유신론자들 사이에는 유물론자는 무신론자일 거라는 인식이 널리 퍼져 있다. 물질을 근본적인 실재로 생각하고, 마음이나 정신을 부차적인 것으로 보는 것은 결국 창조주를 믿지 않는 것이라고 여기기 때문이다. 그리고 바로 그 대표적 예가 에피쿠로스라는 인물이라고 여기고 있다.

역사적 통설에 의하면, 그가 신을 믿는 사람은 절대로 추구할 수 없는 쾌락주의를 주창했다고 하는데, 그의 이념을 순간적 쾌락을 선(善)으로 보는 아리스티포스 쾌락주의와 동격으로 취급하는 것은 문제가 있어 보인다.

아무튼, 유신론자들이 서슴없이 저주를 퍼부을 뿐 아니라, 단테가 『신곡』에서 부도덕한 쾌락주의자로 몰아붙여 불지옥에 가둬버린 에피쿠로스는 어떤 인물이었을까? 정말, 그가 그런 악마 같은 존재였을까?

 ## 악마라고 불리는 사나이, 에피쿠로스

빵과 물만으로 살 때 몸은 기쁨(pleasure)으로 감동된다.
나는 과도한 쾌락(Luxurious pleasure)을 혐오한다.

그 자체 때문이라기보다는 부수적으로 따라오는 것들의 불편함 때문이다.

에피쿠로스는 자신이 추구한 쾌락주의의 의미를 이렇게 비유적으로 표현했다. 쾌락주의와 무신론의 상징으로 지목된 자가 이렇게 밋밋하고 겸손하기까지 했던 게 사실일까?

에피쿠로스는 사모스 섬에 정착한 아테네인 부모 밑에서 태어났다. 아버지는 네오클레스, 어머니는 카이레스트라테였다. 그는 14세 때 철학 공부를 시작했는데, 학원의 스승이 헤시오도스의 '혼돈' 개념을 설명하지 못하는 것을 보고 철학에 관심을 기울이게 됐다고 한다.

에피쿠로스는 18세 때 아테네로 가서, 시민이 되는 데 필요한 2년간의 군사훈련을 받고 1년 뒤 콜로폰에서 부모와 합류했다. 그러나 다시 부모 곁을 떠나, 여행을 다니면서 산지식을 공부했는데, 이 시기에 자기 나름의 철학적 견해

에피쿠로스(BC341~BC270) 고대 그리스의 철학자, 즐거움, 우정, 은둔 등에 관한 윤리철학의 창시자, 에피쿠로스주의의 윤리학은 선을 쾌락으로 보고, 최고선과 궁극목적을 고통이 없는 몸과 마음의 상태와 동일시하며, 모든 인간관계를 효용의 원리로 환원하고, 모든 욕망의 제한과 덕의 실천, 은둔생활을 역설한다.

를 개발해서 플라톤주의자들과 의견을 교환하기 시작했다.

에피쿠로스는 32세 때 미틸레네와 람프사코스에서 학생들을 가르치기 시작하면서, 장차 에피쿠로스 학파를 발전시키게 될 제자들을 만나게 됐다. 그리고 35세까지 그곳에 머물다가 BC 306년에 동료들과 함께 아테네로 돌아와 호케포스('정원'이라는 뜻)라는 학원을 세웠다.

당시 아테네의 학계는 플라톤의 아카데메이아와 아리스토텔레스의

리케이온이 지배하고 있었는데, 주로 철학을 정치와 공공생활에 적용하는 데 관심이 있는 학생들을 끌어들이고 있었다. 아무튼, 그 시기에 아테네에 학원을 세운다는 것은 곧 아카데메이아나 리케이온과 경쟁하겠다는 뜻이었다.

그렇지만 에피쿠로스의 경우는 달랐다. 그가 아테네에 설립한 학원은 기존의 학원과는 모습이 전혀 다른, 특이한 생활양식을 가진 공동체에 가까웠고, 여성과 노예에게도 수학을 허용했기에, 기존 학원의 지망생과는 전혀 다른 인물들이 지원해왔다. 그래서 기존 학원의 견제를 받지 않을 수 있었다.

그리고 오늘날 '에피쿠로스적'이라는 용어가 연상시키는 의미와는 달리, 이 정원의 구성원들은 지극히 검소한 생활을 했다. 하루에 1/2파인트 분량의 포도주가 허용되었지만, 평소 마시는 것은 물이었고 주식은 보리빵이었다. 특별한 공유재산도 없었고, 기근이 일어났을 때 에피쿠로스는 콩 몇 알만을 학생들에게 나누어 주어 간신히 연명만 하게 할 정도로 청빈한 삶을 실천하게 했다.

72세 때 전립선염으로 고통스럽게 죽던 날, 에피쿠로스는 람프사코스에 남아있던 친구들을 걱정하는 편지를 이도메네우스에게 받아 적게 했다. 이러한 행동은 그가 심한 고통 속에서도 평온하고 청빈한 철학에 끝까지 충실했음을 잘 보여주고 있다. 그랬음에도 불구하고 후세의 신학자들이 그를 극단적인 쾌락주의자나 사탄 수준의 불신자로 몰아붙이고 있다. 왜? 도대체 왜 그러는 걸까? 아마도 그가 주장한 원자론이 결정적인 영향을 미친 듯싶다.

원자론? 도대체 어떤 내용이기에……? 에피쿠로스 철학의 기초를 이루는 원자론에 의하면, "참된 실재는 원자(아토마)와 공허(케논) 두 개 뿐으로서, 원자는 불괴(不壞)의 궁극적 실체이고, 공허는 원자가 운동하는 장소이다. 원자는 부정(不定)한 방향으로 방황운동을 하는데, 이것에 의해 원자 상호 간에 충돌이 일어나면서 세계가 생성(生成)된다." 조금 찜찜한 구석이 없지는 않지만, 여기까지는 그래도 시비를 걸지 않고 받아들일 수 있을 듯하다. 문제는 그 다음의 표현이다.

그는 "세계에 있는 모든 것, 즉 인간이나 신(神)이나 모두 원자의 결합물에 지나지 않으며, 또한 인식이란 감각적 지각에 지나지 않고, 물체가 방사하는 원자와 감각기관과의 접촉에 의해 성립한다."라는 주장도 했다. 그리고 자연학을 사용하여 죽음과 신들에 대한 공포를 인류로부터 제거하려는 시도도 했다. "죽음이란 인체를 구성하는 원자의 산일(散逸)이며, 죽음과 동시에 모든 인식도 소멸한다. 신들도 인간과 동질의 존재이며 인간에게 무관심하다. 인생의 목적은 쾌락의 추구에 있는데, 그것은 자연스러운 욕망의 충족이지, 명예욕, 금전욕, 음욕의 노예가 되는 것은 아니다."라고도 했다. 표현이 파격적인 것은 사실이다. 하지만 그의 비판자들이 주장하는 '음탕한 쾌락주의자'가 아니었던 것 또한 사실이다. 그가 추구했던 이념은 세속적인 의미의 타락한 쾌락주의와는 분명히 다르다.

그는 잡답을 피해 숨어서 사는 것, 빵과 물만 마시는 질박한 식사에 만족하는 것, 헛된 미신에 마음이 흔들리지 않는 것, 우애를 최고의 기쁨으로 삼는 것 등을 쾌락주의의 실례로 들었다. 그가 주장하는 쾌락은 이전의 키레네학파에서 주장했던 육체적이고 감각에 의존하는 쾌락이 아니었고, 그것과는 비교할 수 없을 정도로 지적이고 세련된 것이었다.

원래 쾌락주의의 모토는 "쾌락은 추구하고 고통은 회피하라."로 표현된다. 그러나 쾌락에 대한 적극적인 추구는 현실적으로 불가능한 것이므로, 에피쿠로스가 추구하는 쾌락은 마음의 평정(ataraxia)으로, 시대적 현실에 대한 절망과 체념에서 비롯된 것이었다. 쾌락은 죽음과 불안과 공포에서 자유로운 상태이고, 이를 실현하는 데 '원자론'이 필요할 뿐이었다.

그의 철학의 실체를 상세히 살펴보면, 교부들이 그렇게 극단적인 적의를 품을 필요가 없을 것 같은데, 그런 적의를 품게 된 데는 그에 대한 곡해가 있었음이 분명하다. 그도 그럴 것이 에피쿠로스 저서는 대부분 산일하여 겨우 단편적인 것밖에 남아 있지 않기에, 그의 진의를 파악하는 데 상당한 노력이 필요하다.

에피쿠로스가 추구했던 쾌락주의는 감각적인 쾌락을 물리치고 간소한 생활 속에서 영혼의 평화를 찾는 데 있다. 따라서 원자론을 기초로 하는 그의 철학 역시 윤리적 삶을 실천하는 데 초점이 맞춰져 있다. 그리고 공동체의 재정 확보 역시 비열한 방법을 쓰지 않고 자발적 기부에 전적으로 의존했다. 또한, 에피쿠로스는 좋지 않은 건강 때문에 평생 고통을 겪었는데, 그 가운데서 담대한 용기로 인내하는 법을 실천했다. 고통 중에 행복할 수 있다고 주장했던 사람도 스토아 철학자가 아니라 에피쿠로스였다.

정말 이런 사실들이 그의 진면목의 전부라면, 그는 모두에게 존경받아야 할 인물이다. 그런데 과연 이렇게 수도승에 가까운 청빈하고 겸손한 사람이었을까? 정말 유신론자들이 그를 주적으로 모는 것이 순전히 오해에서 비롯된 비난이거나, 질시에서 비롯된 중상모략에 불과한 것일까? 그런데 그게 꼭 그렇지만은 않은 것 같다.

대부분의 사람들에게 친절하고 온유했던 그였지만, 이와는 다른 면모, 그러니까 기이하다고 여길 수도 있는 특이한 면도 있었던 것 같다. 우선, 자기애가 지나치게 강해서 남의 능력을 과소평가하는 오만이 있었던 듯싶다. 인간의 삶 자체를 시니컬하게 봐서 그랬을 가능성도 있지만, 타인에게 존경을 표하거나 은혜를 베풀어 준 사람들에게도 감사를 표시하기를 꺼렸다고 한다.

원자론의 원안을 제안했던 데모크리토스마저 지난 시대의 평범한 학자로 취급했고, 데모크리토스의 스승인 레우키푸스는 학자가 아니라고까지 폄하했다. 그리고 그렇게 다른 학자들의 지성을 인정하지 않는 오만은 그를 독단적 교조주의 속에 빠지게 했다. 그를 따르는 자들은 그의 가르침을 무조건 따라야 했고, 비판할 수 없었다. 그의 철학을 시로 표현했던 루크레티우스 역시 그의 가르침에 그 어떤 것도 덧붙이거나 수정하지 않았다. 그가 해리성 정체감 장애에 빠져 있었다고 단정 지을 수

데모크리토스(Δημκριτο , BC460~ 380) 고대 그리스의 철학자. 그의 철학 사상은 물질주의에 바탕을 둔 이른바 원자론을 먼저 손꼽을 수 있으며, 윤리학, 인식론 등은 데모크리토스의 원자 개념과 깊은 연관을 맺고 있다. 지식의 거의 모든 분야를 다루는 73권의 책을 썼지만, 오늘날 남아 있는 것은 윤리학에 관한 수백 편의 단편뿐이다

는 없지만, 정신적 문제가 없는 사람은 아니었던 것 같다.

그렇긴 해도, 그가 자연학을 사용하여 신과 죽음의 공포에서 벗어나려고 시도한 것이 유신론자들의 지탄을 받을 만큼 잘못한 걸까? 괴팍한 면이 있긴 했어도 그건 그의 철학과는 별개의 문제 아닌가? 정말 그것만으로 그렇게 장구한 세월 동안 유신론자들의 주적이 될 수 있었을까?

그렇게 고착화된 데는 후세 학자들이 영향이 적지 않았던 것 같다. 유물론 주창자들이 그의 철학을 자주 인용하게 되면서 그에 대한 반발 역시 빈번하게 일어나, 에피쿠로스는 자신의 진의와는 무관하게 논쟁의 중심에 자주 서게 됐고, 유신론자들의 입장에서는 상대에게 사상적 무기를 제공해준 에피쿠로스를 증오할 수밖에 없게 된 듯하다.

또한, 체계가 잘 잡힌 그의 고대 유물론이 19세기에 탄생한 진화론에 지대한 영향을 끼친 것 역시 사실이므로, 앞으로도 그는 진화론의 선지자이자 창조론자의 주적으로 남아 있을 가능성이 높아 보인다.

에피쿠로스 학파가 입증한 유물주의적 관점 속에는, 자연이 우연한 발생에 의해 저절로 복잡한 조합으로 진화해 간다는 주장이 담겨 있으며, 이는 창조론자들에게 아주 위협적인 주장이었다. 여기에 덧붙여, 그는 도덕적 설계자인 신의 부재와 그런 사실에서 비롯된 자유로운 인간이라는 개념을 제시했다. 그리고 그 개념을 그대로 받아들인 추종자들은 수 세기 동안 고대의 우주목적론의 강력한 적이 되었으며, 그 후에 등장한 가톨릭도 에피쿠로스의 유물주의를 강력히 배타했다.

사실 에피쿠로스 학파에서 진화론이라는 이름으로 별도의 이론을 발표한 적은 없지만, 그들의 유물주의는 포괄적 진화론의 원형이라고 할 수 있다. 에피쿠로스는 생명이 원래 대지로부터 나왔다고 가르쳤다. "우리는 대지가 마땅히 어머니라고 불려야 한다는 결론에 도달했다. 대지로부터 모든 것이 태어났다." 이 간결한 문장에는 아주 이단적인 메타포(metaphor)가 담겨있다. 생명은 따뜻한 햇볕을 받은 대지에서 자연발생에 의해 생겨난 것이지, 신의 의해 창조된 것이 아니라는 뜻이기 때문이다. 생명이 비(非)생명으로부터 자연발생적으로 생겨났다는 그의 견해는, 훨씬 후대인 20세기에 등장한 오파린-할데인(Oparin-Haldane) 가설의 원조라고 할 수 있다.

하지만 여기에서 꼭 짚고 넘어가야 할 게 있다. 엄밀히 따지면, 진화와 관련된 고대의 철학적 개념은 에피쿠로스에 의해 창시된 게 아니고, 엠페도클레스에 의해 창시된 것이며, 그것이 에피쿠로스와 그 추종자들에게 전승된 것이라는 사실이다.

종(種)이 대지에서 나왔다고 최초로 서술한 학자는 엠페도클레스이다. 그는, 종이 사람과 동물의 모습이 혼재된 듯한, 온갖 이상한 모습을 가지고 있다가, 자연선택을 거치면서 환경에 적응하지 못하고 생존할 수 없는 것들은 소멸하였고, 살아남은 종들은 정상적인 모습 그대로 고착되어 이어져 왔다고 여겼다.

현대적인 어법으로 표현하자면 일종의 상태화(常態化) 선택이라고 할 수 있다. 다윈주의적 관점에서 보자면, 이런 관점은 자연선택의 방식을 내포하고 있지 않으므로 같은 관점이라고 하기는 어렵지만, 접근방식 자체는 원형(原形) 진화론으로서의 지향성을 갖고 있다.

그리고 엠페도클레스의 견해에는 우주 목적론적 요소가 조금 혼재되어 있었지만, 후대의 에피쿠로스에 이르러서는 이 원형 진화론은 신에 의한 창조라는 관념을 부정하는 강력한 유물주의적 주장으로 변모하게 된다. 에피쿠로스는 연속의 생명체 가운데서 광범위한 변이가 일어나고, 가장 잘 적응한 것이 생존하게 된다는 관념은 그대로 받아들였지만, 원자론을 부가하여 엄격한 결정론을 배격하면서, 같은 세계는 지속적으로 존재할 수 없다고 주장했다. 요컨대, 현재의 다양한 생태계를 유물주의적으로 설명하기 위해, 정교하고 질서정연한 논리를 만들었던 것이다.

에피쿠로스 철학의 보다 중요한 의의는 인간의 생물학적 발전과정과 함께 인간사회에 대한 설명을 시도했다는 것이다. 에피쿠로스는 인간의 역사를 석기 시대, 목기 시대, 청동기 시대, 철기 시대로 나누고, 시대의 순서대로 각 시대마다 언어, 상호부조의 발달, 불의 도입, 물질적인 교환이 나타났다고 설명했다. 또한, 그는 프로메테우스가 인간에게 불을 가져다주었다는 신화적 관점을 부정했다. 불은 번개 때문에 땅에 떨어진 것이고, 인간이 그것을 보존했을 뿐이라는 것이 그의 주장이었다. 그러므로 에피쿠로스의 철학은 인간의 역사와 관련한 신성한 결정론을 부정한다. 그는 인간의 자유를 강조했고, 미신과 국가 종교에 대항하여 싸웠으며, 역사상 처음으로 인류를 미신으로부터 해방시키려는 운동을 시작했다고 할 수 있다.

그는 정의를 논하면서도, 플라톤의 사상에 바탕을 둔 근본주의적 도덕성을 부정함으로써 신들의 작용을 배격했다. 그는 "만약 객관적 환경이 변화하면, 지금까지 정의라고 생각해 왔던 것들이 더 이상 쓸모가 없어진다. 시민들의 결합에 도움이 되었기 때문에 정의롭다고 여겨졌던 것들이 후에 가서 쓸모가 없다면 더 이상 정의롭지 않다."고 주장했다. 그러므로 도덕성이란 역사적으로 형성되며 인간의 사회적 실행에 의해 결정된다.

마르크스는 『독일 이데올로기(The Gaman Ideology)』에서 에피쿠로스를 '운명의 속박'을 타파하고, 변화하는 우주를 이해할 수 있는 수단을 제공함으로써, 인간을 우주 목적론으로부터 해방시킨 '그리스 계몽주의의 위대한 영웅'이라고 묘사했다. 또한, 에피쿠로스의 유물주의 철학이 17~18세기 계몽주의 운동으로 계승되어 휴머니즘을 낳았다고 평가했다.

에피쿠로스가 살던 시기는 아직 가톨릭이라는 종교가 생기기 전이었고, 유대교 역시 지역 종교로 머물러 있던 때여서, 야훼와 창세기의 존재를 세상이 모를 때였다. 그렇기에 에피쿠로스가 싸운 대상은 특정 종교와는 무관한 고대의 창조론이었다고 할 수 있다.

그러니까 우주가 누구에 의해 설계되고 만들어졌다는 주장은 고대부터 있었고, 그런 우주 목적론적인 관점 혹은 지적 설계론에 에피쿠로스와 그의 추종자들이 맞서 싸운 것이다.

그리고 그런 에피쿠로스 학파와 대치하고 있던 진영이 스토아 학파와 소크라테스 학파였으며, 그 진영의 상징적 인물은 소크라테스였다.

그는 우주 목적론의 열렬한 신봉자로서 유물주의를 저주했고, 그의 학문적 전통을 이어받은 플라톤 역시 스승만큼이나 우주 목적론을 강력하게 주장했다. 그런데 플라톤의 제자인 아리스토텔레스는 스승과 생각이 달랐던 것 같다. 특히, 생물의 발생과 다양성에 관한 그의 생각은 우주 목적론과는 아주 동떨어진 것처럼 보인다.

아리스토텔레스의 '4원인설'

아리스토텔레스(기원전 384~322) 플라톤과 함께 그리스 최고의 사상가로 꼽히는 인물로 서양지성사의 방향과 내용에 매우 큰 영향을 끼쳤다. 자신의 학원인 리케이온을 열고, 그곳에서 플라톤의 이데아론이나 윤리학, 정치학설에 대한 비판을 담은 실증주의적 연구를 펼쳤다. 또한, 형이상학, 논리학, 윤리학, 정치학, 생물학 등 다양한 분야의 학문을 연구하여 각 분야의 기초를 쌓았다.

플라톤의 철학이 관념론적이었다면 아리스토텔레스는 유물론적이었다. 사제지간인데 생각이 이렇게 다를 수 있을까 할 정도로 판이한 면이 많이 있다. 플라톤은 현실세계인 현상계를 이데아 그림자의 세계로 두고 그것의 기원을 다른 세계인 이데아계에서 찾고자 하였다. 그렇기에 존재하는 것의 본질은 관념의 세계인 이데아계를 인식할 때만 자각할 수 있고, 그것은 지적 훈련을 통해서 가능하다고 보았다. 그것이 바로 관념론인데, 그것은 그의 특유의 세계 해석법인 이데아론에 기반을 두고 있는 것이었다.

그렇지만 아리스토텔레스의 철학 기반은 스승과 달랐다. 그는 이데 아계와 현상계를 이분법적으로 구분하는 스승의 방식에 찬성을 할 수 없었다. 그래서 그는 세계를 설명함에 있어, 현상계에서 질료와 형상으로서 모든 것을 설명할 수 있다는 태도를 보였다. 즉, 자연계에서 철학의 진리를 발견할 수 있다는 인식을 하고 있었다. 이런 기계론적인 세계관을 가지고 있던 그를 사제지간이었다는 이유로 플라톤이나 소크라테스와 같은 학파로 묶을 수는 없을 것 같다.

생물을 바라보는 시각 역시 사공(師公)이나 사부와 확연히 달랐다. 플라톤은 생물들이 죽으면 부패하여 형태가 사라져 버린다고 가르쳐줬지만, 아리스토텔레스가 보기에는 죽어도 기본적인 형태가 남아있는 생물들이 많이 있었다. 예컨대, 성게나 곤충류 등은 사후에도 형태가 남아있어 표본을 만들 수 있었다. 그래서 죽으면 이데아가 빠져나가 형상이 없어진다는 스승의 말을 신뢰할 수 없었다.

아리스토텔레스는 '이데아'가 생물과 독립적으로 존재하고 생물에게 들러붙는다든가 떨어진다든가 함으로써, 생물이 태어나기도 하고 죽기도 한다는, 스승의 사고가 틀린 것일 가능성이 높다고 여겼다. 그래서 다른 시각에서 생물의 생멸과 다양성을 설명해봐야겠다는 생각을 하게 됐다. 물론, 아리스토텔레스도 '이데아'의 존재를 인정한 때가 있긴 했다. 그것이 생물이나 사물을 떠나 독립적으로 존재한다고는 생각하지는 않았지만 말이다.

고양이에게는 고양이의 이데아, 인간에게는 인간의 이데아가 있고, 그 이데아가 계속 붙어 있기만 하면 형상 또한 줄곧 유지될 것이다. 그렇지만 이런 이데아 이론으로는 생물의 형태가 성장과 함께 변하는 것을 설명할 수 없었고, 생물의 다양성을 설명하기도 곤란하다고 여겼다.

아리스토텔레스는 고심 끝에 '4원인설'을 고안해냈다. 이 세계를 형성하고 있는 기초적인 원인이 있으며, 그것이 네 가지라고 상정한 것이다. 재료를 결정하는 질료인(質料因), 형태를 결정하는 형상인(形相因), 목적을 정하는 목적인(目的因), 기동(起動)시키는 운동인(運動因), 이 네 가지가 바로 4원인인데, 이것들을 적당히 조합함으로써 생명현상을 설명하려 했다.

아리스토텔레스의 4원인설은 비(非)존재가 어떻게 존재가 되는지에 대한 서로 다른 아르케(arche)이기도 하다. 아르케란 기원(origin)이라는 뜻을 가지고 있으므로, 사물이 어떻게 기원하게 됐는지를 설명하기 위한 네 가지 요소가 형상, 질료, 운동, 목적이라고 할 수 있다. 형상인과 질료인은 구체적으로 존재하지 않는 '형상'과 '질료'가 어떻게 구체적이고 개별적인 사물이 되는가를 설명하고, 운동인은 이렇게 형성된 사물 간에 어떻게 인-과(因-果)를 주고받는지 설명한다. 목적인은 형성된 사물 자신이 어떻게 스스로의 원인이 되는지를 설명한다.

실제적인 관찰기록을 중시하는 아리스토텔레스의 주장은 재미있지만 추론하기 힘든 난해한 면이 있다. 플라톤만큼 논리 정합적이지 못한 것도 사실이다. 아마 실제 생물을 보면서 관찰하다 보니, 논리 정합적으로는 설명할 수 없는, 원인을 알 수 없는 현상과 자주 맞닥뜨리게 돼서, 하나의 논리로 전부를 재단할 수 없었을 것이다.

아리스토텔레스는 생물의 시원에 대해서 자연발생설을 주장했다. 이 주장은 훗날 여러 종교의 도그마와 맞물려서 아주 오랫동안 논란거리가 됐다. 자연발생이 일어나느냐 아니냐의 문제는 라마르크(J. Lamark)의 진화론의 시기까지 지속된 논란거리였고, 그의 또 다른 주장, '생물은 이종(異種)발생을 한다'도 오랫동안 학계를 시끄럽게 했다. 이종발생이란, 이를테면 인간의 몸이 썩은 곳으로부터 기생충이 생긴다고 하는 것이다. 이 두 가지 명제는 유럽 안에 침투하여 가톨릭의 세계관과 오래도록 경합했다.

생물의 다양성을 설명하는 데는 아리스토텔레스의 주장이 플라톤보다 확실히 동적(動的)으로 보인다. 특히 발생 과정에서 다른 생물이 만들어진다는 생각은 18세기의 기계론자들과 거의 같은데, 기원전에 살았던 학자가 현대 과학자 수준의 아이디어를 떠올렸다는 사실이 그저 놀랍기만 하다.

사실 현대 진화론 역시 생물의 다양성을 설명하는 원리로서 고안된 것이다. 라마르크나 다윈이 처음부터 진화라는 사실을 설명하기 위해 진화론을 만든 것이 아니었다. 세상에 왜 이토록 많은 생물들이 있느냐 하는 의문에 답을 구하기 위해서 진화라는 가설을 생각해내었고, 그들의 주장이 생물진화의 일반적인 원리로 통용되기 시작한 것은 19세기 종반 이후부터였다.

아무튼, 고대 학자들 중에 생물의 다양성에 대해서 유물론적 시각을 가졌던 인물은 아리스토텔레스와 에피쿠로스 학파의 학자들 몇몇뿐이었던 것 같다. 더구나 가톨릭이 본격적으로 교세를 확장하기 시작한 후부터는, 생물학 분야뿐 아니라 창의적 과학 활동 자체가 뜸해진 것으로 보인다. 그에 관한 기록이 별로 남아있지 않다. 단순한 착오일까? 아니면 일부 학자들의 주장처럼, 가톨릭의 억압 때문에 과학 분야가 긴 암흑기에 잠겨 있었던 것일까?

과학과 초대교회

이교도들은 앎이란 인간의 관찰과 인간 이성의 수고스러운 노력에 의해서만 획득할 수 있는 것이라고 말한다. 기독교도들은 모든 앎이 성서와 교회의 전통 속에서 발견되는 것이라고 주장한다. 즉 쓰인 계시를 통해 하나님은 진리의 시금석을 주실 뿐만 아니라 우리가 알아야 한다고 그분이 생각하시는 모든 것을 공급해 주신다. 그러므로 성서는 모든 앎의 총체이며 모든 앎의 목적을 담고 있다. 황제의 후광을 입고 있는 성직자들에게 지적인 경쟁이란 있을 수 없는 것이었다……. 따라서 교회는 스스로를 앎의 담지자와 중재자로서 규정하였다. 교회는 언제나 공권력을 사용하며 지신의 결정을 강요하였다. 결국, 교회는 예정된 길로 들어서고 말았다. 교회는 천 년 이상을 유럽의 지적 발전에 걸림돌이 되었다.

John William Draper(1811~1882) 미국의 역사가, 사진가. 화학자, 1874년 출간한 과학과 종교, 그 대립의 역사 는 종교가 근대 과학의 성장을 억눌렀다는 통념을 고착화하는 데 결정적인 역할을 했다.

드레이퍼(John Whilliam Draper)가 한 말이다. 그는 이와 유사한 논조로 가톨릭의 권력남용을 자주 공격했다. 그럼으로써 과학과 초대교회 사이의 관계에 대한 해석학적 틀을 만들어냈고, 그 틀은 다른 학자들에 의해서 광범위하게 인용됐다. 그리고 교회가 과학의 발전을 지연시켰다는 드레이퍼의 주장은 19세기 말엽의 화이트(Andrew Dickson White)에게까지 계승되었다.

그런데 실제로도 그랬을까? 초대교회가 과학을 적대시하고 박해를 가했다는 게 사실일까? 진화론의 역사를 살피는 데 있어서, 이 문제의 진위를 따지는 것은 아주 중요하다. 만약 그것이 사실이라면, 탈레스와 에피쿠로스 등이 기틀을 마련해놓은 고대 과학의 토대에 심각한 균열이 생겼을 것이고, 그로 인해 그 안에 들어있던 고대 진화론을 비롯한 진보적이고 합리적인 사고 역시 악영향을 받아, 근대적 과학의 발달 시기가 늦춰졌을 것이며, 현대적 진화론 등장 시기 역시 그 영향을 받았을 것이기 때문이다.

다윈의 진화론이 결코 한 사람이 이뤄낸 기적 같은 대발견이 아니고, 생물학과 그 포함한 주변 학문의 꾸준한 발전의 결과라는 사실을 직시해보면, 보석 같은 고대의 과학지식이 가톨릭의 박해를 받았는지 여부와 그로 인해 실제로 멸절 분야가 있는지를 따져보는 일은 매우 중요하다.

아무튼 사실이 어떠하든, 화이트 역시 가톨릭이 막강한 권세로 과학을 핍박했다고 굳게 믿고 있었던 것 같다.

그러므로 성령을 숨 쉬지 않고, 이 교훈의 문구에 따르지 않는 어떠한 학설도 확실하지 않다. 불행히도 일반적으로 '성서의 권위'에 의지하며 이해될 수 있다고 여겨지던 것들의 대부분은, 실상은 불완전하게 필사되어, 왜곡된 미신적 습관들에 근거하여, 대개 편파적인 관점으로 해석된 성서들의 횡포였다. 성 아우구스티누스의 이 교훈을 따라, 모든 분야에서 과학을 바라보는 신학적 관점들이 발전하였는데, 그 관점들은 결코 진리로 나아간 적이 없었다. 예외 없이 인류를 진리에서 멀어지도록 강요하였고, 그리고 수 세기 동안 기독교를 실수와 슬픔의 심연 속에서 허우적거리게 하였다.

화이트는 가톨릭이 두 가지 전략으로 과학과 전쟁을 벌였다고 믿었다. 첫째, 교부들이 자신들의 이익을 위하며 자연에 대한 탐구를 비하했다. 즉 심판의 날이 임박했기 때문에, 자연탐구와 같은 엉뚱한 일에 시간과 자본을 허비해서는 안 된다고 했다는 것이다. 둘째, 관찰과 추론을 통하여 발견해낸 모든 원리를 기적들로부터 추론해 낸, 미성숙한 견해로 몰아갔다. 그 결과, 참된 과학이 왜곡되었고 무지와 미신의 압제가 자행되게 됐다고 한다.

드레이퍼와 화이트의 논지에 대한 평가는 20세기 초부터 학자들 사이에서 찬반이 확연히 엇갈리기 시작했는데, 그런 혼란이 일어난 건 그들의 논지에 깔린 근본적인 문제점 때문이었다.

옛날에도 과학이라는 용어에 걸맞은 지적 분야가 있었고, 그 분야가 근대과학과 유사한 학습 방식과 경향을 보이고 있었으리라는 가정이 바로 그 문제점인데, 그것은 토론 때마다 늘 치열한 쟁점이 되곤

Andrew Dickson White(1832~1918) 예일 대학교를 졸업한 후에 페테르스부르크 미국공사관 수행원을 거쳐 미시간대학교 역사교수를 지냈다. 종교적 정설에 구애받지 않는 과학교육과 종교·성별·인종에 관해서 자유주의 원칙을 바탕으로 하는 대학교를 세우고자 했던 꿈은 1865년 코넬 대학교가 인가를 받으면서 실현되었다.

했다. 드레이퍼와 화이트는 근대과학의 조상이 옛날에도 있었으며, 그것을 가톨릭이 억눌렀다고 주장했지만, 자신들의 전제에 대한 증거는 제대로 제시하지는 않았다. 그렇다면 실체적 진실은 무엇인가?

근대과학의 하위 분야 중 몇몇은 예전에도 분명히 존재했다. 예를 들면(생물학적 지식과 연관되었던) 의학과 (천문학과 수리 과학의 여타 분과들을 포함했던) 수학이 그러하다. 그러나 물리학·화학·지질학·동물학·심리학 등과 같은 근대과학에 상응할 만한 분야들은 없었다. 심지어

그러한 구분(예를 들어, 자연철학과 수학의 구분 같은 것)조차도 무시되는 경향이 있었다. 왜냐하면, 그렇게 구분된 분야들이 엄밀하게 정의된 전문직을 대표하는 것이 아니었기 때문이다. 자연철학자와 수학자는 흔히 동일 인물이었고, 그의 가르침은 수학과 자연철학을 넘어 여타의 모든 철학적 논쟁점들을 포괄하고 있는 게 보편적이었다. 고대에는 지적 분야가 세밀하게 분할된 것이 아니라, 비교적 통일성과 일관성을 지닌 전체로서 언표됐다. 그러니까 드레이퍼와 화이트의 주장은 그 뿌리가 허약한 것일 수밖에 없다.

Galenos(129~216) 그리스 의사. 실험생리학을 확립했으며, 중세와 르네상스 시대에 걸쳐 유럽의 의학 이론과 실제에 절대적인 영향을 끼쳤다. 인체의 세 가지 중요기능(소화, 호흡, 신경)을 체계적으로 설명하려 했는데, 그에 의하면 음식물이 위와 장을 거쳐 간에 이르러 '자연의 영(혈액)'으로 바뀌어 정맥을 통해 온몸으로 전달된다고 한다.

그렇지만, 비록 교부시대에 과학이 자율적인 학문분야가 아니었고 전문분야도 아니었던 게 사실이더라도, 자연에 관심을 기울였던 철학적 구상들의 관점들과 가톨릭과의 관계를 탐구하는 일이 불가능한 것은 아니다.

과연 피안성과 성서적 권위를 강조하는 가톨릭이 자연에 대한 관심을 억눌렀을까? 그리고 실제로 가톨릭의 책임이라고 주장할 만한 과학의 쇠퇴가 있었을까? 이런 의문들에 대한 답을 정리하기가 쉽지는 않지만, 초기 가톨릭 시대에도 중요한 과학 활동의 예들이 있었던 건 분명하다. 프톨레마이오스의 천문학 작업, 갈레노스(Galenos)의 의학, 디오판투스(Diophantus)의 수학적 노력이 그 두드러진 예들이고, 존 필로포누스(John Philoponus)는 아리스토텔레스의 자연학과 우주론에 대한 중요한 재평가 작업을 했다.

그렇지만 그리스의 창조적인 과학이 기원후 2세기경부터 쇠퇴한 것 또한 사실이다. 고대사를 아무리 뒤져봐도 과학이 대대적으로 수행된 적이 결코 없다. 특히, 로마 시대에는 창조적인 자연과학 분야의 연구에 대한 기록을 거의 찾을 수 없는데, 그 당시 학문의 관심이 윤리와 형이상학으로 치우쳐 있었던 때문인 것 같다. 로마 시대의 자연과학에 대한 기록은 안내서와 백과사전들 속에 삽입된 편린들 뿐이다. 그렇다면 가톨릭이 이런 과학의 쇠퇴에 책임이 있는가? 이에 대한 답을 구하기 위해서는 가톨릭의 세계관부터 고려해봐야 한다.

고대에 물질세계를 향한 태도는 상당히 다양했다. 그 태도들의 한 극단에 이방의 우주적 종교가 있었는데, 그것은 피타고라스와 플라톤 그리고 스토아 학파가 형성한 것이었다. 그 종교는 물질세계 혹은 바로 그 위의 하늘 부분을 신적 창조와 섭리의 완전한 표현으로 여기고, 그 자체를 하나의 신적 존재로 간주했다. 더욱이 우주에 대한 연구와 관조를 하나님에게로 나아가는 통로라고 생각했다. 그렇기에 자연철학과 신학은 하나일 수밖에 없었다.

그들의 반대편에는 물질세계와 악을 동일시하는 영지주의자들이 있었다. 그들에게 우주는 죄와 무질서의 현장, 악의 세력들의 산물, 신에 대한 대립, 그리고 영혼이 영계의 진정한 고향을 찾아가기 위해 탈출해야만 하는 감옥으로 간주했다.

그리고 그 양 극단 사이에 플라톤의 철학이 있었는데, 그 철학은 초월적 세계의 영원한 형상들과 우주 안에 불완전하게 존재하는 물질적인 모사(replication)를 철저하게 구별했다. 신플라톤주의자들은 세계가 악한 것이라고는 생각하지 않았다. 세계는 신적 이성의 산물이었고, 암스트롱(A. H. Armstrong)이 주장하듯이, 어려운 상황에서 만들어질 수 있는 최상의 우주였다. 그럼에도 불구하고 신플라톤주의는 근본적으로 피안적이었다. 물질세계는 그 모든 아름다움에도 불구하고 무질서의 현장이기에, 영원한 진리의 관조를 이루기 위해서 탈출해야 할 곳으로 여겼다.

그렇다면 가톨릭의 입장은 어떤 것이었을까? 물질세계에 대한 통일된 관점은 없었다. 그러나 가톨릭은 점차 발전해 나가면서, 자연은 숭배되어도 거절되어서도 안 된다는 신플라톤 철학을 표방했다. 니사의 그레고리(Gergory of Nyssa)는 물질세계의 비실재성과 허구성을 인정하면서도, 한편으로는 물질세계가 하나님을 향하여 인류를 위로 고양시킬 수 있는 기호들과 상징들을 제공해줄 수 있다고 주장했다.

그리고 아우구스티누스는 인간의 육체 속에 죄가 들어 있는 것이 아니라 의지 속에 자리 잡고 있다고 주장했다. 이 주장은 매우 중요하다. 왜냐하면, 영혼은 육체와의 접촉으로 오염된다는 개념, 즉 물질과 육체는 본래 악하다는 개념에서 가톨릭을 해방시키는 데 결정적인 기여를 했기 때문이다. 그렇게 개혁적인 인물이었지만 자연과학의 가치에 대해서는 여전히 회의적이었다. 『엔키리디온(Enchiridion)』에 보면 그의 가치관이 잘 드러난다.

Enchiridion 아우구스티누스가 쓴 신앙 핸드북

우리가 종교 속에서 응당 믿어야 할 것이 무엇인지 질문받을 때, 그 대답은 그리스인들이 '자연학자들'이라고 불렸던 사람들의 방식을 따라 사물의 본성을 탐구하면서 얻어질 수 있는 것은 아니다. 기독교인들이 땅과 자연의 기초 요소들의 수나 혹은 운동과 질서 그리고 별들의 편차 또는 하늘의 지도. 동물들의 종류와 본성, 식물들, 돌들, 샘들, 강들. 산들, 혹은 공간과 시간의 분할에 관하여, 다가오는 폭풍에 관하여, 그리고 이들 '자연학자'들이 이해하고 있는 혹은 그들이 가졌다고 생각하는 무수한 많은 다른 사물들에 관하여 무지하다 해도 우리가 당혹해할 필요가 없다……. 기독교인에게는 하늘이나 땅이나, 또는 보이는 것이나 보이지 않는 것이나 간에, 모든 피조된 사물들의 원인은 다름 아닌 한 분이시고 참 하나님이신 창조자의 선이라는 사실을 믿는 것으로 충분하다.

그렇지만 과학을 극단적으로 배타하는 것은 아니어서 아우구스티누스는 과학의 필요성도 인정했다. 그래서 과학지식이 요구될 경우는 그 지식을 소유하고 있는 이방 작가들까지 수용해야 한다고 말했다.

통상, 비기독교인은 지구와 하늘 그리고 이 세상의 다른 요소들에 관하여, 별들의 운동과 궤도 그리고 심지어 별들의 크기와 상대적인 위치에 관하여, 해와 달의 예측 가능한 식(일식. 월식)과 일 년과 계절의 순환에 관하여, 동물들의 수와 관목들과 돌들과 기타 등등에 관하여 어떤 것을 알고 있으며, 그래서 그와 같은 지식을 그는 이성과 경험에 근거하여 확실하다고 주장한다. 기독교인들은 성서를 의미 있게 해석하면서도 그와 같은 일반 지식에 대해서는 헛소리를 남발한다고 이교도들을 비난한다면 이 또한 불경하고 위험한 일이다. 그러므로 기독교인들이 사람들에게 엄청난 무지를 드러내어 그들로부터 경멸을 사는 그러한 당혹스런 사태를 막기 위해 우리는 모든 수단을 강구하여야 할 것이다.

대교황 레오(Pope Leo the Great)도 아우구스티누스와 유사한 관점을 제시했다.

사람이여, 깨어나라, 그리고 너 자신의 본성의 존귀함을 인식하라. 너는 하나님의 형상으로 만들어졌음을 기억하라. 그리고 비록 그 형상이 아담 안에서 훼손당했을지라도 그리스도 안에서 다시 만들어졌다. 너는 보이는 피조물들 즉 땅과 바다와 공중과 샘들과 강들을 그들이 마땅히 쓰임을 받아야 하는 대로 사용하고, 그리고 그들 안에 있는 공평하고 놀라운 모든 것들로 인하여 창조자를 찬미하고 영광되게 하라.

레오는 물질세계를 무시해서는 안 된다고 주장했지만, 물질의 창조에 관한 부분이 관심의 초점이 되어서는 안 된다는 사실도 상기시켰다.

대교황 레오 제45대 교황(재위: 440~461) '대교황'이라는 호칭을 받은 첫 번째 교황. 훈족과 반달족의 침공에서 로마를 구출했다. 20년의 재위기간 동안 로마 주교좌의 세력과 명망은 더할 수 없이 성장하였다. 대외적으로 교황은 사실상 로마시의 수호자가 되었고, 대내적으로도 로마교회의 최고 통치권의 기반을 확고히 할 수 있었다.

새들과 뱀들과 야수들과 소들과 파리들과 좀벌레들이 기뻐하는 빛에 너 자신을 헌신하지 말라. 네 육체의 감각들과 더불어 육체의 빛을 느끼고, 그리고 너의 모든 성신을 확장하여 '이 세상 속으로 도래하는, 모든 인간들을 밝히는 참 빛을 움켜잡으라……' 우리가 하나님의 성전이고 하나님의 영이 우리 안에 거하신다면, 신실한 모든 사람들이 그 자신의 영혼 속에 갖고 있는 바로 그것(영혼)은 사람이 하늘을 볼 때 경탄하게 만드는 것보다 더 훌륭한 것이다. 우리는 물론 하나님의 활동을 경멸하거나 혹은 선한 하나님이 선하게 만드신 사물에 대한 너의 신앙에 반하는 어떤 것이 거기에 존재한다고 생각하도록 설득하기 위해 이 말을 하는 것이 아니라, 이 모든 피조물들과 이 세계의 모든 것을 합리적으로 그리고 적절하게 활용할 수 있다는 것을 너에게 말하려 하는 것이다……. 우리는 현재의 생명 상태로 태어났고, 그리고 미래에도 생명으로 다시 태어날 것이기에 일시적인 선에 집착하지 말고 영원한 선을 찾도록 전념하라.

물질세계는 사랑받아야 할 것이 아니라 활용되어야 하고, 물질세계 자체가 목적이 아니며 더 높은 사물들의 관조로 나아가기 위한 수단일 뿐인 것이다. 이러한 태도가 과학적 구상에 의미하는 바는 무엇인가? 교회가 과학적 구상에 호의적인 태도를 취하지 않은 것은 사실이지만, 그렇다고 그런 태도를 노골적인 배타행위로 해석해서도 안 될 것 같다.

교회는 틀림없이 과학 연구 기관들의 설립을 요구하지도 않았고, 젊은이들에게 과학 분야의 직업을 가지라고 권장하지도 않았다. 과학자의 측면에서 보면 섭섭할 수도 있을지 모르지만, 교회의 태도는 중립에 가까웠다. 그러니까 과학과의 관계에서 초대교회를 경멸적으로 언급하고 있는 대부분의 관점은 엄밀하게 말해서, 그 판단의 표준을 시대착오적으로 적용하고 있는 것이다. 우리가 분명하게 인식해야 할 것은 초대교회는 우주적 종교로부터 우주에 대한 영지주의의 거부에 이르는 다양한 이념들 속에서 중간 입장을 택하려고 노력했다는 사실이다.

그러므로 가톨릭이 도래하면서 과학 활동과 그와 관련된 많은 사람들에게 지원하던 후원이 위축되었을 개연성은 거의 없다. 그리고 자연에 대한 연구 자체가 고대사회에서 매우 불확실한 입지에 놓여 있었던 사실 또한 고려해야 한다. 의학과 천문학 등의 몇몇 분야들을 제외하면, 과학이 실제적이고 전문적인 기능을 제대로 갖추지 못하고 있었기에, 사회적 효용성을 인정받지 못했다. 그래서 대부분의 과학적 연구가 사회적 후원을 받을 수 없는 상황이었다.

가톨릭의 도그마가 세계관을 지배하는 고대 말기로 접어들면서 과학자들은 연구는 사회적 후원의 부재로 어려움을 겪을 수밖에 없었고, 가톨릭이 이러한 상황을 개선하기 위해 한 일이 거의 없는 건 사실이다. 이런 태도가 온당한지, 그렇지 않은지는 뭐라고 단언하기 힘들다. 가톨릭이 과학을 어떻게 생각하고 있었는지 알기 어렵기 때문에 더욱 그렇다. 과학이 신앙에 기여하는 한에서만 중요하다고 간주했던 것은 확실하지만, 그 속내를 구체적으로 간파해내긴 쉽지 않다.

또한, 교부시대의 가톨릭과 과학의 관계에 대해 냉철한 평가를 역사 속에서 찾아내는 일 역시 쉽지 않다. 그 주된 이유는 그 문제에 대한 연구들이 거의 대부분 종교적 관점에서 논쟁하거나 변증하려는 목적들을 견지하여 왔기 때문이다.

가톨릭을 비판하는 사람들은, 이방의 가르침을 기꺼워하지 않았던 가톨릭 교인들의 사례들만을 취하여, 종교가 과학 작업을 조직적으로 억압했다는 식으로 과장했고, 가톨릭 변증자들도 과학에 대한 가톨릭의 공헌을 가톨릭과 과학의 적극적인 관계를 예증해 주는 것처럼 과장했다. 물론, 이건 극단의 입장을 간단히 정리한 것이고 실상은 이보다 훨씬 더 복잡하다. 그렇기에 그 관계를 구체적으로 파악하려는 시도에는 한계가 있을 수밖에 없다.

누가 가톨릭의 입장을 말한다고 해도 그것은 단지 당시 가톨릭 교인들의 다양한 입장을 대충 얼버무려 말하는 것을 의미할 뿐이다. 더구나 교단이 분화되기 시작해서 한목소리를 낼 수 있는 환경이 아니었기에, 이방 철학 혹은 자연과학에 대한 통일된 관점이 있었던 것도 아니다. 문화나 학문에 대한 가톨릭 교인들의 태도는 이방인들에 대한 태도에 비견될 만큼 다양했다. 각각의 공동체 내에는 자연과학을 유용하다고 생각하는 사람들과 그것을 시간 낭비나 손해로 간주하는 사람들이 있었다. 그리고 그러한 태도들은 신학적 주장에 의해서 뿐만이 아니라 그 외의 다른 요인들에 의해서 결정되기도 했다.

일부의 가톨릭 교인들은 자연 세계에 대한 연구가 2차적인 중요성 이상을 갖고 있지 않다고 간주했다. 그들에게는 구원과 기초적인 가톨릭 교리의 발전 외에는 중요한 것이 없었다. 아우구스티누스가 주장하였듯이, "가톨릭 교인들이 원소들의 힘과 양에 관하여 무지하다 해도 근심할 이유가 없다. 가톨릭 교인들에게는 단지 모든 피조된 사물들이 창조자 하나님의 선이라는 사실을 믿는 것만으로 충분하다."

그렇기에 가톨릭 교인들이 과학적 활동에 대해 주요한 자극을 제공했다고 주장하는 것은 치졸한 왜곡이다. 또한, 자연철학과 가톨릭과는 전혀 관계가 없었다거나, 교회가 과학발전을 방해했다는 인상을 표현하는 것도 왜곡이다. 실제로 많은 교부들은 중요한 과학지식을 습득하고 있었을 뿐만 아니라, 과학이 성서 주석과 신앙 변증을 위해 유용하다고 간주하고 있었다. 교부들이 그리스의 자연과학을 활용했고, 그 지식을 전달하기도 했다는 건 분명한 사실이다. 그리고 이러한 전달은 과학에 대한 가톨릭의 중요한 공헌 중의 하나이다.

번역물들이 라틴어권 서구에 새로운 지적 보고를 가져다주었던 12세기 이전까지 교부들의 저작은 과학적 가르침을 담고 있는 중요한 저장고 역할을 감당하였다. 그리고 교회가 전달했던 것(과학지식)은 또한 교회에 영향을 주기도 해서, 일부의 교리가 바뀌기도 했다.

또한, 가톨릭은 선택적인 기능을 수행함으로써 철학적 전통을 바꾸어 놓기도 했다. 교부들은 플라톤 철학에 대한 강한 선호도를 지녔기 때문에, 12세기에 아리스토텔레스의 철학에 직접 접근하기 전까지 천년 동안 플라톤의 세계관이 서구를 지배하는 데 결정적인 역할을 했다. 그리고 그들의 교리해석은 이방의 자연지식에 의해서 변화되기도 했다. 기독교 신학은 그리스의 형이상학과 우주론을 자연스럽게 받아들이게 됐는데, 그 과정이 너무 자연스러워서, 그러한 변형을 그 속에 참여한 사람들도 제대로 인식하지 못했던 듯하다. 그러나 그러한 사실을 현대의 우리마저 인식하지 못한다면, 서구 신학과 과학의 추후 관계를 제대로 이해하지 못할 것이다.

중세시대의 과학과 신학

진화론의 태동과 발전에 대한 유장한 역사를 살펴보는 데 있어서, 과학사를 함께 살피는 일만큼이나 중요한 게 가톨릭과 과학 사이의 긴장관계를 지속적으로 살피는 일이다. 그중에서도 중세시대의 과학과 신학 사이의 관계는 아주 철저하게 살펴봐야 하는데, 그 이유는 세상에 널리 알려진 내용이 실제의 역사와 달리, 심하게 왜곡되어 있기 때문이다.

중세의 과학적 진보가 아주 느렸고, 그렇게 된 이유가 가톨릭의 지속적인 탄압 때문이었다고 널리 알려졌지만, 만약 이런 세속의 평들이 모두 사실이라면, 르네상스의 개화가 그 속에서 일어날 수 없었을 것이다. 이런 사실을 유념하여 중세 과학사를 훑어보면, 적어도 한 가지는 분명히 알 수 있다. 가톨릭이 과학 분야를 지속적으로 탄압하지는 않았다는 사실 말이다.

실제로, 과학과 신학이 라틴 중세 시대보다 더 밀접한 관계를 맺고 지낸 적은 없었다. 물론, 관계가 그랬다고 해서 양측의 힘이 비등했다는 뜻은 아니다. 신학의 힘이 월등히 강했다. 그래서 과학의 도전을 걱정 안 해도 되는 상황이었다. 그래서 과학과 신학 사이의 갈등은 과학 기술 분야에서는 거의 일어나지 않았고, 과학이 우주의 운행이라는 좀 더 광범위한 원리들에 관심을 가지고 신학이 이미 설명한 내용에 대해 이의를 제기할 경우에만 가끔 나타났다.

12세기 이전의 과학은 독자적인 발전이 거의 진행되지 못하고 있었고, 학자들이 지니고 있는 학습 자료들도 빈약했다. 아리스토텔레스의 논리학 논문 몇 편, 플라톤의 『티마이우스(Timaeus)』, 몇 권의 천문학 서적들, 그리고 플리니우스(Gaius Plinius), 솔리누스(Solinus), 칼키디우스(Calcidius) 등이 시리즈로 집필한 라틴의 백과사전적 소책자들이 학술 서적의 거의 전부였다.

필로 유대우스(BC20~AD50) 고대 알렉산드리아의 유대인 철학자. 구약성서를 그리스 철학, 특히 플라톤의 사상을 원용하여 비유적 해석을 행한 인물로 알려져 있다. 그는 유대주의와 헬라 철학이라는 두 체계 안에서 교육받았다. 저작 가운데 중요한 대부분은 구약성경의 어떤 한 주제에 대한 철학적인 논술이다. 그러나 그 내용은 헬라철학에 의거하여 성경의 가르침들을 해석하려는 시도였다.

당시의 세속 학문 분야는 언어와 수리과학 영역의 7개의 교양 과목들(liberal arts)로 구성된 것이 특징이라 할 수 있는데, 언어 분야는 문법, 수사학, 변증학으로 구성하여 3학이라 불렸고, 수리과학 분야는 산수, 기하학, 천문, 음악으로 구성하여 4학(quadrivium)으로 불렸다.

이 중에 4학 속에서 구현되었던 과학은 12~13세기를 거치면서 자연철학이라는 좀 더 광범위한 의미로 확장되었고, 그 기간에 그리스의 과학과 자연철학이 라틴어로 번역되어 라틴 기독교 세계에 소개되었다. 이는 기독교가 생겨난 지 1,100년이나 지난 후의 일이다.

중세 전반에 걸쳐 과학은 '신학의 시녀(philosophia ancilla theo-logiae)' 신분으로 있었는데, 그러한 역할은 필로 유대우스(Philo Ju-daeus)가 A.D. 1세기에 처음으로 제시하였고, 이후 클레멘트와 아우구스티누스에 의해 전용되다가, 휴고(Hugh of Saint-Victor)와 성 보나벤투라(Saint Bonaventure)에 의해 확고한 개념으로 자리 잡게 되었다. 시녀 개념이란, 과학 탐구의 목적이 오직 성서 해석에 도움을 주는 데 있다는 뜻이다. 그래서 성 보나벤투라는 신학을 위한 교양 과목들의 부수적이고 보조적인 역할에 대하여 특별한 논문을 쓰기까지 했다. 『교양 과목들의 신학으로의 환원에 관하여(De reductione ar-tium ad theologiam)』라는 논문에서, 그는 교양 과목들을 거의 철학과 과학의 동의어로 해석하고 있으며, 모든 지식분야가 어떻게 해서 신학의 시녀가 되는지를 입증하려고 노력했다.

그보다 앞서 살았던 페트루스 다미아니(Petrus Damiani)도 하나님과 자연의 관계에 대해서 중세기 초엽의 교부적 입장을 견지했다. 하나님이 혼돈으로부터 세계를 창조하셨기 때문에, 그 하나님을 자연법칙과 그 법칙들이 보여주는 질서정연한 아름다움의 직접적인 원인으로 생각하였다.

하나님은 자신의 이중 목적 때문에 외적이고 가시적인 세계에 대한 연구를 장려하신다. 즉 불가시적이고 영적인 세계에 대한 명상을 제공하여 우리로 하여금 하나님을 더욱 경배하게 하고, 또한 시편(8:6~9)에 묘사된 대로 우리가 이 세계를 지배하도록 하기 위함이다. 이런 목표들은 4학의 수(number)와 양(measure)을 다루는 학문 분야들을 습득함으로써 현실적으로 구체화될 수 있다. 즉 과학은 신학의 더 높은 학문 분야의 요구에 이바지해야만 한다.

이러한 풍토 속에서 세속 학문들은 시녀의 신분을 받아들일 수밖에

없었다. 그리고 이러한 종속은 중세 후기보다는 초기에 더욱 철저하였
는데, 대체로 중세 초기에 속하는 5, 6세기는 자연철학의 형성기로서
아주 나약한 상태였다. 자연철학의 수준이 너무 낮아서 기독교 전통과
교리에 어떤 영향을 끼칠 형편이 못되었다. 발표된 서적이 있긴 했지만
『티마이우스』에 관한 연구논문들을 제외하면, 대부분이 백과사전적이
고 산만한 것들뿐이었다. 일관성은 물론이고 주제를 유지해주는 원리
들이 없었기 때문에, 과학은 세계의 본질에 대한 새로운 해석이나 통
찰을 제공할 엄두조차 내지 못했다.

그러다가 12세기에 들어서고 나서야 중요한 변화들이 나타나기 시작
했다. 우주와 그 우주를 창조한 하나님에 대한 신학적 해석에 대한 이
견들이 본격적으로 나온 게 그 무렵이었다. 그 도전은 신플라톤주의적
형식의 비교적 온건한 형태로 시작되었기에 신학이 위협을 느끼지 못

Honorius(384~423) 서로마 제국
의 황제. 테오도시우스 1세의 둘째
아들이었고, 동로마 제국의 황제인
아르카디우스의 동생이다. 395년에
테오도시우스 1세가 죽자 로마 제국
은 동서로 나뉘었고, 호노리우스는
이전 테오도시우스 황제의 황제 호
위대장이자 반달족 출신의 장군인
스틸리코의 보좌를 받았다.

했는지는 모르지만 쉽게 후퇴할 기미는
없어 보였다. 13세기에 아리스토텔레스
적 사상이 유입될 때까지, 도전의 기운
이 비록 강렬하지는 않았지만 수그러든
적은 결코 없었다.

그러한 증거는 쉽사리 찾아볼 수 있
다. "하나님의 모든 피조물은 그것을 관
찰하는 사람에게 커다란 기쁨을 준다."
는 호노리우스(Honorius)의 낙관적 정
신이 그 증거인 셈인데, 그와 동시대 학
자인 티에리(Thierry)와 그보다 앞 시대
의 사람인 다미아니도 동일한 정서를 공
유하고 있었으며, 바로 그와 같은 정서에

자극받은 학자들이 집단적으로 자연을 탐구하기 시작한 것이 그 무렵이었다.

물리 법칙들이 교회의 권위에 우선한다고 주장했던 콘체스의 윌리엄 (William of Conches)이 당시 학자들의 입장을 대변하고 있는데, 그는 '자연의 힘에 대하여 무지하고 또한 자신들의 무지를 나누고 싶어, 사람들이 무엇을 알기를 원하지 않는 자들'을 미워했다. 왜냐하면 "그러한 자들은 우리가 농부처럼 믿기만 하고, 사물들의 배후에 있는 이유에 대해 묻지 않기를 원하기 때문이다." 그의 주장에 의하면, 단지 하나님의 전능하심이나 성서 구절들에 호소하여 원인과 현상을 설명하려는 것은 무지를 고백하는 것과 같다. 자연 및 그의 규칙적 원인과 사건들을 가르치는 것은 신학이 아니라 철학의 의무에 해당한다.

시나브로 인간 이성과 감각 경험에 대한 확신이 출현하기 시작한 것이다. 아델라르드(Adelard), 피터 아벨라르(Peter Abelard), 버나드 실베스터(Bernard Silvester), 클라렌발두스(Clarenbaldus) 등도 이성적 탐구를 대담하게 강조했는데, 이러한 집단적 노력은 신학으로부터 과학을 분리하려는 시도가 본격적으로 시작됐음을 의미한다.

그러나 안타깝게도 이러한 시도는 그다지 성공적인 성과를 거두지 못했다. 이러한 분리의 시도는, 독자적인 목적을 위하여 과학을 탐구하는 수준까지는 이르지 못하고, 성서 주석과 신학적 문제들을 해명하기 위해서, 과학을 적극적으로 응용하는 수준에서 주춤거렸다. 즉, 신학으로부터의 독립에 급급했던 과학은, 독창적인 분야를 개척하기보다는 신학을 잠식하는 형태를 띠었는데, 그런 마타도어 전략은 지속적인 성공을 거둘 수 없었다.

도리어 그런 전략은 과학과 신학의 본격적인 대결 구도를 만드는 실마리가 되었으며, 13세기 서유럽에 아라비아 과학이 유입될 때 아리스토텔레스의 주요 과학 저서들이 소개되면서 상황이 더욱 악화되었다. 과학과 신학 사이의 전선이 선명하게 형성되기 시작한 것이다.

아리스토텔레스의 과학·논리에 관한 저술들이 라틴어로 번역되어 출간되자 유럽 전체가 급변하기 시작했다. 정교한 과학 방법론과 근본 원리들을 담고 있는 아리스토텔레스의 논문들은 깊이와 다양성에서 필적할 상대가 없었고, 따라서 12세기 세계관의 기초와 영감을 제공했던 플라톤의 『티마이우스』는 곧 사람들의 뇌리에서 잊혀갔다. 자연학, 형이상학, 논리학, 우주론, 원소론, 인식론 그리고 변화의 본질에 관한 아리스토텔레스의 논문들을 통하여 중세는 물리 체계의 구조와 운행에 관한 개념들을 갖추게 되었다.

아리스토텔레스의 논문들이 이런 중요한 역할을 수행하게 된 데는 대학 설립에 주요 동기를 제공해 준 것과도 무관하지 않다. 1200년부터 약 450년 동안, 서유럽의 대학들은 아리스토텔레스 저작들에 기초한 철학과 과학의 교과 과정을 중시하였다. 그래서 교양학부에서 석사 학위를 이수하고자 하는 사람들은 그의 논리학과 자연철학을 공부해야만 했다. 특히 자연 철학은 신학부의 필수과목이었다.

그렇게 아리스토텔레스 사상이 서유럽에 전파되면서 신학과 신학의 전통적 해석들은 심하게 위협을 받게 됐다. 『티마이우스』에 나오는 플라톤의 창조기사는 기독교와 양립할 수 있었지만, 아리스토텔레스의 우주 체계는 그렇지 못하였다. 왜냐하면, 플라톤은 선재하는 영원한 물질과 형상으로부터 세계를 만들어 자신의 선을 분여하는 창조주를 묘사했지만, 아리스토텔레스는 시작도 끝도 없는 세계와 그 세계를 전혀 알지 못하는 신을 제시하고 있었기 때문이다.

더구나 아리스토텔레스는 영혼에 대하여 육체와 함께 죽는다는 자연주의적 설명을 도입하는 경향이 강했기 때문에, 신학의 입장에서는 아리스토텔레스의 체계를 도저히 시녀로 받아들일 수 없었다. 물론, 아리스토텔레스도 그런 신분을 원하지 않았다.

당시 가장 유명했던 파리 대학의 신학자들과 교양 학부 교사들은 아리스토텔레스의 학문을 적극적으로 수용했지만, 대부분의 전통 신학자들은 아리스토텔레스의 체계를 거북하게 여겼다. 그래서 전통 신학자들의 지속적인 건의에 따라, 파리 주교는 1210년과 1215년에 문제가 된 아리스토텔레스의 주요 저서들을 읽지 못하게 금지했다. 그리고 1231년에는 교황 그레고리 9세가 직접 나서서 그 책들을 금서 목록에 넣었다.

그러나 개혁적인 학자들의 꾸준한 노력으로 1255년에 이르러 아리스토텔레스의 저서들이 공식적으로 부활했고, 서유럽의 대학들도 교양 커리큘럼에 그의 저서들을 다시 도입했다. 그러자 신학과 철학 사이에는 본격적인 분열이 일어나기 시작했다.

한쪽에는, 아리스토텔레스의 철학이 하나님과 피조 세계를 이해하는 데 필요하다고 여기던, 급진적인 교양 학부 선생들과 자유주의적인 신학자들이 있었고, 그들의 반대편에는, 그리스 철학이 기독교 신앙을 뒤집어엎을 정도로 위험하다고 주장하는, 전통적인 신학자들이 있었다.

시제루스(Sigerus)와 보에티우스(Boethius)로 대표되는 급진적 교양학부의 학자들은 아리스토텔레스의 자연철학을 우주의 올바른 해석을 위한 필수불가결한 열쇠로 생각하고, 철학은 신학과 별개의 것일 뿐만 아니라, 신학과 동등한 지위에 있거나 신학보다 우월하다고 결론 지었다. 일부 전통 신학자들이 철학의 위상을 부인하려고 했지만, 이미 많은 신학자들이 철학을 독립적으로 연구할 가치가 있는 것으로 여기고 있었다.

이러한 그룹 가운데 가장 유명한 인물은 토마스 아퀴나스로서 그는 계시의 확실성 때문에, 신학을 최고의 학문으로 간주했지만, 철학도 적극적으로 수용했을 뿐만 아니라, 아리스토텔레스를 철학자 중 가장 위대한 인물로 인정했다. 그의 지론의 핵심은, 철학을 포함하여 세속 학문이 신학이나 신앙에 모순되지 않는다는 것이었다.

보나벤투라(1221~1274) 중세 신학자, 경건하고 사랑이 흐르는 면에서 '세라핌적 박사'로 알려진 그는 성 프란치스코의 대전기 를 비롯하여 수많은 저서들을 남겼다

그러나 보수주의자들의 저항도 만만치 않았다. 성 보나벤투라를 필두로 하는 전통 신학자들은 아리스토텔레스의 사상들을 철저하게 정죄함으로써 전세를 반전시키고자 하였다. 그렇지만 아리스토텔레스의 철학을 신학에 적용할 경우에 치르게 될 위험을 거듭 경고하였음에도 불구하고 별 실효를 거두지 못하자, 파리의 주교였던 에티엔 탕피에르(Etienne Tempier)에게 도움을 요청하였다. 그러자 그가 1270년에 아리스토텔레스의 13개 명제에 대하며, 그리고 1277년에는 219개 명제에 대하여 유죄 판결을 내려줬다.

논리적 논쟁에 자신이 없었던 보수파들은 1277년의 판결을 등에 업고 자연철학의 주장자들을 출교형으로 무조건 억압하고자 했다. 이를테면, 창조를 부정하고 세계의 영원성을 주장하는 것, 다른 세계의 가능성을 부정하는 것, 내재하는 행위 주체가 없이도 하나님은 사건을 일으키실 수 있다는 것을 부정하는 것 등을 무조건 금지했다.

이런 제한들은 모든 학자에게 동등하게 적용되었지만, 교양학부 교수들은 다른 동료들보다 더 심각한 타격을 입게 됐다. 그들은 1277년의 판결문에 따라야 했을 뿐만 아니라, 신학 전공 학위를 갖고 있지 않앉기 때문에, 신학적 문제들에 대한 논쟁을 삼갈 것을 맹세해야 했기에, 자연철학에 신학적 문제들을 도입하는 일을 아예 단념해야 했다.

그렇지만 그런 제약이 그렇게 치명적인 것은 아니었다. 그러한 제약에도 불구하고, 아리스토텔레스적 체계 속에서는 일어날 수 없는 현상들을 하나님이 일으킬 수 있는 능력을 갖고 있다고 인정하는 한에서는, 그들도 아리스토텔레스의 과학적 결론들을 자유롭게 주장할 수 있었기 때문이다. 따라서 하나님이 바라는 대로 다른 세계들을 창조하실 수 있었다는 점을 인정만 한다면, 교양학부 교사도 아리스토텔레스를 지지하거나 다른 가치관을 부정할 수 있었다. 심지어 중세의 신학과 철학 사이의 가장 큰 쟁점이었던 세상의 영원성 같은 문제조차도, 자연철학의 문제들을 숙고하는 형식인 '자연적으로 말해서(loquendo naturaliter)'라는 형식을 통해서, 가설적으로 논의할 수 있었다.

그렇지만 자연철학자들에게는 다른 혈로가 전혀 없어서, 학문적 입지가 거의 운신을 못할 정도로 좁아졌다. 그들은 교양학부 교사와 같은 가설적 선포의 자격도 부여받지 못했기에, 그들의 논증이 신학에 관련되거나 신학적 함축성을 가지는 경우에는 사정없이 제지를 받았다.

그러나 중세 과학사 속에 자연철학에 대한 우울한 기록만 남아 있는 건 아니다. 보석같이 빛나는 과학의 씨앗들이 기적처럼 심어져 싹 텄던 기록도 담겨있다. 더구나 그 씨앗들은 뜻밖에도 과학자가 아니라 신학자들에 의해 심어진 것들이다.

중세의 자연철학자들은 활동에 상당한 제약을 받았지만, 신학자들의 위상은 그렇지 않았다. 그들에게는 학문적 자유가 상당히 보장되어 있어서 이단의 학문을 접하는 데도 큰 제약이 없었다. 그런 틈새 문화가 과학을 신학에, 그리고 신학을 과학에 응용했던 몇몇 신학자들에게 빛나는 업적을 남기게 해줬다.

몇몇 신학자들은 자연철학과 신학의 철저한 훈련을 받았을 뿐만 아니라, 과학과 수학의 발전에 지대한 업적을 남겼는데, 알베르투스 마그누스(Albertus Magnus), 존 패캄(John Pecham), 테오도릭(The-odoric), 토머스 브래드워다인(Thomas Bradwardine), 니콜 오렘(Nicole Oresme), 헨리 등이 그들이다.

성서 주석에 과학을 응용하고, 하나님의 절대 권능을 자연 세계의 대안적 가능성에 응용한다든가, 과학이론들과 개념들을 입증하기 위해서 과학논문에 성서 본문들을 인용하는 문제를 연구하던 그들은, 자연철학과 신학 두 분야를 모두 접할 수 있었기 때문에, 둘 사이의 상호 관계성을 정립할 수 있었다.

그들은 상당한 지적 자유를 향유하고 있었으나, 자신들의 신학이 물질세계의 구조와 운행에 대한 탐구를 방해하는 것은 허용하지 않았다. 그뿐만 아니라 '기독교적 과학'을 만들어 내고 싶은 유혹도 참아냈다.

Nicole Oresme(1323~1382) 프랑스의 성직자로 지수(指數)의 개념과 그 기호를 고안해 냈다. 철학과 천문학·수학·정신분석학·음악 등 거의 모든 분야에서 두각을 나타냈다. 경제학 태동 이전의 경제학자로도 기억된다. 그레섬보다 200여 년 앞서 악화가 양화를 구축한다는 원리를 제시했다.

또한, 성서 본문들을 과학적 진리들을 논증하는 데 활용하지도 않았다. 니콜 오렘은 『양과 운동의 배치에 관하여(On the Configuration of Qualities and Motions)』라는 과학논문에, 성서에 관한 23권의 책들에서 뽑은 무려 50여 개의 구절을 인용하여 삽입했지만, 단지 예를 들거나 보충적인 실명을 하는 데만 사용하였고, 결코 논증을 전개하는 데는 사용하지 않았다.

중세의 과학을 보존하고 발전시킨

게 신학자들이라는 사실은 정말 아이러니다. 중세 후반에 사회적으로 과학적 논의를 금지한 것이 뜻밖의 결과를 일으킨 것이다. 1277년의 판결문을 통하여 구체화된 신학적 제재들은, 설득력 있는 대안과 설득력 없는 대안을 분별하게 했고, 신학자들로 하여금 자연철학자들이 생각하고 있는 것과는 다른 가능성을 모색하게 한 것이다. 여기서 중요한 점은, 그런 모색이 아리스토텔레스의 세계관을 포기하는 방향으로 진행되지는 않았다는 사실이다.

교회의 수뇌부들이 알고 있었는지는 모르지만, 당시의 신학자들은 과학에 대한 부채감과 함께 상당한 사회적 책무를 느끼고 있었다. 그리고 그들의 대다수는 양심적인 행동이 몸에 배어 있었기에, 죄 없어 보이는 과학을 이단적 학문으로 몰아서 불태워 버릴 수 없었다.

중세 신학자들이 과학과 신학의 양 분야에서 받은 폭넓은 지식을 결합시켰고, 또한 그 두 분야를 관계 지을 수 있는 배타적 권리를 갖고 있었다는 사실은, 명제집과 성서에 대한 중세의 방대한 문헌 속에서, 왜 과학과 신학이 충돌을 일으키지 않았는가를 설명할 수 있는 열쇠이기도 하다. 많은 문제와 부딪혔지만, 중세의 신학자들은 어떻게 한 분야를 다른 분야에 종속시켜야 할지를, 그리고 어떻게 갈등을 피해야 할지를 잘 알고 있었다.

그들은 양 분야를 조화시킬 수 있는 탁월한 위치에 있었다. 그랬기에 1260년대와 1270년대를 제외하곤, 중세의 신학과 과학 간의 관계가 평온하게 유지될 수 있었다. 적어도 코페르니쿠스가 나타나기 전까지는 분명히 그랬다.

태양이 동쪽에서 떠서 지구를 휘감고 돌아서 서쪽으로 지는 것을 보면서도, 감히 지구가 태양을 돌고 있다고 주장하는 천문학자가 나타나고, 그에 동조하는 세력이 형성되어 집단을 이루기 전까지는 신학과 과학 사이가 비교적 평화로웠다. 그렇지만 코페르니쿠스가 나타난 후로는 모든 게 바뀌었다. 그의 역설은 천문학 분야에 국한된 것으로 해석될 수도 있었지만, 천체운동에 대한 이성적이고 합리적인 해석이 지속적으로 가해지면서, 신성시하던 모든 문제에 이성적인 접근의 혈로를 뚫는 붐을 일으키게 되어, 광의적이고 획기적인 것으로 해석될 수밖에 없게 됐다.

오랫동안 잊고 있었던, 생명의 기원에 대한 새로운 아이디어가 다시 논의되기 시작한 것도 그 무렵이었을 것이다. 가톨릭의 강력한 카리스마 아래서, 신성시하여 접근을 금지하던 분야들의 봉인이 시나브로 해제되기 시작했다. 코페르니쿠스의 선언은 그만큼 의미 있는 것이었다. 그의 위대한 역설을 고찰하기에 앞서, 가톨릭이 어둠 속에 묻어버렸던, 생명의 기원에 대한 이성적인 논의를 잠시 반추해보자.

생명의 기원이 자연법칙에 묶여 일어나는, 어떤 과정에서 비롯되었다는 생각은, 옛 그리스와 로마 시대까지 거슬러 올라간다. 각 생물 집합이 다른 생물 집합에서 나왔으며, 그 유래가 최초의 생물로 거슬러 올라간다는 뜻으로 '진화'라는 말을 쓴다면, 그 옛사람들이 내놓은 생각을 '원시 진화론'이라고 명명할 수 있다. 여기에는 생물들은 무생물 물질에서 다 자란 채로 생겨난다는 생각도 들어있다.

그런데 여기에 관한 일체의 논의들이 언제부터인가 갑자기 멈추고 말았다. 원인은 두 가지였다. 가톨릭의 갑작스러운 발흥이 영향을 끼쳤음은 모두가 인정하는 바이지만, 플라톤의 형이상학 체계의 파급도 결코 무시할 수 없다.

플라톤의 형상론은 이데아라는 초월적 대상을 요청한다. 이 세상에 있는 존재들이 나름의 속성을 가진 까닭은 오로지 형상을 반영하거나 형상에 참여하기 때문이라고 한다. 대상에게 '본질'을 부여하는 것이 바로 이데아라는 말이다. 그것은 영원하고 불변하기 때문에, 그 이론에 담긴 의미는 반(反)진화론적이다. 그래서 형상과 형상 사이 경계에 어떤 생물이 자리할 수 있다는 생각은 논리적으로 배제된다. 그의 철학은 창세기의 창조이야기는 물론이고 진화론의 안티테제와도 결합해서, 중세시대가 끝날 때까지 정적인 세계관을 단단하게 떠받쳐 주었다.

코페르니쿠스의 선언이 위대한 것은, 이런 견고한 세계관이 뿌리째 흔들리기 시작했기 때문이고, 그것이 인류의 지성을 미몽에서 일깨운 희망찬 나팔소리였기 때문이다. 오랜 세월 지속했던 가톨릭의 강력한 카리스마에 균열을 일으킨 그는 뜻밖에도 가톨릭의 내부에 있었다.

교회의 깊숙한 내부에 수도사로 머물러 있던 그가, 임종 직전에 자폭하듯 지동설이라는 폭탄을 터트렸던 것이다.

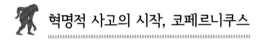

혁명적 사고의 시작, 코페르니쿠스

코페르니쿠스는 수학과 천문학에는 상당히 뛰어나지만, 물리학이나 변증법에는 매우 서툴다. 더욱이 성서에 대해서는 잘 알지 못하는 듯이 보인다. 왜냐하면, 그는 몇 가지 성서 원리를 위배했고 그래서 자신과 그 책의 독자들에게 불신앙의 위험을 초래하고 있기 때문이다. 참 학문은 고등 학문에 의해 입증된 원리들을 수용한다. 실로 모든 학문은 서로 간에 상호 연관되어 있다. 따라서 하등 학문은 고등 학문을 필요로 하며 서로 돕는다.

사실 천문학자가 물리학을 공부하지 않았다면 온전할 수가 없다. 왜냐하면 점성술(즉 천문학)은 천체의 물리적 특성과 운동을 전제로 하기 때문이다. 논리를 통해 논쟁 속에서 참과 거짓을 구별할 방법과 의학, 철학, 신학 등 여러 학문에서 요구하는 논증 양식들을 알지 못한다면, 온전한 천문학자와 철학자가 될 수 없다. 그러므로 물리학과 논리학을 이해하지 못한 코페르니쿠스가 그러한 무지 때문에 판단 착오를 저질러, 거짓된 것을 참된 것으로 받아들이고 있다는 것은 어찌 보면 당연한 결과이다. 그 학문 분야에 일가견이 있는 사람들을 불러 지구의 운동과 하늘의 부동성을 주장하는 코페르니쿠스의 책 첫 권을 읽게 해보라. 분명히 그들은 코페르니쿠스의 주장이 설득력이 없이 속단하고 있음을 발견할 것이다.

코페르니쿠스(Nicolaus Copernicus, 1473~1543) 폴란드의 천문학자. 지구가 자전축을 중심으로 자전하고 정지해 있는 태양 주위를 공전한다고 주장함으로써, 근대과학의 출현에 지대한 의미를 가지는 개념을 발전시켰다.

도미니크 수도회 소속의 천문학자였던 톨로사니가 『천구 회전에 관하여』에 대해 쓴 당시의 가장 혹독한 비평이다. 코페르니쿠스의 주장이 가톨릭 도그마에 정면으로 도전하는 불경스러운 내용이 틀림없었음에도 불구하고, 적어도 초기의 비평 중에는 이 정도가 가장 혹독한 것이었다.

진화론의 역사를 살펴봄에 있어서 코페르니쿠스의 발상을 되짚어 보는 것은, 그의 발상이 획기적이었을 뿐 아니라, 가톨릭이 내세웠던 천체 체계에 결정적인 균열을 일으켰고, 그로 인해 인류에게 우주 만물을 이성적 시각으로 볼 수 있는 결정적인 계기를 만들어줬기 때문이다. 만약 그의 획기적인 발상과 그런 발상을 공개할 담지가 없었다면, 인류는 음울한 가톨릭의 그늘 속에서 미몽 같은 세월을 더 흘려보냈을 것이며, 그로 인해서 생물의 발생과 진화에 대한 진보적인 연구 역시 더 지연됐을 것이다.

그러니까 코페르니쿠스가 인간이 하느님에 의해서 특별히 선택된 존재이고 인간이 사는 지구 역시 그러하다는, 전통적인 가톨릭의 천체를 무너뜨리고, 지구와 인간중심의 세계관을 추방하지 못했다면, 다윈이 인간을 유기체적 자연 질서의 일부로 아예 편입하지 못했거나 그 일이 지체됐을 것이기에, 진화론의 역사를 살펴봄에 있어서 그의 발상을 되짚어 보는 것은 의미 있는 일이다.

1543년에 코페르니쿠스(Nicolaus Copernicus)는 임종을 앞둔 시점에서야 『천구 회전에 관한 6권의 책(De Revolutionibus Orbium Coelstium Libri Sex)』을 출판했다. 그 책의 주된 주제는 지구가 고정된 태양을 중심으로 그 주위를 회전한다는 것이었다. 성직자의 신분을 가지고 있었기에 그가 이 책을 내기까지는 정말 많은 고심을 했을 것이다.

코페르니쿠스는 폴란드의 비수아 강 근처 토루인에서 태어나, 열 살 때 아버지를 잃고 외삼촌인 바체르로데 신부 밑에서 자라났다. 1491년 신부가 되기 위해서 입학한 크라코프 대학에서 수학과 천문학 강의를 듣게 되었는데, 그때 프톨레마이오스의 천동설과 카스티냐의 왕 알폰소가 만든 항성 목록 사이에 모순이 있음을 알게 되었다. 기존 천문학에 회의를 품기 시작한 것도 아마 그 무렵이었을 것이다.

1496년에 외삼촌의 도움으로 이탈리아 볼로냐 대학으로 유학을 가서 그리스 철학과 천문학을 공부한 후에 귀국해서 프라우엔부르크 성당 평의원을 맡았다. 그 후 다시 베네치아의 파도바 대학에 입학하여 의학과 교회법을 배워서 1506년에 두 가지 모두 학위를 받았다. 그 후로 한동안은 의사로서 상당한 명성을 얻었다.

그가 본격적으로 천문학에 뛰어든 것은 1512년 외삼촌이 죽은 후였다. 그의 뒤를 이어 프라우엔부르크 성당의 신부로 취임한 후에, 교회 옥상에 별을 관측하는 장소를 만들고, 스스로 만든 측각기(測角器)를 이용하여 본격적인 천체 관측을 시작했다.

그가 지동설(地動說)을 착안하고 그것을 확신하게 된 시기가 언제인지는 명확하지 않으나, 그의 저서 『천체의 회전에 관하여』는 1525～1530년 사이에 집필을 마친 것으로 보인다. 그러나 출판을 주저하고 있다가 원고가 그의 제자인 레티쿠스의 손을 거쳐 뉘른베르크 활판 인쇄소로 넘어간 것은 1542년이며, 그 책의 인쇄 견본이 코페르니쿠스에게 전달된 것은 이듬해인 1543년 5월 24일 목요일, 그가 임종하는 자리에서였다. 그러나 뉘른베르크에서는 당시 종교개혁을 주도했던 마르틴 루터 등의 반대로 출간되지 못하고, 라이프치히에서 출간되었다. 아주 힘들게 출간됐지만, 그 책은 지동설의 전거(典據)가 되어서, 케플러, 갈릴레이, 뉴턴 등의 후계자로 이어지면서 근대 과학의 기초가 되었다.

『천체의 회전에 관하여』에서 그는 제일 먼저 우주와 지구가 둥글다는 것을 얘기한다. 그리고 지구가 태양 주위를 1년에 한 번 도는 별에 지나지 않는다는 것을 분명히 했다. 코페르니쿠스의 새로운 체계는 전통적인 교회의 입장과 많이 달랐지만, 적어도 당대에는 탄압받지 않았다. 오히려 교황청의 일부 인사들은 그의 이론을 옹호하기까지 했다.

하지만 책의 내용이 이단적이 아니어서 탄압을 피할 수 있었던 아닌 것 같고, 그 결정적인 원인은 그 책의 서문 때문이었던 것 같다. 루터파 목사인 오지안더라는 사람이 쓴 서문에는, 본문은 단지 계산의 편의를 위한 가설일 뿐이라는 사실이 강조되어 있었다.

그러나 그런 서문을 참작하더라도 본문은 절대로 가설처럼 기술되어 있지 않았다. 코페르니쿠스는 천체 운동의 중심을 아주 분명하게 바꾸어 놓았다. 지구와 달의 위치, 항성과 천구의 일일 운동에 대한 기존의 지식이 잘못된 것임을 확신에 찬 어조로 기술해 놓았다. 그의 서술에 의하면, 원래 우주의 중심에 있었던 지구는 달과 함께 중심에서 벗어나게 되며, 하루에 한 번씩 회전했던 항성 천구는 그 운동을 멈추고 대신 지구가 하루에 한 번 자전하게 된다. 결국, 코페르니쿠스의 발상의 핵심은 지구가 우주의 중심에서 추방된 것이라고 할 수 있다.

우주의 중심이 바뀌었다는 것은 무엇을 의미하나? 천동설 속에서 우주의 중심은 인간이 사는 지구였다. 이런 의미에서 천문학 혁명 이전의 세계는 인간중심주의적 세계라고 말할 수 있다. 그런데 코페르니쿠스의 혁명에 의해서 이런 인간중심주의가 위기를 맞이하게 된 것이다. 위기의 실체를 확연히 알기 위해서는, 우주의 중심이 지구라는 것이 무엇을 의미하는지부터 이해해야 한다.

우주의 중심이 지구라는 것이 우주에서 지구가 가장 가치 있다고 말하는 것은 아니다. 오히려 그 반대다. 당시 사람들에게 있어 순수하고 완전한 곳은 바로 하늘, 즉 천상계였다. 그리고 하늘과 가장 멀리 떨어져 있는 곳이 바로 지옥이고 가장 타락한 곳이 된다.

그런데 지구중심설의 세계관에서 하늘과 가장 멀리 떨어져 있는 곳은 어디인가? 그것은 우주의 중심, 바로 지구다. 당시 사람들에게 지구가 신에 의해서 창조된 유일한 것이긴 했지만, 그 중심은 지옥이고 가장 타락한 곳이다. 따라서 타락한 지구에 사는 인간은 불완전하며, 인간이 획득할 수 있는 지식도 당연히 불완전한 것이 된다. 그런데 코페르니쿠스에 의해서 그런 상황은 극적인 변화를 맞이하게 된다. 그의 서술대로 지구가 우주의 중심이 아니라면, 더 이상 인간이 사는 곳이 가장 타락한 곳이라고 말할 수 없게 된다.

인간중심주의를 거부하게 되자, 인간 지식에 대한 비관적 전망이 이제 낙관적 전망으로 변하게 된다. 이렇듯 인간중심주의의 위기는 인간의 지적 능력에 대한 낙관적 전망을 함축하게 되고, 따라서 새로운 지식이 출현할 기회를 제공하게 된다.

여기서 한 가지 분명하게 짚고 넘어가야 할 게 있다. 코페르니쿠스의 혁명이 인간중심주의를 완전히 없애지는 못한다는 사실이다. 심한 타격을 받기는 하지만, 신이 인간을 위해서 이 자연을 만들었다는 식으로 인간중심주의는 살아남는다. 인간중심주의에 대한 마지막 타격은 19세기에 이르러 다윈의 진화론에 의해서 이루어진다.

아무튼, 코페르니쿠스의 주장이 서구사회로 번져나가게 되면서 가톨릭과 갈등도 점점 더 증폭되어 가고, 마침내 그가 죽은 지 73년 후인 1616년에 그의 책은 가톨릭의 금서 목록에 들어가게 된다. 그리고 그로부터 16년 후에는 갈릴레이(Galileo Galilei)가 코페르니쿠스의 이론을 가르쳤다는 혐의로 종교재판 법정에서 유죄 판결을 받게 되고, 그로 인해서 갈릴레이는 극심한 고초를 겪게 된다. 이런 사실은 잘 알려져 있다. 그렇지만 1616년에서 1632년 사이에 갈릴레이에게 일어났던 극적인 사건에 파묻혀서, 그 이전의 코페르니쿠스론자들과 가톨릭 사이의 갈등은 희석되어 버린 경향이 있다.

문제의 저서가 출판된 1543년과 금서 목록 판정을 받았던 1616년 사이의 시간으로 돌아가서, 당시의 갈등을 다시 한 번 면밀히 살펴보기로 하자. 하지만 일반적으로 사용하는 '코페르니쿠스론자 대 반(反)코페르니쿠스론자', '프로테스탄트 대 가톨릭' 따위의 양극적 범주는 잠시 접어두고, 논쟁의 핵심을 '텍스트 외의 해석적 기준들에 관한 갈등'에 두도록 하자. 왜냐하면, 그래야 객관적인 입장을 견지할 수 있기 때문이다.

성서해석의 경우에는 본문을 문자 그대로 이해하는 경향이 심해서, 과학적 원리와는 어긋나는 경우가 많다. 그래서 코페르니쿠스론자들은 성경이 태양, 지구, 달 등을 말할 때, 그것의 진정한 의미가 무엇인지 곱씹을 수밖에 없었다. 코페르니쿠스론자들은 그러한 말들이 지닌 도덕적이고 상징적 의미들이 자연 세계에서 지시하는 의미들과 확연히 구분되는 것이라고 생각했다.

그렇다면 성서 속의 천체는 어떤 의미일까? 성서에는 천체 속의 물체에 대해서 따로 언급하지는 않지만, 하나님과 자연의 관계를 특정 의미로 기술하고 있는 구절들은 있다. 로마서 1:20은 성 아우구스티누스 이래로 전통적으로 기독교인들이 관심을 기울인 본문으로서 광범위한 함축성을 지니고 있으며, 적어도 아리스토텔레스의 자연철학을 극복할 수 있는 합리적인 대안들의 근거로 간주됐다. "창세로부터 그의 보이지 아니하는 것들, 곧 그의 영원하신 능력과 신성이 그 만드신 만물에 분명히 보여 알게 되나니⋯⋯" 바로 이 구절로부터 가톨릭을 일깨운 중대한 은유가 발전되었으니, 곧 자연은 한 권의 책이고, 바로 그 책(자연)을 통하여 보이지 않는 하나님은 사람들이 지각할 수 있게 스스로를 드러낸다는 것이다.

토머스 딕스가 가상한 천체도

그렇다면 하나님은 어떤 언어로 어떻게 자연이라는 책을 써놓았는가? 이런 의문에 대해 코페르니쿠스론자들은 다양한 해석을 갖고 있었기에 그들의 신학적 가정들도 다양했지만, 대표적인 예로 딕스의 가정을 살펴보자.

청교도였던 토머스 딕스(Thomas Digges)는 코페르니쿠스 이론을 변호했던 최초의 영국인이었다. 딕스는 도표를 통하여, 고정된 별들이 둥글게 원을 그리며 배치되어 있는 태양 중심 체계를 그리고 있는데, 그 체계는 사방으로 무한히 확장해 나아가고 있다. 그러나 그 도표를 꼼꼼히 들여다보면, 그것은 단순한 우주론적 재현이 아니라 구원론적 메시지를 담고 있는 하나의 상형 문자라는 사실을 알 수 있다. 지구의 궤도를 표시하는 원은 '죽을 운명의 원(Globe of Mortality)'이란 이름이 붙어 있으며 그 의미는 타락 이후 죄지은 상태에 있는 인간을 나타낸다. 고정된 태양은 암흑 상태에 있는 인간의 이해에 빛을 비추어 주고 있는데, 딕스의 표현을 따르자면, 그 태양은 '거룩한 천상의 성전을 통해 그의 영광된 빛을 모든 방향으로 방사하고'있다.

별들은 구원받은 자의 영역이다. 하늘의 천사들이 사는 그 궁전에는 슬픔이 없고, 그 선택된 자들의 처소에는 완전하고 무한한 사랑이 계속 부어진다. 따라서 딕스는 세계를 코페르니쿠스의 천구 배치에 나타난 조화로운 질서로, 그리고 청교도적 드라마에 나오는 상징의 단계로 동시에 설명하고 있다.

신학적 가정은 코페르니쿠스론자들의 반대편 진영에서도 제시됐는데, 그 진영에 속해 있던 브루노의 가정은 딕스와 완전히 달랐다. 딕스는 무한한 천구에 선택된 자들의 처소인 별들이 펼쳐져 있고, 그 중앙에 단 하나의 태양을 가진 유일무이한 세계를 그리고 있는 데 반해, 브루노는 여러 중심이 있고, 그 각각의 중심에 태양을 가진 세계들 속에 자신의 무한한 능력을 펼치고 있는 하나님의 필연성을 내세웠다. 더 나아가 브루노는 아리스토텔레스의 장소 개념에 반기를 들면서, 어떤 장소도 다른 장소와 존재론적인 차이를 가질 수 없으며, 또한 공간은 물체들에 선행하여 존재한다고 주장했다.

우주라는 무한한 자궁 속에서, 무한한 세계영혼의 생기를 받아서 살아 움직이는 무한수의 최소 미립자들이, 천체 궤도들의 속박을 받지 않고, 일정한 속도로 원형과 나선형으로 운동을 한다. 그렇기에 브루노가 보기에, 코페르니쿠스는 심오한 하나님의 전능을 어렴풋이 보고 단편적으로 표현한, 잔 계산에 밝은 수학자에 불과했다.

딕스와 생각이 다른 것은 브루노만이 아니었다. 천문학자 케플러도 딕스와 대립의 각을 세웠다. 하지만 신의 무제약적 능력을 과장된 어조로 찬양하고 있는 브루노와는 달리, 케플러는 삼위일체의 신비를 광대하고도 논리적으로 다루었다. 그의 주장에서 수학은 하나님의 창조를 나타내는 데에 필요불가결한 것이다. "특별한 세 가지의 것들, 즉 궤도들의 수와 크기와 운동이 있으니, 나는 그

케플러(Johannes Kepler 1571~1630) 독일의 천문학자. 지구 및 다른 행성들이 태양을 중심으로 타원궤도를 그리면서 공전한다는 사실을 밝혔다. 우주에 대해 기하학적 설명을 했던 고대의 천문학을 역학적 천문학으로 전환시켰다.

세 가지의 것들이 왜 꼭 그렇게 되어야 했고 다른 방식으로는 될 수 없었는지의 이유를 줄곧 탐색하였다. 내가 그것들에 그토록 집착한 이유는 정지해 있는 것들, 즉 태양과 항성들과 매개 공간이 성부와 성자와 성령과 놀랍도록 조화를 이루고 있기 때문이다." 케플러에게 신성은, 브루노가 주장하듯이, 하나님의 무제약적 전능의 표현 속에서가 아니라, 질서 있게 절제된 하나님의 능력 속에서 발견되는 것이다. 하나님의 절제된 능력이란, 하나님의 이데아들을 반영하는 유한한 기하학적 구조들을 의미하는 것으로서, 이는 마치 물리 대상들이 눈의 망막에 상으로 나타나는 것과 같은 이치이다.

하나님의 계획을 올바르게 파악하려면 우리는 가설들을 세워 가시적

세계로부터 후험적으로(a posteriori), 그리고 동시에 창조의 이데아로부터 선험적으로(a priori) 추론하여야만 한다. 이런 방식에 의거해서 케플러는 행성들이 내접된 정다면체들에 따라 일정한 간격을 두고 늘어서 있다고 설명했는데, 이는 우주의 실제 배열에 대한 통찰인 동시에, 그 배열의 기반에 놓여 있는 질서정연한 목적성(purposefulness)에 대한 통찰이었다. 케플러에게는 수학적, 물리학적 원인에 대한 탐구가 종교적 소명이었던 것이다.

또한, 케플러에게는 만물이 방대한 해석학적 노력을 기울여야 할 대상이었다. 왜냐하면, 하나님이 말씀(성서)을 통하여, 그의 아들(그리스도)을 통하여, 사물과 질서(자연)를 통하여, 자신을 인류에게 내어 주신다고 믿었기 때문이다. 그래서 케플러는 자신의 다면체 가설에 대해 다음과 같이 부연했다. "나는 성전의 문들을 굳게 지키기 위하여 나의 발견을 사용하는 데 대해서 충분히 이해하고 있으며, 따라서 코페르니쿠스가 자신의 발견들을 교회 제단에 희생물로 바친 일도 충분히 이해한다." 그렇기는 하지만, 케플러의 관점이 코페르니쿠스론자들과 일치하는 것은 결코 아니었다.

학계 내부에 하나님과 자연의 관계에 대한 다양한 관점이 존재함에도 불구하고, 코페르니쿠스론자들은 새로운 행성체계에 대한 믿음을 정당화시키려 했다. 그러나 그들은 내부의 주장을 하나로 모으는 일조차 제대로 하지 못했다. 이는 갈릴레이 이전에 코페르니쿠스의 이론이 성공적으로 전개되지 못한 이유 중의 하나이다.

물론, 코페르니쿠스와 그의 후예들은 학계를 주도할 만큼 세력이 강하지 못했고, 독자적인 세력으로 가톨릭과 대립할만한 용기가 없었던 것 같기도 하다. 자신들의 믿음에 확신이 없었던 것은 아니지만, 자신들의 신념을 위해 싸울 전사들의 수가 너무 적었고 지략도 부족했다.

갈릴레이가 나오기 전까지는 분명히 그랬다.

　그런데 그 무렵, 가톨릭의 눈앞에 코페르니쿠스 일족 외에 감당해야 할 새로운 강적들이 갑자기 나타났는데, 가톨릭의 개혁을 부르짖으며 나타난 루터와 칼뱅이 바로 그들이었다. 엄밀히 말해서 그들은 신앙적으로 적은 아니었지만, 교부들의 권력 일부를 빼앗아 갈 개연성이 높은 존재들이었기에 몹시 불쾌한 상대였다.

아비뇽유수(Avignonese Captivity) 1309~1377년까지 7대에 걸쳐 로마 교황청을 아비뇽으로 이전한 사건. 프랑스 왕 필리프 4세는 교황 보니파티우스 8세와 싸워 우위를 차지했다. 그 결과 새 교황 클레멘스 5세는 로마로 들어가지 못한 채 프랑스에 체류하게 되었다.

　아비뇽 유수로 교황권이 크게 약화된 상태에서, 루터가 기습적으로 95개 조 반박문을 발표한 게 1517년이다. 그의 종교개혁은 신성로마제국을 비롯한 전 유럽에 영향을 끼쳤으며, 교회 더 나아가 유럽세계 전체를 분열시켰다. 기독교의 역사에 수많은 개혁 요구와 분열이 있었지만, 그토록 큰 충격을 준 사건은 없었고, 그 사건은 결국 유럽 전체의 정치적 상황까지 바꾸어 놓았다.

　당시 서유럽 국가들은 흑사병과 전쟁으로 기존의 봉건적 질서가 약화되어 가면서, 국왕을 중심으로 한 중앙집권 체제가 등장하고 있었다. 이러한 흐름 때문에 세속권력이 성직 권력보다 우위를 점하게 되면서, 군주는 봉건질서를 유지하려는 영주와 교회의 권력을 배제하고, 절대적인 세속권력을 확보하려는 욕망을 가지게 됐다.

　시대적 상황이 이러했으므로, 가톨릭은 과학자들의 투정 따위는 받아줄 겨를이 없었고, 후원자를 못 찾아 재정적으로 더욱 취약해진 과학자들도 전투력을 배양할 여력이 없었다.

　당시의 상황이야 어떠했든, 우리가 초점을 맞춰 살펴야 할 것은 여전히 종교와 과학 사이의 긴장관계이다. 예전과 달라진 점이 있다면, 과학 진영을 중심으로 볼 때, 로마 가톨릭 사이의 관계뿐 아니라, 거기에서 갈라져 나온 프로테스탄트와의 새로운 관계설정에 관해서도 관심을 가져야 한다는 사실이다.

　그렇다면, 통치세력보다는 민중과 평신도의 입장에서 종교개혁을 일으켰다는 프로테스탄트는 실제로 어떤 이념을 가지고 있었을까? 그리고 과학을 도대체 어떻게 생각하고 있었을까?

프로테스탄트의 자연 세계

　루터와 칼뱅은 하나님과 자연 사이의 관계를 하나님이 무(無)로부터 세계를 창조하였다는 믿음에 근거하여 이해했다. 그들이 보기에, 하나님은 선재하는 물질에 형상을 부여한 것이 아니었다. 하나님은 단순히 말씀하셨고, 그로부터 세계가 존재하게 됐다.

　칼뱅은 하나님의 말씀이 무로부터 창조한 모든 것을 스스로 보전하기도 한다고 이해했다. 말씀을 통한 지속적인 보전이 없었다면 세계는 다시 무의 나락으로 떨어지고 말았을 것이기 때문이다. 그러니까 세계를 창조한 신이 보전하는 일도 계속한다는 뜻이다. 생명의 창조와 보전 역시 예외가 아니어서, 만일 신이 명하지 않으면 번식도 일어날 수 없다고 믿었다. 쥐들이 부식하는 물질에서 발생한다는 아리스토텔레스의 주장에 이의를 제기하면서 루터는 이렇게 말했다.

만일 어떠한 힘으로 그러한 발생이 일어나는가를 묻는다면, 아리스토텔레스는 부식된 습기가 태양열로 따뜻해졌고, 그래서 이와 같은 방식으로 살아 있는 생물들이 발생하였고, 이는 쇠똥구리가 말똥 때문에 존재하게 된 것과 같은 이치라고 대답할 것이다. 나는 이것이 만족스러운 설명이라고 생각하지 않는다. 태양 빛은 따뜻하다. 그러나 만일 하나님이 자신의 신적인 능력으로 "쥐가 부식된 것에서 나오게 하라."라고 말씀하시지 않았다면 태양은 어떤 것도 존재하게 할 수 없었을 것이다.

또한, 루터는 "아리스토텔레스는 태양이 인간을 존재하게 만들었다고 헛소리를 지껄인다. 비록 태양의 열기가 우리의 몸을 훈훈하게 만든다고 할지라도 우리가 존재하게 된 원인은 그와는 상당히 다른 것, 즉 말하자면 하나님의 말씀 때문인 것이다."라고 주장했다.

칼뱅(Jean Calvin 1509~1564) 16세기의 가장 중요한 프로테스탄트 종교 개혁가이다. 유럽과 북아메리카 여러 지역에서 프로테스탄트가 발전하는 데 심대한 영향을 끼쳤다.

칼뱅도 "열매가 열리는 것은 다름 아닌 하나님의 행위에서 나오는 것이다."라며, 루터와 유사하게 믿음을 피력했다. 또한, 창세기 1장 1절을 주석하면서, "여태껏 지구는 황폐하여 아무런 결실도 맺을 수 없었으나, 이제 주님이 당신의 말씀으로 지구에 열매를 맺히게 하셨다. 왜냐하면, 주님이 입을 여시기 전까지 지구는 어떤 것도 자연적으로 생산할 수 없었고, 또 어떤 다른 근원에서 생산해 내는 배아(胚牙) 원리를 갖고 있지도 못했기 때문이다."라고 말했다.

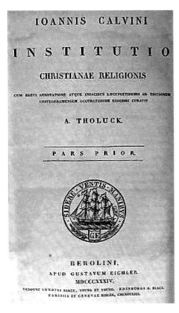

IOANNIS CALVINI

INSTITUTIO

CHRISTIANAE RELIGIONIS

CUM BREVI ANNOTATIONE ATQUE INDICIBUS LOCUPLETISSIMIS AD EDITIONEM
AMSTELODAMENSEM ACCURATISSIME RECUSIS CURAVIT

A. THOLUCK.

PARS PRIOR.

BEROLINI,
APUD GUSTAVUM EICHLER.
MDCCCXXXIV.

『기독교 강요』 칼뱅이 지은 개신교 조직신학에 관한 독창적인 책. 1536년에 6장으로 구성된 라틴어 초판이 발행됐다.

칼뱅은 『기독교 강요(Institutes)』를 통해 자연 세계와 하나님의 관계를 체계적으로 정리하면서, 자연 속에 하나님의 활동은 상시 현존하며 그 안에서 어떤 것도 자연적 원인만으로는 일어날 수 없다는 사실을 분명히 했다. "하나님은 피조물들의 실존을 유지하시고, 피조된 존재들에게 힘과 운동을 주어 활동하게 하시며, 자연 전체의 종말도 결정하신다. 어떤 경우라도 자연은 스스로의 힘만으로 내재한 목적을 향하여 나아가는 독립된 실체로 간주할 수 없다."고 말했다.

칼뱅은, 자연이 사건들의 원인이 될 수 있다는 내용을 가진, 모든 자연관을 거부했다. 자연사물은 단지 하나님이 활동하는 도구들일 뿐이며, 하나님은 다른 도구들을 사용하시려고 마음먹을 수도 있고 또는 아무 도구도 쓰지 않을 수도 있다고 주장했다. 예를 들어, 태양이 식물들의 번식에 원인이 된다는 관점을 토론하면서, 칼뱅은 창세기에 태양의 창조 이전에 풀과 과일이 창조되었다고 기술되어 있음을 지적하며, 이렇게 결론지었다. "그러므로 경건한 자는 이전에 존재했던 사물의 주요한 혹은 필연적인 원인으로 태양을 거론할 수 없을 것이다. 태양은 하나님이 의지하시는 바대로 사용하시는 도구일 뿐이다. 따라서 아무런 어려움 없이 하나님은 태양을 포기하실 수도 있다. 자연 사물들은 하나님의 활동 도구여서 내재적인 활동이나 목적을 가지고 있지 않다. 사물들은 창조 때에 특정한 본성이나 특성을 부여받긴 했지만, 이는 하나님의 말씀과 분리되어서는 별 소용이 없는 단지 하나의 경향성을 나타낼 뿐이다."

그의 믿음에 따르면, 사물의 행위는 전적으로 하나님에게 의존해있다. 그리고 생명이 없는 객체들 역시 고유의 특성을 부여받긴 하였지만, 상시 하나님의 손길을 받지 않는 한 힘을 발휘하지 못한다.

세계는 하나님 말씀의 힘 이외의 어떤 다른 힘에 의해서는 올바르게 설 수 없다는 사실, 그리고 제2 원인은 하나님으로부터 힘을 받는다는 사실, 그리고 그 제2 원인은 스스로 지향하는 바와는 다른 결과들을 낳는다는 사실들을 늘 유념해야만 한다. 따라서 세계는 물 위에 세워져 있지만, 그러나 자체로는 힘이 없고 따라서 세계는 하부 요인일 뿐이다. 그러기에 세계는 하나님의 말씀에 종속되어 있다. 땅을 파괴하는 것이 하나님을 기쁘게 하는 일이라면, 궁창 위의 물은 바로 죽음을 몰고 오는 홍수를 일으켜 하나님께로 향한 복종을 나타낼 것이다. 이제 하나님의 의지에 순종하는 것이 아니라, 전적으로 자연력이 스스로 영속하는 것으로 보고 있는 자들이 얼마나 그릇되었는지를 우리는 보게 된다.

하나님과 자연의 관계에 대한 칼뱅의 생각을 압축해보면, 우선 자연이 내재적 힘을 갖고 있는 것으로 보았던 아리스토텔레스의 관점을 거절하고 자연을 완전히 수동적인 것으로 여겼으며, 사물의 내적인 경향성이 사물의 목적을 결정한다는 아리스토텔레스의 신념도 거부했다. 아리스토텔레스는 '잠재적으로 존재하는 것의 완성'으로서 목적론적 변화를 이해했지만, 칼뱅은 사물의 잠재태가 그 목적을 결정한다는 사실을 부인했다. 왜냐하면, 오직 하나님만이 사물의 행위와 목적을 주관하시기 때문이다. 그렇게 본질이 자연에 원인이나 목적을 부여한다는 사실을 부인함으로써, 아리스토텔레스의 본질주의를 무의미하게 만들었다.

그리고 피조된 사물을 존중하는 하나님이 사물들에 무언가를 야기할 수 있는 힘을 부여했다고 주장했던 토마스 아퀴나스와 달리, 그는 하나님의 존귀를 높이기 위하여, 자연의 최소한의 존엄성마저 삭제해 버렸다.

루터와 칼뱅의 신적 주권설은 정말 극단적이었다. 그리고 그에 도전하는 자들에 대한 응징 역시 그랬다. 그렇게 신성한 공포가 극단으로 치닫고 있을 무렵, 서슬 퍼런 교부들의 눈을 응시하며, 감히 그들의 하교(下敎)에 이견을 제시하는 자가 나타났다. 갈릴레이라는 학자였다. 아, 정신병자는 아닐 텐데, 뒷감당을 어떻게 하려고 그랬을까?

 ## 지구도 여러 행성 중의 하나일 뿐이다, 갈릴레이

내가 생각하기에 자연의 문제들을 토론할 때는 성경 구절의 권위로부터 시작할 것이 아니라, 감각적 경험들과 필연적인 논증들에서 출발해야 할 것이다. 왜냐하면, 성서와 자연은 동일한 하나님의 말씀에서 나왔고, 그래서 전자 즉 성서는 성령의 지시로 쓰였고, 후자 즉 자연은 하나님의 명령을 충실하게 수행하는 집행인이기 때문이다. 더욱이 일반인의 이해에 순응하고 있는 성서는 단어들의 직접적인 의미가 문제시될 때 가급적 절대 진리와 무관하다고 여겨지는 것들을 많이 언급하는 경향이 있다. 그와 반대로 자연은 굽힐 수 없고 불변하다. 자연은 결코 스스로에게 부여된 법칙들의 한계를 초월하지 않으며, 스스로의 비밀스러운 이치들과 운행 방법들이 인간에게 어떻게 이해되어야 하는가에 냉담하다. 그러므로 감각 경험이 우리에게 보여주는 논증들은 정죄해야 할 것이 아니더라도 문제로 다루어져야 한다. 왜냐하면, 성서의 문장들은 외견상으로 상이한 의미들을 갖고 있기도 하기 때문이다. 성서에 나타난 진술들은 자연 사건들처럼 법칙에 엄밀하게 제약받지 않으며, 성서 속의 문장들 속에서와 마찬가지로 이 자연 사건들 속에서도 뛰어나게 계시하신다.

갈릴레오 갈릴레이(Galileo Galilei, 1564~1642) 이탈리아에서 태어난 철학자이자 과학자, 물리학자, 천문학자이고 과학 혁명의 주도자이다. 그의 업적으로는 망원경을 개량하여 관찰한 것, 운동 법칙의 확립 등이 있으며, 코페르니쿠스의 이론을 옹호하여 태양계의 중심이 지구가 아니고 태양임을 믿었다

갈릴레이가 과학과 성서 사이의 관계를 기술한 내용이다. 물론, 교부와의 긴 싸움을 시작하기 전에 한 말이지만, 그가 처음부터 교회와 대척점에 섰던 것은 아니다. 그러나 가슴 속에 감추고 있던 코페르니쿠스에 대한 연모를 세상에 드러낸 순간부터 교부들의 주적이 되게 된다.

우리가 그런 그의 행적을 반추하는 이유는, 고강한 사회적 지위를 누리고 있었던 그가, 개인적인 희생을 감수하며 코페르니쿠스가 잉태시킨 혁신적 사고에 동참하지 않았다면, 근대적 과학의 발현 자체가 지체됐을 것은 물론이고, 그로 인해서 다윈의 혁명 또한 미뤄졌을 것이기 때문이다.

갈릴레이가 과학혁명을 훨씬 앞당겼다는 증거는 도처에 널려 있다. 그에게는 교회와의 마찰로 인해 널리 알려진 천문학에 대한 공적보다 훨씬 많은 업적이 있기 때문이다. 갈릴레오는 자신이 발견한 자연법칙을 본격적으로 수학적 용어를 도입해서 서술하기 시작했으며, 과학적 실험법은 그가 최초로 사용한 것이었다. "철학은 우리 눈앞에 언제나 펼쳐져 있는 책 속에 이미 기록되어 있는 것이지만, 그 속의 용어와 기호를 우리가 배우지 않는 한 이해할 수 없다. 이 용어란 수학이며, 기호란 삼각형, 원 및 기타 기하학적 형태이다."라고 주장한 학자도 갈릴레이다. 실험적 접근법과 자연의 수학적 기술이라는, 두 가지의 선구자적 견해는 오늘날까지 중요한 과학적 이론의 기준으로 남아있다.

갈릴레이가 태어난 해가 1564년이니까, 종교 개혁가인 칼뱅이 죽은 해다. 그러나 특별한 의미를 부여할 필요는 없다. 아직 종교개혁의 후폭풍이 남아 있는 때여서, 도처에 깔린 이단 심판소에서 종종 마녀사냥이 이뤄지던 때였으므로.

갈릴레이가 분연히 일어선 건 타고난 과학자 정신 때문이었던 것 같다. 그는 새롭게 발견한 진리나 철학을 내세우기보다는, 가톨릭의 잘못을 지적하고 곡해된 진리를 바로잡고 싶어 했다. 그는 학문적으로 선명한 코페르니쿠스론자였다.

크리스토퍼 클라비우스(1538~1612) 독일의 천문학자이자 수학자. 그레고리력을 작성하는데 크게 공헌 하였으며, 코페르니쿠스의 지동설을 반대했음에도 불구하고 전통적인 모델에 문제가 있음을 인정하였고 갈릴레오의 의견을 존중했다.

그가 당시에 한 천문학 강좌를 살펴보면 그 주된 주제가 클라비우스의 『전체에 대한 해설(Comentary on the Sphere)』을 설명한 것인데, 그런 사실로 봐서 그가 코페르니쿠스론에 내재한 문제를 접하게 된 것은 클라비우스의 논증 때문이었던 것 같다.

코페르니쿠스의 체계를 변호하면서 갈릴레이는 엄격한 증명 개념을 과학에 도입시키고자 했는데, 그가 세우려는 증명 개념에서는 참된 결론들이 참된 전제들로부터 필연적으로 연역되어야만 했다. 갈릴레이는 역사적 소명을 띤 사람처럼 완고하게 자신의 영혼을 코페르니쿠스의 영혼에 옭아매었다.

코페르니쿠스의 이론에 대해서 갈릴레이가 그렇게 확신에 찬 논증할 수 있었던 것은, 그에 대한 신념이 확고했던 이유도 있었지만, 과학기술의 비약적 발전에도 큰 영향을 받았다. 무엇보다 1609년에 발명된 망원경은 천체를 다루던 학문적 관행을 근본적으로 바꾸어 놓았다. 갈릴레이는 망원경을 통해서, 금성의 변화 단계를 실제로 입증하여, 프톨레마이오스 이론에 대한 결정적 반론을 제기했다. 예수회 학자들조차도 기꺼이 인정할 수밖에 없었던 그 성공에 힘입어, 그는 코페르니쿠스의 체계를 결정적인 이론으로 확립할 자신감을 갖게 됐다.

자신이 업그레이드시킨 첨단 망원경을 보유한 덕분에 경제적 안정을 얻은 갈릴레이는 토스카나의 대공작 궁에 자리를 얻고자 여러 경로를 통해서 노력을 기울였다. 그래서 1610년에 대공작에게서 피사 대학의 수학 과장직을 얻어냈는데, 학생을 가르쳐야 하는 의무를 면제받는 혜택까지 받았다. 대공작이 갈릴레이의 연구를 소중하게 여겨서, 그에게 충분한 연구시간을 확보해 주었던 것이다.

그렇지만 대공작 궁으로의 이주가 대립각을 세우고 있는 세력들의 공격까지 막아준 것은 아니었다. 그곳에서도 두 진영으로부터 적대적인 관계에 놓이게 됐다. 한 진영은 피사의 철학자들인데 그들 중에는 특히 콜롬베(Lodovico delle Colombe)의 악명이 높았다. 다른 한 진영은 도미니크 수도회인데 대표 선수는 카치니(Tommaso Caccini)였다. 카치니는 강연할 기회가 있을 때마다 톨로사니의 반(反)코페르니쿠스적 논문을 인용해서 지동설을 공격하던 인물이었다.

콜롬베는 전통적인 학문론에 입각하여 철학과 신학의 우월성을 주장하면서, 수학은 움직이는 것과 움직이지 않는 것에 대하여 확실성을 주지 못한다고 주장했다. 왜냐하면, 수학은 물질로부터 추론된 된 것인 반면, 철학은 본질들에 관심을 두기 때문이다. 다시 말하면, 코페르니쿠스처럼 어떤 결론들이 도출되는지 알아보기 위해서, 지구가 움직인다는 가정부터 앞세워서는 안 되고, 지구가 운동하는 것이 물리학적으로 적합한가의 진위를 먼저 따져봐야 한다는 것이다.

카치니의 공격은 콜롬베보다 더 극단적이었다. 1614년 12월의 설교에서, 카치니는 수학을 악마적 기술로, 수학자들을 기독교 신앙의 위배자로, 그리고 갈릴레이를 '우주론적으로 불합리한 것들을 퍼뜨리는 선동자'로 몰아붙였다. 그들뿐 아니라 예수회의 대외적인 견해 역시 코페르니쿠스 이론을 부정하는 것이었다.

그러나 예수회는 망원경 관측을 통한 새로운 발견들에 대해서는 폐쇄적인 태도를 취하지는 않았고, 극히 일부였지만 갈릴레이를 지지하는 수사들도 있었다. 그중에 브루노와 캄파넬라(Tommaso Campanella)는 학구적인 사람들은 아니었으나 갈릴레이에게 열렬한 지지를 보내 주었고, 베네딕트 수도회의 카스텔리와 예수회의 보나벤투라 카바넬리는 갈릴레이의 문하에 들어오기까지 했다.

톰마소 캄파넬라(Tommaso Campanella, 1568~1639) 이탈리아의 철학자. 유토피아 이야기인 태양의 나라 의 저자로서 유명하다. 남이탈리아를 스페인의 압제하에서 해방하려 했으나 1599년에 음모가 발각되어서 이후 27년간을 투옥생활로 보냈다.

그렇지만 갈릴레이에게 가장 큰 힘이 되어준 학자는 나폴리의 카르멜회 개혁파에 속하는 포스카리니(Paolo Foscarini)였다. 갈릴레이의 시야 밖에 있던 그가, 1615년의 어느 날 갑자기 갈릴레이를 지지하고 나섰다. 갈릴레이의 『별에서 온 사자(Sideral Messenger)』, 케플러의 『새로운 천문학(New Astrnomy)』, 클라비우스의 『천구』, 그리고 코페르니쿠스의 『천구 회전에 대하여』를 독파한 후, 스스로 그런 결정을 내렸던 것이다.

포스카리니는 그 책들의 내용을 세세하게 파악하고 있어서, 그 모두를 적재적소에 인용할 줄도 알았다. 그는 『지구의 운동을 둘러싼 코페르니쿠스의 관점과 피타고라스학파의 관점에 관한 논문』에 코페르니쿠스의 이론과 관계가 있는 모든 성서 본문들을 모아 수록했는데, 그 목적은 성서 본문들이 태양 중심설과 일치할 수 있음을 보여주기 위해서였다. 갈릴레이의 망원경을 통한 금성 관측을 증거로 삼아, 그는 프톨레마이오스의 이론을 거부하고, 성경의 모든 물리학적 명제들은 대중적 담론에 적응해야 한다고 주장했다. 그런 진보적 지지자가 있었기에 갈릴레이는 결코 외롭지 않았다.

갈릴레이는 성직자는 아니었지만, 교회 내 소수파인 진보적 운동 그룹에 친화력을 느껴 그 모임에 참가했다. 그 진보적 운동 그룹의 구성원들 모두가 코페르니쿠스론 일파는 아니었지만, 자연지식에 대한 전통적 관점을 개혁하고, 성서의 번역과 해석을 자유롭게 하길 원했다. 구성원들도 다양했다. 인문주의자 루이스 드 레옹과 디에고 드 주닝가, 개연론자 포스카리니, 온건한 수학주의자 클라비우스, 이단적 형이상학자 브루노와 캄바넬라, 갈릴레이의 학문적 제자인 하급 성직자 등으로 실로 다양했다.

물론, 그들과 반대되는 입장을 표명하던 자들의 집단도 있었다. 트렌트 공의회의 보수적 정신을 물려받은 이들이 대부분이었는데, 그들의 수장은 벨라르미노 추기경이었다. 그는 클라비우스의 오랜 친구로서 클레멘타인 불가타(Clementine Vulgate)서문의 저자이기도 하다(이것은 바로 트렌트 공의회의 권위를 상징한다). 그는 학자들이 성경의 신성에 위해가 되지 않도록 신중한 태도를 취해야 한다고 역설했다. 혹시 확고한 논증이 제시될 경우에는 성서를 대중적 담론에 적응시키는 것을 인정할 수 있다고 했지만, 그는 그러한 논증은 존재하지 않는다고 확신하고 있었다. 갈릴레이도 벨라르미노가 제시한 조건을 인정했지만, 그 이유는 벨라르미노의 의견에 동의해서가 아니라, 그와 반대로 그러한 논증이 무수히 나타날 것으로 믿었기 때문이다.

갈릴레이는 자연을 수학적으로 이론화하는 방법을 찾기 위해서 자연의 서(書)를 꾸준히 살폈다. 그렇지만 브루노나 케플러와는 달리, 조직 신학적인 정당성을 구축하고자 시도하지는 않았다. 그러는 대신 자연철학과 성서신학의 경계선상에서 일전을 벌이기로 마음먹었다.

벨라르미노(Robertus Bellarminus ,1542~1621) 로마 가톨릭교회의 추기경. 조르다노 브루노와 갈릴레오 갈릴레이의 이설을 반박하고 가톨릭교회를 변호하는 일에 앞장섰다. 1930년에 성인으로 시성되었으며 '교회박사'라는 칭호를 얻었다.

그러나 필연적인 논증과 감각 경험에 호소하는 수사체 문장의 『크리스티나 대공작 부인에게 드리는 편지』를 보면, 갈릴레이는 지구가 운동하는 필연적인 원인을 설명하지 않고 있다. 순수한 학문적 대결을 목표로 했던 초심과는 달리, 주요 목적이 보수 신학자와 철학자들이 장악하고 있던 학문적 헤게모니를 공박하는 것으로 바뀐 것 같다. 그는 하등 학문들의 토대 원리들을 제시함으로써, 신학이 학문의 여왕이 아님을 입증하는 것과 4차 트렌트 공의회가 신학적 확증 진리를 검증하는 데 실패했다는 사실을 밝히는 데 주력했다.

갈릴레이는 "교부들은 결코 지구 운동의 문제를 토론한 적이 없고 논쟁거리로 취급조차 하지 않고 있다. 지구의 고정성을 주장하는 교부들의 글들은 모두 당시 사람들의 언어에 적응한 결과이다. 그러므로 모든 교부가 지구의 고정성을 인정했기 때문에, 그것을 신앙의 문제라고 말할 수는 없다. 아울러 교부들이 그 반대의 견해들을 정죄했다는 것을 또한 증명해야 할 것이다."라고 주장하며 주닝가의 증언을 소개했다. "이제 일부 신학자들이 지구의 운동을 검토하기 시작했다. 그리고 그들이 지동설을 잘못된 것으로 간주할 것이라고는 생각되지 않는다." 이와 같은 인용들을 통하여 갈릴레이는 주닝가가 취했던 부분 적응주의의 노선을 지지하면서, 살라망카의 자유주의적 인문주의를 표방했다. 아울러 갈릴레이는 지구의 운동은 신앙과 도덕의 문제가 결코 아니라고 역설했다.

『크리스티나 대공작 부인에게 드리는 편지』는 여호수아서(10:2~13)에 대한 절묘한 주석으로 끝을 맺고 있다. 여기서 갈릴레이는 본문의 천문학적 의미에 주석의 근거를 이전해 놓음으로써, 고유의 주제 분야에서조차 천문학적으로 무능할 수밖에 없는 신학자들의 모습을 적나라하게 노출하려고 했다. 그리고 그것은 『두 개의 주된 세계 체계에 관한 대화(Dialogue Concerning the Two Chief World Systems)』에서 펼쳐 보일 논증의 예고편이기도 했다.

기독교에 대해 적대적인 자세를 취했던 인물 중에 갈릴레이와 같이 집요한 도전자는 그 이전에도 없었고, 그 이후에도 없었다. 망원경을 통해서 객관적으로 확인할 수 있는 천체운동의 진실마저 인정하지 않는 교회의 태도를 도저히 용납할 수 없었기에, 그는 결코 자신의 주장을 굽힐 수 없었다. 그러자 진실보다 신성과 위엄을 중시했던 교부들은 그에게 유죄를 판결을 내렸다.

갈릴레이에 대한 유죄 판결은 과학과 종교가 맺어온 장구하고 다양한 역사 속에서 가장 극적인 사건이었다. 종교란 세속적인 목적들 때문에 고의적으로 변질될 때만 위험한 것이 아니라, 하나님의 계시를 지키는 청지기라고 자처하는 신실한 사람들의 행위 속에서도 여전히 위험하다는 사실을, 갈릴레이의 재판을 통하여, 대중들이 인식하게 됐기 때문이다.

진실이야 어떠하든, 교부의 주적으로 몰린 그의 말년은 참담했는데, 그의 참담한 희생만큼 교단도 치명상을 입었다. 누구나 확인할 수 있는 객관적인 사실조차도 도그마와 일치하지 않을 경우에는 철저하게 응징하는 집단에 대한 대중들의 존경심이 과거와 같을 수는 없었기 때문이다. 그렇다고 교단이 치명상을 입은 대가로 과학집단을 완전하게 제압한 것도 아니었다. 갈릴레이의 탄압을 통해서 강렬한 시범화법을 보이긴 했지만, 과학의 추종자들을 지속적으로 통제할 현실적인 장치를 마련한 것은 아니었기 때문이다.

구태의연하고 고집스러운 교단, 그런 부정적 이미지에 대한 혐오감 때문이었는지 학자들의 도전은 도리어 노골화되기 시작했다. 그리고 마침내 갈릴레이에 견줄만한 혁명가가 나타났다. 그 혁명가는 누구였을까? 데카르트였다. 그는 엄밀히 말해서 과학자라기보다는 과학을 하는 철학자에 가까웠다. 하지만 그는 분명히 혁명가였고, 기독교의 입장에서 보면, 신분조차 뭐라고 한마디로 정리할 수 없을 만큼, 아주 특이한 난적이었다.

과학적 회의주의의 초석, 르네 데카르트

cogito ergo sum.- 나는 생각한다. 고로 존재한다.

데카르트가 한 유명한 말이다. 중세시대 철학을 지배했던 플라톤의 이원론은 신을 중심으로 세상을 규정하였다. 그래서 육체보다는 영혼을 선한 존재로 보며, 눈에 보이는 모든 것을 악으로 규정하였다. 그러다가 14~16세기 르네상스 시기를 거치면서 신학의 영향이 줄어들고 철학의 중시되는 풍토가 조성되면서, 비로소 인본주의의 기틀이 마련되는데, 그 서문을 연 이가 바로 데카르트(Rene Descartes)이다.

르네 데카르트(1596~1650) 프랑스의 물리학자, 근대 철학의 아버지, 해석기하학의 창시자로 불린다. 사유를 본질로 하는 정신과 연장(延長)을 본질로 하는 물질을 구분함으로써 이원론적 체계를 펼쳤다.

데카르트가 나오기 전의 세상에서는, 인간의 존재 이유에 대해서, "신이 나를 창조했다. 고로 내가 세상에 존재한다."라는 명제가 상식이었지만, 그가 세상에 나와서 방법적 회의(懷疑)를 퍼트린 후에는, "나는 생각한다. 고로 존재한다."라는 명제가 일반화되었다.

그는 전통적인 지식을 수용하지 않고 새로운 사상 체계를 수립했기에 현대철학의 아버지로 불리지만, 과학적 기질을 타고난 학자이기도 했다. 그의 철학에도 그런 성향이 나타난다. 완전하고 정확한 자연과학을 수립하기 위해서『방법론 서설』에서 새로운 추리방법을 발전시켰는데, 이 책은 현재 철학적 고전 중 하나로 간주되고 있지만, 원래 목적은 과학의 입문서였다.

데카르트에게 물질세계는 하나의 기계였고, 그가 생각하는 물질에는 생명 또는 정신이란 존재하지 않는 것이었다. 자연은 기계적 법칙에 따라 움직이며, 물질세계의 모든 것은 각 부분의 배열과 운동으로 설명 가능한 것이었다.

그리고 그의 기계론적 명상은 후세의 지배적 과학모형이 되었다. 그것이 20세기의 물리학에 근본적인 변화가 일어날 때까지 모든 자연현상의 과학적 관찰과 모든 이론의 형성을 지도해왔는데, 진화론의 역사를 살펴봄에 있어서, 데카르트를 간과할 수 없는 이유도 바로 여기에 있다.

신의 그늘에 묻혀서 합리적인 회의 방식조차 몰랐던 인간을 각성시키기 시작한 그가 없었다면, 인간은 신이 뿌려놓은 안갯속에 오랫동안 더 갇혀 있었을 것이다. 그리고 그가 그렇게 과학적 사고의 횃불을 쳐들지 않았다면, 감히 인간이 신이 만든 것이 아니고, 자연이 진화하는 과정에 생긴 우연의 산물이라는 주장을, 다윈이 하지 못했을 것이다.

근본적인 가치관의 차이 때문에 유물론자와 유신론자는 대립할 수밖에 없다. 그 각 진영의 상징이 과학과 기독교임을 부정할 수 없기에, 그들 간의 장구한 대립의 역사는 거의 숙명적이었다고 봐야 한다. 그러나 17세기 전까지는 기독교의 힘이 압도적으로 강해서 활발한 논쟁이 벌어지지는 못했던 것 또한 사실이다. 다행히 17세기가 도래하면서 상황이 급변했다. 과학과 기독교 간의 관계성을 말할 때, 17세기보다 중요한 시대를 찾아보기 힘들다.

서구 유럽문명은 중세기를 거치면서 기독교 문명이 되었고, 그러면서 특정 제도들은 기독교에 의해 직접 관장되었으며, 그렇지 않은 경우에도 그 제도를 수립하는 과정에서 기독교의 간섭을 받았다. 16세기의 중심적 사건들, 즉 종교개혁과 그로부터 기원 된 모든 사건은 17세기 초까지 '기독교적'이라는 술어가 서구 문명을 서술하는 가장 적절한 형용사였음을 증명해 준다. 그러나 17세기 말에 이르면 유럽문명을 기술하는 데 그 형용사를 더 이상 사용할 수 없게 된다. 대부분의 사람들은 17세기를 '과학적'이라는 술어로 수식하려 할 것이다.

기존의 것들이 퇴색하고 새로운 운동들이 힘을 얻고 있던 계몽기에, 철학자들은 분명한 영감과 방향성 그리고 진리의 기준 등을 구하기 위해 기독교의 권위에 도전하게 되면서, 그 도전의 효율적인 무기로 과학을 사용하기 시작했다. 그리고 그 때부터 기독교는 유럽 문명의 중심부에서 서서히 밀려나게 되었다.

서구 역사를 살펴보건대, 17세기는 분계선을 이루는 시기로, 그 시기의 과학과 기독교의 관계는 전체 문명사 전반에 걸쳐 아주 큰 영향을 미쳤다. 하지만 이 문제를 상세히 다루는 것은, 이 책의 주제에서 심하게 벗어나는 것이기에, 당대의 대표 학자였던 데카르트의 종교적 신앙을 설명함으로써 그 시대의 양태를 정리하고자 한다.

데카르트에게서는 갈릴레이와 전혀 다른 점이 발견되는데, 그건 신앙적 문제에 대해서는 교회를 무조건 따르겠다는 복종심을 자주 드러냈다는 사실이다. 『철학의 원리들(Principles)』을 통하여 자신의 자연 철학을 발표하기로 결심했을 때에도, 그는 지구가 정지해 있다는 것을 인정하기 위하여 자기 생각과 다르게 원고를 썼고, 책의 말미에 "동시에 나의 비천함을 유념하면서 이 모든 의견이 다름 아닌 가톨릭교회와 슬기로운 현자들의 판단에 따르는 것임을 확신한다."며 교회에 아첨을 떨었다. 자신의 철학이 기독교에 대한 공격으로 오인당하지 않도록 세심한 노력을 기울였던 것이다.

더구나 그는 단지 오인당하지 않으려는 수동적 역할에만 머무르지 않고, 기독교가 근거하고 있는 두 가지 기본 요점, 즉 하나님의 존재와 영혼의 비물질적 본성에 대한 논증으로서 『성찰(Meditation)』을 저술하여 소르본 신학부에 헌정하기도 했다. 이는 단순한 제스처만은 아니었다. 왜냐하면, 그 두 가지 요점들은 기독교의 핵심내용일 뿐만 아니라, 데카르트의 철학에서도 중요한 자리를 차지하는 것이기 때문이다. 하나님의 존재가 없다면 데카르트의 인식론도 토대를 가질 수 없기에, 하나님의 존재는 정처 없는 회의론의 수렁에서 철학적 구상을 구축해 주는 기반이기도 했다. 사실이 그렇다면 그는 아주 독실한 기독교인이 아닌가? 그가 기독교를 의문시한 적이 없다는 사실 때문에, 기독교와 데카르트의 관계를 케플러 경우처럼 생각할 수도 있다. 하지만 그의 언행을 찬찬히 살펴보면, 그렇게 단정 짓기가 힘들다.

그의 체계적 회의의 과정을 살펴보고, 그와 더불어 부르댕(Fr. Bourdin)이 『성찰』에 제기한 반론들도 고려해 보자. 체계적 회의는 자기 폐쇄적 과정이 아니다. 그 과정은 데카르트가 더 이상 의심할 수 없는 명제를 발견하고, 그 명제를 토대로 지식의 구조를 재구축할 때에 이르러 종결된다. 그런데 결정적으로 그는 그 회의의 과정에서 신앙의 영역을 배제했다. 바로 여기에 뜨거운 감자가 놓여 있는 셈인데, 그것은 바로 이차적 중요성을 가진 모든 문제는 재검토했지만, 가장 중요한 문제가 검토되지 않은 채 남겨졌기 때문이다. 데카르트는 계시를 하나님에 근거한 독립된 지식의 영역으로 간주함으로써 그런 불합리한 과정을 정당화하려 했다.

일단 탐구가 시작되면 논증들을 요구할 수밖에 없기 때문에, 신앙의 진리도 결코 영구적으로 그 탐구과정에서 보호받을 수는 없을 것이다. 오직 이성만이 계시가 참으로 하나님에게서 온 것임을 확증할 수 있기에, 이성은 그 계시를 해석해내야 할 것이다. 이전 시대에 이성보다 높은 진리로 널리 받아들여졌던 것들도 체계적 회의의 시대에는 이성에 위배되는 것으로 간주했다. 그렇다면 진리를 받아들인 사람일지라도 시간이 지나면 비판적 회의에 영향을 받게 될 거라고 우려했다는 점에서, 부르댕의 비판이 일면 옳았다고 봐야 한다.

데카르트가 새롭게 구현한 자연철학은 케플러가 기독교와 과학의 통일을 구축하면서 토대로 삼은 주춧돌을 제거하기 시작했다. 그는 코스모스(cosmos) 개념을 거절하면서, 어떻게 물리법칙에 따르는 필연성이 혼란스러운 혼돈에서 시작하여 이 세계와 같은 결과물을 낳을 수 있었는지를 보여주고자 했다.

데카르트와 케플러 사이의 차이점은 눈송이에 대한 그들의 토론에서 극명하게 드러난다. 케플러는 눈송이의 육각형 모양, 즉 질서정연한 패턴이 임의대로 존재하는 것이라고 믿지 않았다. 즉, 지적인 의지에 의해 그런 패턴이 만들어졌다는 것이다. 반면에, 데카르트는 이웃한 작은 물방울들이 함께 응결되는 과정을 통하여 눈송이 형성을 설명했다.

모든 방향으로 무한히 확장되는 소용돌이들은 물질이 꽉 찬 공간 내 운동의 필연적 귀결인데, 그 소용돌이들의 끝없는 반복 양태를 제외한다면, 데카르트의 세계는 전혀 내적 구조를 갖고 있지 않았고, 따라서 그의 세계는 별들이 딱딱해져 죽고 소용돌이들이 소멸해 가듯이 계속해서 유동할 수밖에 없는 세계로서, 결국 그 존재를 유지하는 법칙들을 부여해 줄 하나님을 필요로 한다. 그렇지만 데카르트는 그 세계가 어떤 지적인 계획을 통하여 피조된 것임을 암시조차 하지 않았다. 그는 목적인(目的因)에 대한 것은 인간 능력 밖의 일이라고, 즉 인간은 하나님의 목적들을 알 수 없다고 주장했다.

목적인을 아는 것이 불가능하다는 그의 주장에는 복합적인 의미가 함축되어 있다. 데카르트의 우주에는 목적인이 존재하지 않고 하나님의 자취도 보이지 않는다. 하지만 그의 철학은 유신론적이다. 그 철학은 하나님의 존재를 요구한다. 그렇지만 그 철학 속에서 명시적인 기독교 사상을 찾아내기가 어려우니, 참으로 헷갈리는 철학이다.

데카르트의 하나님은 철학자의 하나님으로서 세계를 존재하게 하고 유지하는 데 필연적이다. 그러나 그 하나님은 인류를 자신의 피로 대속한 하나님이 아니다. 그러니까 대속자 하나님을 탈각하고, 창조하고 보존하는 하나님을 강조하는 것이 취지의 핵심이었다. 이러한 취지가 그의 철학을 통하여 수행되자, 신학자들은 데카르트의 펠라기안주의(Pelagianism: 하나님 은혜의 도움 없이 인간은 자유 의지를 가지고 스스로를 구원할 수 있다는 신학적 견해)에 이의를 제기할 수밖에 없게 됐다.

사실 데카르트의 주된 목표 가운데 하나가 찬탄할 만한 물리적 필연성을 보여줌으로써 기적을 폐기시키는 것이었다. 그게 그의 진면목이었다. 그는 갈릴레이 못지않게 파격적인 사고를 가진 인물이었다. 그는 『기상학』의 서문에 이렇게 적어 놓았다.

우리와 동등한 수준이나 혹은 우리보다 아래에 있는 사물보다는 우리 위에 있는 사물에 경탄하는 것이 우리의 본성이다. 비록 구름은 어떤 산들의 꼭대기보다도 높지 않고, 또 때로 우리 교회 첨탑 꼭대기보다도 낮지만, 그럼에도 우리는 구름을 보기 위해 하늘로 우리 눈을 돌려야 하기 때문에 우리는 구름이 매우 높아서 시인들과 화가들조차도 구름을 하나님의 왕좌로 생각하면서, 그 위에서 하나님 자신의 손이 바람의 문을 여닫고 꽃잎 위에 이슬을 뿌려주고 바위 위에 번개를 치시는 것으로 생각한다. 이는 나로 하여금 이런 희망을 품게 한다. 만일 여기서 우리가 구름의 본성을 완전히 이해하여 더 이상 구름이 보여주는 어떤 것들 혹은 구름으로부터 생겨나는 여러 것들을 경이롭게 생각하지 않게 된다면, 그만큼 땅 위에 가장 경탄할 만한 모든 일의 원인을 발견하는 일이 쉬워 질 것이라고 믿을 수 있다.

그러면서 이 모든 것들(구름, 바람, 이슬, 번개, 그 외의 여러 가지 자연현상들)에 대한 설명을 이어 나가는데, 단지 물리적 필연성만 일깨워 줌으로써, 하늘에서 일어나는 현상들에 대한 경외심을 은연히 제거해 버렸다.

그는 "하나님은 어떤 기적도 일으키지 않을 것이다. 그리고 우리가 후에 가정할 합리적 정신도 거기에 나타나지 않으며, 천사들도 어떤 식으로든 자연의 일상적 과정을 간섭할 수 없다."고 가정했다. 데카르트는 교회에 복종하긴 했지만, 기적에 관한 문제만 놓고 보면, 분명히 기독교의 도그마와 대척점에 서 있다. 데카르트가 보기에, 기적은 하나님이 창조 시에 고려할 수 없었던 일을 암시하는 개념이었기에, 그러한 일을 용납할 수 없었다. 그래서 기적이라고 가정되는 사건들을 자연철학적으로 설명하려 했다. 물론, 그러한 설명은 그 사건들을 비(非)기적적인 것으로 이해하도록 유도하고 있다.

그렇지만 데카르트의 결정적인 업적은 누가 뭐래도 인간중심 세계관을 선언한 데 있다. 그렇게 하여 신 중심의 세계관을 치명적으로 흔들어 놓았다. "나는 생각한다. 그러므로 존재한다.(Cogito ergo sum)" 데카르트가 『방법서설』과 『철학의 원리』에서 언급한 유명한 이 구절은 중세의 종말과 근대의 도래를 포고하는 선언이었다. 사유의 주체로서의 '나'를 전면에 부각했다는 점에서, 신 중심적인 세계관에서 개인 중심적인 세계관으로의 이행을 보여주며, '사유'로 대표되는 합리적 이성을 통해서 세계를 이해하려 했다는 점에서, 중세적 신앙성과 결별하는 근대적 합리성을 보여준다. 그렇지만 그는 갈릴레이와 달리, 이런 행위를 가톨릭의 눈치를 봐가며 아주 점진적이고 조심스럽게 행했다.

그의 명저인 '성찰'의 정본을 출판 해인 1642년은 갈릴레이가 사망한 해인 동시에 근대 자연과학을 완성한 뉴턴의 출생 연도인데, 이 해는 중세와 근대의 미묘한 긴장 관계를 노정하고 있는 데카르트의 위상을 상징하는 연도이기도 하다.

그는 신의 존재를 노골적으로 부정하지 않음으로써, 중세적 권위를 지키려 애쓰던 신학자와 철학자들의 분노를 폭발시키지 않았다. 동시에 정신과 물체의 이원론을 주장하면서, 물질세계를 생명이 없는 물질 덩어리들의 무정한 충돌만 있는 장소라고 강조함으로써, 신학자들이 더 이상 물질세계에 관심을 갖지 않을 명분을 만들어 주고, 과학자들도 더 이상 신학자들의 눈치를 볼 필요 없이, 물질세계의 연구에만 몰두할 수 있는 환경을 만들어주기 위해 노력했다.

한편 데카르트는 신앙을 굳건히 할 수 있는 새로운 철학체계를 수립하기를 바랐다. 이를 위해 스콜라 학파의 아리스토텔레스주의에 반대했다. 하지만 결과적으로 그의 시도는 신앙과 이성 사이에 쐐기를 박고 말았다.

당시는 성경에 나오는 계시가 곧 진리로 인정되고, 보조적으로는 교회 전통이나 아리스토텔레스가 저술한 문헌으로 그 진리에 대한 설명을 하던 시대였다. 하지만 데카르트는 이런 시대적 사조를 인정하지 않고 존재와 그 근원에 대한 회의를 품었으며, 그 회의의 열쇠를 불확실성 속에서 찾았다.

그는 자신의 영혼에게, 그리고 세상에게 물었다. "확실한 게 도대체 무엇인가?" 진리로 접근하는 그의 방법은 모든 것에 대해 극단적으로 회의하는 것이었다. 지금 꿈을 꾸고 있는지도 모르고, 악령(惡靈)이 자신을 속이고 있는지도 모른다는 의심을 품었다. 데카르트는 모든 것을 의심하더라도 의심하고 있는 자신의 존재만은 의심할 수 없다는 결론에 도달했다. 그의 결론은 "나는 생각한다, 고로 존재한다."였다. 그는 이렇게 말했다. "여러분 인생에서 적어도 한 번쯤은 모든 것에 대해 최대한 의심할 필요가 있다."

의심을 반복하면서 세월을 다 보내고, 말년의 데카르트가 진리인식의 기준으로 내세운 조건은 명석(明晳·clear)과 판명(判明·distinct)이었다. 어떤 개념의 내용이 명료한 사태(事態)가 명석(clear)이다. 그리고 명석하면서도 다른 개념과 충분히 구별되는 것이 판명(判明·distinct)이다.

그런데 데카르트는 명석하고 판명한 지식은 신(神)으로부터 오는 것이라고 주장했다. 신은 우리를 속이지 않기 때문이라고 한다. 그런 주장은 분명히 독실한 가톨릭 신자나 할 수 있는 것이다. 그렇다면 그가 독실한 가톨릭 신자였나? 그렇다는 의견이 주류이긴 하다. 일찍 고아가 된 그가 예수회 성직자들을 부모처럼 따랐을 가능성이 크다는 것이 그 근거다. 하지만 틈틈이 행한 교회에 대한 아부는 그의 진심과는 거리가 멀다는 의견도 만만치 않다. 데카르트가 이신론(理神論)이나 무신론에 심취해 있었다는 주장은 그가 살아 있을 때부터 제기됐다.

아무튼, 교단의 입장에서 보면 데카르트는 정말 난감한 인물이었다. 하나님과 교리를 믿는 듯했지만, 그걸 보는 시각이 자신들과는 완전히 달랐다. 아니, 다른 듯이 보였다는 표현이 맞겠다. 왜냐하면, 그들도 데카르트의 말을 다 이해할 수 없었으므로.

확실한 건 하나님과 도그마를 보는 방법이 여러 가지이고, 그런 방법들로 인해서 교회의 입지가 불안해질 수 있다는 자각이 신학자들 사이에 생겨났다는 사실이다. 그러나 데카르트에게 처벌할 수 있는 죄목을 찾기가 쉽지 않았다. 그가 지은 죄가 뭔지 제대로 파악할 수 없었기 때문이다. 더 큰 문제는 그런 광경을 보고 회심의 미소를 짓는 식자들이 많았다는 사실이다.

기독교의 도그마는 그렇게 흔들리고 있었다. 정말 하나님이 세상과 인간을 창조했고, 계속 관리하고 있다는 주장이 진실일까? 그리고 하나님에게 별로 소용도 없어 보이는, 이 수많은 생명체를 도대체 무엇 때문에 만들었을까? 유물론자들의 의구심은 점점 더 깊어져 갔다.

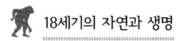

18세기의 자연과 생명

자연은 보지 않으면서 보는 눈을 만들었듯이, 사고하지 않으면서 사고하는 기계를 만들었다.

쥘리앵 오프루아 드 라 메트리(Julien Offray de La Mettrie, 1709~1751) 프랑스의 의사, 철학자로 계몽주의 시대의 첫 유물론 작가로 꼽힌다. 인지과학의 창시자로도 알려져 있다.

이것이 라 메트리 철학의 핵심이라 할 수 있다. 그는 생물학 분야에서 본격적으로 신을 몰아내기 시작한 시점에 서 있던 인물이다. 근대 과학의 발흥기라는 17세기를 그냥 지나치고 18세기에 중후반에야 이런 사조가 일어나기 시작한 걸로 보아, 이는 생물학 분야의 지적 각성이 타 분야에 비해서 늦었다는 방증일 뿐 아니라, 갈릴레이와 데카르트가 세상을 떠난 후 한 세기가 지나도록, 지성과 용기를 겸비한 진정한 과학의 전사는 없었다는 증거이기도 하다.

근대 과학의 발흥기인 17세기에는 많은 자연법칙들이 발견됐지만, 그 개념은 새로운 각성보다는 신비스러움으로 받아들여지는 경향이 있었고, 식자들조차도 그것을 선뜻 받아들이지 않았다.

사실, 데카르트도 자연법칙들을 신과 인간 중심으로만 규정하려는 경향을 보이고 있었다. 자연법칙들은 분명히 지성적인 존재자들에게 복종하도록 의도되어 있다. 그런데 동물과 같은 비이성적 존재들과 돌들과 같은 생명이 없는 사물들이 어떻게 법칙에 복종할 수 있겠는가?

데카르트가 이 정도였으니 다른 사람들이야 오죽했을까? 자연법칙들을 자연 전체에 통용되는 정확하고 힘 있는 것으로 인식한 사람은 거의 없었다. 그리고 우연에 대한 생각은 더욱 폐쇄적이었다. 당시의 학자들에게 우연은 기독교 신앙과 인간 이성 모두와 양립할 수 없는 것이었다. 맹목적인 우연이 세계의 경이로운 구조에, 특히 살아 있는 존재들에게까지 결정적인 영향을 미친다는 것을 누구도 믿지 않았다. 그런 관념은 영국 과학계의 중심에 서 있던 화학자 로버트 보일(Robert Boyle)에게까지도 이어져 왔다.

보일의 생각에 따르면, 17세기 말에 만연했던 기계론은 세계와 살아 있는 존재들 모두 기계로 표현하고 있지만,

로버트 보일(Robert Boyle, 1627~1691) 아일랜드의 자연철학자, 화학자, 물리학자. 보일의 법칙으로 널리 알려져 있다. 보일의 연구와 철학은 연금술적 전통에서 출발하였으나 근대 화학의 기초를 세웠다고 평가된다. 그의 저서 의심 많은 화학자 는 화학의 기반을 마련한 책이다.

그 기계론을 통해서는 세계를 건설할 수 없고 단 하나의 생물도 빚을 수 없다. 그리고 인간이 발견해낸 자연법칙의 질서들도 우연을 배제하지 않기 때문에 신뢰할 수 없다. 그래서 보일이 세계의 근본적인 질서로 인정한 것은, 법칙들의 질서가 아니라 구조들의 질서였고, 그것은 신에 의해 창조된 것이었다. 보일은 자연에서 특히 살아있는 존재의 해부구조에서 목적인(目的因)들을 찾는 것을 주저하지 않았다. 예를 들면, 그는 이렇게 시사했다.

고양이의 눈과 말의 눈 사이에서 형태의 차이는 다음과 같은 방식으로 설명될 수 있다. 그 이유는 이렇다. 즉 으레 땅에서 자라고 있는 식량을 항상 찾고 있는 말들과 황소들은 가로로 퍼진 눈동자를 지님으로써 좀 더 편리하게 옆으로 근접한 풀들의 영상을 얻을 수 있다. 반면에 항상 벽들과 다른 가파른 장소들을 오르내리는 동물인 쥐들을 잡아먹고 살아가는 고양이들의 가장 적응력 있는 눈동자의 모습은 쉽게 그들의 먹이들을 발견하고 따라가기 위해서 수직적이어야 했다.

신의 지혜는 어느 곳에서든 찾을 수 있어야 하기에, 그는 이러한 설명을 자주 설파했다. 그러나 그의 제한된 기계론은 살아 있는 존재들에 관한 두 가지 난점인, 자연적인 발생과 규칙적인 발생을 극복해야 하는 과제를 떠안게 됐다. 17세기 중엽부터 생명체들이 살아있지 않는 물질로부터 자발적으로 생길 수 있다는 것을 믿는 학자들이 나타나기 시작했기 때문이다. 자연적인 발생 과정을 통해서, 자연이 그 자신의 힘으로 새로운 존재를 창조할 수 있는 것처럼 보이는 예가 나타나는데, 그것은 신만이 생명체를 창조할 수 있다고 믿는다면 설명할 수 없는 것이었다.

그렇지만 난감한 과제로 보이던 자연발생설의 첫 번째 발기는 한 학자의 반격에 의해서 허무하게 스러졌다. 이탈리아 과학자 레디 (Fracesco Redi)가 벌레들이 오염된 고기에서 저절로 나타나는 것이 아니라, 파리가 미리 낳은 알에서 나타난다는 것을 증명하는 실험결과를 발표하면서 우매한 질문에 호통을 쳤다. 그러자 과학 공동체들은 레디의 일갈을 살아있는 존재들의 자연발생이 있을 수 없다는 증거로 해석하면서 신속하게 받아들였다. 레디의 실험이 간신히 버티고 있던 자연 발생설의 숨구멍을 봉인해 버린 것이다.

그렇지만 규칙적 발생에 관한 의문은 조금 어렵게 처리됐다. 이 아이디어는 창조론적 기계론을 몹시 당황하게 했는데, 왜냐하면 태아발달의 과정을 살펴보면, 동질적으로 여겨지는 물질이 정교한 구조로 변형되어 생명체가 된다는 사실을 누구나 알 수 있기 때문이었다.

한동안 치열한 논란이 있었지만, 그와 같은 변형 역시 자연의 힘을 넘어서는 것으로 보였기 때문에, '모든 살아 있는 존재는 미세한 세균으로서, 세계의 시초에 신에 의해서 직접적으로 창조되었고, 발전을 위한 적당한 순간을 기다렸다'는 이론이 나오자 곧 진정되기 시작했다. 이탈리아 해부학자 마르첼로 말피기(Marcelo Malpighi)의 세균 선재설(theory of preexisting germs)은 당시의 시대사조에 완벽하게 부합하는 것이었다. 과학자들에게 분명하게 풀 수 없는 것으로 보이는 문제들을 위한 해결책을 제공하는 동시에, 신을 발생의 유일한 능동적 원인으로 만들었기 때문이다. 신학자들도 과학과 기독교 신앙 사이의 아름다운 일치에 매우 기뻐했다.

말피기(Marcelo Malpighi, 1628~1694) 이탈리아 의사, 해부학자, 현미경을 사용한 미세 해부학의 개척자. 모세 혈관, 정맥과 동맥 사이의 미세한 연결 링크를 발견했다.

그러나 과학과 기독교 사이의 그러한 일치는 자연을 희생시킴으로써 얻어진 것이었다. 기독교인인 기계론자들은 물질이 전적으로 수동적이고, 어떤 자연적 과정도 새로운 존재를 낳을 수 없다고 가정하였다. 정치적 힘의 근원이 왕이 아닌 민중들에 속해 있다는 사상을 받아들일 준비가 되어 있지 않았던 당시에 개발됐기 때문에, 그들의 철학은 정치적 의미를 지니고 있기도 했다.

그러나 진실은 주머니 속의 송곳처럼 언젠가 솟아오르기 마련이다. 생명의 발생과 변화를 하나님에게 전적으로 의존하는 것을 못마땅해 하는 학자들의 수가 은밀하게 늘어나기 시작했다. 그러더니 기계론과 기독교의 일치를 의문시하는 새로운 이론들이 18세기 중엽에 논쟁의 수면 위로 튀어나오기 시작했다.

자연주의자들은 신의 창조물로서 간주했던 생명체에 관해 연구하는 것을 더 이상 불경한 짓으로 생각하지 않았고, 기계적이고 분석적인 방법으로 생명체를 살피기 시작했다. 초창기에는 주로 곤충들의 해부학적 구조의 정교함과 운동의 정확함을 묘사하면서, 연구실적을 쌓아 나갔다. 예를 들면, 많은 학자들이 인간보다 벌들을 더 훌륭한 기하학자로서 간주했는데, 왜냐하면 벌들은 최소한의 밀랍을 가지고 최대의 구멍들(cells)을 만드는 어려운 문제를 해결하기 때문이다.

과학적 발견들이 더 늘어나면서, 창조주에 대한 회의가 더욱 깊어져 갔다. 1740년대 초에 스위스의 에이브러햄 트렘블리(Abraham Trembley)는 이상한 동물인 폴립(polyp)형의 히드라를 발견했는데, 그것은 여러 조각으로 자르면 죽지 않고 도리어 조각의 수만큼 완전한 개체들로 재생되었다. 신이 히드라와 자연주의자들과의 우연한 만남을 예견하고 미리 그렇게 설계해 놓았단 말인가? 그 역시 신의 뜻이라고 해석하기 위해서 세균선재설이 동원됐지만, 의구심을 지우기에는 역부족이었

96 ··· 진화론 통사

다. 작은 동물의 몸 안에 잃어버린 부분들을 재생하는 데 필요한 만큼 하나님이 미리 세균들을 넣어 두었다? 세균선재설에 대한 회의가 확산되면서, 괴물들과 비정상적 존재들에 관한 끊임없는 논쟁들을 유발시켰다. 그 이론 역시 불행한 피조물들의 출생에 책임을 지거나, 태생적 발달의 과정에서의 우연들을 설명하는 데 한계를 보였기 때문이다.

트렘블리의 발견이 있은 지 몇 해 후, 실험 생리학의 창시자인 알브레히트 폰 할러(Albrecht von Haller)는 '자극 감수성'이라는, 근육 조직의 새로운 특성을 발견했다. 연관된 신경들이 잘렸다 할지라도 물체에 찔렸을 때 근육이 자발적으로 수축했는데, 소규모였지만 그건 신의 간섭과는 무관한 자발적인 움직임이 틀림없었다.

계속된 과학적 발견들은 자연의 수동성을 유지하기 힘들게 했고, 계몽주의 철학의 일반적 경향 역시 수구적 관념을 계속 흔들었다. 18세기 철학자들은, 자연에 대한 연구는 인간 오성 능력에 대한 제한을 주는 것인 신에 대한 참조 없이 독창적으로 이루어져야 한다는 데 합의를 이뤄나갔다. 그렇게 신에게 귀속되었던 힘들이 자연으로 조금씩 이양되기 시작했다.

뉴턴의 자연철학은 그러한 경향의 첫 번째 제물이었다. 뉴턴은 중력의 힘이 자연에 편만함을 논증했지만, 다른 이들은 물질을 활동적 존재로 변형시키는 힘을 물질의 본질적인 성질로서 해석했다. 미적분 발견 시 뉴턴의 라이벌이었던 라이프니츠(Gottfried Wilhelm von Leibniz)는 매우 형이상학적 이유에서 모든 존재의 궁극적 원소는 운동성과 감각성이 함께 부여된 '단자(單子; monad)'라고 제안했다. 그 단자 개념은 너무 파악하기 어려워서 많은 철학자가 에피쿠로스의 원자와 유사한 개념으로 변형시켰다.

1704년에 영국 철학자 존 톨랜드(John Toland)는 『세레나에게 보내는 편지(Letter to Serena)』에서, 신을 대체하는 역동적인 자연의 개념을 특징으로 하는 철학을 제안했다. 그리고 영국의 자연주의자 느헤미아 그루(Nehemiah Grew)와 프랑스의 칼뱅파 신교도인 클러크(Jean Le Clerc)와 같은 학자들은, 신을 대체하는 어떤 원리가 자연에 적용된다는 사실을 인정하지 않고서는 생명을 설명하는 것이 불가능하다고 주장했고, 독일 화학자인 슈탈(Georg-Ernest Stahl)은 생명에 개별적인 영혼이 작용하고 있다고 논변했다.

그리고 이와 같은 과학적 발견들의 후원에 힘입어, 새로운 생물학적 이론들이 18세기의 중엽에 급부상하기 시작했는데, 이런 사조의 중심에는 복원된 에피쿠로스주의 철학이 있었고, 그 대표자는 라 메트리(Julien Offray de La Mettrie)라고 할 수 있다.

데카르트 주의의 학설들을 혼합하고 새로운 과학적 상황을 적용해서 고대의 기계론을 부활시킨 그는, 자신의 저서 『인간-기계론(Man-Machine)』에서, 자연이 자발적으로 활동한다면 신은 필요가 없다는 결론을 내렸다. 세계를 지배하고 있는 질서에 관해서도 그것 역시 신에 호소하지 않고 설명될 수 있다고 주장했다.

그는 매우 데카르트적인 방식으로 자연법칙에 대한 신념을 진술했다. "우연을 은폐하는 것은 최고의 존재에 관한 증거를 논증하지 않는다. 왜냐하면, 우연도 신도 아닌 다른 어떤 것, 즉 자연이 있을 수 있기 때문이다." 다른 책 『에피쿠로스의 체계(System of Epicurus)』에서 그는 에피쿠로스주의 철학으로부터 많은 것을 빌려와서, 완벽한 동물들은 자연법칙의 필연적인 결과뿐만 아니라, 무수하게 실패한 물질 조합의 마지막 산물들이라고 말했다. 그리고 "물질의 원소들은 스스로 움직이고 서로 혼합함으로써 가까스로 눈을 만들 수 있었고, 그러고 나서는 거울 속에서 자신을 보지 않을 수 없는 것처럼, 보지 않는 것은 불가능했다."라는 식의 맹목적 필연성으로 모든 것을 설명하려 했다.

"자연은 보지 않으면서 보는 눈을 만들었듯이, 사고하지 않으면서 사고하는 기계를 만들었다." 이것이 라 메트리 철학의 핵심이라 할 수 있다. 그는 살아 있는 모든 존재가 단지 기계에 불과하기에 인간 역시 그러하다고 했다. 즉 기계론적 과정들로 인간 활동을 이해할 수 있다는 뜻인데, 이것은 전형적인 환원주의적 태도라고 볼 수 있다.

1740년대에는 그의 주장보다 좀 더 세련된 형태의 생물학적 기계론도 나타났는데, 그것은 새로운 것이기보다는 라 메트리의 주장과 세균선재설이 혼합된 형태였다. 프랑스의 모페르튀(Pierre de Maupertuis)는 기본적인 물질의 입자들은 그것 없이는 자연적으로 생명의 현상을 설명하는 것이 불가능할 의지와 지각을 부여받았다고 주장했다. 신과 자연 관계에서는 자연법칙들을 신의 작품으로 인정했기에, 그의 철학 속에서는 신의 의지와 자연적 과정 사이에 모순이 없다. 다만, 각각의 자연적 존재를 만들어 내는 장인으로서 신을 상상하기보다는, 자연 안에 있는 모든 것이 신이 규정했던 법칙에 복종하면서 자연적 과정을 통해 발생한다고 여겼다. 그는 신의 지혜가 법칙에 따라 고안된 기계들을 만들어 낼 수 있는 자연의 과정에 의해 논증될 수 있다고 주장했다.

프랑스의 자연주의자 뷔퐁(Georges de Buffon)은 모페르튀보다 더 역동적인 인물이었다. 그의 위대한 역작 『자연사』에 그의 철학이 잘 나타나 있다. 그는 뉴턴주의자였지만 태양계의 기원에 관해서 신에 의한 직접적 창조를 믿는 것보다 물리적 가설(혜성과 태양의 충돌)을 더 선호했다.

생물학 분야에서도 세균선재설을 거부했다. 왜냐하면, 그것을 사실에 관한 과학적인 설명이 아닌, 기적이라는 도그마에 관한 종교적인 설명으로 여겼기 때문이다. 그는 단순한 기계론이 생명의 현상을 설명할 수 있다고 생각하지 않았기에, 유기적인 분자들로 만들어진 '살아 있는 물질'의 존재를 가정했다. 그리고 생물학적 기계론이 뉴턴적 중력을 모델로 한, 살아 있는 유기체들 안에서 활동하는 침투력이 강한 힘을 포함해야만 한다고 주장했다. 그것은 새로운 역학의 생물학적 판본인 듯하지만, 자연이 영구적으로 활동한다는 주장으로, 자연적 구조보다 오히려 자연적 과정을 강조함으로써, 신을 자연과 역사로 대체하면서 신을 제거하려는 경향을 띠고 있다.

자연의 활동적 힘과 역사의 과정을 통해 활동하는 자연적 기제를 혼합함으로써, 뷔퐁은 자연적 구조의 심각한 변경을 고려했다. 이러한 뷔퐁의 진화 이론은 제한된 것이긴 했으나, 새로운 차원을 생물학적 사고에 도입한 것임은 틀림없다. 그것은 전통적 창조 관념을 희생하는 대가로 생물학적 기계론의 설명력을 증가시켰다.

뷔퐁(Georges-Louis Leclerc Buffon, 1707~1788) 프랑스의 수학자· 박물학자· 철학자이며 진화론의 선구자이다. 어린 시절에는 아버지의 강요로 법학을 공부했지만, 후에 식물학· 수학· 천문학 등도 배우게 된다.

물질 내의 영적인 성질 혹은 알려지지 않은 힘의 존재를 가정하였던 모페

르튀, 니덤, 뷔퐁의 이론들은 모두 원래의 생물학적 기계론으로부터 이탈한 것이었다. 그렇지만 그것들은 자연과 생명에게 더 큰 자율성을 주었기에, 생명에 관한 생기론적 개념을 옹호했던 사람들에게 적극적인 지지를 받았다.

독일 해부학자인 볼프(Casper Friedrich Wolf)와 같은 생기론자들은 살아 있는 존재들이 주로 기계들이라는 것을 부인하지 않았지만, 그것의 본성이 잘 알려져 있지 않은 자연적인 '활력'에 의해 인도되지

않는다면, 기계론적이고 화학적인 과정은 태아의 발달은 물론이고, 유기체의 일반적인 기능조차도 설명할 수 없다고 주장했다. 그리고 그러한 견해를 따르는 이들이 늘어가면서, 새롭게 부상하기 시작한 생기론은 유물론적 풍미를 획득해 갔고, 영혼의 개념은 서서히 생물학에서 사라져 갔다.

그러면서 창조주마저 그 자리에서 내쫓을 수 있는, 생명의 시원에 대한 새로운 이론이 시나브로 모습을 갖춰가기 시작했다. 창조주와 창조론을 제거하려는 음모는, 다윈이 태어나기 1세기 전부터 그렇게 은밀하게 진행되고 있었다.

 ## 초자연적 창조역사를 부인한 자연신론자, 데이비드 흄

데이비드 흄(David Hume, 1711~1776)은 스코틀랜드 출신의 철학자이자 경제학자이며 역사가이다. 서양 철학과 스코틀랜드 계몽운동에 관련된 인물 중 손꼽히는 인물이다.

계몽주의 시대에 창조론에 대해 가장 회의적인 관점을 가졌던 학자는 데이비드 흄이었는데, 그가 죽은 후 1797년에 출판된 논문『자연주의 종교에 관한 문답(Dialogues Concerning Natural Religion)』에 그의 관점이 포괄적으로 드러나 있다. 생전에는 꿈조차 못 꾸고 있다가, 사후에 그것도 저자의 이름이나 출판사의 이름도 표기하지 않은 채 출간하는, 그러한 조심스런 대처를 했음에도 불구하고, 흄은 생전에 이미 자연신론자 혹은 무신론자로 의심받았다. 그런 이유는 젊은 시절에 발표한 『인간 오성에 관한 탐구(Enquiry Concerning Human Understanding)』에 창조론에 대한 단호한 비판이 담겨 있었기 때문일 것이다. 그 논문에서, 그는 신에 대한 불경죄로 기소되어 아테네 시민들 앞에서 자신을 변호하는 에피쿠로스의 발언을 기록하는 형식을 빌려서 창조론을 비판했다.

흄의 저서에 등장하는 에피쿠로스는, 자신을 고발한 사람들이 지성과 설계의 증거를 '자연의 질서'에서 찾고 있으며, 그래서 신의 인도를 받지 않는 물질의 힘이 터무니없다고 생각하는 우를 범하고 있다고 주장했다. 또한, 설계론은 세계에 존재하는 특정한 결과로부터 선행하는 원인을 추론하려 하지만, 이성적인 추론을 할 수 없는 상황이기에, 주어진 결과 외의 다른 원인을 찾아낼 수가 없고, 결과에서 원인을 추론해내는 방법으로는 지성과 설계에 확실하게 도달할 수 없으며, 절대적 존재가 동인(動因)이라는 개념에도 도달할 수 없다고 역설하고 있다. 책 속의 에피쿠로스는 다음과 같은 말로 변론을 마감한다.

우리는 자연의 운행을 두고서 최초로 자연을 작동시켰고, 지금도 우주의 질서를 유지시켜주는 특정한 지성과 동인(動因)이 있다고 단정한다. 우리가 수용하는 이 원리는 확실하지도 않고 쓸모도 없다. 우리가 알고 있는 이 동인은 순전히 자연의 운행결과만을 보고서 추론한 것이다. 온당한 이성의 법칙에 비추어 보면, 우리는 새로운 추론을 가지고 원인으로 돌아갈 수도 없고, 보편적이고 경험을 통해 검증된 자연의 운행에 무엇을 추가함으로써 행위와 행동의 새로운 원리를 만들어낼 수도 없다.

흄은 『자연주의 종교에 관한 문답』에서 다시 에피쿠로스를 등장시킨 후에 필로라는 가상인물을 추가로 내세웠다. 그를 통해, 설계론 주장은 단순히 자연의 유추에 기초하고 있으며, 하나의 포괄적인 유추의 단계에서 개별적인 하나의 단계로 진행할 뿐이라고 비판했다. 설계론이 채택하고 있는 논리구조는, 유추를 동원하여 자연 속에 있는 설계의 몇몇 예증을 찾은 다음에, 그것들을 근거로 모든 설계에는 반드시 설계자가 있다는 결론을 내리는 것이기에, 흄은 그 비합리적인 논리에 도저히 동의할 수 없었다.

흄은 세계가 스스로 발생했으며, 신에게 의지하지 않고도 질서가 존재할 수 있음을 증명할 수 있다고 주장했다. 그래서 『문답』에서 흄의 아바타인 필로는 에피쿠로스의 주장을 예로 들면서, 세계가 물체의 움직임으로부터 발생했을 수 있고, 질서가 등장한 것 역시 물질적 힘이 맹목적으로 상호작용한 결과일 수 있다고 지적했다.

생명체도 이와 유사한 과정을 거쳐 생겨났을 것이다. 한 그루의 나무는 그 나무 위에서 자라나는 질서와 생명체를 생성하지만, 정작 질서가 무엇인지는 모른다. 동물도 같은 방식으로 새끼들을 낳고 기른다. 이러한 종류의 예는, 이성과 설계로 생겨나는 질서보다 훨씬 더 많이 있다. 그리고 동물과 식물에서 찾아볼 수 있는 이 모든 현상이 궁극적으로 지적 존재의 설계에 의한 것이라고 주장하는 것은 논점을 회피하는 것이라 할 수 있다.

흄의 견해를 대변하고 있는 필로는, 유물주의나 종교 어느 쪽에도 완전한 지지 의사를 표명하지 않았지만, 그를 게스팅한 흄의 의사가 어느 쪽으로 기울어 있는지는 전체적인 문맥을 보면 쉽게 알 수 있다.

과학과 이성에 관한 흄의 신념은 확고했던 것 같다. 그런 사상적 색채는 『인간 오성에 관한 탐구』의 서문에 잘 나타나 있다. 그는 그 서문에서 인간 과학은 유일하게 다른 모든 과학을 뒷받침하는 과학으로 '체험과 관찰'이라는 경험적 방법에 의해 연구되는 과학이라고 주창하였다. 흄의 이러한 견해가 정확히 어떠한 것을 뜻하는지에 대해서는, 학자 간에 이견이 많지만, 논리실증주의의 선구자로서 경험에 의한 것만을 바탕으로 철학을 펼쳤다는 사실에 대해서는 의견이 일치한다.

흄의 임종을 지켜본 제임스 보스웰(James Boswell)과 애덤 스미스가 전하는 바에 따르면, 그는 생의 마지막까지 완강하게 종교를 받아들이기를 거부하고 에피쿠로스의 유물주의에서 위안을 찾았다고 한다.

흄 이후에도 창조론에 대항하여 논쟁을 벌인 학자들이 많이 있다. 헤겔과 마르크스가 대표적인데, 유물론적인 관점을 가지고 있던 학자들이다. 창조론을 풍자한 문학작품도 많이 있었는데 대표적인 것은 볼테르의 명작 『깡디드(Candide)』라고 볼 수 있다. 그는 이 작품에서 라이프니츠를 모델로 한 팡글로스 박사라는 인물을 등장시켜 창조론을 아주 우습게 만들어버렸다.

그렇지만 그들이 비판하고 풍자한 창조론은, 생물의 시원과 다양성에 국한된 것이라기보다는, 우주의 시원을 포함한 우주 만물 전반에 관한 것이었다. 근세에 들어오면서 창조론에 대항한 학자들이 부쩍 늘어났고 그들의 공격은 대부분 논리 정연한 것이었다. 그렇지만 대안 없는 비판의 형태인 경우가 대부분이었던 것 또한 사실이다. 창조론을 약점을 파고들며 많은 공격을 가했지만, 그 창조론을 대신할 다른 이론을 제시하진 못했다.

특히 생물학 분야만을 따로 분리해서 보면 그 성과는 매우 실망스럽다. 우선, 생명의 시원이나 다양성에 관해 초점이 맞춰진 의견이 제시된 경우가 없었다. 물리학과 천문학 분야에는 연구가 활발하게 진행되어, 여러 가지 원리들이 세상에 나와, 대중들을 지적으로 개화시키는 데 상당한 이바지를 하고 있었지만, 생물학 분야는 카오스의 안갯속에 여전히 묻혀 있었다.

그래서 대중들은 17세기에 이르기까지도 창조주가 알 수 없는 방법이나 감춰진 원리를 작동시켜 생물들을 자연발생 시킨다고 믿고 있었다. 물론, 그런 데는 토마스 아퀴나스, 오컴 같은 유명한 스콜라 학자들이 성서의 교의와 아리스토텔레스의 자연학이 모순되지 않는다는 해석을 전개한 것도 큰 영향을 끼쳤을 것이다.

자연발생을 부정하는 실험은 17세기가 돼서야 레디(F. Redi)에 의해서 행해졌고, 눈에 안 보이는 생명체도 있다는 사실은 현미경이 발명된 18세기가 돼서야 레벤후크(A. Leeuwenhoek)에 의해 확인됐다. 그러나 그때까지도 보네(C. Bonnet)의 호문클루스(인간의 알 속에 들어있는 작은 인간, 또 그 작은 인간 안에 작은 알이 들어있다.)는 살아 있었고, 전성설(epigenesis)과 후성설(preformation theory) 사이의 논쟁도 지속되고 있었다.

그러다가 내부 논쟁이 잦아들기 시작한 18세기 중후반이 돼서야 '창조된 생명체'에 대한 이견이 본격적으로 제기되기 시작했다. 그들은 대부분 생물학과 박물학 분야에서 업적을 쌓은 지식인들이었는데, 그들이 등장한 후에야 비로소 창조론을 보는 대중들의 시각이 바뀌기 시작했다.

이제, 본격적으로 현대 진화론자들에 대해서 고찰해보자. 에라스무스가 현대 진화론의 첫 번째 주자라고 생각하는 학자들도 있지만, 대표로 내세우긴 왠지 활약이 부족해 보이므로, 다수가 공감할 수 있는 첫 번째 주자로는 장 라마르크를 내세워야 할 것 같다.

천변지이를 부정한 라마르크

장 라마르크(1744~1829) 프랑스의 생물학자. 북프랑스의 피카르디 지방의 바장탱 르 프티에서 태어났다. 프랑스 임시 국왕이었던 로베르 1세의 자손이었으며, 의학 학교에서 의학을, 국립 식물원에서 식물학을 공부하였다.

장 라마르크는 1744년에 몰락한 귀족의 열한 번째 아들로 북프랑스의 바장탱에서 태어났다. 아버지는 그가 성직자가 되기를 바랐다. 그래서 아버지의 뜻에 따라 신학 공부를 시작했지만, 1760년에 아버지가 세상을 떠나자 자신의 의지대로 군에 입대했다. 그는 꽤 용감한 군인이었던 것 같다. 오스트리아, 프랑스, 러시아의 연합군과 프러시아 사이의 7년 전쟁(1756~1763)에 병사로 참전해서 대활약을 펼친 끝에 장교로 특진된 걸 보면 말이다. 그러나 질병에 걸려서 더 이상 직업군인을 할 수 없게 되는 바람에 민간인으로 돌아오게 됐다.

그 후에 몇 차례 직업을 바꾸며 안정된 사회인을 꿈꾸다가 포기하고, 1768년에 파리로 가서 의학 공부를 시작했다. 거기에서 기상학, 화학, 식물학을 공부해서, 1778년에 『프랑스 박물지』를 출간했고, 이 책이 박물학자인 조르주 뷔퐁의 눈에 띄어, 그의 추천을 받아서 프랑스 과학 아카데미의 준회원이 되었다.

그로부터 얼마 지나지 않아 그의 후견인인 뷔퐁은 왕립 정원(庭園)의 원장이 되었고, 루이 15세로부터 백작의 작위도 받았다. 그러자 그의 라인에 서 있던 라마르크의 신분도 상승하였다. 뷔퐁의 배려로 왕실 소속의 식물학자가 된 그는 한동안 유럽을 돌아다니며 식물표본을 채집하는 일에 열중했다.

40세 무렵의 라마르크는 왕립 정원의 진열관에서 근무하고 있었는데, 그때 프랑스에 혁명의 바람이 일어나, 왕립 정원은 파리 국립 자연사박물관이 되었고, 라마르크는 그 박물관의 식물학 및 동물학 교수가 되었다.

식물학 외에 기상학과 화학에 흥미를 가지고 있던 라마르크는 1776년에 '대기의 주요 현상에 관한 연구'라는 제목으로 기상학 논문을 썼다. 그것이 그의 첫 번째 논문이다. 그 후 라마르크는 기상학에 관한 수많은 논문을 발표했고, 화학에 관한 논문도 여러 편 썼다. 그렇게 활발한 학술연구를 했지만, 40대 후반이 될 때까지 생명의 기원이나 변이에 관해서는 관심을 갖고 있지 않았다. 그런 그가 어떻게 새로운 분야에 입문하게 되어, 후세 학자들에게 진화론의 선도자로 추천까지 받게 되었을까?

혁신적인 과학자, 과거를 끊어내고 새로운 패러다임을 개척하는 과학자는 대개 아주 젊은 편이라고, 토머스 쿤이 말한 적이 있다. 혁신적인 과학자라면 과거에 과학이 이뤄낸 업적에 담긴 고갱이를 파악하면서도, 그 업적들의 흠결을 날카롭게 감지해내야 하기에, 젊은 과학자일수록 그 범주에 들 가능성이 높은 건 사실이다. 그렇지만 예외적인 인물은 어디에나 있기 마련이다. 라마르크가 바로 그런 인물이었다.

진화론에 관심을 가진 것이 분명 젊었을 때도 아니었고, 그 분야에 심취하거나 혁신적인 아이디어를 갖고 있었던 것도 아니었으며, 특정한 가설에 반해서 그 증명을 위해 맹진한 것은 더욱 아니었다. 18세기가 다 지나갈 때까지 라마르크는 일반대중들과 생각이 거의 같았다. 즉 생물들은 처음 세상에 등장한 때부터 지금까지 본질적으로 불변한 채로 있다고 생각했다.

그러다가 1800년 무렵에 갑자기 정반대 입장을 표명했다. 생물은 진화하며, 무기물에서 생명이 저절로 생겨나면서 새로운 생물이 나타나기 때문에, 진화는 끊임없이 힘을 얻는다는 주장을 펼쳤다. 그가 극적으로 진화론으로 마음을 돌리기까지의 과정을 재구성하는 데 도움이 될 자료가 그리 많지는 않지만, 그가 변신한 때가 무척추동물 분류작업을 하던 중이었다는 사실을 고려하면 힌트를 얻을 수는 있을 것 같다.

라마르크는 1793년에 파리 자연사박물관의 곤충, 벌레, 미세동물 교수로 근무하고 있었다. 당시 정복전쟁을 벌이고 있던 프랑스군이 유럽의 다른 박물관에서 약탈한 것들로 파리 박물관 소장품이 급격히 늘어나고 있었기에, 그에 따라 학자들에 대한 대중들의 기대치도 높아지고 있었다. 특히, 당시 시나브로 태동하고 있던 창조론에 대한 회의와 재조명되고 있던 고대 진화론에 대해서는 대중들의 관심이 높아서, 곧 어떤 답을 내놓아야 할 것만 같은 분위기였다. 어느덧 프랑스의 대표적 생물학자가 되어있던 라마르크는 누구보다도 강력한 압박감을 느꼈을 것이다.

생물 종(種)은 언제나 무기한 생존할까? 아니면 살아있는 꼴과 화석 꼴을 비교한 것을 기초로, 일부 학자들이 주장하는 것처럼, 끝내 멸종된 종도 있었을까? 라마르크는 이 물음에 답을 제시하기에 다른 학자들보다 유리한 위치에 있었다. 자연사박물관에 조가비 화석을 많이 있었기에, 조가비 화석마다 현재 살아있는 생물과 짝지을 수 있는지를 탐구할 기회가 그에게 충분히 부여됐기 때문이다.

연구결과, 조가비 화석과 살아있는 생물이 항상 짝지어지는 것은 아니었다. 그러나 그는 그런 결과를 선뜻 종(種) 소멸의 증거로 채택하지 않고 망설였다. 당시의 대중들은 비종교적이라는 이유 때문에 멸종이 일어난다는 사실에 여전히 거부감을 느끼고 있었다.

그렇지만 라마르크가 멸종의 역사를 인정하지 못한 까닭이, 대중들의 그것과 같았던 건 아니다. 멸종에도 분명한 원인이 있어야 하는데, 초자연적 원인에 호소하지 않고서는, 그 원인을 알 수 없었다. 특히, 그가 집중적으로 연구하고 있는, 물속에 사는 조개의 멸종원인은 정말 상상하기 힘들었다. 그래도 이미 사라진 조개의 종이 있는 것은 분명했기 때문에, 다른 생명 꼴로 진화했다는 것이 유일한 답으로 보였다.

하지만 아주 단순한 생명체에 대한 라마르크의 생각은 또 달랐다. 아주 연약한 생물은 가혹한 자연환경 속에서 멸종될 수 있을 거라고 생각했다. 그러나 실제로는 아주 연약하고 단순한 생명체가 여전히 현존하고 있었기 때문에, 새로운 생명체가 저절로 생겨난다는 가정도 함께 채택해야 했다. 라마르크는 이렇게 이중적으로 생각을 정리해서, 19세기 초에 처음으로 자신의 의견을 밝혔고, 그 후 여러 해 동안 자기 의견을 다양한 방식으로 다시 설명했다. 그러는 과정에서 상당한 내적 갈등을 겪으며 자신의 진화론을 완성해나갔는데, 그의 아이디어가 비로소 정돈된 것은 1809년에 발표한 『동물철학(pilosophie zooloqique)』이라고 봐야 할 것 같다.

라마르크의 이론의 핵심은 '존재의 사슬' 또는 '자연의 사다리(scale of nature)'다. 모든 동물은 오르막 사다리 모양으로 정렬될 수 있다고 믿어지기에, 맨 아래에는 가장 하등한 적충류(infusorians)가 자리하고, 맨 위에는 가장 복잡한 사람이 자리한다(그는 동물 사슬과 식물 사슬, 두 가지 존재의 사슬이 있다고 믿었는데, 나중에는 동물 사슬도 둘로 나누었다). 그렇지만 '존재의 사다리'는 순수한 그의 아이디어가 아니다. 플라톤의 대화편(The Dialogues)에도 그 선례들이 있다. 그러나 라마르크는 자연의 사다리가 정적이지 않고 동적이라고 봤다는 점에서 플라톤의 생각과 차이가 있다.

그는 생물이란 단순한 생물에서 복잡한 생물로 대를 이어가며 변화하면서 사다리 위쪽으로 꾸준히 나아간다고 믿었다. 그리고 사다리 맨 아래에는 원시 생물이 무기물에서 형성되어 새롭게 나타난다고 믿었다. 여기에서 생물을 존재의 사슬 위쪽으로 끌고 가는 것은, 끊임없이 바뀌는 환경이 유발한 욕구다. 이 욕구들이 갖가지 체액의 운동을 일으켜서, 기관을 새로 만들거나 기존의 기관을 변형시킨다. 이 체액은 물이나 피와는 다른, 전기나 열량처럼 '느끼기 어려운' 액체이다. 고등한 동물로의 진화를 말하면서, 라마르크는 욕구와 체액 사이에 그 유명한 내적 의식(sentiment int érieur)을 삽입했는데, 그것이 욕구와 생리적 반응 사이의 인과(因果)고리 구실을 한다고 보았다.

아무튼, 라마르크가 유물론자의 길을 선택했던 건 분명하지만, 그 길로 가려는 강력한 의지가 있었는지는 여전히 회의적이다. 라마르크는 먼저 물질적 원인이 있고 다음에 결과가 있다는 관점보다는, 목적의 관점에서 원인을 설명하려 애쓰는 목적론자에 가까웠다.

생물변화라는 중심 주제에서 볼 때, 라마르크는 기본적 진화 메커니즘 위에 또 다른 진화 메커니즘을 겹쳐 놓았다. 이 2차 메커니즘은 존재의 사슬에서 비정상성 가지 뻗기가 일어나게 하는 것으로 생각된다는 점에서, 첫 번째 메커니즘과 다르다. 그는 이 2차 메커니즘이 환경을 통해 직접 작용하는 것으로 말했다. 또 어떤 때는 사용 여부에 따라 변화가 일어난다며, 습관도 이 2차 메커니즘에 포함했다.

그는 이 메커니즘의 실재적인 예로 동물과 식물 육종(breeding)을 제시했다. 이를테면, 오리를 날지 못하게 하면 영원히 나는 기능이 퇴화한다고 생각하는데, 이런 일은 피할 수 없는 것처럼 보았다. 그는 자연에도 이와 똑같은 일을 적용할 수 있으며, 이것 때문에 존재의 사슬에서 꾸준한 오르막 진행이 방해받는다고 생각했다. 하지만 이 2차 메커니즘은 그가 실제로 믿었다기보다는 문제를 해결하려고 작위적으로 만들었다는 느낌을 지울 수 없다.

아무튼, 그는 불규칙성을 띤 존재의 사슬을 받아들였고, 유전 가능한 변화를 일으키는 중요한 원인이 욕구만족이라고 생각했다. 이렇게 획득된 변이 또는 형질이 유전된다는 생각을 현재는 '라마르크주의'라고 부른다.

생물의 다양성을 함축적으로 설명하고 싶어 했던 라마르크에게 확연히 구분되는 종(種)의 고유성은 당혹스러운 난제였다. 그는 점진적이고 연속적인 사슬이 있다고 믿었기 때문에, 서로 다른 생물들 사이를 이어주는 생물을 우리가 아직 찾아내지 못했다거나, 다른 생물이 그런 영물을 없애 버렸을 거라는 가설로 생물들 사이 빈 곳을 설명하려 했다. 그렇기에 라마르크의 이론은 결코 공통유래이론(theory of common descent)이 될 수 없다. 그는 열, 빛, 전기, 습기가 무생물 세계에 작용해서 단순한 생명 꼴들을 저절로 발생시킨다고 생각했고, 사자 같은 동물이 사라져도 시간이 흐르면 다시 나타날 것이라고 믿었기에, 포유류와 어류 등이 공통조상을 가진다고 믿을 이유가 없기도 했다.

화석기록을 대하는 라마르크의 태도도 주목해야 한다. 그가 생물이 단순한 꼴에서 복잡한 꼴로 진화했다고 강력히 믿었다면, 그 진화 순서를 화석기록이 확증해 주리라 기대했을 것이다. 그런데 라마르크는 생명이 진보되어 나아가는 화석기록을 남겨야 한다고 논하지도 않았고, 화석기록을 해석해서 자기 입장을 뒷받침하려 들지도 않았다. 그는 화석기록을 지극히 요식적으로 언급했을 뿐이다. 그에게 필요했던 것은 화석에 나타난 꼴들이 오늘날 생물들과 다르다는 것뿐이었다. 왜냐하면, 자기 이론에서는 진보적 차이라는 게 아무런 필요가 없었기 때문이다.

『동물철학』에 나타나는 별난 특징 중 또 하나는 적응에 대한 라마르크의 무심한 태도이다. 어떤 특성을 못 가졌거나 세월 따라 변화하지 못하는 종은 틀림없이 사라질 것이지만, 그는 생물들이 이제까지 처한 환경에 맞춰 살아왔고 앞으로도 그리 살아갈 거라고 믿고 있다. 생물이 꾸준히 환경에 적응해가는 모습을 보여 줄 생각을 라마르크의 이론이 담고 있다는 점에서 보면, 적응은 라마르크에게 중요하지만, 실제로는 그 적응을 특별히 주목하지 않았던 것 같다.

그는 생물들이 자원을 놓고 경쟁하고, 심지어 서로를 죽이고 먹기까지 한다는 사실을 잘 알고 있었지만, 사람이 끼어들 때 말고는, 그런 사실이 종의 실존에는 위협이 되지 않는다고 여겼다. 그 이유는 생물이 정해진 수를 유지할 수 있는 힘이 물리학의 작용과 반작용처럼 작동하고 있다고 믿었기 때문이다.

하지만 라마르크의 주장에 구태의연하고 어설퍼 보이는 면이 없진 않지만, 그가 진화론의 선도자였음은 부정할 수 없을 듯하다. 진보적 주장의 기반을 스스로 무너뜨린 적은 없었기 때문이다. 그가 시종일관 유지하는 진화론의 요체는, 환경과 그에 대한 개체의 변화 욕구이다. 그는 획득형질의 유전이 진화의 원동력이라고 말했고, 동물의 열망으로 그 기관이 진화한다고도 말했다. 그는 이 가설들에 대한 증거들을 많이 내세웠다. 높은 곳에 있는 잎을 먹고 있는 가운데 어느덧 목이 길어진 기린이 하나의 예다. 또한, 물고기의 눈은 좌우대칭으로 붙어 있지만, 넙치나 가자미처럼 얕은 강변에 사는 물고기는 옆으로 누워버리기 때문에 위쪽으로 두 눈이 옮겨지게 됐다. 그리고 알코올 중독자, 소식가(小食家), 사무원들은 딱딱한 음식을 조금밖에 먹지 않기 때문에 소화기관이 작아진다.

그러나 훗날 라마르크의 '획득형질의 유전 가설'은 옳지 않다는 사실이 실험적으로 증명됐다. '희망에 의한 기관의 진화가설'에 대해서는 뚜렷한 부정실험이 이뤄지지 않았지만, 동물에게 유리한 보호색의 발달까지만 이 가설로 설명할 수 있다는 한계는 확인되었다.

돌연변이는 자연환경에 잘 적응하는 것도 있지만 적응하지 못하는 것도 있다. 그중에서 자연환경에 적응한 변이만이 살아남아 자손에게 전해진다. 이것이 다윈이 말하는 자연 선택의 실상인데, 이 실상이 밝혀지면서 라마르크가 제안한 '획득 형질의 유전 가설'은 필요 없게 돼버렸다.

그러나 라마르크의 '획득 형질의 유전 가설'은 그 간결한 매력 때문에 쉽게 스러지지 않고, 그 후 여러 차례 부활이 시도됐다. 미국의 원예가 루서 버뱅크(Luther Burbank)의 새로운 과일 품종 개발과 구소련의 생물학자인 트로핌 리센코(Trofim Lysenko)의 동물교잡 등이 그 대표적인 예다.

라마르크의 마지막 저서는 『무척추 동물지』였는데, 그 마지막 2권은 그의 제자인 피에르 라트레이예(Pierre André Latreille)와 장녀의 도움을 받아 집필했다. 현대인의 시각으로 보면, 그 내용이 진부하지만, 생물이 형질을 획득할 수 있고 그것이 유전된다는 라마르크의 아이디어는, 당시에는 아주 특별한 것이었다. 그렇기에 그의 저서는 찰스 다윈의 혁명적 발상에 적지 않은 영향을 끼쳤다고 볼 수 있다.

다위니즘의 선지자들

찰스 다윈이 태어나기 전에도 다윈이라는 이름은 생물학 분야에서 이미 유명했거나 악명이 높았다. 18세기 말, 찰스의 할아버지 에라스무스 다윈(Erasmus Dawin)은 깊은 함의를 가진 글들로 진화가 펼쳐지는 세계상의 미덕과 아름다움을 찬양했다.

그가 라마르크보다 먼저 진화론을 세상을 내놓았고, 그가 펼친 사변 가운데 많은 것들이 라마르크의 주장과 유사한 색채를 띠는 것으로 보아, 결코 라마르크에 뒤지는 인물이 아니었음을 알 수 있다. 그는 자신의 저서인 『동물생리학 또는 생물학의 법칙(Zoönomia or the Laws of Organic Life)』에서 라마르크식 획득형질의 유전과 흡사한 무언가를 제시하면서, 아주 진보적인 원리를 그려냈다.

그렇지만 라마르크와 다른 점도 분명히 있었다. 라마르크는 쉬지 않고 일어나는 자연발생 과정을 요청했던 반면, 그는 "모든 온혈동물은 한 올 생명의 실에서 비롯되었다."는 생각을 내비쳤다. 두 사람 의견 모두에 결정적인 결함이 있기는 하지만, 공통조상을 운운했다는 점에서 에라스무스의 안목은 대단했다고 할 수 있다.

그런 에라스무스의 위대한 행적을 알지 못하고 있던 찰스는, 대학에 입학한 후에야 할아버지가 쓴 『동물생리학』를 읽게 됐다고 한다. 깊은 감명을 받았다는 찰스의 고백은 사실인 것 같은데, 젊은 다윈은 이상하게도 진화론 쪽으로 곧바로 마음을 돌리지 않았다. 그 후에도 한동안 그는 여전히 창조론자로 살았다. 에라스무스의 주장에 더 마음이 흔들린 건 찰스가 아니라 그와 같은 공동체에 있던 세지윅(Adam Sedgwick)과 휴얼(William Whewell)이었다. 그들은 찰스가 케임브리지에서 성직자가 되기 위한 공부를 하고 있을 때 같은 스터디 그룹에 있었는데, 구약성경에는 문자 그대로 받아들일 수 없는 부분들이 많다는 생각을 자주 드러냈다.

아무튼, 에라스무스 다윈과 라마르크가 깨워놓은 혁신적 사고가 19세기의 새로운 사조 형성에 큰 영향을 미쳤던 것은 확실하고, 그렇게 새롭게 조성된 분위기는 찰스 다윈이 등장하기 직전인 19세기 중반까지 꾸준히 이어졌다.

그러다가 알프레드 테니슨(Alfred Tennyson)이 세상에 나타나면서 변혁의 기운이 급팽창하기 시작했다. 1850년 6월에 테니스는 『벗을 기리며(In Memorial)』을 출간하며 혜성처럼 등장했다. 그의 성공은 워낙 순식간에 일어나서, 그 시를 발표한 지 다섯 달 만에 계관시인이 되었다.

『벗을 기리며』는 테니스니 스물둘에 세상을 떠난 친구 아서 핼럼(Arthur Hallam)의 영전에 바치는 추도시(追悼詩)였다.

알프레드 테니슨(Alfred Tennyson, 1809~1892) 빅토리아 시대의 영국의 계관 시인. 링컨셔 주 서머스비에서 목사의 아들로, 12 형제 중 넷째로 태어났다. 에드워드 3세 왕의 후손이다.

그런데 그 행간에는 당시의 다양한 과학 저작에 대한 느낌들이 풍부하게 채워져 있었다. 휴얼(William Whewell)의 문하에 있던 테니슨은 자신의 무력감, 핼럼의 죽음에 대한 덧없음, 하나님에 대한 깊은 회의를 버무려서 시의 행을 채워 놓았는데, 그의 시는 창조론에 대한 대중들의 회의, 진화에 대한 새로운 각성, 삶에 대한 새로운 좌표의 제시를 바라는 마음 등을 전반적으로 대변하는 느낌이 들기도 했다. 시의 행간을 살펴보자.

그렇다면 하느님과 자연이 충돌한단 말이던가,
자연이 그리도 사악한 꿈들을 준단 말이던가?
자연은 아주 세심하게 선형을 살피는 듯싶은데
단 하나 있는 목숨에는 몹시 무심하구나.

……………………………………………………………………………………………………

전형을 세심하게 살핀다?' 허나 그렇지 않구나.

깎아지른 절벽과 잘라낸 돌에서
자연이 소리친다. '전형 천 개가 사라졌다.
나는 상관 않노라. 모두 사라지기 마련이니.

여기까지는 그냥 슬픔만 가득 차 있다. 그러나 시의 말미로 향해 가면서 테니슨은 체임버스(Robert Chambers)의 것과 같은 진화론, 곧 사람이 더 고등한 존재로 진보할 수 있을 거라는 진화론을 통해 희망을 회복한다.

저 멀리 넓고 넓은 데서 영혼 하나가 나와
자기 존재를 경계들 속으로 밀어 넣는다.

그리고 낮은 단계들을 거쳐 오다가
마침내 사람이 되어 태어나 생각하고
행동하고 사랑하니. 더없이 높은 인종과 우리
그 사이를 더욱 가깝게 이어주노라.
....
나와 같이 이 행성을 거닐었던
그 사람은 고귀한 전형이었노라
때가 무르익기도 전에 세상에 나오더니
지금 내 친구는 하느님 안에서 사는구나.

과학과 이성에 대한 기대가 높아지던 시점에서, 그의 시는 새롭게 등장하고 있는 사조를 아주 쉽게 설명하는 역할을 했다고 여겨진다. 그의 시는 감정이 들어있지 않은 과학, 철학, 종교 글보다 대중들의 마음을 더 크게 흔들었고, 당시 남편을 잃은 여왕(Victoria)의 심금도 울렸다. 테니슨의 시는 전 유럽적인 유행가가 되었다. 홀로 된 여왕을 위시하여 빅토리아 시대 사람들 모두 진심으로 이 시를 사랑했고, 끝없이 인용했으며, 진정으로 위안을 얻었다.

이 시에 담긴 메시지는 진화론. 그리고 진화론이 보여주는, 핼럼 같은 초인 종족으로 진보할 희망이었다. 그렇지만 이 메시지는 기독교의 측면에서 보면 그들을 조롱하는 것이기도 했다. 그렇지만 테니슨이 전하고자 했던 메시지와 대중들이 받아들이는 메시지가 달랐을 가능성이 높다. 은유적이고 풍자적인 시의 행간을 대중들이 정확히 집어냈을 가능성이 희박할 뿐 아니라, 진화의 진정한 의미를 제대로 이해하고 있는 대중이 없었을 것이기 때문이다.

당시의 사료들을 살펴보면, 빅토리아 시대 사람들이 생물 진화론이 참인지 거짓인지 별로 신경 쓰지 않았다는 생각도 든다. 또한, 기독교 교리가 옳거나 그른지도 크게 신경 쓰지 않았던 것도 같다. 그들의 신경을 곤두세우게 한 것은, 오직 자기들의 삶에 일어나는 변화가 매우 빠르며, 사회가 매우 불안하다는 사실이었던 것 같다. 당시의 서구사회는 아무런 권리도 누리지 못하고 굶주림에도 자유롭지 못했던 시민들에 의해, 간신히 붕괴만을 면한 상태로 지탱되고 있었다.

그랬기에 대중들은 교권과 왕권의 그림자가 짙게 드리워진, 희망 없는 음지에서 벗어나고 싶어 했고, 테니슨이 예전과는 확연히 달라 보이는 새로운 패러다임을 노래하자, 찬양의 노래로 화답했던 것이다.

확실히 19세기의 유럽은 새로운 사조를 갈망하고 있었고, 삶과 사회에 대한 시각을 근본적으로 혁신할 수 있는, 진보적 사고에 대해서 전폭적인 지지를 보낼 준비가 되어 있었다. 테니슨의 시보다는 덜 했지만, 허버트 스펜서(Herhert Spencer)와 배든 파월에 대한 열광도 그런 사회적 분위기의 표출로 봐야 한다. 1850년대에, 그러니까 찰스 다윈을 중심으로 생각하면, 그가 웅장한 교향곡을 연주하기 전에 전주곡을 연주한 사람이 바로 스펜서와 파월이라고 보면 되겠다.

허버트 스펜서(Herhert Spencer, 1820~1903) 평생을 독신으로 저술활동에만 몰두했다. 그는 찰스 다윈의 종의 기원이 출판되기 훨씬 이전에 벌써 진화론을 사회발전 연구에 적용했다. 그는 '적자생존(the survival of the fittest)'이란 용어를 처음 사용했고 후에 다윈이 그 용어를 채택했다.

허버트 스펜서는 더비에서 태어났는데, 아버지는 퀘이커교에 심취해 있던 사람이었다. 그렇지만 아버지의 교육관은 자신의 신앙과는 무관하게 아주 자유로운 편이었다. 어린 스펜서는 다방면에 호기심을 보였는데 특히 기계조립과 전기 분야에 관심이 높았다. 성인이 된 후에 그가 가졌던 첫 번째 직업도 철도 토목기사였다.

그리고 그 일을 하다가 진화론에 심취하게 될 계기를 맞이하게 된다. 1840년에 철도 절개 면에 노출된 화석들에 흥미를 느껴 라이엘의 『지질학 원리』를 읽게 되었고, 그걸 계기로 진화론에 입문하게 된다. 그러니까 책에서 라이엘이 비판한 라마르크에게 마음을 준 것이니, 라이엘의 저술의도와는 완전히 반대로 간 셈이다. 아무튼, 스펜서는 라마르크와 에라스무스 다윈의 저술을 충분히 연구한 후에, 진화론을 주제로 한 논문을 발표하기 시작한다. 그 해가 1850년이다.

그렇지만 대중들의 이목이 집중된 글은 1852년에 『리더(Leader)』지에 발표한 것이었다. 여기에서 스펜서는 본질적인 이분법에 해당하는 '법칙 대 기적'을 정면으로 대립시켰다. 다시 말하면, 독자에게 종이 특별하게 창조되었다고 믿거나, 종간 변이론자가 되어야 한다는 선택을 강요한 셈이다. 물론, 자신의 답도 예시해 놓았다. 그는 종간 변이론 쪽을 선택했다.

1855년에 펴낸 『심리학 원리(Principes of Psychology)』에서는, 자신의 진화론을 물리적 존재로서의 사람뿐 아니라 정신적 존재로서의 사람에게도 적용했다. 그리고 1857년에 펴낸 『진보: 그 법칙과 원인 Progress: Its Law and cause』에서는, 마침내 모든 것을 한데 모아서 전체적인 진화적 세계관을 주장했다. 무생물 세계, 생물 세계, 사람들의 세계에서 모두 똑같은 패턴이 발현된다는 사실을 강조하고 나선 것이다.

스펜서 이론은 비교적 균일한 상태에서 시작해서 불균일한 결과로 탈바꿈하는 진보를 발판으로 삼는다. 그는 그 현상을 인과적으로 설명했다. "작용하는 모든 힘은 하나 이상의 변화를 낳고, 모든 원인은 하나 이상의 결과를 낳는다." 스펜서가 원인과 결과를 연결시킨 뜻은 분명했다. 곧 처음에 하나 또는 몇 개의 원인으로 시작하지만, 수가 늘어남에 따라, 균일에서 불균일이 발생할 수밖에 없다는 주장을 하고 싶었던 것이다. 이런 식으로 일반적인 것에서 특수한 것으로 나아간다는 아이디어는 폰 베어의 이론과 매우 닮아있다. 스펜서 역시 폰 베어에게 신세를 졌노라고 인정한 바 있다.

1851년에 스펜서는 폰 베어의 발생학적 발견들에 대해 써놓은 카펜터의 글을 읽었다고 한다. 폰 베어는, 진보를 인간의 행복이라는 목적론적 종점과 곧바로 연결하려 하지 않고 있다고, 신중한 태도를 밝혔지만, 그의 주장을 듣고 난 스펜서는 진보가 '유익한 필연(beneficent necessity)'이라며 진보를 인간의 삶과 연관 지었다.

스펜서는 균일한 야만인 집단에서 출발해서 불균일한 당시의 영국 사회상까지 그려내는, 진보와 인간 사회상을 연관 짓는 글을 발표하면서, 아주 현실적인 예로 '언어'를 내세웠다. "특히, 더욱 대단하고 완벽하게 기능이 세분되어 왔다는 점에서, 영어는 다른 모든 언어보다도 더 뛰어나다." 또한, 스펜서는 진보의 방향성을 확실하게 내세우며, 유럽인의 우월성도 강조했다. "문명화된 유럽인들은 야만인보다 척추동물 원형으로부터 더 멀리 떨어져 있다."

그는 1852년에 아주 흥미로운 시론도 발표했다. 『동물 번식력에 관한 일반 법칙에서 연역한 인구이론』에서 인구 증가에 대한 맬서스의 주장, 특히 인간은 생존경쟁을 피할 수 없다는 결론에 과격한 반감을 표시했다. '매사 좋은 쪽으로 가게 되는 고유한 경향'이 있고 '본질적인 선의가 작용한다'고 보는 스펜서 같은 낙관주의자에게 이런 학설은 아주 불쾌하게 느껴졌다. 그래서 맬서스의 주장에 대응하여, 개인의 생명을 유지하는 능력은 번식능력에 반비례한다는 주장을 펼쳤다.

그것의 실상은 독립적(a priori)인 주장이었으나, 스펜서는 경험론을 바탕으로 길게 서술하는 것이 유리하다고 생각했다. 스펜서 주장의 핵심은 번식에 힘을 쓰게 하면 개체가 상한다는 것이었다. 예를 들어, 남자가 정자를 과도하게 생산하면 먼저 두통이 발생하고, 그다음에는 머리가 나빠진다. 그리고 장애가 계속 이어져 정신박약 상태가 일어나 결국에는 미쳐 버릴 수도 있다. 그의 주장은 생식세포는 그냥 성세포에서 만들어지는 것이 아니라, 온몸, 특히 뇌에서 만들어진다는 믿음에 뿌리를 두고 있다.

스펜서는 인류의 생리적 진화와 사회적 진화가 명백히 이어져 있다는 사실도 분명히 지적했다. 고등 문명을 구축한 인간들, 특히 잉글랜드인의 뇌는 야만인보다 훨씬 크다. 무슨 이유 때문일까? 인구압 때문이다. 잉글랜드에는 야만인들이 사는 곳보다 자연자원이 적다. 따라서 인구압을 이겨내려고 안간힘을 썼던 지난 세대의 잉글랜드 사람들은 다른 사람들보다 머리를 많이 썼고, 그 결과 지능이 높아지게 됐고, 이렇게 획득된 형질은 유전을 거쳐 현대의 영국인에게 전해졌다.

또한, 스펜서는 자연선택에 대한 예상도 했다. "모든 인류 또한 많든 적든, 방금 기술한 규율에 종속된다. 그 규율 아래에서……. 앞으로 나아간 자들만이 마지막에 살아남는다." 따라서 "평균적인 경우에서 볼 때, 때 이르게 저세상으로 간 사람들은 틀림없이 자기-보존 능력이 가장 낮은 자들일 것이기에. 뒤에 남아 종족을 이어가는 자들은 자기-보존 능력이 가장 큰 자들, 곧 그들 세대에서 선택된 자들이라는 결론을 피할 수 없다."

스펜서의 주장을 압축해보자. 우리가 진화의 사다리 위쪽으로 진보해 갈수록 번식력은 떨어지며, 마침내 우리는 맬서스가 예측했던 상황을 피해감으로써 평형상태를 이루게 된다. 문화와 지성이 최고점에 이르고. "인간이 원하는 바들을 만족시켜주는 모든 과정이 최고 완성단계에 이르면, 인구압은…… 서서히 끝장이 날 수밖에 없다." 스펜서는 호모 브리타니쿠스(Homo britannicus)에 아주 가까운 존재가 등장하면서 진화가 정점에 이르게 된다고 주장했다.

스펜서 주장에 관한 고찰은 이쯤에서 멈추고, 이제 배든 파월의 활동에 대해서 살펴보자. 1840년대 말에 이미 진화론자로 전향했지만, 1855년이 돼서야 사람들 앞에서 자기 견해를 밝혔다. 성공회 성직자였고 옥스퍼드 교수였기에, 그의 글은 대중들에게 더욱 묵직하게 느껴졌을 것이다. 파월은 라이엘의 저서들의 문제점을 지적하면서, 종간 변이론을 공개적으로 지지했다. "손으로 만든 직물보다 기계로 제작한 직물이 지성을 보여주는 더욱 높은 증명이 되어 주는 것과 정확히 비례해서, 진보적 작용을 보여주는 징후를 아무것도 추적할 수 없는 구조를 가진 세계보다는, 질서 있게 정돈되어 길게 이어진 물리적 원인에 의해, 진화된 세계가 최고 지능이 있음을 보여주는 더욱 높은 증명이 되어준다." 파월은 적극적인 종간 변이론자가 되었지만, 라이엘이 자신의 대척점에 서 있다고는 생각하지 않았다. 그는 자기의 주장에 논리를 더하기 위하여 라이엘의 『지질학 원리』를 적극적으로 인용하기까지 했다.

라이엘이 보여주었다시피, 무생물 세계에서는 원인이 같으면 그것을 지배하는 법칙도 항상 같다. 그러므로 우리는 생물 세계의 경우도 마찬가지라고 상정해야 한다. 따라서 새 종은 '상상 속의 격렬한 발작을 매개로 해서' 생기는 게 아니라 종간 변이로 생긴다.

라이엘의 저서는 확실히 자신의 의도와는 다르게 진화론 태동기에 있던 학자들에게 많이 오용된 듯하다. 라이엘의 지질학 이론을 인용해 쓰면서도, 그가 펼친 반(反)진화론적 논증들을 무시한 학자는 파월뿐만 아니라 여러 명 있다. 특히, 라이엘주의자라면 진화론자가 되어야 한다는 주장이 자주 나왔고, 그런 강변이 대중들에게 별 거부반응 없이 받아들여진 것으로 보아, 확실히 19세기 중반의 유럽은 진화론이 나올 수밖에 없었던 분위기였다.

1850년대 내내 선지자들이 서곡을 울리며, 새로운 메시아가 등장하길 기다리고 있었다. 그리고 오늘날 우리가 아는 대로 새로운 시대를 개막할 메시아가 정말 나타났다. 그 메시아의 이름은 찰스 다윈이다.

🦍 에피쿠로스의 현신, 찰스 다윈

길이가 긴 섬 네 곳에서 표본을 얻었다. 채텀 섬과 앨버말 섬에서 나온 표본은 같아 보이지만 나머지 두 개는 서로 다르다. 각각의 표본은 고유의 섬에서만 발견되는 반면, 그것들의 습성은 서로 비슷해 잘 구별이 되지 않는다. 돌이켜 생각해보면, 그 지역 사람들은 몸의 형태, 비늘의 모양과 전반적인 크기만 보고도 어느 거북이가 어느 섬에서 온 것인지를 단번에 알아맞히곤 했다. 이 섬들이 서로 가까이 있고, 각 섬에 사는 동물들의 수가 적으며, 같은 공간을 점유하는 새들의 몸 구조 차이가 아주 작다는 점을 고려할 때, 이것들은 단지 변종에 불과한 것 아닌가 하는 의심을 해봐야 한다. 내가 아는 것 중에 이와 비슷한 사례가 있다면, 대서양 남단의 포클랜드 섬 동부와 서부에 사는 늑대같이 생긴 여우가 서로 큰 차이를 보이고 있다는 것을 들 수 있다. 이러한 나의 생각에 조금이라도 근거가 있다면 여러 섬이 모인 환경에서 동물학 이론을 점검해볼 필요가 있다. 이것이야말로 종의 안정성이라는 개념을 뒤흔들어 놓을 테니까

찰스 다윈이 비글호 항해의 마지막 무렵에, 종의 미스터리에 대해 회고한 기록이다. 진화론자들의 입장에서 보면 역사적인 기록이 아닐 수 없다. 당시는 대부분의 사람들이 모든 생물은 신이 창조했고, 새롭게 나타난 종 역시 그렇다는 것을 진리처럼 믿고 있었는데, 다윈이 그것에 대해 의구심을 품기 시작한 것이다.

그런데 회의론자들은 이 기록에 대해 깊은 의심을 품고 있다. 비글호를 타고 항해할 때는 물론이고, 귀국한 후에도 오랫동안 창조론에 대한 신념을 버리지 못했던 찰스였기에, 비글호 항해 중에 이런 기록을 남겼을 리 없다는 것이다.

그렇다면 그가 도대체 언제 진화론자로 전향했다는 말인가? 회의론자들은 『종의 기원』이 출간된 후일 거라고 주장한다. 이런 주장이 사실이라면, 다윈이 진화론에 대한 확신이 없이 『종의 기원』을 출간했다는 뜻이 되는데, 그럴 수가 있을까? 그들에 의하면, 『종의 기원』의 핵심 아이디어 자체가 다윈의 것이 아니고 월레스의 것이라고 한다. 다윈

이 종의 미스터리에 대해 고민하던 중에 월레스의 논문을 보고 그 핵심 아이디어를 도용했다는 것이다.

또한, 다윈이 명예욕 때문에 그 책을 서둘러 출간했지만, 그때까지도 창조론을 믿고 있었다고 한다. 그 증거로 그 책이 출간되던 날 이웃에 살던 존 러벅에게 보낸 편지를 제시한다. 그 내용에는 페일리의 『자연신학』에 대한 찬사가 가득 차 있다. 그 외에도 비글호 항해와 『종의 기원』 출간 사이의 긴 망설임과 그 사이에 있었던 미스터리한 행동들을 제시하면서, 다윈이 현대 진화론의 원천임을 부정하고 있다. 물론, 다위니즘의 추종자들은 창조론자들이 다수 포함되어 있는 회의론자들의 그런 주장을 백안시하고 있다. 근거 부족한 다윈 헐뜯기에 불과하다는 것이다.

누구의 말이 맞는지는 잘 모르겠지만 확실한 팩트는 있다. 다윈에 의해서 현대 진화론이 세상에 널리 알려졌고, 그로 인해서 전통적인 창조론에 대한 비판적 논의가 확산됐다는 사실이다. 그건 누구도 부정할 수 없다.

그 이전에도 신의 창조행위를 의심하는 논증이 없었던 것은 아니지만, 그 논증은 대개 철학과 신학의 범위 안에서 이뤄졌고, 과학자들은 대개 방관자 입장에서 그 논쟁을 지켜보고만 있었다. 그래서 과학은 인류가 모든 실재의 근원으로 섬기는 궁극적인 존재에 관해서, 할 말이 없을 거라는 관념이 생겨나기도 했다. 물론, 이런 데는 당시의 종교와 과학 간에 이해관계가 겹치지 않았던 까닭도 있다. 과학은 자연 세계의 이해에 관여하는 반면, 종교는 도덕적 쟁점을 주로 다뤘기 때문이다.

그렇지만 다윈이 자신의 의구심을 세상에 공개한 후부터는 과학과 종교 간의 논쟁은 불가피해졌다. 물론, 다윈이 직접적으로 신의 존재에 대한 의문을 제시한 것은 아니다. 하지만 가톨릭 신앙의 핵심인 창조역사에 대해 공개적으로 의구심을 표현하게 되면서 교도권이 자연스럽게 겹치게 되었다.

한때 목회자를 꿈꾸었던 다윈이 어쩌다가 기독교 도그마의 핵심이라고 할 수 있는 창조론에 정면으로 대치되는 주장을 내세우게 됐을까? 진화만큼이나 우연이 여러 번 겹친 그의 삶을 추억해보자.

찰스 다윈은 부유한 집안에서 태어났다. 할아버지인 에라스무스 다윈은 유명한 내과 의사였고 미들랜즈 지방에서 손꼽히는 과학자였으며 생물진화를 사색한 산문과 운문을 여러 편 발표한 바 있다. 그리고 외할아버지 조사이어 웨지우드(Josiah Wedgwood)는 획기적인 신기술을 잉글랜드 도자기 업계에 소개한 명장(名匠)이었다. 아버지인 로버트 다윈은 할아버지 세대의 영광에는 미치지 못했으나, 잉글랜드의 농업 중심지 슈롭셔의 슈루즈베리(Shrewsbury)에서 큰 성공을 거둔 의사였다.

찰스 로버트 다윈(Charles Robert Darwin, 1809~1882) 영국의 생물학자, 박물학자이며 철학자로 인정받기도 한다. 진화론을 체계적으로 정리한 뒤 저서 종의 기원을 통해 공식적으로 진화론을 발표하여 논란이 되었다.

그렇게 막강한 집안에서 태어난 찰스는 어려서부터 자연과학에 관심이 많아 산야로 쏘다니길 즐겼다. 그렇지만 다른 순수학문에 관해서는 관심이 거의 없었기에, 그의 아버지는 아들의 미래를 걱정할 수밖에 없었다. 아버지는 찰스가 중등 교육과정을 마친 직후, 가업을 이어갈 의사가 되길 바라면서, 에든버러에 있는 의학대학으로 보냈다.

그렇지만 찰스는 의사라는 직업에 전혀 관심이 없었다. 특히 해부학과 수술 실습을 몹시 싫어했는데, 그도 그럴 것이 당시는 마취 기술이 개발되기 전이어서, 수술실 광경이 거의 푸줏간 수준이었다. 한 어린이의 수술을 지켜보다가 수술실에서 뛰쳐나온 그는 다시는 수술실에 들어가지 않았다. 찰스는 그곳 대신 다른 곳으로 발길을 돌렸다.

찰스의 발길을 잡아당긴 곳은 해안가였다. 그는 포스 강어귀를 따라 전개돼 있는 해안가를 산책하며 바다 생물을 관찰하길 즐겼다. 거기에 취미를 붙여 가까스로 1년을 버티다가 집으로 돌아온 찰스는 예전처럼 다시 산야를 헤집고 다니기 시작했다.

그러던 어느 날, 아버지에게서 뜻밖의 선물을 받게 된다. 앨범 속에서 사진으로만 봤던 할아버지의 저서가 바로 그것이었다. 다윈은 그때까지 할아버지인 에라스무스의 업적을 전혀 모른 채 살아왔다. 조부의 저서인 『동물생리학』에는 각종 질병의 기초부터 생명의 역사에 이르기까지, 다양한 주제에 대한 의견이 방대하게 피력되어 있었다. 찰스는 그 책을 통해서 생명의 역사에 대한 조부의 개방적인 인식을 알게 되었다.

동물의 종(種)과 속(屬)이 점진적으로 생산된다는 사실을 인정한다면, 일부 종의 멸종 역시 일어날 수 있음도 인정해야 하고, 조개와 식물의 석화 현상이 먼 과거의 역사를 기록하고 있다는 사실을 고려해보면, 이러한 사실을 확실히 깨달을 수 있다는, 논증 부분은 다윈에게 깊은 감명을 주었다.

조부의 저서 때문에, 찰스는 목구멍까지 차올라왔던 의학 포기 선언을 차마 하지 못했다. 감옥에 다시 돌아가는 심정으로 대학으로 돌아갔으니 공부가 제대로 됐을 리가 없다. 그는 전공인 의학 대신에 자연사에 취미를 붙여서 간신히 대학생활을 버텨냈다. 그러다가 자신과 아주 흡사한 기질을 가진 교수를 알게 됐다. 바다 생물 전문가 로버트 그랜트(Robert Edmond Grant)가 바로 그였다. 그의 지도 아래, 찰스는 해면, 연체동물, 폴립, 바다 조름 등을 열심히 관찰했다.

Robert Edmond Grant(1793~ 1874) 에든버러에서 태어나 에든버러 대학에서 교육을 받고 의사로 졸업했다. 진화론에 대한 에티엔 조프루아 생틸레르의 생각을 옹호한 사람으로서도 유명하다. 1837년에 왕립연구소의 생리학 종신교수가 되었고, 1847년에는 UCL 의료진의 학장이 되었다.

그랜트는 각각의 종은 특별히 창조돼서 절대 변하지 않는다는, 당시 영국 학계의 사조를 거부하고, 생명이 자연법칙의 산물로 계속해서 변화한다고 믿었던 프랑스 박물학자들을 지지하고 있었으므로, 찰스의 미래에 적지 않은 영향을 줬다고 할 수 있다. 그는 획득형질이 유전된다는 라마르크의 연구도 찰스에게 소개해줬고, 생물학 세미나에도 자주 데려가 주었다. 그렇게 그랜트와 친해지면서 세상을 보는 찰스의 안목이 조금씩 넓어져 갔지만, 그로 인해 학교를 중퇴할 결심도 앞당겨지게 됐다.

집으로 돌아와 빈둥대는 찰스를 보고 있던 아버지는 그에게 일자리를 마련해줘야겠다고 생각했다. 최소한의 야망으로 최대한의 존경을 받을 만한 직업이 없을까? 고민하던 아버지가 떠올린 직업은 목사였다. 당시 영국에는 지역 교구를 토호가 관리하는 풍습이 있었다. 물론, 목사도 그 가문의 사람이 됐는데, 목사가 될 경우에 교구민들로부터 나오는 돈을 가지고 편안하게 살 수 있었다. 목사가 되기 위해서, 찰스가 사전에 해야 할 일이라고는, 대학에서 석사학위를 받고 1년간 신학 공부를 더 해서 서품을 받아내는 것이 전부였다.

아버지의 제안을 받아들인 찰스는 케임브리지 대학으로 가서 석사학위를 받아내는 데 성공했는데, 그 학위를 받아내는 데는 윌리엄 페일리(William Paley)의 공이 컸다. 페일리? 다윈이 태어나기 전에 죽은 페일리 신부가 어떻게 그에게 영향을 끼칠 수 있었던 말인가? 케임브리지 대학에 가서 배정받은 기숙사 방이 바로 반세기 전에 페일리가 쓰던 방이었다. 그런 이유로 페일리의 저서에 심취하게 됐고, 그 덕분에 신앙심도 깊어져 가까스로 답답한 학교생활을 버텨낼 수 있었다.

현대 진화론의 초석을 마련할 사람과 지적 설계론의 토대를 제공할 두 사람이, 같은 기숙사의 같은 방을 썼다는 것은 정말 희한한 우연이다. 아무튼, 학위를 따기 직전까지는, 찰스가 페일리를 무척 존경했던 것 같다. 훗날 자서전에서 다음과 같이 회고한 것을 보면 말이다.

나는 『기독교의 증거』의 모든 내용을 그대로 쓸 수 있을 정도였다. 물론, 페일리가 쓴 표현 그대로는 아니겠지만. 이 책의 논리는, 아마 『자연신학』의 논리도 마찬가지일 텐데, 내게 유클리드 기하학이 그랬던 것만큼이나 커다란 즐거움을 주었다. 나는 이 책들을 기계적으로 외우려고 하지 않고 주의 깊게 공부했는데, 그것은 당시에도 그렇게 느꼈고 지금도 여전히 그렇게 믿고 있지만, 학과과정 중에서 내 정신 교육에 조금이나마 도움이 된 유일한 부분이었다. 당시 나는 페일리의 기본 전제들을 아무 문제 없이 받아들였고, 그 전제들을 그대로 믿으면서 그 긴 논증에 매료되어 설득되기까지 했다.

그렇지만 그는 애초부터 목회자가 될 운명이 아니었던 모양이다. 석사학위 논문 준비를 시작할 무렵에, 그는 페일리와는 전혀 다른, 아주 개방적인 지식을 가진 목사를 만나게 된다. 사촌인 W. 다윈 폭스의 소개로 만나게 된 식물학자 헨슬로(John Stevens Henslow)가 바로 그였다. 헨슬로는 에든버러에서 만났던 그랜트만큼 진보적이지는 않았지만, 도그마에 매여 있는 목회자도 아니었다. 그는 찰스에게 책을 많이 읽고 여행을 많이 해보길 권했다.

그리고 어느 날, 헨슬로가 훔볼트의 여행기를 빌려줬는데, 찰스는 그 책을 읽은 후에, 훔볼트가 책을 통해 설명한 남아메리카의 여러 곳을 탐험해보겠다는 꿈을 꾸게 됐다. 찰스는 훔볼트가 열대낙원이라고 표현한 카나리아 제도를 첫 대상으로 삼았다. 탐험계획을 공개한 초기에는, 헨슬로와 친구 세 명이 의례적인 관심만 보였는데, 찰스의 아버지가 여행경비를 모두 대겠다고 나서자 상황이 급진전됐다.

애덤 세지윅(Adam Sedgwick 1785~1873) 영국의 지질학자. 5억 7,000만~5억 년 전의 지질시대를 캄브리아기로 처음 명명했다. 그는 영국의 웨일스 지방에 분포하는 지층을 웨일스의 옛 지명인 캄브리아를 따서 캄브리아계(系)라고 명명했는데, 이는 후에 세계적으로 표준이 되는 명칭이 되었다.

헨슬로는 찰스가 여행지에서 많은 것을 배우려면 미리 지질학 공부를 할 필요가 있다며, 지질학 교수 세지윅(Adam Sedgwick)에게 개별 수업을 받을 수 있게 알선해주었다. 훗날 시대 분류에 '데본기'와 '캄브리아기'라는 이름을 붙인 장본인이기도 한 세지윅 교수는 웨일스의 지질조사 여행에 찰스를 데리고 갔다.

그런데 그가 웨일스에 가 있는 동안, 카나리아 제도에 함께 가기로 했던 헨슬로 교수와 친구들이 일신상의 이유로 동행을 포기하겠다는 소식을 전해왔다. 그러자 카나리아 제도의 탐험은 혼자서는 할 수 없었기에, 그 계획이 무산될 수밖에 없게 됐다.

찰스는 한동안 깊은 낙담에 빠져 있었다. 그렇지만 머지않아 그를 낙담에서 건져줄, 상상하지 못했던 행운이 찾아왔다. 헨슬로가 보내온 편지 속에 그 행운이 담겨 있었는데, 그건 바로 세계 일주 여행의 기회였다. 비글호라는 탐사선을 타고 세계를 일주할 수 있다는 스승의 전언은 찰스의 패기를 단번에 되살려 놓았다.

비글호를 타고 세계를 돌아볼 기회가 찰스에게 찾아온 것은 그의 개인사에서도 전환기였지만, 세계 과학사 측면에서도 그랬다. 그것은 흔한 우연처럼 보였지만, 훗날 찰스가 주창할 진화론처럼, 희박한 우연이 몇 번이나 겹친 끝에 그에게 기적처럼 와 닿은 것이었다.

그 흔하지 않은 우연은 비글호 선장으로 피츠로이(Robert FitzRoy) 대령이 임명되는 전후부터 시작됐다. 그가 해군본부로부터 비글호를 이끌고 아메리카 지역을 조사하라는 명령을 받은 것은, 그 배를 지휘하여 남미 남단 해안선을 측량하던 스톡스(Pringle Stokes) 선장이 티에라델푸에고(Tierra del Fuego)에서 향수병을 이겨내지 못하고 자살하는 바람에, 부선장이었던 그가 졸지에 선장이 되었기 때문이다.

피츠로이(Robert FitzRoy, 1805~1865) 영국의 해군. 찰스 다윈이 참여한 두 번째 비글호 항해 때 함장을 맡았다. 날씨를 실용화하려고 시도했던 개척적인 기상학자, 뛰어난 측량학자, 수로학자이며, 1843년부터 1845년까지 뉴질랜드 총독을 지냈다.

학술 목적의 항해를 할 때 받는 압박감을 잘 알고 있던 피츠로이는, 학식 있는 동행자의 필요성을 절실히 느끼고 있던 터여서, 해군본부에 유용한 정보에 대한 안목을 가진 과학자를 지원해달라는 요청을 올렸다. 해군본부에서는 여러 박물학자에게 요청했다. 하지만 장거리 항해를 부담스러워하며 모두 거절했다. 유력한 박물학자들이 모두 거절하자 마침내 식물학자인 헨슬로에게까지 요청이 왔다. 그 역시 거부했다. 장거리 여행은 오래전부터 꿈꾸던 일이어서 오히려 매력적으로 느꼈지만, 직장을 그만두고 응하기엔 보수가 너무 적었다. 그러나 그냥 버리기엔 너무 아까운 기회여서, 해군본부에 다른 인물 한 명을 추천했다.

그가 추천한 인물이 바로 찰스였는데, 해군본부는 그의 경력을 조사해 보지도 않고 무조건 찬성했다.

헨슬로에게서 그 소식을 전해 들은 찰스는 몹시 기뻐했지만, 그의 아버지는 그러지 않았다. 아버지는 장거리 항해의 위험성을 잘 알고 있었기에, 새로운 기회를 기다리자고 찰스를 설득했다. 찰스는 실망스러웠지만 누적된 업보 때문에 아버지의 말을 차마 거역하지 못했다.

실망감을 억누르며 이틀 동안 다락방에 스스로를 가두고 있던 찰스가, 삼촌 집에 가서 며칠 간 휴식을 취하게 해달라고 아버지에게 요청하자, 아버지는 한참 동안 찰스의 얼굴을 바라보았다. 그러다가 급하게 편지 한 통을 써주며 삼촌에게 전하라고 했다. 흔한 일상의 한순간이었지만, 찰스의 업적을 되짚어보면, 그 순간 역시 가볍게 간과할 수 없다. 그 편지에는 단순한 안부만 담겨있었던 게 아니기 때문이다.

비글(HMS Beagle)은 체로키급 브리그(brig) 선으로 1820년 5월 11일 울위치 조선소에서 진수되었지만, 1825년 9월, 새로운 임무를 위해 개조가 이루어졌다. 포는 10문에서 6문으로 줄었고, 항해 능력을 향상시키기 위해 뒤쪽에 돛이 추가되었다.

그 편지에는 찰스의 항해에 대한 아버지의 걱정과 삼촌의 의견을 묻는 내용이 담겨 있었다. 아버지는 자신의 동생이 찰스의 삶을 더 객관적으로 조망할 수 있다고 판단했던 듯하다. 찰스에게서 편지를 건네받은 삼촌은 한참을 고민하다가 편지 내용을 공개했다. 그러면서, 아버지의 걱정 목록에 대해서 답변서를 작성해보라고, 조카에게 숙제를 냈다. 찰스는 아버지의 걱정이 모두 옳지만, 비글호의 승선은 자신이 사회적으로 도약할 수 있는 기회이기도 하다는 내용을 핵심으로 한, 온건한 답변서를 작성했다. 이미 찰스가 철부지가 아님을 확신한 삼촌은 조카를 옹호하는 답장을 써서 그에게 건네주었다. 삼촌의 답장을 본 아버지는 찰스를 전폭적으로 지원해주겠다고 약속을 했다. 기쁨에 넘친 찰스는 항해에 필요한 물품을 구입한 후, 피츠로이 대령을 만나러 비글호로 갔다.

그런데 그곳에서 찰스는 예상치 못했던 심적 갈등을 더 치러내야 했다. 비글호의 모습이 상상 외로 너무 초라했기 때문이다. 우선 배의 크기가 너무 작았다. 근해에 나가는 고깃배도 아닌데, 어떻게 저런 배를 타고 망망대해를 헤치고 나갈 수 있을까 할 정도로 너무 작았다. 선체도 너무 낡아 있었다. 큰 파도 몇 방 맞으면 산산조각이 날 것 같았다. 마스터로 올라가는 계단에 들어서자 찰스의 머릿속에 불길한 상상들이 연기처럼 피어올랐다. 그냥 집으로 돌아가 버릴까, 계단을 몇 번 오르내렸다. 그러나 자신의 결정을 번복하기엔 너무 멀리 와있었고, 가족을 또다시 실망시키기엔 너무 철이 들어 있기도 했다.

그렇게 몇 번의 우연들이 겹친 결과, 22세의 찰스 다윈은 비글호에 승선하게 되었고, 드디어 1831년 12월 27일, 영국해협에 내려졌던 강풍 주의보가 해제되면서 찰스와 그의 동료들을 실은 영국 해군함 H.M.S 비글호는 1826년의 첫 번째 탐사 항해 이후 무려 5년 만에 플라이무스를 떠나 두 번째 항해를 시작하게 됐다.

첫 주에는 강풍의 여파가 아직 남아 있었고, 크리스마스에 마신 술기운도 남아 있어서, 선원들 모두가 힘들어했다. 다윈이 항해 첫날의 일기에 다음과 같은 기록을 남겨놓았다. "아침에 시속 8노트의 바람 때문에 잠을 깼을 때 곧바로 멀미가 나기 시작해 하루 종일 끊이지 않았으며, 크리스마스라는 이유로 방탕한 시간을 보낸 몇 명의 선원을 매질해야 한다는 생각에 사로잡혀 있었다." 둘째 날 일기엔 다음과 같이 덧붙였다. "불행이 너무 심하며 단 며칠도 바다에 있어본 적이 없는 사람이 감당하기에는 너무나 가혹했다."셋째 날 일기장에는 다음과 같이 써 놓았다. "출발 전에 내가 맡은 모든 임무에 대해 자주 후회할 것이라거나 또는 후회해야 한다는 생각을 해본 적이 없다고 말하곤 했다. 그러나 내 마음을 혼란스럽게 만들고 있는 이 상황보다 더 참혹한 상황은 상상조차 할 수 없다."그 후 사흘간은 일기가 쓰여 있지 않다. 극심한 멀미를 일으키던 풍랑이 지나가서, 별 쓸 거리가 없어서……? 아니다. 그런 평화로운 일상이 찾아와서 그런 게 아니고, 지난 3일간 겪었던 풍랑과는 비교할 수 없을 정도로 사나운 폭풍이 비스케이 만 주변에서 갑자기 달려 나와 그를 완전히 그로기 상태로 몰아넣었기 때문이다.

선실 바닥에 엎드린 채 숨만 간신히 쉬고 있는 그를 보면서 피츠로이 선장이 한숨을 내쉬었다. 그는 찰스가 첫 상륙지에서 탐험을 포기할까 두려웠다. 그러나 다행히 비스케이 만에서 벗어나기 시작하자 찰스도 조금씩 기력을 회복해갔다. 출항 지연과 열흘간의 멀미로 처음에 가졌던 열정이 많이 식은 건 사실이지만, 계획된 첫 번째 상륙지인 스페인 남서쪽 그란 카나리아(Gran Canada) 섬에 비글호가 도달할 무렵, 찰스는 어느 정도 탐험 의지를 되살려 놓았다. 그는 다시 반짝이는 일기를 쓰기 시작했다. "그란 카나리아 섬의 울퉁불퉁한 해안선 뒤로 해가 솟아오르더니 갑자기 테네리페(Tenerife) 봉을 비추었다. 결코, 잊을 수 없는 많은 즐거운 날들 가운데 첫날이었다."찰스는 테네리페에서 훔볼트의 책에 나오는 거대한 산을 직접 볼 수 있을 거라고 기대했지만, 영국에서 발생한 콜레라 때문에, 영국 선적의 비글호는 접안도 못 해보고 외항으로 격리되고 말았다.

며칠 휴식을 취한 후, 선장은 배를 돌려 세인트 야고로 향했다. 찰스는 그곳의 화산지대에서 해발 9미터 높이에 조개껍데기와 산호가 띠를 이루고 있는, 아주 기이한 광경을 목격했다. 지질학 지식이 일천했던 찰스는 그런 현상을 도무지 이해할 수 없었다. 해수면이 아래로 내려간 것인가, 아니면 섬 자체가 올라온 것인가? 그 의문은 그 후로 오랫동안 그의 뇌수 위를 떠돌았다.

몇 주 후, 브라질을 향해 다시 항해를 시작하자 뱃멀미도 다시 시작됐고, 이번에는 적도의 폭염까지 합세하여 찰스를 괴롭혔다. 대서양을 건너는 내내 구역질에 시달렸던 그는 배가 바이아에 도착하자마자 서둘러 배에서 내렸다. 몹시 지쳐있던 찰스였지만, 해안의 숲이 그를 급속히 치유해줬다. 독특한 꽃향기와 낯선 벌레들의 날갯짓이 그의 지쳐있는 오감에 신선한 에너지를 주입해줬다. 찰스는 여러 표본을 부지런히 채집해서 배로 옮겼고, 비글호는 다시 리우데자네이루를 향해 출발했다.

비글호가 계속해서 여러 항구를 떠돌며, 선장과 갑판원들은 현지조사와 지도제작을 지속했고, 그들이 그 일을 하는 동안에, 찰스는 혼자 내륙으로 들어가 표본들을 수집했다. 그리고 그런 양식이 반복되면서 규칙화되어 갔다. 물론, 배가 항해를 하는 동안의 일상도 자연스럽게 분업화되었다. 찰스에게 맡겨진 직책은 요리사였다. 주로 물고기를 낚시로 잡아서 요리를 했는데, 빼어난 요리 솜씨 덕분에 선원들에게 인기가 좋았다.

찰스는 맡은 일에 열중하는 한편, 수집한 표본들을 영국으로 실어다 줄 배도 수시로 물색했다. 항해를 시작하고 8개월 후, 첫 번째 표본상자를 헨슬로에게 보냈고, 그 후로 탐험에 자신감이 붙은 찰스는 기항지에 도착할 때마다 탐험범위를 내륙 쪽으로 조금씩 더 넓혀갔다.

해안을 타고 남쪽으로 더 내려와 아르헨티나의 푼타 알타(Punta Alta)에 도착한 첫날에, 찰스는 조개껍데기와 몸집이 큰 동물의 다리뼈가 박힌 암석들 발견했고, 다음 날엔 그 주변에서 커다란 포유류의 머리뼈가 박혀 있는 암석을 발견했다. 그리고 그로부터 2주 후에는 메가테리움(거대한 나무늘보)의 것이라고 여겨지는 턱뼈와 이빨을 발견했다. 무엇인지 정확히 알 수 없었던 찰스는 서둘러 그 뼈들을 영국으로 보냈다.

비글호는 남아메리카의 동부해안을 따라 남쪽으로 항해를 계속해서 티에라 델 푸에고 제도(Archipiélago de Tierra del Fuego)까지 이르렀다. 그곳에서 찰스는 도저히 인간이라고 여길 수 없는 미개한 종족을 처음으로 접하고 난 후, 인간과 원숭이는 어쩌면 친척일지도 모른다는 생각을 처음으로 떠올렸다. 그 유쾌하지 못한 상상을 털어버리기 위해서, 찰스는 선장에게 서둘러 그곳을 벗어나자고 제안했고, 비글호는 짧은 기항 후에 케이프 혼(Cape Horn)까지 단숨에 달려갔다.

케이프 혼 근처의 바다는 몹시 거칠어서 모든 걸 잊고 생존에만 몰두해야 했다. 간신히 그 블랙홀에서 벗어나서 비글해협으로 들어서자 눈앞에 장관이 펼쳐졌다. 거대한 빙하가 산부터 물까지 이어져 있었고 빙산이 섬처럼 주변에 떠 있었다. 수면은 잔잔했고 주변은 괴괴했다. 찰스는 그 망중한 속에서 지난 2년간의 항해기간 동안 벌어졌던 여러 일을 떠올렸다. 그리고 그 말미에, 자신의 노력이 실제로 영국에서 제대로 평가받고 있기는 할까 하는 걱정을 떠올렸다.

화물이 도착하는 시간과 연구 분석하는 시간을 고려하더라도, 아무런 회신을 받지 못하고 있는 것은, 도무지 이해할 수 없는 상황이라고 여겼다. 갑자기 찾아온 우울감과 조바심이 쉽게 잦아들지 않아, 며칠 밤을 하얗게 지새웠지만, 다행히 포클랜드 제도에 도착했을 때 헨슬로의 회신이 날아왔다.

헨슬로는 제자를 격려하면서 미래의 지표도 설정해줬다. "중도에 돌아올 작정이라면 조금 여유를 갖고 생각해보게…… 자네를 도와줄 뭔가를 곧 찾을 수 있을 것 같네…… 눈에 띄는 모든 메가테리움 해골은 아무리 작은 조각이라도 다 영국으로 보내게. 화석도 모조리 다…….

자네가 보낸 작은 곤충들도 거의 모두 새로운 것이네……" 희망으로 가득 차 있는 헨슬로의 회신 덕분에 패기를 되찾은 찰스는 다음 목적지인 남아메리카 서부해안을 향해 힘차게 달려갈 수 있었다.

칠레 본토에 닿은 찰스는 탐사에 나섰다. 새로운 생물들을 많이 발견하여 즐거웠고, 안데스 산맥의 해발 4,000m 지점에서 조개화석을 발견한 건 정말 경이로운 경험이었다. 바다 생물의 흔적이 어떻게 이렇게 높은 곳에서 발견될 수 있단 말인가? 그 의문은 안데스 산맥을 탐사하는 내내 그에게 심한 이명을 유발했다.

그러던 어느 날, 발디비아(Valdivia)에 머물던 무렵에 그 해답의 실마리를 잡게 된다. 아침 산책을 하다가 지진을 만난 직후였다. 급히 마을로 돌아간 그를 기다리고 있는 것은 대혼란이었다. 집들이 기울어져 있었고 사람들은 극심한 아노미 상태에 빠져 있었다. 비글호를 타고 북쪽으로 급히 이동했지만 보이는 곳은 모두 폐허였다.

여진이 끝난 후, 뭍에 올라온 찰스는 수면으로부터 몇 미터 위에 홍합이 널려있는 것을 발견했다. 그것은 땅이 위로 올라왔다는 생생한 증거였다. 라이엘의 책에 나와 있는 내용처럼, 거대한 산도 작은 단계를 거쳐 형성된다는 증거를 찰스가 직접 목격한 것이다. 그리고 안데스 산맥의 한 산등성이에서 더욱 확실한 증거를 찾아냈다. 해발 2,100m가 넘는 높이에 화석화된 나무가 숲을 이루고 있었다. 사암에 묻힌 채로 말이다.

지금은 1,100㎞ 이상 뒤로 물러났지만, 당시 바다는 안데스 산맥의 산 어귀에 닿아있었으리라. 곧게 서 있던 나무들이 그 후 바닷속으로 잠겼다. 거기에서 나무는 퇴적 물질로 덮였다. 후에 다시 한 번 지하에서 어떤 힘이 작용했고 이제 나는 고도 2,000m가 넘는 곳에서 한때 바다에 잠겼던 산의 흔적을 보고 있다.

땅이 물속에 잠기고 산이 솟아올랐다.

   찰스는 그와 유사한 모든 현상을 지질의 역동성 위주로 생각하기 시작했다. 페루의 로렌소 섬에서는 해수면 위로 올라와 있는 조개껍데기 층과 함께, 면으로 된 실과 땋아놓은 해초, 옥수수 줄기의 머리 부분 등도 해안단구에서 찾아냈다. 과거에 사람이 거주했던 확실한 흔적이었다. 찰스는 그 섬이 사람이 살았던 과거의 시점보다 약 26m 상승했을 거라고 추론하면서, 차후로 방문하게 될 태평양의 섬들도 그런 관점에서 살피기로 작정했다.

   비글호의 주요임무 중 하나는 산호섬의 둘레를 측정하고, 섬을 둘러싸고 있는 산호가 바다에서 솟아오른 화산 분화구 가장자리에 자리 잡고 있는지를 확인하는 것이었다. 아직 산호섬을 보지 못한 상태였지만, 찰스는 이미 그와 상반된 결론을 내려놓고 있었다. 환상 산호들이 분화구 가장자리까지 올라가 자리 잡은 게 아니라, 가라앉고 있는 땅 일부를 둘러싸고 있을 가능성이 높다는 게 그의 생각이었는데, 그것은 찰스가 창안해낸 첫 번째 이론이기도 했다. 찰스는 다음번 목적지인 갈라파고스 제도에 대해 큰 기대를 걸고 있었다. 그곳은 영국과 가까운 활화산 지대였지만, 뜻밖에 탐험자가 많지 않아서 아직 신비에 싸여있는 곳이었다.

   갈라파고스 제도. 사실 그곳은 그가 기대했던 것보다 훨씬 더 많은 비밀을 품고 있는 곳이었고, 찰스에게 진화론의 결정적인 영감을 줄 사건들이 기다리고 있는 곳이기도 했다. 그렇지만 그 성지에 대한 찰스의 첫인상을 별로 좋지 않았던 것 같다. 찰스의 일기를 보면 이렇게 쓰여 있다. "활기라고는 찾아볼 수 없는 나무들이 줄지어 서 있다. 수직으로 내리찍는 태양 빛에 달궈진 검은 돌은 마치 난로처럼 공기를 답답하고 후덥지근하게 만든다. 식물에서 나는 냄새 또한 불쾌하기 짝이 없다.

상상 속의 지옥과 이 나라를 비교하는 동료도 있었다." 그래도 다행히 각종 물고기와 상어, 거북이로 가득한 만(灣) 하나는 발견했던 모양이다. 찰스의 기대에 가장 근접한 모습을 하고 있는 그 해안지역을 그는 이렇게 묘사해 놓았다.

갈라파고스 제도 에콰도르령, 19개 섬으로 이뤄져 있다. 1535년 파나마 주교 토머스 데 베를랑가가 페루로 가는 도중에 이 제도를 발견해서, 라스엔칸타다스(황홀한 것)라고 이름 지었다. 16세기 동안에는 스페인 항해자들이 이 제도에 기항했고, 17세기 말에는 해적들이 이 제도를 은신처로 사용했으며, 19세기 초에는 고래잡이와 물범잡이의 근거지가 되었다.

파충류의 낙원. 해변을 뒤덮은 검은 화산암 지대에는 60~90cm 정도의 크기에 매우 못생긴 도마뱀들이 출몰한다. 이 땅과 정말 잘 어울린다. 산책하다가 매우 큰 거북이 두 마리와 마주쳤다. 한 마리는 선인장을 뜯어 먹다가 엉금엉금 기어 사라졌다. 사실 그 거북이들은 온 힘을 다해야 겨우 들어 올릴 수 있을 정도로 무겁다. 검은 화산암과 잎이 없는 관목, 거대한 선인장에 둘러싸인 이 동물들은 마치 가장 오래된 고생물이나 다른 행성에서 온 외계 생물처럼 보였다.

그 해안을 지나 제임스 섬의 내륙으로 들어가면서 찰스는 손에 잡히는 식물들을 모조리 채집했다. 그는 그곳의 식물들이 남아메리카에 자생하는 것과 같은 것인지, 갈라파고스 제도 고유의 것인지 구별해보고 싶었다. 그는 또한 새에게도 많은 관심을 쏟았다. 제임스 섬에 사는 흉내지빠귀 종은 같은 제도의 다른 두 섬에 사는 것들과 완연히 달라 보였다. 그 외에도 찰스의 시선을 잡아당기는 것이 워낙 많아서, 1835년 9월 15일에 갈라파고스 제도에 상륙한 이후로, 장장 5주에 걸쳐 실로 엄청난 양의 표본을 수집했다.

찰스에 관한 전설에 의하면, 그가 갈라파고스에서 창조론에서 진화론으로 극적으로 전향했다고 하지만, 그건 사실이 아닌 것 같다. 그의 일기를 꼼꼼히 살펴보면, 갈라파고스 제도에 있는 동안에도 창조론 관점에서 생물을 관찰했다는 걸 알 수 있다. 찰스 섬에서 표본채집을 한 후에 적어놓은 일지에는 다음과 같은 내용이 담겨있다. "이다음에 비교연구를 통해, 이 제도의 생물들이 어느 구역, 즉 어느 '창조의 중심'에 소속되어 있는지 알아내는 것은 매우 흥미로운 작업이 될 것이다." 그는 갈라파고스 제도처럼 격리된 곳이 독자적인 '창조의 중심'일 수 있다는 사실을 알아차리지 못하고 있었던 게 분명하다.

하지만 기존의 상식이 갈라파고스 제도의 다양한 생물들을 이해하는 데 걸림돌이 되는 듯한 느낌은 분명히 받았던 것 같다. 그는 『비글호 항해기』에 그 희미한 각성에 대해서 이렇게 회고해 놓았다.

모든 언덕 꼭대기에는 분화구가 있고, 용암이 흐른 흔적들이 아직도 뚜렷한 것으로 보아, 이곳에는 지질학적인 시간으로 최근까지도 끊임없이 이어지는 바다가 펼쳐져 있었다는 결론에 이르게 된다. 따라서 공간상으로나 시간상으로나, 우리는 그 위대한 사실, 즉 미스터리 중의 미스터리인 지구에 새로운 생명이 처음 출현한 사건에 어느 정도 가까이 다가서 있는 듯하다.

그렇지만 갈라파고스 제도의 부총독 니콜라스 로슨이, 새로운 종의 진화 가능성에 대한 자기 생각을 찰스에게 전파해주기까지 했음에도, 당시의 찰스는 유레카를 외치지 못했다. 다윈의 『항해기』에 따르면, 로슨은 "갈라파고스 땅거북들은 섬마다 다르며, 자신은 거북을 보면 어느 섬에서 온 것인지 확실하게 구별할 수 있다."라고 주장했다. 그랬음에도 찰스는 부총독의 증언을 귀담아듣지 않았다. 물론, 그런 데는 자신의 아이디어에 대한 로슨의 설명이 부족했고, 찰스의 창조론에 관한 신념이 견고했던 탓도 있지만, 당시 동물학 문헌의 오류도 적지 않은 영향을 미쳤을 것이다.

당시의 문헌에는, 갈라파고스 땅거북이 인도거북(Testudo indicus)으로 분류되어 있었다. 따라서 자연학자들은 땅거북이 갈라파고스 고유종이 아니라, 인도양의 섬으로부터 유입된 외래종이라고 믿고 있었다. 그리고 종이 지역 환경에 따라 변할 수 있으며 실제로 변하기도 하지만, 그러한 모든 이탈은 일시적이어서 반드시 원상태로 돌아온다는 게 당시 학계의 전반에 번져있던 인식이었다.

그래서 찰스도 그렇게 믿었다. 갈라파고스 제도에 있는 동안, 대형 땅거북들 사이에 나타나는 차이는 으레 있을 수 있는 현상으로서, 외래종 염소의 색깔이나 크기가 섬에 따라 차이를 보일 수 있는 것과 같다고 여겼던 것 같다. 그랬기에 찰스는 갈라파고스에 머무는 동안 땅거북을 연구의 목적으로는 단 한 마리도 채집하지 않았다. 그가 훗날 진화의 증거로 채택한, 다양한 핀치의 존재에 대해서 곧바로 인식하지 못했던 이유도, 이런 창조론적 인식체계에 머물러 있었기 때문이다.

14종의 핀치는 갈라파고스 제도에서 200만 년 동안의 적응방산을 한 결과, 다양한 식성을 갖게 됐다. 14종 가운데 네 종은 씨앗을 먹고 다른 두 종은 열매와 꽃을 먹으며, 일곱 종은 주로 곤충을 먹고 매우 진기한 한 종은 거의 이파리만 먹는다. 따라서 찰스는 그들이 핀치가 아니라 핀치처럼 보이게 된 새 들이라고 판단했다. 그래서 그 모든 핀치가 매우 가까운 관계이고, 서로 다른 섬에서 진화한 결과로 다양화

됐다는 사실을 채집 당시에 이해하지 못했기에, 채집한 조류표본들에 섬별로 라벨을 붙여놓지도 않았다. 또한, 찰스는 이 새들이 가진 부리의 크기와 모양이 먹이와 긴밀한 관련이 있다는 사실을 깨달을 만큼, 충분히 관찰할 기회를 얻지도 못했다. 그렇지만 대부분 대중들은 이 통찰을 찰스가 그곳에서 해낸 것으로 잘못 알고 있다.

그가 그 당시에 새로운 인식으로 가는 길목으로 들어서지 못했던 이유는 시대적 지식의 한계도 있었지만, 조류 분류에 대한 개인적 지식이 부족했던 데 더 큰 원인이 있었다. 그는 모국으로 돌아온 후에야, 박물관의 표본들과 조류전문가들의 진단을 통해서, 자신의 무지를 깨닫게 된다.

아무튼, 장장 5주에 걸쳐 갈라파고스 제도를 탐사한 후 비글호는 서쪽으로 향했다. 열대의 바다를 건너 타히티를 지나, 뉴질랜드, 호주,

존 프레드릭 윌리엄 허셜(Sir John Frederick William Herschel, 1792~1871) 영국의 천문학자, 버크셔 주 교외 슬로우에서 태어났다. 이튼 칼리지와 케임브리지 대학의 세인트존스 칼리지에서 공부를 했고, 1834년부터 4년간, 케이프타운에서 북반구에서는 관측할 수 없는 남쪽의 천체 관측 기록을 남겼다.

코코스 제도를 차례로 돌았다. 그리고 1836년 5월 말에 희망봉에 도착했다. 도착 직후, 찰스는 남반구 하늘의 별 지도를 만들기 위해 케이프타운에 와 있던 천문학자 존 허셜(John Herschel)경을 찾아갔다. 허셜은 지질학에도 관심이 많아서, 지질학계의 영수인 라이엘과도 학문적인 교류를 나누는 사이였다. 또한, 라이엘보다 더 급진적인 사고를 하고 있는 학자이기도 했다. 그런 학자였기에 라이엘의 새 책에 종의 다양성에 대한 중요한 서술이 누락되어 있음을 서슴없이 비판했다. 라이

엘의 책에도 종의 생김새를 둘러싼 여러 가지 의문들이 제기되어 있었지만, 허설에게는 부실해 보였던 모양이다.

당시는 종(種)이 변화 혹은 변이할 수 있다는 생각이 프랑스와 영국에서 거론되기 시작할 무렵이었다. 하지만 지지자가 많지는 않았다. 증거 부족이 그 표면적인 이유였지만, 실제적인 이유는 그 가설이 대부분의 학자가 믿고 있던 창조론에 반하기 때문이었다. 라이엘도 그런 대세에 순종하고 있었다. 다양한 종의 존재에 대한 의문은 제기했지만, 진화가 종의 등장과 소멸의 원인을 설명하는 증거라는 개념은 받아들이지 않고 있었다.

생물의 종은 각각 특별히 창조된 것이라는 관점을 고수하고 있었던 라이엘은, 하나의 종이 화석을 통해서 계속해서 나타나는 현상을 '그 생물이 정해진 기간에 번식하고 견디도록, 또한 지구에서 정해진 때와 장소에 살도록 창조됐기 때문'이라고 믿고 있었다. 그러나 허설의 생각은 달랐다. 환경이 진화한다면, 그곳에 사는 생물들 역시 진화할 개연성이 높다고 주장했다. 진리를 직시하고 있는 듯한 노학자의 예리한 시선은 그 후로 오랫동안 찰스의 뇌리에 박혀 있었다.

비글호로 돌아온 찰스는 자꾸 설레는 가슴을 다독거리기에 급급했다. 고향으로부터 희소식 보따리가 도착해 있었기 때문이다. 헨슬로 교수가 이미 찰스에게 받은 편지 중 1통을 골라 소책자로 발행했고, 그의 이름이 영국의 신문지상에 자주 등장하고 있다며, 여동생이 편지로 알려줬다. 그 반가운 소식들에 고무된 찰스는 귀국 후에 진행할 연구 프로그램을 미리 짜기 시작했다.

하지만 선장이 애초의 일정대로 귀국하지 않고, 몇 가지 측량 기록을 최종 확인하기 위해서 다시 브라질로 향하는 바람에 귀국 일자가 조금 미뤄지게 됐는데, 그 덕으로 생긴 시간 동안에, 찰스는 가슴에 품고 있던 핵심적인 과제를 되새김질하기 시작했다.

길이가 긴 섬 네 곳에서 표본을 얻었다. 채텀 섬과 앨버말 섬에서 나온 표본
은 같아 보이지만 나머지 두 개는 서로 다르다. 각각의 표본은 고유의 섬에서만
발견되는 반면, 그것들의 습성은 서로 비슷해 잘 구별이 되지 않는다. 돌이켜 생
각해보면, 그 지역 사람들은 몸의 형태, 비늘의 모양과 전반적인 크기만 보고도
어느 거북이가 어느 섬에서 온 것인지를 단번에 알아맞히곤 했다. 이 섬들이 서
로 가까이 있고, 각 섬에 사는 동물들의 수가 적으며, 같은 공간을 점유하는 새
들의 몸 구조 차이가 아주 작다는 점을 고려할 때, 이것들은 단지 변종에 불과
한 것 아닌가 하는 의심을 해봐야 한다. 내가 아는 것 중에 이와 비슷한 사례가
있다면, 대서양 남단의 포클랜드 섬 동부와 서부에 사는 늑대같이 생긴 여우가
서로 큰 차이를 보이고 있다는 것을 들 수 있다. 이러한 내 생각에 조금이라도
근거가 있다면, 여러 섬이 모인 환경에서 동물학 이론을 점검해볼 필요가 있다.
이것이야말로 종의 안정성이라는 개념을 뒤흔들어 놓을 테니까

비로소 그때서야 종의 미스터리에 대한 구체적인 사색을 시작한 것이
다. 진화론자들의 입장에서 보면, 역사적인 기록이 아닐 수 없다. 하지
만 그가 남긴 기록을 찬찬히 살펴보면, 여러 가지 추론들을 도입해보
긴 했지만, 항해 중에는 어떤 답도 찾아내지 못했다는 걸 알 수 있다.
그렇더라도 그가 인류사에 전환점이 될 위대한 사고의 첫걸음을 내디
딘 것은 확실하고, 마지막 항해를 무사히 마치고 고국 땅에 첫걸음을
내디딘 것도 확실하다.
드디어 찰스가 돌아왔다. 5년간의 긴 항해를 성공적으로 마치고 고
국으로 돌아왔다. 그야말로 금의환향이었다. 철부지 찰스가 인류사에
획을 그을 업적을 이루고 가족의 품으로 돌아온 것이다. 그의 형제들

은 그가 무사히 집으로 돌아온 사실만으로도 무척 기뻐했다. 아버지 역시 아들을 매우 자랑스러워했다. 뚜렷한 목표도 없이 벌레나 잡으러 다니던 아들이 영국의 모든 과학자가 만나보고 싶어 하는 영웅이 되어 돌아온 게 아닌가.

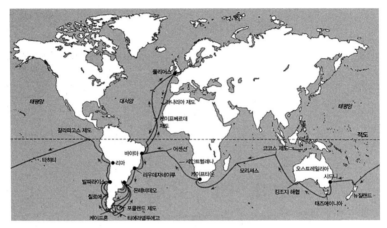

비글호의 항해 궤적

  찰스가 마음속으로 존경해왔던 라이엘 또한 그를 만나길 원했다. 그 래서 귀국한 지 얼마 지나지 않아 라이엘의 가든파티에 초대받게 됐 다. 그곳에서 라이엘은 찰스의 표본을 과학적으로 분석하는 데 도움을 줄 사람들을 소개해줬다. 찰스는 보유하고 있던 대부분의 화석을 여러 학자들에게 넘겨주고 집으로 돌아온 후, 자신의 모험에 대한 책의 출 판에 대해 구체적인 계획을 짜기 시작했다.

  찰스의 항해일기를 읽어본 사촌들은 일기 그대로를 출판하라고 권고 했다. 그런데 피츠로이 선장 또한 자신의 항해기를 출판한 계획을 세 우고 있어서, 일기를 그대로 출판할 경우에는 선장의 책과 내용이 중 복될 가능성이 높았다. 고민 끝에 찰스는 선장과 함께 항해기를 집필 하기로 합의했다.

찰스가 원고 쓰기에 집중하고 있는 동안, 여러 분야의 전문가들이 그가 가져온 표본들을 연구했다. 그들 중 조류학자 굴드(Gould, John)는 다윈의 갈라파고스 조류표본들이 아주 특별하다는 것을 단번에 알아챘다. 굴드는 네 개의 갈라파고스 흉내지빠귀 표본들 가운데 세 개가 독자적인 종이라며, 지금까지 알려진 어떤 흉내지빠귀와도 다르다고 말했다. 그리고 표본들 가운데는 13종 혹은 14종의 매우 특이한 핀치들이 있다는 사실도 알려줬다.

연구의 최종결과, 찰스가 갈라파고스에서 채집해온 조류표본 26종 가운데 25종이 새로운 종이고 갈라파고스 제도에만 사는 것으로 밝혀지면서, 갈라파고스 제도는 돌연 독자적인 '창조의 중심'이 되어버렸다. 정말 굴드의 연구결과가 옳다면, 지금까지 개별 종들 사이에 존재한다고 추정됐던 장벽이 이 새들에 의해 깨지게 된다. 지리적 격리를 통한 점진적 진화만이 그들이 다양성에 대한 유일한 설명이 될 수 있기 때문이다.

존 굴드(John Gould, 1804~1881) 영국의 조류학자, 새 예술가. 1843년에 영국 왕립학회 회원으로 선출되었다. 평생 펴낸 책은 40권이 넘고, 거기에 실린 삽화는 3,000개가 넘는다. 자연선택에 의한 다윈 진화론의 시초를 제공했다.

찰스는 그렇게 자신의 핀치들을 완전히 새로운 관점으로 바라봐야만 처지에 이르게 되자, 조류표본에 섬별로 라벨을 붙이지 않은 것을 후회했다. 그러한 기록이 있었다면 왜 그곳에 그렇게 다양한 핀치들이 사는지 설명하는 데 큰 도움이 됐을 것이기 때문이다.

그렇지만 다행히 비글호를 함께 탔던 동료들(함장 피츠로이, 피츠로이의 식사 담당 하사관 해리 풀러, 다윈의 하인 심스 코빙턴)이 갈라파고스 제도에서 채집한 표본들에는 섬별로 라벨이 붙어 있었다. 동료들의 도움으로 표본들의 출신지를 알게 됐고, 이것을 흉내지빠귀와 대형 땅거북에 대한 주장을 펼칠 때 유용하게 쓸 수 있게 됐다.

하지만 단번에 종에 대한 기존의 통념을 뒤집기에는 근거가 아직 빈약했다. 갈라파고스 흉내지빠귀의 증거를 바탕으로, 지리적 격리가 종이 변화를 일으키는 중요한 요소임을 이해하게 됐지만, 종이 지역 환경에 대해 보이는 놀라운 적응들을 설명하기에는 불충분했다.

그래서 찰스는 해양의 다른 군도들에서 꾸준히 정보들을 모아가고, 진화적 변화에 대한 가설들을 탐구해가면서, 자신의 추론을 사실로 확립해가기로 작정했다. 그러던 중에 찰스는 우연히 토머스 맬서스의 『인구론』을 접하게 됐다. 맬서스는 기하급수적으로 인구가 증가할 때, 이를 저지하는 질병, 기아, 죽음 같은 요인들이 발생할 수 있다는 이론을 제시하고 있었다. 그렇다면 이 저지 요인을 뚫고 살아남는 개체와 그렇지 못한 개체의 차이는 무엇일까? 숙고 끝에 내린 찰스의 결론은 의외로 단순했다. 더 강한 자가 살아남는다. "변화한 형태의 생물을, 자연의 질서 속에 생긴 빈틈에 쑤셔 넣거나 약한 것들을 빼내어 빈틈을 만들기 위해, 수많은 쐐기 같은 힘이 작용한다. 이러한 쐐기를 박아 넣는 행위의 최종 목적은 환경에 적합한 것들을 골라내고 그것을 변화에 적응시키는 것이다." 그리고 이러한 현상의 결과가 새로운 종의 형성이라고, 찰스는 생각했다.

그는 생물의 여러 종을 적응시키는 자연의 역할을, 인위적으로 가축의 품종을 개량하는 인간의 역할에 비유했다. "자연에서 종이 변화하는 것과 똑같은 방식으로, 인간도 동물을 길들여, 가축이나 애완동물로 만들고 있다." 이 과정은 훗날 '자연선택'으로 불리게 된다.

새로운 이론으로 무장한 찰스는 본격적으로 창조론을 재검토하기 시작했다. 재검토 범위가 넓혀지면서, 그는 창조론이 자연 속의 다양한 증거들과 맞지 않는다는 사실을 확연히 깨닫게 됐다. 찰스가 자신의 논증을 확고히 하는 데 있어서, 지리적 분포에 대한 증거들이 매우 중요한 역할을 하고 있는데, 그것은 그리 놀라운 것이라고 할 수 없다. 정말 놀라운 것은, 찰스가 창조론에 대한 문제들을 본격적으로 논하기 전까지, 그러한 증거가 거론조차 되지 않았다는 사실이다. 아무튼, 이 증거들은 경험적이고 실재적인 것이어서 실로 강력했다.

예컨대 갈라파고스 제도에는 아메리카 대륙의 종들과 가까운 관계에 있는 종들이 살고 있지만, 같은 아메리카와 환경이 많이 다른 반면에, 케이프베르데 제도의 환경과 비슷하다. 하지만 그곳의 동·식물상은 갈라파고스보다는 아프리카 대륙에 살고 있는 종들과 가장 가깝다. 이런 관계들은 모든 종이 독립적으로 창조되었다는, 기존의 창조론으로는 도저히 설명이 불가능하다.

그리고 갈라파고스 제도와 같이 격리된 섬들은, 찰스로 하여금 창조론에 반하는 또 다른 사실을 주목하게 했다. 그것은 먼 대양의 섬들이 편향된 동물분포를 가진다는 사실이었다. 그런 섬들에는 포유류뿐만 아니라 양서류(개구리, 두꺼비, 도롱뇽)도 없다. 하지만 날아서 먼 거리를 이동할 수 있는 박쥐는 모든 대양의 섬들에 살고 있다. 그런 섬들에 양서류와 포유류가 없는 것은 섬들의 환경적 조건으로는 설명이 불가능하다. 왜냐하면, 그러한 동물들이 일단 섬에 들어오면 잘 번성하는 경우가 허다하기 때문이다. 이런 특이한 사실들은 창조론으로는 설명이 안 되지만, 우연히 실려와 이주했다고 생각하면 쉽게 설명된다.

외래종들이 먼 대양의 섬에서 토착화되기 쉽다는 사실은 찰스에게 창조론의 또 하나의 약점으로 보였다. 외래 동·식물이 유입된 거의 모든 대양의 섬에서 외래종이 토착종을 절멸시켰다. 만약 토착종들이 신에 의해 그곳에 살도록 특별히 설계되었다면, 외래종보다 더 우세해야 할 것이다. 하지만 실제로는 외래종이 훨씬 더 우세했고, 그것은 자연선택에 의한 진화론의 예측과도 일치했다. 자연선택은 오직 지역 군집들 내에서 경쟁하는 생물들에만 작용하기 때문이다. 따라서 얼마 안 되는 생물들이 사는 먼 대양의 섬들은, 본토의 생태군집들에 비해 일반적으로 약한 선택에 놓이고, 따라서 이 섬의 주인들은 더 큰 지역에 살며 치열한 경쟁을 이겨온 이주자들에게 굴복당할 수밖에 없는 것이다.

찰스는 창조론의 불합리한 사실들을 모아가면서, 진화론 렌즈의 배율을 조금씩 높여 갔고, 『종의 기원』을 발표할 무렵에는, 형태학, 분류학, 발생학 같은 여러 생물학 분야에서 가져온 수많은 사례를 제시할 수 있게 되는데, 그것은 창조론 교의가 당면한 가장 큰 난제이기도 했다. 페일리와 그 후예들이 그러한 증거들을 창조론에 입각해서 설명하려면, 그들의 창조주가 통찰력이 부족하거나 무책임하다고 전제해야만 하기 때문이다.

프랜시스 베이컨(1561~1626) 엘리자베스 1세 여왕 지하에서 국회의원이 되고, 제임스 1세 치하에서 대법관을 거쳐 국왕의 최측근 자리 옥새상서까지 올랐다. 베이컨 주의 과학철학은 17세기 과학혁명에 강력한 이데올로기적 동기를 제공함으로써 근대정신의 대명사가 되었다.

그렇기에 찰스의 주장이 창조론자의 신경을 몹시 거슬리게 했겠지만, 찰스의 업적을 폄하하고자 할 때 주로 사용하는, 찰스가 월레스의 아이디어를 도용해서 『종의 기원』을 발표했다는 주장은 사실이 아닌 것 같다. 월레스가 찰스의 도전에 상당한 자극을 준 것은 사실이겠지만, 찰스 장년 시절의 행적을 살펴보면, 그가 『종의 기원』을 발표하기 전에 이미 충분히 진화론자가 되어 있음을 알 수 있다.

아무튼, 당시는 베이컨의 귀납법이 과

학철학을 지배하던 시절이었기에, 『종의 기원』의 특별한 서술방법은 놀랍도록 논리적이고 세련되어 보였다. 비록 찰스는 자신이 베이컨적인 과학자라고 했지만, 그것은 사람들에게 자신의 과학적 시도가 왜곡된 것이 아님을 확신시키기 위한 것이었을 뿐, 결코 베이컨 주의자가 아니었다. 그는 베이컨의 귀납법과는 확연하게 구별되는 가설-연역법이라는 서술기법을 채택했다. 그것은 가설을 세우고, 그에 따라 세부적인 예측을 하고 증거를 수집해서, 그 가설을 확증하거나 버리는 방법이다.

비글호 항해에서 돌아온 찰스는, 20년 이상 동안 자신의 영감을 다듬어서, 1859년에 『종의 기원』이라는 혁명적인 주장을 발표했고, 그로 인해서 엄청난 논쟁이 야기 됐다. 하지만 결국은 찰스의 논증이 대세가 되었다. 『종의 기원』이라는 '하나의 긴 논증'에서, 찰스는 충분히 설명하고 있다. 왜 자신이 창조론을 부정할 수밖에 없었는지에 대해서. 왜 종의 다양성을 점진적인 진화를 통해서 설명할 수밖에 없는지에 대해서.

하지만 회의론자들은 여전히 찰스에 대해 의구심들을 제기했다. 찰스가 학문적 신념과는 무관하게 가톨릭 신앙을 유지했을 거라는 게 대표적인 예다. 이 주장은 후세에 오랫동안 논란의 대상이 되어왔지만, 경매회사 본햄스가 2015년 9월에 공개한 편지에 의해 진실이 밝혀졌다. 비공개 약조 하에 찰스가 맥도모트에게 보낸 그 편지엔, "신탁으로써의 성서를 부인하고, 예수도 하나님의 아들이라고 믿지 않는다"고 적혀있다. 이런 증거 제시에도 불구하고 의구심이 잔존한다면, 찰스의 1842년 저서를 제시할 수밖에 없다.

그 35쪽짜리 책은 종의 이론을 아주 간결하게 설명한 것이었다. 세상에 발표하지 않았지만, 독자적인 이론에 대한 확신이 없어서가 아니고, 가톨릭의 권위에 대항할 용기가 부족했기 때문이다. 그 책은 개인적인 감정이 전혀 담겨있지 않은, 담백한 학술서였는데, 이미 거기에는, 동물의 지리적 분포와 여러 변종, 오래된 화석 등을 다루며 틀을 갖추게 된, '종의 기원'에 대한 아이디어가 담겨 있었다. 현재의 여러 종은 초기 종이 변화한 것이라는 증거를 제시하는 동시에, 그것이 자연선택이라는 과정을 통해 일어났다는 설명도 실려 있다.

창조론에 대한 비판도 담겨 있다. 자바 섬, 수마트라 섬, 인도에 사는 코뿔소가 약간씩 다르다며, 창조주가 그렇게 비슷하면서도 조금씩만 다른 형태의 동물을 따로 만들었을 리 없다고 했다. 더구나 이 책은 2년 후에 230쪽가량의 에세이로 확장되었고, 현재에도 몇 권 보존되어 있다. 이 책의 목차는 15년 뒤에 공개된 『종의 기원』의 목차와 거의 같고, 『종의 기원』에 나오는 글귀가 여러 곳에서 쓰여 있다. 결국, 그의 웅변은 타인의 아이디어를 도용한 것이 아님이 확실하고, 그 웅변의 목적은 자연선택으로 창조론을 추방하는 것이다. 그는 이론의 완성도를 높이기 위해서, 복잡한 특성이나 주요 변화들을 매우 사소한 변화들의 축적 결과로 설명하려 했다.

자연선택은 보존체에 유전되는 미세한 변이들의 보존과 축적에 의해서만 작용한다. 그러면서 그것은 새로운 유기체가 지속적으로 창조된다거나 그 구조에서 갑자기 큰 변이가 생긴다는 믿음을 추방한다.

그렇지만 당시의 찰스는 그러한 내용의 책을 세상에 공개하는 것은 현명하지 못한 일이라고 생각했다. 그래서 라이엘, 식물학자 조셉 후커(Joseph Hooker), 토머스 헉슬리(Thomas Huxley), 엠마

Thomas Huxley(1825~1895) 영국의 생물학자, 불가지론이라는 말을 만들었다. 1883년 왕립협회장이 됐다. 뛰어난 수필도 많이 발표한 그는 다윈의 학설을 널리 알리고, 정치 제도의 개선, 과학 교육의 발전 등 여러 방면에 크게 활약하였다. 저서에 자연계에 있어서의 인간의 위치 등이 있다.

처럼 아주 가까운 사람들과만 공유하기로 작정했다. 1844년 7월 5일, 찰스는 아내에게 메모를 전했다.

방금 종 이론의 초안을 마쳤소. 만약 세월이 흘러 이 이론이 단 한 사람의 능력 있는 전문가에게라도 인정받게 된다면, 과학에 중요한 발전이 될 것이라고 믿소. 혹시라도 내가 갑작스러운 죽음을 맞이할 것을 대비해 이 글을 남기오. 부디 이 책을 출판하는 데 400파운드를 투자해주고, 힘들겠지만 당신이나 헨슬리(엠마의 오빠)가 그 책을 보급하는 데 애써주길 바라오.

상속 재산이 많았던 찰스는 아주 오랫동안 『종의 기원』 발표를 보류한 채, 다운의 저택에 칩거하면서 연구에만 몰두했다. 그렇지만 이미 세상에 공개된 『비글호 항해기』는 후배 학자들의 영감을 자극하며, 탐험을 꾸준히 독려했다.

『비글호 항해기』를 읽고 활력을 얻은 많은 후배가 탐험을 떠났는데, 그중에 한 사람이 탐험 중에 찰스가 알아낸 '종의 다양성에 관한 비밀'을 독자적으로 발견해낸다. 그리고 그로 인해서, 찰스는 침묵을 깨고 자신의 종 이론을 세상에 내놓을 수밖에 없게 된다. 찰스와 그 주변의 몇 사람만이 그 존재를 알고 있던, 판도라의 상자 『종의 기원』을 세상에 공개할 수밖에 없게 한, 그 사람은 도대체 누구였을까?

현대 진화론의 숨은 개척자, 알프레드 월레스

근대 박물학자들이 세운 이론으로 아루제도와 뉴기니 섬의 동·식물에서 보이는 현상을 설명할 수 있을까? 이러한 동·식물이 서식하는 곳에 대해 어떻게 설명할 것인가? 왜 같은 종들이 전 세계적으로 같은 기후를 보이는 곳에서 서식하지 않는가? 여기에서 일반적으로 끌어낼 수 있는 결론은 과거의 종이 멸종하고 새로운 것들이 각 나라나 지역에서 창조되면서, 그 지역 특유의 물리적 환경에 적응했기 때문이라는 것이다.

이 말은 누가 한 것일까? 대부분 사람들은 '찰스 다윈'이라고 대답할 것이다. 그러나 그가 아니다. 알프레드 월레스가 한 말이다. 그가 이와 같은 말을 했다는 사실이 놀라운 것은, 다윈과 거의 같은 수준의 놀라운 발견을 스스로 해냈기 때문만이 아니라, 그가 소문난 영성주의자였기 때문이기도 하다.

영성주의는 유물주의의 대척점에 서 있다고 봐야 한다. 영성은 비물질적 실재들을 믿는 것이나, 우주 또는 세상의 본래부터 내재하는 성품(immanent nature) 또는 초월적인 성품(transcendent nature)을 경험하는 것을 뜻하기에, 유물론자들은 그 존재를 인정하지 않고 있다. 그렇다고 영성주의가 창조론과 친하다는 건 아니다. 창조론자 역시 영성주의를 배타한다.

아무튼, 그가 영성주의였다가 진화론자 되었는지, 아니면 그 반대였는지는 모르지만, 대격변 같은 인생역정을 겪었을 개연성은 높아 보인다. 그는 영국 남서부 웨일스 몬머스셔(monmouthshire)의 가난한 집안에서 태어나서 14살까지만 학교에 다녔고 그 후 10년 동안 측량기사로 일했다고 하는데, 우리가 주목해야 할 것은 그 이후의 삶이다. 청년기의 그는 누구보다 도전적으로 삶을 헤쳐나가던 모험가였고, 종의 다양성에 숨겨져 있는 비밀도 치열한 노력 끝에 스스로 알아냈다. 그 인생의 절정기 전후의 모습부터 살펴보자.

월레스는 1848년에 아마존 강의 리오 도스우오페스 지류에 있었는데, 황열병에 걸려 매우 힘든 시간을 보내고 있었다. 다행히 그 와중에도 원숭이, 앵무새, 큰 부리새 등을 동물원을 차릴 수 있을 만큼 많이 수집해서 관리하고 있었다.

그러나 더 이상 버텨낼 수 없다고 생각한 그는 고국으로 돌아가기로 작심하고, 34마리의 살아있는 동물들과 여러 표본을 헬렌호의 화물창에 실었다. 물론, 그도 그 배의 여객실에 몸을 뉘었다. 길게 울리는 뱃고동을 들으며 그는 깊은 잠에 빠져들었다.

날씨가 좋아서 그는 항해 도중에 갑판에 자주 나왔다. 신선한 해풍은 그의 병세를 급속히 좋아지게 만들었다. 그는 수평선을 바라보며 그 위에 고향 산천 풍경을 그리곤 했는데, 날이 갈수록 그 그림이 선연해져 갔다. 그리고 빛바랜 기억같이 희미해져 있던 행복감도 시나브로 짙어져 갔다.

그러나 그런 소박한 호사마저도 아직 누릴 시기가 아니었던 모양이다. 아테(Ate, 재앙의 여신)가 서둘러 달려와

알프레드 러셀 월리스(Alfred Russel Wallace, 1823~1913)는 영국의 자연주의자, 탐험가, 지리학자, 인류학자이자 생물학자이다. 찰스 다윈과 독립적으로 자연선택을 통한 진화의 개념을 만들었다. 그는 동물의 경고 색과 종의 분리를 설명하는 월리스 효과 등을 발달시켜 19세기 동안 진화론의 발달에 큰 기여를 하였다.

그의 손목을 잡았다. "배에 불이 난 것 같습니다. 화물창으로 와 보세요!" 항구에서 벗어난 지 3주쯤 된 어느 날, 버뮤다 동쪽 어딘가를 항해하고 있을 때였다. 아침 식사를 마칠 무렵에 선장이 선실로 달려와 그의 손목을 잡았다. 그의 걱정은 옳았다. 갑판 아래 화물창이 짙은 연기를 토해내고 있었다. 불꽃이 순신 간에 갑판 위로 쏟아져 나왔다. 선원들이 불길을 잡으려 애썼지만 좀처럼 수그러들지 않았고, 선장은 결국 배를 버리기로 결정할 수밖에 없게 됐다.

배에서 탈출하기 전에 월레스는 연기가 가득 찬 선실로 뛰어들어가, 각종 연구자료와 기록들을 닥치는 대로 깡통에 담았다. 그것들을 안고 가까스로 구명선에 올랐지만, 설상가상으로 구명선도 정상이 아니었다. 바닥에 구멍이 나 있었다. 월레스는 자신의 몸 외에 모든 것을 포기해야 했다.

선박이 많이 다니는 항로라서 금세 구조될 거라고 기대했지만, 실제 상황은 그렇지 않았다. 보트로 스며드는 물을 퍼내며 하염없이 기다려야 했다. 보트에서 3일쯤 지내면서 아무것도 먹지 못한 채 물을 퍼내자 체력이 바닥을 드러냈다. 그러나 구조선은 여전히 나타나지 않았고, 열흘이 더 흘러가 거의 심장의 고동이 멈출 때쯤 돼서야 간신히 뱃고동을 들을 수 있었다. 구조선인 조드슨 호에 오른 날 밤, 월레스는 이런 기록을 남겨 놓았다.

위험이 지나가고 나서야 내가 얼마나 많은 것을 잃었는지 완전히 이해하게 됐다. 그 야생의 지역에서 새롭고 아름다운 동물들을 데리고 영국으로 돌아가겠다는 희망 하나로 얼마나 오랜 시간을 견뎠는가! 그 동물들 하나하나가 내게 즐거운 기억을 떠올리게 해주는 소중한 존재인데, 내가 그토록 즐겼던 모험이 헛된 것이 아니었다는 증거였는데, 그리고 앞으로도 오랫동안 내게 연구할 것과 즐길 것을 줄 것이었는데, 이제 모든 것이 사라지고 내가 밟았던 미지의 땅에 대한 추억은 하나도 남아 있지 않구나.

아, 불쌍한 월레스. 그러나 그때까지도 아테는 그의 곁을 떠나지 않고 있었고, 설상가상으로 보레아스(Boreas, 폭풍의 신)까지 그에게로 달려왔다. 그 때문에 화물선 조드슨도 폭풍의 거친 애무를 두 번이나 더 견뎌내야 했다. 첫 번째 폭풍은 거센 파도로 돛을 부러뜨리면서, 월레스가 자고 있던 방의 채광창을 깨뜨려 온몸을 흠뻑 적셨다.

두 번째 폭풍은 영국해협을 항해하고 있을 때 들이닥쳤다. 그 폭풍은 조드슨 호의 선창에 1m 이상의 높이까지 물을 들이부었지만, 다행히 해수면 아래로 밀어 넣지는 않았다. 목숨만은 살려줄 모양이었다. 하지만 월레스는 살아있기가 싫었다. 바다에 뛰어들고 싶은 충동이 여러 번 들었지만, 그는 간신히 참아냈다.

아마존에서 몇 년간 수집해온 표본을 모조리 바다에 빼앗기고, 간신히 목숨을 부지한 월레스는 선창에 엎드려 한참 울었다. 그리고 수없이 다짐을 했다. 일단 육지에 올라가면 다시는 바다로 나오지 않겠다고.

만약 그가 그 다짐을 지켰다면 후세에 이름을 남기지 못했을 것이다. 다행히 그는 얼마 지나지 않아 자신과의 약속을 깼다. 그렇게 마음을 고쳐먹은 데는 친구인 스티븐스의 공이 컸다. 그가 월레스가 재기할 수 있도록 발판을 마련해두었기 때문에, 다시 탐험의 꿈을 꿀 수 있게 된 것이다. 선견지명이 있었던지, 스티븐슨은 월레스의 수집품에 대해 보험을 들어놓았다가, 예상 못 했던 손해 보상금을 월레스에게 건네주었다. 그가 아마존의 수확물들을 팔아 벌 수 있었던 것보다는 훨씬 적은 금액이었지만 결코 적은 돈이 아니었다. 그리고 스티븐스의 어머니는 그가 기력을 회복할 때까지 잘 돌봐줬다. 서서히 원기가 회복되면서 월레스는 한동안 그의 주변에서 맴돌던 아테가 떠나갔음을 느꼈다.

다시 바다를 건너가 보자. 월레스의 가슴은 다시 뜨거워졌다. 탐험과 수집을 향한 그의 욕구가 되살아났고, 종의 기원에 대한 호기심 또한 되살아났다. 1852년은 『종의 기원』이 아직 세상에 공개되기 전이었다. 다윈이 이미 1년 전에 에세이 형태의 『종의 기원』을 써놓은 상태였지만, 그 사실은 소수의 지인들만 알고 있었기에, 월레스는 알지 못했다.

서른이 된 월레스는 다윈과 달리, 아직 미혼이었다. 가장 큰 걸림돌은 경제력이었는데 그 문제를 해결하기 위해서라도 탐험의 길을 선택하는 것은 불가피했다. 탐험에서 가장 중요한 일은 행선지를 정하는 것이다. 단순한 자기만족을 위해 하는 탐험이 아닌 이상, 학술성과 경제성을 동시에 고려하지 않을 수 없다.

돈이 될 만한 것들을 수집해야 했기에, 월레스는 일단 아마존으로 다시 가는 것은 제외했다. 지난번 여행의 동반자였던 베이츠가 아직 그곳에 남아 수집활동을 계속하고 있었기에 그와 경쟁하는 것은 치졸할 뿐 아니라 무모하다고 생각했다. 어딘가 새로운 곳을 찾아야만 했다.

그는 동남아시아와 호주 사이, 수많은 섬들이 모여 있는 말레이 제도를 떠올렸다. 자바 섬을 제외하면 다른 섬들은 그때까지 아직 미지의 세계였다. 자연사의 흥미로운 증거들이 꾸준히 발견되고 있는 곳이기도 해서, 본격적으로 수색하면 돈이 될 만한 것들을 수집할 수 있을 것 같았다.

극동 지방으로 가는 길은 브라질보다 훨씬 더 먼 여정이었다. 1854년 4월 초순에 목적지에 도착한 월레스는 휴식 없이 바로 탐험에 나섰다. 그곳에는 아마존에서 치러냈던 것과는 전혀 다른 위험들이 있었다. 호랑이가 출몰해서 사람을 해치는 일이 다반사로 일어났고, 소문에 의하면 식인종도 있다고 했다. 그렇지만 돈과 명예에 굶주려 있던 월레스는 그런 위험 따위를 두려워할 형편이 아니었다.

월레스는 스케줄을 꼼꼼하게 세워 충실하게 실천했다. 아침 5시 30분에 일어나 차가운 물로 목욕을 한 후에 장비를 챙겨 숲으로 탐험을 나섰다. 그물망, 어깨에 메는 수집 상자, 코르크 마개를 가진 표본병, 호신용 장총을 항상 지니고 다녔다. 보존재로는 이라크 술을 이용했다. 그 독한 술은, 사탕수수와 코코넛 수액 등을 발효해서, 그가 직접 만든 것이었다.

월레스는 오랑우탄, 원숭이, 각종 새, 커다란 나비가 서식하는 그 낙원의 곳곳을 탐험하며 부지런히 보물들을 모았다. 숲에서 많은 시간을 보냈지만 새로운 발견은 쉽게 줄어들지 않았고, 그 여전히 신선한 즐거움은 그를 늘 기쁘게 했다. 그는 아래와 같은 기록을 남겨놓았다.

어두운 바탕에 하얗고 노란 점이 찍힌 거대한 나비가 손이 닿지 않는 곳의 나뭇잎에 앉아 있는 것을 봤다. 나는 그것이 동부 열대지방의 자랑인 오니톱테라(Ornithoptera), 즉 '비단 나비'의 새로운 종이 암컷이라는 것을 알아봤다. 그것을 잡고 수컷도 한 마리 잡고 싶은 마음이 간절했다. 이 나비의 수컷은 그 속(屬) 중에서도 빼어난 아름다움을 자랑한다. 하지만 그로부터 두 달 동안 그 나비를 단 한 번 더 봤을 뿐이다. 표본을 얻지 못할 것이라 체념하고 있던 어느 날, 아름다운 관목이 우거진 곳에서 이 우아한 나비 한 마리가 나무 위를 날고 있는 것을 발견했다. 그런데 너무 빨리 날아가는 바람에 잡을 수는 없었다. 다음 날 나는 똑같은 관목림으로 가 암컷 한 마리를 잡는 데 성공했고, 그 다음 날에는 아주 아름다운 수컷 한 마리도 잡을 수 있었다. 이 수컷은 날개를 폈을 때 가로로 18㎝가 넘고, 날개는 부드러운 검정과 불타는 듯 화려한 주황으로 장식돼 있었다. 동류의 다른 나비는 주황색 대신 녹색을 띤다. 이 나비의 아름다움과 화려함은 묘사가 불가능하다. 나비가 망에서 나와 그 화려한 날개를 편 순간 심장이 미친 듯 뛰고 피가 온통 머리로 몰리는 것 같더니 죽을 뻔한 순간보다 훨씬 더 정신이 아득해지는 것을 느꼈다. 그날은 하루 종일 두통이 사라지지 않았다.

그 특이한 두통은 그의 생각도 특별하게 만들었다. 자신이 찾은 종의 다양성과 각 종의 개체 간 차이, 그리고 그것을 찾은 장소의 상관성에 대한 시야가 갑자기 열리기 시작한 것이다. 그것은 돈을 버는 데 도움이 되는 깨달음은 아니었지만, 과학자의 시각을 갖추게 되는, 결정적인 전기가 된 것이 틀림없다. 월레스는 자신의 특별한 발견을 타인들과 공유해야겠다고 생각했다. 그래서 다윈이 종의 기원에 대한 자신의 견해에 대해 함구하고 있는 동안, 월레스는 자신의 깨달음을 글로 써서 영국의 각종 잡지와 저널에 보내기 시작했다.

그중에는 누가 보아도 눈이 번쩍 뜨이는, 새로운 아이디어로 넘치는 글들이 많았다. 월레스는 다윈과 동일한 관찰 결과를 가지고 고민했고, 다윈과 놀라울 정도로 유사한 결론으로 다가가고 있었다. 다윈과 다른 점이 있었다면, 다윈을 소심하게 만드는 걱정거리가 월레스에게는 문제가 되지 않았다는 것이다. 그는 잃을 것을 염려해야 할 명성 따위가 없는 사람이었기 때문이다. 개인적인 위신이든 가문의 위신이든, 사회적인 평판의 대상조차 될 수 없는 미천한 신분이었기 때문이다.

1854년에 이르러 월레스는 생물 기원문제에 더욱 천착하게 된다. 그리고 아마 그즈음에 모든 문제의 열쇠는 지리적 분포라고 느끼기 시작했던 것 같다. 그랬기에 그 문제를 다룰 책을 쓸 계획을 세우면서, 라이엘의 『지질학 원리』을 길잡이로 삼으려 했던 것은 자연스러운 일이다. 라이엘은 생물기원과 종 문제를 명확하게 다뤘을 뿐 아니라, 지리적 분포와 분산방법에 대해서도 박식했다. 그래서 월레스 역시 라이엘이 쓴 지질학 전략에 많은 공감을 표시했지만, 다른 사람과 달리, 생물 세계를 볼 때 종간 변이론자가 되어야 한다는, 다소 대립된 주장을 첨가했다.

그가 보기에, 생물 세계가 지금은 작용하지 않는 어떤 법칙에 종속되어 종과 속의 멸종과 생산이 어느 시기에 별안간 그쳤다는 논리는 잘못된 것이었다. 생물의 생멸과 변화는 분명히 있지만, 그것은 지질세부터 현세까지 아주 천천히 일어났고, 지금도 쉬지 않고 일어나고 있으며, 지구와 지구에 사는 생명들의 현재 모습은 그 자연현상의 결과라고 여겼다. 이런 이견 때문에 월레스는 라이엘의 반(反)진화론과 꽤 오랫동안 논쟁을 벌였다.

그랬지만 라이엘 주의 지질학이 월레스의 접근법이 올바르다고 확신시켜 주었고, 지리적 분포가 중요함을 강조해주었으며, 종의 지질학적 연속됨에 대해 가르쳐 준 것은 부정할 수 없다. 라이엘에게서 받은 막대한 영향은, 월레스가 직접 겪은 경험과 잡다한 독서와 결합하여, 월레스가 독자적으로 진화론의 등불을 켤 수 있게 해줬다.

1855년에 월레스는 『새 종의 도입을 조절해 온 법칙에 관하여 (On the Law Which Has Regulated the Introduction of New Species)』라는 논문을 발표했다. "이제까지 모든 종은 그보다 먼저 있었으며 서로 가깝게 이어진 종과 같은 때 같은 곳에서 생겨났다." 핵심적인 주장은 이것이었는데, 그 논문에는 영국의 과학자 에드워드 포브스(Edward Forbes)의 분극 이론(polarity theory)에 대한 논박도 담겨 있었다. 포브스는 이미 한 해 전에 세상을 떠났지만, 그의 이론에는 다른 시기에 비해서 생물창조가 더 자주 일어난 시기가 몇 번 있었다는 주장이 담겨있었기에, 월레스로서는 도저히 그걸 그냥 보아 넘길 수 없었던 것 같다.

아무튼, 월레스는 지리적 분포 같은 이론들을 도입해서, 자신의 주된 주장이 사실에 의해 입증될 수 있음을 보여줬다. 이를테면, 남아메리카 먼바다에 있는 갈라파고스 제도의 생물들을 언급했는데, 월레스는 본토에 살던 생물이 분산을 통해 어떻게 그 섬들에 입주하게 되었을지 라이엘 방식으로 설명했다. "이 섬들도 처음에는 여느 신생 섬들처럼 동물들이 많이 살고 있었을 것이다. 그러다가 바람과 해류의 영향을 받으며, 오랫동안 다른 곳으로부터 멀리 떨어져 있다 보니, 본래 종들은 점점 죽고 새롭게 변화된 원형들만 남게 됐다."

그는 새와 나비, 다양한 식물의 과(科)는 특정한 지역에만 한정된 경우가 많다는 사실도 지적하면서, 그 예로 강의 한쪽 편에만 살고 있는 아마존의 특정 원숭이를 제시했다. "그 원숭이들의 탄생과 분포를 통제하는 어떠한 규칙이 없다면 그들은 아마 지금과 다른 상태일 것이다." 그의 주장은 아주 파격적이었다. 하지만 학계는 거의 반응을 나타내지 않았다. 물론, 그런 이유는 월레스를 학자라기보다는 돈벌이를 위해 밀림에서 표본을 수집하는 장사꾼으로 취급했기 때문이다. 말도 안 되는 이론을 내세울 시간에 채집이나 열심히 하라는 몇 마디 충고를 제외하고는 별다른 평이 나오지 않았다. 그런 학계의 태도에 대해 월레스 역시 별 불평을 내놓지 않았다. 명예 따위는 자신의 것이 아니라고 여기며 살아온 월레스였기에, 평상심을 유지하려고 애쓰며 다시 일상에 몰두했다.

그의 일상은 주로 여행이었고 그 여행은 매우 유동적이었다. 당일의 교통편에 따라 여정이 수시로 바뀌었다. 그는 싱가포르에서 술라웨시 섬에 있는 마카

롬복 인도네시아 누사틍가라바랏 주의 섬. 소순다 열도의 일부로, 동쪽으로 롬복 해협을 끼고 발리 섬이, 서쪽으로 알라스 해협을 끼고 숨바와 섬이 위치한다

사르로 가고 싶어서 수차례 시도했으나 마땅한 선박을 못 만나서 가지 못했다. 그러다가 1856년 5월의 어느 날, 롬복을 경유하여 마카사르로 갈 요량으로 발리로 가는 상선을 탔다가 예정 경로를 완전히 벗어나게 됐다. 그리고 그렇게 찾아온 우연한 사고는, 그에게 뜻밖의 행운을 가져다줬다. 자신의 탐험에서 가장 중요한 발견을 하게 됐던 것이다.

월레스는 이 행운에 대해 다음과 같은 기록을 남겨 놓았다. "롬복은 발리와 30㎞ 정도밖에 안 되는 좁은 해협을 사이에 두고 있기 때문에, 롬복으로 가는 길에 자연히 같은 종류의 새들을 만나게 될 것이라고 생각했다. 그런데 그곳에 3개월을 머무는 동안, 같은 종류를 단 한 번도 보지 못했다." 그 대신 예상치 못했고 본 적도 없었던, 흰 앵무새, 꿀빨이새, 퀘이치, 메가포드 등을 만났다. 그 새들은 자바 섬, 수마트라 섬, 보르네오 섬 서부에서는 전혀 볼 수 없는 종이었다.

그건 정말 수수께끼 같은 현상이었다. 그 종들이 다른 섬으로 널리 퍼지지 못한 이유가 무엇일까? 새들이라면 폭이 30㎞도 안 되는 좁은 해협쯤은 가뿐히 넘어갈 수 있을 텐데 말이다. 월레스는 우선 발리와 롬복 사이에 보이지 않는 '경계선'이 있을 거라는 가정을 세웠다. 그리고 관찰을 지속했다. 더 멀리 동쪽으로 갈수록 새들의 분포는 더욱 확연하게 차이가 났다. 수마트라 섬, 자바 섬, 보르네오 섬에서 흔하게 볼 수 있는 새들을 아루, 뉴기니, 호주 등에서 전혀 찾아볼 수 없었고, 그 반대도 역시 마찬가지였다.

포유류의 분포 역시 확연하게 차이가 났다. 서부에 있는 큰 섬들에는 원숭이, 호랑이, 코뿔소들이 살고 있었지만, 아루 섬에는 그 어떤 영장류나 육식동물도 살고 있지 않았다. 그곳에 사는 것은 캥거루와 쿠스쿠스 같은 유대류뿐이었다. 발리와 롬복 사이 경계선은 가상의 선이 아니고 실재하는 선이었다. 그러한 사실이 매우 중요하다고 여긴 월레스는 다음과 같은 기록을 남겨 놓았다.

근대 박물학자들이 세운 이론으로, 아루 섬과 뉴기니 섬의 동·식물에서 나타나는 현상을 설명할 수 있을까? 이런 형태로 동·식물이 서식하는 것에 대해 어떻게 설명할 것인가? 왜 같은 종들이 전 세계적으로 같은 기후를 보이는 곳에서 서식하지 않는 것일까? 여기에서 일반적으로 끌어낼 수 있는 결론은 과거의 종이 멸종하고 새로운 것들이 각 나라나 지역에서 창조되면서, 그 지역 특유의 물리적 환경에 적응했기 때문이라는 것이다.

당시의 이론에 의하면, 비슷한 기후 지역에서는 비슷한 동물이, 다른 기후 지역에서는 다른 동물이 발견되는 것이 옳다. 그러나 월레스의 관찰결과는 그것과 너무 달랐다. 그는 서쪽에 있는 보르네오 섬과 동쪽에 있는 뉴기니 섬을 비교하면서 다음과 같은 기록도 남겨놓았다.

이 두 나라처럼 기후와 물리적 환경 면에서 서로 비슷한 곳을 찾기는 어려울 것이다. 그러나 그 두 지역에 사는 새들과 포유류는 완전히 달랐다. 이제는 뉴기니와 호주를 비교해보자. 환경적 특성에서 볼 때 두 곳처럼 큰 차이를 보이는 곳은 찾아보기 힘들다. 한 곳은 일 년 내내 습도가 높은 반면, 다른 한 곳은 주기적으로 가뭄이 든다. 만약 캥거루가 호주의 건조한 평원과 넓은 삼림 지역에 적합하도록 특별히 변화했다면, 뉴기니의 습한 밀림에 캥거루가 사는 데에는 분명히 다른 이유가 있을 것이다. 엄청나게 다양한 종류의 원숭이, 다람쥐, 식충 동물, 고양잇과 동물들이 보르네오 섬에 창조된 이유가 단지 그 섬이 그러한 동물에 적합하기 때문이라고 보기는 매우 어렵다. 매우 비슷한 환경에 놓여 있고 거리가 멀지 않더라도 같은 종이 사는 경우는 없었다.

동쪽 섬들의 열대 밀림에서 나무타기 캥거루가 살고 있다면, 서부 섬의 환경이 같은 지역에서는 원숭이가 살고 있었다. 그 이유는 단 하나였다. 어떤 규칙이 현존하는 종들의 분포를 통제하고 있기 때문이었다. 그것은 바로 월레스가 2년 전에 제안한 바 있는 '사라왁 법칙'이었다. 그는 주장의 신빙성을 높이기 위해 지질학을 사용해서, 뉴기니, 호주, 아루가 한때 서로 연결돼 있었기 때문에, 비슷한 종류의 새와 포유류가 살게 됐다고 정리했다. 그렇다면 서부 섬들에 대해서는 어떻게 설명할 것인가? 월레스는 그 섬들이 한때 아시아 대륙의 일부였기 때문에, 원숭이나 호랑이 같은 아시아의 열대 동·식물을 공유하는 것이라고 설명했다.

그의 판단이 옳았을까? 옳았다. 발리와 롬복 사이는 거리는 비록 짧았지만, 그 둘을 갈라놓고 있는 바다는 심해였다. 발리와 롬복 사이의 거리가 짧은 것은 사실이지만, 발리는 결코 롬복과 이어진 적이 없었다. 그렇기에 거리만으로 모태의 동일성을 판단한 건 잘못된 것이었다.

월레스는 종의 기원과 분포를 연관 지어 생각했고, 이를 통해 아시아와 호주의 동·식물 사이에 경계선을 만들었다. 이러한 그의 발견은 훗날 '월레스선(Wallace's Line)'이라 명명됐다. 월레스가 학계의 관심을

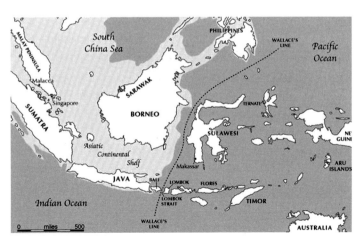

Wallace's Line

받기 시작한 것은 그 선을 그은 다음부터였다. 찰스 다윈도 그에게 윙크를 보내왔다. 그래서 다윈과 편지를 주고받게 됐는데, 1857년 5월 어느 날, 다윈에게서 의미심장한 은유가 담겨 있는 편지가 날라 왔다. "자네 글의 단어 하나하나에 동의하네. 그리고 서로 다른 두 사람이 어떤 이론에 대해서, 이렇게나 비슷하게 동의하는 경우는 매우 드물 것이라는 데에, 자네 역시 공감할 것이라고 감히 말하고 싶네." 이런 서두로 시작된 편지에는, 그가 종(種)이 차이나는 이유에 대한 연구를 하면서 20여 년을 보냈다는 사실과 현재 그에 관한 책을 쓰고 있지만, 2년 이내에는 끝내기 힘들 거라는 내용이 들어 있었다.

그런데 다윈이 왜 이런 편지를 월레스에게 보냈을까? 아마 자신의 아이디어를 지켜내고 싶어서였던 것 같다. 월레스의 새로운 아이디어가 결코 그의 것만이 아니라는 사실과 그 아이디어를 먼저 생각해낸 것이 자신임을 동시에 암시하고 싶었던 것 같다.

그렇지만 진실이 무엇이든, 종이 진화한다는 사실에 대한 월레스의 확신은 다윈보다 결코 덜 하지 않았다. 당시의 월레스는 이미 종이 진화한다는 사실에 확신을 가지고 있었기에, 미완의 과제는 종의 진화 여부가 아니라 그 모티브와 방법을 알아내는 것이었다. 아무튼, 월레스는 메타포가 넘치는 다윈의 편지를 받은 후부터, 그 과제에 더욱 몰두하게 되었다.

그러던 어느 날, 그러니까 말라리아에 시달리며 트르나테 화산섬에 머물고 있던 1858년 초의 어느 날, 오랜 의문에 대한 해답을 들고 아테나(지혜의 여신)가 불현듯이 그를 찾아왔다. 섭씨 30도가 넘는 한낮에 담요를 두른 채, 몇 해 전에 읽었던 맬서스의 인구론에 관한 생각하고 있을 때, 인구의 급작스런 증가를 막는 질병, 사고, 기아 같은 요소들이 동물에게도 적용되는 것은 아닐까 하는 아이디어가 갑자기 뇌리에 떠올랐다. 사람에 비해서 동물의 번식력이 훨씬 더 강하다는 사실을 고려하면, 아무런 제재를 가하지 않을 경우, 곧 세상이 동물로 가득하게 될 거라는 망상도 함께 떠올랐다. 그러나 실제로는 동물의 개체 수는 적절히 제한되고 있다.

다윈이 그러했듯이 월레스 역시 맬서스의 인구론에서 그 영감을 얻었다는 사실이 신비롭기만 하다. 아무튼, 월레스는 장고 끝에 다음과 결론을 도출해냈다.

야생동물의 삶은 생존을 위한 투쟁이다. 스스로 존재를 유지하고 후손을 돌보기 위해 자신의 모든 능력과 에너지를 발휘해야만 한다. 먹이를 찾고 위험을 모면하는 행위가 동물의 삶을 지배한다. 그리고 약한 것들은 결국 사라지고 말 것이다. 정도의 차이는 있겠지만, 아마 모든 변이 현상은 개별 개체의 습성이나 능력에 어느 정도 결정적인 영향을 미칠 것이다. 조금이라도 힘이 향상된 변종은 그중에서도 우위를 차지해 결국에는 수적으로 우세하게 될 것이다.

드디어 해냈다. 월레스가 미스터리의 비밀을 알아낸 것이다. 그렇지만, 그는 사실을 몰랐겠지만, 그의 생각은 많은 측면에서 다윈의 생각을 아주 정확히 반영하고 있었고 더욱 철저히 다루고 있었다. 딱 한 가지 라이엘에 철저히 반대한 것만 빼고 말이다.

다윈은 관심 자체를 두지 않았으나, 라이엘 주의자들이 집 생물 세계에서 유비를 끌어와 진화이론들을 반대한 것에 대응해서, 월레스는 야생생물과 집 생물 사이에선 참된 유비를 결코 끌어낼 수 없다고 강하게 맞섰다. 집 생물 꼴들은 변칙적인 것을 얻으려고 선택되어 왔으며, 그것들이 야생으로 풀려나면 죽어 사라지거나 재빠르게 원래의 전형으로 돌아갈 것이라는 사실을 적시하면서, 그렇기에 집 생물에서 보이는 변화가 불안정하다고 하여, 라이엘 주의자들의 주장대로, 모든 선택적 변화가 불안정하다고는 볼 수 없다고 주장했다.

이는 야생에 강렬한 선택압이 있음을 가리킨다. 그리고 이 선택압은 완전히 안정된 변화를 이끌어낼 수 있다. 집 생물 세계가 야생처럼 돌아가지 않는다는 것은 선택적 메커니즘을 무너뜨리기보다는 강력하게 뒷받침한다. 월레스가 인위선택 유비를 도입하지 않은 까닭은, 아마 그의 논문들에 집단 내에서 일어나는 선택의 참된 중요성이 누락되어 있는 것과 상관있을 것이다. 그의 논문들은 변종들 사이에서 일어나는 생존경쟁과 선택에 역점을 두고 있다. 그렇지만 월레스는 개체들 사이에서 일어나는 선택을 분명히 논했다. 그렇기에 월레스가 그 유비를 쓰지 않았다고 해서, 자연선택이 진화의 핵심 메커니즘임을 밝혀낸 공적마저 부인돼서는 안 된다.

그는 자신의 깨달음을 논문으로 정리해서『변종이 본래 유형으로부터 완전히 이탈하려고 하는 성향에 대하여』라는 제목을 붙였다. 그런데 월레스는 그 논문을 저널에 바로 보내지 않았다. 그전에 누군가에게 먼저 보이고 싶었기 때문이다. 그 사람은 누구였을까? 다윈이었다. 자신의 경쟁자일 수도 있는 그에게 왜 그것을 먼저 보이고 싶어 했을까? 아마 월레스는 다윈을 경쟁자로 여기지 않았던 것 같다. 그에 대한 다윈의 생각과는 달리, 그는 다윈을 학문적 경쟁자로 보기보다는 존경하는 선배 학자로 여겼던 것 같다.

그렇지만 월레스가 그토록 존경하던 다윈은 아주 이상한 형태의 반향을 드러냈다. 그 반향은 월레스가 머릿속에서 그리고 있던 다윈의 모습과는 아주 동떨어진 것이기도 했다. 우선, 다윈에게 보낸 그의 논문은 자신의 의도와는 무관하게 세상에 빠르게 공표되었다. 그런데 자신이 쓴 그대로 논문이 공표된 게 아니었다. 자신이 쓴 내용에 학술적인 부연이 상당히 첨가되어 있었고, 저자 또한 월레스 외에 한 사람의 이름이 더 첨부되어 있었다. 한 사람 더? 누구? 그 역시 다윈이었다.

그러니까 다윈과 월레스 공저로, 훨씬 더 우아해진 진화론이 세상에 공개된 것이었다. 도대체 어떻게 그런 일이 일어나게 된 것일까? 아마 다윈에게 물어봐야 사건의 전모를 알 수 있을 것 같다.

1858년 어느 날, 월레스의 논문을 받은 다윈은 거의 쇼크 상태에 빠졌다. 월레스가 보내온 논문내용이 자신의 아이디어와 너무도 흡사해서, 다윈은 길에서 자신의 토플갱어를 만난 사람처럼 놀랐다.

그 후에 일어난 일들은 현재도 학자들 사이에서 논란거리인데, 대체적인 스토리는 이렇다. 월레스의 편지에는, 자신의 원고를 다윈이 읽은 후에, 지질학자인 찰스 라이엘에게 보내달라는 내용이 적혀 있었고, 다윈도 그렇게 했다.

그러자 라이엘의 입장이 아주 난처해졌다. 그는 다윈과 가까운 사이여서, 다윈이 이미 그에게 자연선택 이론과 그 증거가 되는 여러 논증을 밝힌 바 있었기 때문이다. 월레스의 논문을 읽은 후에 깊은 고심에 빠져 있던 라이엘은 자리를 털고 일어났다. 그는 다윈의 불운을 그냥 보아 넘길 수 없다고 판단했다. 그래서 다윈과 가장 친했던 J. D. 후커(Hooker)를 찾아가 자신의 고민을 얘기했다. 그 후 두 학자는 다윈을 찾아가, 리니언 소사이어티 회의에서 월레스의 논문과 다윈의 논문 초고를 함께 발표하고, 출판 역시 함께 하라고 권

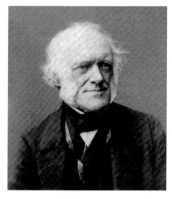

찰스 라이엘(1797~1875) 영국의 지질학자, 옥스퍼드 대학교에서 지질학을 배웠고, 1826년 왕립 학회 회원이 되었다. 대표 저서 지질학의 원리 . 허턴이 주장한 "현재는 과거에 대한 열쇠이다."라는 견해 아래서 지질 현상을 통일적으로 설명하고, 지질학의 근대적 체계를 확립하였다. 지질학의 아버지라 불린다.

고했다. 그리고 다윈은 고심 끝에 그들의 조언을 받아들였다.

　문제는, 월레스가 그런 과정을 몰랐다는 사실이다. 그렇다면 그건 학자답지 못한 비열한 처신 아닐까? 다윈 측의 진술이 전부 사실이라고 해도 말이다. 진실을 알려면 이런 일련의 진행과정에 대한 월레스의 견해를 들어봐야 할 것 같다. 그래야 공정한 판단을 내릴 수 있을 것 같다. 그런데 실제로 그러기가 곤란하다. 당시에 월레스와 친하게 지내던 학자는 다윈이 거의 유일했고, 월레스의 편에 서서 뭔가를 얘기한 학자가 전혀 없었기 때문이다.

　1세기가 지난 후에야 월레스 편을 드는 학자들이 나타나기 시작했는데, 그중 대표적인 인물이 아놀드 C. 브랙맨(Arnold C. Brackman)이다. 그는 자신의 책 『A Delicate Arrangement』에서 다윈이 월레스의 자료를 표절했다고 주장했다. 그런데 이런 비판을 그대로 받아들이는 것도 문제가 있어 보인다. 우선 시기적으로 너무 지났고 그런 주장의 근거 역시 박약하기 때문이다.

　그리고 만약 그의 주장이 사실이라면, 월레스가 그 사건 후에도 여전히 다윈을 존경했을 리가 없다. 『종의 기원』이 발표된 이듬해에 월레스는 오래된 친구인 베이츠에게 다음과 같은 편지를 썼다.

　다윈의 책에 대한 나의 존경심을 어떻게 어디에다 표현해야 할지 모르겠네. 솔직히 아무리 끈기 있게 실험에 임한들 이 책의 완벽함에는 절대로 이르지 못할 걸세. 이 책의 뛰어난 논거와 감탄할만한 어조, 정신…… 다윈 선생은 새로운 과학과 새로운 철학을 창조했네. 단 한 사람의 노력과 연구로 이토록 완벽하게 인간 지식의 분파가 만들어진 적은 예전에 없었다고 생각하네.

　월레스는 언제나 진화론을 '다윈 이론'이라고 불렀으며, 훗날 자신의 여행에 대한 주요 저서인 『말레이 제도(The Malay Archipelago)』를 다윈에게 헌정하기도 했다. 자서전인 『나의 인생(My Life)』에서는 다윈과의 우정에 대해 쓰는 데 한 장을 고스란히 바쳤다.

실체적 진실은 차치하고, 월레스에게 중요한 것은 과학계의 일원으로 받아들여지는 것뿐이었던 것 같다. 1858년까지만 해도 새로운 혁명을 이끌던 과학자들의 그룹에 속하지 못하던 외부인에 불과했던 그였으니까 말이다. 그리고 애초부터 월레스는 과학계의 한가운데 서길 원하지 않았는지도 모른다. 단순히 그 세계의 일원이 되기만을 바랐을 개연성이 높다.

그렇지만 그가 원했던 진실이 무엇이든, 그는 과학계 주류에 오래 머물러 있지 못했다. 그리고 그런 사태가 벌어진 게 타인의 압력 때문이 아니고 자초한 것이기에, 동료들은 아주 난감해했다. 천신만고 끝에 얻은 사회적 입지를 왜 스스로 버린 것일까? 그 미스터리는 『종의 기원』의 발표되고 난 5~6년 후쯤부터 시작됐다.

그는 진화론의 발견에 대해서는 다윈과 명예를 함께 누렸으나, 그때쯤부터 세부적인 사항에 대해서 독자적인 견해를 표명하기 시작했다. 1864년의 논문에서, 인간 기원에 대해 일반적인 다윈론 모형을 적용하여, 하나의 조상설과 여러 조상설 입장의 화해를 추구한 바 있는데, 그러다가 자연스럽게 다윈론을 포함한 유물론적 모형이 인간의 높은 지적 속성을 설명할 수 없음을 새삼스레 깨닫게 된 것 같다.

다윈은 인간과 동물 간의 정신의 차이는 정도의 차이에 불과하다며, 인간을 동물 진화의 연장선상에 놓았지만, 월레스는 자연선택만으로는 인간의 높은 정신적 능력을 설명할 수 없다고 보았다. 그는 물질적 요소의 복합만으로 의식을 만들 수 없다고 하며 영적 존재를 상상했는데 그것이 바로 영성이었다.

월레스는 물질적 인간을 초월한 영성에 대한 근거를 찾기 위해, 영매의 활동을 관찰하기 시작하면서 영성주의에 심취하게 됐다. 그리고 그후 일생을 영성주의자로 남았다. 그가 다윈과 토머스 헉슬리에게도 영성주의를 연구할 것을 종용했던 것으로 보아, 얼마나 영성주의에 심취했었는지 알 수 있다.

다윈은 영매의 활동을 회의적 시각으로 보았기에 결코 영성주의자가 될 수 없었다. 두 학자의 사이는 점점 소원해졌고, 나중에는 돌이킬 수 없는 정도에까지 이르렀다. 둘 사이의 갈등이 무척 깊어졌음은 미국의 영매 슬레이드 사건에 얽혀있는 얘기가 증명하고 있다.

영(靈)의 메시지로 석판에 쓰인 글을 보여주는 것을 전문으로 하는 헨리 슬레이드는 1876년 영국의 강령회장에서 그 시범을 보여주었다. 그때 그 조작을 폭로하겠다고 결심한 에드워드 랭케스터가 영이 글을 쓰기 전에 슬레이드의 손을 움켜잡았다. 그 석판에는 이미 메시지가 쓰여 있었다. 랭케스터는 슬레이드를 사기혐의로 고발했다.

그때 다윈은 그를 기소시키는 데 쓰도록 랭케스터에게 10파운드를 제공한 반면, 월레스는 법정에 슬레이드 측 증인으로 나와 그 현상이 사실이라고 증언했다. 그뿐만 아니라 월레스는 다른 영매의 재판에서도 영매가 사기꾼이 아니라고 증언하는 등 영성주의를 적극적으로 옹호하면서, 과학계의 조롱거리가 되어갔다.

그러나 그런 행동들은 모두 『종의 기원』을 발표한 후에 일어난 일들이다. 월레스는 최소한 1859년까지는 진화론자의 기수였고, 초석을 만든 창시자였다. 그렇기에 다윈과 월레스 두 사람이 현대 진화론을 창시했음은 누구도 부정할 수 없다.

그렇지만 그들의 이론이 증거에 비해 과학적 논리가 부족했던 것 역시 인정해야 한다. 왜 자연선택이 일어나는지에 대한 논거를 제대로 제시하지 못했기 때문이다. 그들은 자연선택으로 인한 진화가 후천형질이라고 여겼지만, 그것이 어떻게 유전되는지는 전혀 몰랐다. 두 사람의 바로 다음 세대에 멘델이 태어나지 않았다면, 그래서 유전의 법칙으로 그들의 명제를 무장해주지 않았다면, 진화론은 그 내용의 위대함과는 무관하게 한낱 우화에 그칠 수도 있었다.

 ## 진화론의 파트론, 멘델

멘델(Mendel, Gregor Johan 1822~1884) 오스트리아의 성직자이자 유전학자 완두를 재료로 하여 유전이 일정한 법칙에 따른다는 것을 발표하였다. 저서에 식물의 잡종(雜種)에 관한 연구 가 있다. 당시에는 그의 연구를 제대로 이해하는 사람이 없어서, 그는 동료 수도사들과 자기가 살던 도시 사람들의 사랑과 존경을 받았으나, 당시의 생물학자들에게는 전혀 알려지지 않았다.

멘델은 1822년에 오스트리아의 메렌 지방(현재의 체코)에서 태어났다. 자연과학에 관심이 많았던 그는 올뮈츠(지금의 올로모우츠)의 철학 연구소에서 2년간 공부한 후, 1843년 모라비아의 브륀(지금의 브르노)에 있는 아우구스티누스회 수도원에 들어갔는데 세례명은 '그레고어'였다. 수도원에서 과학에 대한 다양한 지식을 습득하고, 1849년에 즈나임 중등학교의 보조교사가 되었다. 그다음 해에 정규교사 시험에 응시했으나 낙방했고, 그 후 대수도원장의 추천으로 빈대 학교에 입학했다. 본격적으로 과학 공부를 시작한 것을 그

때부터였다.

상당한 과학지식을 습득한 후, 1856년부터 수도원의 정원에서 실험을 시작하여 유전의 기본원리를 발견했으며, 그때 발견한 원리들이 나중에 자신의 유전법칙을 만드는 초석이 됐다. 수도원의 도서관에는 과학서적들이 많이 있었는데 그는 그중에서 농학, 원예학, 식물학에 관한 책을 집중적으로 읽었다.

멘델은 다윈의 『종의 기원』이 나오기 전에, 이미 유전의 원리에 관한 실험을 시작했다. 그래서 1865년에 열린 브륀 자연과학학회에서 식물의 교잡을 예로 들면서 유전의 원리에 대해 발표했는데, 그 발표에는 선배들의 유전 연구에 대한 단호한 비판도 포함되어 있었다.

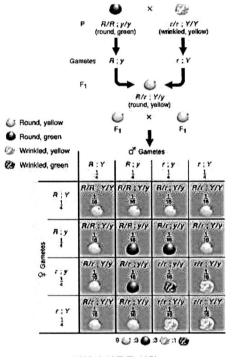

멘델의 완두콩 실험

지금까지 행해진 수많은 실험 가운데 잡종의 자손들에서 나타날 수많은 형들을 결정하거나, 또는 이러한 형태들을 각 세대에 따라서 확실하게 구분하거나, 이들 사이의 통계적 상관도를 명확히 밝힐 수 있을 만큼 폭넓고 올바른 방법으로 이루어졌던 것은 하나도 없다.

그가 어떻게 그렇게 자신만만한 발언을 할 수 있었는지 알기 위해서는, 유전법칙의 발견과정을 집중적으로 살펴볼 필요가 있다. 그는 진화론에 대해서 무관심했는지 모르지만, 결과적으로 그의 발견은 진화론이 기반을 잡는 데 결정적인 기여를 했다. 또한, 이전까지의 융합유전 대신에 입자유전이 자리 잡도록 하여 근대적 의미의 유전학이 탄생되게 했다.

그런 위대한 업적은, 그가 수도원의 정원에서 여러 가지 완두를 교배하는 실험을 하면서 시작되었다. 그가 관찰한 결과, 완두들은 키가 큰 것과 작은 것, 꽃이 피었을 때 색이 있는 것과 없는 것 등과 같이 일정한 차이를 보이는 대립형질을 갖고 있었다.

멘델은 대립형질이 변종과 그들의 자손에 계속 나타나는 것이 유전의 기본단위 때문이라는 가설을 세웠는데, 이 유전의 기본단위라는 게 지금의 유전자(遺傳子)와 같은 개념이다. 실험결과에 대한 해석은 다른 생물들을 통해서도 증명됐는데, 이는 유전단위가 통계법칙을 따른다는 의미였다. 이러한 법칙의 기본원리는 잡종의 생식세포 안에는 양친 중 어느 한쪽에서 온 유전물질 절반과 다른 한쪽에서 온 유전물질이 절반씩 들어 있을 거라는 추정에서 시작됐다. 이처럼 생식세포 안에서 대립형질이 분리되는 것을 멘델의 제1법칙 또는 분리의 법칙이라고 한다.

또한, 대립형질들이 여러 쌍 있을 경우, 이러한 형질들은 조합을 이루며 독립적으로 자손들에게 전해진다. 그는 완두의 여러 변종에서 독립유전의 법칙에 따라 무작위로 재조합된 7쌍의 대립형질들을 관찰했으며, 이러한 원리를 통계적으로 검증하고 실험을 통해서 확인했다. 오늘날에는 멘델의 제2법칙, 즉 독립의 법칙이 서로 다른 연관 그룹 또는 서로 다른 염색체상에 있는 유전자에만 적용되는 것으로 밝혀져 있다.

그리고 멘델은 우성도 관찰했는데, 이것은 잡종이 대립형질 가운데 한 가지 형질만 나타내는 성질이다. 그는 이러한 형질을 우성형질이라고 했으며, 자신이 관찰한 7쌍의 형질에 모두 나타난다고 보았으나, 훗날 다른 학자들이 광범위한 실험을 통해서, 이것이 모든 대립형질에 적용할 수는 없다는 사실을 확인했다. 그렇지만 이러한 제한성이 그가 처음 증명한, 특별한 유전단위에 의한 유전체계가 틀렸음을 의미하는 것은 아니다.

멘델은 실험결과로부터 유추해 낸 이러한 이론과 설명을 1865년 2월 8일에 브루노에 있는 자연사 학회에 『식물의 잡종에 관한 연구(Ver-suche Über pflanzenhybriden)』라는 논문으로 발표했으며, 1866년 3월 8일에는 이를 보정해서 다시 송고했다.

그러나 그의 주장은 학계의 지지를 쉽게 얻어내지 못했다. 지지를 받기는커녕 다소 무시되는 분위기였는데, 이는 당시의 학자들이 그의 이론을 충분히 이해하지 못했던 이유도 있지만, 증명을 진행하는 과정에서 멘델이 저지른 실수도 적지 않은 영향을 미쳤다.

『식물의 잡종에 관한 연구』라는 제목이 붙은 논문이 유럽과 미국의 주요한 도서관에 보내졌을 때만 해도 생물학계 반응은 무덤덤했던 것으로 보인다. 뮌헨 대학교의 식물학자 네겔리가 거의 유일하게 멘델 논문의 중요성을 인정해줬지만, 멘델과 주고받은 편지 내용으로 미루어보면, 그조차도 멘델의 논문에 실린 수학적 논리를 완전히 이해하지 못했던 것으로 보인다. 그러나 멘델은 꾸준히 연구를 계속해서 여러 방법으로 자신의 이론을 검증해내려고 노력했다.

그는 죽을 때까지 연구를 계속하긴 했으나, 1868년에 수도원의 대수도원장이 되면서부터는 과학적 연구보다는 수도원을 관리하는 책임자로서, 오스트리아 정부를 상대로 세금을 포함한 행정적인 문제로 다투는 데 더 많은 시간을 할애했다. 당시의 그는 성직자로서는 사랑과 존경을 받았으나 생물학자로서는 명성이 별로였다.

한 세대 후, 칼 에리히 코렌스, 에리히 체르마크 폰 세이세네크, 휴고

드 블리스(Hugo de Vries) 등이 유전법칙을 재발견하고, 멘델이 발표했던 실험결과와 개괄적인 원리를 문헌에서 찾아냄으로써, 멘델의 진면목이 그때서야 세상에 알려지게 됐다. 지금은 멘델의 실험이 유전학 역사의 중요한 부분이 되었고, 많은 생물학자가 멘델법칙의 응용 범위를 넓히려고 노력하고 있다.

멘델법칙은 진화론을 이해하는 데는 없어서는 안 될 논거로 자리 잡은 지 오래됐다. 현대적 의미의 진화론은 멘델의 법칙이 없었다면, 한낱 우화에 그쳤을 개연성이 높다.

일설에 의하면, 원래 멘델이 유전연구를 하게 된 동기가 당시 선풍적이었던 진화론을 과학적으로 비판하기 위해서였다고 한다. 사실 멘델의 실험 결과는 자식이 여러 형태를 보이긴 하지만, 그것은 부모가 물려준 레고 블록의 가용범위 안이라는 것을 입증하고 있다. 즉, 자식세대에 부모와 다른 '종(種)'은 나올 수 없

드 브리스(Hugo de Vries 1848~1935) 생물 진화에 실험을 도입한 네덜란드의 식물학자·유전학자. 멘델의 유전법칙과 생물학적 돌연변이설을 재발견했다. 비록 유전현상의 현대적 개념과는 상당히 다르지만, 그의 발견은 종의 변이에 관한 모호한 개념을 분명히 함으로써 생물진화에 관한 다윈의 학설이 받아들여지게 했다.

다. 그리고 멘델이 그 점을 강조하고자 한 것도 사실이다. 하지만 구체적 진실은 알 수 없다. 그의 연구 성과 자체가 매몰되면서, 진정한 연구 동기 역시 알 수 없게 됐기 때문이다.

아무튼, 멘델 이후의 유전학자들은 중간 유전, 복대립 유전 등의 연구 성과와 분자생물학의 발달에 발맞추어, 멘델법칙의 외연과 내포를 더욱 강화하였고, 그 모든 것들은 진화론을 반박하기보다는 진화론의 단단한 이론적 기반이 되었다.

진화론의 아침이 드디어 열렸다. 절대자 중심의 세계관을 인간중심으로 가져오는 새로운 세상이 열렸다. 이것은 다윈과 월레스 그리고 본인의 의도와는 무관하게 합세하게 된 멘델에 의해 이룩된 것이다. 진화론. 그것은 생물학 이론이라기보다는 새 세상을 연 혁신적인 패러다임이었다. 그렇지만 그 이론은 너무도 혁신적인 것이어서 대중들을 이해시키는 데는 적지 않은 시간이 소요되었다.

다음 장에서는, 진화 이론이 가설이 아니고 사실이라는 증거를 찾기위해서 노력한 과학 전사들의 눈물겨운 분투를 살펴볼 예정이다.

제2강

진화론의 행진

다윈이 『종의 기원』에서 설명하지 못했던 유전의 원리를 멘델과 드 브리스가 설명해냈지만, 진화론이 가설이라는 논란은 여전히 잦아들지 않았다. 진화론을 의심하는 진영을 설득하기 위해서는 더욱 강력한 증거가 필요했다. 그러자 물리적 실체인 화석의 중요성이 자연스럽게 부각됐다. 하지만 그것은 진화론자들에게만 중요한 것이 아니라 반대 진영에게도 중요하게 여겨졌다. 진화론 측에서는 진화의 결정적인 증거로, 창조론 측에서는 생물이 진화되지 않았다는 증거로 화석을 내세울 수 있었기 때문이다.

진화론 측에서는 화석기록이 장구한 지구의 생물역사를 비교적 잘 보존하고 있다고 주장했지만, 창조론 측에서는 생물의 종(種) 사이의 중간 형태를 가진 화석이 없다는 사실을 문제 삼아 진화론 측을 공격했다.

창조론 측은 중간화석이 형태가 불안정하고 생존기간이 짧아서 화석으로 남아 있을 가능성이 희박하다는 사실을 알고 있으면서도, 중간화석을 끊임없이 요구했다. 화석이 '젊은 지구 이론'을 부정할 수 있는 결정적 증거가 된다거나, 적어도 생물의 다양한 분기의 증거는 된다는, 자신들에게 불리한 사실은 백안시한 채 말이다.

화석이란 지각에 보존되어 있는 고대 생명체의 유해다. 그것은 전체 골격일 수도 있고, 그중 일부로서 뼈나 치아 혹은 껍데기일 수도 있다. 또한 인상(印像)과 같이 한때 살았던 생물이 남긴 자취로 된 것도 있다. 다수의 화석은 더는 원래의 물질이 그대로 들어 있지 않고, 그 자리에 스며들어 그것들과 같은 모양을 갖게 된 광물질로 이루어져 있다. 물론, 생물의 연부(軟部)가 남아있는 경우는 거의 없다. 이런 근본적인 불완전함 때문에 보는 시각에 따라서 다양한 해석이 나올 수 있지만, 대체로 그 대상을 자기주장의 증거로 삼는 쪽이 논쟁에서는 불리한 위치에 처하게 된다.

그리고 그런 시각에서 보자면, 진화론의 핵심이라고 할 수 있는 자연선택과 돌연변이에 대한 증거 역시 마찬가지 상황에 처해 있다. 창조론자들은 자연선택은 결코 종을 뛰어넘는 변화를 만들지 못하기에 새로운 종을 만들 수 없다고 한다. 또한, 돌연변이 역시 드물게 일어나고 대부분 해로운 방향으로 일어나기에 어떤 돌연변이도 새로운 종을 만들어낸 적이 없고, 현존하는 종의 새로운 기관 및 체계를 만들어낸 적도 없다고 한다. 그렇기에 자연선택과 돌연변이를 핵심으로 하는 진화론은 틀린 이론이라며, 이를 부정할 수 있는 증거가 있으면 보여 달라고 한다. 진화론은 아주 장구한 세월의 필요성을 이론의 바탕에 두고 있어서 이런 경우에 난감해질 수밖에 없다.

이 장에서는 이런 핸디캡을 극복하여 진화론을 확고한 이론으로 만들어 간 학자들의 성공과 좌절에 대해서 살펴보고자 한다.

다윈을 싣고 비상한 베이츠의 나비들

『종의 기원』에서 다윈이 설명한 대로 이 질문에 대한 대답은 명백히 자연선택 이론을 바탕으로 하고 있는 것 같다. 만약 모방하는 종의 종류가 다양하다면 그중 일부 변종은 모방 대상을 더 많이 닮을 것이고 일부는 덜 닮게 될 것이다. 그러므로 모방 생물을 잡아먹는 반면, 모방의 대상은 피하는 천적이 있다면 그 천적의 위협에서 벗어나기 위해 모방 대상 생물과 똑같은 가짜가 되고자 하는 경향이 커질 것이다. 그 결과 닮은 정도가 약한 변종은 세대를 거듭하면서 제거되고 살아남은 모방 생물들만이 후손을 번식시킬 것이다. 어떤 지역에서 살아남기 위해 렙탈리스 테오뇌는 특정한 옷을 입어야 하고, 똑같이 따라 하지 못한 변종들은 가차 없이 희생된다. 이것이 바로 자연선택 이론에 대한 가장 훌륭한 증거가 아닌가 생각한다.

Henry Walter Bates, 1825~1892) 영국의 곤충학자·탐험가. 동물의 의태 양식 속에 자연선택 작용이 발견된다고 주장했다. 11년간 아마존 강 유역을 탐사한 후, 1861년에 아마존 강 유역의 곤충군에 대한 고찰 이라는 유명한 논문을 발표했다.

영국의 생물학자 헨리 월터 베이츠(Henry Walter Bates)는 1862년에 '자연 선택 이론의 가장 강력한 증거'라며, 종이 포식자에게 해로운 종을 흉내 내어, 자신의 생존확률을 높이는 '의태'를 보고했다. 당시 '종의 기원'의 부족한 증거를 찾아 헤매던 다윈에게는 베이츠가 구원의 천사처럼 보였을 것이다.

그들은 끈끈한 공생관계를 유지하며, 진화론에 날개를 붙이기 시작했다. 만약 그 시점에 다윈이 베이츠의 나비들을 만나지 못했다면 진화론은 추락했을 것이고, 그 대신 창조의 신이 극적으로 비상했을 것이다. 베이츠가 아마존에서 귀국한 것이 『종의 기원』이 발표된 해니까, 둘 사이의 인연이 참 절묘하다. 다윈과 베이츠가 동지가 될 수밖에 없었던 데는, 필연같은 우연이 여러 번 겹쳤기 때문인데, 그 첫 번째 우연에서부터 이야기를 시작해보자.

수중에 있던 돈을 다 쓰고 경제적 지원마저 끊기자, 베이츠는 탐험의 꿈을 접고 귀향하기 위해 파라(Para)로 갔다. 현재의 파라는 아사이베리(Acaiberry)의 주산지이자 무역항으로 유명하지만, 당시의 파라는 브라질 국내외 여객선의 기항지로 유명한 곳이었다. 또한, 그곳은 베이츠가 1848년에 아마존 탐험을 위해, 친구인 월레스와 함께 첫발을 내디딘 곳이기도 했다. 함께 왔던 월레스는 얼마 전에 영국으로 돌아갔는데, 그 일도 베이츠가 조기 귀국을 결심하게 된 데 약간의 영향은 미쳤다.

그런데 베이츠가 파라에 도착했을 때, 그곳엔 황열병이 창궐해 있었고, 심신이 지쳐있던 베이츠는 여지없이 그 병마에 걸려들었다. 귀향의 꿈을 꾸다가 졸지에 객사할 위기에 처하게 된 것이다.

심한 구토와 복통 때문에 음식을 먹는 즉시 토할 수밖에 없었지만, 죽더라도 객사하지는 않겠다는 일념으로 곡기를 놓지 않았다. 그러나 병석에 한 달이 넘게 누워 있었지만, 병세는 도무지 호전되지 않았다. 황달이 도리어 심해져서 눈동자가 괴물의 것처럼 변해갔다. 아, 재수가 없는 놈은 곰을 잡아도 쓸개가 없다더니……. 나처럼 재수 없는 놈이 또 있을까……? 그가 비탄 속으로 깊숙이 침잠해갈 무렵, 백의의 천사가 다가왔다.

눈부시도록 하얀 유니폼을 입은 간호사가 그에게로 다가와 고향의 정취가 동봉된 편지를 전해줬다. 편지 봉투 안에는 적지 않은 액수가 적힌 우편환(郵便換)이 들어 있었다. 베이츠는 편지에 얼굴을 묻고 한참 울었다. 그리고 나서 편지 내용을 읽었다.

편지를 다 읽은 베이츠는 침상을 박차고 일어났다. 고향으로 가기 위해서? 아니다. 고향이 아닌 작업현장으로 돌아가기 위해서였다. 귀향할 수 없어 누워있던 그가 스스로 귀향하지 않기로 작심한 것이다.

모국으로 보낸 표본들이 대환영을 받고 있다는 소식은 그를 그 이후 11년간이나 더 아프리카에 묶어 두었다. 그래도 11년은 너무 긴 거 아닌가? 아니다. 그건 아마존의 실체와 탐험의 묘미를 모르는 사람들이

하는 얘기다. 원시의 신비로움으로 가득 차 있는 아마존 유역은 상상을 초월할 정도로 거대하고, 그 중심을 관통하는 강은 세계에서 가장 크다. 그래서 베이츠는 아마존 강의 본류만을 탐험하는 데도 3,200㎞ 이상 이동해야 했다.

물론, 탐험이 길어진 데는 그의 욕심 탓도 있었다. 아마존의 무성한 숲 속에는 취하고 싶은 보물들이 너무도 많았다. 그런 의욕과 더불어, 목적을 성취한 후의 보람이 더위, 말라리아, 황열병, 불개미, 그리고 인간적인 고독을 모두 이겨내게 해줬다. 수확은 엄청나게 많았다. 모두 14,712종의 동물을 수집했는데, 그중에 8,000가지 이상이 새롭게 발견된 종(種)이었다. 그렇게 열정의 11년을 보내고 난 후, 베이츠는 의기양양하게 귀국했다. 그 해가 1859년이다.

1859년? 왠지 낯설지 않게 느껴지는 연도다. 그렇다. 바로『종의 기원』이 출판된 해다. 그가 귀국한 지 몇 달 지나지 않아 그 책이 발간되는 바람에, 사회의 이목이 생물학 분야에 집중되었고, 그 덕분에 베이츠가 자신의 생물표본들을 연구할 기반이 아주 쉽게 조성되었다. 그는 특히 나비의 표본에 많은 관심을 기울였다. 그건 그의 밥줄이기도 했다. 아마존의 나비는 그 아름다움 때문에 영국에서 귀하게 취급받고 있었다. 그래서 아마존에 있을 때에도 나비는 그의 주된 수입원이었다.

아마존에는 어마어마하게 많은 종류의 나비가 살고 있었다. 베이츠가 아마존 상류의 에가 지역에서만 550종의 나비를 발견했으니 말이다. 그리고 그의 나비에 대한 깊은 인연은 다윈의 지지자가 되는 결정적인 계기가 되기도 했다.

베이츠는 에가 지역의 나비에서 이상한 점을 발견했다. 그것은 렙탈리스 테오뇌 나방의 여러 변종이 이토미아 나비의 여러 종과 매우 닮아 있다는 사실에서 비롯된 것이었다. 그렇게 보였던 것은 렙탈리스 테오뇌가 이토미아 나비의 흉내를 내고 있었기 때문이다. 그런데 그게 그렇게 이상한 걸까? 닮은꼴의 생물은 세상에 많지 않은가? 그런데 그게 그렇지 않다. 베이츠가 그런 현상을 이상하게 느낀 이유는, 특정한 이토미아 종을 닮은 렙탈리데 종이 그 이토미아 서식지 외의 다른 지역에서는 발견되지 않기 때문이었다. 이 '가짜 나비(나방)'들은 진짜 종의 개체 수가 많은 곳에서만 나비 행세를 하고 있었던 것이다. 그렇다면, 그건 확실히 이상한 현상이 맞다. 베이츠는 이런 이상한 현상에 '의태 상사(相似)'라는 이름을 붙였다.

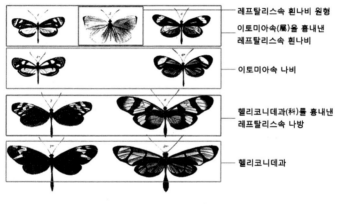

레프탈리스속 흰나비 원형
이토미아속(屬)을 흉내낸 레프탈리스속 흰나비

이토미아속 나비

헬리코니데과(科)를 흉내낸 레프탈리스속 나방

헬리코니데과

베이츠의 의태 상사

그 후 그는 그 '의태 상사'가 특별한 현상이 아니고, 자연에서 생물들이 생존을 위해서 쓰는 핵심전략 중의 하나라는 사실을 알게 됐다. 그렇게 생물 간에 벌어지고 있는 다양한 전략과 전술을 직접 목격하게 되면서, 그는 아주 자연스럽게 다윈의 이론을 지지하게 됐다.

'의태 상사'가 확실한 자연선택의 증거라고 여기게 된 베이츠는 1860년에 자신의 의견을 정리해서 다윈에게 편지로 보냈다. 다윈은 그가 생각했던 것보다 훨씬 소탈하고 사려 깊은 학자였다. 유명 학술지에 베이츠의 그런 주장을 실어주었고, 모험 전체가 담긴 여행기를 쓰라고 권고

하면서 그를 격려해 주었다. 베이츠는 다윈의 권고를 받아들여 자신의 수집물에 대한 논문과 아마존 여행기를 동시에 쓰기 시작했다. 힘든 작업이었지만, 아마존 밀림에서 키운 끈기와 자기 절제가 결국 그를 과학자와 작가로 동시에 성공할 수 있게 해줬다.

1861년에 발표한 『아마존 강 유역의 곤충군에 대한 고찰 Contributions to an Insect Fauna of the Amazon Valley』이라는 논문에는 의태 현상에 대한 증거와 설명이 상세히 나와 있다. 그는 나방의 한 속(屬)인 디옵티스의 여러 종이 이토미아 나비를 모방한다는 사실을 밝혔고, 다나이데 나비를 비롯한 다른 나비와 나방 사이에서도 의태가 발견된다고 설명했으며, 특히 헬리코니테 종은 여러 나비들의 모방의 대상이 되고 있다는 사실을 강조했다.

그의 논문 중에 가장 특이하게 여겨지는 부분은, 한 반구에 자생하는 종이 다른 반구에 사는 것들을 모방하는 경우가 없음을 밝혀낸 부분이다. 그것은 서식구역이 서로 다른 나방들 사이에는 유사점이 나타나지 않고, 같은 지역에서 발견되는 종에서만 의태 현상이 나타난다는 것을 의미한다.

눈길을 끄는 또 다른 부분은 다른 곤충 사이에서도 의태 현상이 일어난다고 기술한 부분이다. 베이츠는 예전에 아마존 강둑을 걷다가, 스스로 집을 만드는 벌들을 모방해서, 함께 거처를 사용하는 기생벌과 파리들을 발견한 적이 있었다. 또한, 참뜰길앞잡이 벌레의 모습을 모방해서 그 벌레가 사는 나무에서만 발견되는 귀뚜라미도 보았다. 그리고 모방의 결정판이라고 할 수 있는 큰애벌레로를 본적도 있다. 그 큰애벌레는 머리 일부에 검은 반점이 있어서 확장되면 독사 머리와 비슷해 보였다.

베이츠는 그런 의태 현상들이 바로 환경적응이라고 주장했다. 밀림에서 동물이 적으로부터 자신을 숨기는 방식의 예를 수도 없이 목격했기에, 스스로를 다른 종으로 보이게 하는 것도 그러한 전략 중 하나가 틀림없다고 보았다. 베이츠는 "달리 방어 전략이 없는 종들도 번성하는 종을 모방해서 환경에 적응하는 것을 보면, 번성하는 종에 특별한 강점이 있음을 알 수 있다."라고 주장했다. 그런 주장은 나비들이 독사의 머리를 모방하는 이유는 충분히 될 수 있을 것 같다. 그렇지만 나방이 나비를 모방하는 이유는 될 수 없을 것 같다. 그 평범해 보이는 나비에게 도대체 무슨 강점이 있기에 다른 종들이 모방하려 드는 걸까? 정말 미스터리한 일이었다. 개체 수가 많은 걸로 봐서 천적을 피하는 무기가 있을 거라는 추정은 가능하지만, 외형이나 습성이 너무 평이했기에, 그것이 무엇인지 집어낼 수가 없었다.

베이츠가 그에 대한 가설을 세웠는데, 당시에는 제대로 입증되지 않았지만, 훗날 그 가설이 사실인 것으로 밝혀졌다. 그는 몇몇 나비들이 잡혔을 때 고약한 냄새가 나는 액체와 가스를 분비한다는 사실을 알고 있었다. 그런 이유 때문이었는지, 헬리코니데 나비는 속도가 느린데도, 새나 잠자리가 잡아먹지 않았다. 그래서 베이츠는 헬리코니데 나비가 맛이 없는 것이 분명하고, 그래서 다른 종들이 그 나비의 날개 모양을 모방해서 자신을 지키고 있을 거로 추정했다.

베이츠가 의태 현상을 대표적인 환경적응으로 여겼고, 그 대표적인 예로 렙탈리스 테오뇌를 든 것은 그 종의 모습이 해당 지역에 사는 이토미아 나비의 모양과 색상에 따라 각각 다르다는 사실을 쉽게 알아볼 수 있었기 때문이다. 베이츠는 각 지역의 품종이 해당 종의 자연변종으로부터 어떻게 형성되는지에 대한 답을 찾는 데 『종의 기원』을 인용했다.

『종의 기원』에서 다윈이 설명한 대로, 이 질문에 대한 대답은 명백히 자연선택 이론을 바탕으로 하고 있는 것 같다. 만약 모방하는 종의 종류가 다양하다면, 그중 일부 변종은 모방 대상을 더 많이 닮을 것이고 일부는 덜 닮게 될 것이다. 그러므로 모방 생물을 잡아먹는 반면에, 모방의 대상은 피하는 천적이 있다면 그 천적의 위협에서 벗어나기 위해, 모방 대상 생물과 똑같은 가짜가 되고자 하는 경향이 커질 것이다. 그 결과 닮은 정도가 약한 변종은 세대를 거듭하면서 제거되고, 살아남은 모방 생물들만이 후손을 번식시킬 것이다. 어떤 지역에서 살아남기 위해 렙탈리스 테오뇌는 특정한 옷을 입어야 하고, 똑같이 따라 하지 못한 변종들은 가차 없이 희생된다. 이것이 바로 자연선택 이론에 대한 가장 훌륭한 증거가 아닌가 생각한다.

베이츠의 연구는 다윈 호의 엔진 출력을 더욱 높여줬다. 베이츠가 진화론의 증거들을 줄줄이 제시하자, 다윈은 『자연사 리뷰(Natural History Review)』에 그 증거들을 나열하여, 창조론자들의 공격을 방어하는 무기로 사용했다. "다양한 변종들이 모두 지역에 맞게 창조됐다는 창조론자들의 주장은 아주 옛날 제조업체에서 현대시장의 수요에 맞춰 장난감을 미리 찍어냈다는 주장과 같다."

생물학자들은 의태 현상을 더 깊이 연구했고 유리한 증거들을 지속적으로 찾아냈다. 의태에 관한 베이츠의 첫 번째 가설은, 모방되는 종들은 천적에게 맛이 없게 느껴지므로, 다른 종들이 그 종들을 모방해 전적으로부터 보호받는다는 것이었다. 그리고 여기에는 천적들이 반복된 학습을 통해 이러한 사실을 알게 되어 맛없는 형태의 먹잇감을 피한다는 의미도 함유돼 있다.

베이츠의 이 가설에 대한 대표적인 후속연구는 제인 반 산트 브라워(Jane van Zandt Brower)박사가 1950년대 후반에 시작한 연구라고 할 수 있다. 그는 나비가 아닌 새를 연구 대상으로 삼았다. 연구결과, 맛이 없다고 여겨지는 종을 새들이 피하거나 거부하는 현상은 모방 종과 본래 종 모두에 해당한다는 사실이 밝혀졌다. 베이츠가 주장한 두 번째 가설은, 맛없는 종이 살지 않는 곳에서는 모방을 통한 보호 효과가 금세 사라진다는 것이었는데, 이 역시 현장실험에서 입증됐다.

이쯤에서 생물의 중요한 방어기작인 의태에 관해 현재까지 정리된 이론을 살펴보고, 베이츠의 이야기를 마치도록 하자. 의태(擬態, mimicry)란 생존에 유리하도록 진화된 생물체들 사이에서 볼 수 있는 유사한 형태를 말한다. 의태는 크게 두 종류로 나눌 수 있다. 하나는 동물이 그 생활하는 장소에서 눈에 띄지 않게 하는, 은폐하는 의태다. 나뭇가지와 비슷한 대벌레나 자나방의 유충, 작은 돌과 비슷한 메뚜기, 해조(海藻)와 비슷한 해마 등이 그 대표적인 예들이다.

다른 하나는 경계의태(警戒擬態)로서, 독침, 악취, 무기 등을 가진, 위험한 동물과 흡사한 모습을 하는 것이다. 독침을 가지는 말벌과 흡사한 나방, 꿀벌과 흡사한 꽃등에류가 대표적이다. 이 의태의 모델이되는 동물들은 눈에 잘 띄는 경계색을 가지고 있다.

베이츠가 주장한 최초의 의태설은, 유연관계가 없는 두 종(種)의 나비에서 나타나는 외관상의 유사성을 설명한 것이었다. 그는 나비의 한 종이 유독(有毒)하고 먹을 수 없는 종이라고 새에게 인식되면, 그 종의 나비는 새의 먹이가 되는 다른 종의 나비에게 의태의 본보기가 된다는 사실을 알아냈다. 포식자에 대해 방어능력이 없는 한 종이 방어능력이 있는 종의 모양으로 의태를 한다는 것이었다.

의태가 방어적 기작으로만 쓰이는 것은 아니다. 포식의 대상이 되는 생물의 방어를 뚫기 위해서, 포식자가 피식자의 겉모습을 닮는 공격성 의태도 있다. 공격성 의태의 한 예는 두줄베도라치(Aspidontus taeniatus)가 청소어(淸掃魚)인 라브로이데스 디미디아투스(Labroides dimidiatus)를 닮는 데서 볼 수 있다. 청소어는 흑백 줄무늬를 가지고 특징적인 수영을 함으로써 다른 어류들이 이러한 청소어의 특징들을 인식하여, 그들이 접근하게 하여 피부에 붙어 있는 기생생물을 잡아먹도록 한다. 그런데 두줄베도라치는 라브로이데스 디미디아투스의 무늬와 행동 습성을 흉내 내어 다른 물고기들에 접근해 그들을 잡아먹는다.

다른 형태의 공격성 의태는 그들의 숙주를 닮은 기생생물에서 볼 수 있다. 예를 들면, 뻐꾸기(Cuculus canorus)는 다른 종의 둥지에 알을 낳아 새끼를 기른다. 뻐꾸기는 숙주 새가 뻐꾸기의 알을 거부하는 것을 막기 위해서, 자신의 알과 비슷한 모양의 알을 낳는 다른 새의 둥지에만 알을 낳는다. 뻐꾸기는 각기 색이 다른 알을 낳기 때문에 자신의 알이 기생하는 데 성공할 수 있는 특정한 숙주 새의 종을 알아야 한다. 뻐꾸기의 암컷은 자신을 부화시키고 길러준 새의 종을 인식할 수 있어, 알을 낳을 때에는 그 종의 둥지를 찾아가 알을 낳는다.

한 종이 다른 종에게 선택의 원인을 제공함으로써 그 종의 진화에 영향을 미칠 수 있기에, 의태는 진화설과 밀접하게 연관되어 있다고 볼 수 있다. 또한, 그러한 의태가 포식자의 선택에 절대적 영향을 미친다는 사실을 고려하면, 생물의 진화를 연구하는 데 있어서 의태가 절대 가볍게 다뤄져서는 안 된다.

아무튼, 이런 의태 현상들에 대한 연구는 애초에 베이츠에서 의해서 시작됐고, 그에게 그에 대한 영감을 준 것은 아마존의 나비였다. 나비에 대한 베이츠의 열렬한 사랑은 그에게 부와 명예를 안겨줬을 뿐 아니라, 다윈을 한껏 고무시키기도 했다.

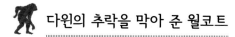

이번에 수집한 것들은 정말 대단하네.

내가 생각한 것보다 더 훌륭하고 새로운 것이 많아.

월코트가 버제스 고개의 혈암에서 캄브리아기와 선캄브리아기의 동물 화석을 찾아낸 후, 스미소니언 동료에게 보낸 편지내용의 일부이다. 이 문구의 색깔처럼 그는 아주 담백하고 소박한 인물이었을 뿐 아니라, 지질학자 중 가장 입지전적인 인물이기도 하다. 그는 고등학교 과정도 제대로 마치지 못했고 어떤 학위도 받지 못했지만, 미국 지질학 연구소장과 국립 과학 학술원장을 지냈다. 그의 전기를 찬찬히 살펴보면 '캄브리아기의 폭발'만큼이나 경이로움으로 가득 차 있음을 알 수 있다.

Charles Doolittle Walcott(1850~ 1927) 미국의 고생물학자. 버지스 세일 지층의 동물상에 관한 연구로 유명하다. 미국의 지질조사국장, 스미소니언 협회의 사무관으로 일했으며, 저서로는 북아메리카의 캄브리아기 동물상 The Cambrian Faunas of North America , Precambrian Fossiliferous Formations ,· Evidences of Primitive Life 등이 있다.

1850년에 태어난 월코트(Charles Doolittle Walcott)는 뉴욕의 유티카에서 자랐다. 그는 윌리엄 러스트의 농장에서 잡일꾼으로 사회에 첫발을 내디뎠는데, 그 첫걸음이 그의 일생을 결정지어 버렸다.

러스트 농장은 주업이 낙농업이었지만 부업으로 석회암 채석장을 운영하고 있었다. 농장 주변 지역의 석회암은 유명했는데 거기에는 가치 있는 화석들이 많이 담겨 있었다. 농장 근처에 있는 트렌튼 폭포는 뉴욕 사람들이 즐겨 찾는 관광지였기에, 그 지역의 화석은 자연스럽게 많은 사람들의 주목을 받았다.

농부 월코트는 그런 환경 때문에 자연스럽게 석공으로 변신하게 됐다. 채석은 힘든 일이었지만, 일이 힘든 만큼 월급도 많아서 불평을 할 수 없었다. 채석을 반복하면서 월코트는 단순한 석공에서 서서히 지질학 전문가로 변해갔다.

그가 단독으로 의미 있는 화석발굴을 처음으로 해낸 건 18세 되던 해의 어느 봄날이었다. 트렌튼 폭포로 가던 길가에서 사암 한 덩어리를 발견했는데, 그 속은 그가 모르는 화석들로 가득 차 있었다. 그 사암이 분리되어 나온 지층을 뒤진 결과도 마찬가지였다. 그 화석들이 지금까지 그가 수집한 어떤 것들보다 더 오래된 것이라는 걸 직감하고, 캄브리아기 지층에 대한 연구에 더 몰두하기로 마음을 먹었다.

그는 러스트 농장에서 아주 즐거운 일상을 보냈다. 일해서 월급을 받고, 한가한 시간에 화석을 찾는 일상이 학교에 다니는 것보다 훨씬 낫다고 생각했다. 그런 이유 말고도 삶이 즐거운 이유가 한 가지 더 있었다. 농장주 러스트의 딸 루라와 눈이 맞은 것이다. 월코트는 잠시 은밀한 사랑을 즐기다가 1870년 봄에 그녀와 약혼했다.

가장이 된 후, 그는 트렌튼 폭포와 유티카 지역 뉴욕 일대를 돌아다니며 화석을 채취해서, 교환하거나 판매하는 일을 본격적으로 시작했고, 수시로 고생물학계 인사들과 편지를 주고받기도 했다. 그리고 그렇게 부지런히 산 덕분에 자신의 수집품을 원하는 사람들이 뜻밖에 많다는 사실도 알게 됐다.

뉴욕 주립 박물관의 O. C. 마쉬, 하버드 대학의 루이 아가시 같이 유명한 학자들도 그의 화석에 관심을 보였다. 월코트는 아가시에게 바다 나리, 꽈리조개, 불가사리, 산호, 삼엽충 화석들을 보여주고 3,500 달러를 요구해서 계약을 성사시켰다. 그 금액은 당시 일반 직장인의 몇 년 치 연봉에 해당하는 거액이었다. 그렇게 모험적인 거래를 성공한 후에 월코트는 자신이 선택한 길에 더욱 확신을 갖게 됐다.

당시의 그는 특히 대중들에게 인기가 많았던 삼엽충 화석에 많은 관심을 가지고 있었다. 당시의 일기와 노트에는 각종 삼엽충 그림과 설명들이 가득 채워져 있다. 1875년에 그가 『신시내티 계간 과학 저널』에 올린 첫 번째 논문도 삼엽충에 관한 것이었다. 그 후에도 계속해서 삼엽충에 관한 논문을 썼는데, 시나브로 문장들이 유명학자들이 쓴 것만큼이나 지적으로 변해갔다.

그러나 호사다마(好事多魔)라고 했던가. 그가 그렇게 일에 몰두해 있는 사이에 아내의 건강이 나빠져서 마침내 1876년에 숨을 거두고 말았다. 월코트는 아내의 죽음이 자신의 무관심 때문이라고 자책했다. 자신의 삶에 심한 회의를 느낀 월코트는 한동안 모든 일에서 손을 떼고 칩거했다.

다행히 그의 칩거는 길지 않았다. 상처한 지 한 해가 지났을 무렵, 주립 박물관의 지질학 관장인 제임스 홀(James Hall)로부터 조수직 제안이 왔을 때, 월코트는 무작정 회한에만 잠겨 있을 수만 없다는 생각에, 슬픈 추억이 서려 있는 농장을 떠나기로 결심했다.

홀의 조수직으로 알바니에서 근무한 3년은 지질학자로 도약하는 귀중한 발판을 마련해줬다. 월코트가 성실할 뿐 아니라 해박한 지질학 지식도 갖추고 있음을 알게 된 홀이 새롭게 출범하는 미국 지질학 측량국(USGS)에 그를 직원으로 추천해 줬던 것이다.

월코트는 USGS의 지질학 조수로 임명되어 그랜드 캐니언과 주변 지역을 측량해서 지도를 제작하는 일에 참여하게 됐다. 그가 속한 팀에게 할당된 임무는 그랜드 캐니언의 콜로라도 강부터 유타 남부의 높이 약 2,500m의 핑크 클리프에 이르는 지질층에 대한 지도를 만드는 것이었다.

그랜드 캐니언의 가장자리부터 꼭대기로 이어지는 단구를 월코트의 상사인 클라렌스 더튼은 '중앙 계단'이라고 불렀다. 절벽이나 비탈을 계단의 수직면에, 긴 고원을 계단의 발판에 비유한 것이었다. 월코트에게 분담된 일은 핑크 클리프 꼭대기에서 시작해 강까지의 높이를 측정하고, 각 층에 매장된 화석을 검사해서 각 지층의 연대와 특징을 알아내는 것이었다.

팀장이 일을 철저히 분업화했기에 팀원들은 자신에게 맡겨진 일을 충실히 수행해내야 했다. 월코트는 3개월 동안 수준(水準) 측량기, 긴 쇠사슬, 고도계만을 가지고 너비 128㎞, 높이 4㎞에 이르는 구역을 측량해냈고, 주요 지질학 연대의 화석들도 발견해냈다.

겨울이 다가오자 월코트는 일을 접고 2,500점이 넘는 화석을 USUG로 보냈다. USUG는 그의 공로를 높이 인정해서 월급을 두 배로 인상해줬다. 그러나 휴가는 주지 않았다. 유능한 지질학의 전사를 놀리는 것은 국가적 손실이라고 생각한 USUG는 그를 서부지역으로 보내며, 네바다와 유레카 광산지역의 고생물 화석을 채취하라고 지시했다.

그렇지만 일을 막 시작할 무렵, 새롭게 측량국의 국장이 된 존 웨슬리 파웰이 그를 그랜드 캐니언으로 다시 복귀시켰다. 새 국장은 그랜드 캐니언의 일이 더 시급하다고 생각했던 것이다. 그랜드 캐니언의 윗부분은 지질학적으로 잘 파악이 되어 있었지만, 깊은 곳은 아직 그렇지 못했다. 특히, 파웰은 자신이 수년 전에 보트가 물살에 휩쓸리는 바람에 목격하게 됐던, 협곡 속의 웅장한 지층에 대해 자세히 알고 싶어 했다.

월코트의 팀이 배당받은 일은 캄브리아기 지층인 톤토 그룹(Tonto

Group)을 조사하는 일이었다. 그러나 협곡 안으로 깊숙이 이동하는 것은 여간 난감한 일이 아니었다. 강둑이 끊긴 곳이 많았기 때문이다. 월코트와 팀원들은 새로운 길을 만들며 이동해야 했다. 그렇지만 그일 역시 쉽지 않았고 주변 환경 또한 몹시 열악했다. 협곡 내부는 온도 변화가 심하지는 않을 거라고 예상한 것은 완전히 오판이었다. 겨울 날씨는 그곳이 더 변덕스러웠고 혹독했다. 그들은 눈과 바람에 맞서 싸우며 2개월을 버텨낸 후에 간신히 협곡 밖으로 빠져나왔다.

그렇지만 열악한 여건 속에서도 월코트는 약 4㎞ 정도 거리의 조사를 해냈다. 아쉬운 점이 있다면, 첫 번째 조사와 달리 이번 탐사에서는 화석을 거의 발견하지 못했다는 사실이다. 그런데 찬찬히 따져보면, 그런 사실은 아쉬움을 넘어서 미스터리이기도 했다. 정말 이상한 일이었다. 왜 지층이 그렇게 말끔히 비어 있는 것일까?

사실, 캄브리아기 아래 지층에 화석이 없는 것은 단지 그랜드 캐니언만의 미스터리가 아니라 지구 전체의 미스터리이기도 했다. 그리고 그것은 확실히 창조론자들이 공격 무기로 삼을만한 소재이기도 했다. 여기에서 핵심쟁점은, 캄브리아기 아래 지층에는 비어있던 생물의 흔적이 어떻게 캄브리아기 지층에서 폭발하듯이 나타날 수 있었는가 하는 점이다.

'캄브리아기의 폭발'은 구조가 복잡한 동물들이 그에 앞서 단순한 형태를 띠는 과정 없이 단기간에 갑자기 나타났음을 의미할 수도 있어서, 생물이 단순한 형태의 조상으로부터 점진적으로 발달했다는 진화론과 맞지 않기 때문에, 진화론을 반박하는 논증으로 이용하기에 적합했다.

월코트는 물결무늬와 갈라진 진흙층이 여러 단계를 이루고 있지만, 갈조류나 연체동물, 환형동물의 흔적은 찾을 수 없는 지층에 대해 이렇게 피력했다. "작은 디시노이드 껍질과 히올리테스 트리앙굴라리스와 같은 종인 익족류 표본 두어 개, 대략 스트로마토포라로 보이는 것 몇 점이 아니었다면 두 달 반 동안의 조사에 아무런 결과도 얻지 못했을 것이다." 많은 양의 화석을 찾아내는 데 익숙해 있던 월코트가 실망한 것은 이해할 만하다. 그는 자신이 발견한 화석들이 캄브리아기에 속하는 것으로 추정했기에, 그것이 당시 바다에 살던 모든 생명체를 대표한다고 볼 수는 없다고 생각했던 것이다.

그러나 다행스럽게도 월코트 생각은 틀렸다. 예전에 그가 가봤던 북미의 다른 지역에는 캄브리아기 지층 밑에 캄브리아기 지층과 확연히 다른 시원대(始原代) 암석이 있었다. 그래서 캄브리아기 지층과 유사한 모양을 하고 있던 그랜드 캐니언의 최하지층을 캄브리아기의 것이라고 지레짐작했는데, 그게 잘못된 생각이었다.

몇 년 뒤 그는 그 최하위 지층이 캄브리아기 전 오랜 세월에 걸쳐 만들어진 것임을 깨닫게 됐다. 그것이 전형적인 침적암 층이어서 착각하긴 했지만, 캄브리아기보다 앞서는 선(先)캄브리아기 것이 틀림없었다. 그렇기에 그 층에서 찾은 몇 개 안 되는 화석은, 캄브리아기가 아닌 선캄브리아기 생명의 흔적이었던 셈이다.

스트로마톨라이트

그가 발견했던 '스트로마토포라'는 오늘날 '스트로마톨라이트'라 불린다. 그것은 단세포의 청록색 세균(시아노박테리아)에 의해 생기는 구조물이다. 그리고 작은 '디시노이드' 화석 또한 선캄브리아기의 생명체다. 그것들은 추아 그룹(Chuar Group)이라는 암석층 속에서 발견됐는데, 월코트는 그것에 '추아리아 서큘라리스(Chuaria circularis)'라는 이름을 붙였다. 그의 발견으로 인해, 생명의 역사가 당시까지 거의 정설로 알려졌던 5억 4,200만 년보다 훨씬 오래됐다는 사실이 증명되었고, 선캄브리아기의 공백도 메워지기 시작했다. 오늘날 우리는 이 시대가 30억 년 전으로 거슬러 올라가며, 캄브리아기부터 오늘날까지의 기간을 합친 것보다 훨씬 더 길다는 사실을 알고 있다.

아무튼, 그랜드 캐니언을 빠져나온 월코트는 전적으로 캄브리아기에 초점을 두고 북아메리카 곳곳을 돌아다녔다. 그러던 중에 헬레나 스티븐스를 만나 1888년에 재혼했다. 그리고 그로부터 6년 뒤에 당시 대통령이었던 클리블랜드(Grover Cleveland)에 의해 USGS의 국장이 되어 13년 동안 USGS를 이끌었다. 그리고 난 후에 스미소니언 학회 서기관으로 자리를 옮겼다.

학회로 일자리를 옮겼지만, USGS에서의 근무 습관을 버리지 못하고, 월코트는 정기적으로 현장연구에 나섰을 뿐만 아니라, 여름 후반은 늘 가족과 함께 캐나다 로키산맥에서 지질학 탐사를 하며 보냈다. 그리고 그렇게 살아가던 중에, 1909년 8월의 마지막 날, 로키 산맥의 요호 계곡에서 엄청난 발견을 하게 된다.

버제스 고개로 올라가 눈사태로 떨어져 내린 혈암 덩어리 몇 개를 조사하다가 갑각류 화석을 발견하게 된 게 그 시작이었다. 다음 날에는 해면동물의 화석을 발견했다. 월코트는 그 암석 조각들의 몸통을 찾기 위해 비탈을 타고 위로 올라갔다. 거기에서 화석이 매장된 넓적한 석판들을 더 발견했지만 부서져 떨어진 암석들의 원래 자리를 찾을 수 없었다. 그는 본능적으로 그 근처에 무언가 놀라운 것이 숨겨져 있다는 것을 직감했지만, 대규모 작업을 벌여야 할 것 같아서 후일을 기약하고 돌아왔다.

그리고 다음 해 여름에 다시 요호 계곡을 찾아갔다. 월코트가 가장 먼저 발견한 것은 '레이스 게'라고 불렀던 2㎝ 길이의 갑각류들이었다. 월코트가 '잡동사니'라고 부른 것들도 많이 발견했다. 잡동사니란 월코트조차 식별할 수 없었던 기타 생물들을 싸잡아 부르던 말이었다.

그들은 한 달 내내 작업을 했다. 그들이 발견한 것은 다양한 캄브리아기 생물의 증거였다. 버제스 혈암에는 다른 캄브리아기 지층에서 흔히 발견할 수 있는 삼엽충과 꽈리조개 이상의 것이 매장돼 있었다. 암석의 품질이 좋아서, 껍질이나 외부골격이 없는, 몸체가 부드러운 동물이 잘 보존되어 있었고, 환형동물, 프리아풀리드, 로보포디안, 척색동물까지 발견됐다. 발견된 동물들의 다양한 형태는 그를 놀라게도 했지만, 동시에 혼란스럽게도 했다.

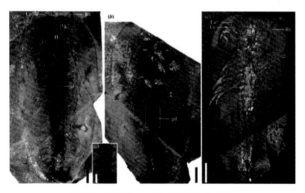

버제스 혈암에서 나온 다양한 화석들

버제스 고개에 길이 난 것이 1901년이고, 그곳의 지층이 아주 오래된 것이며, 그 길을 통해 수많은 사람이 다녔어도 아무도 화석에 관심을 두지 않았다는 사실도 놀라웠지만, 그를 더욱 혼란스럽게 한 것은 상상을 초월하는, 몇몇 화석의 아주 특이한 형태였다.

버제스 혈암 속에서는 특히 기괴한 형태를 가진 절지동물의 화석들이 많이 나왔는데, 그중에 최고의 스타는 오파비니아 화석이었다. 오파비니아는 머리 앞쪽에 5개의 눈이 두 줄로 배열돼 있었고, 길고 유연한 주둥이가 있었으며, 주둥이 끝에는 먹이를 잡을 수 있는 가시가 달려있었다. 오파비니아는 해저의 부드러운 퇴적층에 살았을 것이다. 양옆의 엽(葉)을 이용해 헤엄쳐 먹이를 추적했을 것이고, 꼬리는 균형을 잡는 기능을 했을 것이다.

버제스 화석의 가장 소중한 점은 껍질이나 단단한 외부골격 없이 연한 몸체만 있는 동물들이 잘 보존됐다는 사실이다. 버제스 셰일에서 발견된 125속(屬) 가운데 80% 이상이 연질부(軟質部)로만 이뤄져 있다. 그것은 캄브리아기 초기에 단단한 외골격을 가진 생물들이 폭발적으로 출현한 것이 갑작스러운 사건이 아님을 말해준다. 삼엽충처럼 단단하고 커다란 생명체가 등장하기 이전에도 연하고 작은 생명체가 얼마든지 있었음을 증명해 주는 것이다.

버제스 셰일 화석이 발견된 이후에, 유타주, 중국 윈난성(省)의 첸지앙, 그린란드 북쪽의 시리우스 파세트, 서(西)호주의 캥거루 섬에 있는 에뮤 베이 등의 셰일 속에서도 같은 화석들이 발견됐다. 이로써 캄브리아기에 생명이 대폭발한 것이 아니란 사실은 확실히 증명됐다. 또한, 진화가 자연선택에 따라 오랜 시간에 걸쳐 점진적으로 일어난다는, 다윈의 주장이 옳다는 사실도 입증됐다.

처음 버제스 화석을 발견한 1910년 이후, 월코트는 몇 차례 더 버제스 언덕을 찾아갔지만, 더 이상의 성과는 없었다. 그러나 그간의 성과만으로도 그를 위대한 지질학자 반열에 올리기엔 충분했다.

특히 당시의 진화론자들에게 월코트는 아군진영의 심장 같은 존재였다. 월코트가 선(先)캄브리아기의 지층과 그때의 생물화석을 찾아내지 못했다면, '캄브리아기의 폭발'이 생물 창조의 결정적 증거로 활용됐을 것이고, 그랬다면 논쟁의 주도권은 창조론 측에 넘어가고 말았을 것이기 때문이다.

파충류와 포유류의 링커, 로이

그때 우리의 의심이 단 한 순간에 날아가 버렸다. 그것들은 알이 틀림없었다. 그중 세 개는 겉으로 드러나 있었는데, 옆에 있던 사암의 튀어나온 옆면에서 깨져 나온 것이 분명했다. 우리는 눈을 믿을 수 없었다. 지질학적으로 발생할 수 있는 모든 가능한 현상들을 총동원해 그것이 알의 모습을 한 암석 같은 것이라고 믿어보려 했지만, 그것이 정말 알이라는 데에는 전혀 의심의 여지가 없었다. 그것은 공룡의 알이 틀림없었다. 물론, 공룡이 알을 낳는다고 알려진 적은 없었다. 수백 개의 공룡 두개골과 유골이 세계 각지에서 발견됐지만, 공룡의 알이 눈에 띈 적은 단 한 번도 없었다.

로이 채프먼 앤드루스(Roy Chapman Andrews 1884~1960) 미국의 동물학자·탐험가·. 중앙아시아와 동아시아에 관한 강연과 저술을 통해 얻은 재정적 지원을 바탕으로 중요한 과학 탐사를 여러 차례 주도했다. 영화 인디아나 존스 의 실제 모델이기도 하다.

로이가 공룡의 알을 발견한 순간을 회상하며 적어놓은 글이다. 누구도 생각하지 못했던 발견을 해낸 그는 정말 지독한 행운아였다. 그가 발견한 증거는 반(反)진화론자들조차 요구한 적이 없는 낯선 것이었다. 사실, 화석을 찾는 일 자체가 쉬운 일이 아니다. 화석이 남을 수 있는 조건이 몹시 까다롭기 때문이다. 그렇기에 존재하기 아주 희박한 화석을 아주 희박한 행운으로 찾아냈다면, 그건 기적이라고 봐야 한다. 지금부터 그 기적 같은 업적을 이룬 로이의 일생을 추억해보자.

해리슨 포드(Harrison Ford)가 주연을 맡아, 전 세계적인 흥행작이 된 인디아나 존스(Indiana Jones)의 실재 모델인 로이(Roy Chapman Andrews)는 1884년에 위스콘신(Wisconsin)주의 벨로이트(Beloit)에서 태어났는데, 그는 한국과도 인연이 깊다. 그의 흉상 조각이 한국에 있을 정도다.

2011년 장생포에서 국제학술대회 '로이 채프만 앤드류스 울산방문 100주년 기념 심포지엄'이 열리던 날, 그곳에 그의 흉상이 세워졌다. 그렇다면 그가 한국에 온 것이 1912년이고, 한국에 와서 아주 중요한 일을 했다는 얘기 아닌가? 그가 도대체 무슨 일로 한국에 와서 어떤 공을 세웠다는 말인가?

뉴욕에 있는 미국자연사박물관에서 하급직원으로 일하던 그가 관장의 특별한 배려로 표본채집 탐험에 나선 것이 1909년이다. 알래스카와 밴쿠버에서 혹등고래를 연구하다가, 1910년에 고래 관련 표본을 채집하러 일본을 방문했다. 거기서 귀신고래에 관한 얘기를 듣고, 1911년에 귀신고래를 보기 위해서 한국으로 오게 됐다.

그는 귀신고래 종류가 캘리포니아 근해에서 살다가 멸종된 것으로 알고 있었다. 그런데 1910년 일본을 방문했다가 포경업자로부터 'koku kujira' 또는 'devil fish'라고 부르는 고래를 한국에서 잡고 있다는 이야기를 듣게 되었다. 그래서 캘리포니아에 멸종된 귀신고래가 한국의 귀신고래와 같은 종류인지를 확인하려고 울산에 왔던 것이다.

그는 1911년 1월 4일, 일본 포경회사의 운반선에 몸을 싣고 홀로 울산으로 건너와서, 일본 포경회사의 한 사무소에 머무르면서, 한국의 귀신고래에 대한 이야기도 듣고 포경도 함께한 후에, 그 표본을 채취하여 미국으로 보내게 되는데, 그 표본은 현재까지도 스미소니언 자연사박물관에 전시되어 있다.

그는 한국의 귀신고래가 캘리포니아 귀신고래와 형태와 습성이 비슷하고, 거의 비슷한 위도로 내려와서 새끼를 낳는다는 사실을 근거로, 동일한 종으로 보았다. 그렇더라도 겨울에 남쪽으로 내려오면서 짝짓기를 하고 있기 때문에, 여름철에 베링 해나 북극 근처에서 같이 서식하게 된다더라도 종간의 교류가 있을 것 같지는 않았다.

그는 이런 내용을 논문으로 발표했는데, 이것이 학자 로이가 발표한 첫 번째 논문이고, 이 논문이 학계에 주목을 받게 됨으로써, 출세의 가도에 접어들게 되니, 한국과의 인연이 보통은 아니다. 아무튼, 이런 사연은 한국인에게는 특별할지 모르지만, 진화론에 끼친 그의 업적과는 무관하므로, 이쯤에서 접고 본류로 돌아가 보자.

로이는 어려서부터 자연을 좋아했다. 그래서 쌍안경과 동물도감을 들고 산야를 누비고 다니며 원대한 모험을 꿈꾸었다. 그의 부모는 자녀들의 의사를 존중해주는 편이어서, 그는 재능을 잘 키워나갈 수 있었고, 사춘기를 막 벗어날 무렵에는 박제기술까지 습득하게 됐다. 그 기술을 숙련시켜서 각종 박제를 만들었는데, 벌이도 괜찮아서 벨로이트 대학 등록금까지 낼 수 있을 정도가 됐다.

대학생 로이는 과학 외의 과목에는 별 관심이 없었다. 그는 자신의 취미에 몰두해 위스콘신 산야를 헤집고 다녔고, 유명한 과학자들도 자주 찾아갔다. 그러던 어느 날 벨로이트에 강의를 하러 온 한 지질학자에게 자신이 만든 박제를 보여줄 기회를 잡게 됐다. 로이의 박제를 보고 감탄한 지질학자는, 박물관에 취직해서 꿈을 키워보라고 권고했다. 그가 그런 권고를 하지 않았더라도, 박물학자나 탐험가 외에 다른 직업을 떠올린 적이 없었던 로이였다. 그는 대학졸업과 동시에 대자연사박물관에서 일자리를 구해보겠다고 부모에게 일방적인 통지를 하고 뉴욕행 열차를 탔다.

뉴욕에 도착하자마자 박물관으로 달려가서 관장인 범퍼스를 만났다. 하지만 박물관은 직원을 상시채용을 하고 있지 않았기에 실망스런 대답을 들을 수밖에 없었다. 그러나 그냥 돌아설 수 없었던 로이는 모험가 기질을 발휘해서 직원이 아닌 청소원으로 무료봉사하겠다고 말했고, 그의 열정을 높이 산 관장은 청소원이 아닌 임시직원으로 그를 채용해줬다.

간신히 청운의 꿈을 놓치지 않고 살게 된 로이에게, 티케(Tyche: 행운의 여신)가 미소를 보내온 것은, 고래모형을 제작하고 있던 과학자의 조수로 발령받은 직후였다. 모형제작을 막 시작할 무렵, 고래 사체가 롱아일랜드 해변에 올라왔는데, 로이에게 그 고래의 뼈를 박물관으로 가져오라는 임무가 부여됐다. 고래의 살집과 기름을 제거하고 뼈대만 추려내는 것이 결코 쉬운 일이 아니었지만, 티케가 준 기회임을 직감한 로이는 사력을 다해 그 일에 매달렸다.

불과 며칠 만에 고래 뼈를 박물관까지 실어오자, 그의 능력과 열정에 감탄하게 된 관장은 그에게 고래의 실물을 만날 기회를 만들어줬다. 살아있는 고래를 만나서 그에 대한 자료를 수집하고 싶다는 로이의 요청을 가슴에 담아두고 있던 관장이 마침내 허락해준 것이다.

로이가 처음 승선한 배는 밴쿠버 연안에서 조업을 하는 포경선이었다. 그리고 그 이후 원양어선으로 옮겨가 8년간 대양을 떠돌았다. 그 현장 연구 기간의 후반에, 멸종된 것으로 알려졌던 귀신고래를 한국의 동해안에서 다시 발견하게 되면서 명성을 얻기 시작했다.

그러던 어느 날, 긴 세월 동안 고래 뒤를 쫓아다니던 로이에게 관장으로부터 귀환명령이 떨어졌다. 오래 지속된 해상생활이 흙냄새를 그립게도 했지만, 뭔가 허전했다. 기간에 비해 탐험의 성과가 너무 일천하다는 생각이 들었다. 당시의 로이는 아시아, 특히 중국에 반해 있었다. 동양의 신비한 풍경과 관습은 그가 일찍이 경험해보지 못한 것이었다. 말로만 듣던 만리장성의 위용은 그중에서도 압권이었다. 타인의 재정지원으로 탐험을 하고 있던 그는, 스폰서의 지속된 압박을 이겨내지 못하고 귀국할 수밖에 없었지만, 밤마다 태평양을 헤엄쳐 건너가는 고래의 꿈을 꾸었다.

꿈이 간절하면 언젠간 이뤄지기 마련이다. 새로운 박물관장 헨리(Henry Fairfield Osborn)가 부임하자 아시아로 갈 기회가 다시 찾아왔다. 유명한 고생물학자였던 헨리는 미국 서부에서 '티라노사우루스 렉스(Tyrannosaurus rex)'라는 공룡화석을 찾아낸 장본인이기도 했는데, 그는 동물 중 상당수의 기원이 있는 곳이 아시아라고 믿고 있었다. 그러나 그의 가설이 공인받기 위해서는 중앙아시아의 동·식물 화석이 많이 필요했다. 그런 관장의 마음을 간파한 로이는 관장의 주장을 증명해줄 자료를 수집하기 위한 탐험을 다녀오겠다고 제안했고, 헨리도 흔쾌히 수락했다.

1916년에 로이는 중국 남동부의 윈난 성으로 탐험을 떠났다. 그 주변 지역을 돌아다니며 화석표본을 만들고 있을 무렵, 그에게 특이한 행운이 찾아왔다. 미국이 제1차 세계대전에 참전하기로 결정하면서 중국에서 표본을 수집하고 있던 그에게 자연스럽게 스파이 임무가 맡겨지게 됐던 것이다. 참전을 대부분의 사람들은 불운이라고 여기지만, 당시의 그에게는 예외였다. 그 덕분에 중국, 만주, 시베리아를 헤집고 다니며 아시아에 머물 수 있었기 때문이다. 각국의 정치적 상황과 군사문제에 대해서 첩보 보고서를 작성하는 일을 주로 했지만, 전후에 자신이 탐험할 지역들을 미리 물색해두는 일도 잊지 않았다. 그가 가장 강한 매력을 느낀 곳은 몽골의 고비 사막이었다.

전쟁이 끝난 1919년에 로이는 고비사막으로 다시 갔다. 그리고 그곳에서 1,500점의 포유류 표본을 수집했다. 하지만 그가 기대했던 특별한 뭔가가 나오지 않았다. 그랬기에 그 작업의 말미에 또 다른 계획을 구상했다. 그것은 시공간을 초월하여 고대의 동물들에게서 텔레파시를 받아서 짠 것처럼 환상적이었고 거대했다. 로이는 관장의 책상 위에 자신의 판타지를 펼쳐놓았다.

"관장님의 이론을 증명하려면, 중부 아시아 고원의 과거 전체, 즉 지질학과 화석, 과거 기후, 식물 등을 모두 재구성해봐야 합니다. 그곳에 살고 있는 포유류, 조류, 어류, 파충류, 곤충, 식물을 모두 수집하고, 아직 미개척 상태로 남아 있는 고비사막 일부 지역의 지도를 만들어야 합니다. 아주 철저히 하지 않으면 안 됩니다. 아마 미국영토가 아닌 곳에서 이뤄지는 사상 최대의 탐험이 될 것입니다." 로이의 판타지는 치밀하기도 했다. 관장이 황당해 보이는 로이의 계획에 대해서 각종 질문을 퍼부었지만, 막히는 답변이 하나도 없었다. 관장은 결국 로이에게 설득당하고 말았다.

로이는 총 5년 예정인 탐험에 25만 달러가 필요하다고 생각했다. 그것은 현재 가치로 환산하면 1,000만 달러나 되는 거금이었지만, 그는 비용 조달에 대한 계획도 이미 세워놓고 있었다. 여러 재계 인물들과 돈독한 관계를 유지하고 있던 로이는, 그들의 공명심과 명예욕을 자극하기로 작정했다. 로이의 판타지가 그들에게 사회적 명성을 안겨다 줄 수 있다면 후원금을 낼 것이라고 믿었기 때문이다. 그러니까 자금 확보 계획마저도 그렇게 모험적이었으므로, 모험은 출발 전부터 이미 시작됐다고 봐야 한다.

그는 맨 처음 은행가 모건(J. P. Morgan)을 찾아가, 지도를 펴놓고 브리핑을 해서, 단 15분 만에 15,000달러를 얻어냈고, 모건이 소개해준 체이스 국립은행의 임원에게 가서 1만 달러를 더 지원받았다. 그러고 나서 록펠러(John D. Rockfeller)에게까지 지원을 받아내자, 여러 인사들이 자발적으로 지원을 해왔다.

로이의 탐험소식이 언론의 관심을 받게 되면서, 그 블록버스터에 참가하고 싶어 하는 사람들로부터 수천 통의 편지가 날라 왔다. 그러나 이미 핵심 팀원들은 정해져 있었다. 로이의 부관이었던 고생물학자 월터 그레인저, 지질학자 찰스 버키, 파충류학자 클리포드 포프, 자동차 운송 책임자 베이어드 콜게이트, 지질학자 프레더릭 모리스, 사진사 J. B. 섀클포드 등이 계획 초기에 이미 합류해 있었다.

탐험본부는 북경에 세워졌다. 탐험대가 북경에 도착한 다음 날, 짐을 실은 낙타 행렬이 사막으로 먼저 출발했다. 그리고 마침내 1922년 4월 21일에 다섯 대의 자동차에 나누어 탄 탐험대가 칼간에서 출발해 만리장성의 벽을 넘었다. 고비사막에 야영장이 세워진 후로 본격적인 탐험이 시작됐다. 그리고 탐험이 시작된 지 나흘째 되던 날, 야영장이 세워진 이렌 다바수 근처에서 첫 성과를 거두어냈다.

로이가 모래언덕을 넘어가는 태양의 바라보고 있을 때, 고생물학자 그레인저가 화석을 들고 그에게로 달려왔다. "로이, 우리가 해냈어요. 화석을 찾았어요." 일몰이 담겨있는 그의 눈물은 보석처럼 영롱했다. 그의 손에 들려있는 코뿔소의 유골도 보석처럼 반짝거렸다.

모두 기쁨에 들떠 밤을 하얗게 지새우고, 다음 날 해가 뜨자마자 화석을 찾으러 뛰어 나갔다. 그 날의 주인공은 지질학자 버키였다. 불과 두어 시간 만에 양손에 화석을 가득 들고 왔다. 도대체 어떻게 그렇게 쉽게 화석을 찾아냈을까? 사실은 버키가 유능한 것이 아니라, 그들의 야영지 자체가 보물단지였다. 그들의 야영지가 바로 화석이 풍부하게 매장되어 있는 백악기 지층 위였던 것이다.

정말 로이는 지독하게 운이 좋은 탐험가였다. 과분한 행운에 감격해 있는 로이를 격정 속으로 완전히 몰아넣은 건 버키가 장총처럼 들고 온 긴 뼈였다. 버키의 장총은 공룡의 뼈였다. 그들의 야영장, 이렌 다바수 지표 아래에는 상상할 초월할 정도로 많은 포유류와 공룡 화석들이 매장된 지층들이 있었다. 그렇긴 했지만, 그곳에서 더 이상 지체할 수는 없었다. 다른 일행과 합류해야 할 지점이 아직 560km 이상이나 남아 있었기 때문이다. 서둘러야 했다. 메린이 이끄는 낙타 행렬과 만나기로 한 4월 28일까지 합류지점에 가기 위해서는 잠자는 시간까지 줄여야 했다. 그렇게 한 달 내내 강행군을 해서 가까스로 약속시각을 맞췄다.

화석 발굴 작업 중인 로이

본부에서 출발한 지 38일 만에 그들을 만났지만, 회포를 풀 여유가 없었다. 예정된 일정이 워낙 빠듯해서 휴식 없이 바로 사막을 횡단하기 시작했다. 사막은 넓고 건조했다. 그리고 예상치 못했던 적이 잠복해 있기도 했다. 기습적으로 달려드는 모래 폭풍은 정말 난감한 적이었다. 사막을 탐험해본 적이 없는 그들을 몹시 당황스럽게 했다. 모래 폭풍은 기습적일 뿐 아니라, 그들의 행진을 오랫동안 묶어둘 정도로 강렬하기도 했다. 그들은 사막에 납작 엎드린 채 그 횡포를 고스란히 받아들여야 했다. 로이는 모래 폭풍의 엄청난 힘과 그것이 가져오는 혼란에 대해 이렇게 적어 놓았다.

천천히 공기가 진동하는 것을 느끼기 시작한다. 그것은 계속해서 울부짖는 소리를 내고, 그 울음소리는 시시각각 커진다. 그 순간 나는 무슨 일인지 깨닫는다. 끔찍한 모래 폭풍이 다가오고 있는 것이다. 마치 화산 분화구처럼 얕은 침적 분지에서 연기 같은 것이 피어오른다. 노란 바람 악마들이 소용돌이치며 올라와 땅덩이 전체를 휩싸고 돈다. 북쪽으로 불길한 암갈색 모래 언덕이 놀랄 만한 속도로 다가온다. 야영장을 향해 황급히 돌아가기 시작하지만, 거의 순식간에 수천의 악마들이 날카로운 소리를 지르며 모래와 자갈로 내 얼굴을 때려댄다. 숨쉬기는 힘들고 앞을 보는 것은 완전히 불가능하다.

그런 폭풍이 열흘 이상 계속되는 게 다반사였다. 로이 탐험대는 모래 폭풍과 숨바꼭질을 하면서 근근이 작업을 이어갈 수밖에 없었지만, 다행히 행운의 여신 티케는 로이의 곁을 떠나지 않고 머물러 주었다. 어느 날, 새클포드가 사막의 호수 가장자리를 지나가다 넘어졌는데, 그를 쓰러뜨린 게 바로 몽골인들 사이에 전설로 내려오는 '사람 몸만큼 큰 뼈'였다. 정확한 명칭은 '발루키테리움(Baluchitherium)'의 앞다리 상박골이었는데, 로이는 주변을 뒤져 그 동물의 두개골과 나머지 뼈들을 찾아냈다. 그 동물은 키가 5m, 몸길이가 8m였다. 아주 오래전, 지구 위에 공룡이 살았다는 사실을 이제 누구도 부정할 수 없게 된 것이다. 로이는 그때서야 아주 오래전부터 습관적으로 느껴왔던 허기가 조금씩 채워지고 있음을 느꼈다.

탐험대 부대장인 월터 그레인저는 어느 날 단 하루 동안에 육식동물, 설치동물, 식충동물의 턱뼈와 두개골을 175점이나 찾아내기도 했다. 탐사의 환경은 나빴지만 그런 화석이 몽골의 외딴 사막에 있는 것은 다행스러운 일이었다. 당시 중국에서는 그러한 뼈를 채취해서 민간 요법에 쓰고 있었다. 만약 그 지역이 마을과 가까운 곳이었다면 화석은 이미 모두 사라지고 없었을 것이다.

가을에 접어들면서 탐험대는 철수를 준비했다. 철새 무리가 겨울을 나기 위해, 남쪽으로 먼 여행을 떠나기 시작하자, 사막에도 찬 서리가 내리기 시작했다. 철수 준비를 시작한 다음 날, 보유한 물이 바닥을 보이기 시작하자, 사진사 새클포드가 우물을 찾아 나섰다. 그러나 우물을 발견해내지는 못했다. 그 대신 사암 분지에서 유골을 발견했다. 그 유골은 뿔을 두 개나 달고 있어서 눈에 쉽게 들어왔다. 훗날 그 화석은 로이의 이름을 따 '프로토세라톱스 앤드류시(Protoceratops andrewsi)'라고 명명된다.

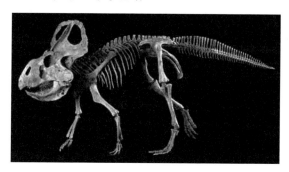

프로토세라톱스 앤드류시의 화석

새클포드는 그 주변에서 다른 뼛조각도 발견했다. 그곳이 보물단지임이 확인됐지만, 식량과 물이 부족해서 더는 작업을 계속할 수 없는 상황이었다. 늦은 오후, 불처럼 노을이 타오르는 사암에 영감을 받아, 로이는 그 장소에 '플레이밍 클리프(불타는 절벽)'라는 이름을 붙여놓고 (정식 지명은 바양작(Bayanzag), '삭사울 관목으로 가득한'이라는 뜻이다), 서둘러 북경을 향해 출발했다.

탐험의 성과는 기대 이상이었다. 그들이 발견한 표본 대부분이 새로운 것이었다. 오스본 교수가 축하 인사를 건네 왔다. "여러분은 지구상 모든 생명의 역사에 새로운 장을 썼습니다." 그러나 대원들은 자신들이 더 많은 성과를 거둘 수 있음을 알고 있었다. 그들의 머릿속엔 '불타는 절벽'의 잔상이 그대로 남아 있었다. 그들은 그 유혹을 이겨내지 못하고 다음 해 2차 탐험을 떠났다.

그들은 하얀 유골이 지천으로 깔렸던 플레이밍 클리프로 달려갔다. 유골이 얼마나 많았던지, 야영장을 세운 당일에 대원들 모두 하나 이상의 공룡 두개골을 찾아냈다. 그런데 야영 둘째 날에 로이에게 아주 이상한 보고가 올라왔다. 2차 탐험대에 새로 합류한 조지 올슨이 공룡 알의 화석을 발견한 것 같다는 보고를 해 온 것이다.

공룡 알 화석

공룡 알? 도마뱀의 알이 아닌 공룡 알을 발견했다? 정말 그런 것이 존재할 수 있을까? 만약 그 화석이 존재한다면, 공룡이 태생(胎生)이 아니라 난생(卵生)이었다는 주장이 사실이 되는 게 아닌가? 공룡 알의 화석은 애초부터 염두에 두지 않고 있었고, 당시는 공룡이 조류처럼 알을 낳는지 포유류처럼 새끼를 낳는지도 제대로 모르는 때였기에, 로이는 올슨의 발견에 의구심을 품을 수밖에 없었다. 하지만 그의 보고는 사실이었다. 틀림없는 사실이었다. 로이가 당시의 상황에 대해 이렇게 기록해 놓았다.

그때 우리의 의심이 단 한 순간에 날아가 버렸다. 그것들은 알이 틀림없었다. 그중 세 개는 겉으로 드러나 있었는데 옆에 있던 사암의 튀어나온 옆면에서 깨져 나온 것이 분명했다. 우리는 눈을 믿을 수 없었다. 지질학적으로 발생할 수 있는 모든 가능한 현상들을 총동원해 그것이 알의 모습을 한 암석 같은 것이라고 믿어보려 했지만, 그것이 정말 알이라는 데에는 전혀 의심의 여지가 없었다. 그것은 공룡의 알이 틀림없었다. 물론, 공룡이 알을 낳는다고 알려진 적은 없었다. 수백 개의 공룡 두개골과 유골이 세계 각지에서 발견됐지만, 공룡의 알이 눈에 띈 적은 단 한 번도 없었다.

그 공룡 알은, 어미는 알을 낳고 서둘러 모래로 덮었으나, 날씨가 뜻밖에 추워지자 새끼가 깨어나지 못한 채 그대로 화석이 되어 1억 년이나 지나온 것이었다.

당시에는 이 둥지의 알들이 프로토세라톱스에 속한다고 발표했지만, 1993년에 똑같은 알둥지에 웅크리고 앉아있는 오비랩터(Oviraptor)가 발견되면서 정정되었다. 로이의 착오는 또 있었다. 그는 자신의 탐험대가 공룡 알의 화석을 처음 발견한 것으로 알고 있었으나, 사실은 이미 1859년에 프랑스에서 발견된 적이 있었다. 하지만 당시의 발견물은 불완전한 형태의 껍질 조각들이었고, 공룡이 알을 낳았을 거라고는 전혀 생각하지 못했던 당시의 발견자들이, 그 알껍데기들을 악어나 익룡의 것으로 잘못 해석했기에, 당시의 사람들은 그 실체를 모르고 있을 수밖에 없었다.

현재는 공룡 알이 전 세계적으로 약 2백여 곳에서 발견됐다. 그중 반수 이상은 아시아 대륙에서 발견됐는데, 한국에서도 보성, 화성, 사천, 하동, 다대포, 부여 등지에서 발견됐다. 공룡 알의 화석들은 그 주변 지역과 함께 주로 관광자원으로 활용되었는데, 최근에는 학자들이 알 화석이 품고 있는 새로운 정보에 주목하기 시작하면서 그 가치가 재평가되고 있다.

공룡 알에는 공룡의 멸종원인이 담겨있다고 한다. 이 주장은 백악기 말로 가면서 공룡 알의 조직이 비정상적으로 나타나며, 알껍데기에 이상할 정도로 미량원소들이 많이 들어있다는 사실에 기초한 것이다. 알껍데기에 들어있는 코발트, 크롬, 구리, 망간, 니켈, 납, 아연, 셀렌 같은 미량원소는 건조한 환경에서 자란 식물을 먹은 공룡 어미의 체내에 축적돼 알껍데기를 형성하는 단백질을 변화시킨다. 그렇기에 이런 사실에서 당시의 환경이 건강한 껍데기를 만들 수 있을 만큼 정상적이지 않았으며, 그렇게 비정상적으로 만들어진 알껍데기가 공룡 알의 부화율을 감소시켰을 거라는 사실을 유추할 수 있게 한다.

특히, 알껍데기에 함유된 셀렌의 양은 중생대와 신생대 경계로 갈수록 더 증가하는데, 이것은 부화 실패율과 비례한다. 셀렌은 조금만 들어있어도 알이 부화하지 못할 정도로 유독하기 때문이다. 결국, 이러한 사실은 초식공룡이 셀렌이 함유된 화산재가 덮인 식물을 섭취함으로써, 매우 적은 수의 새끼만이 부화될 수밖에 없었음을 암시하고 있다. 현재 연구가 진행된 것은 여기까지다.

아무튼, 당시의 로이 팀의 발견은 자신에게나 세상 사람들에게나 놀랍고 새로운 것이었다. 그런데 그 놀라운 발견은 거기서 멈추지 않고 계속 여진을 일으켰다. 올슨은 알 무더기 옆에서 처음 보는 종류의 공룡 유골도 찾아냈다. 훗날 오스본 교수는 그것이 알을 훔쳐가려던 중이었을 것으로 추측하여, '오비랩터(Oviraptor)'라는 이름 붙였다.

며칠 후에는 또다시 아홉 개의 알이 모여 있는 둥지가 발견됐다. 그 중 두 개는 반으로 쪼개져 있었는데, 알 속에 들어있는 공룡 새끼의 골격이 그대로 드러나 있었다.

공룡 알은 그 자체로도 소중하지만, 더 소중한 것은 그 속에 있는 태아 화석이 담겨 있는 경우다. 태아 화석은 알을 낳은 공룡이 어떤 종류인지를 알려주기 때문이다. 그렇지만 공룡 알들은 자주 어미나 형제, 또는 알을 노리는 동물들에 의해

오비랩터

부서지므로 모든 알이 태아 뼈를 가지고 있는 것은 아니다. 또한, 태아 뼈가 화석이 되려면 알이 썩기 전에 빠르게 묻혀서 화석화되어야 한다.

공룡 태아 화석

그리고 공룡 둥지의 발견도 소중하다. 공룡 알둥지는 공룡들이 어떻게 알을 낳고 새끼를 돌보았는지를 알려주기 때문이다. 그뿐만 아니라 둥지와 그 주변을 잘 살펴보면, 그 동물과 그 습성에 관해서 많은 정보를 얻을 수 있다. 그 대표적인 예가 바로 호너 박사의 연구이다.

그는 1979년에 미국 몬태나 주에서 발견된 공룡 알둥지를 17년 동안 연구한 끝에, 두 종류의 공룡이 새끼를 낳고 기르는 생활상을 거의 완벽히 그려냈다. 화석이 발견된 장소는 과거 얕은 호숫가에서 떨어진 작은 섬이었다. 조그만 나무들이 그 섬을 덮고 있었다. 발견된 오로드로미우스(Orodromeus)라는 작은 초식공룡 둥지에는 12개 내지 24개의 알들이 나선형으로 배열돼 있었다. 둥지에서 함께 발견된 식물의 잔해는, 오로드로미우스가 알을 덮은 다음 썩게 함으로써, 인큐베이터 같은 부화기술을 사용했음을 알게 해준다. 알을 보온하기 위해서, 둥지 위에 나무와 모래를 섞어 덮음으로써, 퇴비작용을 하게 한 것이다. 현세의 덤불 새(Scrub fowl)도 이와 유사한 방법으로 나무를 더하고 뺌으로써 둥지 온도를 일정하게 유지한다.

오로드로미우스 둥지의 중요한 특징은 부화하면서 새끼가 빠져나간 윗부분을 제외하고 알껍데기가 원형으로 보존돼 있다는 것이다. 이것은 새끼 오로드로미우스가 알에서 부화하자마자 어미 닭이 하는 것처럼 어미의 보살핌 하에서 곧바로 둥지를 걸어나갔다는 사실을 암시한다.

어쨌든, 로이도 공룡의 알둥지가 소중한 정보를 많이 담고 있을 거라는 걸 짐작은 했을 것이다. 하지만 거기에 더 이상 집중할 수 없었을 것이다. 그 주변에 보물들이 지천으로 널려있었기 때문이다. 최초의 둥지를 발견한 후에도 공룡 알의 무더기는 계속해서 발굴됐다.

화석은 부서지기 쉬우므로 캐내자마자 밀가루 풀에 적신 천으로 싸두어야 하는데, 나중에는 풀이 모자라 식량으로 쓸 밀가루까지 모두 풀을 쑤었다. 덕분에 그들은 홍차와 고기만으로 끼니를 때워야 했다. 그런데 그들이 당시 찾아낸 유골 중에는 아주 진귀한 보석이 하나 숨겨져 있었다. 공룡 알과 함께 백악기 지층에서 발견한 직경 3㎝도 되지 않는 아주 작은 두개골이 그것이었다. 그레인저는 그것을 '정체를 알 수 없는 파충류'라고 이름을 붙였는데 나중에 조사해보니, 그것은 파충류가 아니라 포유류였다. 그것은 백악기 포유류 표본 중 가장 형태가 온전한 것으로서, 백악기에 공룡 외에 포유류도 존재했다는 명백한 증거였다. 그러나 표본 하나로는 초기 포유류의 삶이 어떠했는지 알 수 없었다. 그래서 더 많은 포유류 표본을 찾는 것이 자연스럽게 다음 탐험의 목표가 됐다.

1925년에 플레이밍 클리프에 세 번째로 발을 디뎠을 때, 로이의 목표는 확실히 정해져 있었다. '포유류의 유골 찾기'였다. 그리고 그것은 별로 힘든 목표가 아니었다. 고생물학자인 그레인저가 쉽게 이뤄냈기 때문이다. 텐트에서 나간 지 한 시간 만에 포유류 두개골을 찾아냈다. 그 후로도 조수들과 함께 두개골 일곱 점을 더 찾았는데 대부분이 아래턱뼈까지 달린 온전한 것이었다.

훗날 분석된 결과를 보면, 그것이 서로 다른 두 과(科)의 식충동물이고, 일부는 포유류 진화의 '잃어버린 고리'라는 사실이 밝혀졌다. 그것은 공룡의 시대가 끝나기 전에, 이미 포유류가 유대류와 태반이 있는 종류로 분리됐음을 밝히는 증거였다. 그리고 그들의 성과물 속에는 포유류 중 완전히 멸종된 '다(多)결절' 포유류 화석도 들어 있었다.

플레이밍 클리프의 탐사를 마치고 동쪽으로 이동한 탐험대는 지질학적으로 조금 더 뒤에 나타난 포유류 화석을 대량으로 발견했다. 한 지층에서 무려 스물일곱 개나 되는 포유류 턱뼈를 발견했는데, 그것들 중에는 낯선 모습의 동물들이 다수 포함돼 있었다. 로이는 그 지역에 한때 공룡만큼이나 많은 포유동물이 우글거렸을 거라는 결론을 내렸다.

그렇지만 그 지역에는 죽은 동물만 많은 게 아니고, 살아있는 독사들도 많았다. 그 수가 얼마나 많았던지 노이로제에 걸릴 지경이었다. 다행히 뱀에 물린 사람은 없었지만, 독사에게 포위된 채 이틀을 보내고 난 후, 탐험대는 작업을 포기하고 '독사 캠프'를 떠나 북경으로 향했다.

그 후 로이는 1928년과 1930년에 고비 사막의 다른 지역으로 두 번 더 탐험을 했지만, 중국의 내전 때문에 변변한 현장탐사 한 번 해보지 못하고 돌아와야 했다. 그리고 그 후, 1930년에서 1990년까지의 긴 시간 동안은 정치적인 이유로 미국인의 몽골 입국이 금지되었다.

그래서 로이는 1930년 이후로 탐험을 중단할 수밖에 없게 됐지만, 그는 이미 유명 인사가 되어 있었다. 그의 업적이 여러 지면을 통해, 널리 알려진 덕분에, 영화사에서 출연 제의도 들어왔다. 그리고 그의 영화 같은 인생은 훗날 정말 영화로 만들어졌다. 그의 자서전 『행운의 별 아래』의 마지막은 이렇게 끝난다. "꿈을 이룬 것이 얼마나 행운이었는지 모른다. 내게 있어 모험은 항상 모퉁이만 돌면 나타나는 가까운 곳에 있었다. 세상에는 모퉁이가 얼마나 많은지 모른다."

공룡에게 날개를 달아 준 오스트롬

만약 시조새 표본에서 깃털 흔적이 제대로 보존돼 있지 않았다면, 이것은 모두 공룡으로 분류됐을 것이다. 여기서 내릴 수 있는 유일한 논리적 결론은 시조새가 쥐라기 초기나 중기의 수각아목 공룡으로부터 나왔을 것이라는 점이다. 이 계통 발생론에서 얻을 수 있는 또 다른 중요한 의미가 있다. 바로 '공룡'이 멸종하기 전 후손을 남겼다는 것이다.

존 오스트롬(John H. Ostrom 1928~2005) 1960년대 공룡의 현대적인 이해를 확립한 미국의 고생물학자. 조류가 파충류가 아닌 티라노사우루스 렉스와 같은 수각아목 공룡에서 진화했음을 입증하는 명확한 해부학적 증거를 찾아냈다.

존 오스트롬(John Ostrom)은 시조새와 데이노니쿠스를 해부학적으로 분석하고 난 뒤, 그 둘이 매우 가까운 친척 관계라고 확신했다. 그래서 1973년에 학자의 명예를 걸고, 조류가 공룡을 조상으로 됐다는, 학계의 통념을 깨는 주장을 펼쳤다. 정말 그의 주장대로 공룡 중의 일부가 진화하여 새가 된 것일까?

로이(Roy Chapman Andrews)가 공룡 유골 발굴로 부와 명성을 얻자 많을 사람들이 그 일에 뛰어들어, 1930년대가 되자 박물관 전시관과 창고는 공룡 유골로 가득 차게 됐다. 그러자 공룡 유골에 대한 인기는 급속도로 식어갔고, 그 대신 포유류와 영장류 쪽으로 관심이 옮겨갔다. 그런 시대적 상황을 비추어보건대, 존 오스트롬의 선택은 남달랐다고 봐야 한다.

유니언 대학에서 의대 예과과정을 공부하고 있던 그는, 어느 날 고생물학자 조지 게일로드 심슨이 쓴 『진화의 의미(The Meaning of Evolution)』를 읽고 큰 감동을 하여 저자에게 독후감을 보냈다. 그러자 심슨은 컬럼비아 대학으로 와 자신의 연구에 동참할 것을 권유했고, 그 일을 계기로 존은 지질학으로 전공을 바꾸게 됐다.

그러나 심슨과의 인연은 오래가지 못했다. 입문 초기에는 심슨과 함께 포유류 화석 연구를 했지만, 머지않아 다시 변신을 시도했다. 심슨의 둥지를 벗어나 미국 자연사박물관의 파충류 관장 네드 콜버트의 둥지로 옮겨 가기로 결정했던 것이다. 그렇지만 실상은 오스트롬이 스승을 바꾼 게 아니고 연구주제를 바꾼 것이다. 심슨의 포유류 대신 콜버트의 공룡을 연구하는 게 더 흥미로울 것 같았기에 그렇게 연구주제를 바꾼 것이다.

콜버트와 함께 공룡을 연구하여 학계에 널리 이름을 얻은 그는, 브루클린 대학과 벨로이트 대학의 교수직을 거쳐, 예일대학 피바디 박물관의 척추동물 고생물학 관장까지 됐다. 그렇게 사회적 기반을 단단히 다진 후, 몬태나와 와이오밍의 클로벌리 퇴적층에서 본격적인 현장연구를 시작했다.

그러던 1964년 8월의 어느 날, 오스트롬과 조수 그랜트 메이어는 현장 구획작업을 하다가 지면 위로 노출되어 있는 동물의 다리 유골을 발견하게 된다. 그들은 그것이 작은 육식공룡의 유골임은 그 자리에서 확신했지만 어떤 종류인지는 알 수 없었다. 궁금증을 풀기 위해서 발굴 작업을 계속하여 주변에 묻혀 있던 전신 유골을 확보했다.

키 107cm, 몸무게 약 68kg 정도로 추정되는 그 공룡은 뜻밖에 아주 낯선 형태의 발을 가지고 있었다. 주요 발가락 세 개가 좌우대칭으로 달려 있는 다른 육식 공룡과는 달리, 바깥쪽 발가락이 가운데 것만큼 이나 길었다. 또한, 두 번째 발가락에는 들어갔다 나왔다 할 수 있는, 거대한 낫 모양의 갈고리발톱이 달려 있었다. 오스트롬은 그 생물에 데이노니쿠스(Deinonychus: 무서운 갈고리발톱)라는 이름을 붙였다. 당시의 오스트롬은 미처 그 가치를 제대로 알지 못하고 있었지만, 그것 은 20세기에 발견된 공룡화석 중에 가장 중요한 것이었다.

데이노니쿠스

데이노니쿠스와 그에 대한 오스트롬의 연구는 공룡에 대한 세간의 통 념을 완전히 바꿔놓았다. 공룡은 육중하게 움직이 는 느림보가 아니고, 지 능이 떨어지지도 않으며, 냉혈동물도 아니었다. 더 구나 멸종된 것은 더욱 아니었다. 뭐, 뭐라고? 멸종된 것이 아니라고? 그렇다면, 공룡의 후손이 살아있기라도 하다는 말인가?

오스트롬이 공룡에 대한 과거의 통념을 어떻게 바꿨는지, 그리고 그 의 생각이 전체적인 생명의 역사를 이해하는 데 얼마나 중요한지 알려 면, 『종의 기원』의 근원적인 문제점과 오스트롬의 발견 사이의 관련성 을 따져봐야 한다. 그래야 '무서운 갈고리발톱'을 진화론을 비난하는 사 람들이 왜 그렇게 무서워하는지 알게 된다.

『종의 기원』을 발표할 때 다윈도 인정했지만, 그의 진화론 퍼즐에는 반드시 필요한 조각들이 상당수 빠져 있었다. 그 중에도 가장 명백한 미싱 링크는, 한 무리의 생명체에서 다른 무리로 이어지는 중간에 존 재해야 할, 과도기적 생물의 증거였다. 생명체가 어류, 파충류, 포유류,

조류 같은 뚜렷한 무리로 나뉘어 있다는 사실은 누구나 알고 있지만, 만약 그 동물들이 다윈의 주장대로 공통의 조상에게서 나와 서서히 변화한 것이라면, 그들 사이에 왜 그렇게 큰 차이가 있으며, 그들 사이에 있었을 중간체의 증거는 어디 있단 말인가? 다윈 역시 그런 의구심이 제기될 수밖에 없음을 알고 있었다. "지질학에서 여러 종 사이에 그렇게 점진적인 형태를 드러내는 생물은 발견되지 않았다. 그래서 어떤 종 전체가 특정 지층에서 갑자기 나타나곤 해서, 그것이 종의 점진적 변이 이론에 결정적 반대 요인으로 작용하고 있다." 그래서 그 의구심에 대한 자신의 견해도 발표했다. 시각적인 증거가 중요하기에 화석의 중요성을 인정하지만, 세부적인 형태까지 알 수 있는 잘 보존된 화석은 드물 수밖에 없고, 세월이 흐르면서 지층 자체가 심한 변화를 거치기 때문에, 화석을 근거로 진화이론을 바라보게 되면, 그 이론이 불완전해 보일 수밖에 없다고 말했다.

그렇지만 그 정도의 설명으로는 대중들을 설득할 수 없었다. 따라서 『종의 기원』이 대중적인 인정을 받기 위해서는, 과도기적 형태의 화석을 발견해내는 일이 정말 시급했다. 다행히 다윈을 옹호해줄 유력한 증거가 나타나긴 했다. 졸르호펜이라는 곳에서 찾게 된 그 실마리는 의도적인 연구나 탐험이 아닌, 우연한 계기를 통해서 잡게 된 것이었다.

독일의 졸른호펜 주변에서 나오는 석회암은 그 품질이 우수해서 오래전부터 토목과 건축에 많이 사용됐다. 더구나 18세기 후반부터는 석판 인쇄기술이 개발되고, 미술계에서 석판화가 유행되면서, 석회암의 수요가 폭증하게 됐다. 그렇지만 석판에 다른 이물질이 섞이거나 흠집이 있으면 인쇄에 사용할 수 없으므로 채석된 석판은 더욱 세심한 검사를 거치게 됐다.

그런데 이 석판 층은 쥐라기 후반인 1억 5,000만 년 전의 바다 생물들이 매장되어 생긴 것이어서 화석들이 간혹 섞여 나왔다. 그런 석판은 인쇄용으로 쓰일 수는 없었지만, 메이어 같은 고생물학자들에게는 소중한 것이었다. 『고대의 동물들(Fauna of the Ancient World)』의 저자인 헤르만 폰 메이어는 익룡을 포함해서 졸른호펜에서 발견된 생물들의 정체를 많이 밝혀냈는데, 어느 날 채석장의 일꾼들이 깃털 무늬가 있는 석판을 그에게 가져왔다.

졸른호펜에서 발견된 시조새 화석

중생대 지층에서 조류화석이 발견된 적이 없었고, 조류는 비교적 연대가 오래되지 않은 생물이라고 여기고 있었기 때문에 그는 그 깃털이 새의 것이 아닐 거라고 생각했다. 그런데 그 다음 날 깃털과 함께 그 주인의 유골이 함께 발견됐다. 누가 봐도 새의 모습을 가지고 있는 화석이었다. 폰 메이어는 그 생물에 시조새(Archaeopteryx Lithographica)라는 이름을 붙여주었다.

'시조새'에 관한 소문은 금세 전 유럽으로 퍼져나갔고, 표본의 소유자가 그것을 경매에 부치자 가격이 천정부지로 치솟았다. 100파운드로 시작한 경매가격은 무려 700파운드에 낙찰됐는데, 더욱 놀라운 건 그 낙찰자가 대영 박물관장이었다는 사실이다. 대영 박물관장? 그가 누구인가? 『종의 기원』을 발표한 다윈을 사기꾼으로 몰아붙인 오언(Richard Owen)이 아닌가? 그런데 왜 그가 거금을 들여서 그 화석을 급히 사들였을까? 진화론을 부정하는 사람들에게는 전혀 쓸모가 없을 것 같은데 말이다. 그 속내를 정확히 알 수는 없지만 아마 그 화석의 중요성을 누구보다 잘 알고 있었기 때문이었을 것이다.

추정해보건대, 그는 다윈의 이론에 관한 열띤 논쟁에서, 그 표본이 진화론자들의 주장에 결정적인 지렛대 역할을 할 것 같아 두려웠을 것이다. 그래서 상대에게 그런 기회를 주지 않기 위해서 자신이 선점했던 듯하다.

시조새는 정말 기묘하게 생긴 동물이었다. 파충류와 조류의 특징을 모두 갖추고 있었다. 뼈가 많고 가는 꼬리, 갈고리발톱이 달린 세 발가락, 갈비뼈와 척추의 생김새 등은 분명 파충류 같았지만, 깃털은 분명히 조류의 것이었다.

그렇지만 오언은 깃털과 작은 몸집을 근거로 '명백한 조류'라고 서둘러 선언해버렸다. 파충류와 조류 사이에 있는 과도기 생물이 아니고 '조류'라는 것이다. 더욱 수상한 점은, 그가 그런 선언을 할 때 '시조새'는 아무도 볼 수 없는 그의 창고 속에 숨겨져 있었다는 사실이다.

아무튼, 오언이 그런 수상한 태도에

리처드 오언(1804~1892) 영국의 비교해부학자, 고생물학자, 1856~83년까지 대영 박물관의 박물학 부장으로 있었다. 비교 해부학을 연구하였으며 또 화석 파충류를 연구하여 그 분류법은 오늘날에도 통용된다. 시조새, 뉴질랜드의 옛날 큰 새 '라모' 등을 밝혔다. 자연철학의 영향을 받아 오켄을 칭찬하고 다윈의 진화론이 나왔을 때 맹렬히 반대하였다.

대한 판단은 보류하더라도, 그의 시조새에 대한 선언이 1862년 11월에 왕립협회에서 있었으니까, 그때라면 다윈이 살아있을 때가 아닌가? 그렇다면 다윈은 뭘 하고 있었단 말인가? 오언의 독단을 그냥 보고만 있었단 말인가?

불행하게도 다윈은 그를 볼 수 없는 상황에 처해 있었다. 그때 병석에 누워 있느라 그 화석을 직접 보지도 못했고, 오언의 독단적 해석을 들을 기회도 놓쳐버렸다. 고생물학자인 팔코너가 오언의 횡포를 전해줄 때까지 그는 병원 천정만 쳐다보고 있었다.

시조새 상상도

자네가 없어 그리 아쉬울 수가 없었네. 자네와 내가 다윈주의의 증거인 이 시조새를 두고 한참을 논쟁할 수 있는 기회였는 데 말일세. 설사 다윈주의에 들어맞는 기이한 생물을 발굴해내라고, 졸른호펜 채석장에 돈을 주고 시켰더라도, 시조새처럼 멋들어진 증거를 내놓지 못했을 걸세. 왕립협회에서 나온 그 초라하고 성급한 설명을 믿어선 안 되네. 그것은 설명한 사람의 생각보다 훨씬 더 놀라운 생물이라네.

팔코너는 시조새가 조류가 아니라 조류 비슷한 생물로서, 다윈주의의 약점을 치유해 줄 수 있는 훌륭한 증거라고 생각하고 있었다. 새와 파충류 사이의 중간화석으로서 말이다. 그렇지만 오언은 다윈이 병석에 누워있는 틈을 타서 시조새를 고대에 살았던 하찮은 새 한 마리로 몰아가고 있었다.

사실, 그는 20년 전에도 그와 유사한 행위를 한 적이 있었다. 1842년에도 영국과 유럽에서 발굴된 멸종 파충류 화석에 '다이노사우리아(Dinosauria) 공룡류'라는 이름을 붙여서, 공룡의 존재를 이용해 당시 유행하던 초기 진화이론을 잠재우려고 했다. 오언은 진화론 주장을 사기행위로 취급했다. 오언의 그런 자세를 취하는 것은 종교적 도그마에 대한 믿음보다는 이상주의적 성향에서 비롯된 것이었다.

오언은 생물학적 이상주의자였다. 그렇기에 그의 반(反)진화론은 강력한 신앙심에 뿌리를 두고 있기보다는, 괴테와 헤겔 그리고 오켄(L. Oken)의 철학에 뿌리를 둔 이상주의적 비전, 즉 종은 자연적 질서의 일관된 패턴으로 상호 연관돼 있는 이상적이며 고정된 형태로 구성된다는 생각에서 비롯된 것이다.

생물학적 이상주의자들은 점진적인 종의 출현은 더욱 복잡하거나 특화된 유기체의 배아가 더욱 간단하거나 일반화된 배아단계를 겪는 배아의 발달로 반복되며, 궁극적으로 완벽한 인간의 출현을 향해 나간다고 믿었다.

19세기의 자연주의자 가운데 이상주의적인 사상으로부터 오언보다 더 많은 영향을 받은 사람은 없다. 진화설과 사회적 급진주의에 대한 믿음 사이의 연결고리를 찾지 못한 오언은 퀴비에와 마찬가지로 처음부터 돌연변이설에 반대했다. 그래서 모든 동물에 있어서 이후에 나타난 종이 앞서 나타난 종보다 더 복잡한 구조를 가지고 있거나 더 특화돼 있을 필요가 없음을 입증하고자 노력했다. 그는 『영국 파충류 화석에 관한 보고서(Report on British Fossil Reptiles)』에서 자신의 목적 달성을 위해 버클런드와 맨텔이 최초로 확인한 왕도마뱀들을 새로운 동물로 변경시키기까지 했다. 버클런드와 맨텔은 왕도마뱀들을 냉혈 도마뱀처럼 땅 위를 기어 다니는 동물로 남겨두고자 했지만, 오언은 포유동물 같은 다리를 가졌다는 이유로 온혈 척추동물에 준하는 위치로 격상시켰다. 오언은 1841년 보고서를 통해 파충류 화석에 대한 해석과 함께 다음과 같이 결론을 내렸다.

일반적인 진보는 특수한 특징의 돌연변이에 적합한 에너지를 자가 발전시킨 결과물이라는 생각에 부정적인 장애물과 구분이 될지도 모르지만, 그와는 반대로 멸종된 파충류를 특징짓는 해부학적 구조의 변경은 파충류가 창조될 때부터 이미 알려진 것이었다는 결론을 뒷받침한다.

오언에 따르면 하느님이 공룡을 특별하게 창조했다. 그는 이상주의적인 성향으로 인해 분화 형태의 비진화론적인 인과관계만을 주시했다. 그런 오언이었기에 라마르크와 생힐레르가 화석을 생물의 진보적 진화의 증거로 내세울 무렵부터 반(反)진화론의 선봉에 섰다.

진화론의 시각에서 보면, 현대의 파충류가 멸종한 파충류보다 진보한 것이었지만, 오언은 공룡시대를 파충류의 전성기라고 주장했다. "파충류 강(綱)이 번성하여 가장 많은 숫자와 자연계에서 가장 높은 위치를 자랑했던 시대는 이미 지났다. 공룡 목(目)이 멸종한 이후 파충류는 사양길을 걷고 있다." 초기 진화이론으로는 진보가 없다는 것은 진화도 없다는 뜻과 같기 때문에 오언은 쉽게 유리한 입치를 점할 수 있었다. "전혀 다른 종의 파충류가 갑자기 지구상에 나타났다고 해서, 그게 아래 단계에 있던 생물의 발전에서 나왔다는 것을 의미하지는 않는다." 그는 조류도 마찬가지라고 생각했고, 조류화석이 신생대 제3기에 갑자기 나타난 것이 그 증거라고 믿었다. 실제로도 시조새 화석이 나타나기 전까지는 대중들이 그의 말에 상당한 신뢰를 보내고 있었다.

그런데 시조새가 나타나자 다양한 이견들이 나타났다. 시조새에 파충류의 특징이 너무 많이 묻어 있었기 때문이다. 그러자 전선이 자연스럽게 형성되었고, 오언의 상대편에는 '다윈의 불독'이라는 별명을 가진 헉슬리가 선봉에 나섰다. 열혈 진화론자인 헉슬리는 오언의 독선을 막을 기회만을 노려왔는데, 시조새 표본은 더할 나위 없이 좋은 기회를 그에게 부여했다. 헉슬리는 시조새를 어깨에 올려놓은 채, 그동안 자기 진영의 치명적 약점으로 지적되던 중간화석 문제를 서슴없이 거론했다.

현존하는 동물과 식물이 자연적 간격에 의해 매우 뚜렷한 무리로 분류된다는 이론은 모든 면에서 받아들여지고 있다. 그리고 이러한 사실에서 의문이 제기된다는 것도 매우 합당하다. 만약 모든 동물이 공통의 선조에서 나와 단계적으로 변화한 것이라면 어떻게 이렇게 큰 차이가 존재하는 것인가? 진화론을 믿는 우리는 이렇게 답변한다. 이러한 차이가 한때는 존재하지 않았다고, 서로 다른 동물을 연결해주는 과도기적 형태가 과거 한 시대에는 존재했으나 그것이 죽어 사라졌다고 말이다. 그러면 다음에는 당연히 이 멸종한 생명체를 증거로 내보이라는 주장이 뒤를 따른다.

헉슬리는 이런 말을 한 후에, 자신 같은 진화론자들이 그 증거를 보여야 한다는 주장은 전적으로 옳다며, 파충류와 조류 사이의 차이점에 초점을 맞추어, 두 가지 화두를 공개적으로 제시했다. "조류화석이 현재 살아 있는 조류보다 파충류에 가까운 면이 있는가?"와 "파충류 화석이 현재 살아 있는 파충류보다 조류에 가까운 면이 있는가?"였다. 그리고 첫 번째 질문에 대한 긍정적 대답을 제시하기 위해서 시조새 화석을 내세웠다. 발톱이 달린 분리된 발가락과 길고 뼈가 많은 꼬리를 증거로 내세우면서, 헉슬리는 이렇게 단정 지었다. "그러므로 지금까지 알려진 것 중 가장 오래된 조류는 특정 부위에서 현대 조류보다 분명 파충류 구조에 가까운 형태를 보인다."

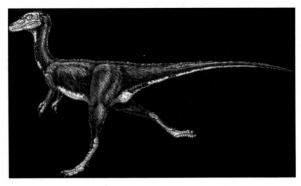

콤프소그나투스 롱파이프(Compsognathus Longpipes)

두 번째의 질문에 대한 긍정적 대답으로는, 당시 졸른호펜에서 발견된 콤프소그나투스 롱파이프(Compsognathus Longpipes)를 내세웠다. 이 몸집이 작은 동물은 분명히 공룡이었지만, 그전까지 알려진 공룡에 비해 훨씬 조류에 가까운 모습을 하고 있었다. 헉슬리는 보강 증거로, 암석에서 발견된 공룡 발자국과 현대의 새 발자국 사이의 유사함도 내세웠다. "그러므로 조류 강(綱)의 뿌리가 공룡과 같은 파충류에 있다는 가설에는 허황되거나 부조리한 면이 없다." 이렇게 오언이 내놓은 공룡 이론을 역이용해서 그의 주장에 반기를 들었다. 그렇지만 오언은 예상과 달리 침묵했다. 불독의 이빨을 피해서 조용히 박물관 안에 머물러 있었다.

얼마 후에 시조새의 두개골 화석이 다른 암석층에서 또다시 발견되었고, 그것 역시 파충류와 같은 이빨을 가졌으나 두개골이 새와 유사하다는 사실이 밝혀지자, 헉슬리의 주장은 폭발적인 지지를 얻게 되었고, 오언은 더 깊은 침묵 속으로 침잠해 들어갔다.

그렇지만 기대와 달리, 더 이상 그것과 유사한 화석은 발견되지 않았고, 이후 몇십 년간 새로이 다른 종들이 더 발견됨에 따라 파충류와 공룡, 공룡과 조류의 관계에 대한 혼란은 도리어 가중되어 갔다. 결국, 다양한 이론들이 다시 생겨났지만, 핵심 쟁점은 여전히 그대로였다. 공롱이 조류의 직접적인 선조인가, 아니면 트라이아스기 파충류가 공룡과 조류의 공통 선조인가?

박물학을 전공으로 하는 학자들은 대체로 조류와 파충류가 공통 조상인 조룡의 후손이라는 데 동의했다. 공룡들 사이에서 발견되는 여러 차이점 때문에, 조류가 공룡의 직접적인 후손이 아니라고 믿었다. 반면에 공룡과 조류가 직접적으로 연관돼 있다고 믿는 과학자들도 다수 있었는데, 그들은 공룡과 조류에서 나타나는 유사점을 중시했다.

두 주장은 처음에는 비등한 균형을 유지했지만, 시간이 흐르면서 조룡의 위상이 조금씩 올라갔다. 그런 데는 당대 최고 학자 하일리만의 입김이 거세게 작용했다. 『조류의 기원(The Origins of Birds)』의 저자였던 그는, 특정 공룡(코엘루로사우루스)과 조류의 유사점을 인정하면서도, 창사골이나 창사골을 형성하는 것으로 알려진 쇄골이 코엘루로사우루스에게 없음을 증거로, 둘은 서로 관계가 없다고 주장했다. 창사골의 유무는 조류를 판정하는 데 필수적인 요소였기에, 하일리만은 코엘루로사우루스가 조류의 조상이 될 수 없고, 파충류적 조류의 조상은 트라이아스기의 조룡일 거라고 주장했다.

코엘루로사우루스

그리하여 공룡과 조류 연관설은 점점 스러져 갔고, 그 대신 조룡이 하늘 높이 비상하게 됐다. 정말 이렇게 확정되는 건가? 그럴 가능성이 높았다. 존 오스트롬이 몬태나의 황무지에서 발견한 유골들을 하나로 합치기 전까지는 분명히 그랬다.

당시의 상황과 파충류와 조류에 관한 쟁점도 충분히 알아봤으니, 이제 오스트롬이 발견한 '갈고리 발톱'에게로 다시 시선을 모아보자. 데이노니쿠스의 이빨에 톱니가 있고, 앞발이 물체를 움켜잡기 쉽게 돼 있는 것으로 보아, 육식성이며 두 발로 보행하는 수각아목(獸脚亞目)에 속한다고 할 수 있다. 여기에는 티라노사우루스도 포함되는데, 데이노니쿠스의 키는 티라노사우루스의 5분의 1밖에 되지 않았지만, 그 발톱은 티라노사우루스만큼이나 컸다.

오스트롬은 데이노니쿠스의 습성과 전체적인 자세를 그리기 위해서 노력했다. 데이노니쿠스 유골과 함께 발견된 것 중에는 초식 공룡 테논토사우루스가 있었기에, 오스트롬은 그것이 데이노니쿠스의 먹이였을 거로 추측했다. 그런데 도대체 어떤 방법으로 자신보다 몸집이 큰 상대를 공격했을까? 앞발은 보행하는 데 쓸 수 없으니 먹잇감을 사냥할 때는 뒷다리로 점프할 수밖에 없는데, 과연 그만큼 민첩하고, 서서 공격할 수 있을 만큼 균형감각도 좋았을까? 자문해 봤지만, 회의적인 답만 나왔다. 물론, 그렇게 의구심이 지속된 데는 파충류가 느리고 엎드려 있기를 좋아할 거라는 선입견도 상당히 작용했을 것이다.

고심하던 그는 데이노니쿠스의 꼬리에 시선을 모으게 됐다. 몸길이의 반 정도 되는 긴 꼬리를 자세히 살펴보니, 매우 독특했다. 척추가 여러 개의 얇고 나란한 막대로 싸여 있었다. 오스트롬은 그 막대로 보이는 것이 근육을 꼬리 끝까지 연결하고, 도마뱀이나 악어처럼 꼬리를 양옆으로 흔들 수 있게 해주는 힘줄이라는 것을 곧 깨달았다. 다른 파충류와는 달리 데이노니쿠스의 그 힘줄은, 꼬리 끝까지 연결돼서 꼬리를 상하로 움직일 수도 있고, 뼈처럼 골화(骨化)돼 있었다. 이런 꼬리의 메커니즘은 움직일 때 균형을 잘 잡을 수 있게 한다. 그리고 데이노니쿠스의 골격을 보면, 몸체는 수평을 이루고 목이 구부러져 위로 올라왔을 가능성이 높다. 이런 구조라면 꼬리가 땅에 닿지 않게 된다.

생각이 거기까지 이르자, 획기적인 파충류의 모습이 그의 눈앞에 그려졌다. 느리고 게으른 모습이 아니라 민첩한 약탈자의 모습이었다. 전체적인 실루엣이 타조나 화식조 같은 새의 모습에 가까웠다. 그렇게 역

동적이었다면 냉혈동물이 아니라 조류처럼 온혈동물이었을 가능성이 높다.

그의 생각은 너무도 파격적이었기에, 선뜻 동의해주는 학자가 없었다. 그러나 데이노니쿠스가 조류와의 여러 가지 유사점을 가지고 있다는 것은 부정할 수 없는 사실이어서, 거의 유기되다시피 했던 공룡과 조류의 직접적 연관설은 부활하게 됐다. 그러자 학자들은 시조새를 다시 떠올렸다. 그리고 시조새에게 "너, 정말 새가 틀림없냐?"라는 질문을 다시 던지기 시작했다.

화식조 화식조속(Casuarius)에 속하는 조류의 총칭이다. 뉴기니섬 및 오스트레일리아 북동부 열대림에만 서식하는 매우 큰 날지 못하는 새다

1970년대까지 발견된 시조새 표본은 총 네 점이었다. 깃털의 잔영이 있는 것이 한 점이었고 유골만 있는 것이 세 점이었다. 수가 너무 적어서 그때까지도 많은 사람이 시조새 화석을 찾으러 다녔지만, 새처럼 뼛속이 비어 있는 동물의 유골이 지압을 견뎌내기가 쉽지 않다는 것을 모두 잘 알고 있었다.

아무튼, 고립된 섬 안에서 고심을 거듭하고 있던 오스트롬은 시조새의 표본들을 다시 찬찬히 살펴보기로 작정하고 장도에 올랐다. 표본이 있는 런던, 마르부르크, 베를린을 거쳐, 졸른호펜 채석장까지 날아갔다. 그곳에서 시조새 화석 말고도 진귀한 익룡의 유골도 보게 됐고, 그걸 계기로 시조새와 익룡의 차이점에 대해서도 다시 생각해보게 됐다.

도리어 더 무거워진 과제를 안고 귀국하는 길에, 그는 네덜란드 하를렘에 있는 테일러 박물관에 들렀다. 그런데 복잡해진 머리나 식힐 요량

으로 아무 기대 없이 방문한 그곳에서, 오스트롬은 뜻밖의 횡재를 하게 된다.

관람객이라고는 자신뿐인 그 박물관을 산책하듯 서성거리다가 그는 우연히 '익룡'이라는 명판이 붙어 있는 표본을 보게 됐다. 그런데 그가 보기에 그것은 익룡이 아니었다. 불과 며칠 전에 졸른호펜에서 익룡의 유골을 봤기 때문에, 익룡이 표본의 주인이 아님을 단번에 알아챌 수 있었다. 그는 무릎을 구부려 표본을 자세히 관찰했다. 아…! 그건 시조새였다. 시선을 비스듬히 기울이자 석판 위에 깃털 자국이 어렴풋이 드러났다. 그는 자신의 눈을 의심하며 여러 각도에서 다시 살펴봤다. 시조새가 틀림없었다. 1857년에 발견됐다고 하니까, 그 시조새는 100년 이상이나 익룡 취급을 받아온 셈이다. 더욱 어처구니없는 일은, 그 오판을 한 당사자가 메이어였다는 사실이다. 1861년에 최초로 공룡화석에 '시조새'라는 이름을 붙여준 바로 그 학자 말이다.

오스트롬은 관장을 찾아가 익룡 표본에 대한 진실을 알렸다. 급히 달려와 표본의 깃털 흔적을 확인한 관장의 눈에 환희의 눈물이 고였다. 관장은 벅차오르는 희열을 주체하지 못해 하늘을 향해 큰 소리로 감사기도를 드렸다.

그러자 그때야 오스트롬은 큰 실수를 했음을 자각하게 됐다. 그는 자신의 순진함을 자책했다. 싼값에 보물을 구입할 수 있는 기회였는데, 순진함 때문에 좋은 기회를 날려버렸다는 생각이 들자, 그 자리에 절로 주저앉게 됐다. 관장은 고맙다는 인사도 없이 화석을 들고 그 자리를 떠났다. 오스트롬은 허탈하게 그의 뒷모습을 바라보았다. 그는 인간 화석이 되어 그 자리에 한참 동안 주저앉아 있었다.

얼마쯤 지났을까, 그의 등 뒤에서 새의 날갯짓 소리가 들려왔다. '시조새에 미쳐 있다 보니, 이젠, 환청까지 들리는군.' 그는 진열장에 비친 자신의 생경한 모습에 조소를 보내며, 자리에서 일어났다. 그런데 날갯짓 소리가 계속해서 들려왔다. 음원 쪽으로 저절로 고개가 돌아갔다. 그 소리는 새의 날갯짓 소리가 아니라 관장의 발자국 소리였다. 관장이 종종걸음으로 다가오고 있었다.

관장은 어리둥절해 있는 그에게 낡은 신발 상자를 건네줬다. 상자의 뚜껑을 열자, 놀랍게도 그 안에는 시조새의 화석이 들어 있었다. "자, 가져가세요. 교수님이 우리 테일러 박물관을 유명하게 만들어 주셨습니다." 환한 미소를 짓고 있는 관장의 모습이 천사처럼 보였다. 세상에! 살다 보니 이런 일도 생기는구나. 그는 자신의 순진함을 자찬하며 시조새를 끌어안았다.

오스트롬이 시조새 화석을 재발견한 건 사실이지만, 학계에 정식으로 보고하려면 형식을 제대로 갖춰야 했다. 우선 새 표본의 **뼈**를 자세히 관찰하고 다른 시조새 표본과 비교할 필요가 있었다. 그런데 시조새 화석은 관찰하면 할수록 공룡과 비슷한 특징들이 더 확연하게 드러났다. 턱뼈, 이빨, 척추, 어깨 일부가 모두 수각아목 공룡과 유사했는데, 발과 발목은 그 정도가 더욱 심했다. 시조새와 데이노니쿠스의 발목에는 모두 반달 모양의 발목뼈가 있어 발목을 360도 돌릴 수 있다. 날갯짓을 하는 데 필수적인 그 뼈는 일부 수각아목 공룡과 새에게서만 발견된다. 그렇기에 각각 독립적으로 진화했다고 보기가 곤란하다. 그래서 시조새와 데이노니쿠스를 해부학적으로 분석하고 난 뒤, 오스트롬은 그 둘이 가까운 친척 관계라고 믿을 수밖에 없게 됐다. 1973년, 마침내 그는 자신의 명예를 걸고 획기적인 연구결과를 발표했다.

만약 시조새 표본에서 깃털 흔적이 제대로 보존돼 있지 않았다면, 이것은 모두 공룡으로 분류됐을 것이다. 여기서 내릴 수 있는 유일한 논리적 결론은 시조새가 쥐라기 초기나 중기의 수각아목 공룡으로부터 나왔을 것이라는 점이다. 이 계통 발생론에서 얻을 수 있는 또 다른 중요한 의미가 있다. 바로 '공룡'이 멸종하기 전에 후손을 남겼다는 것이다.

그는 조류가 공룡을 조상으로 뒀다는 주장에서 멈추지 않고, 사실상 조류가 공룡이라는 주장도 했다. 논란에 휩싸일 수 있는 주장이었지만, 같은 해 다른 시조새 표본이 발견되면서 그의 주장에 힘을 실어줬다. 엄밀히 말하자면 그 표본은 새롭게 발굴된 것은 아니고, 1951년에 발견돼 콤프사그나투스(Compsognathus)로 이름 붙여졌던 수각아목 화석이 15년 후 재검사를 받고, 자기 정체를 찾은 것이었다. 아무튼, 그 표본은 오스트롬이 학계 중심에 서는 데 큰 도움을 주었다.

콤프사그나투스

총 여섯 점의 시조새 화석 중 세 점이 처음에 익룡이나 공룡으로 오판된 것을 보면, 오스트롬의 주장처럼 시조새가 깃털만 아니었어도 공룡으로 분류됐을 거라는 주장에 신뢰가 가지만, 학자들의 의견이 쉽사리 일치되지 않았다. 그런데 얼마 후 이견들을 완전히 잠재울 강력한 증거가 나타났다.

그 증거는 척추동물 고생물학회의 연례회의에 참석한 큐리 박사가 가져온 사진을 통해서 실루엣을 드러냈다. 미국 자연사박물관에 모여 있던 참석자들의 이목이 필립 큐리 박사가 중국에서 가져온 사진 한 장에 집중됐는데, 그 사진에는 라오닝 성의 한 농부가 발견한 화석이 담겨 있었다. 약 90㎝ 크기를 가진 콤프소그나투스 모양의 화석은 등

줄기를 따라 깃털 같은 털을 갖고 있었다.

그 사진은 오스트롬을 거의 쇼크 상태에 빠뜨렸다. 깃털이 달린 공룡이 존재했단 말인가? 하늘을 나는 데 아무 필요가 없는 그 깃털을 그 공룡이 왜 가지고 있었을까? 큐리 역시 그 이유에 대해 아는 바가 없었지만, 만약 이 화석이 페이크가 아니라면, 오스트롬의 주장에 방점을 찍어줄 것이다.

그 화석의 실물을 보기 위해서 미국의 과학자들이 중국으로 날아갔다. 1997년 봄에 오스트롬을 포함해 총 다섯 명의 과학자들이 중국으로

시노사우롭테릭스

가서 시노사우롭테릭스(Sinosauropteryx)라는 이름의 화석을 실제로 보았다. 페이크가 아니었다. 화석은 실제로 존재하고 있었다. 오스트롬은 살아서 그러한 것을 볼 거라고는 상상조차 하지 못했다.

그러나 그 놀라운 발견은 그것으로 끝나지 않았다. 그 이후로도 털이 달린 수각아목 공룡이 지속적으로 발견됐으며, 그중에는 시노니토사우루스 밀레니(Sinornithosaurus millenii)처럼 결이 있는 깃털을 가진 것도 있었다. 학술적으로 그 공룡들은 '비(非)조류 깃털 달린 공룡'이라 불린다. 날개는 없었지만 깃털은 있었던, 아주 이상한 생물이 아주 오래전에 지구에서 살았던 것이다.

그리고 오랜 기간의 연구를 통해서, 조류에만 있는 것으로 알고 있던 특징들이 일부 수각아목에서도 존재했다는 사실이 확실히 밝혀졌다. 그중에는 창사골이나 360도로 회전하는 발목뼈 등이 포함돼 있었다. 고생물학자 루이 키아피는 이렇게 말했다. "조류의 특성을 획득하거나

그러한 특성을 지니도록 진화한 수각아목 공룡에 대해 점점 더 많은 것을 알아낼수록, 무엇이 조류이고 무엇이 조류가 아닌지의 경계가 흐릿해지고 있다."

그렇다면 이 흐릿한 경계야말로 진화적 변천의 특징이라고 할 수 있지 않을까? 하지만 미스터리가 말끔히 정리된 것은 아니다. 전체적인 구조적 진화에 대한 설명은 되었는지 몰라도, 특정 신체기관의 전이과정에 관한 설명은 여전히 부족한 상태다. 그런 이유로 조류가 파충류로부터 진화했다고 믿는 진화론자 사이에서도 어느 파충류에서 조류가 진화했는지에 관해서는 의견의 일치를 보지 못하고 있다.

파충류와 조류는 여러 면에서 매우 다르다. 조류는 날기에 적합한 유선형 몸매를 가지고 있으며, 비행 중에 평형을 유지하도록 체중이 집중되어 있다. 뼈는 속이 비어있어서 가볍고 호흡기관의 부분이기도 하다. 또한, 비행을 위한 강력한 근육과 어깨뼈에서 도르래 구조로 연결된 긴 힘줄이 있다.

그리고 무엇보다 특별한 것은 깃털과 특수한 허파다. 조류의 깃털은 가볍고, 강하고 공기역학적인 형태를 보이며, 정교한 깃털 가지(barbs)와 고리구조(hooks)도 가지고 있어서 비행에 적합하게 되어있는데, 이 구조는 깃털을 방수(waterproof)가 되도록 만들며, 부리로 다듬으면 주저앉은 깃털이 쉽게 공기역학적 형태로 복원되게 한다.

다수의 학자들이 깃털은 파충류의 비늘(scales)이 변한 것이라고 하지만, 비늘은 피부표면에 접혀서 있고, 깃털은 깃털 가지, 작은 깃털 가지, 고리 등의 복잡한 구조를 가진 채 심어져 있는 형태다. 깃털의 발생과정 또한 비늘과 완전히 다르며, 털처럼 피부 내부의 모낭에서 발생한다. 분자 생물학적으로 분석해도 비늘과 깃털 사이의 간격이 너무 멀고, 깃털의 조성을 암호화하는 정보도 비늘을 조성하는 암호와는 상당히 다르다. 또한, 깃털 단백질(Φ-keratins)은 피부나 비늘 단백질 (α-keratins)과 생화학적으로 완전히 다르다.

어떤 학자들은 공룡이 단열효과를 위해 깃털을 가지게 되었고, 그것이 나중에 날 수 있게 진화되었다고 주장하지만, 단열(heat insulation)을 위한 선택은 비행을 위한 선택과는 아주 다르기에 쉽게 공감을 얻어내지 못하고 있다.

날지 못하게 된 새들의 경우, 깃털이 원래 구조의 많은 특성을 잃어버려 털처럼 되었다. 날지 못하는 새들은 돌연변이로 인해 공기역학적 깃털 구조를 잃어버려도 나는 새들에 비해 불리할 것이 없다. 그러므로 자연선택은 날지 못하는 새들을 제거하지 않을 것이고, 심지어 그런 퇴화를 보인 개체를 선택할지도 모른다.

그리고 비행과 깃털 구조를 잃는 것은 정보를 잃는 것이므로, 정보의 증가를 필요로 하는 진화론과는 무관하다. 이 경우 중요한 것은 깃털이 절연성을 제공한다는 점이며, 포유류의 경우처럼 털 같은 구조도 문제가 되지 않는다. 다시 말하면, 만일 깃털이 절연을 위해 필요했다면, 자연선택은 비행용 깃털이 생기지 않도록 작용했을 것이다. 이것은 털 같은 깃털(hairy feathers)로도 충분하기 때문이다.

깃털 문제 못지않게 쟁점이 많은 게 허파라는 기관이다. 파충류의 허파에서는 공기가 작은 허파꽈리로 빨려 들어오면, 그곳에서 혈액이 산소를 취하고 탄산가스를 배출한다. 그리고 탁한 공기는 신선한 공기가 들어왔던 통로를 거쳐 다시 빠져나간다. 그러나 새들은 속이 빈 뼈까지 관계되는 매우 복잡한 기낭(air sacs) 조직을 가지고 있어서, 공기를 허파에서 부기관(parabronchi)을 통하여 한 방향으로만 흐르게 하며, 혈액은 허파의 혈관을 통하여 그 반대방향으로만 흘러 효율적인 산소 교환이 되게 설계되어 있다.

파충류의 풀무형 허파(공기가 같은 통로로 출입하는 허파)가 어떻게 한 방향으로만 공기가 흐르는 조류의 허파로 진화할 수 있었을까? 아무리 생각해 보아도, 추정되는 중간상태는 제대로 기능을 하지 못해서, 그 단계의 동물은 숨을 쉴 수가 없었을 테고, 그런 이유로 자연선택은 부적절한 중간단계를 제거하여 기존의 조직을 보존하도록 작동됐을 텐데 말이다.

이러한 여러 이유 때문에 조류가 파충류에서 진화됐다는 주장은 늘 불완전하게 인식될 수밖에 없었다. 종 사이의 중간과정을 충분히 설명할 수 있는, 다양한 전이화석이 나타나기 전에는 그 불완전함이 해소될 수 없기에 논쟁이 계속됐다.

다행히 오랫동안 피어올랐던 여러 가지 의구심을 뒤덮는 동시에, 존 오스트롬의 증언에 힘을 실어줄, 결정적인 증거가 21세기 초에 나타났다. 정말 상상 속에서나 그리던, 불가사의한 존재의 화석이 발견된 것이다.

1억 3천만 년이 된 화석 공룡이 놀랍게도 머리부터 꼬리까지 부드러운 솜털과 원시적인 깃털들로 덮인 채, 중국의 요녕(랴오닝, Liaoning) 지방에서 발견됐다. 그것은 몸 전체의 외피가 온전히 보존된 최초의 공룡 발견이며, 동물이 비행을 시작하기에 앞서 깃털을 발달시켰다는 훌륭한 증거였다.

그 화석에 대한 연구는 중국 지질과학 아카데미의 지 퀴앙(Ji Qiang) 박사와 미국 자연사박물관 고생물부 의장 마크 노렐(Mark Norell)이 이끄는 연구팀에 의해서 Nature에 발표되었는데, 그들은 그 공룡이 낫처럼 날카로운 가운데 발톱과 빳빳한 꼬리를 가진 벨로키랍토르와도 밀접한 관계에 있는 공룡으로서, 작고 빠른 드로마에오사우루스류로 보고 있었다.

드로마에오사우루스류는 진화된 수각류로서, 날카로운 이빨을 가진

이족보행 포식자다. 티라노사우루스 렉스도 이에 포함되는데, 그 골격은 지금의 새들과 놀라울 정도로 흡사하다. "이 화석은, 공룡이 도마뱀 보다는 기묘한 새에 더 가깝게 보였을지도 모른다는 사실을 알려주고 있습니다." 수각류 공룡과 새의 기원에 대해 새로운 아이디어를 이끌어 내었던 마크 노렐 박사가 한 말이다.

그 공룡의 골격은 마치 긴 꼬리에다 과도하게 큰 머리(이것이 어린 개체였음을 말해준다)를 가진 커다란 오리와 비슷한데, 머리와 꼬리는 솜털 같은 섬유들로 덮여 있고, 나머지 부분들은 섬유의 술들이나 잔가지들이 자라나 있으며, 팔의 뒷부분들에는 오늘날 새 깃털의 깃가지와 같이 분지(分枝)구조로 장식되어 있다.

그리고 화석의 보존상태가 매우 좋아서 몸에 원시 깃털들이 부착되어 있는 형태까지도 잘 보여준다. "이제, 비조류 공룡(non-avian dinosaurs)들의 몸이 깃털과 같은 것들로 덮여 있었다는 사실은 논박의 여지가 없다." 지 퀴앙 박사의 단정이다. 드로마에오사우루스류는 조류보다 더 원시적이기 때문에, 이 화석은 깃털이 비행 이전에 발달했음을 뒷받침해준다.

이처럼 날 수 없는 공룡들은, 아마도 보온을 위한 필수장비의 일환으로 깃털을 진화시켰을 것이다. 이에 대해 노렐은 다음과 같이 주장했다. "지금의 새들은 항온동물이며, 그들의 깃털은 몸을 따뜻하게 유지하는 필수적인 역할을 수행하고 있기 때문에 비조류 공룡들이 항온성을 발달시킴과 동시에 원시 깃털을 발달시켰다는 아이디어는 타당하다. 이처럼 작은 공룡들, 그리고 심지어는 티라노사우루스 렉스와 같이 거대한 공룡의 새끼들까지도 체온을 유지하기 위해서 몸을 깃털 같은 것으로 덮을 필요가 있었을 것이다."

이유가 어떠하든 전신이 깃털로 덮여 있는 공룡이 이미 있었다면, 파충류와 깃털의 구조적 차이나 분자적 차이는 조류의 조상을 공룡으로 삼는 데 더는 걸림돌이 될 수 없고, 체형의 차이 역시 장구한 세월을 고려하면 큰 문제로 삼기 곤란해지기 때문에, 오스트롬의 주장을 신뢰할 수밖에 없게 된다. 노렐의 발견이 있을 후에도 오스트롬의 주장을 뒷받침해줄 발견은 계속 이어졌다. 마다가스카르, 몽골, 파타고니아, 그리고 스페인을 포함한 전 세계 화석 발굴지에서, 새 같은 공룡과 공룡 같은 새의 화석들이 지속적으로 발견되었다.

2012년 9월에 중국 연구팀이 찾아낸 깃털 달린 수각류 공룡 '안키오르니스 훅슬레이아이'는 그에 대한 특별한 주석 때문에 특히 눈에 띈다. 연구팀은 그 화석의 깃털을 분석해서 공룡의 몸 색깔을 추정하는 연구논문을 과학저널 『사이언스』 온라인판에 냈는데, "몸통은 짙은 회색이며 얼굴에는 적갈색 반점과 볏이 있고, 긴 날개는 흰색 바탕에 검은 무늬가 있었던 것으로 보인다."고 발표했다. 29개 화석 깃털을 주사전자현미경(SEM)으로 정밀 검사해서, 멜라닌 색소를 함유한 세포 소기관인 멜라노솜(melanosome) 구조를 분석했으며, 이런 분석결과를 현존하는 새들의 깃털 색소와 비교하는 방법으로 이런 형상을 추정해냈다고 한다.

2013년 9월에는 『네이처』에 화석 공룡의 색깔에 대한 또 다른 연구결과가 발표되기도 했다. 중국과 영국 연구팀은 1억 2천만 년 전에 살았을 것으로 추정되는 공룡 '시노사우롭테릭스'(Sinosauropteryx)의 털을 주사전자현미경으로 분석해 '머리에서 등까지 한 줄로 길게 이어진 오렌지 색깔의 털에다 빨강-하양 줄무늬의 긴 꼬리를 지니고 있었을 것'으로 추정된다는 연구결과를 내놓았다.

아무튼, 이런 여러 가지 발견과 연구가 지속되면서, 육식공룡이 조류로 진화했다는 사실에 대한 믿음이 학계에 널리 퍼지게 되었는데, 2014년 여름에는 보다 혁신적인 연구 결과가 발표되면서, 그때까지 혁신적인 것으로 여겨졌던 의견마저 재차 수정을 강요당하게 됐다.

그 쇼킹한 연구 결과는 2014년 7월 28일자 사이언스맥에 개재되었다. 초식공룡이 2억 400만 년 전 지구에 나타났을 때부터 깃털을 갖고 있었다는 주장이다. 그 이전까지는 육식공룡들만 깃털을 갖고 있다고 알려졌었다.

러시아 천연자원 연구소의 시니스타와 벨기에 왕립 자연과학 연구소의 파스칼 고데프로이트는 초식공룡 '쿨린다드로메우스 자바이칼리쿠스(Kulindadromeus zabaikalicus)'이 간단한 깃털과 복잡한 깃털 모양을 모두 갖고 있다며, 그 화석을 공개했다. 그 공룡은 1억 7,500만 년 전의 공룡으로 몸통, 머리, 가슴에 섬유 모양의 깃털 구조체를 갖고 있었다. 그리고 팔과 다리에는 더욱 복잡한 깃털 모양의 구조체가 있었다.

그 발견은 기존 통설과 배치되는 것이다. 그동안 학계는 1억 5,000만 년 전에 살았던 육식공룡에서만 복잡한 깃털 구조체를 발견해냈다. 초식공룡 화석에서도 깃털과 비슷한 구조체가 가끔 발견되긴 했지만, 너무 단순해서 초식공룡들에게 깃털이 있었다는 증거로 삼기에는 부족했다. 그렇지만 이제는 광범위한 종류의 공룡들이 깃털을 가졌을 거라고 추측할 수밖에 없게 됐다.

현재의 우리는 모든 공룡과 조류 사이에 다양한 진화의 끈이 연결되어 있을 거라는 사고를 열어놓고 있다. 하지만 조류의 선조에 관해서는 수각류 공룡에 시선이 집중되어 있음도 부정할 수 없다. 특히 모든 진보된 수각류 중에서도 드로마에오사우루스류가 조류와 밀접한 관계에 있을 거라고 생각하고 있다.

그렇다면, 파충류에서 조류로의 진화가 일어나게 된 동인은 과연 무엇이었을까? 이런 의문에 대하여, 예일대학의 진화생물학자 리처드 O. 프럼 박사는 '나무 강하(trees down)' 가설을 내세운다. 나무 위에 살던 트라이아스기의 파충류들이 포식자로부터 도망칠 때, 나무에서 뛰어내리는 데 유리해지도록 비늘이 깃털로 진화됐으며, 이들 조류의 조상이 조금씩 활공을 하게 되면서 하늘을 나는 새로서 진화하게 됐다는 추정이다.

최근 들어, 과학자들은 새와 깃털의 기원, 그것과 파충류의 연관성에 대해 상당 부분을 규명해냈다. 프럼 박사의 표현을 빌자면, 진화조류학의 비밀을 담은 세 개의 금고 중 두 개를 열었다고 한다. 나머지 하나도 머지않아 열릴 것이다.

그렇지만 우리는 그 비밀의 금고를 처음 열기 시작한 인물이 존 오스트롬(John Ostrom)이며, 그의 영향력이 아직도 살아있음을 잊어서는 안 될 것이다.

물고기에 다리를 달아준 닐 슈빈

틱타알릭을 '잃어버린 고리'라고 부르는 것은 물에서 육지로의 생물 변천을 증명하는 화석이 단 하나뿐이라는 뜻도 됩니다. 틱타알릭은 일련의 과정에 있는 다른 화석과 함께 비교할 때 진정한 의미가 생깁니다. 그러나 이것은 유일한 연결고리가 아닙니다. 나라면 그것을 '잃어버린 연결고리 중 하나'라고 부르겠습니다. 또한, 이

닐 슈빈(Neil Shubin 1960년 출생) 미국 고생물학자이자 진화생물학자. 콜롬비아 대학과 UC 버클리에서 수학했으며, 하버드대학에서 박사학위를 취득하였다. 시카고 대학에서 교수를 거쳐서, 필드 자연사박물관의 총책임자로 근무했다.

것은 더 이상 잃어버린 것이 아니지요. 바로 찾아낸 연결고리입니다. 이번 여름에 제가 더 찾고 싶은 것이야말로 잃어버린 연결고리지요.

틱타알릭 로제를 발견한 후에도 데본기 화석이 아직 부족하다며 닐 슈빈(Neil Shubin)은 다시 탐사여행을 떠났는데, 그때 그가 한 말이다. 과장된 겸손인지, 진정한 속내를 밝힌 것인지는 중요하지 않다. 그가 시조새와 함께 진화론의 아이콘이 된 틱타알릭을 발견했다는 사실이 중요할 뿐이다.

틱타알릭이 발견되기 전에는 확실한 어류인 유스테놉테론(3억 8,000만 년 전)과 확실한 양서류인 아칸토스테가(3억 6,500만 년 전) 사이가 비어 있었는데, 3억 7,500만 년 전의 암석에서 나온 틱타알릭이 그 공간을 메워줌으로써, 미싱 링크 하나를 가볍게 해결해 줬다.

닐 슈빈은 미국혁명의 유적지인 필라델피아에서 자라났기에, 청소년기에는 주변 유적지와 관련된 고고학에 많은 관심을 가지고 있었다. 그런 취향이 바뀐 것은 콜롬비아 대학에 입학한 후였다. 생명의 역사에 더 큰 미스터리가 숨어 있다는 것을 알고 난 후, 고고학보다 고생물학에 더 큰 관심을 두게 됐다. 그리고 UC버클리 대학에서 고생물학 학사과정을 마친 닐이 본격적으로 현장 탐사를 시작한 건 대학원에 입학한 후였다.

젠킨스(Farish Jenkins) 교수의 지도 아래서 탐사를 하던 그는 애리조나 주의 한 지층에서 초기 포유류의 작은 화석을 찾아냈다. 미약한 시작이었지만, 아득히 먼 옛날의 생물과 교감했다는 사실에 그는 감격했다. 지도교수는 화석을 다루는 데 필요한 여러 가지 기술과 도구 사용법, 마음의 자세 등을 소상하게 가르쳐주었지만, 닐은 자신이 주도하는 탐사작업을 하고 싶다는 욕구 때문에 그의 둥지 안에 계속 머물러 있을 수 없었다.

그는 첫 번째 목표를 포유류의 기원을 찾는 것으로 정했는데, 그건 2억 1만 년 전의 암석 속에서나 찾을 수 있었다. 그 암석지대가 그리 멀지 않은, 캐나다 동부의 노바스코샤에 있다는 사실을 알아낸 그는, 동료 몇 명과 함께 펀디 만으로 떠났다. 그리고 그곳에서 고생물학자로서의 첫 번째 수확을 거뒀다. 트리테로돈트의 턱뼈를 발견한 것이다. 파충류와 포유류 사이에 존재했던 과도기적 생물의 화석은 흔한 것이 아니었지만, 그 고리를 찾은 사람은 그 말고도 여러 명 있었다. 이듬해, 같은 곳에서 도마뱀과 유사하게 생긴 초기 포유류의 유골과 트리테로돈트의 몸통뼈를 채집한 후, 어류와 척추동물 사이의 잃어버린 연결고리로 관심을 옮겨갔다.

척추동물이 육지로 올라온 것은 데본기 후반으로 추정되고 있다. 그 시대 전까지만 해도 척추동물이라고는 바닷속 어류밖에 없었다. 그간 발견된 척추동물 화석 중에는 지느러미가 팔다리로 변천하는 과정이나 발이 넷 달린 척추동물이 발생하는 기원을 보여주는 것이 몇 가지 있었다.

유스테노프테론

예를 들어 유스테노프테론과 판데릭티스 같은 물고기는 약 3억 8,500만 년 전후에 살았는데, 지느러미가 골격 구조를 가지고 있었다. 마치 사지동물처럼 상박골과 하박골이 있었다. 그렇지만 손목이나 손가락과 같은 기능을 하는 부위는 없었다.

대략 3억 6,500만 년 전의 아칸토스테가 같은 동물에 이르러서야 비로소 사지동물 특성이 확연히 나타나는데 손가락이 무려 여덟 개나 된다. 그런데 문제는 완전히 발달한 팔다리와 초기 어류의 지느러미 사이의 간극이 너무 크다는 점이다. 그래서 그 간극을 메우는 것을 닐과 그의 제자 테드 대쉴러가 목표로 삼은 것이다.

다행히 펜실베이니아 주에는 데본기 지층이 많았다. 그래서 그 화석을 찾기 위해 먼 곳으로 갈 필요가 없긴 했지만, 그 지층을 품고 있는 땅이 대부분 숲과 빌딩으로 덮여 있어, 노출된 지층을 찾을 수 없다는 게 문제였다.

재원이 부족해서 큰 프로젝트는 세우지 못했지만, 1990년대 중반까지 사제는 도로변을 따라가며 탐사를 계속했다. 성과는 있었다. 데본기 후기의 암석층에서 물고기 비늘을 발견했다. 첫 성과는 그렇게 미약했는데, 닐이 다른 탐사문제로 그린란드에 가 있는 동안, 테드가 혼자 레드 힐을 찾아갔다가 제법 큰 발견을 해냈다. 사지동물의 어깨를 찾아낸 것이다. 그린란드 외의 지역에서 데본기 후기의 사지동물 화석이 발견된 건 그게 처음이었다. 닐 슈빈은 그 상완골 구조를 분석하여, 그것이 위팔을 구부릴 수 있는 육식성 네발 동물의 것이며, 위팔을 구부리는 것은 동물이 바다에서 육지로 이동하는 데 필요한 진화의 한 과정이라는 사실을 지적했다.

그는 그 네발 동물의 상완골은 물고기의 지느러미 뼈와는 아주 다른 것으로, 운동선수가 팔굽혀펴기로 윗몸을 일으키는 것처럼 새로운 능력을 발휘한 것으로 보았다. "이 동물은 물에서 숨쉬기 위해 머리를 물 밖으로 내밀거나 얕은 물에서 걸어 다닐 수 있도록 하는 등 여러 가지 이유에서 진화했을 가능성이 있다. 이 동물이 육지에서 걸어 다녔을 가능성도 배제할 수 없다." 그 시기에 발견된 비슷한 다른 네발 동물들은 아가미와 허파를 둘 다 갖추고 있어 물 안팎에서 모두 숨을 쉴 수 있었던 것으로 알려져 있다.

그 동물의 어깨 관절은 팔을 위아래로 움직일 수 있는 경첩과도 같이 원시적인 형태였다. 슈빈은 그 동물의 어깨관절이 할 수 있었던 단 한 가지 일은 굽혔다 폈다 하는 것이었다면서 '이는 우리의 공동 조상들이 오늘날 사람의 어깨 관절처럼 정밀하게 진화하기 전에 거쳤던 과정'이라고 부연했다.

슈빈은 그 상완골 발견에 고무되어 그 화석 근처에 있던 거대한 퇴적암을 정으로 쪼개기 시작했다. 큰 기대를 하지 않고 시작했지만, 유의미한 도전이었다. 상당한 성과가 있었다. 그들의 시선을 가장 먼저 붙잡은 것은 커다란 물고기 지느러미였다. 그것은 일반적인 물고기의 지느러미와는 확연히 달랐다. 지느러미 안에 뼈가 들어 있었다. 한 달 동안 더 공을 들인 결과, 뼈로 어깨에 연결되어 있는 지느러미 하나와 그 지느러미에서 뻗어 나온 막대 여덟 개를 발견했다. 그 막대 여덟 개는 손가락의 선조처럼 보였다.

그들이 발견한 화석들이 귀한 것임은 틀림없었다. 그렇지만 어류와 사지동물 사이의 큰 빈틈을 메우기엔 턱없이 부족했다. 또한, 그 화석의 부근에 사지동물과 다양한 어류의 화석이 공존하고 있는 것으로 보아, 그 암석의 연대가 그리 오래되지 않은 게 분명해졌다. 그렇기에 그들이 원하는 과도기적 화석을 찾으려면, 그것보다 조금 더 오래된 암석을 찾아내야 했다.

그렇지만 도대체 어디로 가야 그걸 찾을 수 있지? 중국, 남아메리카, 알래스카를 머리에 떠올려봤지만, 너무 막막했다. 그들이 원하는 종류의 화석은 먼 옛날 삼각주의 일부로 흐르던 물줄기의 가장자리나 범람원의 퇴적층 속에 묻힌 것이 보존상태가 가장 좋다. 그런데 그곳에 과연 그런 퇴석층이 있을까? 왠지 그리 개연성이 높아 보이지 않았다.

무력하게 세월만 보내고 있던 어느 날, 닐은 지질학 토론을 위해 자료를 찾던 중에 데본기 후기의 지층을 다룬 지도를 발견하게 됐다. 거기에는 그린란드 동부, 캣스킬, 캐나다의 북극 섬들이 나와 있었다. 그중 특히 눈길이 끌리는 곳은 섬들이었다.

왜 이곳을 생각하지 못하고 있었을까? 지도를 살피던 닐의 눈에 자책과 회한이 피어올랐다. 고생물학자들에게 그곳은 미지의 세계였다. 신비로운 처녀지의 존재를 알게 되자 잠자고 있던 정복욕도 자연스럽게 깨어났다.

그는 정복을 위한 사전 준비에 들어갔다. 우선 제대로 된 지도를 확보하는 일이 급선무였다. 북극해의 섬들은 면적이 194,250㎢에 이르렀고, 대부분이 무인도였다. 모든 섬을 사전 탐사하기엔, 너무 넓고 기후도 혹독해서 현실적으로 불가능했다. 따라서 극단적으로 조사 범위를 좁혀야 했다.

다행히 그 오지 탐사에 관심을 가진 사람은 그들만이 아니었다. 이미 정유회사들이 지난 수십 년간 자연자원을 찾아 그곳을 조사한 바 있었다. 특히 캐나다의 지질학 연구국과 정유회사들의 관심이 높았다. 닐은 정유 지질학회지에 실린 '프랭클린 지향사의 중후반 데본기 쇄설성 분열지대'라는 이름의 지도를 찾아냈다. 1970년대 초반, 애쉬튼 엠브리와 J. 에드워드 클로번이 만든 그 지도에는 여러 섬의 지질학적 구조가 잘 표시돼 있었다. 엠브리의 코멘터리를 읽어 내려가던 닐은 엘레스미어 섬의 남부를 가로지르는 프램 지층에 관한 설명을 주목했다.

프램 지층에 매장된 화석을 보면, 그것이 굽이쳐 흐르는 물길로 인한 퇴적층이라는 것을 알 수 있다. 사암 부위는 과거에 강이 굽이쳐 흐르던 반달 모양의 퇴적층이나 수로를 채운 퇴적물에서 나왔고, 혈암과 미사암 부위는 범람원에서 나온 것으로 볼 수 있다. 프램 지층은 펜실베이니아의 캣스킬 지층과 유사하다.

설명과 함께 실려 있는 사진은 그 퇴적층이 완전히 노출되어 있고, 주변에 나무도 없다는 사실도 단번에 알게 해줬다. 작업하기엔 최적의 환경이었다. 그리고 그런 이유 때문에 그 프램 지층은 자연스럽게 닐의 목표가 됐다.

닐은 일단 엠브리를 찾아가 조언을 얻기로 했다. 테드와 함께 캘거리로 날아가 엠브리 외에도 그와 함께 북극을 탐험했던 베테랑들을 만났다. 그들은 그 지역의 지질, 물자 보급 노하우, 여행 여건 등에 관해 상세히 알려주었다.

그렇지만 어느 때보다 많은 자금이 필요한 탐험이고, 자신의 일천한 경험으로는 성공을 장담할 수 없다고 생각한 닐은 잊고 있던 스승의 모습을 떠올렸다. 닐은 자신의 지도 교수이자 그린란드의 현장 연구팀을 여러 차례 조직한 경험이 있는 젠킨스 교수에게 도움을 청했다. 그러자 그가 동행 제안에 흔쾌히 응해줬고, 스폰서를 구해서 자금문제까지도 해결해줬다.

1999년 봄, 탐험 준비가 잘 진행되고 있었는데 마지막 행정절차에서 갑자기 제동이 걸렸다. 엘레스미어 섬의 누나부트 준주를 목적지로 하고 있던 그들은, 그 지역과 그리스 피요르드 부락으로부터 탐사허가를 얻어내야 했는데 그게 쉽지 않았다. 그 지역 사냥꾼 협회에서 난색을 표명했기 때문이다. 탐험대가 타고 갈 비행기와 헬리콥터 등이 그 지역 야생동물의 생활을 방해하기 때문에, 탐험을 허가할 수 없다는 것이었다. 그들의 거부가 워낙 완강해서 설득하기가 불가능했다. 그래서 닐

일행은 부득이 엘레스미어 섬이 아닌 멜빌 섬으로 목적지를 바꿀 수밖에 없게 됐다.

멜빌에 가려면 콘월리스 섬의 이누이트 부락을 거쳐야 했다. 항공 기지의 역할을 겸하고 있는 그 마을에 도착한 후, 날씨가 좋아지길 기다렸다가 비행기를 탔지만, 마땅한 착륙지를 못 찾아 한참을 헤맸다. 안개로 둘러싸인 툰드라의 섬은 음산했다. 사람과 짐을 대충 던져놓고 조종사가 서둘러 가버리고, 쌍발 비행기의 엔진 소리마저 안개에 묻혀버리자, 그들은 탐험은 차치하고 우선 생존부터 걱정해야 했다. 북극곰의 포효가 아주 뚜렷하게 들려왔기 때문이다. 그들은 배낭을 팽개치고 장총을 집어 들었다. 무기 대신에 담배 파이프를 꺼내 든 건 젠킨스 교수뿐이었다. 곰의 포효보다 더 큰 그의 호탕한 웃음소리가 없었다면 공포 분위기가 지속됐을 것이다. 그리고 그의 노련한 지도가 없었다면 탐험은커녕 텐트도 쳐보지 못하고 돌아올 뻔했다. 이미 북극탐험을 여러 번 해본 노교수는 북극곰은 단독생활을 하기 때문에 여러 명이 모여 있는 사람들을 공격하지 않는다는 사실을 알려주면서 동료들을 안심시켰다.

그러나 대원들은 여전히 주변경계를 늦추지 않았다. 곰이 야영장에 들어와 철사를 건드리면 경보가 울리도록 장치를 해놓았다. 진화 나무의 우듬지에 있는 인간이 하찮은 곰에게 공포를 느껴야 하는 현실 속

멜빌 섬

에서, 닐은 극도로 위축되어 갔다. 황량한 동토에 갇혀서 생명 유지 걱정이나 하는 주제에 탐사작업을 제대로 할 수 있을까? 그러나 그에게는 용감한 스승 젠킨스와 철없는 제자 테드가 있었

다. 두 사람은 야영장 뒤에 있는 언덕에 올라가 금세 물고기 비늘 화석들을 찾아왔다.

　탐험대는 두 번째 야영지에서도 화석을 발견했지만, 원하던 화석은 아니었다. 일행이 탐사한 지역은 옛날에 낮은 강바닥이었던 곳이 아니었고 깊은 물살이 넘실대던 곳이었다. 넷째 주로 접어들자 강풍이 몰려와 보름 동안이나 텐트 안에 갇혀 있어야 했다. 더 이상 기다리는 것이 무의미하다고 여긴 닐은 철수를 하는 게 어떻겠냐고 스승에게 제안했고, 숙고 끝에 그도 동의했다. 별 소득 없이 돌아온 탐사대에 스폰서가 쉽게 나타날 리 없겠지만, 닐은 만약 북극으로 다시 올 기회가 부여된다면 무슨 수를 쓰든지 엘레스미어 섬, 그 프램 지층의 중심부로 가야겠다고 다짐했다.

　간신히 스폰서를 구해서 2,000년의 여름에 닐 일행은 재도전에 나섰다. 목적지는 당연히 엘레스미어 섬이었고, 당국의 도움을 받아서, 집단 이기심을 자연보호로 은폐하고 있던 단체의 착륙 허락도 받아냈다. 캐나다 정부는 학자들의 순수한 뜻을 사냥꾼들에게 다소 강압적인 태도로 전했고, 그들은 순박한 표정을 지으며 그 뜻을 받아들였다.

엘레스미어 섬

　탐험대는 캐나다의 최북단에 있는 그리스 마을까지 비행기로 날아간 다음, 엘레스미어 섬의 프램 지층이 있는 지역까지는 헬리콥터로 이동했다. 탐사팀원은 총 아홉 명이었다. 재원이 풍부하지 못했음에도 불구하고, 열악한 환경 탓에 애초에 계획했던 것보다 훨씬 빨리 줄어들어

갔다. 그렇다고 해도 필수품만 챙길 수도 없는 노릇이었다. 24시간 해가 지지 않는 백야 아래서의 노동은 탐험가의 의욕을 지속적으로 갉아먹었고, 그래서 의욕을 재충전하기 위해 약간의 사치는 불가피했다.

고된 하루를 마무리할 때 닐에게는 마티니 한 잔이 최고였다. 그래서 그는 마티니를 만드는 데 필요한 버무스 술을 수시로 챙겼다. 풍족한 저녁 식사 후에, 팀원 전체가 카드 게임을 즐기며 흥겹게 놀다가 각자의 텐트와 침낭으로 돌아가 잠을 자는 일상이 반복됐다.

다소 호화로운 탐험활동을 했기에 한 달이라는 시간은 꿈결처럼 흘러갔다. 아쉬운 점이 있다면 탐험의 성과가 별로 없다는 것이었는데, 그 문제는 두어 달이 흐른 뒤에야 해결되기 시작했다. 대학원생인 제이슨 다운스가 점심 후 혼자 산책하러 나갔다가 화석을 들고 나타났다. 야영장에서 2km도 정도 떨어진 곳에서 소변을 보기 위해 작은 숲을 찾아갔다가 발견한 것이라고 했다. 늦은 오후였지만 대원들은 새 아침을 기다릴 필요가 없었다. 북극은 백야였으므로.

수확에 목말라 있던 그들은 제이슨의 등을 좇아갔다. 표토만 걷어냈는데도 화석들이 무더기로 쏟아져 나왔다. 그리고 고맙게도 화석의 생김새가 낯설기도 했다. 다른 곳에서 발견된 이빨이나 비늘과는 확연히 달랐다. 그것들이 정확히 무엇인지 알 수 없었기에, 화석이 들어 있는 암석에 회반죽을 입혀 시카고와 펜실베이니아의 실험실로 보냈다. 한 달 후쯤 화석의 정체가 밝혀졌다. 암석에 박혀있던 화석 뼈들은 주로 어류였다. 폐가 있는 폐어, 총기류(Iobe finned), 판피어류 등이 대부분이었는데, 불행하게도 그 화석들은 라트비아에서 이미 발견된 바 있는

판피어류 중 가장 큰 둔클레오스테우스

것들이었다. 기대에 부풀었던 닐이었기에 낙담도 심했다. 주변에 더 둘러볼 곳은 아직 남아 있었으나 탐험 스케줄이 끝나가고 있었다. 닐은 아쉬움이 가득 찬 눈으로 지평선을 바라보다가 쓸쓸히 지평선을 등졌다.

별 소득 없이 집으로 돌아왔지만 닐은 엘레스미어가 샹그릴라라고 믿고 있었기에, 하루에도 몇 번씩 그곳의 정경을 머릿속에 떠올렸다. 그러나 그에게는 돈이 없었다. 그곳에 다시 가려면 무려 12만 달러가 필요했는데, 그것을 조달하는 것은 여간 어려운 일이 아니었다. 다행히 국립 지질학 연구회, 국립 과학협회 등과 여러 대학에서 후원을 받아내어 가까스로 필요 경비를 마련하긴 했다. 하지만 무언가 중요한 것을 찾아내지 못하면 이러한 후원은 모두 허무한 것이 된다. 벌써 두 번의 탐험을 다녀왔고, 그때마다 뚜렷한 성과를 내놓지 못했으므로 닐은 마지막 탐험이라는 심정으로 장도에 올랐다. 6명으로 팀을 짜서 6주 동안의 탐험에 나섰다. 이번에는 성공할까? 성공할 것 같았다. 좋은 조짐이 탐험 초기에 나타났다.

판데릭티스

2004년 7월의 어느 날, 넓은 바위 위에 둘러앉아 점심 도시락을 펼치는 순간, 닐은 바위가 물고기 비늘로 덮여 있다는 사실을 발견했다. 닐은 도시락 뚜껑을 덮고 그 주변을 뒤져 판데릭티스같이 생긴 동물의 턱뼈를 찾아냈다. 그러자 그곳에 자연스럽게 탐사현장이 조성됐다.

그들은 자갈층을 제거하고 비탈을 따라 서로 다른 높이에서 작업을 시작했다. 닐은 비탈 맨 아래 퇴적층에서 이제껏 본 적이 없는 비늘들이 모여 있는 것을 발견하고, 그것을 둘러싸고 있는 암석을 캐내기 시작했다. 드디어 턱뼈 하나가 나왔다. 반갑게도 아주 낯선 것이었다.

다음 날은 더 대단한 발견을 하게 됐다. 닐보다 2m 위쯤의 지층에서 작업하던 스티브 게이치가 이상한 어류 머리를 발견했다고 소리치자, 대원들이 급히 그에게로 몰려갔다. 화석이 머리 앞쪽만을 암석 바깥으로 내밀고 있는 것으로 보아, 뒤쪽에 몸체의 나머지 부분도 있을 것 같았다. 그래서 그들은 화석 주변을 둘러싸고 있는 암석을 조심스럽게 제거해서 화석 부분을 분리해냈다. 동물의 머리는 납작했는데 아주 특이한 모습이었다. 그들은 새로운 것을 발견했음을 확신했다.

예정된 탐사가 거의 끝나갈 무렵, 젠킨스가 그 기괴한 표본을 또 찾았는데 그것은 그때까지 발견된 셋 중에 가장 컸다. 표본 세 개 모두를 회반죽을 입혀 미국으로 보냈다. 팀원들은 분석결과에 대해 큰 기대를 걸고 있었다.

연구실의 학자들은 두 달간의 작업을 벌인 끝에 암석으로부터 동물화석을 완전하게 분리해냈다. 화석의 등에는 물고기처럼 비늘이 달려 있었다. 그러나 물고기와 달리 악어처럼 납작한 머리 모양을 하고 있었다. 그리고 머리와 어깨가 바로 연결된 물고기와 달리, 네발 달린 동물처럼 머리가 목 같은 것으로 이어져 있었다. 또한, 지느러미 속에는 위팔과 아래팔 같은 형태를 한 뼈가 들어 있었다. 무엇보다도 특이한 점은 어느 물고기에도 발견되지 않았던 손목뼈가 있었다는 사실이다. 결국, 그 표본은 물고기와 사지동물이 특징이 뒤섞여 있는 존재였다. 닐이 그토록 찾아 헤맸던 수중과 육지 척추동물 사이의 중간단계 생물이었던 것이다.

최초 발견자에게는 새롭게 발견된 생물화석에 이름을 붙일 수 있는 권리가 있다. 그들은 자신들의 땅에서 작업할 수 있게 허락해준 이누이트 사람들에게 감사하는 뜻으로, 그 생물에 이누이트식 이름을 붙이기로 했다. 그들은 부족의 장로회에 조언을 구했고, 그들이 제시한 이름

중에 '커다란 민물고기'라는 뜻을 지닌 틱타알릭(Tiktaalik)을 골라 속명으로, 최초 후원자의 이름을 따 로제(roseae)를 종명으로 삼았다.

"틱타알릭은 물과 육지 사이에 전이형태의 생물체를 대표한다."라고 젠킨스(Farish Jenkins)가 선언하자, "정말로, 그것은 비상한 것입니다. 우리는 목(neck)을 가진 물고기를 발견했습니다." 웁살라(Uppsala) 대학의 브라제아(Martin Brazeau)가 틱타알릭은 연대가 알려진, 육상동물을 가장 많이 닮은 물고기임에 의심의 여지가 없다고 동조했다.

틱타알릭 로제의 화석

화석 물고기 '틱타알릭(Tiktaalik)'은 데본기에 살았던 육지 어류다. 육지 어류는 살덩어리 같은 지느러미가 있는 물고기로, 물에서 사는 어류와 육지에 적응한 사지동물 사이의 전이단계 동물로 여겨진다. 아가미와 비늘이 있는 점은 물고기와 같지만, 목과 원시 형태의 팔이 있는 점은 사지동물과 같다.

어류로 보이는 유스테놉테론(3억 8,000만 년 전)과 양서류로 보이는 아칸토스테가(3억 6,500만 년 전) 사이가 비어있었는데, 3억 7,500만 년 전의 암석에서 나온 틱타알릭이 그 공간을 메우며 전이단계의 증거를 제시했다. 중요한 미싱 링크를 찾아낸 것이다.

어류와 육상동물의 중간단계가 분명한 3억 7,500만 년 된 생물의 화석은, 중간화석이 부족하다는 이유로 진화론을 비난하던 회의론자들에게 치명적인 타격을 주었다. 하지만 닐 슈빈은 거기서 만족하지 않고 데본기 화석을 더 찾아내기 위해 북극으로 떠날 채비를 했다. 비행기 탑승 전에 여유가 느껴지는 코멘트를 남겼다.

틱타알릭을 '잃어버린 고리'라고 부르는 것은, 물에서 육지로의 생물 변천을 증명하는 화석이 단 하나뿐이라는 뜻도 됩니다. 틱타알릭은 일련의 과정에 있는 다른 화석과 함께 비교할 때 진정한 의미가 생깁니다. 그러니 이것은 '유일한' 연결고리가 아닙니다. 나라면 그것을 '잃어버린 연결고리 중 하나'라고 부르겠습니다. 또한, 이것은 더 이상 잃어버린 것이 아니지요. 바로 찾아낸 연결고리입니다. 이번 여름에 제가 더 찾고 싶은 것이야말로 잃어버린 연결고리지요.

슈빈은 북극의 섬으로 다시 갔지만 더 이상 주목받을 만한 발견을 해내지 못했다. 하지만 분자생물학의 발전과 더불어 연구범위를 미시 세계까지 넓혀 가면서, 더 놀랍고 새로운 발견들을 해내고 있다.

타고난 고생물학자였던 그는 분자생물학을 섭렵하게 되면서, 진화론의 외연을 넓히는 데 앞장서고 있는데, 특히 인간의 진화와 관련된 분야에서는 독창적인 성과를 이뤄내고 있다.

그는 화석과 DNA를 조사하면서 인간의 손이 물고기의 지느러미를 닮았고, 인간의 머리가 오래전에 멸종한 무악어류의 머리처럼 조직되며, 인간 게놈은 벌레나 박테리아의 게놈과 비슷하게 작동한다는 사실을 알게 됐다고 한다. 그의 주장이 사실이라면, 다른 동물들의 몸에서 우리 몸의 진화의 실마리를 어떻게 찾게 되었을까?

슈빈은 화석과 DNA를 통하는 두 가지 길을 모두 안내한다. 그가 먼저 제시한 길은 현장 고생물학이다. 인간의 먼 선조가 물에서 육지로 올라와 사지동물이 되었고, 더욱 진화하여 특수한 몸 구조와 감각기관들을 갖게 되었다는 증거를 화석으로 확인하는 것이다.

다른 길은 Evo-devo(진화발생생물학, Evolutionary Developmental Biology)분야다. 현생 생물의 몸 형성 유전자는 서로 공통된 부분이 많고, 그 유전자는 엄청나게 오래전부터 존재했으며, 생명은 오래된 도구를 새롭게 활용하는 방법을 익힘으로써 이토록 다양한 몸을 만들어냈다는 사실을 바탕으로 하고 있다.

태초에 지구의 모든 생물은 물속에서 살았다. 그러다가 3억 6,500만 년 전쯤부터 육지에서도 생명체들이 서식하기 시작했다. 두 환경의 삶은 극단적으로 다르다. 호흡할 때 서로 전혀 다른 기관들이 필요하다. 배설, 섭식, 이동도 마찬가지다.

닐이 가장 주목한 것은 동물들의 사지다. 동물들의 팔다리는 모두 공통의 설계를 따른다. 팔의 상완골이나 허벅지의 대퇴골처럼 먼저 한 개의 뼈가 있고, 거기에 두 개의 뼈가 관절로 연결되며, 거기에 또 작고 둥근 뼈들이 여러 개 붙어있다. 그리고 마지막으로 손가락이나 발가락이 연결된다. 모든 동물의 팔다리 구조에 이런 패턴이 깔려 있다. 개구리든, 박쥐든, 사람이든, 도마뱀이든 이 하나의 주제를 변주한 것에 불과하고, 그 패턴의 기원은 바로 물고기의 지느러미 골격에서 찾을 수 있다. 사람의 위팔과 허벅지 부위는 유스테놉테론 같은 3억 8,000만 년 전 어류에서 처음 등장했다. 틱타알릭은 사람의 손목, 손바닥, 손가락 부분의 진화 역사에서 첫 단계들을 보여준다. 진짜 손 발가락은 아칸소스테가 같은 3억 6,500만 년 전의 양서류에서 처음 등장했다. 마지막으로 사람의 손발에 있는 손, 발목뼈들은 2억 5,000만 년 전 파충류에서부터 온전하게 갖춰졌다.

닐의 주장에 따르면, 유전자를 통한 연구에서도 이런 사실은 변하지 않는다. 지느러미든 팔다리든 부속지들은 비슷한 유전자로부터 만들어진다. 상어 지느러미 발생에 관여했던 오래된 유전자들이 새로운 방식으로 사용됨으로써, 손, 발가락을 지닌 팔다리를 만들어냈다.

어류와 영장류 사이의 많은 전이과정을 건너뛰어서, 단번에 어류와 인간 사이의 연관 관계를 설명하는 슈빈의 능력은 정말 놀랍다. 특히 다른 학자들은 상상조차 하지 못했던 상어와 인간을 연관시키는 연구는 그중에서도 압권이다.

상어에서 사람까지, 모든 동물의 머리가 발생할 때에는 어김없이 4개의 아가미궁이 등장한다. 사람과 상어의 1궁은 아주 비슷하다. 둘 다 턱을 형성한다. 그 턱에 이어진 뇌 신경이 1궁 신경인 3차신경이다. 2궁 세포들은 분열과 변화를 거쳐 막대기 모양의 연골과 근육이 된다. 사람의 경우에는 연골봉이 다시 쪼개져서 중이(中耳) 속 3개 뼈 중 하나(등자골) 그리고 머리와 목 안쪽 작은 구조들이 된다. 그 중 설골이라는 뼈는 음식을 삼키는 일을 돕는다.

상어의 경우에는 2궁의 연골봉이 두 개로 갈라져서 턱을 지지한다. 낮은 쪽 뼈는 사람의 설골에 해당하고, 위쪽 뼈는 위턱을 잡아주는 역할을 한다. 상어의 위 아래턱을 지탱하는 뼈들이, 사람에게는 삼키고 듣는 데 사용되는 것이다. 사람은 3궁과 4궁에서 나온 근육과 뇌 신경들을 삼키고 말하는 데 쓰지만, 상어는 아가미를 움직이는 데 쓴다.

인간의 머리 부분에 관한 그의 연구도 아주 특이하다. 그는 사람의 머리 기원을 설명하기 위하여 활유어(蛞蝓魚)의 슬라이드를 보여준다. 그가 활유어를 선택한 이유는 무척추와 척추동물을 나누는 이분법 기준에 적합하기 때문이라고 한다. 활유어는 벌레이자 무척추동물이다. 그렇지만 어류나 양서류나 포유류 같은 등뼈 있는 동물들과 공통점이

활유어

많다. 활유어는 등뼈가 없지만, 등뼈 있는 생물들과 마찬가지로 등에 신경삭(nerve cord)이 흐른다. 게다가 신경삭과 나란히 몸통을 따라 흐

르는 척삭(脊索)도 있다. 척삭은 젤리 같은 물질이 채워진 관으로서 몸통을 지지하는 역할을 한다. 또한, 이 벌레는 복잡한 뇌나 뇌 신경이 없지만, 척삭과 신경삭은 분명히 지녔던 최초의 생물이다.

또 하나의 공통점은 아가미궁이다. 궁 하나가 작은 연골봉 하나에 해당하는데, 사람의 턱, 귀뼈, 후두의 일부를 이루는 연골처럼, 활유어의 연골봉들은 아가미 틈을 지지한다. 따라서 사람 머리의 기원은 이 벌레로 거슬러 올라가는 셈이다.

닐 슈빈의 발견에는 특별한 것이 많아서, 대중들 사이에서 인기가 높다. 닐은 그 기대에 부응하기 위해서 더욱 연구에 매진하고 있다. 물론, 그만 그러고 있는 게 아니다. 수많은 과학자가 다위니즘의 신빙성을 높이기 위해서 노력하고 있고, 곳곳에서 그 성과들이 지속적으로 나오고 있다.

한 사람이 내세운 학설을 증명하기 위해 이렇게 오랜 세월 동안 많은 학자가 나선 것은 유례가 없었던 일이다. 교조적인 분위기가 느껴지는 건 사실이다. 이제 진화론의 반대론자들이 공격 목표로 삼았던 '잃어버린 고리'들이 월코트, 로이, 오스트롬, 닐 슈빈 등의 발견으로 대부분 메워졌다.

물론, 그들의 주장이 진실이 아닐 수도 있다. 착오이거나 착각이 섞여 있을 수도 있다. 하지만 그렇다고 할지라도, 그것은 그들의 잘못이 아니다. 이들은 객관적인 진실성을 확보하기 위해 최선을 다했기 때문이다. 훗날, 그들의 주장에 착오나 착각이 있었다는 사실이 밝혀지면 그때 가서 철회하거나 고치면 된다. 그렇게 객관적인 진실을 확보하기 위해 끝없이 노력하는 것이 과학이니까 말이다.

진화하는 다위니즘(Darwinism)

월코트, 로이, 오스트롬, 닐 슈빈 등이 다윈 이론의 결정적인 약점으로 지목되던 중간화석을 찾아냈고, 베이츠가 자연선택의 증거를 확보했으나, 그들의 노력은 다윈의 주장을 고수하고 보존하기 위한 노력이었지, 개선하거나 진보시키기 위한 노력은 결코 아니었다.

그렇지만 『종의 기원』을 지켜내는 것만이 능사가 아니다. 그보다 진화론을 구체화하고 진보시키는 것이 더 중요하다. 『종의 기원』이 획기적인 아이디어인 것은 사실이지만, 그 속에 전개돼있는 논리가 완벽한 것은 절대 아니었다. 특히, 유전의 원리가 설명되어 있지 않은 것은 논리적인 측면에서 치명적인 약점이었다. 그랬기에 다윈 주장을 개선하고 보강하는 일은 일어나야 했고, 실제로 일어났다.

다윈의 이론이 본격적인 변신하기 시작한 것은 아마 드 브리스가 멘델의 유전법칙을 재발견한 후부터였던 것 같다. 그 이후 여러 학자들이 『종의 기원』의 모순이나 결점을 고치고 보강하면서 진화론을 진화시키기 시작했다.

진화론을 비판하는 측에서는, 진화론의 변신이 이론의 허구성을 자인하는 것이라고 조롱했지만, 그들은 과학의 속성을 모르기에 그러는 것이다. 잘못된 점이 확인되면 꾸준히 고쳐나가며, 진실을 찾기 위해 끊임없이 노력하는 것이 과학의 속성이다.

물론, 진화론의 변신은 분자생물학과 유전학 등의 꾸준한 발전과 대중들의 지적인 향상 등으로 인해 불가피했던 점이 없지는 않다. 이에 대해서도 반(反)진화론자들은 기회주의 운운하지만, 시대적 사조와 코드를 맞추기 위해서거나 지적인 과시를 위해서, 진화론을 의도적으로 고치거나 보강한 적은 없다.

이 장에서는 역동적인 사고로 진화론을 진화시켜온 과학자들의 업적을 살펴보기로 하자.

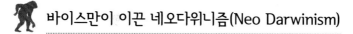

바이스만이 이끈 네오다위니즘(Neo Darwinism)

멘델의 유전법칙이 재발견되지 않았더라면 신다윈주의는 탄생하지 못했을 것이고, 그렇게 됐다면 다위니즘은 오늘과 같이 만개하지 못하고 한낱 학설로 떠돌다가 사라져 버렸을지도 모른다.

멘델은 1865년 유전실험의 결과를 『식물의 잡종에 관한 실험』이라는 제목으로 발표했으나 당시는 그 가치를 인정받지 못하였고, 그가 죽고 16년이나 지난 다음에 후고 드 브리스, 카를 코렌스, 에리히 체르마크 폰 자이제네크에 의해 그 논문이 재발견된 후에야 그 진정한 가치를 인정받았다.

그렇지만 정작 다윈주의에 새로운 시각을 열어준 것은 위의 세 학자가 아니라 바이스만(August Weis-mann)이다. 그는 다윈의 자연선택설에 드브리스의 인공 돌연변이 연구를 가미하여 『진화론 강의』를 발표하면서 신다윈주의라는 진화된 이론을 제시했다.

신다윈주의가 시작되기 전까지는, 형질의 변이에 대해서, 유전자가 갑자기 돌연변이를 일으켜 형질이 크게 변화한다고 생각했다. 그런데 바이스만이 형질의 변이가 불연속적인 것은 맞지만, 돌발적인 변이가 많지 않고, 변이의 폭도 극히 적다는 사실을 증명하면서, 다윈주의가 새로운 시각을 갖도록 해줬다.

August Weismann(1834~1914) 독일의 생물학자. 유전학의 선구자로서, 획득형질의 유전을 반박했고 DNA설(說)의 전조인 생식질설(生殖質說)을 주장했다. 1863년 프라이부르크대학교 의학교수로 부임해 동물학·비교해부학을 가르쳤고, 동물학 연구소와 박물관이 세워지자 초대 관장을 지냈다.

바이스만은 1834년 1월 17일 프랑크푸르트에서 태어났다. 아버지는 고등학교 교사였던 요한 콘라트 바이스만이었고, 어머니 엘리제 뤼브렌은 지방의회 의원과 시장을 역임한 폰 슈타데의 딸이었다. 바이스만은 어릴 때부터 박물학에 많은 관심을 가지고 있었지만, 정작 대학에서의 전공은 의학을 택했다. 괴팅겐 대학교에서 의학을 공부한 후에 여러 곳에서 일했는데, 로스토크에서 화학 조교로, 바덴에서 군의관으로, 오스트리아 슈테판 대공의 주치의로 일했다.

그 후, 1860년에 파리와 기센에 가서 3년가량 공부를 더 한 후에, 1863년에 프라이부르크 대학교 교수로 부임했다. 그곳에서 동물학을 연구했는데 그의 주요 관심사는 곤충의 변태와 히드로충류의 생식세포에 관한 것이었다. 그는 히드로충류에 대한 초기 관찰에서 동물의 생식세포에는 종(種)에 필수적이며 다음 세대로 전달되는 어떤 것이 있다고 생각하게 되었는데, 그 생각을 '생식질설'이라는 이론으로 확장하여 세상에 내놓았다. 그 이론의 핵심은 모든 생물체가 특수한 유전물질을 가지고 있다는 것이며, 그 이론은 생식질이란 말 대신 염색체·유전자·DNA라는 용어를 사용할 뿐, 현재도 일반적인 개념으로서 받아들여지고 있다. 하지만 당시에는 이론을 뒷받침할 실험적인 자료가 거의 없어서 그의 학설은 하나의 추론으로 여겨졌다.

바이스만은 양친에게서 온 유전물질이 수정란에 혼합되기 때문에, 유전물질을 반으로 줄이는 과정이 없다면, 유전물질의 양은 계속 증가할 것이라고 생각했다. 따라서 원래의 핵이 가지고 있는 생식질의 절반만이 분열된 각각의 딸핵으로 들어가는 핵분열이 일어나야 한다고 보았다.

이외에 용불용설에 대한 비판도 했다. 그는 라마르크가 제안한 이후 진화의 일반적인 가설로 받아들여지고 있던 용불용설을 부정하는 실험을 1889년부터 진행했다. 그는 여러 대에 걸쳐서 쥐의 꼬리를 잘라낸다 해도, 자식 세대의 꼬리가 짧아지지 않는다는 것을 실험적으로 입증하여, 용불용설을 부정하였다.

또한, 그는 생식질 연속설을 주장했다. 그는 진화의 주된 원인을 유성생식에 의한 대립형질의 다양성에서 찾았다. 성별이 구분되는 대부분의 생물에서 정자와 난자가 태어날 때부터 몸의 다른 부분과 분리되어 존재한다는 점에 착안하여 다음과 같이 주장했다. "나는 배아의 일부 물질인 생식질이 난자가 개체로 발생하는 과정에서 변하지 않고 그대로 있으며, 이 생식질을 바탕으로 새로운 생식세포가 만들어지는 것이 유전의 근거라고 본다. 그러므로 생식질은 한 세대에서 다음 세대로 내려가는 영속성을 지닌다." 주변 학자들은 그러한 주장을 '생식질 연속설'이라 불렀다.

바이스만은 획득형질의 유전을 부정하면서 오직 생식질과 자연선택만이 진화에 영향을 미친다고 보았다. 자연에는 다양한 생식방법이 있기 때문에, 유성생식은 생물의 재생산 자체보다는 자연선택의 여러 다양성이 가능하도록 하는 원천이라고 보았다.

그의 생식질 연속설은 한동안 아주 주요한 이론으로 받아들여졌으나 진화이론의 발달과정에서 자연스럽게 반론을 만나게 된다. 그의 이론은 진화를 단순한 형질을 갖는 종에서 복잡한 형질을 갖는 종으로 변화하는 진보의 개념으로 파악하고 있었지만, 진화가 복잡한 종이 단순한 종으로 변화하는 경우까지도 포함하는, 방향성이 없는 변화라는 사실이 밝혀진 것이다.

아무튼, 당시로써는 독보적일 정도로 진보적인 사고를 했던 그였기에, 보수적인 창조론자들과 논쟁을 벌이지 않을 수 없었을 것이다. 그는 특히 흔적기관에 대한 창조론의 설명을 집중해서 공격했다. 19세기의 창조론자들은 흔적기관의 존재 이유가 생물체 형태를 일관성 있게 창조한 조물주의 상칭성(相稱性)에서 비롯됐다고 주장하고 있었다. 바이스만은 이에 대해, 왕뱀은 골반과 뒷다리 뼈가 흔적기관으로 남아있는 데 비해, 다른 뱀에게서는 흔적조차 남아 있지 않은 사례를 들어, 그 주장을 비판했다. 그는 "창조론자의 설명처럼, 어떤 천문학자가 지구가 태양을 공전하는 것과 상칭성을 유지하기 위하여 달이 지구를 공전하고 있다고 설명한다면, 그는 학계의 비웃음거리가 될 것"이라고 말했다.

그는 아주 선명한 진화론자였다. 그랬기에 사회진화론을 진화론 일부로 받아들였을 뿐 아니라, 그에 대한 주장 역시 상당히 과격했다. 인종의 차별을 자연선택에 의한 적자생존으로 파악한 그는, "개인은 무의미하며 종이 전부이다."라든가, "종에 봉사하는 한 개인의 삶은 가치가 있다."라는 발언을 했다. 그의 주장에는 인종차별을 과학적으로 뒷받침하려는 시도도 담겨있었다. 또한, 안경을 착용하는 것이 오히려 불리한 유전형질을 온존하게 하는 반(反)진화적 행위라고 보았는데, 그의 주장에는 확실히 독선적인 면도 있었던 것 같다. 하지만 그가 20세기 초반에 진화론 진영을 실제로 이끈 인물이라는 사실은 누구도 부정할 수 없다.

윌리엄 베이트슨(1861~1926) 영국의 생물학자 유전학을 명명(命名)하고 그 기초를 마련했으며, 실험을 통해 유전에 관한 기본적인 증거를 제공했다. 1886년 중앙아프리카 서부의 함수호에서 사는 동물들을 관찰하여 후에 변이 연구 자료 를 발표하였는데, 이는 다윈의 학설을 비판한 것이었다.

바이스만의 뒤를 이은 세대 중에 가장 유명했던 진화론자는 윌리엄 베이트슨(W. Bateson)이다. 그는 획득형질 유전을 믿는 다윈과는 달리 획득형질 유전을 강하게 부정했다. 『변이 연구를 위한 재료(Materials for the Study of Variation)』에서 생물의 특징들이 갑자기 나타나거나 사라지는 것이 자주 발견되기 때문에, 종(種)은 연속적인 변이를 통해 진화할 수 없다고 결론을 내렸다.

신다윈주의의 핵심 업적이 다윈의 이론의 결정적인 착오를 확인하고 교정해준 것이라고 본다면, 베이트슨의 역할이 거의 절대적인 부분을 차지한다. 그는 20세기 이후에 있었던 신다윈주의자의 방황을 바로 잡아준 향도 같은 인물이었는데, '카메러의 실험'에 관한 논쟁 중에 홀연히 부상했다.

20세기 초엽에 카메러(Paul Kammerer)가 다양한 양서류를 사육하여 획득형질의 유전에 관한 증명을 시도한 바 있다. 카메러의 실험에 따르면, 동굴에 서식하는 프로테우스라는 영원(蠑蚖, newt)은 눈이 안 보이지만, 눈에 붉은 빛을 쪼이면 다시 눈이 보이게 된다고 했다. 또한 통상적으로 육상에서 교미하는 산파두꺼비를 수중에서 세대를 이어가며 사육하면, 발바닥과 발가락에 혼인류(婚姻瘤 짝짓기 과정에서 수컷이 암컷을 잡을 때 미끄러지지 않도록 해주는 포획 기관)라 불리는 형질이 획득될 뿐 아니라 유전되기도 한다고 주장했다. 그런데 그의 실험에는 특별한 재능이 필요했던 것인지, 카메러 이후 여러 학자가 동일한 실험을 시도했지만, 도중에 양서류가 모두 죽어 버려서 실험결과를 내놓을 수 없었다. 이 때문에 카메러의 실험은 그 진위에 대해 커다란 의혹이 받게 됐다. 그때 카메러를 가장 강하게 비판한 사람이 바로 베이트슨이었다. 공명심 때문에 진화론 자체를 망치려고 한다며, 그를 사기꾼으로 몰아붙였다.

과학 저널리스트 케스틀러(A. Koestler)가 『산파 두꺼비 수수께끼(The Case of the Midwife toad)』에서 카메러의 실험에는 속임수가 없었다고 주장하며 그를 적극적으로 비호했지만, 무슨 이유에선지 카메러는 자살해버리고 말았다. 그리고 그의 죽음과 함께 획득형질의 수

명도 끝나버렸고, 획득형질의 유전을 강하게 부정했던 베이트슨은 학계의 주목을 받게 됐다. 그렇게 단번에 학계의 중심에 들어선 그는 선명한 진화론으로 학계를 주도해나갔다.

베이트슨의 뒤를 이은 진화론의 에이스는 모건(Thomas Hunt Morgan)이다. 그는 서턴과 함께, 유전자가 염색체 위에 늘어서 있음을 밝혀냈다. 또한, 돌연변이에 의해 야기되는 변이의 폭이 불연속적인 것은 맞지만, 그것이 대단히 작은 규모라는 사실도 밝혀냈다. 유전자가 약간 변화하는 정도로는, 종이 변할 만큼의 변이도, 동종의 생물과 생식상의 격리가 일어날 만큼의 변이도 일어나지 않는다. 다만, 아주 미미한 변이들이 생식을 통해서 자손들에게 전해지면서 서서히 누적될 뿐이다.

물론, 이런 주장의 바탕은 바이스만-모가니즘(Weismann-Morganism)이었다. 그것은 바이스만의 유전 진화설에서 미국의 동물학자 모간(Morgan)의 유전자설에 이르는 생물학설의 근저를 이루는 사고방식을 이르는 말로, 루이셍코(T. D. Lysenko)가 멘델리즘(멘델-모가니즘)을 비판하면서 붙인 말이다.

바이스만에 의하면 생물체는 생식질(生殖質)과 체질(體質)로 나뉘는데, 생식질은 생식 세포의 핵 내에 포함되어 있는 물질로 다음 세대로 이어지지만, 체세포는 체질만으로 되어 있어, 개체 발생 때마다 생식세포에서 파생하며 그 세대만의 것이다. 따라서 생식질만이 유전에 관계하며, 체세포의 변화는 생식질에 영향을 미치지 않는다. 생식질은 유전단위인 데테르미난트로 구성되는데, 데테르미난트는 영구적인 생명입자인 비오포아가 모인 것으로 불변한다고 한다. 루이셍코 학파에서는 드 프리스의 세포 내 팡겐, 요한센의 겐, 모간의 유전자 등이 모두 바이스만의 데테르미난트 개념의 연장이고, 유전성을 불변적인 것으로 보는 전통적 단위의 표현으로 본다.

입자적인 유전물질의 개념은 다윈에게서도 보인다. 그렇지만 다윈의 경우에는 단지 변이가 후세에 전해진다고 말했을 뿐이고, 어떤 식으로 유전되는지는 설명조차 하지 못했다. 그도 그럴 것이 『종의 기원』이 발표될 때는 멘델이 완두콩 실험결과를 발표하기 전이었다. 그렇지만 멘델과 모건의 유전에 관한 논문들이 세상에 널리 알려진 후에는 모든 게 달라졌다. 변이가 후세에 전해지는 이유를 알게 됐고, 그 변이가 전해질 확률도 구할 수 있게 됐다.

후세에 전해지는 A 유전자가 돌연변이를 일으켜 B 유전자가 된 경우, B 유전자를 가진 개체가 A 유전자를 가진 개체와 비교할 때 적응도가 얼마나 다른지를 알게 되면, 몇 세대가 지난 후에 B가 얼마나 늘어나고 줄어드는지를 계산해낼 수 있다. 즉, 어떤 돌연변이가 자연선택 과정에서 어느 정도 유리한지 혹은 불리한지를 수학적으로 표현할 수 있게 된다. 자연선택 과정이 멘델주의의 도움을 빌려 수량화될 수 있다는 뜻이다. 아무튼, 다윈의 자연선택설과 멘델주의는 그렇게 자연스럽게 합체되어 갔다.

형질의 변이는 다윈의 점진설에서는 연속적이고, 초기의 단순한 멘델주의에서는 급격하고 불연속적이었지만, 신다윈주의에 이르면 계단형으로 바뀐다. 이는 거시적으로는 점진적이지만, 부분을 확대해보면 가파른 경사를 그리고 있다.

하나의 돌연변이에서 발생하는 형질 변이의 폭은 전체 변이 폭과 비교해 보면, 종이 확립된다든가 생식격리가 성립한다든가 할 정도로 크지는 않다. 분명히 처음에는 변이가 아주 미약하다. 하지만 그러한 작은 변이가 점점 축적되면, 결과적으로 형질이 크게 변화하고, 종의 폭을 뛰어넘는 진화도 일어나게 된다.

1930년대에 이르러서 진화가 가설이 아니라, 사실로서 인정을 받게 됐다. 그랬기에 진화론은 단지 진화를 사실적으로 밝혀줄 뿐만 아니라, 왜 그런 진화가 일어나는지, 그 메커니즘을 설명할 수 있는 확고한 논리도 갖추어야만 했다. 그래서 다소 엉성해 보이는 다윈의 주장에 논리들을 채워 넣어 리모델링한 게 바로 신다윈주의였다.

결코, 쉬운 이론이 아닌 신다윈주의가 대중적인 성공을 거둘 수 있었던 것은 원리를 스마트하게 수식화할 수 있었기 때문이다. 홀데인, 라이트 등의 신다윈주의자들은 수학에 대단히 뛰어났다. 특히, 피셔는 뛰어난 통계학자여서, 통계학적으로 분석하여 멘델의 실험결과에 작위성이 있음을 밝혀내기도 했다.

수식화하여 원리를 간단명료하게 만드는 것은, 어떤 이론이 대중적인 성공을 거두는 하나의 패턴이다. 신다윈주의자들은 그런 속성을 잘 알고 있었기에, 실행에 옮겨 성공을 거두었고, 그 덕분에 다위니즘의 진화는 계속될 수 있었다.

🦍 핀치새와 후추나방이 지켜낸 현대종합이론

현대종합이론(Modern Synthesis Theory)은 유전학자인 도브잔스키(Dobzansky)가 『유전학과 종의 기원(Genetics and the Origin of Species』이라는 책을 통해 기틀을 제시했다. 이 이론은 유전자 돌연변이가 생물집단의 유전자 풀(gene pool)에 일어난 후, 그중에 환경에 잘 적응하여 살아남은 형질이 종을 진화시키게 된다는 게 핵심이다.

진화의 단위는 집단(population)이며 진화과정의 기본 메커니즘은 한 집단의 개체 중에 나타나는 유전적인 변이(變異)라고 본다. 한 집단의 모든 유전물질은 서로 섞여서 유전자 풀을 형성하게 되며 진화는 유전자 풀 속의 유전자 빈도의 점진적인 변화라고 본다. 한 집단이 유전적으로 평형상태에 있어서 유전자 빈도가 변하지 않을 때에는 진화가 일어나지 않는다고 보지만, 유전적인 평형을 파괴하는 돌연변이, 인위선택, 자연선택, 이주, 격리 등이 작용하게 되면, 새로운 유전자 빈도가 형성되고 유전자 풀에 변화가 생겨 급격한 진화가 일어난다고 본다.

Ronald Fisher(1890~1962) 영국의 농학자이자 통계학자. 1933년부터 1943년까지는 런던 대학교 우생학 교수를, 1943년부터는 케임브리지 대학교 유전학 교수를 지냈고, 모집단과 표본을 구별, 모집단에 관한 지식을 정밀한 소표본에 의하여 추정하는 방법을 수립, 추계 통계학을 창시하였다.

전통적인 다윈론과 차이가 커서 한동안 학계 내부에서 논란이 심했는데, 스스로 그 이론을 뒷받침할 결정적인 증거가 되어 논란을 잠재운 것은 다윈의 모국에 살던 후추나방(peppered moth)이었다. 진화의 새로운 아이콘으로 사랑받고 있는 후추나방을 현재는 밝은색(light)과 어두운색(dark)으로 나누지만, 원래는 밝은색을 띠고 있는 것만 있었다고 한다. 그리고 누구도 최초로 검은색 나방이 나타난 시기와 장소를 정확히 모른다. 하지만 1848년경 영국 맨체스터 인근인 것으로 추정하고 있다. 당시 산업도시로 변모하고 있던 그곳은 공장과 난로에서 나오는 그을음으로 도시와 그 주변이 검게 변해가고 있었다.

1896년에 곤충학자 터트(J. W. Tutt)는 맨체스터와 그 주변 지역에 사는 얼룩나방의 98%가 검은색이라고 보고하면서, "새들에 의한 포식과 그를 피하기 위한 나방의 위장이 선택압(selection pressure)으로 작용했을 것이다."는 가설을 제시했다. 그는 다른 산업도시에서도 마찬가지로 높은 퍼센트의 검은색 변종을 발견했지만, 시골 지역에서는 단한 마리도 찾을 수 없었다고 했다.

그렇지만 그런 변화의 원인에 대한 의견은 터트의 것만 있는 게 아니다. 라마르크주의자들은 그런 변화의 원인이 색깔 획득형질이라고 주장했고, 유신론적 진화론자들은 하나님이 간여했다고 주장했다. 또한, 돌연변이론자들은 강압적인 조건에서 유사한 돌연변이가 널리 출현하기 때문이라고 했고, 생물측정학자들은 개체군 내에서 지속적으로 일어나고 있는 자연선택의 산물이라고 주장했다.

의견들이 너무 다양해서, 그 당시 대중들의 공감대가 높았던 멘델의 유전학으로도 그 내분을 해결할 수 없었다. 그 주요 이유는 초기 유전

홀데인(1892~1964) 영국의 유전학자·생물통계학자·생리학자. 집단유전학 및 진화 연구에 새로운 경지를 개척했으며, 과학과 생물철학을 대중화시켰다. 그는 분석력과 문학적 재능을 고루 갖추고 광범위한 지식과 인격을 지닌 탁월한 인물이었으며 다른 연구가들에게 고무적인 역할을 했다.

학자들이 진화 현상에 대해 숙고하지 않고, 유전학을 돌연변이 이론의 진보된 형태로 간주했기 때문이다. 특히 생물측정학자들은 멘델법칙이나 돌연변이설과 거리를 두었다.

그렇게 분산되어 있던 진화론자들의 의견을 모으는 데 앞장선 인물은 홀데인(J. B. S. Haldane)이다. 그는 '집단유전학'을 통해 생물측정학과 멘델의 유전학설을 연결시키려고 노력했다. 1924년부터 1934년까지 발표한 10편의 논문을 통해서, 멘델의 비율로 전달되는 유전자 변이의 자연선택이 개체군 내에서 적응

변화를 만들어낼 수 있음을 입증하려고 노력했는데, 후추나방에 관한 터트의 현장 자료를 적절하게 인용하여 주장의 신빙성을 높였다.

맨체스터 주변 후추나방 개체군 가운데 검은색 표본이 차지하는 비중이 1848년에 1%이었던 것이 1898년에 99%로 매우 증가한 것으로 나타났으며, 반점이 있는 나방보다는 검은색 나방의 생존율이 50% 정도 높았다는 사실을 적시했다. 그리고 그런 현상을 멘델주의자들처럼 개체변이에 의한 증가라고 해석한다면, 반점에서 검은색으로 돌연변이가 일어나는 비율이 20% 정도였을 거라는 점도 지적했다.

그가 많은 노력을 기울인 것은 사실이지만, 자연선택이 진화과정을 유도한다는 결정적인 증거를 제시하지는 못했다. 그렇지만 무엇인가 국부 개체군 내부에서 미세한 변이를 유발했고, 외삽을 통해 종의 수준 혹은 그 이상의 단계에서 중요한 변이도 유발했는데, 그게 바로 자연선택일 거라는 추론을 형성하는 데는 충분한 기여를 했다. 홀데인은 『진화의 원인(The Causes of Evolution)』에서 다윈설의 분열과 퇴행은 "피셔와 라이트, 그리고 자기 자신으로 인해 끝났다."라고 주장하며 다위니즘에 원기를 불어넣었다.

홀데인이 동반자로 언급한 피셔는 자연선택을 이해하기 위해 최초로 통계학적 접근을 시도한 인물이다. 그는 영국인 전체가 더 강한 종이 되어야 한다는 이상한 애국심을 품고 있었는데, 그런 강박관념이 그를 우생학과 집단유전학에 더욱 몰두하게 했다. 그는 멘델법칙과 생물측정학을 조화시키기 위해서, 환경인자와 같은 비유전적인 변이요소와 유전적 요소를 수학적으로 구분하고, 다중 유전자의 세대 간의 영향력을 통계학적으로 분석했다.

그 후에 이론수학과 진화생물학의 정량화에 더욱 열중하여, 주어진 환경에서 양성 유전자에 의한 이익이 클수록 개체군 내에서 양성 유전자의 출현빈도도 더 빠르게 증가한다는 계산의 결과를 『자연선택 일반론(General Theory of Natural Selection)』을 통해 제시했다. 종의 단계까지 확장할 경우에, 진화는 유기체를 환경에 적합하게 적응시키는 유전자 선택을 통해 일어난다고 말할 수 있게 된 것이다. 이런 일련의 연구에서 피셔가 강조하려 한 것은 자신의 통찰 속에 담긴 우생학적 의미였다.

1930년경부터 피셔와 홀데인 등을 중심으로 생물학자들은 대형 개체군의 유전적 복잡성을 분석하기 시작했고, 그 분야의 연구가 성숙해짐에 따라, 다중 유전자의 상호관계가 개체 유전자 변화로 연속변이를 유발할 수 있는 특성에 영향을 미친다는 사실을 알게 됐다. 그리고 후추나방이 더욱 검어지는 것이나 사람의 뇌가 점점 더 커지는 것 같은, 대형 유전자 변형 개체군의 진화를 연속적인 방향으로 유도하는 자연선택의 적응력으로 인식하게 됐다.

그렇지만 그때까지도 현장의 자연주의자들은 다윈의 자연선택설보다는 라마르크설에 더 집착하고 있었다. 실질적인 증거를 중시하는 그들은 다윈의 이론으로는 진화를 제대로 설명할 수 없다는 불신을 여전히 품고 있었다. 그런 자연주의자들을 다윈의 영역으로 끌어들인 데는 슈얼 라이트의 연구가 큰 역할을 했다.

생물 역사학자들은 라이트를 피셔, 홀데인과 함께 집단유전학의 공동 창시자로 일률적으로 다루고 있지만, 엄밀히 말해 라이트의 관점은 두 사람과 많이 달랐다. 피셔와 홀데인은 대형 유전자변형 개체군의 진화론적 의미를 강조했지만, 그는 소형 유전자 제한 개체군에 의미를 부여했다. 또한, 두 사람은 자연선택이 개체의 유전자에 작용한다고 생각했지만, 그는 유기체 내에서 유전자가 상호작용한다고 생각했다. 그렇지만 실질적으로 자연주의자들 매료시킨 것은 그런 견해 차이가 아

니라, 그 분야의 강력한 은유인 적응 지형도(adaptive landscape)를
제시한 것이었다.

종이 어떻게 진화하는지를
은유적으로 표현한 라이트
의 적응 지형도에는 언덕과
계곡이 그려져 있었다. 지표
면에 그려진 각 점은 가능
한 생물 개체군 형태를 의미
한다. 유사한 형태들은 인접
해서 위치하며, 형태가 다른

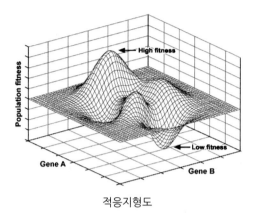

적응지형도

경우에는 멀리 떨어지게 된다. 각 점의 높이는 형태의 적합성을 의미하
며 적합성이 크면 클수록 더 높은 곳에 위치한다. 지표면은 미세한 유
전자 변이가 적합성에 최소한의 영향을 미치기 때문에 부드럽게 오르
내린다. 라이트는 무작위적 유전자 변이에 작용하는 자연선택은 개체
군을 적합성 꼭대기에 올려야 하지만 그러면 많은 곁가지를 퍼트리는
종을 제대로 설명할 수 없다는 점을 지적했다. 곁가지를 치려면, 점진
적 유전자 변이과정을 통해, 현재의 적합성 높이에서 내려와 상대적으
로 적합성이 낮은 계곡을 가로질러 다른 적합성 높이로 복귀하는 유기
체의 부차 집단이 필요할 것이다.

라이트는 주 개체군으로부터 격리되고 있는 부차 집단이 관여하는
과정을 그 종의 범위 가장자리에 가시화했다. 부차 집단이 충분히 작
아서 유전자 상호관계를 자극하고, 열성적인 특성을 발현시키는 근친
교배가 강력하게 일어나기가 쉽다면, 선택은 부차 집단의 적응 적합성
을 극대화시키는 방향으로 작용하지 않을 것이다. 그러면 부차집단은
적응 지형도에서 언덕 아래로 이동하고 계곡을 지나 방황하기 시작할

것이다. 라이트는 이런 현상을 '유전적 부동(genetic drift)'이라고 불렀다. 만약 그 부차 집단이 살아남는다면 무작위적인 변화는 새로운 적응 높이를 향해 부차 집단을 이동시킬 것이다. 그런 다음 자연

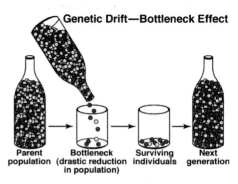

유전자 부동

선택은 적합성이 더 큰 방향으로 그 높이를 유도하며 새로운 종을 발생시킬 것이다. 그리고 새롭게 점령한 적응 지형도상의 높이가 이전보다 더 높다면, 그 개체군의 새로운 형태는 이어지는 생존경쟁에서 원종을 대체하게 될 것이다.

라이트의 이론에 의하면, 유전적 부동은 유전자 제한(병목현상)과 유전자 팽창을 주기적으로 반복하면서 새로운 종을 발생시키는 자연선택을 통해, '이동균형(shifting-balance)' 속에서 작용한다. 그리고 전체과정은 시행착오를 통해 일어났다. 그 이론은 격리된 소규모의 부차 집단이 현실 세계에서 새로운 종의 씨앗을 구성하고 있음을 자연주의자들에게 보여줬다.

자연주의자들이 라이트의 이론에 호기심을 보이자, 그는 선택적인 육종 연구를 통해 그들의 호기심을 확신으로 바꿔 놓았다. 그는 1915년부터 1925년까지 근무처인 농무부와 시카고 대학에서 돼지쥐의 근친교배 효과와 쇼트혼 소(shorthorn cattle) 육종연구를 수행했다. 두 연구에서 그는 소형 부차 집단을 특성에 따라 격리하고, 근친교배를 통해 그 특성을 고정한 다음에 주 개체군에 도입함으로써, 새로운 변종을 확립할 수 있음을 입증했다. 새로운 종이 야생에서 나타나는 과정을 보여준 것이다.

현장 자연주의자들 대부분은 라이트를 지지했다. 그 가운데는 학계에서 명망이 높았던 도브잔스키(T. Dobzhansky)도 있었다. 그는 1927년에 러시아에서 미국으로 망명한 인물인데, 망명 당시 이미 그는 집단 유전학에 관해 상당한 지식을 가지고 있었다.

캘리포니아와 뉴욕에서 교수로 연구 활동을 한 도브잔스키는 자연적인 개체군이 어떻게 진화하는가에 대한 이해를 발전시켜 나갔다. 그는 1932년 유전학 학술대회에서 이동균형 접근법을 처음 접한 바 있는데 첫눈에 반해서, 1937년에 발표한 『유전학과 종의 기원(Genetics and the Origin Species)』에서 자기 생각들을 적응지형도 관점에서 표현했다. "라이트는 개체군이 다른 크기로 격리된 수많은 군체로 분화되는 종에서 그대로 나타날 수도 있는 상황을

T. Dobzhansky 미국 유전학자. 1921년 키에프 대학을 졸업하고 레닌그라드 대학 유전학 강사가 되었고, 1927년 미국으로 건너가 1937년에 귀화하였다. 1936년 캘리포니아 공학 연구소 교수를 거쳐 1940년 컬럼비아 대학 교수를 역임하였다

고려하고 있다. 그와 같은 상황은 상상에 의한 것이 절대 아니며, 그와 반대로 자연에서 매우 빈번하게 관찰할 수 있다. 속(屬)의 형성에 필요한 것은, 격리된 개체군으로 분할되는 종의 분화와 충분한 수의 세대가 지나도록 허락하는 시간뿐이다." 그는 『유전학과 종의 기원』 초판에서는 속의 형성 관점에서 종의 기원의 적응적 적합성과 비적응적 적합성을 표현했지만, 이후 개정판에서는 비적응적 유전적 부동의 범위를 국부 개체군으로 한정함으로써, 이동균형의 추가 자연선택 쪽으로 기울도록 수정했다. 또한, 그는 다른 출판물을 통해, 지리적 인자나 격리 인자의 영향과 열성 유전자 속에 감춰진 변이성의 영향을 일관되게 강

조했다. 그리고 종합이론이 선택이론화 됨에 따라 유전자 좌(locus) 속에 두 개의 서로 동일한 대립형질을 가지는 것, 즉 '이형접합체 상태'가 살아 있는 동안 표현된 유전적 상호관계를 통해 개체에게 이익을 주며, 유전적 다양성을 증가시킴으로써 개체군에게도 이익을 준다는 사실을 입증하고자 노력했다.

그는 자신의 연구와 책들을 통해, 현대종합이론의 성장에 많은 공헌을 했다. 그는 진화론을 신앙처럼 믿고 살았던 인물이다. "진화의 관점을 떠나서는 생물학의 어떤 것도 의미를 갖지 못한다(Nothing in Biology Makes Sense Except in the Light of Evolution)." 라는 말은, 진화론에 대한 그의 신념을 가늠케 해준다.

그의 이론과 진화론에 대한 신념은 후세의 여러 학자들에게 많은 영향을 끼쳤다. 도브잔스키의 영향을 받은 동물학자 에른스트 마이어(Ernst W. Mayr), 화석학자 조지 심프슨(G. G. Simpson), 식물 유전학자 조지 스테빈스 주니어(G. L. Stebbins, Jr.) 등은 각자 연구 활동, 저술활동, 증거 재해석 등을 통해, 자신들의 학문분야를 도브잔스키의 품속으로 가져가고자 노력했다.

마이어는 『계통분류학과 종의 기원(Systematics and the Origin of species)』에서 종을 실제적인 혹은 잠재적인 이종교배 개체군들의 집단으로 정의했다. 형태학적 유사성이나 형이상학적인 형태는 잊어버려야 한다. 종은 변화가 많더라도 단순히 하나의 육종 개체군(breeding population)이다. 그는 변이가 자연의 특징이며 생명체는 어느 곳이든 나타난다는 사실도 강조했다. 새로운 종은, 지리적으로 분리된 부차 집단이 뚜렷한 유전 특성을 발전시켜서 부모세대의 개체와 더 이상 이종교배를 할 수 없거나 하지 않을 때 나타나며, 변이는 단지 변화가 계속 이어지는 삶 속에서 지나가는 하나의 현상일 뿐이라고 했다.

선택을 통해 새로운 특성이 형성될 때까지 부차 집단과 종은 '적응방산 (adaptive radiation)'을 통해 그들의 특별한 환경에 적응해야 한다. 그런 다음에 지리적 장애물이 무너지면, 관련 종 사이의 먹이와 다른 자원 확보를 위한 경쟁을 통해, 더 큰 차별성을 갖는 방향으로 발전할 것이다. 이런 측면에서 본다면, 생식적으로 격리된 개체군 내에서 유전자 빈도의 범위에 따라 하나의 종이 정해진다. 그리고 진화는 그 범위가 이동할 때마다 발생한다.

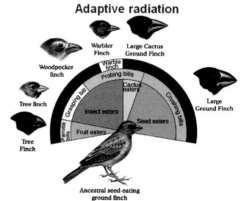

마이어의 주장을 듣고 있던 심프슨과 스테빈스은 자신들의 학문분야도 도브잔스키의 품 속으로 옮겨가야 할 의무감을 느끼게 됐다. 사실, 그들의 발견은 종합이론을 완성하는 데 반드시 필요한 것이었다. 화석학자 심프슨은 화석 기록상에서 비연속적이지만 선형적인 패턴을 발견한 바 있고, 식물학자 스테빈스는 광범위한 이종교배를 통해서 염색체의 배수체 증식에 의한 명백한 진화론적 도약을 목격한 바 있다.

심프슨은 『진화의 속도와 양상(Tempo and Mode in Evolution)』에서 화석기록을 재해석하면서, 화석 기록상의 중단점, 시작점, 종점 등의 중요성에 이견을 제시했다. 그는 화석 기록상의 단절을 설명하기 위해, 소형 개체군 내에서 나타나는 유전적 부동과 기타 급속한 진화 형태는, 식별 가능한 화석 증거를 남기지 않고도 주요한 변화를 일으킬 수 있다고 하면서, 화석기록이 현대종합이론의 개념과 일치한다고 주장했다.

스테빈스는 심프슨보다 한 발 더 나아갔다. 『식물의 변이(Variation in Plants)』에서, 이종교배와 배수체를 통합시켜 종합적인 결론을 내렸다. "동물과 마찬가지로 식물에서도 넓은 의미에서 돌연변이의 형성과 유전자 재조합 형태의 개체변이는, 적응적이든 비적응적이든 관련 속과 종 사이에 존재하는 모든 차이를 설명하기에 충분하다." 그러면서 필수적인 외삽법을 추가했다. "속, 과, 목의 차이는 이종 간의 차이와 유사하며, 그 유사성의 정도는 우리가 진화의 모든 요소를 설명하고자 이미 알려진 동일 과정을 오랜 시간 속에 투영시키기에 충분하다."

『종의 기원』 출간 100주년 경에 현대종합이론이 진화론의 실질적인 정설로 자리를 잡아가기 시작했는데, 그런 데는 도브잔스키, 마이어, 심프슨, 스테빈스 등의 노력이 컸던 건 사실이다. 하지만 갈라파고스 핀치들의 공로도 결코 무시할 수 없다.

현대종학이론은 인위적인 조건과 야생에서, 개체군은 어떻게 행동해야 하는가에 대한 수많은 추론을 양산했는데, 그 추론을 정리하는 데 결정적인 역할을 한 것이 바로 그 새들이었기 때문이다. 다윈이 진화를 생각하도록 만든 핀치는 진화론의 무대에서 한동안 사라졌다가 1950년대에 새로운 진화이론의 아이콘으로 다시 세인들의 주목을 받게 됐다.

현대종합이론이 정립되기 전까지 대륙에서 멀리 떨어진 섬에 사는 수많은 핀치 종의 기원은 생물학자들에게 여전히 수수께끼였다. 진화론자들은 갈라파고스 군도의 핀치가 외래 동물 형태에서 발달했다는 데에는 동의했지만, 그 누구도 그 과정을 제대로 설명해내지는 못했다.

20세기 초까지 발표된 핀치에 관한 연구는 주로 박물관 시료를 중심으로 이뤄진 것이었다. 그중에 주목할 만한 것은 미국의 조류학자 해리 스워스(H. S. Swarth)의 연구다. 스워스는 핀치들의 다양성을 다원설과 라마르크설로 해석하는 것을 거부했다. 그는 충분한 경쟁 없이 일정한 환경에서 나타난, 핀치의 극단적인 선천성 변이성 때문에, 여러 종과 아종이 나타났다고 주장했다.

그러자 영국 조류학자 퍼시 로(Percy R. Lowe)가 그의 의견에 이의를 제기했다. 그는 갈라파고스 핀치를 '다윈 핀치'라고 부른 인물로, 핀치의 놀라운 다양성은, 빠른 속도로 잡종을 생성시킨 비적응성 이종교배의 결과라고 주장했다.

이처럼 박물관 시료를 기반으로 논란을 벌이던 조류학자들은, 그에 관한 최종해답을 얻으려면 갈라파고스 군도에서의 현장연구가 반드시 필요하다는 사실을 인식하게 됐고, 마침내 로가, 다윈의 갈라파고스 탐험 100주년 기념행사에서 장시간 체류할 조사관을 갈라파고스 군도에 보내야 한다고 주장하기에 이르렀다. 그렇다면 누구를 그곳에 보내야 하나? 학자들은 헉슬리의 눈치를 살폈다. 그 당시 런던 동물학협회의 간사였던 줄리언 헉슬리는 학계의 실질적인 좌장이었다.

헉슬리는 동료들이 추천해온 인물들의 프로필을 살피다가 데이비드 랙(D. Lack)의 사진을 집어 들었다. 스물다섯 살의 교사이자 조류관찰자였던 랙은 성실함과 인내심을 겸비한 인물로, 일찍부터 헉슬리가 주시해오고 있던 인물이기도 했다. 헉슬리는 동물학 협회에 랙의 탐험비용을 후원해줄 것을 강력히 요구했고, 그 요구는 이뤄졌다.

랙의 탐험이 시작된 건 1938년이었다. 랙은 상업용 증기선을 타고 이동해 다니며 여러 종의 핀치를 연구해서, 이전 사람들이 관찰해내지 못한 사실, 즉 이종 간의 경쟁을 통해 핀치들 사이에 자연선택이 일어났음을 알아냈다.

랙은 핀치들을 이종교배하지 않는 13개 종으로 분류해낸 다음, 미국으로 가서 샌프란시스코와 뉴욕에 보존된 시료들을 연구하는 데 몇 개월을 더 보냈다. 그리고 다윈의 핀치들을 격리된 소형 개체군의 비적응성 유전적 부동에 의한 진화로 특정 지어 현대종합이론에 대입시켰다.

그러나 그 후에 현대종합이론의 자연선택에 대한 의존성이 심화되어 가자, 이런 경향에 맞춰 자신의 견해를 수정해나갔다. 그는 그 일을 효과적으로 수행하기 위해서 "서로 연관된 두 개 혹은 그 이상의 종들이 안정된 협력관계를 통해 같은 지역에 산다면, 각각의 종은 분명 서로 다른 생태적 지위를 차지한다."는 러시아 생물학자 가우스(G.F. Cause)의 주장을 주목했다. 거기에서 아이디어를 얻은 랙은, 갈라파고스 군도에서 씨앗을 먹는 육지 핀치들 가운데 세 종이 함께 살고 있다는 사실을 바탕으로, 상호 간의 효율적인 경쟁을 가로막는 어떤 인자가 있을 거라고 추론했다.

그가 주시한 건 세 종의 부리였다. 그가 처음 갈라파고스 군도를 방문했을 때는 교배기간이어서 신체의 특정부위에 집중적인 관심을 갖지 못했다. 교배기간은 비가 많이 내리고 식량이 풍부한 시기여서 신체적인 핸디캡은 문제가 안 됐기 때문에, 새의 부리에 시선이 가지 않았다.

그러나 건조기에 살아남으려면, 부리는 다른 종류의 씨앗을 먹는 방향으로 적응해야만 한다. 그는 갈라파고스핀치들 가운데 부분적으로 일치하는 종에 이 추론을 대입하여 분석했다. 그리고 그렇게 그룹화시킨 핀치의 계통그림을 『다윈의 핀치들(Darwin's Finches)』에 담았다. "다윈의 핀치들이 너무 많이 분화됐다는 사실은 이들이 다른 육지 조류들보다 상당히 앞서 갈라파고스 군도를 점령했음을 의미한다. 다른 육지 조류가 존재하지 않음으로써, 그 반대의 경우였다면 진화하지 못했을 방향으로, 되새류가 진화할 수 있었다." 지리적 격리현상은 기본형태 사이에 섬만의 특이한 변이를 만들었다. 그러나 핀치는 분리된 섬에 격리된 채로 남아있지는 않았고 다른 지역으로도 퍼져나갔다. 그런 사실을 인지하고 있던 랙은 "연관성을 가진 두 가지 조류의 종이 동일한 지역에서 만날 때 그들은 경쟁하는 경향을 띠며, 만약 서식지나 먹이에 의해 생태학적으로 격리된다면 두 가지 종 모두 그곳에서 살아갈 수 있다."고 주장했다.

이쯤에서 확실하게 짚고 넘어가야 할 것이 있다. 바로 다윈의 핀치에 관한 얘기다. 다윈주의의 실체적 증거로 갈라파고스핀치들의 위상은 대단히 중요하지만, 1930년대에 신다윈주의의 부상이 있기 전까지는 핀치들이 두드러진 위상에 있지 않았다. 1936년에 그 새들을 퍼시 로우(Percy Lowe)가 '다윈 핀치'라고 부르기 시작하기는 했지만, 데이비드 랙(David Lack)의 연구가 끝난 후에야 그 이름이 세상에 널리 알려졌다.

랙이 1947년에 『다윈 핀치(Darwin's Finches)』를 쓰면서, 핀치 부리의 변이와 서로 다른 먹이원(food source)과의 상관관계에 대한 증거를 요약한 후에, 부리가 자연선택에 의해서 야기된 적응이라고 주장한 후에야 다윈의 새들이 명성을 얻게 됐다는 말이다. 그러니까 갈라파고스 핀치들에게 진화론적인 중요성을 부여한 것은 다윈이 아니라 랙이다.

사실 다윈은 갈라파고스 군도에 있을 때, 핀치에 특별한 관심이 없었다. 다윈은 13개 종 중에서 9개를 수집하였지만, 그들 중에서 6개만을 핀치로서 인식했다. 또한, 두 가지 경우를 제외하고는 핀치들의 먹이에 어떤 차이가 있는지 관찰해내지 못했고, 예외인 경우조차도 먹이와 부리 사이를 연관성을 찾는 데 실패했다. 그래서 갈라파고스에 있는 동안에 핀치들을 섬에 따라서 분류하려는 노력조차 하지 않았다.

그랬지만, 랙이 갈라파고스핀치들을 진화론의 아이콘으로 격상시킨 후에, 핀치들에 대한 다윈의 빈약한 기여도가 풍선처럼 부풀려지기 시작했다. 프랭크 설로웨이(Frank J. Sulloway)에 따르면, "1947년 이후로, 다윈이 결코 보지 못한 핀치들에 대해서, 그리고 다윈이 결코 하지 않았던 핀치들에 대한 관찰과 통찰에 대한 믿음이, 점차로 증가하게 되었다." 이 전설의 가장 극단적인 형태는, 다윈이, 그의 생전에 알려지지도 않았던, 딱따구리 핀치의 도구를 사용하는 습성을 관찰했다는 주장이다.

그렇게 설로웨이가 허무맹랑한 전설들을 타파하려고 노력했지만, 많은 생물학 교과서들은 여전히 갈라파고스핀치들이 다윈에게 진화에 대한 영감을 불어넣었다고 주장하고 있다. 굴드(Gould)의 『생명과학(Biological Science)』은 학생들에게 핀치들이 "다윈이 자연선택에 의한 그의 진화론을 구체화하도록 이끄는 데 중요한 역할을 하였다."라고 가르치고 있고, 라벤(Raven)과 존슨(Johnson)의 『생물학(Biology)』은 "13종의 핀치의 부리와

Frank J. Sulloway(1947년생) 캘리포니아 버클리대학 교수, 과학사학자, 진화생물학자, 1978년에 하버드 대학에서 과학사 박사학위 받음. 현재는 '다윈의 발자국(In Darwin's Footstep)'이라는 연구 프로젝트의 리더를 맡아 찰스 다윈의 발자취를 추적하는 연구를 진행하고 있다.

그들의 먹이원 사이의 상관관계가 곧바로 진화에 의해서 그렇게 되었다는 것을 다윈에게 암시하였다."고 주장하고 있으며, 조지 존슨(George Johnson)의 『생물학 : 시각화된 생명』(Biology: Visualizing Life)』은, "다윈은 그들 핀치들 사이에 존재했던 부리 크기와 먹이 습성에서의 차이점들을 핀치의 조상이 갈라파고스 군도로 이주해온 후에 생긴 진화에 의한 것으로 여겼다."고 주장하고 있다. 그렇지만 확언하건대, 『종의 기원』이 발표된 후로 거의 1세기가 지나기 전까지, 핀치들은 진화의 아이콘이 아니었다.

아무튼, 역사의 실체가 어떠하든, 랙이 비상시킨 다윈의 새들을 감명 깊게 바라보던 학자들은, 무엇엔가 홀린 듯 갈라파고스 군도로 몰려가기 시작했는데, 그들 중에 가장 눈에 띄는 인물은 피터 그랜트(P. Grant) 부부다.

그랜트 부부는 무려 40년 동안 갈라파고스를 드나들며, 핀치만을 집

중적으로 연구했기에, 누구도 그들의 성과를 앞지를 수 없었다. 그들은 장기간 연구의 결과로, 다윈 핀치의 부리 크기는 돌연변이, 재조합, 우연한 이종교배를 통해 여러 세대를 거치는 동안 축적된 유전자의 혼합에 의해 영향을 받으며, 핀치의 진화는 어떤 수준에서 반복적으로 나타난다는 사실을 밝혀냈다. 그들은 "평균적으로 가뭄이 10년마다 한 번씩 일어나고, 가뭄과 가뭄 사이에는 선택이 일어나지 않을 경우, 10년마다 반복되는 지향성 선택은 200년 이내로 하나의 종을 또 다른 종으로 변형시킬 것이다."라는 사실도 덧붙였다.

현대 종합이론은, 생명의 다양성을 설명하기 위해, 수많은 세대에 걸친 양성 유전자 변이를 축적하는 자연선택에 의존하고 있고, 다윈의 핀치는 낮은 단계에서 작용하는 진화 과정을 보여주는 대표적인 사례로 통용되고 있다.

랙과 그랜트의 연구를 통해 다윈의 핀치는 얼룩나방과 함께 그렇게 현대종합이론의 마스코트가 됐다.

피터 그랜트(1936년생) 브리티시 컬럼비아대 생물학 박사. 프린스턴대 명예교수. 갈라파고스 제도를 부인과 함께 40년간 주기적으로 관찰해 온 인물로 유명하다.

유전자에 숨을 불어넣은 리처드 도킨스

아마 우주의 궁극적인 운명에 목적은 없을 것이지만, 우리 중 누구라도 우리의 삶이 정말로 그 우주의 궁극적인 운명과 같은 운명을 가진다고 생각하는가?

물론 아니다. 제정신이라면 말이다. 우리의 삶은 보다 더 가깝고, 보다 더 따뜻한 온갖 인간적 야망과 지각이 지배한다. 살아갈 가치가 있다고 판단하게 하는 따스함을 과학이 빼앗아 간다고 비난하는 것은 너무나 어리석은 잘못이며, 나나 대부분의 과학자가 가진 느낌과는 완전히 정반대이다. 사람들은 절망에 빠지지도 않은 나를 절망으로 내몰고 있다.

『이기적 유전자』를 비유보다는 직설로 읽은 독자들이 비난을 던져오면, 도킨스는 자신의 책 『무지개를 풀며』의 이 부분을 자주 인용한다. 함유하고 있는 뜻을 정확히는 알 수 없지만, 『이기적 유전자』의 안티테제는 분명히 아니다. 그는 『이기적 유전자』 속의 주장을 철회할 의사가 절대로 없고, 그런 이유 때문에 『이기적 유전자』에 대한 논란은 지속될 수밖에 없다.

리처드 도킨스(1941년생) 영국의 동물행동학자, 진화생물학자 및 대중과학 저술가. 1995년부터 2009년까지 옥스퍼드 대학교에서 "대중의 과학이해를 위한 찰스 시모니 석좌교수"직과 옥스퍼드 대학교 뉴 칼리지의 교수직을 맡았으며 2009년에 정년퇴임하였다.

리처드 도킨스(Richard Dawkins)는 동물행동학 연구로 노벨상을 수상한 니코 틴버겐(N. Tinbergen) 문하에서 수학한 후에 본격적인 학문적 여정을 시작했다. 1987년에 왕립 문학학회상과 로스엔젤리스 타임스 문학상을 수상했으며, 1995년에는 과학의 대중적 이해를 전담하는 옥스퍼드 대학교의 석좌교수가 됐다.

그는 대중들의 과학적 시각을 밝혀주기 위해 『눈먼 시계공』, 『불가능한 산 오르기』, 『풀리는 무지개』, 『조상이야기』,

『지상 최대의 쇼』, 『만들어진 신』, 『악마의 사도』 등의 책을 출간했지만, 대표작은 누가 뭐래도 『이기적 유전자』다. 이 책은 1976년에 초간 되었다. 초판 서문에서 "이 책은 마치 상상력을 불러일으키는 SF소설처럼 읽어야 한다. 그러나 이 책은 SF소설이 아니라 과학서이다. 사실 소설보다 더 기이하다. 이기적 유전자 이론은 다윈의 진화론이지만, 다윈이 택하지 않은 방법으로 표현했다. 이 이론은 신다윈주의의 논리적 연장선상에 있는 것이 사실이지만, 새로운 이미지로 표현하였다. 개개의 생물체에 초점을 맞추기보다는 유전자의 눈으로 본 자연에 대한 견해를 택하고 있다. 이것은 다른 관점이나, 다른 이론이 아니다. 자연선택을 보는 데에도 두 견해, 즉 유전자의 각도와 개체의 각도가 있다. 이 두 견해를 제대로 이해한다면, 두 견해 모두가 동등한 것일 수 있다. 즉 같은 진실에 대한 두 관점이 존재하는 것이다."라고 주장했다. 결국 『이기적 유전자』는 다위니즘의 진화된 주장이며, 진화론이 앞으로 더욱 진화할 수 있다는 암시도 포함되어 있다.

『이기적 유전자』가 명저이긴 하지만 다위니즘의 특별한 주석서의 범주에서 벗어나는 책은 결코 아니다. 단언컨대 다윈의 『종의 기원』이 없었다면 『이기적 유전자』도 없었을 것이다.

지구상에 인간이라는 종(種)이 나타나고, 그중에 다윈이라는 특별한 사람이 나타나 그 진상을 밝혀내기 전까지, 지구상의 생물들은 30억 년이 넘는 시간 동안 자기들이 왜 존재하게 됐는지를 모르고 살아왔다. 다양한 생물들이 존재하게 된 이유에 대해서 합리적이고 조리 있는 설명을 한 최초의 사람이 다윈이었다. 그의 역설은 어두운 미몽 속에서 헤매던 인간의 좌표와 위상을 제대로 보게 해준 빛이었다.

그런데 다윈이 죽은 지 1세기가량이 흐른 후에 나타난 도킨스가, 그 빛이 우리를 위한 것이 아니고, 우리의 몸속에 있는 유전자를 위한 것이었다고 말하면서, 우리를 다시 혼돈 속에 몰아넣었다. 그가 주장하는 바를 문자대로 읽어내면, 사람을 비롯한 모든 동물이 유전자에 의해 창조된 기계에 불과하게 된다. 다윈의 후예가 하는 말이라고는 믿을 수 없을 만큼 생경하고 실망스러워서 외면하고 싶지만, 그의 주장이 너무 조리 있고 문체 역시 매우 아름다워 도저히 외면할 수 없다.

도킨스의 주장에 의하면, 성공한 유전자의 기대되는 특질 중에 가장 중요한 것은 '비정한 이기주의'라고 한다. 그리고 그러한 유전자의 이기주의는 이기적인 개체 행동의 원인이 된다. 여기서 주의할 점은 이타주의(利他主義)와 이기주의의 정의가 주관적인 것이 아니라 행동적이라는 사실을 이해하는 것이다. 그러니까 행위의 결과가 가상적 이타행위자의 생존 가능성을 낮추는 동시에 가상적 수익자의 생존 가능성을 높여 주는 것을 이타행위로 정의하고, 그 반대의 경우가 이기주의가 된다.

아무튼, 단어의 정의를 어떻게 내리든 그게 중요한 건 아니다. 주장하고자 하는 핵심은 유전자가 이기적이라는 것이다. 얼른 이해가 가지는 않지만 그렇다고 치자. 그런데 유전자는 도대체 언제 어떻게 이기주의 특질을 갖게 되었는가? 도킨스에 의하면, 탄생 즉시 자연선택에 의해 그 특질을 갖게 되었다고 한다. 그의 대답이 지나치게 간단해서 그 안으로 파고들어 가지 않을 수 없다.

생명의 기원에 대한 논의는 그것을 본 사람이 아무도 없기 때문에 추론에 따를 수밖에 없다. 생명체가 생기기 전에도, 지구상에 분자의 초보적인 진화가 물리나 화학 과정에 의해 일어날 수 있었는데, 30~40억 년 전에 해양을 구성하고 있던 '원시수프(soup)'에서 단백질로 구성된 유전물질인 DNA가 생성되는 과정이 일어났다. 그것을 '자기복제자'라고 부르자.

자기복제자는 탄생과 동시에 빠르게 복제되어 퍼져나갔다. 물론, 복제되는 과정에 오류가 생기기도 했다. 여기서 이 복제의 오류는 진화의 필수적 요건이기도 하다. 복제과정에 오류가 생기고 그것이 확대되면서 원시수프에 조상은 같으나 형태가 조금 다른 '변종 자기복제자'의 개체군이 생겨났다.

그리고 반복된 복제를 통해서 복제물에는 수명, 다산성, 복제의 정확성 등을 주도하는 우수한 분자의 함유율이 점점 더 높아져 갔는데, 이것이 바로 진화이며, 이때 적용된 메커니즘이 바로 '자연선택'이다. 그리고 자기복제자의 변종 간에도 생존경쟁이 벌어지게 되면서, 자기복제자는 스스로 존재하기 위해 운반자까지 만들기 시작했다. 살아남은 자기복제자가 자기가 살 '생존기계(生存機械)'를 스스로 만들었던 것이다. 그것이 인간과 같은 생물 개체다. 그런 운반자를 만들었기에 복제자들은 멸종하지 않을 수 있었다.

오늘날 자기복제자는 운반자 속에 떼를 지어 살면서, 간접경로를 통하여 외계와 연락하고 원격조정기로 외계를 조작하고 있다. 그렇게 우리 안에 머물며 우리의 몸과 마음을 지속적으로 창조하고 있다.

또한, 그것은 우리의 몸 밖으로 팔을 뻗어 다른 생물 개체의 몸에 '확장된 표현형'의 효과를 일으키기도 한다. 이를테면, 달팽이는 특별히 두꺼운 껍질을 가지고 있는데, 껍질을 만드는 것은 에너지를 필요로 하는 일이다. 달팽이 껍질의 변화는 애벌레의 적응에 의해 생긴 것으로, 달팽이 유전자의 표현형 효과는 생물체뿐만 아니라, 껍질과 같은 무생물에도 확장될 수 있다는 것을 알 수 있다.

벌레의 일종인 암브로시아(ambrosia) 갑충에는 박테리아가 기생한다. 이 박테리아는 숙주의 몸에서 살뿐만 아니라, 자기가 새로운 숙주에게 운반되는 수단으로 숙주의 알을 이용한다. 두 유전자의 집합은 하나의 생물 개체에 있는 유전자들처럼 서로 협조한다고 볼 수 있다.

이 갑충류는 벌이나 개미처럼 알이 수놈에 의해 수정되면 반드시 암놈이 발생하고, 미수정란에서는 수놈이 발생한다. 이때 박테리아가 미수정란을 자극하여 활동을 개시하여 수놈의 갑충이 되도록 발생을 유발한다. 기생자의 유전자의 확장된 표현형으로 볼 수 있다. 이렇게 유전자는 다른 생물체의 표현형에 영향을 준다.

유전자의 긴 팔은 뚜렷한 경계가 없다. 이 지구에서뿐만 아니라 우주의 어떤 장소이든, 생명이 발생하기 위해 존재해야 하는 유일한 실체는 불멸의 자기복제자뿐이다. 디자인을 누가 했다거나 목적이 있다거나 방향성이 있다는 것 등에 대해서 생각할 필요는 없다. 저절로 당연히 그렇게 된 것이므로.

도킨스가 유전자를 왜 이기적이라고 했는지 대강은 알 듯하다. 그러나 『이기적 유전자』에 대한 실망이나 의구심이 말끔히 가신 것은 아니다. 『이기적 유전자』에 관한 핵심 쟁점은 모든 생명을 유전자의 무한한 자기복제를 위한 '생존기계'로 설정한 것이다. 이런 비유에 대해서 대부분의 독자가 당혹스러워하고, 특정한 신앙을 가진 독자들의 경우에는 그 정도가 더욱 심하다. 하지만 도킨스는 이런 반응에 대해서 변명하지 않고, 그런 견해들은 저작에 대한 오독(誤讀)이나 미완(未完)의 이해에서 비롯된 것이라고 말한다.

도킨스의 시각은 확실히 대중들과는 다른 것 같다. 특히 생명의 단위에 대한 시각은 아주 특이하다. 대부분의 사람은 하나의 개체, 그러니까 한 인간 혹은 강아지 한 마리를 생명의 단위로 이해한다. 그러나 도킨스는 다르다. 그는 자기를 복제할 수 있는 유전자를 생명의 기초단위로써 이해하고 있다.

도킨스에 의하면, 그 복제자들이 우리 몸을 지었고, 우리의 마음도 창조했다. 그리고 그렇게 그들이 살아가는 것이 우리가 존재해야 하는 이유이다. 그들은 유전자라는 이름으로 계속 나아갈 것이기에 우리는 그들의 생존환경인 동시에 생존기계다.

그렇다면 살아있는 듯이 우리 속에 존재하는 유전자는 과연 어떤 존재인가? 도킨스의 정의를 빌리면, 한 마디로 '이기적인' 존재다. 여기서 유의해야 할 점은, 유전자의 이기심은 유전자 스스로를 위한, 즉 소멸되지 않고 복제를 계속하는 것이지, 결코 유전자가 구성하고 있는 생명 개체의 이기심을 위한 것은 아니라는 사실이다.

그러니까 도킨스가 저서에서 표현한 '이기적인'의 표현은 우리가 일상에서 통상적으로 사용하는 의미와는 다르다. 이 핵심어에 대한 올바른 이해 없이는 『이기적 유전자』를 올바르게 이해할 수 없고, 동시에 그것이 진화론에 기여한 바를 알 수도 없다.

『이기적 유전자』의 특별함은 자연선택 이론을 논리적으로 해설하기 위해 자기복제자 개념을 도입한 것, 자기복제자의 선택과 특수한 의미의 이기주의의 연관성을 설명한 것, 그리고 당시 적응론 분야에서 나온 새로운 이론들을 자기복제자의 선택이라는 관점에서 정립시킨 것 등에 있다.

도킨스의 자기복제자 중심의 분석이, 다윈 논리를 새롭게 이해할 수 있는 길 하나를 더 제공한 것은 사실이다. 복제 정확도, 다산성, 장수라는 특성들은 왜 DNA가 그렇게 강력한 자기복제자인지를 설명했고, '이기적'이라는 용어가 의미하는 바를 세심하게 설명함으로써 적응의 특성을 이해시켰다.

또한, 이기주의를 자기복제자와 관련지음으로써, 그 자기복제자의 실체가 유전자이며, 살아남은 유전자들이 자연선택을 통해 양적으로 최대화하려는 듯이 보이는 것이 복제라고 주장했다. 아울러 세상에 쏟아져 나온 다양한 적응론 연구 결과들을 모두 자기복제자의 논리체계를 통해 해석하여 다윈주의하에 통합함으로써, 적응론의 옛 개념들과 새 개념들을 함께 이해할 수 있게 했다.

많은 생물학자가 『이기적 유전자』를 통해 자연선택을 배웠다. 그 속의 통일된 자연선택 개념은 학자들을 지적으로 만족시켰고, 생물학에 이웃한 분야에도 관심을 갖도록 자극했다. 대중들 역시 『이기적 유전자』를 통해 자연선택을 알고 난 후, 세상을 보는 새로운 시각을 얻게 되었다. 다윈주의의 기본논리를 새롭게 표현하고, 그것을 통해 모든 기존이론을 통합시킨 학자가 바로 도킨스였고, 그런 통합적 지침서가 바로 『이기적 유전자』였다.

그렇긴 하지만 『이기적 유전자』는 침울하고 무겁다. 거기에 담긴 비유와 함의가 경이로운 것이기에 지면이 금박처럼 찬란하게 느껴질 것 같은데, 실재는 그와 정반대임을 누구도 부정하지 않는다.

유일한 서광이 느껴지는 부분이 있다면 '밈(meme)'에 관한 아이디어가 기술된 마지막 부분뿐일 것이다. 그 부분에서 느껴지는 서광이 그 이전의 암울한 느낌에 대한 상대적 느낌일 가능성이 없지는 않지만, 어쨌든 그의 '밈'에 관한 기술에는 최소한 암울함은 없다. 그리고 그 부분을 읽음으로써 '이기적 유전자'가 '밈'과 함께 우아한 비유일 수도 있다는 것을 새삼스럽게 느끼면서 안유를 얻을 수도 있다.

도킨스는 다윈주의를 생물학 분야를 넘어서 인간문화의 전반에 적용하였다. 예컨대, 어떠한 곡조, 사상, 표어, 의복 양식 등을 이루고 있는 인간문화는 한 개체라고 할 수 있으며, 그러한 개체들 속의 복제자를 '밈'이라고 정의했다.

인간의 특별함은 '문화'라는 단어로 요약할 수 있는데, 기본적으로 보수적이면서도 어떤 형태의 진화를 일으키게 할 수 있다는 점에서, 문화적 전달은 유전적 전달과 유사하다. 밈이 밈 풀(meme pool) 내에서 번식할 때에는 넓은 의미로 '모방'이라고 할 수 있는 과정을 통해서 뇌 사이를 건너다닌다. 그 '모방'이 바로 밈의 복제를 수단이라는 말이다.

우리는 유전자를 전하기 위해 만들어진 생존기계이다. 유전자가 생존기계에 빠른 모방능력을 가진 뇌를 제공하면, 밈들은 자동으로 세력을 얻으며 진화해 나갈 것이다. 그렇기에 도킨스는 『이기적 유전자』의 결론을 이렇게 내린다. "불멸하는 이기적 유전자가 있고 우리는 그들을 위한 생존기계지만, 우리에게는 밈이라는 다른 변수가 있다."

『이기적 유전자』가 낳은 논쟁의 크기에 비해, 이런 결론이 무책임하다고 말하는 학자들이 있다. 또한, 그 결론에 염세적 세계관이 깔려있다고도 한다. 이런 종류의 비판에 대해서 도킨스는 즉답을 피하며, "어떤 진실이, 진실이 아니기를 바란다고 해서, 그 진실을 되돌릴 수는 없다."고 말한다. 그러면서 자신의 책 『무지개를 풀며』를 다시 인용한다.

아마 우주의 궁극적인 운명에 목적은 없을 것이지만, 우리 중 누구라도 우리의 삶이 정말로 그 우주의 궁극적인 운명과 같은 운명을 가진다고 생각하는가? 물론 아니다. 제정신이라면 말이다. 우리의 삶은 보다 더 가깝고, 보다 더 따뜻한 온갖 인간적 야망과 지각이 지배한다. 살아갈 가치가 있다고 판단하게 하는 따스함을 과학이 빼앗아 간다고 비난하는 것은 너무나 어리석은 잘못이며, 나나 대부분의 과학자가 가진 느낌과는 완전히 정반대이다. 사람들은 절망에 빠지지도 않은 나를 절망으로 내몰고 있다.

세상을 살아있는 생물로 본 윌슨

Edward Osborne Wilson(1929년
생) 하버드대학 교수, 사회생물학 창
시자. 21세기 들어 학문분야 전반에
걸쳐 융합 바람이 거세게 몰아치고
있는데, 그 중심에 윌슨이 펴낸 컨
실리언스 가 있다.

왓슨과 윌슨은 1956년에 함께 하버드
대학 생물학과 조교수로 임용됐으나, 연
구 성향은 완전히 달랐다. 왓슨은 분자
생물학의 새로운 분야를 찾기 위한 연구
진을 이끈 반면에 윌슨은 현대종합이론
이 포함된 자연주의 전통을 고수했다.

둘은 하버드 대학 재직 중에 대화를
나눈 적이 거의 없었다. 윌슨이 왓슨의
면전에서 종신교수로 임명된 후부터는
두 사람의 관계가 더욱 소원해졌다. 윌

슨과 그의 진영에 속해 있는 과학자들은 분자생물학 분야만으로는 진
화론을 충분히 이해할 수 없다고 생각했다. 그래서 유기체와 그 생태
계 전반에 대한 이해가 중요하다고 여겼으나, 왓슨은 생물 기원에 관
한 논쟁 자체를 피하고자 했기에 윌슨 측의 견해를 백안시했다.

그러나 시간이 지나가면서 두 학자의 서먹한 관계는 풀릴 수밖에 없
게 됐다. 진화생물학 분야와 분자생물학 분야가 상보적 관계를 맺을
수밖에 없도록 상황이 변해갔기 때문이다.

많은 생물학 분야에 현미경적 시각을 열어준 왓슨은 생물학자들에
게 큰 영감을 불어넣었다. 윌슨도 예외는 아니었다. 그래서 그는 훗
날 다음과 같이 회고했다. "왓슨과 분자생물학자들은 당대 사람들에
게 자연과학의 환원주의적인 방법에 대한 새로운 신념을 심었다. 내가
1970년대 사회생물학이라는 새로운 학문 분야를 체계화함으로써, 사

회과학 속에도 생물학을 전파시키고자 했을 때 그 동기 중 일부는 분자생물학의 성공이었다." 왓슨 역시 사회생물학에서 거둔 윌슨의 업적을 높이 평가했다. 이런 훈훈한 화답이 몇 차례 오간 뒤에 두 사람의 관계가 완연히 회복됐다.

그렇다고 해서 윌슨이 분자 수준으로 사회생물학에 접근한 것은 아니었다. 그뿐만 아니라 생물학자들의 초점이 분자생물학에 맞춰져 가는 것에는 동조하지도 않았다. 그건 사회생물학의 관점에서 볼 때 도저히 용납할 수 없는 일이었기 때문이다.

사회생물학이 새로운 학문인 것은 사실이지만, 그 기원이 윌슨의 연구부터인 것은 아니다. 그에 대해 최초로 언급한 학자는 막스 베버(Max Webe)라고 할 수 있다. 그는 사회현상과 관련해 '생물학적' 유전성의 중요성을 강조했다. 특히 전통적 행위나 카리스마적 행위와 관련해서 생물학적 유전성이 극히 중요하다고 지적했다.

그 후 현대종합설이 정립되면서 본격적인 사회생물학의 토대가 마련되기 시작했다. 진화생물학의 중심이 개체 간의 생존 경쟁에서 개체군 내의 유전자 빈도로 자연스럽게 옮겨갔기 때문이다. 그리고 분자생물학이 발전하게 되면서 DNA 분자구조와 기능을 발견하게 됐고, 이를 통해 개체를 유전자를 보관하는 매개체로 이해하면서 인간행동유전을 연구하는 분야도 생기게 됐다.

그 후에 인간의 행동에 영향을 끼치는 다양한 변이가 발견되었고, 포괄적응도에 대한 해밀턴(W. D. Hamilton)의 연구가, 동물의 사회행동에 대한 논란의 여지가 없는 설명을 가능하게 함으로써, 사회생물학 등장의 발판이 마련됐다.

사회생물학의 실질적 창시자로 알려진 E. O. 윌슨(Edward O. Wilson)은 『사회생물학: 새로운 합성(Sociobiology: The New

Synthesis)』를 통해, 생물학과 진화론 그리고 생태학과 생태지리학 이론들의 연구 성과를 집대성했다. 윌슨은 해밀턴과 같은 방식으로 곤충의 사회적 행동을 설명한다면, 인간을 포함한 다른 동물의 사회적 행동도 설명할 수 있을 것이라고 믿었고, 결국 사회학도 현대종합설의 일부로 귀속될 거라고 예견했다.

사실, 사회생물학의 기초자료와 핵심개념의 상당 부분은 동물행동학에서 빌려온 것이다. 줄리안 헉슬리(Julian Hux-ley), 칼 폰 프리쉬(Karl von Frisch), 콘라트 로렌츠(Konrad Lorenz), 니콜라스 틴베르헨(Nikolaas Tinbergen) 등이 개척한 동물행동학은, 각 종(種)이 보여주는 행동양식의 특성을 통해 동물이 특정 환경에 적응하는 방법, 종이 유전적 진화를 겪으면서 다른 행동양식을 발생시키는 과정 등에 관심을 둔 것이다. 그리고 최근의 동물행동학은 호르몬이 행동에 미치는 영향이나 신경계 연구에도 관심을

W. D. Hamilton(1936~2000) 영국의 진화생물학자. 20세기 진화이론 정립에 가장 큰 공로를 세웠다. 특히 1964년에 '사회 행동의 유전적 진화'라는 논문에서 '혈연선택 이론'을 제시한 것은 아주 높이 평가받고 있다. 이 이론은 생물이 이타적 행동을 하는 것은 자신과 비슷한 유전자를 더 퍼뜨리기 위한 것이라고 설명한다.

가진다. 연구자들은 동물의 발달과정뿐 아니라, 과거에 심리학의 배타적 영역이라고 여겨졌던 학습 과정에도 깊은 관심이 있으며, 연구 대상이 되고 있는 종(種) 속에 인간도 포함시키고 있다.

그렇지만 동물행동학은 여전히 동물들의 생리와 각 개체의 연구에 중점을 두고 있는 반면에, 사회생물학은 동물행동학, 생태학, 유전학 등을 총괄하는 학문으로서, 사회 전체의 생물학적 특성에 관한 일반 원리를 도출하고자 한다.

사회생물학의 새로운 점은 기존의 행동학과 심리학 지식 속에서, 사회 조직에 관련된 주요 사실들을 추출해 내고, 그것들을 개체군 수준에서 탐구되어 온 생태학 및 유전학의 토대 위에 재구성하여, 사회 집단이 진화를 통해 환경에 적응해 온 방법을 제시하는 데 있다.

아무튼, 사회생물학을 집대성하여 번성시킨 학자는 윌슨이지만, 그 기초는 윌리엄 해밀턴에 의해 마련됐음을 부정할 수는 없다. 해밀턴은 유전자의 분자구조보다 유전자의 상호관계 파악에 집중했는데 그 이유는 유전자의 상호관계 속에 진정한 생명의 비밀이 숨어 있다고 믿고 있었기 때문이다.

유전자 측면에서 진화를 해석하는 그의 능력은 탁월했다. 앞선 세대의 천재로 인정받던 피셔와 홀데인을 단번에 뛰어넘으며, 사회생물학자들에게 왓슨보다 더 많은 영향을 끼쳤다. 특히, 당시의 난제였던 이타주의 기원을 설명함에 있어, 자연선택 이론을 미시세계까지 옮겨가 다윈설의 뿌리를 지켜낸 그의 노고는 후배들에게 큰 감동을 안겨줬다.

이타주의의 기원은 현대종합이론가에게도 정말 난제였다. 그들은 다윈설과 멘델법칙을 융합시켜 설명하려 했지만, 처치가 쉽지 않았다. 그랬기에 선택이론 비평가들은 다윈설의 생존경쟁으로 생명의 모든 면을 설명할 수 없었다는 증거로, 이타적인 행동을 지속적으로 들먹거렸다. 만약 자연선택이 개체의 생존이나 증식 성공에만 작용한다면, 자기 희생이 바탕에 있는 이타적인 행동의 근원은 초자연적인 것으로 봐야 한다는 것이다. 이와 같은 비판은 근거가 충분한 것이어서, 다윈론자들은 자신들의 이론 내부에 영적인 요소를 위한 공간을 남겨둬야 했다.

다윈 역시 이타주의에 대한 자연주의적 해답을 찾고자 노력한 바 있다. 그리고 고심 끝에 해답을 내놓기는 했지만, 설득력은 많이 부족했다. 그는 자연선택이 개체군 사이에서 작용한다고 생각했지만, 이 문제에 있어서는 한 발 양보하여 집단선택을 인정했다.

다윈은 어떤 새 한 마리가 스스로 위험을 감수하며 침입자가 접근하고 있다고 무리에게 경고음을 보내는 것은, 자기희생을 통해 집단을 돕는 것이라고 여겼다. 생식능력이 없는 일개미와 벌 집단의 폐쇄적 체계 역시 자기를 희생하는 사회적 행동의 예라고 봤다. 그리고 자연이 그런 특징을 가진 집단을 선택할 것이 틀림없기에, 다윈은 자신의 이론체계에 라마르크설의 일부 요소를 추가할 수밖에 없었다.

그러나 그 집단에 속한 개체들이 라마르크설의 형태로 함께 그런 특징을 배우고, 다음 세대에 전달하지 못한다면, 그런 특징을 가지고 있는 단일 개체는 다른 개체보다 더 빨리 죽을 것이기 때문에, 현대종합이론가들은 다윈의 그런 해법을 도저히 받아들일 수 없었다.

그 난제가 무겁게 해밀턴의 어깨를 짓눌렀지만, 다윈설의 뿌리를 지켜내야 하는 책무를 안고 있던 그는 쉽게 대답을 내놓을 수 없었다. 그러다가 긴 고심 끝에 미시세계로 자연선택 이론을 옮겨가서 이타주의를 설명하기 시작했다.

그는 사회적인 곤충을 모델로 삼았다. 암컷 개미와 꿀벌은 특이한 생식 방법 때문에 새끼나 수컷 형제보다 암컷 자매가 2, 3배나 많은 유전자를 공유한다. 따라서 유전자의 입장에서 보면, 암컷 개미는 새끼보다는 암컷 자매의 도움으로 더 큰 생식 성공률을 얻는다. 이 모델에서는, 공유 유전자가 적은 수컷이나 생식능력이 없는 일개미들이 암컷을 위해 희생함으로써, 많은 양의 공유 유전자를 지켜낼 수 있다. 결국, 중요한 것은 공유 유전자의 총량인 것이다.

공유 유전자의 수가 특별한 관계의 친척들에게 차별적으로 유전되지 않을 경우에도, 여전히 공유 유전자의 총량을 따지는 형태로 자기희생이 이뤄질 것이다. 다수의 친척을 생존시키기 위한 소수의 희생 형태로 말이다. 그렇게 해밀턴이 이타적 행동을 유전자의 입장에서 해석하자, 그에 대한 의구심이 말끔히 해소됐다.

해밀턴은 1964년의 논문에서 이기적 유전자 측면에서 이타주의적 행동을 해석할 수 있음을 보여주기 위해서 '혈연선택(kin selection)'의 대수학을 풀기도 했다. 그는 "전형적인 인간사회에서 우리는 단 한 사람을 위해서 자신의 생명을 희생할 수 있는 사람은 없지만, 2명의 형제나 4명의 이복형제 혹은 8명의 사촌을 구할 수 있을 경우에는 모두가 자신을 희생할 것이다."라고 결론을 내렸다. 그 결론에 생물학 분야의 모든 학자가 존경과 함께 깊은 공감을 표했는데, 그중에는 윌슨도 들어 있었다.

윌슨 역시 곤충의 사회적 행동을 설명하듯, 인간을 포함한 다른 동물의 사회적 행동도 설명할 수 있을 거라고 믿었다. 그 그룹에 속하는 다수의 학자도 동의했다. 그래서 사회생물학적 이론들을 시험하는 다양한 연구가 이뤄질 수 있게 됐다.

윌슨의 조사 보고서 『사회생물학: 새로운 합성(Sociology: The New Synthesis)』은 1975년에 발표했는데, 그 보고서는 그의 창의적 논문이기보다는 수많은 학자의 연구결과를 집대성한 것이었다. 그 안에는 상호적 이타주의, 진화론적 안정전략, 군비경쟁(arms rare) 같은 다양한 모델과 개념들이 담겨 있었다. 그렇지만 학계에 발표되지 않았던 독창적인 면이 없지 않았는데, 그건 바로 증식을 돕는 적응성을 강조하면서, 동물들의 행동을 성을 토대로 삼아 설명했다는 점이다.

윌슨은 수컷은 양을 중시하고 암컷은 질을 중시한다고 보았다. 즉 수컷은 자신들의 정자를 풍부하게 퍼트리려고 하지만, 암컷은 배우자 선택과 후손 양육에 많은 투자를 하고, 적은 양의 난자를 잘 지키려는 경향을 나타낸다는 것이다.

윌슨의 주장에 의하면, 젊은 수컷의 공격적인 행동은 생식적 이익 때문이다. 가장 힘이 세고 공격적인 수컷이 짝짓기 기회를 가장 많이 얻게 되고, 아울러 가장 많은 새끼를 갖게 될 확률도 높아진다. 그렇다면 인간은? 인간 역시 예외가 아니다. 현대의 인간 역시 그런 투쟁에서 살아남은 수컷의 후손들이다. 그렇지만 너무 생식 위주로 생물을 바라본 것은 아닌가? 맞다. 윌슨도 자신의 시각에 인간에 대한 특별한 존엄성 따위는 없음을 인정했다. 그러면서 그에 대한 어떤 변명도 늘어놓지 않았고 오히려 역설의 강도를 높여갔다.

그의 저서 『사회생물학』을 보면, 상상을 초월하는, 대담한 표현이 나와 있다. "이제 인간을 자유롭게 자연사 형식으로 살펴보자. 거시적인 관점에서 인간성과 사회과학은 세부적인 생물학 분야로 축소된다. 역사, 전기, 소설은 인간 행동 생물학의 연구 명제이며, 인류학과 사회학은 단일 영장류 종에 관한 사회생물학으로 분류된다. 이제 윤리학은 철학자의 손에서 잠시 벗어나서 생물학자의 손에 넘겨져야 한다." 이런 주장은 나치주의자나 사회진화학자들에게는 신념을 굳히는 근거로 차용될 수 있을 정도로 위험한 것이었다.

그래서 그에 대한 학계의 침묵은 더 이상 지속될 수 없었다. 윌슨의 업적과 위상을 봐서, 간신히 참고 있던 사회과학자와 인본주의자들이 윌슨의 주장을 비난하기 시작했다. 윌슨의 동료인 리처드 르원틴도 1975년부터 사회생물학 전반에 대한 공격을 시작했고, 스티븐 굴드도 곧 합세했다.

그러나 포화처럼 쏟아지는 비난에 굴하지 않고, 윌슨은 퓰리처상 수상작인 『인간 본성에 관하여(On Human Nature)』를 통해 사회생물학의 성벽을 더욱 높이 쌓아갔고, 논쟁은 21세까지 지속됐다. 인간의 상호작용에 대한 유물론적 설명을 지지하는 대중들도 많았기에, 팽팽한 긴장이 오래 지속됐는데, 윌슨의 주장은 1980년대의 미국과 연관된 세속적이며 소비자 중심인 문화에 어울리는 것이기도 했다.

그렇지만 도킨스가 나타면서 오랫동안 스포트라이트를 받고 있던 윌슨은 서서히 서재로 돌아갈 준비를 할 수밖에 없게 됐다. 해밀턴을 지적 영웅으로 숭배하던 도킨스가 재미가 곁들여진 대중적 생물학을 설파하기 시작하자, 윌슨의 책들이 진열대에서 사라지기 시작했고, 그의 이름도 대중들의 머릿속에서 사라져갔다. 도킨스는 본의 아니게 윌슨의 저격수가 되어버렸다.

도킨스는 비유법이 우아하게 적용된 산문체 문장을 사용해, 유기체에 대한 해밀턴의 시각을 유전자를 증식하기 위해 진화한 메커니즘으로 묘사했다. 그는 그러한 시각이 자신의 것이 아니고, 해밀턴의 시각을 빌려온 것임을 분명히 했지만, 대중들은 책을 읽는 동안 그 전제를 대부분 잃어버렸다. 사실, 기본적인 아이디어는 해밀턴의 것이 틀림없지만, 도킨스의 우아하고 친절한 설명이 없었다면 대중들이 그 아이디어에 주목했을 리 없다. 아무튼, 도킨스는 해밀턴의 시각이 자연을 의도적으로 설계했다는 멍에로부터 인간을 자유롭게 만들 수 있는, 영향력 있는 반론이라고 생각했기에, 적극적으로 홍보했다.

윌슨도 도킨스의 노력과 성공에 찬사를 보냈다. 그를 주연의 자리에서 몰아낸 신인 스타를 질시할 만도 한데, 윌슨은 그러지 않았고, 언론사와의 인터뷰에서 극적인 찬사를 내놓았다. "도킨스의 책은 이제까지 충돌이 일어나는 지점에서 항상 전통적인 종교들을 좌절시켰던 대체신화를 믿는 인간의 정신을 보여주며, 빅뱅에서부터 지구상의 생명체까지 이르는 하나의 서사시와 같다."고 말했다.

그렇게 도킨스의 자연주의적 복음에 동의는 했지만, 그의 복음이 완전한 것이라고 여기진 않았다. 과학적 유물론의 전반적인 주장이 아직도 대중들을 완전히 설득하기에는 부족하다는 것에 여전히 아쉬움을 갖고 있었다. 대중들의 의식을 지배하고 있는 종교 혹은 그것에 바탕을 둔 환상을 몰아내기 위해서는 유물론이 더 강력해져야 한다고 믿고 있었다. 사람이 과학적 이해를 통해 영적인 신념을 버리는 대신, 더 큰 의미를 지닌 원천이 그 자리를 차지해야 한다고 말했는데, 그가 말하는 그 원천은 아마 유물론의 상징인 진화론일 것이다.

윌슨은 『통섭(Consilience)』에서, 진화론이 인간의 발전을 도모하고 유전적 다양성을 보존하기 위해 필수적인 윤리원칙을 간직할 수 있는 '신성한 화술'이라고 표현했는데, 대부분의 과학자가 학문과 종교 사이에 거리를 둔 반면에, 그는 학문을 종교로 여겼던 것 같다. 그에게는 진화론이 과학이라는 종교의 도그마였을 것이다.

절친한 동료였던 루스는 윌슨의 그러한 태도를 염려하며 다음과 같이 지적했다. "그는 타인의 잘못에 관대하며, 생물의 다양성과 생태계 보호에 많은 관심을 가지고 있는 훌륭하고 신사적인 사람이다. 그러나 그의 동료 진화론자들은 서로 공유하고 있는 과학으로부터 하나의 종교를 만들기 위해 그를 추종해야 한다고 생각하지 않는다."

그러나 윌슨은 그의 염려를 들은 척도 하지 않았다. 진화론을 너무도 사랑했던 남자, 윌슨. 그 대가로 그는 혹독한 질시와 고독을 견뎌내야 했다.

'마음도 진화했다'- 진화심리학

진화론적 관점에서 동물의 심리를 이해하려는 학문이 진화심리학

(evolutionary psychology)인데 모든 동물에 적용할 수 있겠지만 주로 인간의 심리를 연구하고 있다. 이 학문은 인지심리학과 진화생물학에 뿌리를 두고 있고, 사회생물학과도 긴밀히 연결되어 있다. 또한, 진화심리학이 영역 일반에 적용되는 기작보다는 특정한 영역에 적용되는 기작을 강조하고, 적응도의 유관성을 중시하여 행위보다는 심리를 중시하고 있음을 충분히 인지하고 있어야, 이 학문을 제대로 이해할 수 없다.

진화심리학이라는 용어가 처음 사용된 것은 1973년의 기셀린의 논문이고, 이 용어를 대중화시킨 것은 제롬 바코우, 레다 코스니즈, 존 투비가 등이다. 진화심리학의 핵심은 인간의 마음이 진화적으로, 다시 말해 자연선택과 성 선택에 의해 만들어졌다는 관점으로, 인간의 심리기제들이 어떠한 근원을 가지고 있는지를 연구하는 것이다. 심리학이라는 학문 자체가 방법론적으로 탄탄한 기반을 갖고 있지 못하기에 많은 보완이 이루어져야 하겠지만, 과학의 한 분야로 정착하는 데는 성공했다는 점에서는 이견이 없다.

심리학이 새로운 토대 위에 기초될 거라고 다윈이 예언한 대로, 20세기 말에 '진화심리학(evolutionary psychology)'이 등장했지만, 그 기반이 다위니즘이 될 거라는 예상을 다윈이 했는지는 모르겠다.

진화심리학은 사회생물학에서 파생되어 나온 것이라고 할 수도 있지만, 연구 목표와 방법론은 많이 다르고, 실제로는 인간의 마음에 대한 계산주의 이론(computational theory of mind)과 도킨스(Richard Dawkins)류의 진화론이 결합한 형태로 구성되어 있다는 게 주류학자들의 의견이다.

하지만 주류 학자가 아니어서 그런지 필자의 생각은 조금 다르다. 진화심리학의 기저에는 마음을 몸과 분리할 수 있는 독자적인 실체로 바라보는 전제가 깔려 있기에, 그러한 실험을 본격적으로 시도한 데카르트의 공로를 결코 무시할 수 없다고 본다. 그리고 데카르트의 깊은 회의 이후에, 마음을 투시하는 다양한 유물론적 시각들이 없었다면 진화심리학이 탄생할 수 없었을 게 분명하다. 그렇기에 진화심리학 연구에는 유물론적 철학자들의 연구에 대한 광범위한 경청이 반드시 필요하다고 본다.

데카르트는 일찍이 실체 이원론을 표방한 바 있다. 마음은 비물질적인 영적(靈的) 실체이고, 몸은 물질적 실체며, 사람은 이 두 실체의 밀접한 결합체라고 보았다. 이른바 데카르트적 이원론이다.

그런데 마음을 비물질적인 실체로 보았다면 그의 철학이 도대체 진화심리학에 무슨 기여를 했다는 것인가 하는 의문을 제기할 수 있을 것이다. 이럴 경우, '비물질'에 초점을 두지 말고 '몸과 마음'의 '분리'와 몸을 '물질'로 봤다는 사실에 초점을 둘 필요가 있다. '분리'는 모듈화의 첫 단계이고 몸을 '물질'로 정의한 것 역시 획기적인 발상이었기 때문이다.

몸에 관한 한 데카르트는 철저한 유물론자였다. 오늘날에는 그러한 관점이 당연시되고 있지만, 데카르트의 시대에는 그렇지 않았다. 그는 몸에 관한 아리스토텔레스적이고 중세적인 전통사상으로부터 결별함으로써 선구자로 나섰다.

아리스토텔레스와 스콜라 철학자들은 유기체의 영역과 무기물의 영역 간에는, 즉 생물과 단순한 물질 간에는 본성상 깊은 간격이 있다고 생각했다. 아리스토텔레스는 유기물은 무기물과는 아주 다르게, 복잡한 원리들에 따라 움직인다고 여겼고, 유기물이 '생장적(生長的) 영혼'을 갖고 있다고도 여겼다.

반면에, 데카르트는 유기체의 전 영역이 유기체적 원리나 법칙에 따라서 작용하는 것처럼 보일 뿐이지, 실제로는 무기물의 영역과 똑같은 자연법칙에 따른다고 주장했다. 그것은 아리스토텔레스적 전통과의 결정적 결별이었고, 시대를 앞선 위대한 선언이었다.

데카르트는 인체를 물리적인 원리에 따라 작동하는 메커니즘으로 볼 수 있는 시각을 열어준 선각자였다. 물론, 비물질적인 마음이 우리의 몸에 대해서 작용을 가할 수 있다고 보았지만, 그것만 빼고는 그에게 인체는 단지 경이로운 물리적 메커니즘일 뿐이었다.

현대의 진화심리학자들은 데카르트가 마음을 '비(非)물질'로 봤다는 데 여전히 불만을 품고 있지만, 그것은 어쩌면 당시의 현실을 참작한 절충안이었거나 유물론의 안위를 걱정한 눈가림이었는지도 모른다. 마음을 모듈로 정의한 포더의 기능주의도 데카르트적 이원론이 모태가 되어, 다발 이원론, 부수 현상론, 심신 동일론, 인과적 이론 등을 거친 다음에야 형성된 걸 보면 말이다.

현대의 진화심리학자들은 그들 분야의 토대가 유물론이라는 사실을 잘 알고 있지만, 진화론으로 시야를 좁혀서 심리학을 해석하려고 노력하고 있다. 그래서 진화심리학자들은 인간의 마음이 설계된 것이고, 그 이유가 여러 유형의 적응 문제들에서 비롯됐다는 사실을 강조하고 있다. 특정한 적응 문제들을 해결하기 위해 마음이 자연선택에 의해 설계됐다는 아이디어는, 마음이 신체의 여러 기관과 같은 적응적인 기관으로 여기지 않으면 떠올릴 수 없는 것이다. 그리고 이런 생각의 기초는 기존의 인지 신경학과 인지심리학에서 생각하고 있는 마음의 개념과는 많이 다른 것이기에 기존의 심리학을 붕괴시키지 않고서는 성공을 이룰 수 없다.

진화심리학자의 주장을 실증하기 위한 시도는 코스미디스(Leda Cosmides)와 투비(John Tooby)에 의해 이뤄졌는데, 그들은 인지심리학에서 잘 알려진 웨이슨(Wason)의 '선택과제(selection task)' 실험을 재설계하여 인간의 연역추론 능력의 실상에 대한 진화론적 해석을 제시했다.

그들의 연구 결과에 따르면, 인간의 연역추론 능력은 집단의 생존이나 번영과 관련되어 있는 문제와 직면하게 되어 활발하게 의견을 교환하게 될 때 가장 잘 발휘된다. 그러니까 사회적인 교환이 절실하게 필요했던 원시 수렵시대에 인간의 마음이 가장 활발하게 설계화되었고, 그때 다양한 문제에 대한 적응이 절박했기 때문에 본격적인 모듈화도 일어났을 거로 추정한다.

리다 코스미디스(L. Cosmides, 1957년생) 인류학자인 남편 John Tooby와 진화 심리학 분야의 개발을 주도했다. 하버드 대학에서 생물학 학사와 심리학 박사 학위를 땄다. 2000년에 스탠퍼드 대학 교수가 됐고, 2005년에 파이오니어상을 받았다.

진화심리학자 사이에서는 인간 마음의 구조가 모듈화되어 있다는 주장이 심리철학자인 포더(J. Fodor)가 제기했다고 알려져 있지만, 그런 주장이 담겨 있는 기능주의는 엄밀히 따져보면 루이스와 암스트롱의 인과적 이론에서도 찾을 수 있다.

루이스와 암스트롱은, 지각 및 의식을 두뇌 과정들과 동일시하는 과정을 끝까지 수행해내지 못하는, 반쪽짜리 행동주의자들에게 심한 불만을 품고 있었다. 그의 선배들은 내적인 심적 현상들의 존재와 유물론을 이상적으로 결합해내려는 데 신경을 쓰고 있었지, 마음의 완전한 유물화를 이뤄내기 위한 아이디어는 떠올리지 못했다.

루이스와 암스트롱은 모든 심적 개념들을 인과적으로 분석함으로써 그 일이 가능하다고 주장했다. 루이스의 표현을 빌리자면, 심적인 것의 개념은 일정한 인과적 역할을 수행하는 것이 된다. 예컨대 냉장고에서 맥주를 꺼내려는 목적은, 적합한 조건에서 그 일을 해낼 행동을 야기하는 내적 원인이라고 볼 수 있다. 그러면 그 인과적 역할을 실제로 수행하는 것은 두뇌의 물리적 과정들이라고 할 수 있다. 루이스는 그런 식으로 기능주의의 주춧돌을 심었다.

심적 과정들은 그것들이 수행하는 기능에 의해서 정의되는데, 이러한 기능개념을 상술하는 방식은 저마다 다르다. 인과적 기능, 진화적 기능, 계산적 기능, 조직적 순서도에서 나타나는 것과 같은 기능 등 여러 가지가 제안됐다. 이에 덧붙여서 그 기능을 수행하는 실제적인 개체들은 두뇌 안에 있는 물질과정이라고 전제된다. 그리고 물질과정이 일어나는 큰 틀 역시 물질로 보는 것이 자연스럽다.

진화심리학자들 사이에서 포더가 기능주의의 제사장으로 알려지게 된 것은, 그 큰 틀을 다시 쪼개어 모듈화한 성과를 이뤄냈기 때문일 것이다. 하지만 냉철히 따져보면, 그러한 작업은 퍼트남과 함께 이뤄낸 것일 뿐 아니라, 마음을 모듈화하는 방식에 사변적인 면이 있기에, 업적에 비해서 과분한 대접을 받고 있는 게 아닌가 하는 생각도 든다.

그가 경험주의자들에 반대하여, 마음이 특수화된 입출력 체계들, 즉 모듈들(시각, 청각, 미각, 촉각, 후각 체계는 물

제리 포더(Jerry Fodor, 1935년생) 미국의 철학자, 인지 과학자. 인간의 많은 인지 과정들이 '모듈'이라고 불리는 여러 개의 국소적인 단위로 나뉘어 있다는 흥미로운 제안을 했다. 이러한 포더의 혁신은 이후 인지과학 연구에 거대한 영향을 끼쳤다.

론 언어능력까지 포함하는)로 구성되어 있다고 주장한 것에는 충분히 동조할 수 있다. 하지만 마음에 이런 모듈들 외에도 의사결정과 추론 등이 일어나는 중앙처리장치가 있으며, 이 장치가 일반 목적을 가진 비(非)모듈적인 구조를 띠고 있다는 주장에는 의구심을 품을 수밖에 없다. 왜 그렇게 추상적인 여지를 여전히 남겨두려 했는지 이해할 수 없다.

모듈은 기계의 상징일 수 있기에, 마음을 모듈로 본 것은 유물론의 극단일 수도 있다. 그런데 마음을 그렇게 기계적인 것으로 바라보면서도 추론이나 의사결정과 같은 개념적인 인지 과정을 모듈적인 게 아니라고 특별히 언급한 것은 이해가 가지 않는다. 어쩌면 그것이 마음의 핵심일 수도 있는데 말이다. 아마 인지 과정이 영역 간에 서로 영향을 미칠 수 있는 전일적(holistic) 특성이 있음을 의식한 것 같다. 그러니까 인지 과정에서 전일적 특성은 제거될 수 없기에, 중앙처리장치는 모듈적인 구조를 가질 수 없다는 생각을 했던 것 같다.

포더의 업적을 무시할 생각은 없지만, 비판적인 시각으로 보자면, 컴퓨터에서 메모리, 하드 디스크, 기판 등은 모듈이지만 적어도 CPU는 모듈이 아니라는 것과 무엇이 다르단 말인가. 그렇기에 디지털과 모듈에 익숙해져 있는 후배들이 그에게 반기를 든 건 당연하다고 본다.

현재의 진화심리학자들은 대부분 그의 논변을 부정한다. 인류가 삶의 전반적인 문제보다는 특수한 적응 몇몇 문제들에 집중적으로 시달려왔기 때문에, 모든 문제를 해결할 수 있는 마음은 진화적으로 존재하지도 않았고 존재할 이유도 없다는 것이다. 결국, 반론의 핵심은 중앙처리장치 역시 포함되어 있는 마음 전체가 모듈적 구조라는 것이다. 어떤 대상의 전부가 모듈적인 구조를 갖게 되면, 손실을 한 모듈의 범위 내로 제한할 수 있고, 다른 모듈의 손상 없이 새로운 모듈을 추가하여 기능의 향상을 꾀할 수 있다. 제거와 증가가 기계적일 뿐 아니라 아주 편리해지기도 하는 것이다.

일부 학자들은 마음의 모듈화는 진화 가능성과 표현형적 가소성(developmental plasticity 환경 입력에 대해 형태, 상태, 운동 등의 변화로 대응할 수 있는 개체의 능력)의 향상을 가져오기 때문에, 일어날 수밖에 없었다고 주장하고 있다. 하지만 아직 이런 신세대 학자들의 주장이 학계 전반에 받아들여지지 않고 있고, 마음이 비물질적이라는 생각을 하고 있는 대중들이 많이 있기에, 일반화되기는 쉬워 보이지 않는다. 그래서 마음의 모듈성에 대한 논쟁은 당분간 지속될 것 같다.

진화심리학이 겪고 있는 어려움은 모듈성에 관한 반론들뿐이 아니다. 마음과 몸을 비(非)물질과 물질로 분리해온 전통은 아주 오래된 것이어서 다양한 비판이 지속될 수밖에 없는 게 현실이지만, 그중에 가장 위협적인 것은 진화심리학이 지나치게 '적응주의(adaptationism)'에 매달려 있다는 비판이다. 이 비판은 피상적인 것이 아니고 학문적으로 구체화 된 것이기 때문에, 진화심리학자들이 아주 난감하게 여기고 있는 듯하다.

'적응주의'란 생명의 진화에서 자연선택의 역할을 매우 중시하는 입장인데, 이와 관련된 대표적인 비판자는 굴드(S. J. Gould)와 르원틴(R, Lewontin)이다. 그들은 진화생물학이 시험 가능한 가설을 세우지도 않고, 동어반복의 자연선택이론으로 진화이론을 설명하는 데 만족하고 있다고 격렬히 비판을 가했다.

그런 원로들의 비판은 후학들을 긴장시켰다. 그래서 좀 더 정교한 적응주의를 나오게 된 계기가 되기도 했다. 적응주의자들이 어떤 형질이 진화적 적응의 결과로 생긴 것인지 분명하게 확인하기 위해 방법론적 적응주의를 적용하여 꼼꼼히 체크하기 시작한 것이다.

물론, 그렇게 한다고 해도 적응주의와 관련된 실질적인 쟁점이 완전하게 사라질 수는 없다. 적응주의의 아킬레스건인 '발생적 제약'에 대한 내부의 견해 차이를 정리할 열쇠를 쉽게 발견할 수 없을 것이기 때문이다.

한 개체군의 진화가 자연선택에 큰 영향을 받는다는 것은 기지의 사실이지만, 변이의 공급에도 큰 영향을 받는다는 사실도 부정할 수 없다. 변이 자체가 진화의 소산이고 자연선택의 결과라는, 근원적인 전제를 거론하면 할 말은 없지만, 현존하는 한 개체군을 중심으로 생각해보면, 자연선택 자체가 제한된 변이 내에서 이뤄지는 것으로 보인다. 이를테면, 인간이 두 팔과 두 다리를 갖게 된 것은, 그것이 가장 적합한 형태여서가 아니라, 인간의 조상 동물이 네 개의 사지를 갖고 있었기 때문이다. 즉 중요한 형질은 큰 변화 없이 지속하여 온다는 것이다.

'발생적 제약' 존재 자체에 대해서는 모든 진화생물학자가 인정하고 있는 바다. 하지만 학자들의 시각을 면밀히 살펴보면, 뚜렷이 두 갈래로 나뉘어 있음을 알 수 있다. 적응주의자들은 그것을 '안정화 선택(stabilizing selection)', 즉 자연선택으로 설명하지

발생적 제약

만, 과정구조론(process structuralism)자들은 자연선택보다는 발생 기작으로 설명하려 한다. 이런 묵시적 대립은 아주 오래됐는데, 문제를 바라보는 시각이 너무 달라서 접점을 찾기가 쉬워 보이지 않는다.

진화심리학이 의식해야 할 또 다른 비판에는 유전자 환원주의(genetic reductionism)에 지나치게 의존한다는 주장이 있다. 대표적인 비판자인 르원틴은 진화심리학자들이 자연선택을 동원하여, 인간의 보편적인 형질이 유전자에 의해 암호화되어 있음을 설명하려 드는 것을 못마땅해한다. 그런 방식을 유전자와 환경의 복잡한 상호작용을 충분히 반영하지 않은 어설픈 기교로 보고 있다.

그러면서 르원틴은 표현형 산출에 대한 환경(생태적 환경, 세포적 환경, 분자적 환경)의 중요성을 상기시키려고 한다. 환경이 외부에서 유

기체에 영향을 주기만 하는 것이 아니라, 환경 역시 유기체의 영향을 받으며 끊임없이 변한다는 사실을 강조한다.

하지만 그의 예단처럼 관련 분야의 학자들이 환경을 고정된 외부 대상으로 여겨온 것만 같지는 않다. 진화학자들은 '진화하는 환경(evolving environment)'과 '공진화(coevolution)'의 개념을 즐겨 사용해 왔고, 그런 개념을 사용한 논문이 많이 발표되어 있기도 하다. 물론, 르원틴이 이런 사실을 잘 알면서도 비판을 해온 걸 보면 그가 말하는 환경이 일반적인 의미의 환경과는 다른 것을 의미할 수도 있겠다. 만일 그렇다면 그 정의부터 분명히 해야 할 것이다.

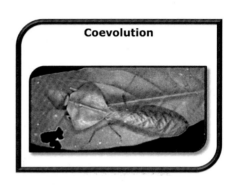

진화심리학이 개화한 게 얼마 되지 않아서 성장의 정도가 아직 미약한데, 성장 초기부터 진화론의 다른 분야에 비해 많은 도전을 받고 있는 점은 관련 학자들에게는 억울할 수도 있다. 하지만 그런 고난을 겪고 있는 것은 그것이 단순히 우파적이고 받아들이기에 불쾌한 것이어서가 아니라, 종교가 뿌려 놓은 도그마의 영향이 큰 것 같다. 마음 자체가 비물질적이라는 생각은 대중들에게 깊이 뿌리내려져 있어, 마음을 유물론적인 시각으로 바라보는 진화심리학의 착상이 쉽지 않은 것이다.

실제로 그와 유사한 모든 이론이 격심한 반론들에 시달리고 있다. 그에 대한 첫 번째 반론은, 그 이론들로는 우리 각자가 가지는 의식을 설명하지 못한다는 것이다. 여기서 의식은 세계에 대한 의식과 마음의 작용에 대한 의식 모두를 지칭한다.

또 다른 반론은 감각질에 관한 것이다. 우리가 세계를 경험할 때 다양한 질적 상태가 포함되는데, 이러한 질적 상태들 중 일부(예컨대, 시각을 통한 색깔, 청각을 통한 소리, 맛, 냄새, 자신의 상이한 신체 감각과 심상들과 연결 짓는 상이한 질적 상태들, 정서의 질적 상태들)는 유물론적 세계관에는 들어맞지 않는 질적 상태들이라는 것이다.

그 외에 지향성에 관한 반론도 있다. 거의 모든 심적 과정과 상태들은 '지향성'이라는 속성을 가진다. 지향성은 심적인 것들이 그 자신을 넘어서서 다른 것들을 향하는 방식이다. 먼 곳에 사는 친구를 내가 생각한다고 해보자. 생각의 대상은 바로 그 친구다. 그런데 두뇌의 미약한 물리적 움직임이 어떻게 이런 지향성을 가질 수 있을까? 또한, 우리는 유년기에 있을 수도 있었을 가상의 친구를 생각할 수도 있다. 하지만 물리적인 마음이 어떻게 존재하지도 않는 것을 지향할 수 있겠는가?

유물론자들에게 이에 대한 설명을 제시하는 일은 정말 난감한 문제다. 과연 어떻게 설명할까? 그들의 고심이 깊어질수록 데카르트 망령의 목소리는 더 커질 것이다. "마음은 물질이 아니고, 비물질적인 영적(靈的) 실체다."

진화된 인간

어류에서 파충류와 조류의 과정을 거쳐서 포유류로 진화가 진행됐다는 화석의 증거는 이미 2강에서 월코트, 로이, 오스트롬, 닐 슈빈 등의 탐험과정을 통해서 제시한 바 있다. 마지막으로 남은 것은 인간이 다른 동물에서 진화했다는 증거를 제시하는 일이다. 이 문제는 정말 중요한 문제라서 별도로 다루지 않을 수 없다. 인간도 다른 동물처럼 진화되어온 존재일까? 그렇다면 그 증거는 어디에서 찾을 수 있을까?

낙관론자들은 현대를 살고 있는 다양한 인종에서 찾을 수 있다고 쉽게 말한다. 지역마다 모양새와 특징이 다른 인간이 존재한다는 사실 자체가 진화의 증거가 될 수 있다는 것이다. 과연 그 정도가 진화의 증거가 될 수 있을까? 창조론자들이 들었다면 극렬한 비난을 퍼부었을 것이다. 인간의 진화문제에 대해서는 유난히 엄격한 잣대를 들이대는 창조론자의 습성상 분노를 참아내지 못할 게 확실하다. 그렇지만 다른 동물의 진화문제에 비해서 인간의 진화문제에 유별나게 엄격한 기준을 적용하는 것 역시 합리적인 태도는 아니다.

유인원이 인간으로 진화했다는 주장에 대해서 분노를 드러내는 것은 인간이 동물과 동격으로 취급받는 데 대한 모욕감의 표현일 수도 있지만, 신이 인간을 특별하게 창조했다는 자신들의 믿음을 굳건히 지켜내겠다는 의사표현으로 보는 게 더 옳을 듯싶다. 인간은 다른 동물과 달리, 하나님이 자신의 형상을 빌려 특별히 창조한 존재여서 신성이 깃들어 있다고 여기는 신앙인들의 입장에서 보면 진화론 주장자들은 혹세무민하고 있는 악인들이다.

하지만 진화론자들에게 그런 의도는 없는 듯하다. 진화라는 단어의 의미에 인류가 우연한 존재일 뿐, 전통적 교의에서 말하는 특별한 피조물이 아니라는 뜻이 내포된 건 사실지만 말이다. 진실이 무엇이든, 진화론자들이 자신들의 일에 몰두해가는 과정을 지켜보면, 애초부터

신을 무시하거나 혹세무민할 의도를 가지고 있지 않다는 것을 알 수 있다. 그들은 과학자다운 방법으로 인간이라는 존재의 기원에 대해 객관적으로 접근하고 있을 뿐이다. 그리고 그들이 내세우는 주장은, 우리가 누구이며 어디에서 왔느냐에 대한 인간적인 고뇌이며, 새 시대의 신화라고 할 수 있다.

이제부터 인류의 기원에 대한 고뇌와 그 해결을 위한 진화론자들의 노정을 추적해보자. 피와 땀으로 얼룩진 그들의 고행을 알게 되면, 어리석은 무신론자들로 함부로 몰아가지는 못할 것이다.

잃어버린 고리, '자바원인'을 찾아낸 뒤부아

제가 바란 대로 된 일이 하나도 없습니다. 극도의 노력에도 불구하고 제가 상상한 것의 100분의 1도 이루지 못했습니다. 쓸모 있는 동굴을 몇 개 찾긴 했지만, 제가 바라던 수준에는 미치지 못했어요. 이것뿐만이 아닙니다. 간혹 바위 밑이나 대강 만든 오두막 같은 데에서 새우잠을 자며 최대 몇 주씩 머물러야 할 때가 있는데, 처음에는 이러한 피로를 아무리 잘 이겨내더라도, 결국에 가서는 그런 고생을 견딜 수 없다는 것을 깨닫게 됐습니다. 열병을 치르면서 죽을 뻔한 위기를 넘기고 이제 거처로 돌아왔어요. 아무래도 그만둬야 할 것 같습니다.

수마트라에서 2년을 보낸 후, 뒤부아가 라이덴 국립 박물관장에게 보낸 편지의 내용 중 일부이다. 그가 편지 내용대로 수마트라에서 일을 중단했다면, 우리는 '잃어버린 고리'를 찾아내지 못했을지도 모른다.

그의 발견은 그만큼 소중하고 희귀한 것이었다. 지금부터 그가 그 위대한 업적을 이루는 과정을 추억해보자.

뒤부아(François Thomas Dubois 1858~1940) 네덜란드의 해부학자·지질학자. 호모 에렉투스(Homo erectus)의 최초 화석으로 알려진 자바인의 유해를 발견했다. 1894년 이러한 발견을 책으로 출간한 뒤 유럽으로 돌아가(1895) 암스테르담대학 지질학 교수가 되었다. 그의 발견을 둘러싼 논란으로 그는 1923년까지 자신의 자료를 공개하지 않았다.

뒤부아가 사표를 내자 동료들은 의아한 표정을 지었다. 전도유망한 젊은 교수가 해외로 탐험을 가기 위해서 사회적 위상을 포기한다는 것을 범부들로서는 도저히 이해할 수 없었다. 더구나 그는 사표를 낼 때까지 탐험일정은 물론이고 행선지조차도 정하지 않은 상태였다.

행선지는 사표를 내고 몇 달 후에 결정했는데, 동인도 제도라고 했다. 기후도 좋지 않고, 야수들과 미개인들이 득실거리는 그곳은 네덜란드와 거리가 가까운 곳도 아니다. 도대체, 동인도 제도엔 왜 가려는 거야? 주변 사람들의 의아심은 날로 증폭되어갔다.

정말 그 이유가 궁금하다. 뒤부아가 동인도 제도에 가고자 한 이유는 무엇이었을까? 도대체 왜…? 유골을 찾기 위해서였다. 유골? 누구의 유골? 혹시 부친이 식민지 쟁탈전에서 전사라도 한 건가? 아니다. 그가 찾고자 한 것은 혈연관계에 있는 사람의 유골이 아니었다. 그리고 엄밀히 말하면, 그것은 사람이 아닌 동물의 유골이었다. 더구나 그 유골은 그곳에 존재하지 않을 수도 있고, 어쩌면 이 세상에 존재하지 않을 수도 있는 것이었다. 뭐라고? 세상에 없을 수도 있는, 그 황당한 존재의 유골을 찾겠다고, 자신의 보장된 미래를 포기하고 그렇게 멀리까지 간다고? 그렇다면 누구의 말처럼 미쳤다는 표현이 틀린 것만도 아닌 것 같은데……

그런데 그게 그렇게 쉽게 속단해 버릴 일은 아니었다. 그 일이 인류 전체에게 아주 중요한 일일 수도 있기 때문이었다. 그가 하고자 하는 일은 진화론 정립에 최고의 난제인, 유인원과 인간 사이의 '잃어버린 연결고리'를 찾는 일이었다. 또한, 그것은 진화론의 방점이자 인간과 동물 사이를 연결하는 결정적 증거가 될 수 있었다. 그렇기에 오래전부터 그 일에 관심을 두고 있었던 뒤부아에게는, 기필코 풀어내야 할 숙제이기도 했다.

그가 그 분야에 관심을 갖게 된 데는 헤켈의 영향이 가장 컸다. 네덜란드 남부 보수적인 가톨릭 지역의 중산층 가정에서 태어난 뒤부아는 고향 지역의 변하지 않는 전통주의에 심한 거부감을 느껴서 청소년 시절부터 진보적이고 합리적인 과학 분야에 자신의 운명을 걸기로 작심했다. 그래서 다양한 과학서적을 탐독했는데, 다윈, 라이엘, 헉슬리의 책을 특히 좋아했다. 하지만 그의 원대한 꿈을 세우는 데는 헤켈의 저작 『창조의 역사(History of creation)』에서 많은 영감을 얻었다. 헤켈은 그 책에서 후학들을 독려하며 거대한 도전의 서문을 열었다. "우리는 이제 유전 이론 혹은 변성 돌연변이설의 결과로 '놀랄 것 없는 인류 발달의 역사'의 과학적인 토대를 확립할 위치에 서 있다. 이 이론에 따르면 최초 단계의 인간은 유인원과 유사한 포유동물까지 역으로 거슬러 올라가야 한다." 그 문장은 그대로 뒤부아의 뇌리에 화인처럼 새겨져, 뒤부아의 꿈이 되었다.

그렇더라도 꿈을 이루기 위해서는 철저한 준비가 필요한데, 왜 아무런 준비도 없이 갑자기 사표를 낸 걸까? 아마 그가 사표를 제출한 1886년에 있었던 큰 발견 때문이었던 것 같다. 그 해에 벨기에의 스파이 근처에서 네안데르탈인의 흔적이 발견됐다. 발견된 지층으로 보아 매우 오래된 것이 틀림없었기에 이전에 유사한 유골이 발견됐을 때처럼 병에 걸려 죽은 사람의 것 같다는 주장은 제기될 수가 없었다. 스파이에서 발견된 그 화석은 현대의 인간과 분명히 달랐고, 유인원이나 유인원과 비슷한 원시인과도 상당히 달랐다.

그 뉴스를 접하는 순간, 뒤부아는 자신의 꿈과 무관한 인생을 살고 있다는 자괴감을 느꼈고, 동시에 잃어버린 연결고리를 찾는 데에 누군가 벌써 가까이 다가갔을지도 모른다는 조바심도 느꼈다. 교수로의 일상에 더 이상 집중할 수 없게 된 뒤부아는 마침내 모든 걸 다 놓아버리고, 잃어버린 연결고리를 찾아 나서기로 마음을 굳혔다.

그렇지만 막막한 상태에서 탐험 목적지를 결정하는 일은 정말 난제였다. 아니, 결정을 내릴 수 없는 문제라는 표현이 맞겠다. 그건 의지와 노력만으로 해결할 수 있는 문제가 결코 아니었기 때문이다. 과연 탐험을 어디로 떠나야 할 것인가?

한동안 머리를 감싸고 고심하고 있던 뒤부아는, 오래전에 읽었던 『인간의 후손』이라는 책을 뇌리에 떠올렸다. 저자인 다윈은 그 책 속에, 인간은 무성한 털이 없으니 추운 곳이 아니라 열대지방 어딘가에서 유래됐을 거라는 의견을 제시해 놓고 있었다. 뒤부아는 그 책을 찾아 다시 읽어본 후에 다윈의 예감을 믿어보기로 마음먹었다.

그는 아프리카, 아시아, 호주 일부 지역, 남아메리카를 탐험 후보지로 우선 선정한 다음, 유인원의 유골이 구대륙의 열대지방에서만 발견됐다는 사실을 감안하여, 아프리카와 아시아 대륙 두 군데로 좁혀 놓았다. 그렇지만 구체적으로 목적지를 선정하는 최종 선택은 정말 어려웠다.

다윈은 인간, 고릴라, 침팬지 사이의 유사성을 근거로 아프리카를 주시한 바 있지만, 헤켈은 긴팔원숭이와 오랑우탄이 인간과 더 가깝다는 이유로 아시아를 지목한 바 있다. 그리고 뒤부아의 생각도 아시아 대륙 쪽으로 조금 기울어져 있었다. 얼마 전에 시왈리크 침팬지라고 알려진 유인원 화석이 인도의 시왈리크 언덕에서 발견된 게 그의 마음을 그쪽으로 기울게 했다. 그 화석의 연대와 발견 위치로 볼 때, 아시아 쪽에서 비슷한 연대의 지층을 뒤지는 것이 숙제를 해결해낼 개연성이 높아 보였다. 하지만 인도는 영국령이어서 그가 탐사작업을 할 수 없는 곳이었다.

자유롭게 작업을 할 수 있는 곳 중에 시왈리크와 유사한 곳은 없을까? 고심하던 그의 뇌리에 섬광처럼 단어 하나가 떠올랐다. '월레스 선'이었다. 그 단어가 떠오르자, 자바와 수마트라라는 지명들도 연이어 떠올랐다. 뒤부아는 월레스 선과 동물의 지리적 분포에 관한 월레스의 논문을 읽은 적이 있다.

월레스의 주장이 옳다면, 아시아 대륙 본토에 살고 있는 동물들이 말레이 제도 서부에도 서식하는 것처럼 인도에서 발굴되는 것이 동인도 제도에서도 발굴될 수 있지 않을까? 또한, 대부분의 인간 화석

수마트라 섬

은 동굴에서 나왔는데, 수마트라 섬에는 동굴들이 많지 않은가? 더구나 그 지역은 네덜란드령 동인도 제도의 일부이기에, 그곳에 가면 모국 정부와 국민들의 도움을 받기가 수월하다. 그래, 수마트라로 가자.

드디어 뒤부아가 최종 목적지를 정했다. 그는 식민지를 관할하는 관리를 만나 후원을 요청했다. 그 탐험의 목적을 설명하며 잃어버린 연결 고리를 찾으면, 그것이 네덜란드 과학계에 큰 영예가 될 거라는 사실도

부연했다. 그러나 관리는 성공 가능성이 불확실한 모험에 투자할만한 재정이 없다며 그의 도움 요청을 뿌리쳤다. 하지만 그대로 포기할 수 없는 게 뒤부아의 입장이었다. 가족의 생계를 책임지고 있는 그로서는 현실적인 대안을 생각해내야 했다. 그래서 고심 끝에 군의관으로 입대해서 식민지 근무를 자원하기로 결정했다. 대부분의 군의관들이 식민지 복무를 꺼리고 있어 그것에 상주하는 군의관 수가 절대적으로 부족한 상태였기에, 정부는 흔쾌히 승낙했다.

그렇게 군인신분으로 식민지에 가게 됐다는 사실을 가족들에게 말했을 때, 아내는 의외로 망설임 없이 동의했지만, 친가와 처가의 가족들은 모두 반대했다. 그러나 누구도 뒤부아의 마음을 바꾸지는 못했다. 그러기엔 뒤부아의 꿈이 너무 원대했고 확고했다.

뒤부아는 곧 가족과 함께 수마트라 섬으로 향했다. 43일이나 걸려 도착한 첫 근무지의 생활환경은 뒤부아가 상상했던 것보다 훨씬 더 열악했다. 각종 질병이 창궐해 있었고 업무량도 너무 많아서, 화석을 찾을 틈을 내는 건 불가능했다. 그래도 자신의 꿈을 도저히 포기할 수 없었던 뒤부아는 잠자는 시간을 줄여가며, 『네덜란드령 인도 제도의 자연사 저널(Journal of the Natural History of the Netherlands Indies)』 초안을 작성했다. 그 글에는 자신의 연구에 대한 중요성 외에, 연구가 지체될 경우에 엄청난 영광이 다른 나라로 돌아갈 거라는 경고성 메시지도 실려 있었다. 그런 노력의 결과, 간신히 파당(Padang)병원에서 빠져나와 한적한 파자캄보 기지로 소속을 옮길 수 있게 됐다. 아내는 만삭인 몸을 이끌고 파자캄보에 새집을 꾸며야 했지만, 시원한 고지로 이사 온 것이 너무 행복하다고 말했다.

그리고 마침내 첫 탐사작업을 할 수 있게 된 뒤부아는, 리다 아저(Lida Adjer) 동굴에서 코뿔소, 돼지, 사슴, 호저 등의 여러 홍적세 동물들의 유골을 발견해냈다. 그리고 그 후에도 꾸준히 성과물을 쌓아나 갔다. 그러자 총독의 시선도 달라졌다. 탐험에 필요한 일꾼들을 제공해주겠다고 약속했고, 실제로 본국 정부에서 1889년 3월에 기술자 두 명과 일꾼 오십 명을 보내줬다.

그렇게 제대로 연구에 몰두할 수 있는 환경이 만들어지자, 잃어버린 연결고리를 찾는 것은 시간문제에 불과할 거라는 생각을 하게 됐다. 그러나 뜻밖에 그 결실의 시간은 길게 지체됐다. 탐사했던 동굴 대부분이 비어 있거나 살아 있는 동물들로 채워져 있었기 때문이다.

조급증에 빠지게 된 그는 더욱 일에 매진했고, 그러다가 병석에 눕게까지 되었는데, 그런 다음에야 알게 됐지만, 그는 이미 말라리아에 걸려있는 상태였다. 그뿐 아니라 야영했던 사람들 중 다수가 그 병에 걸려있었다. 얼마 후에 기술자 한 명이 고열로 죽었고, 일꾼의 절반이 병 때문에 일을 계속할 수 없게 됐다. 그렇게 아무런 성과 없이 몇 달이 흘러가게 되자, 뒤부아는 계획을 대대적으로 수정하기로 작심했다. 수마트라 섬보다 자바 섬에 있는 화석이 더 오래됐을 수 있다는 지질학자들의 의견도 그런 결정에 상당한 영향을 미쳤다. 게다가 한 해 전 자바 섬에서 석화된 인간 두개골이 발견된 바도 있었다. 뒤부아는 당국에 자바 섬으로 전출시켜 달라고 신청해서 허락을 받아냈다.

뒤부아의 가족은 자바로 가서, 톨롱 아공이라는 마을에 정착했다. 새로운 조사팀도 곧 꾸려졌다. 인간의 두개골 화석이 발견된 적이 있는 와작(Wajak)에서 발굴을 시작했는데 금세 결실을 얻어냈다. 코뿔소, 돼지, 원숭이, 영양을 비롯해 인간 두개골 조각까지 찾아냈다.

자신감을 얻은 뒤부아는 언덕에 있는 동굴뿐만 아니라 강둑까지 발굴 범위를 넓혔다. 마침 건기여서 강둑의 침적층이 외부로 노출돼 있어 탐사하기에 적합했다. 솔로 강둑을 따라가며 작업을 진행해서, 코뿔소,

돼지, 하마, 코끼리, 하이에나, 악어, 거북이 등의 화석들을 발견했고, 1890년 1월 24일에 마침내 이가 두 개 붙어 있는 인간의 턱 뼛조각도 발견했다. 상태가 노후 되어 상세한 조사가 어렵긴 했지만, 좋은 징조임엔 틀림없었다.

뒤부아의 집 베란다에 뼈들이 점점 쌓여갔다. 그러나 자신이 원하던 것은 여전히 찾지 못한 상태였다. '잃어버린 고리'는 도대체 어디에 있는가? 다음 해에도 솔로 강둑과 트리닐(Trinil)에서 발굴

자바 섬의 솔로 강

이 시작됐고, 그해 가을쯤에 일꾼들이 영장류의 세 번째 어금니를 찾아냈다. 뒤부아는 그것이 시왈리크 산맥(Siwalik Hills)의 한 언덕에서 나온 것과 같은 침팬지의 것이라고 생각했다. 그다음 달에는 아주 이상하게 생긴 것이 발견됐다. 현장의 일꾼들은 거북 등 껍데기의 일부라고 여겼지만, 그렇게 단정 짓기에는 왠지 석연치 않았다.

깊고 오목한 접시 모양의 그 화석은 집에 있던 뒤부아에게 곧장 보내졌다. 뒤부아는 그것이 거북 등 껍데기가 아니라, 영장류 두개골의 윗부분임을 식별해냈다. 그것은 침팬지 두개골처럼 눈썹 부분이 튀어나와 있었지만, 용적은 훨씬 커 보였다. 일종의 유인원으로 생각됐지만, 단정 짓기에는 자료가 너무 부족했다. 그래서 더 많은 표본을 채집해내야 했지만, 어느새 겨울이 다가오고 있었다.

1892년 5월에 트리닐에서 발굴 작업이 재개됐다. 처음에는 뒤부아도 현장에서 많은 시간을 보냈으나 단 두 주 만에 지쳐 쓰러지고 말았다. 다행히 병석의 그에게 희소식이 들려왔다. 기술자들이 또 한 번 놀라운

발견을 해낸 것이다. 이번에는 거의 온전한 왼쪽 대퇴골이었다. 그것의 구조로 보아, 뼈의 주인이 나무를 탈 능력이 없었다는 것은 금세 알 수 있었다. 그것은 인간의 것과 매우 흡사했다. 이제, 그 미지의 주인공의 어금니, 두개골 상부, 그리고 대퇴골이 뒤부아의 손에 들어온 것이다. 시간 간격을 두고 발견됐지만, 가까이 모여 있었던 것으로 보아 한 개체의 것이 거의 확실했다. 또한, 그 개체가 직립 보행하는 새로운 유인원이라는 사실도 틀림없었다. 뒤부아는 그것에 '안트로포피테쿠스 에렉투스 외젠 뒤부아(직립 보행하는 침팬지)'라는 이름을 붙였다.

그러나 머지않아 자신이 큰 실수를 했다는 것을 알게 됐다. 애초에 그 유골의 두개골 용적을 700cc 정도로 측정했는데, 계산하는 과정이 잘못됐다는 사실을 깨닫게 된 것이다. 다시 정확하게 계산해보니 용적이 1, 000cc 정도 나왔다. 그것은 그 어떤 유인원보다 큰, 현대 인간에 가까운 수치였다. 그러니까 그가 발견한 화석은 유인원도, 인간도 아니었던 것이다. 그것은 직립보행을 하는 유인원과 인간의 중간단계 동물이 틀림없었다.

마침내 그가 꿈을 이뤄낸 것이다. 일, 부모, 고국을 등지고 동인도제도로 와서, 긴 세월을 헤맨 끝에 '잃어버린 고리'를 찾아낸 것이다. 그는 그 유골에 피테칸트로푸스 에렉투스(Pithecanthropus erectus, 자바원인)라는 새 이름을 붙였다.

그러나 그의 염원이 이뤄졌는지는 모르지만, 그의 성공이 이뤄진 것은 아니었다. 그의 발견이 '잃어버린 고리'라는 것을 인정받기 위해서는 그와 그의 원인(猿人)은 폭풍처럼 밀어닥칠 검증과정을

자바원인

겪어내야만 한다. 뒤부아는 그 발견에 대한 리포트를 쓰면서 한 해를 다 보냈다. 그 원인(遠人)에 대한 리포트에는 대퇴골, 두개골 상부 사진과 비교를 위한 다른 유인원의 두개골 그림도 들어갔다. 그리고 피테칸트로푸스의 두개골이 인간과 유인원의 특징을 모두 갖고 있고, 대퇴골은 인간처럼 똑바로 서서 걸어 다녔다는 증거를 가지고 있으며, 키와 몸집 역시 인간과 거의 비슷하다는 사실도 적시되었다.

"피테칸트로푸스 에렉투스는 진화 이론에 따라 인간과 유인원 사이에 존재했음이 분명한 과도기적 형태다. 그가 바로 인간의 조상이다." 동인도의 수도인 바타비아에서 발표한 그의 주장이 유럽에 닿은 것은 1894년 말이었다. 반응은 생각했던 것보다 훨씬 빨리 나왔다. 그러나 대부분 혹독한 비판이었다. 독일의 어느 해부학자는 두개골은 유인원의 것이고 대퇴골은 인간의 것이라고 했다. 그리고 유럽 생물학계의 중심에 서 있던 루돌프 피르호는 두개골이 긴팔원숭이의 것이 확실하다며, 뒤부아를 사기꾼으로 몰아붙였다. 또한, 아주 이상한 평을 해오는 학자도 있었다. 시왈리크 침팬지를 연구했던 한 고생물학자는 그 두개골이 이상소두로 죽은 인간의 것이라는 의견을 제시하기도 했다. 물론, 뒤부아를 지지하는 학자들도 있긴 했지만 극소수였다.

그런 상황은 뒤부아에게 감내하기 힘든 고통을 느끼게 했다. 자신은 거의 원시와 다름없는 환경에서 살면서 겨우 증거를 찾아냈는데, 유럽의 학자들은 증거를 직접 와서 보지도 않고, 가혹한 비판을 서슴없이 퍼붓고 있다는 사실이 그를 몹시 화나게 했다. 뒤부아는 피테칸트로푸스와 함께 유럽으로 돌아가서 회의론자들을 직접 설득하기로 작심했다.

귀국하는 그에게는 2만 점이 넘는 화석이 담긴 나무상자가 414개나 있었지만, 가장 소중한 것은 역시 피테칸트로푸스였다. 그는 그 소중한 유골을 담을 나무 수트케이스를 특별히 제작해 긴 여행 내내 세심하게 보살폈다. 그러면서 다가올 학자들과의 전투에 대비하여 만반의 준비를 해나갔다.

그러나 귀국하는 데 소요되는 6주라는 긴 시간은 그를 평온하게 그냥 놔두지 않았다. 인도양 한가운데에서 엄청난 폭풍을 만나게 된 것이다. 뒤부아는 운명을 다시 한 번 실험당해야 했다. 구명선을 준비하라는 선장의 명령이 내려지는 순간, 뒤부아는 선실에 있는 피테칸트로푸스를 떠올렸다. 그것을 잃는 것은 유럽대륙에서 그를 사냥할 준비를 하는 하이에나들에게 대항할 무기를 잃는 것과 같다. 그는 선실로 다시 돌아가면서, 아내에게 구명선이 내려지거든 아이들과 함께 먼저 떠나라고 말했다. 그는 피테칸트로푸스와 운명을 함께하기로 작심했다. 다행히, 그의 간절한 꿈을 하늘도 알았던지, 큰 피해 없이 폭풍이 지나갔고, 가족들은 생이별을 가까스로 면할 수 있게 됐다.

8월 초, 마침내 네덜란드로 돌아왔지만, 자바에 있는 동안 아버지가 돌아가셨기 때문에 그는 탐험성과를 아버지에게 자랑할 기회를 가질 수 없었다. 그렇다고 어머니가 그의 성과를 치하해 준 것도 아니었다. 피테칸트로푸스를 본 어머니가 그에게 물었다. "저걸 도대체 어디다 쓸 거니?" 그러자 비판자들도 같은 내용의 질문을 퍼부어 왔다.

뒤부아는 굴욕을 참아내며, 피테칸트로푸스가 얼마나 중요한 존재인지를 알리기 위해서, 유럽을 돌아다니며 캠페인을 시작했다. 피테칸트로푸스를 안고 각종 과학회의를 찾아다녔고 과학단체들도 찾아갔다. 그러던 뒤부아에게 절호의 기회가 찾아왔다. 귀국한 지 몇 주 뒤, 라이덴에서 국제 동물학 회의가 열리게 된 것이다.

그의 비판자인 피르호가 의장을 맡고 있는 그 회의에는 생물학계의 주요 인물들이 대부분 참석할 예정이었다. 피르호는 자바원인에 대한 뒤부아의 해석을 '모든 실질적 경험을 넘어서는 터무니없는 환상'이라고 조롱한 바 있다.

회의에 참석한 뒤부아는 일부 중요한 문제에 대해 설명이 불충분했음을 인정하면서 예전의 설명을 보강했다. 특히, 화석이 발견된 곳의 지질학적 구성에 대해 소상히 설명했고, 화석의 유인원 같은 두개골의 생김새, 두뇌용적 면에 나타나는 과도기적 현상, 대퇴골에서 보이는 인간적 특징 등을 강조했다. 그러자 많은 학자들이 뒤부아가 애초의 보고서에 존재했던 의문들에 대해 충분히 설명했음을 인정해줬다.

루돌프 피르호(1821~1901) 근대 병리학의 창시자로 1856년 베를린 대학 교수가 되어 세포 병리학을 창시했다. 1862년에는 프로이센 하원 의원이 되어, 비스마르크의 군국주의에 반대하였다. 또한 독일 인류학회를 만들고 슐리만과 함께 트로이의 유적을 발굴하였다. 저서에 『세포 병리학과 조직학』, 『병적 종양론』 등이 있다.

그리고 무엇보다도 다행스러웠던 점은 영향력 있는 과학자들에게 피테칸트로푸스를 직접 보여줄 기회를 얻게 됐다는 사실이다. 그런 기회가 있었기에 당대 석학인 마누브리에(Manouvrier) 교수를 지원군으로 얻게 되어, 자신의 업적을 공인받기 위한 초석을 마련할 수 있게 됐다. 지지자가 조금씩 늘어나게 되면서 뒤부아는 영국 인류학협회의 명예 특별회원이 되었고, 프리 브로카(Prix Broca) 상도 받았다. 그렇지만 뒤부아는 무엇보다 연구를 계속할 수 있는 여건이 빨리 갖춰지길 원했다. 다행히 정부에서 그의 소망을 알아채고, 하를럼의 테일러 박물관의 고생물학 관장으로 임명해줬다.

1898년에 생물학계의 거두들이 케임브리지에서 열리는 국제 동물학회의에 다시 모였는데, 그곳에서의 토픽도 뒤부아와 피테칸트로푸스였다. 물론, 그때까지도 그 토픽에 관한 논쟁은 진행형이었다. 그 회의의 강단에 가장 먼저 선 인물은 해켈이었다. 진화학 분야에서 원로의 지위를 누리고 있던 그는 피테칸트로푸스를 강력하게 지지하며, 피르호와 그의 추종자들에게 선제공격을 가했다.

에른스트 헤켈(Ernst Haeckel, 1834~1919) 독일의 유명한 생물학자이자 박물학자 겸 철학자, 의사, 교수, 화가. 천여 종에 학명을 붙였으며 계통학, 분류학, 생태학, 원생생물 연구에 에 많은 업적을 남겼다. 생태학이란 낱말을 처음으로 사용했다

뒤부아에 대해서 '피테칸트로푸스를 발견한 유능한 사람'이라고 지칭해주었고, '잃어버린 고리'로서의 피테칸트로푸스의 중요성도 역설했다. 특히, 피르호가 네안데르탈인과 피테칸트로푸스가 '병으로 인해 생겨난 산물'이라고 주장한 사실을 상기시킨 점은 회심의 일격이었다.

헤켈은 "피르호는 30년 이상 다윈 이론에 반대했고, 인간이 유인원으로부터 내려온 것이 아니라고 주장하는 것이 과학자로서 자신의 특별한 의무라 여기고 있다. 그리고 그는 훌륭한 판단력을 지닌 각 전문가가 반대하는 것에도 전혀 개의치 않는 사람이라는 사실을 기억해야 한다."라며 노골적인 비난을 퍼부었다.

헤켈가 파상적 공세를 펼쳤음에도 불구하고 피르호는 침묵을 지켰다. 정말 의외였다. 무엇 때문에 그가 그런 위축된 반응을 보였는지 모르지만, 아무튼 그 바람에 그 날은 뒤부아와 그의 양자가 주인공이 되었다. 그렇지만 피테칸트로푸스의 의미를 모두가 인정해준 것은 절대 아니었다. 회의가 끝난 후에도 뒤부아의 반대세력의 수는 거의 줄지 않았다.

뒤부아는 피테칸트로푸스에 대한 비판적 시각을 바꾸기 위해 계속 노력했다. 그는 동물의 몸집 대비 두뇌의 비율을 비교하는 새로운 방법을 개발해서 자신의 주장을 재차 증명해냈다. 그는 대부분의 포유류에 몸집 대비 두뇌의 일반적인 비율이 있다는 것을 알아낸 다음, 자문했다. "부피가 1,000CC 가까이 되는 두뇌를 가진 유인원의 몸은 얼마나 클까?" 연구해본 결과, 그 유인원은 226kg 이상 돼야 했다. 그러나 피테칸트로푸스 대퇴골의 치수를 보면 대략 72kg 정도밖에 감당할 수 없을 것으로 보였다. 결국, 그 두뇌는 유인원의 것보다는 훨씬 컸고, 현대 인간의 것보다는 너무 작았기에, 뇌의 크기에 있어 피테칸트로푸스는 유인원과 인간 사이에 있는 것이 분명했다.

그러나 피르호가 주도하고 있는 반대세력의 수는 쉽게 줄어들지 않았고, 뒤부아 역시 더 이상의 과욕을 부리지 않았다. 그는 피테칸트로푸스의 위상에 대해서, 모든 사람은 아니어도, 많은 사람들에게 그 진실을 알렸다는 사실에 만족했다. 그렇지만 뒤부아조차도 자신의 업적에 대한 중요성을 당시엔 잘 모르고 있었던 같다. 만약 그렇지 않았다면 그 정도에서 질주를 멈추지 않았을 텐데 말이다.

뒤부아의 발견이 있은 후, 수십 년간 많은 사람이 고대 인간을 찾으러 아시아로 향했다. 그러나 그들 중 대부분은 고대 인류의 화석 중 그 어떤 것도 찾지 못했다. 뒤부아의 발견은 그만큼 드문 것이었다.

아시아에서 고대 인류의 또 다른 증거를 찾기까지는 거의 40년이라는 시간이 걸렸다. 1929년이 돼서야 중국에서 '북경원인'이 발견됐다.

북경원인

그 후, 1935년에 독일의 고인류학자 쾨니히스발트(Gustav Heinrich Ralph von Koenigswald)가 솔로 강 인근 산기란(Sangiran)에서 좀 더 완전한 형태의 화석들을 추가로 발굴했고, 1936년에는 모조케르트(Modjokert)에서 어린 아이의 머리뼈가 발굴되었다. 이 화석들은 모두 하나의 종으로 합쳐져 인간과 같은 속(屬)으로 인정받으며 호모 에렉투스라고 재(再)명명됐다. 물론, 그 과정에서 뒤부아가 발견한 피테칸트로푸스의 두개골 상부가 새로운 종 확립의 증거이자 호모 에렉투스의 표본이 되었다.

아주 최근인 2014년에 뒤부아의 이름이 언론에 다시 회자된 적이 있는데, 그건 자바원인에 관련된 것이 아니고, 당시에 함께 발굴했던 조개껍데기 때문이었다. 그 자신도 모르고 있었지만, 그 조개껍데기 일부에 지그재그 모양의 무늬가 그려져 있는 게 최근에 발견되었는데, 그것이 고인류의 가장 오래된 추상적 흔적이라는 주장이 제기되면서 그의 업적이 재조명됐다.

그 조개껍데기는 이미 1930년대에 조사된 바 있다. 그런데 아마 세밀한 조사가 이뤄지지 않았던 모양이다. 문양이 새겨진 일부의 조개껍데기를 발견하지 못한 채 라이덴 박물관에 보관되어 있다가, 2014년에 라이덴 대학의 생물학자인 조세핀 주어덴스(Josephine Joordens)가 그 문양을 발견해냈다. 주어덴스는 "사람들은 거의 눈에 띄지 않기 때문에 이 문양을 발견하지 못했다. 이 문양은 특정한 방향으로 빛을 비추었을 때 볼 수 있다."고 말했다. 현미경을 사용한 관찰로, 그 문양이 의도적으로 그려졌음을 밝혀냈다. 새겨진 에칭패턴은 어두운 캔버스에 하얀 선을 그린 것과 유사하며, 1센티 정도의 일정한 패턴 크기는 제작자가 세심한 주의를 기울였음을 보여준다.

그녀의 연구팀은 새 조개껍데기나 화석화된 껍질에 이 패턴을 재현해보았다. 주어덴스는 그 문양을 새기는 것이 결코 쉽지 않다며, "이 제작자의 의도를 모르기에 이것을 예술이라고 부를 수 있는지 모르겠다."고 말했다. 네안데르탈인이 그물 모양의 음영을 새겨 넣은 것을 발견한 적이 있는 클라이브 핀레이슨(Clive Finlayson)은 "이것을 호모 에렉투스의 낙서라고 부를 수 있는지에 대해서는 불가지론적이다."라고 말했다. 하지만 그것이 예술품이든 단순한 낙서든, 중요한 것은 추상적인 사고의 능력이 고인류에게 있었다는 점이다. 그도 이런 사실을 인식하고, "현생인류의 것이 고대 호미니드에서 발견되고 있다. 우리는 이러한 사실을 재고해야 한다."라고 말했다.

그의 주장에도 일리는 있어 보인다. 하지만 우리가 더욱 집중해야 할 일은 유물을 통한 인류의 흔적을 찾는 것이 아니라 인류의 진정한 기원을 찾는 일이다. 그렇기에 조개껍데기 같은 유물보다는 피테칸트로푸스 같은 유골을 지속적으로 찾는 것이고, 그 유골을 발굴해낸 뒤부아를 높이 칭송하는 것이다.

뒤부아와 피테칸트로푸스 과학계에 미친 결정적 영향은, 인간의 기원이 다윈의 생각처럼 아프리카에 있는 것이 아니라 아시아에 있음을 밝혀냈다는 사실이다. 그래서 1920년대 남아프리카에서 발견된 인류의 화석은 모두 무시됐다.

그렇지만 뒤부아의 영광은 오래가지 못했다. 1960년대 초, 호모 에렉투스 화석과 다른 원시인류 화석이 아프리카에서 발견되면서, 인간 기원에 관한 연구의 중심지가 아프리카로 이동됐기 때문이다. 그렇다면 원시인류에 대한 관심을 아프리카로 옮겨간 주인공은 누구였을까?

 운명적인 고고학 가문, 루이스 패밀리

이거야말로 벽난로 위를 장식할 만한 것이라고 할 수 있지.

잘 보존된 인류 조상의 발자국 화석을 발견한 뒤 메리가 한 말이다. 벽난로를 바라보면서 그녀는 아마 지나온 인생 여정을 떠올렸을 것이다. 남편 루이스가 죽은 후, 메리는 그의 주니어와 함께, 호모사피엔스가 존재하기 훨씬 이전에 직립보행을 하고 도구를 만들었던 원시인류가 있었다는 사실을 밝혀냈다. 돌이켜보면, 화가였던 그녀가 루이스를 만나 고고학자로 변신한 것은 거의 운명이었다.

그리고 그의 죽은 남편 루이스가 선교사의 아들로 태어나 고고학자로 변신한 것 역시 운명이었다. 그가 태어난 곳이 바로 인류의 기원이 있는 곳이었으니까 말이다.

루이스 리키는 1903년에 케냐에서 활동하던 영국 선교사의 아들로 태어났다. 그는 자신이 영국인보다는 키쿠유족에 가깝다고 여겼다. 그의 키쿠유식 이름은 와쿠루이기('새매의 아들'이라는 뜻)였다. 루이스는 키쿠유족이 처음 본 백인 아기였지만, 키쿠유 사회에 무난하게 받아들여졌다.

키쿠유족은 나이에 따라 집단을 이루는데, 루이스 역시 그들의 풍습에 따랐다. 열한 살 때 무칸다('새 옷의 시기'라는 뜻) 무리의 일원으로 들어갔고, 열네 살 때에는 방 세 개 달린 집을 지어 완전히 분가했다. 그는 키쿠유식 삶도 고스란히 체험했다. 무칸다 의형제들은 그에게 창 던지는 법, 곤봉 다루는 법, 다양

루이스 리키(Louis Leakey, 1903~1972) 케냐 출생의 영국 고고학자. 케냐에 파견된 영국인 기독교 선교사 부부의 아들이었으나 찰스 다윈의 진화론을 신봉하면서 원시인류 화석 발굴을 시작했다. 처음에는 프리다 어번과 결혼하여 1남을 두었으나 이혼하고, 고고학자 메리 리키(1913년 2월 6일 ~ 1996년 12월 9일)와 재혼하여 3남 1녀를 두었다.

한 사냥법 등을 가르쳐줬다.

아버지 해리는 종종 영국인들을 초대했는데 그중에는 나이로비의 자연사박물관 초대 관장인 아서 러버릿지도 있었다. 그를 만나게 된 건 어린 루이스에게 엄청난 행운이었다. 그는 루이스에게 표본을 만드는 법을 가르쳐줬고, 동·식물의 체계적인 분류법도 알려줬다.

루이스는 자연을 사랑했고 신앙심도 돈독했기에, 나중에 선교사가 돼서 취미로 조류학을 즐기겠다는 꿈을 꿨다. 그랬지만 삼촌이 크리스마스 선물로 보내준 동화책 한 권이 루이스의 꿈을 완전히 바꾸어 놓았다. '엘 우바이드(El-Ubaid)기'의 표준 유적지를 발견한 고고학자 H. R. Hall이 쓴 『역사 이전의 나날들(Days Before History)』이 바로 그의 꿈을 바꿔놓은 책이다. 그 책 속에는, 석기시대의 영국 소년인 티그의 이야기가 쓰여 있었는데, 그 책을 읽고 난 후에도 티크의 잔영이 오랫동안 루이스의 뇌리에 남게 됐다. 케냐에도 티크와 같은 사람들이 살았을 거로 생각한 그는, 책에 그려져 있는 부싯돌이나 도구와 비슷하게 생긴 것들을 모으기 시작했다.

어느 날, 루이스는 자신이 모은 돌들을 러버릿지에게 보여줬는데, 그가 그중 일부가 실제 고대 도구의 파편임을 확인해줬다. 그 후로 루이스는 석기 수집에 더욱 열중하게 됐다. 러버릿지가 알려준 대로 수집품의 발견일자, 위치, 발견과정 등에 대해 상세히 기록하면서 해당 주제에 관한 참고 서적들도 열심히 읽었다. 그러는 과정에 아프리카 동부의 석기시대에 대해 알려진 것이 거의 없음을 알게 되면서 그것을 구체적으로 밝혀낼 꿈을 꾸기 시작했다. 열세 살 때였다.

그렇지만 인간의 역사를 본격적으로 연구하려면 공식적인 교육을 받을 필요가 있었다. 그러나 그는 제대로 된 교육과정을 경험한 적이 없었다. 그는 케임브리지 대학에 들어가고 싶어 했다. 그러나 준비과정을 시작하기 위해 웨이머스 학교에 등록했을 때, 그는 자신이 또래에 비해 얼마나 무식한지 깨닫게 됐다. 그는 필요한 학업수준에 도달하기 위해 공부에 몰두했다.

케임브리지 대학에 가기 위해서는 여러 가지 장애물을 넘어야 했다. 우선 돈이 가장 큰 문제였다. 리키 가의 사람들은 대대로 청빈하게 살아왔고, 그러한 상태는 그의 아버지 세대에도 계속됐다. 학교재단에서 장학금을 받아내는 방법이 유일한 혈로였는데, 그러기 위해서는 자신이 그럴만한 가치가 있는 존재임을 입증해내야 했다. 특히 특정 과목에 대해 탁월한 성적을 내야 하는 것은 필수적으로 필요했다.

며칠을 전전긍긍한 끝에 루이스는 그 장애물을 뛰어넘을 수 있는 묘안을 생각해냈다. 그것은 바로 장학금 신청용 시험과목으로 키쿠유 언어를 신청하는 것이었다. 다행히 케임브리지 대학이 키쿠유 언어를 시험과목으로 인정하고 있었지만, 그 언어를 아는 교수가 없다는 게 문제였다. 임기응변이 탁월했던 루이스는, 믿을 만한 인물로부터 '언어 능력 인증서'를 받아 제출하겠다고 제안했고, 학교 측에서도 달리 대안이 없어서 승낙하게 됐다. 키쿠유 부족의 코이난치 족장만큼 그에 적합한 사람이 어디 있겠는가. 루이스는 인증서 양식을 그럴듯하게 만들어 코이난치에게 내밀었다. 족장은 영어로 적혀 있는 인증서의 내용을 알지 못했지만 흔쾌히 사인을 해줬다.

사회성이 탁월했던 루이스는 입학과 동시에 급우들과 곧 하나가 됐다. 그는 현대 스포츠에 대한 경험이 전혀 없었음에도 불구하고, 럭비팀에 들어가 1년 동안 열심히 규칙을 익히고 연습하여 대표선수 후보까지 되었다. 그러나 2학년 초에 라이벌인 옥스퍼드 대학과의 연례경기에 출전하기 위해 연습을 하다가 머리 부상을 당하고 말았다. 부상이 너무 심해서 공부를 할 수 없는 지경까지 이르렀다.

의사의 말대로 열흘간 쉬었지만, 상실된 기억의 일부는 회복되지 않았고, 두통도 자주 도졌다. 다시 정밀검사를 한 결과, 급성 간질로 판명됐다. 의사는 그에게 공기가 좋은 곳으로 가서 1년 정도 더 쉬라고 권했다. 얼른 학위를 따서, 케냐로 돌아가 고고학 연구를 시작하려 했던 루이스는 상심하지 않을 수 없었다. 그러나 그 휴학은 그에게 다가올 큰 행운의 시발점이 됐다. 성실함이 몸에 배어 있던 그는 몸이 회복되는 동안 할 수 있는 일거리를 찾게 됐는데, 그게 운명 포물선의 변곡점이 됐다.

런던의 자연사박물관에서 공룡 화석을 발굴하기 위해, 탄자니아로 탐험대를 파견할 예정이며, 그 탐사를 위해서 아프리카 탐사경험이 있는 가이드를 찾고 있다는 사실을 뉴스를 통해 알게 된 루이스는, 떨어질 각오를 하고 지원서를 냈다. 그런데 다른 지원자가 전혀 없는 바람에 아주 쉽게 그 자리를 얻게 되었다. 탐사팀에서는 스무 살밖에 되지 않은 풋내기에게 큰 기대를 걸지 않는 분위기였지만, 루이스는 금세 자신의 가치를 입증해내기 시작했다.

탐사대장인 커틀러는 탄자니아 세관을 통과했지만, 아프리카 탐사 경험이 전혀 없던 탓에 그때까지 탐사지역을 정하지 못하고 있었다. 루이스는 그 한심한 대장에게 텐다구루(Tendagurun)를 추천했다. 대장이 그 이유를 묻자, 루이스는 그 지역에 대한 해박한 지식으로 상세한 설명을 했고, 대장도 수긍했다.

텐다구루 발굴현장

커틀러와 루이스는 현장에서 4개월간 함께 지냈다. 몸은 힘들었지만, 루이스는 즐거운 마음으로 일정을 소화하며 많은 것을 배워나갔다. 루이스에게 커틀러는 훌륭한 선생님이었다. 커틀러를 통해 화석 발굴과 보존에 대한 실질적인 훈련을 받게 됐는데, 루이스에게는 그 일이 적성에 맞아서 무척 즐거웠다.

그렇지만 주변 환경은 혹독했다. 날씨는 매우 더웠고, 물은 수 킬로미터 떨어진 곳에서 가져와야 할 만큼 귀했으며, 맹수들도 득실거렸다. 질병 또한 만연했다. 그 모든 어려움에도, 하는 일이 너무 좋아서 더 오래 하고 싶었지만, 루이스는 중도에 학교로 돌아가야만 했다. 대학졸업에 대한 열망 또한 일만큼이나 뜨거웠기에, 학기 시작에 맞춰 영국행 여객선을 탔다.

그는 학교생활 중에 영국의 선사시대 유적을 조사하고 석기를 만드는 기술을 배웠으며, 아프리카의 활과 화살의 제조 역사도 공부했다. 우여곡절이 없진 않았지만, 그는 좋은 성적으로 졸업 시험에 통과했다. 이제, 배운 것을 실전에 옮길 시기가 온 것이다.

진화론과 고대 인류의 존재 사실을 굳게 믿고 있던 루이스는 선교사 아들답지 않게 성경 속의 인류역사를 믿지 않았다. 그렇지만 1920년대엔 인류 역사에 대해 알려진 정보가 너무 적어서 전문가들조차 어디에서 인류의 기원을 찾을지 갈피조차 잡지 못하고 있었다. 하지만 인간이 아프리카에서 유래했다고 생각한 학자가 거의 없었던 건 확실하다. 뒤부아가 피테칸트로푸스를 자바 섬에서 찾아냈고, 로이 채프먼 앤드류스 역시 인간의 흔적을 몽골에서 찾아냈기 때문이다. 그리고 그로부터 얼마 지나지 않아 데이비드슨 블랙과 웬종페이가 더 많은 고대 인류 화석을 중국에서 찾아내어, 인류의 '아시아 기원설'을 확고히 다져놓았다.

그럼에도 불구하고 루이스는 아프리카에 초기 인간이 존재했을 거라는 확신을 버리지 않았는데, 그런 데는 자신이 어릴 때 석기시대의 도구를 발견해낸 경험이 큰 영향을 미쳤다. 케냐로 떠날 준비를 하면서 루이스는 케임브리지 대학생 한 명을 동료로 뽑았다. 최초의 동아프리카 원정대는 그렇게 두 사람으로 이뤄졌다. 그리고 케냐에 도착한 후에는 루이스의 무칸다 의형제 몇 명과 친동생 더글러스가 합류해서 팀의 규모가 조금 더 커졌다.

처음 발굴을 시작한 곳은 루이스가 어린 시절부터 잘 알고 있던 곳이었다. 인류에 관련된 유물은 동굴에서 주로 발견됐기 때문에, 루이스 역시 리프트 계곡을 둘러싸고 있는 동굴과 절벽, 그리고 그가 잘 알고 있는 정착민 땅을 집중적으로 살폈다. 그가 바란 것은 고대 인류가 만든 도구를 찾는 것이었고, 운이 좋다면 고대 인류의 유골 일부라도 찾을 수 있을 거라 생각했다.

엘레멘데이타 호수

당시 학자들은 가장 오래된 문명이 셸리안 혹은 아브빌 문명일 거라고 여기고 있었기에, 루이스는 동아프리카에서 셸리안과 연대가 맞는 도구를 찾게 된다면, 아프리카에 초기 인류가 살았다는 증거를 얻게 되는 거라고 여겼다. 그의 팀은 엘레멘테이타 호수 근처의 동굴에서 첫 성과를 거두었다. 지표면 가까이에 있거나 지표면을 뚫고 나온 다양한 도구, 부서진 그릇 조각, 인간의 유골을 채집해서 그것들에 '엘레멘테이타 문명의 흔적'이라는 이름을 붙였다.

그 후 루이스는 1년에 걸쳐 10개가 넘는 나무상자가 넘치도록 표본을 발굴했는데, 아울러 그곳에서 한 여자도 발굴해냈다. 그녀의 이름은 프리다 에이번이었다. 부유한 영국인 상인의 딸인 그녀와 열정적인 사랑에 빠져, 만난 지 1년이 채 되지 않아 결혼식을 올리게 됐다.

프리다는 루이스의 2차 동아프리카 고고학 원정에 동참했다. 그리고 그녀 외에 루이스가 집적 가르친 후배 몇 명도 동참했다. 루이스는 아주 터프하게 작업을 진행했다. 팀원들도 그의 지칠 줄 모르는 활력에 영향을 받아 새벽부터 해 질 녘까지 일했다. 하지만 루이스보다 많은 일을 할 엄두는 내지 못했다. 루이스는 밤이 깊어질 때까지 그날 찾은 것들에 대해 세부적인 기록을 해놓은 후에야 잠자리에 들었기에, 수면시간이 늘 네 시간 이내였다. 팀원들은 루이스의 강철 체력에 혀를 내둘렀다.

유사한 일상을 그렇게 보내던 중, 그들은 한 동굴의 가장 깊은 지층에 선사시대 사람들이 만든 도구들이 가득 차 있다는 사실을 알게 됐다. 그곳에서 찾아낸 것은 새의 뼈로 만든 송곳, 타조 알로 만든 구슬, 부서진 그릇 조각 등이었다. 그런데 그것들이 오래된 지층에서 발굴된 것은 틀림없었지만, 얼마나 오래됐는지 판명하는 일은 불가능했다. 정확한 연대 측정법이 존재하기 전이었고, 연대를 짐작할 수 있게 해줄 지질학 연구도 수행되기 전이었기 때문이다. 찾아낸 엘레멘테이타 도구가 유럽의 일부 유물과 비슷하다는 사실을 참작하여, 루이스는 그 문화가 대략 기원전 2만 년경에 존재했을 거로 추측했다(훗날 측정한 결과, 기원전 약 6,000년경으로 판명됐다).

탐험 막바지에는 지질학자 존 솔로몬이 카리안두시의 협곡을 따라 걷다가 손도끼를 발견해냈다. 그래서 그 근처를 집중적으로 파헤쳤다. 그곳에는 유사한 도구가 수도 없이 많이 묻혀 있었다. 발견된 손도끼들은 이미 발견된 어떤 것보다 오래된 것 같았다. 그리고 그것들이야말로 루이스가 찾고 있던 아프리카 초기 인류의 증거였다. 그러나 정확한 연대를 측정하는 것은 여전히 불가능했다.

당시의 지질학자들은 유물이나 유골의 나이를 측정하는 데 퇴적속도를 이용한 외삽법에 전적으로 의존하고 있었다. 그것은 퇴적작용이 일정 속도로 진행된다는 가정하에, 물체 주변의 퇴적물의 깊이를 측정해서, 그것이 얼마나 오래전에 매장됐는지 추측하는 방식이었다. 그러나 그 방법엔 결정적인 약점이 있었다. 퇴적속도를 계산할 때, 침식현상이나 그 밖의 다른 변수를 계산에 넣지 않는다는 점이었다. 그래서 그 측정법을 이용할 경우, 공룡은 겨우 1,000만 년 전에 멸종한 것으로 나오고, 지구의 나이는 몇 억 년에 불과한 것으로 나타나게 된다.

루이스는 그 도구 유물들이 4~5만 년 정도 된 것으로 봤다(훗날 50만 년에 가깝다는 것이 밝혀졌다). 연대측정에 큰 오류가 있었음에도 불구하고 루이스는 아프리카 석기시대의 연대를 앞당기는 업적을 이뤘다는 칭송을 받았다. 루이스가 발굴 결과를 발표하자, 많은 학자들이 케냐로 와서 발굴현장을 둘러봤다. 그들의 대부분은 아프리카의 석기가 생각보다 훨씬 오래됐다는 사실을 인정했다. 그렇다면, 인간의 역사는 도대체 얼마나 오래됐을까?

그는 세 번째 탐험을 계획했다. 이번에는 초기 인간의 유골이 포함된, 다양한 동물화석이 발견될 가능성이 높은 곳을 집중적으로 탐색하기로 마음먹고 장고에 들어갔다. 그러던 중에 자신이 오래전부터 마음에 두고 있던 곳이 있었음을 새삼 상기해냈다. 바로 올두바이(마사이족 말로 '야생 사이잘초가 사는 곳')였다. 그곳은 리프트 계곡 중심

올두바이

에 있는 긴 골짜기로서, 세렝게티(Serengeti)평원 안, 응고롱고로 분화구(Ngorongoro Crater) 근처에 있었다.

루이스가 그곳을 마음에 품게 된 것은 독일의 지질학자 한스 렉이 쓴 보고서 때문이

었다. 1913년에 그곳을 탐험한 렉은 석기 도구는 하나도 찾지 못했지만, 영장류 유골을 비롯해 다양한 화석들을 찾아낸 바 있었다. 렉은 그곳으로 다시 돌아가고 싶어 했지만, 제1차 세계대전이 발발하면서 탕가니카가 영국의 통치를 받게 되면서 실행에 옮길 수 없게 됐다. 당시 루이스는 렉의 보고서를 읽고 난 직후, 독일로 렉을 찾아가 체험담을 들은 바 있다.

그리고 그로부터 6년이 흐른 후, 루이스는 세 번째 탐험의 성공률을 높이기 위해 그를 초대했다. 1931년 9월 하순에 루이스와 렉, 그리고 열여덟 명의 대원들이 자동차를 타고 올두바이로 향했다. 문명지대로부터 300㎞ 이상 떨어져 있는 그 협곡까지 가는 여정은 매우 힘들었다. 우선 생존에 필수적으로 필요한 물을 구하기 힘들었고, 펄펄 끓는 기온 탓에 자동차마저 물을 자주 요구하는 바람에 여정은 길게 늘어나게 됐다. 그렇게 힘든 여정이었지만, 렉에게는 정말 감동적인 경험이었다. 다시는 못 올 거라고 생각했던 곳에 오게 됐기 때문이다. 루이스는 가장 먼저 협곡에 발을 들여놓는 영광을 렉에게 줬다.

협곡에 도착한 첫날, 루이스는 매우 흥분돼서 잠을 이루지 못하고 있다가 해가 뜨자마자 협곡을 뒤지기 시작했다. 그는 곧 침적층 속에 완벽한 상태로 묻혀 있던 손도끼 하나를 발견했다. 루이스는 그것을 들고 야영장으로 뛰어와 아직 자고 있던 대원들을 흔들어 깨웠다.

그 협곡은 보고(寶庫)였다. 그들은 나흘 동안에 77점의 도끼를 찾아냈다. 어떤 도구들은 데이노테리움처럼 멸종된 포유

데이노테리움

류 화석과 함께 발견됐다. 또한, 거의 완벽한 470점의 손도끼도 발견됐다. 다섯 개의 주요 지층에 매장돼 있던 도구들의 무더기 발견은 그야말로 놀라운 일이었다. 이를 통해, 학자들은 도구 발달에 대해, 이전에는 보지 못했던 새로운 그림을 그릴 수 있게 됐다. 루이스는 올두바이가 '과학자의 천국'이라고 선언했다.

루이스는 학자로서의 명성은 얻었지만, 경제적 능력은 그와는 또 다른 문제였다. 그는 돈을 벌기 위해 『아담의 조상』이라는 제목으로 선사시대에 관한 책을 썼고, 그와 동시에 연구비용을 후원받기 위해 열심히 뛰어다녔다. 대외적인 일에 몰두할 수밖에 없었던 그는 가정을 소홀히 하게 됐다. 그러자 아내 프리다와의 성격 차이가 점점 표면으로 드러나게 되면서 가정이 흔들리기 시작했다. 그러나 아내보다 일을 더 사랑했던 루이스는 아내와의 관계회복에 더 이상 관심을 기울이지 않았다. 부유한 집안에서 별 고생을 해보지 않고 자라난 에이번 역시 도시의 안락한 삶을 그리워하기 시작했다. 그녀는 야생의 삶과 그에 잘 적응돼 있는 남편을 더 이상 사랑하지 않게 됐다. 그러던 중에 루이스는 메리 니콜을 만나게 됐다. 자신의 표본을 그려줄 사람을 찾던 중, 동료 한 사람이 화가인 그녀를 소개해줬던 것이다.

그녀는 도전적이고 창의적인 사고양식을 가지고 있었고, 가문 역시 고고학과 깊이 연관되어 있었다. 1790년에 영국 서포크의 혹슨 근처에서 수많은 석기시대 도구를 발견한 사람이 바로 그녀의 고조할아버지 존 프레르(John Frere)였다. 메리의 아버지는 풍경 화가였고, 가족들은 유럽 각지를 떠돌며 살고 있었다. 그녀의 성격과 가풍은 루이스의 관심을 단번에 잡아당겼다.

루이스와 마찬가지로 메리도 정규 교육과정을 견뎌내지 못했다. 학교 시험이라고는 단 한 번도 치러 본 적이 없었지만, 고고학에 대해서는 많은 것을 알고 있었고, 여러 발굴현장에 참여한 경험도 있었다. 루이스만 일방적으로 그녀에게 호감을 느낀 건 아니었다. 메리 역시 루이스의 풍부한 지식과 열정에 호감을 갖고 있었다. 그 둘은 곧 사랑에 빠졌고, 그 후로 메리는 루이스의 탐험에 동참하게 되었다. 올두바이로 간 첫 번째 동반여행은 그녀의 머릿속에 지울 수 없는 기억을 남겼다.

꼭대기에 다다르자 600m 깊이의 응고롱고로 분화구의 칼데라 속을 내려다 볼 수 있었다. 지름이 19㎞에 이르는 이 거대한 원형 지대는 언제나 수많은 동물로 가득했고, 그 속의 얕은 호수에는 종종 홍학들이 나타나 주변을 분홍색으로 물들였다. 위에서 육안으로 확인할 수 있는 동물은 코끼리, 코뿔소 등이고, 조금 가까이 있다면 들소도 볼 수 있지만, 쌍안경을 사용하면 수천 종류는 되는 다양한 동물들을 볼 수 있다. 응고롱고로에서 세렝게티로 내려가는 길에 나는 마치 마법에 걸린 것처럼 멍하니 풍경을 바라봤다. 그때부터 그 광경은 내게 있어 세상 어느 것보다 큰 의미를 갖게 됐다. 화산 고원지대를 넘어 아래로 내려가다 보면, 갑자기 세렝게티가 나타난다. 마치 바다처럼 뻗어 있는 이 드넓은 평야는 빗속에서는 초록색으로, 다른 때는 금색으로 빛나며, 지평선 가장자리로 갈수록 푸른색과 회색으로 흐려진다. 오른쪽으로 멀리 선캄브리아기 발굴 지대와 달 표면 같이 생긴 풍경이 펼쳐진다. 왼쪽으로는 이제 활동을 멈춘 르마그루트 화산이 풍경 대부분을 차지하고 있고, 온통 화산암으로 뒤덮인 바닥에는, 마치 평원 위로 쏟아져 내릴 듯 아카시아 나무가 잔뜩 자라고 있다. 평원으로 나가면 작은 언덕이 여럿 있는데 평원이 워낙 거대하다 보니, 이 언덕 중 가장 높은 것의 높이가 100m도 넘는다는 것을 짐작하기 어렵다. 올두바이 협곡 또한 보인다. 하나로 모이는 두 개의 좁은 선, 열로 인해 올라오는 아지랑이와 먼 거리 때문에 흐릿하게 보이는 이 두 선이 주 협곡과 곁 협곡임을 알 수 있다. 거기 중에 쏟아지는 소나기에서든, 한낮의 더위에서든, 황혼을 향해 곧장 차를 달리는 저녁

이든, 언제 보든 이 풍경은 절대 질리지 않을 것이다. 이 풍경은 언제나 똑같은 동시에 언제나 색다르다.

코롱고

스와힐리어로 '협곡'이라는 뜻의 '코롱고(Korongo)'라고 불리는 곳에서, 메리는 원시인류의 두개골 조각 두 개와 손도끼를 찾아냈다. 다소 빈약한 성과였지만 루이스는 몹시 기뻐했다. 현장 보고서에 다음과 같이 기록해 놓았다. "나는 아직도 확신한다. 올두바이에 묻혀 있는 아브빌기와 아슐기 도구를 만든 사람들의 화석을 언젠가 못 찾아낼 것이라고……." 그의 바람이 그대로 이뤄지지는 않았지만, 고고학적 가치를 지니고 있는 것들을 더 발견하긴 했다. 돼지 두개골, 가젤과 비슷한 초식동물 무리의 유골, 그리고 거대한 코끼리 화석 등이 그것들이었다.

그런데 동아프리카에서 연구를 계속하려면 돈이 더 필요했다. 그래서 루이스는 키쿠유 부족의 역사에 대한 글을 쓰는 데 전념하게 됐고, 남편보다 더 동적이었던 메리가 발굴 작업을 주도하게 됐다.

그렇게 아프리카 생활을 즐기던 중에 제2차 세계대전이 벌어졌다. 루이스는 펜을 잠시 놓고, 민간인 첩보장교가 돼서 케냐 전역을 누볐다. 그는 전황을 지속적으로 주시하면서도, 미래의 발굴 현장을 선정하는 일 또한 잊지 않았다.

전쟁이 끝나지는 않았지만, 1942년에 접어들자 전운이 엷어지면서 전쟁이 소강상태에 빠졌다. 그 틈을 타서 루이스는 현장본부를 올로르게사일리에(Olorgesailie)로 옮겼다. 그가 전쟁 중에 물색해 놓았던 곳 중의 하나였다. 그 지역에서 도구가 몇 점 발견됐다는 보고가 이미 20년 전에 있었지만, 자세한 내용이나 정확한 위치는 알려지지 않은 상태였다.

루이스와 메리는 몇 명의 조수들과 함께 퇴적층 위에 널찍이 자리를 잡았다. 행운은 뜻밖에 일찍 찾아왔다. 발굴을 시작한 지 한 달쯤 지났을 때 눈으로 직접 보고도 믿을 수 없는 광경을 보게 됐다. 한 지

올로르게사일리에의 석기들

층의 가로 15m, 세로 18m 정도밖에 되지 않는 곳에 수백 개의 완벽한 손도끼들과 돌칼들이 널려 있었다. 루이스는 그 보물창고가 약 12만 5,000년 정도 된 것으로 추정했지만, 많은 사람들이 그것이 지나치게 부풀려진 수치라고 생각했다(그 후 방사능 연대측정을 통해 그 도구들이 70만 년도 더 된 것이라는 사실이 밝혀졌다). 루이스는 발굴 작업을 벌이려다가 그 광경이 너무도 성스럽게 느껴져서 그대로 현장을 보존하기로 했다. 오늘날 올로르게사일리에 국립박물관으로 불리는 곳이 바로 그 현장이다.

루이스는 여러 가지 일로 바빴기 때문에 그 대신 메리가 올로르게사일리에에서 몇 달간 야영 생활을 하면서, 그 주변의 원시인 거주지 발굴에 집중했다. 거주 흔적 같은 것은 세월이 흐르면서 자연적으로 파괴돼 버렸을 거로 생각했는데, 꼼꼼히 발굴해보니 여러 도구와 동물의 뼈, 움집이 세워져 있던 흔적 등의 수확을 얻을 수 있었다. 그러나 안타깝게도 그 도구와 움집을 만든 사람의 흔적은 찾아내지 못했다.

루이스 일가는 점점 더 오래된 지층으로 옮겨가며 인간 조상의 흔적을 계속 추적해갔다. 그렇게 그 일을 장장 20년이 넘도록 계속 했다. 그동안 여러 방법을 시도했으나 성과가 없었다. 루이스는 이제 특단의 수단을 취할 수밖에 없다고 생각했다. 계획의 규모가 너무 커서 오랫동안 망설여 왔지만, 최후의 시도를 더 이상 지체할 수는 없다고 판단했다. 그 획기적인 방법은 기존의 여러 방법과는 완전히 반대로, 훨씬 과거로 미리 가서 조금씩 현재와 가까운 지층으로 올라오는 것이었다.

다시 말해서, 영장류라는 큰 나무의 뿌리 근처로 먼저 내려가서, 위로 올라오면서, 유인원과 인간이 갈라지기 시작한 가지의 시점에 있는 유인원 화석을 찾아내는 방법이었다. 루이스는 그 방법을 시행할 장소로 루싱가 섬(Rusinga island)을 주목했다. 그곳은 약 2,300만 년 전인 신생대 제3기 마이오세의 지층이 있는 곳으로 동물 화석이 가득 차있는 곳이기도 했다.

루이스 일가는 빅토리아 호수에 있는 루싱가 섬을 여러 번 조사해서 여러 포유류와 함께 루이스가 프로콘술(식민지 총독)이라 이름 붙인 유인원의 이, 턱뼈, 팔다리뼈 등을 발견해냈다. 1930년대 당시에는 유인원과 인간이 분기한 시점이 마이오세 중간 정도까지 거슬러 올라갈 거라는 인식이 널리 퍼져 있었다. 프로콘술의 턱뼈 발견에 힘을 얻은 루이스는 인력을 보강해서 탐사의 규모를 늘렸다.

메리가 곧 의미 있는 발견을 해냈다. 이빨이 붙어 있는 뼈가 언덕 위로 노출된 것을 발견하고, 그 주변의 흙을 제거하자 턱

뼈가 하나 나왔는데, 그 턱뼈에는 얼굴 뼈의 상당 부분이 함께 붙어 있었다. 그것은 어디에서도 발견된 적이 없는 것이었다. 연대를 막론하고 최초로 발견된 유인원 두개골이었다. 엄청난 발견임은 분명했지만, 그걸 인정받으려면 깨진 조각들을 붙여서 형태를 갖추는 작업을 해야 했다. 메리는 오랜 시간을 들여서 흩어진 서른 개의 조각들을 붙였다. 완성된 프로콘술의 얼굴을 본 루이스는, 프로콘술이 인간과(科) 동물이 분명하고, 그 동물이 마이오세에 살았다고 결론을 내렸다.

루이스의 발견 소식을 들은 영국의 동료들은 프로콘술을 몹시 보고 싶어 했다. 루이스는 그 화석은 사람이 직접 영국으로 가져가야 한다고 생각했다. 그렇게 귀한 표본을 일반 화석처럼 선박 화물로 부칠 수는 없었다. 그래서 메리의 손에 그 표본을 직접 들려서 보내면서도, 혹시라도 표본이 손상을 입지 않을까 몹시 걱정했다.

나이로비에서 런던 사이의 거리는 아주 멀었다. 다소 지친 상태로 메리가 런던 히드로 공항에 도착했을 때, 그곳은 취재진으로 가득 차 있었다. 그녀가 비행기에서 내리는 순간, 카메라 플래시가 연이어 터졌고, 그녀와 프로콘솔은 다음날 조간신문의 1면에 실렸다. 여론의 관심에 익숙지 않았던 메리는, 프로콘술 유골을 옥스퍼드 대학 연구실에 넘겨주고, 크리스마스가 되기 전에 아프리카로 돌아왔다.

프로콘술은 루이스 가족에게 풍요를 안겨줬다. 루이스 일가에게 사람들의 관심과 함께 후원금이 몰리기 시작한 것이다. 덕분에 그들은 루싱가뿐만 아니라 올두바이까지 작업장의 범위를 넓힐 수 있게 됐다.

올두바이에서의 발굴 작업이 루이스의 최종목표였지만, 20년에 걸쳐 그 주변만 뒤졌지 정작 올두바이 중심은 손도 못 대고 있었다. 협곡이 너무 커서 탐사를 벌이기 위해서는 막대한 자금이 필요했는데, 그 자금을 구할 수 없었다. 그랬는데, 프로콘술이 성공을 거두면서 많은 후

원자가 나타나서 이제 실행할 수 있게 된 것이다.

후원자 중에는 선사시대에 깊은 관심을 가진 찰스 보이즈라는 거상이 있었다. 루싱가에서 발굴 작업을 벌일 때도 도움을 준 적이 있는데, 이제는 향후 7년간 루이스 일가를 완벽하게 후원하겠다고 약속을 해줬다. 그래서 루이스는 올두바이에서 대대적인 발굴 작업을 벌이기로 마음을 굳힐 수 있었다.

발굴 작업의 초점은 제2베드(bed 2)라 불리는 곳에 맞춰졌다. 그리고 그곳에서 11,000점이 넘는 유물과 보존 상태가 좋은 포유류 화석들을 발굴해냈다. 그중에는 펠로로비스(Pelorovis)라는 버팔로와 비슷한 동물의 완벽한 두개골이 있었는데, 뿔 길이를 합치면 180㎝가 넘었다. 또한, 도구로 잘린 흔적이 있는 펠로로비스 뼈 더미가 발견되기도 했다. 그러나 인간과(科) 동물은 도무지 찾아낼 수 없었다. 총 7년 동안이나 작업을 벌였지만 발견된 것이라고는 이빨 두 개가 전부였다.

이제, 제1베드까지 나갈 수밖에 없게 됐다. 그리고 마침내 1959년 7월, 접근이 어려워 망설이고 있었던 제1베드로 진격해갔다. 그곳은 올두바이 지층 중 가장 오래된 곳이었다. 거친 환경 속에서 강행군을 지속하다가 루이스가 과로로 쓰러진 날, 메리가 혼자 발굴 장소를 물색하러 나갔다가 아주 소중한 걸 발견해내게 된다.

발견은 아주 우연히 이뤄졌다. 가파른 사면을 피하기 위해 샛길로 접어들었던 메리는 땅 표면으로 튀어나온 뼛조각 하나를 발견하게 됐다. 조심스럽게 주변의 흙을 걷어내자 위턱뼈에 붙은 두 개의 커다란 치아가 보였다. 그것은 인간과(科) 동물의 것이 분명했다. 두개골의 상당 부분이 고스란히 남아 있는, 인간과(科) 동물의 화석이 틀림없었다. 28년에 걸친 긴 탐사 끝에 마침내 메리가 '그 사람'을 찾아낸 것이다. 그녀는 그 유골에 '디어 보이(Dear Boy)'라는 이름을 붙였다.

루이스는, 유인원과 인간의 진화 과정에서, 디어 보이의 위치가 어디 쯤인지 알아내려고 애썼다. 그것은 남아프리카 채석장과 동굴에서 발견된 오스트랄로피테신과는 많이 달랐다. 그리고 오스트랄로피테신이 도구를 만들었다는 증거는 그 어디에서도 발견된 적이 없는데, 디어 보이는 도구와 함께 발견됐다. 또한, 인간 속(屬)이라고 보기에는 뇌가 너무 작았다. 자바원인이나 다른 호모 에렉투스보다도 작았다. 그 밖에도 디어 보이와 오스트랄로피테신 사이에는 차이점이 많아서 도저히 같은 속으로 묶을 수가 없었다. 루이스는 디어 보이에게 '진잔트로푸스(동아프리카에서 온 사람) 보이세이(후원자 이름)'라는 새로운 이름을 붙였다.

루이스는 새로운 발견을 세상에 빨리 알리고 싶어 조바심쳤다. 그래서 『네이처』지에 진잔트로푸스의 사진과 설명을 보냈고, 지인들에게도 그에 대해 알렸다. 그런데 뜻밖에 반응이 미지근했다. 루이스는 곧 그 이유를 알아냈다. 사

진잔트로푸스 보이세이

람들은 진잔트로푸스 같은 존재가 있을 거라고 믿지 않고 있었다. 그런데 진잔트로푸스를 믿지 않는다는 뜻은 곧 루이스를 믿지 않는다는 뜻도 된다. 그런 세평은 그를 더욱 조급하게 만들었다.

그렇게 조바심 속에서 불면의 나날들을 보내던 어느 날, 뜻밖의 기회가 그에게 다가왔다. 남아프리카 공화국에서 아프리카 선사시대를 주제로 한 대규모 학술회의가 열리게 된 것이다. 그는 만사를 젖혀두고, 아내와 함께 비행기를 타고 남아공으로 날아갔다. 회의가 열리기 하루전날, 그들은 인간과(科) 동물 전문가인 필립 토비어스 교수를 만났다.

고독한 투쟁을 벌이고 있다고 생각한 루이스가 우군을 만들 요량으로 필립을 자신의 방으로 초대했던 것이다.

칵테일을 한잔 마신 후, 루이스는 계획했던 대로 교수에게 진잔트로푸스를 보여줬다. 자물쇠 달린 상자 속에서 진잔트로푸스가 나타나자 교수는 깜짝 놀랐다. 서프라이즈 파티에 감동을 한 듯, 필립은 소름끼치는 전율을 느꼈다는 소회를 밝혔다. 찬사의 낙화가 난분분한 파티를 마치고, 루이스 부부는 레이먼드 다트를 찾아갔다. 물론 진잔트로푸스와 함께였다. 다트만큼 루이스 일가의 힘든 생활상을 잘 알고 있는 사람도 없었다. 다트는 감동의 눈물까지 보이며 그의 위대한 발견을 기뻐해 줬다. 이제 분위기는 충분히 조성됐다.

루이스가 마지막 불면의 밤을 보내고 회의장으로 갔을 땐 이미 모든 눈길이 그에게로 쏠려 있었다. 엑스트라 같은 학자 몇 명이 무대 위를 지나간 후, 마침내 루이스의 이름이 호명되자, 그는 토끼처럼 무대 위로 뛰어 올라갔다. 그는 마술사처럼 능숙하게 너스레를 떤 후, 무대 아래에 있던 아내에게 손짓을 보냈다. 메리가 그에게 상자를 전해주자, 그가 천천히 상자의 자물쇠를 열었다. 모든 시선이 상자로 몰렸을 때, 진잔트로푸스가 머리를 내밀었다. 루이스가 모두가 볼 수 있게 진즈(진잔트로푸스의 애칭)를 높이 들어 올리는 순간, 폭풍 같은 환호가 일어났다.

폭풍의 여파는 회의가 끝날 때까지 장내를 술렁이게 했다. 회의가 끝난 후에 그는 동료들을 야외 파티장으로 초대해서 그들이 직접 표본을 세밀하게 살펴볼 수 있게 해줬다. 야자수 그늘에 놓인 표본은 수많은 기자들의 플래시 세례를 받았고, 진즈는 졸지에 유명인사가 됐다.

루이스는 곧 강연여행을 시작해서 미국에서만도 총 66회의 강연을 했다. 강연 횟수가 늘어갈수록 대중들은 진즈의 나이를 몹시 궁금해 했다. 인간과(科) 조상의 역사는 얼마나 거슬러 올라가는가? 루이스는 진즈가 약 60만 년 전에 살았을 것이라고 청중들에게 대답했다. 올두바이 퇴적층 연구와 홍적세 연대 측정에 기초한 추정치였다.

그러나 얼마 지나지 않아 두 명의 지구물리학자가 새로운 칼륨 아르곤 연대 측정법을 이용해서, 진즈가 발견된 곳 바로 위에 있던 화산재 층의 연대가 약 200만 년 전이라는 사실을 밝혀냈다. 그러자 모든 고고학자의 시선이 아시아에서 아프리카로 옮겨왔다. 진즈의 발견과 새로운 연대 측정법이 고인류학 연구의 진행 방향을 바꾸게 한 것이다.

1960년에 올두바이에서 발굴 작업이 다시 시작됐다. 각종 강연과 박물관 일 때문에 루이스는 발굴 현장으로 나갈 수 없게 됐지만, 메리가 대신 조사팀을 잘 이끌어줬다. 아이들도 나이를 먹었다. 어느새 스무 살이 된 조나단이 올두바이에서 몇 개월간 발굴에 참여하게 됐는데, 그가 현장에서 놀라운 발견을 해냈다.

호모 에렉투스

그가 처음 발굴해낸 건 인간과(科) 동물의 다리뼈인 비골(排骨)이었다. 그리고 메리와 협력하여 현장 범위를 확대한 결과, 두개골 하나를 포함해 두 사람의 유골을 더 발굴해냈다. 진즈가 발견된 곳에서 90m 밖에 떨어지지 않았지만 진즈보다 약 30㎝ 아래 지층에 있었다. 그리고 그것은 진즈와 모양이 확실히 달랐다. 두개골은 더 큰 뇌를 담을 수 있었고, 그 모양도 현대 인간과 비슷했다. 추가 발굴 작업을 통해 손뼈 21개와 발뼈 12개를 더 찾아냈다.

그것이 진즈와는 다른 종임에는 의심의 여지가 없었는데, 루이스는 그 새로운 화석이 진즈보다 인간 속(屬)에 더 가깝다고 생각했다. 루이스는 세밀한 분석을 위해, 유골들을 잘 포장해서 런던으로 보냈다. 전문가들은 그 새로운 인간과(科) 동물이 현재 우리의 속(屬)으로 분류된다고 의견을 모았고, 그에게 호모 하빌리스라는 이름을 붙였다. 그것은 '손을 잘 쓰고 능력이 있는, 혹은 기술이 있는'이라는 뜻이다. 그리고 그러는 와중에 진즈는 오스트랄로피테신 속(屬)으로 재분류될 수밖에 없게 됐다. 올두바이에 두 줄기의 인간과(科) 동물이 존재한다는 사실을 알게 된 이상, 그렇게 될 수밖에 없었다. 아직 알아내야 할 게 많이 남았다고 생각한 루이스는 강연시간을 줄이고 현장에 머무는 시간을 조금씩 늘려가기 시작했다.

1960년대 후반의 어느 날, 그는 열한 살이었던 아들 필립과 정찰을 나갔다가, 인간과(科) 동물의 두개골을 또 발견하게 됐다. 그것은 디어 보이나 호모 하빌리스와는 또 다른 것이었다. 연대 측정 결과, 나이가 약 140만 년으로, 다른 것보다 조금 덜됐고, 자바에서 발견된 호모 에렉투스(피테칸트로푸스)와 닮은 점이 많았다. 결국, 아프리카에서 기존의 것보다 더 오래된 호모 에렉투스를 발견한 것이 되는데, 그렇다면 몇십만 년의 차이를 두고, 서로 다른 세 인간과(科) 동물이 올두바이에 서식하고 있었다는 결론이 얻어진다.

그 후에도 한동안 인간과(科) 동물의 흔적과 문화적 유물 발굴이 계속 진행됐다. 메리가 올두바이 전체를 통틀어 체계적으로 발굴 작업을 진행하고, 그곳에서 발견된 모든 것을 지도화한 덕분에, 거의 200만 년에 걸친 올두바이의 원시인류 생활 현장뿐만 아니라, 각종 동물에 관한 기록도 완성됐다.

그리고 1960년대가 끝나기 전, 루이스의 가업을 이어갈 새로운 후계자가 선정됐다. 둘째 아들인 리처드였다. 하지만 그는 실제로 후계자가 될 가능성이 가장 적어 보였던 인물이다. 가족과 함께 발굴 현장에서 자라긴 했지만, 고생물학에 관여하지 않기로 마음을 먹고, 사파리 사업을 꾸리겠다는 미래를 그리고 있었다. 그래서 대학에 가는 것도 포기했다. 학위를 받는 것보다 비행사 자격증을 따는 것이 미래의 꿈을 펼치는 데 더 유용할 거라고 생각했다. 그런 생각을 품고 있긴 했지만, 자신의 운명을 피해가지는 못했다.

네이트론 호수 상공을 비행하던 어느 날, 그는 올두바이 협곡과 비슷해 보이는 지층을 발견하고 아버지에게 알려줬다. 몸이 불편했던 아버지는 리처드에게 발굴 작업을 간곡히 부탁했고, 그는 난생처음 발굴 작업을 하게 됐다. 그렇지만 아주 훌륭하게 임무를 완수해낸다. 오스트랄로피테신 표본을 발굴해낸 것이다. 우연한 기회에 큰 발견을 하게 된 리처드는 그 일에 강한 매력을 느끼게 됐다. 그렇게 자신의 운명을 예감하게 되면서, 리처드는 사파리 사업 청사진을 접어 서랍에 넣어버렸다.

건강이 악화돼서 더 이상 탐사를 이끌 수 없게 된 루이스는, 리처드에게 자신의 권한을 넘기기 시작했고, 에티오피아의 오모 계곡으로 대규모 탐험대를 보낼 때는 아들에게 전권을 주었다. 아름답지만 야성이 그대로 살아있는 그 나라에서 리처드는 목숨을 건 탐험을 했다. 야수들의 기습과 풍토병으로 죽을 고비를 여러 번 넘기면서 잠시 아버지를 원망한 적도 있었다. 그러나 그런 생각은 아주 잠깐만 했을 뿐이다. 탐험 중에 겪어낸 고난의 고통은 초기 호모 사피엔스 두개골의 발견이 충분히 보상해줬다. 약 13만 년 된 그 화석은 당시 발견된 호모 사피엔스 중 가장 오래된 것이었기에, 모든 고통을 잊게 해줄 만큼 강렬한 희열을 안겨줬다. 더구나 그것은 그에게 다가올 행운의 서막에 불과했다. 비행기를 타고 야영장으로 돌아오는 길에 폭풍을 만난 그는 평소의 항로에서 벗어나 루돌프 호수(지금의 투르카나 호수)의 동쪽 기슭 쪽으로 우회하게 됐는데, 그 항로 중에 아름다운 줄무늬가 그려져 있는 단애를 발견하게 되었다. 얼핏 보아도 오모 계곡보다 지층이 훨씬 더 많다는 걸 알 수 있었기에, 그는 그 지점의 좌표를 메모해 두었다.

얼마 후, 그곳을 다시 찾은 그는 보물들을 찾아냈다. 으뜸가는 보물은 거의 온전한 오스트랄로피테신 보이 세이 두개골이었는데, 어머니가 찾은 디어 보이와 완벽한 한 쌍이었다. 그 외에도 다른 오스트랄로피테신 보이 세이의 여러 신체 부위, 호모 하빌리스, 호모 에렉투스, 그리고

세계 최대 사막호수, 투르카나 호수(Lake Turkana)

네 번째 인간과(科) 동물로 추정되는 것까지 총 49점의 표본을 수확했다. 그 발견으로 리처드는 고인류학계의 스타가 됐다.

리처드는 당시 '1470'이라고만 불렸던, 190만 년 된 인간과(科) 동물의 두개골을 아버지에게 보여주기 위해 나이로비로 날아갔다. 아버지는 그것이 현존하는 가장 오래된 인간 속(屬) 표본이라는 걸 알아보고 매우 기뻐했다. 그렇게 아들의 고고학적 잠재력을 확인한 아버지는, 그로부터 5일 후에 편안한 모습으로 삶을 내려놓았다.

리처드는 이제 가업을 이끌 수밖에 없게 됐다. 그는 자신의 발굴팀에 속해 있던 메이브 엡스(Meave Epps)와 결혼하게 되는데, 그녀는 루이스의 가계도뿐 아니라, 인간과(科) 동물의 가계도를 확장시키는 데도 큰 공헌을 하게 된다.

그렇지만 오늘날 리키 가문이 인간 기원을 규명하는 도전과 동의어가 된 것은 리처드와 메이브의 노력만으로 이룩된 건 아니다. 어머니 메리의 모험 역시 오랫동안 지속됐다. 그녀는 올두바이에서 보낸 몇 년 동안 다양한 크기와 모양의 돌칼, 끌, 긁개, 송곳 같은 도구들을 계속

해서 발굴해냈다. 그녀 덕분에 200만 년 전부터 원시인류가 많은 종류의 도구들을 만들어 사용했음을 알 수 있게 됐다.

이제 동아프리카에 오래된 문명이 있었다는 증거는 확실해졌다. 그렇지만, 메리의 발굴 작업은 이미 올두바이 지층의 바닥까지 끝낸 상태였기에, 문명 시작의 증거는 다른 곳에 있다는 사실도 분명해졌다. 그녀는 다시 래톨리를 탐사해보기로 작심했다. 그곳의 지층이 240만 년 된 화산재층 아래에 있었기에, 올두바이가 그보다 더 오래된 퇴적층을 품고 있지 않다면, 그곳으로 옮겨가야 하는 게 당연했다. 메리는 작업 현장을 래톨리로 옮기면서 많은 학자를 불러 모았다.

1976년의 어느 날, 그곳을 찾아온 세 명의 과학자 조나 웨스턴, 케이 베렌스마이어, 앤드류 힐이 장난을 치고 있었다. 그러다가 힐은 자신이 엉덩방아를 찧은 곳에, 고대 동물의 발자국처럼 보이는 것이 찍혀 있는 것을 발견했다. 그들은 즉시 그 주변을 파헤쳐서 수천 개의 동물 발자국을 찾아냈다. 화산이 폭발한 후 바로 옅은 비가 내려 동물들이 갓 만든 발자국을 잘 보존됐고, 그 발자국이 다시 화산재로 덮인 후 350만 년 동안 묻혀 있었던 것이다.

그 외에 아주 중요한 유적도 발견됐다. 약 25m 길이로 나 있는 두 줄의 원시인류 발자국이 모습을 드러낸 것이다. 그중 하나는 다른 하나보다 더 작았는데, 이는 어른 곁에 어린아이나 여자가 함께 걷던 정경을 떠올리게 했다. 래톨리에서 우리의 조상이 350만 년 전에 두 발로 걸었다는 증거를 찾아낸 것이다.

그러나 대개의 발견이 그러하듯이, 그 발견도 새로운 질문을 파생시켰다. 그렇다면 과연 원시인류의 역사가 얼마나 오래전으로 거슬러 올라가는가? 우리 인간이 유인원으로부터 갈라져 나온 때는 도대체 언제란 말인가?

인류의 시원에 관한 그 근원적인 질문에 대한 대답을 과연 리처드가 내놓을 수 있을까? 세간의 이목이 집중됐다. 그러나 대답을 내놓은 건 리처드가 아니었다. 대답은 누구도 상상하지 못했던, 전혀 엉뚱한 곳에서 들려왔다.

그곳은 아프리카의 정 반대편, 캘리포니아의 어느 연구실이었다. 아니, 아시아도 아니고 아메리카? 그것도 탐사현장이 아닌 연구실? 그곳에서 어떻게 그 답을 내놓을 수 있지? 모두 의아한 시선을 보냈지만, 고인류학의 새로운 진원이 분명히 그곳에서 생성되고 있었다.

 ## 수소폭탄보다 강렬했던, 폴링의 분자진화 폭탄

앞으로는 화석이 어떻게 생겼든 800만 년보다 오래된 것이라면 그것을 인간과(科) 동물로 볼 이유가 없다.

버클리 대학의 조교수였던 앨런 윌슨이 분자진화 생물학을 통해 인류와 침팬지의 공동 조상이 500만 년 전에 존재했다는 연구결과를 발표한 직후, 그와 함께 실험을 진행해온 빈센트 새리히가 한 발언이다.

원시인류가 긴 역사를 가지고 있다고 주장하며 명성을 쌓아온 고생물학자들에게 그들이 틀렸다고 말한 셈이니 반응이 좋을 리 없었다. 양 진영 간의 논쟁은 무려 10년 이상을 지속했다. 결국, 윌슨과 새리히의 판정승으로 끝났지만, 그 승리의 영광은 엉뚱하게도 폴링에게로 돌아갔다. 왜냐하면, 실제로 논쟁을 발화시킨 게 그였고, 윌슨과 새리히를 전장에 내보낸 것도 그였기 때문이다.

지금부터 인류의 시원에 대한 획기적인 시각을 열어준, 20세기의 현자 폴링(Linus Carl Pauling)의 프로필을 살펴보도록 하자.

폴링은 사상 최초로 분자 차원에서 인간의 질병에 접근한 공로로 1954년에 노벨 화학상을 받은 인물이다. 하지만 생물학 분야에 큰 관심이 없던 순수 화학자였기에, 분자생물학 분야의 실질적인 프런티어가 될 줄은 자신도 몰랐다. 그가 생물학에 관심을 갖

라이너스 칼 폴링(1901~1994) 노벨 화학상과 노벨 평화상을 수상한 미국의 물리화학자. DNA의 구조를 밝혀내 노벨상을 받은 제임스 왓슨이 자신이 쓴 《이중 나선(Double Helix)》에서, 라이너스 폴링을 "당시 생화학 분야의 권위자였으며, 가장 높은 수준의 연구를 진행하고 있었다."고 평가할 정도로 그는 분자생물학 분야에 큰 영향을 끼쳤다.

게 된 것은 기묘한 성질을 가진 겸형적혈구 빈혈증(sickle cell anaemia)이라는 질병을 통해서였다. 그 질병에 대해서 알게 된 것은 국립보건연구소의 회의에 참석하고자 시카고행 열차 안에서 윌리엄 캐슬(William Castle)을 만난 후였다. 그는 2차 대전 후, 보건과학을 총괄하기 위해서 설립된 국립보건연구소에 초대위원으로 폴링과 함께 선정된 인물이었다. 기차 안에서 그와 조우하여 대화를 나누던 도중에, 아프리카계 미국인 중에서 발견되는 겸형적혈구 빈혈증(sickle cell anaemia)이라는 기묘한 질병에 대해 알게 되면서, 즉시 큰 관심을 갖게 되었다.

겸형적혈구 빈혈증으로 추정되는 최초의 보고는 1870년까지 거슬러 올라가지만, 확실한 증거는 1910년에 발견되었다. 의사 제임스 헤릭(James Herrick)이 그레나다 출신의 흑인 학생 월터 노엘(Walter

Noel)의 핏속에서 이상한 현상을 발견한 것이 바로 그 해였다. 둥근 모양의 적혈구 세포가 현미경으로 관찰하는 동안에 갑자기 낫 모양(겸형)으로 변했던 것이다. 그의 최초의 발견이 있은 후, 여러 연구자가 아프리카 흑인을 조상으로 둔 사람들 중에서 그와 같은 사례를 많이 발견했다. 그렇지만 폴링이 그 현상에 대해서 알게 된 1945년까지 그 현상의 원인에 대해서는 알아낸 게 없었다. 그런 이유 때문에, 폴링의 관심이 더 쏠렸는지도 모르지만, 캐슬과 대화를 나누는 중에 폴링의 망막 위에 적혈구들이 계속 떠올랐다.

혈액이 현미경 슬라이드 위에서 커버 슬라이드에 덮인 채 머물러 있게 되면, 혈액 속의 세포들은 산소를 모두 소모해버릴 것이다. 겸형 변형 현상이 일어나는 것은 바로 그때인데, 빛이 세포들 사이를 통과하면서 편광이 증가하는 현상도 일어난다. 그리고 더욱 신비한 것은 산소를 다시 공급하면 세포들이 즉시 원상을 회복하며, 편광도 사라진다는 사실이었다. 여기까지는 당시의 학자들이 알아냈는데 문제는 그다음이었다. 도대체 왜 그런 현상이 일어나는지를 알 수 없었다. 하지만 분자구조식을 주로 다루던 화학자 폴링은 그 원인이 분자적 차원의 문제임을 직감해냈다. 학자들이 아직 그 원인을 밝혀내지 못한 것은 그 현상을 너무 거시적으로 접근했기 때문일 거라고 추정했다.

적혈구 세포들에 일어나는 일은 헤모글로빈을 이루는 단백질 분자집단의 어떤 성질 때문일 것인데, 산소 결핍상태에서 헤모글로빈 분자들이 가역적인 형태로 서로 연결된다는 것이 가장 근접된 설명으로 여겨졌다. 연결된 섬유 같은 단백질 분자들의 사슬들이 통과하는 빛을 편광 시킬 것이고 세포 모양도 변형시킬 것이며, 산소를 다시 공급하면 사슬들이 끊어져서 세포들이 정상적인 모양으로 되돌아갈 것이다. 폴링의 추론이 옳다면, 적혈구의 겸형 변형은 분자수준의 변화가 틀림없다.

겸형적혈구 빈혈증에 걸린 사람들은 헤모글로빈 단백질의 돌연변이체를 만들어내는 돌연변이 유전자를 지니고 있다는 사실도 알게 되면서, 폴링은 자신의 추론에 더욱 자신감을 갖게 됐다. 그렇긴 해도 당시는 유전자가 단백질로 이뤄졌다는 도그마가 대세였고, 폴링은 순수 화학자에 가까웠으므로 돌연변이의 본질을 명확하게 이해하지 못하고 있었다. 그런 자신의 약점을 잘 알고 있었던 폴링은 1945년 가을에 하비 이타노(Harvey Itano)라는 의학박사를 자신의 연구소에 영입했다.

폴링은 그에게 겸형적혈구 문제를 연구해보라고 지시를 내려놓고, 특별 연구원직을 맡기 위해 영국으로 떠났다. 폴링이 떠난 후, 이타노는 폴링의 아이디어를 실행에 옮기려고 해보았으나, 신통한 결과를 얻지 못했고, 지루한 연구는 다음 해 봄까지 이어졌다. 그리고 1946년 봄에 그 칼텍 연구소에 박사 후 과정을 밟으러 온 존 싱어(Jon Singer)와 과제에 관해 토론하던 중에 새로운 아이디어를 떠올리게 됐다.

그는 자신이 폴링이 전제해놓은 제안에 너무 매여 있다는 사실을 깨닫고, 분자의 전체 전하량을 기준으로 정상과 비정상 세포를 구분하는 것이, 폴링이 제안한 것보다 더 나을지도 모른다는 아이디어를 떠올렸다. 그간의 반복된 실험에서 필요성을 계속 느꼈던 것이고, 싱어 역시 그의 생각에 동조해주었기에 곧바로 실험에 돌입했다.

여러 번의 실험 끝에, 정상 단백질과 돌연변이 단백질의 전하 차이를 분명히 구별할 수 있는 완충액의 정확한 pH에 접근했다. 그리고 중성에 가까운 pH 값에서 정상 헤모글로빈은 양극 쪽으로 이동하는 반면, 겸형적혈구 빈혈증 환자의 헤모글로빈은 음극 쪽으로 이동한다는 사실을 알아냈다. 이타노는 거기서 더 나아가 환자 친척들의 헤모글로빈도 조사했다. 그들은 그 병의 증상을 나타내지 않았지만. 그들의 적혈구는 산소의 압력을 아주 낮은 수준으로 낮추자 겸형으로 변했다.

그런 현상은 결국 그들의 헤모글로빈이 두 종류의 분자가 혼합된 상태임을 의미한다. 한 부모에게서는 정상 단백질의 대립유전자를, 다른 부모에게서는 겸형적혈구 단백질의 대립유전자를 물려받은 유전적 이형접합자라를 가진 것이다. 그리고 불운하게 빈혈증이 나타나는 사람들은 양 부모에게서 돌연변이 대립유전자를 물려받은 동형접합자들이다. 두 대립유전자 가운데 하나만 가진 사람은 의학적인 문제가 발생하지 않지만, 두 가지 대립유전자를 다 가진 사람은 매우 위험할 수 있다.

결국, 폴링이 직감했듯이 겸형적혈구 빈혈증은 분자차원의 병이 틀림없었다. 폴링은 영국에서 돌아오자마자 싱어가 기초해 놓은 논문을 읽어본 후에, 논문제목을 붙였다. 아주 기념비적인 제목 '분자병'이었다.

그런데 그 위대한 논문에 동조해주는 학자가 한 명도 없었다. 그게 정말 분자병인지 아는 학자가 없었기 때문이다. 용어조차 생소한, 그 괴상한 주장에 누가 감히 동조를 할 수 있었겠는가? 그래서 몇 년 동안은 그 논문에 대한 평 자체가 아예 없었다. 아주 잠잠했다. 1953년, 왓슨(James Watson)과 크릭(Francis Crick)이 DNA의 이중 나선 구조의 3D 모형을 발표하기 전까지는 분명히 그랬다.

그렇지만 왓슨과 크릭이 DNA 모형을 제시하면서 유전자들이 어떻게 복제되어 한 세대에서 다음 세대로 전해지는지 설명하기 시작하자, 분위기가 갑자기 달라지기 시작했다. 분자수준에서 생물학을 바라보는 학자들이 늘어나기 시작한 것이다.

상호 보완관계에 있는 염기들의 배열이 나선의 두 반쪽을 따라 매달려 있을 것이고, 이중나선의 각각의 사슬은 그 자신과 상대되는 새로운 복제물을 만들어내는 기질이 있어, 하나의 이중나선에서 두 개의 이중나선을 만들어낼 거라는 추론은 그들의 모형이 나오기 전부터 있었다.

그렇지만 왓슨과 크릭은 DNA를 이루는 각각의 반쪽 나선은 염기들의 긴 끈으로 이루어져 있다는 사실도 발견해냈다. 단백질은 아미노산들이 길게 늘어선 구조를 하고 있었고, 유전자와 단백질은 첫 번째 것의 암호에서 두 번째 것이 만들어지기 때문에, 모두 문장처럼 읽을 수가 있었다. DNA의 언어는 직접 단백질의 언어로 해석되기에, DNA 분자를 이루며 늘어서 있는 염기들의 배열에 변화가 일어나면, 궁극적으로 단백질을 이루는 아미노산에 변화를 가져오게 된다.

DNA의 3D 모형을 발표한 지 얼마 후에 크릭은 정상 헤모글로빈 단백질과 겸형적혈구 헤모글로빈 단백질을 연구해보면, 둘 사이의 차이는 아주 작을 거라며, 친분이 있던 잉그램(Vernon Ingram)에게 그에 관한 연구를 권했다.

그의 권고에 응한 잉그램은 두 분자가 146개의 아미노산 가운데 하나만 제외하고는 동일하다는 사실을 밝혀냈다. DNA 자체에 들어 있는 유전암호가 풀리자, DNA 속에 일어난 단 하나의 변화가 단백질에서 발견한 그 작은 차이를 어떻게 만들어내는지 이해할 수 있게 됐다. 아주 미소한 변화이기는 하지만, 이것은 두 가지 돌연변이 대립유전자를 모두 가진 사람에게는 심각한 효과를 나타낼 수 있다. 그들의 몸 안에서 만들어지는 수백억 개의 헤모글로빈 분자들이 모두 결함을 지닌 채 만들어져서 돌연변이의 효과를 증폭시킬 것이기 때문이다.

결국, 잉그램의 연구는 폴링이 제출한 분자병에 관한 논문의 위대성을 입증해주었고, 폴링의 의도와는 무관하게 그를 분자생물학의 진정한 프런티어로 만들어주었다.

그렇지만 앞에서도 말했듯이, 그는 생물학 분야에 큰 관심이 없던 인물이었다. 그런 생각은 분자병에 관한 논문을 발표한 후에도 큰 변화가 없었던 것 같다. 그는 여전히 자신의 전공이 물리학과 화학이라고 생각하고 있었고, 주된 관심사는 화학물질의 결합을 설명할 법칙을 세우는 것이었다.

하지만 2차 세계대전 후부터 그의 관심사가 조금씩 바뀐 것도 사실인 것 같다. 그는 전후에 아인슈타인이 이끄는 핵 과학자 비상 위원회에 참여하게 됐는데, 그 모임은 원자폭탄의 가공할 위력과 그 확산에 위협을 느낀 과학자들이 그 위험을 대중들에게 알릴 목적으로 만든 것이었다. 폴링의 아내 에바 헬렌은 평화, 사회적 정의, 인권 같은 사회문제에 이미 참여하고 있었는데, 남편에게도 사회문제에 관심을 가지라고 독려했다. 폴링이 핵 과학자 모임에 참여하게 된 데도 아내의 영향이 컸다.

폴링은 미국과 소련 간의 군사력 증강 경쟁을 끝낼 것을 강력히 촉구했고, 그러한 행동은 당시 매카시즘(McCarthyism)을 추종하고 있던 연방정부의 관료들을 자극했다. 스스로를 '루즈벨트 민주당원'이라 부르며, 공산주의와 무관함을 강조했지만, 폴링에게 쏟아지는 의심의 눈초리는 도리어 강해져 갔다. FBI가 그의 언행을 감시하고 통제하기 시작하더니, 1952년에는 그의 여권 발급까지 방해했다. 그 여권 발급 요구가 해외 과학회의에 참석하기 위한 것이었고, 그 회의의 주목적이 단백질 구조에 대한 폴링의 혁신적 연구결과를 논의하기 위한 것이었음에도 불구하고 말이다.

런던에서 열린 그 회의에 참석하지 못한 폴링은, 프랭클린의 DNA X선 사진을 직접 볼 기회를 놓치는 바람에 훗날 DNA 구조를 해석하지 못할 뻔했다. 당시 생체분자 구조 연구로 관심을 옮기고 있던 폴링은 DNA에 대한 연구를 막 시작하던 터였다.

정치권과 폴링의 대립은 계속되었고, 그 결과로 1953년 후반에는 공중보건협회에서 제공해오던 연구 후원금이 중단됐으며, 새로운 후원금 요청 역시 거절당했다. 결국, 자숙하고 있으라는 정부의 암묵적 억압을 받아들인 폴링은 칩거에 들어갔다. 하지만 그 기간이 오래가지는 않았다. 아니, 주변 상황이 도저히 그러지 못하게 만들었다는 표현이 맞겠다.

그의 인내심을 깨트린 것은 수소폭탄이었다. 1954년 3월 1일, 비키니 섬에 그 폭탄이 터져 섬을 날려버리면서 폴링의 인내심도 날려버렸다. 그 실험은 원래 비밀리 진행된 것이었는데 폭발의 충격이 예상했던 것보다 훨씬 커지는 바람에 공개실험이 되어버렸다. TNT 4~8메가톤 정도라는 예상과 달리 15메가톤에 해당하는 폭발력이 나왔고, 풍향 역시 예보와 달라지는 바람에, 방사능 물질이 먼 바다가 아닌, 그 섬의 밀집 주거지역에 떨어지고 말았다.

에드워드 텔러(1908~2003) 유대계 미국 물리학자. '수소폭탄의 아버지'로 불린다. 그는 지치지 않는 핵개발론의 옹호자였으며, 지속적인 핵개발을 주장했다. 레이건 정권에서 SDI(Strategic Defense Initiative)가 논의되었을 당시, 그는 가장 강력한 지지자였다.

그 문제의 폭탄은 물리학계의 문제아인 에드워드 텔러의 작품이었다. 그 폭탄은 히로시마에 떨어졌던 '리틀 보이'보다 폭발력이 1,000배나 강한 것이었다. 그 '슈퍼 보이'는 방사능 물질을 대기권 높은 곳까지 불어 올렸고, 그 물질은 대기권을 떠돌다가 낙진의 형태로 다시 떨어져 내렸

비키니 섬의 핵실험

다. 그리고 그 방사능 물질에는 전에는 탐지된 적이 없는 새로운 동위원소가 포함돼 있었다. 핵폭탄의 폭발력이 커져도 그로 인한 방사능 피해까지 커지는 것은 아니라는 정부의 주장이 거짓임이 밝혀진 것이다.

폴링은 현관문을 박차고 나와 목청을 높이기 시작했고, 정부는 다시 그를 주목하기 시작했다. 폴링에 대한 정부의 압박은 점점 노골화 되어, 그의 그림자 안에서 FBI 요원의 모습을 볼 수 있을 정도까지 됐다. 그러나 그런 횡포는 오래가지 못했다. 칩거에서 나온 지 불과 며칠 만에, 폴링에게 FBI에 대응할 힘을 부여해주는 사건이 터졌기 때문이다. 폴링이 노벨화학상 수상자로 선정됐다는 뉴스가 대중매체를 통해 보도된 것이다. 예상치 못한 소식에 폴링 자신도 깜짝 놀랐다. 강의실에 들어간 그에게 학생들의 기립박수가 쏟아졌다. 하지만 상을 받으러 스톡홀름에 갈 수 있을지 모두들 걱정했다.

그러나 스웨덴 대사가 당시 미국 국무장관이었던 존 포스터 듈스에게 인권 문제 운운하며 외교적 압박을 가한 덕분에 폴링은 어렵지 않게 여권을 얻게 됐다. 정부는 그에게 스톡홀름뿐만 아니라 세계 어디든지 갈 수 있는 여권이 발급해주었다. 그 여권에는 제발 미국에 다시 들어오지 않았으면 좋겠다는, 당국의 간절한 바람도 담겨 있었다.

그는 세계를 돌아다니는 5개월 동안, 슈퍼폭탄 제조와 실험에 대한 각국의 걱정을 더욱 잘 알게 됐다. 당국의 바람보다 훨씬 빠르게 귀국한 그는 군비경쟁을 반대하는 데 자신의 재능과 지위를 이용하기로 굳게 마음을 먹었고, 동시에 슈퍼폭탄에 대한 공부도 시작했다.

슈퍼폭탄과 방사능에 관해 관심을 가지고 있는 학자들은 그 말고도 많이 있었다. 그래서 얼마 지나지 않아, 무시무시한 비밀을 세상에 전파할 수 있게 됐다. 비키니 섬의 핵실험으로 인해 '스트론튬 90'이라는 물질이 생겨났으며, 이 물질이 먹이사슬에 침투하게 되면, 수백만의 생명을 방사능으로 오염시킬 수 있다는 사실이 그것이었다.

정부에서는 슈퍼폭탄의 설계도면과 스펙에 관한 데이터를 보내달라는 폴링의 요청을 일거에 거절했지만, 다행히 그의 교수실 옆방에는 핵폭탄 전문가이자 미래의 노벨상 수상자인 에드워드 루이스가 있었다.

폴링은 동물실험을 통해, 대기 중 방사능 농도가 높아지면 선천성 기형이나 유산 등이 높아진다는 사실을 알아낸 다음, 핵무기 실험에 반대하는 과학자들 사이에 탄원서를 돌렸다. 탄원서에는 다음과 같은 글귀가 들어 있었다. "과학자로서 우리는 핵무기 실험에 연관된 위험성에 대해 잘 알고 있다. 우리에게는 이러한 위험성을 세상에 알릴 특별한 책임이 있다." 그 탄원서에 49개 국가의 11,000명가량의 학자들에게서 서명을 받은 후 UN에 제출했다.

그는 사람들의 이목을 끄는 행동주의자였지만, 한편으로는 여전히 연구를 게을리하지 않는 성실한 과학자이기도 했다. 그는 패서디나(Pasadena)에 있는 자신의 실험실에서 단백질 구조에 관한 연구를 지휘하는 동시에, 핵무기 실험 중단을 위한 로비를 하며, 반대파들과 논쟁도 벌여나갔다.

그는 대기 중의 방사능 농도가 약간 올라가면 진화에 긍정적인 영향을 미칠 수도 있다고 주장하는 텔러 같은 사람들과 맞서려면, 자신 역시 유전, 돌연변이, 진화론 등에 대해 잘 알고 있어야 한다고 생각했다. 그래서 1959년 초부터 다윈의 『종의 기원』과 조지 게일로드 심슨의 『진화의 의미』를 읽는 것을 시작으로 진화론에 대해 천착해 나갔다. 화학자에서 생물학자로 변이하기 시작한 것이다. 그리고 그 해 후반, 아이디어와 에너지가 넘치는 생물학자 에밀 주커캔들(Emile Zuckerkandl)을 영입했다. 연구실에 들어온 주커캔들은 폴링에게 진화의 실상으로 빠르게 접근할 수 있는 지름길을 안내해주기 시작했다.

1960년 전까지는 분자생물학의 태동기였다. 유전자 코드는 아직 알아내지 못했고, 단백질의 서열을 알아내는 기술도 서툴러 인간의 단백질 서열조차도 모르고 있었다. 그저 DNA에 돌연변이가 일어나면 단백질에 변화가 생기고, 그것이 진화의 일부일 거라는, 대략적 메커니즘만 이해하고 있었다. 폴링은 이 메커니즘에 대한 구체적 이해가 우선적 과제라고 생각해서, 주커캔들에게 가장 잘 연구된 단백질인 헤모글로빈에서부터 숙제의 실마리를 찾아보자고 제의했다.

동물들에게서 헤모글로빈을 채취하는 일은 어렵지 않았지만, 두 개의 단백질 사슬인 알파와 베타 속의 정확한 아미노산 배열을 알아내는 것은 정말 어려운 일이었다. 그에 대한 확실한 방법을 알고 있는 학자는 아무도 없었다. 임시변통으로 사용하는 유일한 기법으로 효소를 이용해 단백질을 증해하고, 거기에서 나온 조각의 패턴을 검사하는 'DNA 지문 감정법'이 있을 뿐이었다.

그 방법을 통해서 주커캔들은 인간, 고릴라, 침팬지의 DNA 패턴이 거의 동일하고, 오랑우탄은 아주 약간 다르며, 소와 돼지는 더 많이 다르다는 것을 알아냈다. 그것은 단백질이 어느 정도까지 진화와 관련이

에밀 주커캔들(1922년생) 미국의 분자생물학자, 분자시계 중립이론 발표로 유명하다. 주어진 단백질에서 아미노산치환속도가 일정하다고 가정하여 해당 생물종이나 진화사건의 기원연대를 분자정보로 추정하는 분자시계가 성립되면서, 현재 생물정보학의 기반을 마련했다.

있다는 것을 보여주는 증거였지만, 단백질 구조를 직접 비교하지 않고서는 어떤 가설도 세울 수 없었다.

주커캔들은 고릴라의 사슬 속에 들어 있는 아미노산의 수를 알아내기 위해서 캘리포니아 공과대학의 단백질 화학자들과 팀을 이뤘다. 다행히 원하는 결과를 도출하는 데 시간이 많이 소요되지는 않았다. 그렇지만 결과는 아주 충격적이었다. 인간과 고릴라의 알파 사슬은 141개의 아미노산 중 단지 두 개만 서로 다르며, 베타 사슬은 146개의 아미노산 중 단

하나만 다를 뿐이었다. 둘의 단백질이 매우 비슷했던 것이다. 인간과 고릴라의 DNA가 별 차이가 없다? 인간의 입장에서는 자존심이 상하는 일이었지만, 세포 속의 단백질 사슬은 분명히 그렇게 얘기하고 있었다.

폴링은 주커캔들에게 같이 논문 하나를 쓰면서 거기에 그 새로운 내용을 포함시키자고 제안했다. 주커캔들도 동의했다. 그들이 논문을 쓰고 있는 동안에 헤모글로빈의 구성과 서열에 대한 많은 정보가 세상에 더 나와서, 두 종이 진화적 관점에서 서로 거리가 멀어짐에 따라, 알파 사슬이나 베타 사슬에서 나타나는 차이점이 많아진다는 사실을 추가로 알게 됐다. 만약 서로 다른 종 사이의 사슬 차이 정도를 알 수 있고, 공통조상이 살았을 것으로 여겨지는 지질학적 연대를 추측할 수 있다면, 글로빈 사슬이 치환하는 데 평균 몇 년이 걸렸는지를 추정할 수 있게 된 것이다.

곧 그들은 인간과 말이 분기(分岐)하는 데 걸린 시간(1억 3,000만 년)과 둘의 알파 사슬 사이 차이점을 이용해 하나의 변이가 일어나는 데 약 1,450만 년이 걸렸음을 계산해냈다. 그들의 응보는 지속됐다. 글로빈 사슬이 하나 변이하는 데 1,450만 년이 걸린다는 분자시계의 개념과 후손의 헤모글로빈 사슬에서 나타나는 차이점을 기반으로 그 조상의 연대를 지속해서 추정해나갔다.

세간의 관심을 가장 많이 끈 것은 고릴라와 인간의 비교분석 부분이었다. 이 두 종은 알파 사슬에서 둘(나중에 하나로 밝혀졌다), 베타 사슬에서 하나만의 차이가 나타나는데, 그것은 그들의 마지막 공통 조상이 730만 년 전에서 1,450만 년 전 사이에 살았다는 뜻으로 해석할 수 있다(변이가 두 계통에 걸쳐 일어났기 때문에, 차이가 나타나는 사슬의 수에 14.5를 곱한 다음, 2로 나눈다).

그들의 아이디어는 명쾌하고도 혁신적이었다. 이제, 분자서열을 통해서 아득한 과거를 꿰뚫어볼 수 있게 됐으니, 머지않아 생물진화의 역사를 통째로 알아낼 수 있지 않겠는가. 그렇지만 그 방법이 너무 단순했기에, 그런 이유로 진실성을 의심하는 학자들이 적지 않았다. 그들 중에는 진화생물학의 양대 산맥인 에른스트 마이어와 조지 게일로드 심슨도 들어있었고, 그들의 비판이 가장 거칠기도 했다.

마이어와 심슨이 분자시계를 극구 부인한 데에는 다른 이유가 더 있기도 했다. 분자시계 이론에서는 분자에 생기는 변화가 일정한 속도로 일어나 축적된다고 가정했는데, 마이어와 심슨은 자연사와 화석 연구를 통해서 진화의 속도가 때에 따라 크게 달라진다는 것을 잘 알고 있었다. 마이어는 다음과 같이 지적했다. "인간이 두 발로 걷고, 도구를 만들고, 언어를 사용하는 존재로 진화하는 데에는 형태의 극적 재구성이 필요했다. 그러나 형태가 재구성되기 위해 생화학 체계가 완전히 달라질 필요는 없었다. 서로 다른 특성은 서로 다른 속도로 분기했다." 서로 다른 분자가 서로 다른 속도로 변화하므로, 과거 연대 역시 일정한 속도로 바뀌지 않았을 것이라고 생각했기에 주커캔들과 폴링을 비난할 수밖에 없었던 것이다.

그러니 거센 비난에 아랑곳하지 않고 폴링은 분자시계 개념을 사랑했다. 아미노산 서열을 더 자세히 확인하면, 진화과정에 대해 훨씬 더 많은 정보를 얻을 수 있을 게 확실했기에, 그 잠재력 또한 아주 매력적으로 여겼다.

하지만 주류학자들의 따가운 시선이 싫었던 폴링은, 40년간 몸담았던 캘리포니아 공과대학을 떠나, 산타바버라의 한적한 연구소로 자리를 옮겨서, 분자시계에 관한 연구를 계속했다. 많은 데이터가 모이게 되면서 분자시계 가설을 실험할 대상도 많이 생기게 되었고, 마침내 한 단계 더 도약을 이뤄냈다. 다양한 유기체에서 발견되는 시토크롬 C의 비교연구를 통해, 전반적인 기간 측정 역할을 하는 치환현상이 단백질 안에서 일어난다는 사실을 밝혀낸 것이다.

일정 기간 동안 일어나는 치환의 수는 글로빈과 시토크롬 C에서 각각 다르게 나타났다. 시토크롬 C 중에 반 정도는 오랜 세월이 지나도 전혀 변화하지 않았지만, 글로빈은 일부 종 사이에서 크게 달라진다는 사실을 알아냈다. 또한, 그런 차이가 있음에도 불구하고, 특정 기간에 각각의 단백질 내 서로 다른 부위에서 일어난 변화는 비슷했다. 두 분자 모두 시간을 지키고 있었던 것이다.

시토크롬 C

폴링과 쥬커캔들은 개별 단백질에서 발생하는 치환의 패턴을 이해하기 위해서 노력하던 중에, 서열이 변했다 하더라도, 글로빈과 시토크롬 C가 여전히 같은 생화학적 임무를 가지고 있다는 것은 알게 됐다. 그래서 그들은 단백질에서 일어나는 특정 치환은 단백질의 활동에 거의 영향을 미치지 않을 거라고 추론했다. 기능적으로 '중성'이거나 '거의 중성'으로 본 것이다.

이러한 개념은, 분자 기능의 보존과, 분자 변화의 일정한 속도를 설명하는 데 매우 중요하다. 단백질의 특정 부위가 기능적 영향력이 거의 없어, 아무 문제 없이 단백질 속에서 변화할 수 있다면 오랜 세월에 걸쳐 단백질 서열이 꾸준히 변화하는 것처럼 DNA 속 돌연변이 역시 꾸준하게 일어날 수 있다.

그러나 그들의 생각을 당시의 유기 생물학자들은 선뜻 받아들이지 못했다. 모든 진화적 변화는 자연선택이나 적응의 결과로 일어난다고 믿었기 때문이다. '분자시계의 가설'에 대해 반대했던 심슨은 "완전히 중성적인 유전자나 대립유전자는 설령 존재한다고 하더라도 매우 드물다는 것이 학계의 공통적 의견이다. 그러므로 나 같은 진화 생물학자에겐 단백질이 일정한 속도로 변화한다는 가설은 매우 가능성이 적어 보인다."라고 말했다.

그러나 폴링과 주커캔들은 두 유기체 '겉모습'의 유사성이나 차이점은 단백질 수준에서 반영될 이유가 없다고 주장했다. 생화학자의 관점에서 볼 때, 서로 연관돼야 할 이유가 전혀 없었다. 기능적으로 큰 변화를 야기하지 않고도 여전히 작은 변화가 꾸준히 일어날 수 있기 때문이다. 그들은 "비교적 정기적으로 일어나는 변화는, 곧 분자의 기능적 특성을 거의 변화시키지 않는 변화다. 그러므로 진화의 분자시계가 존재할 수 있다."고 주장했다.

그들은 기존 학자들의 눈으로는 볼 수 없는, 한 유기체의 모습과 행동 패턴 혹은 기능에 영향을 미치지 않으면서도, 세월의 흐름에 따라 진화를 일으키는 분자의 그림을 보여주기도 했다. 하지만 동료 학자들은 여전히 동의하기를 망설였다.

1966년이 되어서야 새로운 세대의 분자생물학자들이 진화의 역사를 기록하는 데, 그리고 종 사이의 관계를 규명하고 과거를 돌아보는 데 분자를 이용할 조짐을 보이기 시작했다. 그 진취적 학자들 중에는 앨런 윌슨도 들어 있었다. 버클리 대학의 조교수였던 윌슨은 인간의 기원을 포함해, 분자를 통한 유인원 진화 연구에 몰두하고 있었는데, 폴링의 도그마를 고스란히 수용한 그는 분자생물학 분야의 확장에 앞장섰다. 그는 단백질의 연관 관계를 분석하는 특별한 기법을 개발해냈다. 그 기법은 구하기 어려운 단백질 서열 대신에 항체를 이용해 단백질 사이의 유사성과 차이점을 감지해내는 항체실험의 일종이었다. 그는 그 속의 많은 방법 중에 인간의 혈청 알부민을 토끼에 주사하는 방식을 선택했다.

토끼 체내에 들어간 혈청 알부민은 단백질 중의 특정한 부위에서 서로 결합한다. 그래서 침팬지나 고릴라처럼 서로 다른 알부민 단백질을 쓴다면, 둘의 차이에 비례해서 항체의 결합도가 차이가 난다. 이 기법의 장점은 정량적 분석이 가능하며, 미리 구조를 파악하지 않은 상태에서 모든 단백질의 사용이 가능하다는 점이다.

앨런 윌슨(Alan Wilson) 뉴질랜드 출신 과학자, '인간과 침팬지에서 보이는 두 수준의 진화'에서 분자시계(molecular clock)'라는 새로운 개념을 제시했다

윌슨은 새리히(Vincent sarich)와 함께 항체 실험을 통해서 다양한 유인원의 알부민을 비교해봤는데, 그 결과는 일반적으로 통용되던 유인원 사이의 관계 개념과 일치했다. 인간 알부민과 비교했을 때 침팬지와 고릴라 알부민이 가장 비슷했으며, 그 뒤를 이어 아시아 영장류, 구대륙 원숭이, 신대륙 원숭이, 선유인원(여우원숭이, 안경원숭이)의 순서로 점점 멀어지는 결과가 나왔다. 알부민 진화가 시간에 맞춰 이뤄지고 있다는 게 사실이라면, 인간의 분기 시점을 포함해 영장류 계통도의 연대를 정하는 데 이를 이용할 수 있다.

그런데 실제로 측정해본 결과, 당시의 고생물학계의 견해와 많이 다른 데이터가 나왔다. 그 측정과정을 대강 살펴보자. 그들은 비교 기준으로 삼기 위해 가장 먼저 화석의 계통도 중 가지 하나의 연대를 대략 측정했다. 그런 다음에 각종 증거를 통해서 유인원과 구대륙 원숭이가 갈라진 시기가 대략 3,000만 년 전쯤이라는 결과를 얻어냈다. 그런 후에 항체실험으로 구대륙 원숭이 알부민과 인간 알부민 사이의 차이점이 침팬지나 고릴라 알부민과 인간 알부민의 차이보다 여섯 배나 많은 것을 알아냈다. 그 결과는 인간과 침팬지/고릴라 계통의 분기점이 3,000만 년의 1/6인 500만 년 전이라는 걸 의미한다.

새리히(1934~2012) 오클랜드 대학 인류학 교수, 인간과 침팬지 분기점을 제시했다. 윌슨과 새리히는 돌연변이율을 계산해서 혈액 단백질 데이터를 분자시계로 이용할 수 있었다. 그들의 분자시계에 따르면 사람 종은 약 500만 년 전에 일어난 것으로 알려졌지만, 최근의 분자 증거에 의하면 그 시점이 700만 년 전으로 거슬러 올라간다.

윌슨과 새리히의 대담한 결론은 새로운 과학 분야에서 나온 것이었다. 그랬기에, 그 기법이 기존의 화석 기록을 이용하는 방식과 너무 다르다는 이유로 쉽게 받아들여지지 않았다. 반대자 중에는 루이스 리키도 있었다. 그는 윌슨과 새리히의 결론이 가장 최근 발견된 고생물학적 증거에 전적으로 상반될 뿐 아니라, 생물학적 증거가 없는 연구는 단순한 억측일 뿐이라고 비난했다.

예일 대학의 고생물학자인 시몬스도 루이스 편이었다. 그는 윌슨과 새리히를 다음과 같이 비판했다. "인간 기원을 공부한 학생이라면, 원시인류의 기원이 윌슨과 새리히가 추정한 것보다 훨씬 오래됐다는 것쯤은 잘 알고 있다. 라마피테쿠스 속(屬)의 원시인류가 약 1,400만 년 전으로 거슬러 올라가기 때문이다. 유인원과 인간의 공통 조상이 700만 년이나 1,000만 년 전에 존재했을 리가 없다. 오히려 3,500만 년 전 정도가 더 옳다고 봐야 한다." 듀크 대학의 자누쉬도 그 진영에 합세했다. "윌슨과 새리히가 고생물학적 연구결과를 조금 더 자세히 들여다봤더라면, 자신들의 주장이 검증되지 않았음을 알았을 것이다. 나는 면역학 데이터에서 얻은 진화과정에 대한 불완전한 억측과 경솔한 주장 따위는 거부한다."

윌슨과 새리히의 접근법이 현장 조사의 고된 노력과 까다로운 재건 과정에 비해, 너무 손쉽다는 사실도 반대자의 질투심을 자극하는 데 한몫한 것 같다. 자누쉬의 부언을 들어보면, 그런 감정이 묻어있음을 알 수 있다. "아무런 소란과 혼란도 없고, 손도 망가지지 않는 연구라니, 단백질 조각을 실험기구에 던져 넣고 잘 흔들어주면 손쉽게 결과가 나온다니, 말도 안 된다." 어느 한 편이 틀린 것은 분명했는데, 두 편은 모두 상대편이 틀렸다고 주장했다.

신흥세력인 윌슨과 새리히는 자신들이 열세라는 사실을 인지했지만, 주장을 철회할 생각은 추호도 없었다. 그들은 연구에 더욱 몰두했고, 그 결과를 발표하는 데도 전혀 망설이지 않았다. 계속해서 데이터를 모으고 분자시계 실험도 계속했다.

그들은 인간과 침팬지 사이에 100% 일치하는 염기서열을 지적하면서, 인간과 침팬지의 공통 조상이 1,500만 년보다 더 오래됐을 확률은 희박하다고 주장했다. 새리히는 침팬지와 인간이 매우 최근에 갈라져 나왔다는 결론 말고는, 그 글로빈 시계를 달리 해석할 길이 없다고 했다. 그에 대한 새리히의 확신은 매우 확고해서 대담하게 이런 얘기까지 했다. "앞으로는 화석이 어떻게 생겼든 800만 년보다 오래된 것이라면 그것을 인간과(科) 동물로 볼 이유가 없다." 보수적인 고생물학자들에게, 그들이 옳을 리가 없다고 말한 셈이니 반응이 좋았을 리 없다.

인류학계에서 윌슨과 새리히의 연구는 대체로 무시됐지만, 그런 무시를 무시한 채, 윌슨과 그의 제자 메리 클레어 킹이 1975년에 또 하나의 획기적인 논문을 선보였다. 개구리, 조류, 포유류의 분자 비율과 신체적 변화를 비교 연구한 결과, 그 두 가지가 서로 연관돼 있지 않다는 결론을 얻게 됐다고 했다. 또한, 분자수준에서 비슷하거나 비교적 최근에 분기된 종 사이에서도 엄청난 신체적 차이가 있을 수 있다고 했다. 결론은, 생물의 겉모습은 믿을 수가 없고, 그래서 해부학적 분석은 매우 주관적이며, 관찰자의 선입견이나 오류에 인해 크게 달라질 수 있으므로, 신뢰할 수 없는 방법이라는 것이다.

고인류학자들은 강력히 반발했지만, 반발의 결정적인 증거로 태산처럼 믿고 있던 루이스 리키의 발견이, 실제와는 다르다는 사실이 서서히 밝혀져 가고 있었다. 사실, 고인류학자들은 원시인류와 유인원을 구분하는 기준 특성에 대해 잘못 알고 있었다. 분류기준에는 치아의 특징이 중요한 증거로 채택되고 있었는데 그게 결정적인 오류였다.

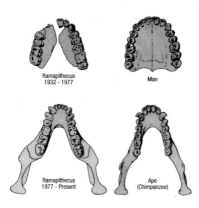
라마피테쿠스, 침팬지, 인간의 치아 비교

라마피테쿠스의 부분 유골이 당시 사람들이 생각하는 그런 기준에 부합했기에, 가장 오래된 원시인류로 받아들여져 왔는데, 라마피테쿠스의 친척뻘 되는 시바피테쿠스(sivapithecus)의 온전한 유골이 발견되어 얼굴을 재구성해본 결과, 오랑우탄과 공통으로 나타나는 특징이 있었다. 시바피테쿠스는 치아의 에나멜질이 두껍고 어금니와 아래턱뼈가 컸다. 그것은 예전부터 원시인류의 특성이라고 알려진 사항이었다. 그러나 결과적으로 시바피테쿠스는 원시인류가 아니었고, 그렇기에 그보다 나이가 많은 라마피테쿠스도 원시인류가 될 수 없었다. 이 둘은 오랑우탄과 매우 가까운 친척뻘이었기에 원시인류 계통에 들어올 수 없는 존재였다. 치아를 보고 '인간의 매우 오래된 조상'이라고 판단했던 케냐피테쿠스 역시 인류가 아닌 것으로 밝혀졌다. 화석 증거들의 기반이 무너지자, 고인류학자들은 윌슨과 새리히의 주장을 받아들이지 않을 수 없게 됐다.

그렇게 긴 논란에 방점이 찍혔지만, 돌이켜보면, 그 공통조상의 나이를 따지는 것이 인간 진화에 대한 의구심을 해소하는 데 필요한 것이긴 했으나, 핵심적 문제는 아니었던 것 같다. 사실 인간의 심연에 있는 의구심의 핵심은 도대체 어떻게 현재와 같은 우리가 있게 되었나 하는 것이다.

그렇기에 애초에 고인류학자들이 추정하고 있던 3,000만 년보다 인간의 나이가 현격히 어리다는 사실이 밝혀지자, 인간의 의구심은 도리어 더 짙어지게 됐다. 침팬지와 멀어지는 데 걸린 시간이 너무 짧다는 것을 알게 됐기에 자기 존재에 대한 미스터리가 도리어 심화된 것이다.

도대체 무엇이 인간이라는 종을 다른 동물과 이렇게 심하게 다르게 만들었는가? 인간에 비해 아주 장구한 세월을 더 살아온 다른 어떤 종도, 자연을 이렇게 실질적으로 지배하면서, 자연선택의 손길을 뿌리치려는 시도를 한 적이 없었다.

더구나 자연과 생명 사이의 관계를 송두리째 재정립한 호모 사피엔스는 불과 3만 년 전에 나타났을 뿐이다. 그리고 네안데르탈인과 호모 사피엔스의 공통조상에게 이미 그런 조짐이 있었다고 인정해주더라도, 그의 나이 역시 70만 년이 넘지 않는다. 보수적인 추정을 계속 확대해서, 인간과 침팬지가 분기한 500만 년 전까지 가더라도, 인간이 가진 특별함과 비교해보면 결코 많은 시간이 아니다. 도대체 인간에게 어떤 특별함이 있었기에 세상을 이렇게 바꿔놓을 수 있었을까? 그 이유를 직관으로 찾아낼 수 있긴 하다. 바로 문화의 힘이다. 인간만의 특별한 문화.

대강 실마리를 찾기는 했지만, 의구심은 여전히 남아있다. 그렇다면 무엇이 인간만의 특별한 문화를 만들게 했는가? 인간 초기 문화가 현재의 문화와 달랐을 거라는 사실은 충분히 추론할 수 있다. 그리고 그 문화 역시 생물처럼 진화했을 것이다. 그렇지만 그 진화는 물리적 진화와는 전혀 다른, 새로운 차원의 진화였을 것이다. 그렇게 전혀 다른 진화의 양상이 오래전에 시작되어서 오늘날의 인간문화로 진화됐으며, 앞으로도 진화를 지속하여 우리와 다른 동물 사이를 더욱 벌려놓을 것이다.

하지만 찬찬히 따져보면, 그 모든 것 역시 인간이라는 생물체에서 뿜어져 나온 것이다. 인간의 사소한 언행과 습관이 축적되어 문화가 이루어진 것이기 때문이다. 그리고 그 문화가 인간과 자연 사이의 관계를 재정립해놓았고, 진화의 양상도 바꿔 놓았다. 그렇다면, 도대체 무엇이 인간의 문화적 진화를 촉발시켰을까?

 ## 인간 진화를 폭발시킨 비(非)물리적 유전자, 언어

크리스토퍼 윌스(Christopher Wills)는 『질주하는 두뇌 The Runaway Brain』라는 책에서, 수백만 년 전부터 인간이 질주하는 진화과정에 휘말려 들었다고 주장하였다. 우리 조상들이 점점 더 복잡한 환경을 만들어냄에 따라 유전적 변화가 두뇌와 신체에 큰 변화를 가져왔다는 것이다.

그렇다면, 왜 그런 질주를 시작하게 되었을까? 대부분의 학자는 그 시작의 이유가 생존을 위협받을 만큼의 위험한 환경의 변화 때문이었을 거라고 본다. 그런 상황으로는 지각운동으로 인한 지형의 변화와 빙하기를 포함한 기후의 변화가 우선 손꼽히는데, 그런 환경변화에 때문에 종의 생사가 걸린 결단을 내려야 할 위기를 느끼게 됐고, 인간은 진화 답보상태에 놓이거나 멸절한 다른 동물들과 달리 슬기롭게 대처하여, 종을 보존했을 뿐 아니라 비약적인 진화를 시작했을 거라고 한다.

당면한 위기를 기회로 만든 것으로 보아, 우리 조상들의 위기에 대한 대처는 유인원 친척들이 보인 반응과는 확연히 달랐을 것이다. 유인원들은 어떤 큰 변화, 예컨대 그들이 살고 있던 숲의 크기를 줄어들게 한 변화에 직면했을 때, 제대로 대처하지 못했다. 그들은 단지 숲이 줄어듦에 따라 변화한 환경을 바꾸거나 거처를 옮기는 대신에, 자신의 생활공간을 스스로 줄이는 단순한 반응을 했을 것이다.

그러나 우리의 조상은 달랐을 것이다. 예전의 환경이 사라지거나 거기서 쫓겨나야 하는 상황에 직면한 우리 조상들은 새로운 환경으로 침입해갔을 것이다. 그리고 그 새로운 환경의 정복이 직립보행이나 도구 사용, 의사소통 기술, 또는 이 세 가지 모두에 유리하게 작용했을 것이다.

이 중에 우리가 주목해야 할 것은 의사소통 기술이다. 다른 두 가지도 중요하지만, 이전부터 진행되어 온 것이거나 그 이후 아주 느리게 진행되었기에, 갑작스러운 진화의 가속요소로 보기에는 부족해 보이기 때문이다. 그러나 의사소통문제는 다르다. 그것이 획기적으로 개선되기 시작했다면 전에 없었던 전혀 새로운 복제자인 문화적 유전자를 생성하는 데 결정적인 기여를 하면서, 그것이 기존의 물리적 유전자와 함께 시너지효과를 일으키는 결정적인 계기를 마련해줬을 것이기 때문이다.

의사소통이 빠르고 정확해지면서 서로 충분한 정보를 공유하게 되어, 인적 네트워크를 자연스럽게 형성하게 되면서, 인간이라는 종은 비로소 인간만의 문화를 갖추고 다른 동물과는 비교할 수 없을 정도로 조직적인 사회를 구축하게 되었고, 다시는 원시의 과거로 돌아가지 않을 수 있게도 됐을 것이다.

그러니까 환경의 변화가 격정적 진화의 계기를 마련해준 것은 사실이지만, 현재의 인간으로 진화하게 한 결정적인 계기를 마련해준 요소는 획기적인 의사소통의 변화, 바로 언어의 발달이 아니었을까 싶다.

현대 언어학은 인간의 언어가 결코 동물들이 사용하는 다양한 소통 수단들로 환원될 수 없음을 강조한다. 하지만 이런 사실을 근거로, 인간과 여타 동물들 사이에 진화의 불연속성이 있다고 여기거나 인간의 언어가 영장류의 다양한 신호와 전달의 체계에 대해 빚진 게 없다고 생각해서는 안 된다.

동물들의 뇌도 틀림없이 자기 안에 정보를 새겨 넣을 수 있을 뿐만 아니라, 이들을 서로 결합하고 변형시키며, 그런 조작의 결과를 개개의 행동을 통해 드러낼 줄 안다. 하지만 개개의 행동으로 드러낼 수 있을 뿐, 자신이 아닌 다른 개체에 자신 안에서 이루어진 사적인 조작을 그대로 전달하지는 못한다. 그렇지만 인간은 그런 일을 실행할 수 있다. 인간의 언어는 어느 한 개체가 가지고 있던 아이디어와 행위를 다른 개체들에게 전달할 수 있게 하여 그 개체의 죽음과 더불어 그것이 사라지지 않도록 할 수 있다.

인간의 언어는 그 자체가 특기인 동시에 여러 가지 특기들을 가능케 하는 도구이기도 한데, 이러한 언어의 발달은 호모사피엔스의 중추신경계가 잘 발달하여 있다는 사실과 관련 있는 것이 분명하다. 더구나 이러한 중추신경계의 발달은 호모 사피엔스를 다른 것들로부터 확실하게 구분 짓게 해주는 해부학적 특징이기도 하다.

인간의 진화는 뇌의 지속적인 발달에 의해 이뤄져 왔다. 또한, 현재와 같은 뇌를 갖기 위해서는 200만 년 이상의 세월 동안 선택압이 특정한 방향으로 지속적으로 가해지는 것이 필요한데, 이런 선택압은 인간의 진화에게만 있는 유별난 것이다.

현대 유인원의 두개골 용량이 수백만 년 전에 살았던 조상에 비해 그다지 더 크지 않기에, 인간의 중추신경계의 두드러진 진화와 특별한 능력의 진화 사이에 밀접한 상관관계가 있었을 거라고 상정하지 않을 수 없다. 그리고 그러한 상관관계로 볼 때, 언어는 그와 같은 진화의 결과로 생긴 산물일 뿐만 아니라, 그러한 진화를 일어나게 한 시원적 조건이었음이 분명하다.

이에 상응하는 가장 그럴듯한 가설은 다음과 같다. 아주 초보적이고 상징적인 의사소통이 인류 진화의 초기 단계에서 나타났는데, 그것이 전혀 새로운 가능성을 제공해주었기에 종의 미래를 결정짓는 시원적인 '선택'의 조건이 되었다는 설이다. 그렇게 상징적 의사소통을 잘하는 자들이 선택받아 살아남을 수 있는, 전혀 새로운 선택압이 창조됐다는 것이다. 그래서 이로 인해 언어능력의 발달이 고취되었을 것이고, 언어능력을 뒷받침해주는 생체기관, 즉 뇌의 발달 역시 고취되었을 것이다.

이 가설을 지지해 줄 강력한 논변들도 있다. 우리가 알고 있는 가장 오래된 인류(오스트랄로피테쿠스)는, 이미 유인원들과 확연히 구별되는 특징을 가지고 있었다. 그는 직립하기 시작했고, 그로써 앞발이 특별해졌을 뿐 아니라, 골격과 근육 그리고 척추에 대한 두개골의 위치가 바뀌었다. 그래서 인간이 다른 영장류들과는 달리 사족보행으로부터 완전히 벗어나게 되었고, 그것이 진화에서 중요한 역할을 하게 됐다. 사족보행으로부터 해방될 수 있었기에, 우리 조상들은 걷는 것을 혹은 달리는 것을 멈추지 않고서도 앞발을 사용하여 사냥할 수 있게 되었다.

이 원시인류의 두개골 용량은 침팬지의 그것보다 나을 것이 거의 없었다. 하지만 용량의 크기는 중요하지 않다. 호모사피엔스는 뇌의 크기보다는 뇌 자체의 발달 덕분에 등장할 수 있게 됐다. 진잔트로푸스의 뇌는 고릴라의 뇌보다 더 무게가 나가지 않았으나, 복잡한 신경회로를 가지고 있었기에 도구를 만드는 특별한 능력을 갖게 됐다. 대형 원숭이들도 기회가 되면 돌과 나뭇가지 같은 자연적 도구들을 사용한다. 하지만 그들이 어떤 알아볼 수 있는 기준에 따라 공작물 같은 것을 만들어내는 일은 없다. 그러므로 진잔트로푸스는 아주 원시적이었지만 호모 파베르로 간주하여야 한다.

그리고 도구제작이라는 의도적 행위는 협업이 필요한 경우가 많고, 그 기술이 후세에 전수된 것이 분명하기에, 언어능력의 발달과 밀접한 관련이 있음이 틀림없다. 나아가, 오스트랄안트로프가 협동을 통해서 위험한 짐승들을 사냥했다면, 그 사냥의 성공을 위해서 무리 내부의 사전협의를 거쳤을 것이고, 사전협의를 통해 계획을 짜는 데에는 정밀한 소통수단이 필요했을 것이다.

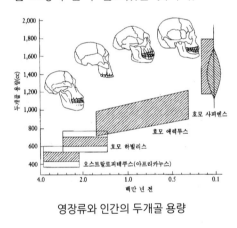

영장류와 인간의 두개골 용량

오스트랄안트로프의 뇌 크기의 빈약한 발달은 그러한 가설에 상치되는 듯이 보이기도 한다. 하지만 어린 침팬지들을 대상으로 한 최근의 실험에 따르면, 원숭이들은 분절된 언어를 배우지는 못하더라도, 농아인이 사용하는 손짓 언어의 몇몇 요소들을 체득하고 사용할 줄은 알았다. 그러므로 그때까지는 아직 침팬지보다 결코 더 지적이지 않았던 그들이었지만, 신체의 동작과 분절된 소리로 단편적이고 상징적 의미를 전할 수 있는 능력을 얻게 되었을 거로 추정할 수 있다.

일단 한 번 그렇게 고비를 넘어서게 된 다음부터, 언어의 사용은 지성의 가치를 비약적으로 증대시키게 됐을 것이다. 그렇게 되면서, 뇌의 발달이 일어나도록 만드는 강력하고 정향적인 선택압이 창조됐을 것이다. 그리고 그렇게 상징적 소통 시스템이 생기게 되자, 그것을 사용하는 데 뛰어난 자질을 갖추게 된 개인이나 집단은, 그렇지 못한 이들을 압도하는, 사회적으로 우월한 위상을 차지하게 됐을 것이다.

그리고 언어사용으로 인해 생긴 선택압은 중추신경계의 진화가 어떤 특정한 유형의 지성을 발달시키도록 장려했을 것이다. 그렇게 언어사용 능력을 활용하는 데 적합한 유형의 지성을 신장시키는 방향으로 진화가 이루어졌을 것이다.

그렇다면 그 증거는 없을까? 인간이 오늘날의 지성을 갖추도록 변모시킨 결정적인 증거, 혹은 다른 영장류에는 없고 인간에게만 있는 아주 특별한 유전자 같은 것 말이다. 여기에 대해서는 누구도 자신 있는 답변을 못하고 있었는데 아주 최근에 그 결정적 증거라고 할 수 있는 것이 제시됐다. 그건 인간의 뇌, 그러니까 다른 영장류에 비해 현격히 발달하여 있는 대뇌의 신피질에 연관된 유전자다.

🦍 인간만의 특별함, 대뇌 신피질

인간다움. 다른 동물과 차별되는 인간다움을 설명하는 생물학적 특징 중 대표적인 것이 여타 영장류에 비해서 큰 비율을 가지고 있는 뇌의 크기인데, 특히 특별한 모양을 가진 대뇌피질과 진화과정에 일어난 '대뇌 신피질의 팽창'은 모든 생물학자가 주목하고 있는 대상이다. 다른 동물과 확연히 구별된다는 대뇌피질은 도대체 어떤 기관인가.

대뇌피질(大腦皮質, Cerebral cortex)은 대뇌의 표면에 위치하는 신경세포들의 집합이다. 두께는 위치에 따라 다르지만 1.5~4㎜ 정도이다. 같은 포유류라도 종에 따라 대뇌피질의 두께는 다양하다. 대뇌피질은 부위에 따라 기능이 다르며, 각각 기억, 집중, 사고, 언어, 각성 및 의식 등의 중요기능을 담당한다. 대뇌피질은 대뇌의 안쪽 부분과 비교해 어두운색을 띠고 있어 회백질(gray matter)이라고 부르고, 반대로 안쪽은 백질(white matter)이라고 한다. 회백질은 신경세포체(cell body)와 모세혈관으로 이루어져 있어 어둡게 보이고, 백질은 신경섬유(axon)에 둘러싸인 미엘린(myeline sheath) 때문에 백색으로 보인다. 대뇌피질은 계통발생학상 신피질(새겉질, neocortex)과 이종 피질(부등겉질, allocortex)로 나누기도 하는데, 사람의 대뇌피질의 90%가 신피질이고, 10%만이 이종 피질이다.

대뇌는 한정된 공간에 안에 있기 때문에 복잡하게 주름져 표면적이 넓고, 표면 쪽으로 융기된 부위를 이랑(gyros)이라고 하며, 그사이의 움푹 들어간 부위를 고랑(sulcus)이라고 한다. 전체 대뇌피질의 약 2/3는 대뇌 고랑을 이루며 안쪽으로 들어가 있어 표면에서 관찰되지 않는다. 대뇌피질은 이랑과 고랑의 모양에 따라 전두엽(이마엽, frontal lobe), 두정엽(마루엽, parietal lobe), 측두엽(관자엽, temporal lobe), 후두엽(뒤통수엽, occipital lobe)으로 나뉜다.

이러한 구조를 가진 대뇌피질이 중요한 이유는 언어와 추론 같은 사고능력의 원천이기 때문이다. 특히 인간만이 가지고 있는 이 특별한 기능은 주로 신피질이 맞고 있는 것으로 알려져 있는데, 이 신피질 부분은 다른 영장류들과 크게 차이를 보이고 있는 것으로 보아, 진화과정에서 '팽창'이 일어났음이 거의 확실하다. 그런데 그 사실을 도대체 어떻게 설명할 수 있을까?

과거에는 여기에 대한 대답을 내놓을 수 없었다. 그러나 최근에 원자와 유전인자 영역을 연구할 수 있는 마이크로코즘 시대가 열리면서 대답은 내놓을 수 있게 됐다. 최근, 신피질의 팽창을 설명하는 요인으로, 개체의 뇌 발생 과정에서 주요한 역할을 행하는 유전인자들이 잇따라 지목되고 있다. 막스플랑크 분자세포 생물학연구소의 연구진은 최근 과학저널 『사이언스』 온라인판에 낸 논문에서, 인간의 진화과정에서 대뇌 신피질의 팽창을 일으키는 데 중요하게 작용한 유전자를 찾아냈다고 보고했다. 그 내용을 보면, 연구진은 숨진 태아조직과 쥐의 배아를 대상으로, 여러 실험기법을 사용해, 두 종 간의 뇌 조직 형성 초기의 유전자 발현 차이를 비교 분석했다. 이런 과정을 거쳐 연구진은 쥐에서는 나타나지 않고 인간한테서만 나타나는 유전자 58종을 추려냈으며, 이 가운데에서 뇌의 신피질을 만드는 신경 전구세포의 증식을 일으키는 유전자로서 'ARHGAP11B'를 찾아냈다

연구진은 이 유전자가 발생단계의 쥐의 뇌에서 발현하도록 하는 실험을 수행했는데, 이 실험에서 인간 유전자 'ARHGAP11B'가 발현된 쥐의 뇌 신피질 부위가 일반 쥐보다 훨씬 더 크게 성장했고, 인간 대뇌피질에 나타나는 독특한 특징인 신피질 주름이 일부 생성된 것도 확인했다고 보고했다.

그 연구진에는 네안데르탈인, 데니소바인 같은 원시인류 게놈을 현생 인류와 비교하면서 인류 진화를 연구해온 스반테 파보 박사도 참여했다. 그는 인간 대뇌 신피질의 성장에 관여하는 'ARHGAP11B' 유전자가 침팬지와 인간이 서로 갈라진 이후에 출현한 것으로 보인다고 밝히며, 그 유전자가 신피질의 팽창에서 중요한 구실을 했을 것으로 보았다.

연구진이 발표한 논문초록의 결론 부분은 이렇게 정리되어 있다. "그러므로 우리는 ARHGAP11B를 인간에만 있는 유전자라고 규정한다. 이는 기저 전구세포를 증폭하며 쥐에서 신피질 접힘을 일으킬 수 있다. 이는 인간 신피질의 발생과 진화적 팽창에서 ARHGAP11B 유전자

의 역할을 보여주는 것이기도 하다. 이런 결론은 ARHGAP11B 유전자를 만들어내는 유전자 복제가 인류계통이 침팬지에서 분기한 이후에, 그러나 현생인류와 비슷한 뇌 크기를 지닌 네안데르탈인에서 분기하기 이전에, 출현했다는 발견과 일치하는 것이다."

그렇다면 대뇌피질의 팽창에 기여한 유전자가 ARHGAP11B뿐일까? 추정컨대, 여러 개 있을 것이다. 그 여러 개 중에 또 하나를 찾아낸 연구진이 있다. 바로 영국의 듀크 대학교 연구진이다. 그들은 인간 대뇌피질의 팽창에 기여하는 다른 유전인자를 찾아내어, 과학저널 『커런트 바이올로지(Current Biology)』 온라인판에 발표했다.

그들은 인간과 침팬지의 유전체 정보를 대상으로, 뇌의 발생 초기 단계에 주로 뇌 조직에서 발현하는, '인핸서(enhancer)'라는 유전자 전사 조절인자가 두 종 사이에서 어떻게 다른지, 그 차이를 비교하여 분석했다. 침팬지와 인간 사이에서 서로 다른 인핸서 100여 개를 찾아내서, 다시 그 가운데 6개(HARE1~HARE6으로 명명, HARE: Human-Accelerated Regulatory Enhancer)를 추려냈다.

그런 후에 침팬지와 인간의 서로 다른 유전인자들이 쥐의 배아에서 각각 발현하도록 해서 뇌 발생의 차이를 관찰하는 실험을 수행했다. 이 실험에서, 연구진은 '침팬지 HARE5'를 발현시킨 쥐보다 '인간 HARE5'가 발현된 쥐의 대뇌가 12% 더 크게 성장한 것을 관찰해냈다. HARE5로 명명한 인핸서 유전인자가 침팬지와 인간 종의 대뇌 크기 차이를 만드는 데 큰 역할을 하는 것으로 나타난 것이다. 대뇌가 커졌으니 대뇌의 신피질도 커졌을 것이다. 하지만 엄밀히 따져보면, 어느 부위가 얼마만큼 커졌는지는 알 수 없다.

궁극적인 시각에서 보면, 미비한 점이 많은 연구라고 할 수 있다. 이런 미비함은 앞서 신피질의 팽창에 결정적인 기여를 하고 있다고 제시된 'ARHGAP11B 유전자 연구'에도 거론할 수밖에 없는데, 그 이유는 대뇌피질의 구조가 상상 이상으로 복잡하기 때문이다. 인간다움의 상징으로, 대뇌피질의 표면을 얇게 덮고 있는 신피질의 경우도 마찬가지다.

대뇌피질 대부분을 차지하는 신피질의 대부분에서는 6개의 층 구조가 발견된다. 각각의 피질 층은 신경세포종류와 다른 피질 영역(cortical region)과 피질하 영역(subcortical region)에서 연결의 차이가 있다. 층 구조에 따라 대뇌피질 영역을 나눌 수 있는데, 신피질(동종피질, neocortex)은 6개의 층이지만, 부등피질(이종 피질, allocortex)은 6개보다 적다.

분자 층(molecular layer)은 가장 바깥층으로 신경세포가 거의 없다. 주로 가지 돌기(dendrite)와 축삭(axon)의 종말 가지로 이루어져 있다. 이 층에 분포하는 가지 돌기는 피라미드 세포(pyramidal neuron)에서 뻗어 나왔고, 축삭은 같은 쪽 및 반대쪽 대뇌반구의 대뇌피질 또는 시상에서 나온 것들로 구성되어 있다. 분자 층은 주로 시냅스가 일어나는 층이라고 할 수 있다.

바깥 과립 층(external graunlar layer)은 대부분 별 세포(stellate neuron)으로 이루어져 있고 작은 피라미드 세포가 흩어져 있으며, 바깥 피라미드 층(external pyramidal layer)은 전형적인 피라미드 세포로 구성된 층으로, 깊은 쪽으로 갈수록 큰 신경세포가 분포되어 있다. 그리고 이 층에 위치한 피라미드 세포의 축삭은 대뇌피질의 다른 부위로 뻗는 연합섬유 또는 맞교차섬유가 된다.

속 과립 층(internal granular layer)은 주로 별세포로 이루어진 층이며, 다른 사이 신경세포나 피라미드 세포도 약간 섞여 있고, 속 피라미드 층은 바깥 피라미드 층에 비해 직경이 큰 피라미드 세포가 분포하는 층으로, 사이사이에 많은 사이 신경세포가 섞여 있다. 그리고 속 피라미드 층에 위치한 피라미드 세포의 축삭은 새줄무늬체(stria-tum), 뇌 줄기(brain stem), 척수(spinal cord) 등의 피질하 영역으로 뻗는 투사섬유가 된다.

다모양 층(multiform layer)층에는 방추세포(fusiform cell)가 분포하는 것이 특징이지만, 피라미드 세포와 여러 종류의 사이 신경세포도 섞여 있다.

대뇌피질이 이렇게 복잡해서 유전자와 특정부위의 상관관계를 따지는 일이 어려울 수밖에 없다는 사실을 잘 알고 있기에, 이에 관한 연구 논문을 발표하는 과학자들은 대부분 겸손한 자세를 취한다. 뇌의 발생 초기 단계에 뇌 조직에서 발현하는 '인핸서'(enhancer)에 관한 연구로, 세간의 주목을 받은 듀크 대학의 연구팀도 예외는 아니다.

그들은 이번 연구가 부분적 이해일 뿐이고 인간 뇌의 독특함을 이해하는 데 도움을 줄 더 유력한 다른 후보들이 있을 것이라고 말하면서, 뇌 발생 단계에서 인간다움을 만드는 유전물질에 관한 연구들이 계속될 것으로 내다봤다. 듀크 대학교 연구진의 말대로, 머지않은 장래에 인간 뇌의 독특함을 이해할 수 있는 또 다른 증거들이 속속 제시될 것이다. 우리는 과거에는 상상도 못했던 일이 일어나고 있는 과학의 시대에 살고 있다. 특히 인간이 인간 자신의 기원을 연구하는 일은 아무리 생각해도 경이로운 일인데, 이건 원자와 유전자 수준까지 들여다볼 수 있는 마이크로코즘 시대가 활짝 열렸기 때문이다. 다음 장에서는 그 신비한 미시세계를 자세히 들여다보도록 하자.

진화의 마이크로코즘(microcosm)

생명의 다양성에 대한 논쟁은 주로 메크로 세계에서 이뤄져 왔지만, 분자생물학(Molecular biology)이 발달하면서 자연스럽게 미시 세계까지 확장되게 되었다. 물론, 분자생물학은 진화론을 의식해서 만들어진 분야는 아니다. 분자생물학의 핵심목적은 분자수준에서의 생명현상을 이해하고 그것이 우리가 눈으로 보는 생명현상과 어떻게 연관되어 있는가를 규명하는 것이다.

이 학문은 1940년대에 DNA가 유전자의 본체임이 밝혀지고, DNA의 유전정보가 RNA를 통하여 세포질 속에서 단백질 합성을 지배한다는 사실이 알려지게 되면서 본격적으로 발달하기 시작했다. 그러다가 1953년에 제임스 왓슨과 프랜시스 크릭에 의하여 DNA의 2중 나선구조의 모형이 밝혀지면서 새로운 단계로 도약하게 되었다.

그 후 분자생물학의 주류는 DNA의 복제 및 단백질의 생합성을 중심으로 유전의 본질 및 유전의 메커니즘을 설명하고, 나아가서 생물체의 조절작용이나 진화 현상을 설명하는 데 역점을 두게 됐다. 그렇게 분자 유전학이 분자생물학의 중심에 서게 되면서, 생명체의 메크로 세계에 대한 설명을 주로 하던 진화론 역시 마이크로 세계에 대한 시각을 갖춰야만 하게 됐다.

🦍 진화론에 새로운 시야를 열어준, 분자생물학

현대적 의미의 생물학 역사는 생물학이라는 용어가 등장한 19세기 초반에 시작됐다고 볼 수 있다. 이전의 자연철학(natural philosophy) 및 박물학(natural science)과는 확실히 구분되고, 생물 개체의 조직화(organization)를 체계적으로 연구하는 학문이 그때부터 시도되었다.

생화학자들은 생명체가 가지고 있는 고분자의 성질을 밝히기 위해 노력했지만, 고분자들이 생체 내에서 어떻게 합성되며, 그 과정에 유전자가 어떻게 관계하고 유전현상에서 어떻게 보존되는지에 대한 의문을 쉽게 풀어내지 못했다. 그렇게 고분자와 유전현상의 관계에 대한 의문이 고전적 학문으로는 해결될 수 없다는 사실이 확인되어 가면서, 새로운 학문인 분자생물학의 출현을 요청하게 되었다.

시대적 요청으로 탄생하게 된 분자생물학은 생물 고유현상에 실험적으로 개입할 수 있는 바탕을 만들었고, 그러한 배경 위에서 자연스럽게 유전공학(Genetic Engineering)이라는 매력적인 응용분야까지 만들어 인간의 유전까지 연구하기 시작했다.

분자생물학이 '생물학을 분자수준에서 연구하는 학문'이라고 간단히 정의되긴 하지만, 실제는 생명의 본질적인 과정에 대한 분자적인 분석과 그러한 분석을 가능하게 만든 제반 기술이 포함된 복합학문이다. 이런 복합학문이기에, 분자생물학의 기원에 대해서는 논란이 있을 수밖에 없다.

그렇지만 그 기원문제의 핵심은 유전자의 실체가 DNA이기에, DNA가 생명연구에 핵심적인 주제가 될 것이라는 확신을 누가 가장 먼저 가지게 되었는가가 될 것이다. 그러니까 유전자의 본체를 단백질에서 DNA로 전환시킨 학자가 분자생물학의 시조라는 뜻이다. 그런 결정적 전환이 없었다면 분자생물학이라고 부르는 학문의 탄생이 불가능했을 것이고, 아울러 그 학문을 통해 진화의 기전을 연구할 수도 없었을 것이기 때문이다. 그렇다면, 분자생물학 분야의 시조는 누구일까? 그를 찾기 위한 목적을 가지고 과학사를 살펴보면, 1944년에 에이버리(Oswald Theodore Avery)가 발표한 논문이 가장 눈에 띈다. 제목은 『폐렴구균 종류의 변환 유도물질의 화학적 특성에 관한 연구(Studies on the chemical nature of the substance inducing transformation of pneumococcal types)』로, 세계 2차 대전 중에 열악하기 그지없는 연구 환경을 극복하고, 유전자가 DNA라는 사실을 밝혀냈다. 그렇기에 에이버리를 분자생물학의 창시자라고 부를만하지 않을까 싶다. 물론, 에이버리의 그 논문에는 유전자의 본체가 DNA라고 씌어 있지 않고, 유전자라는 용어가 나오지도 않는다. 하지만 논문을 읽어본 사람은 누구나 형질전환 원리(transformation principle)로서 상정된 DNA가 유전정보의 운반체로 작용하며, 유전물질의 성질에 대한 훌륭한 실험적 증거를 말하고 있다는 사실을 알 수 있다.

에이버리(Oswald Avery, 1877~1955)
캐나다의 의사이자 유전학자. 분자생물학과 면역학의 선구자로 DNA가 유전 물질임을 증명하였다.

그렇다면 에이버리는 어떻게 이런 업적을 이룰 수 있었을까? 에이버리는 1877년 캐나다에서 태어나 열 살 되던 해에 미국 뉴욕으로 이주했다. 그가 본격적으로 과학연구를 시작한 것은 록펠러 의학연구소에 근무하게 되면서부터였는데, 그의 나이 서른여섯으로 상당히 늦은 시작이었다. 더구나 에이버리의 연구가 경지에 다다른 것은 1930년대가 후였다. 그의 연구 주제는 폐렴쌍구균의 형질전환이란 것이었다. 폐렴은 오늘날에는 간단히 치료할 수 있지만, 그가 록펠러 연구소에서 근무하기 시작할 무렵에는 그 병으로 많은 사람이 죽어갔다. 치료법이 전혀 알려지지 않은 때였기 때문이다.

폐렴쌍구균은 폐렴의 병원체다. 이는 단세포 미생물이고 바이러스는 아니기에, 광학현미경으로도 관찰할 수 있다. 이 병원체는 강한 병원성을 갖는 S형과 병원성이 없는 R형으로 나눌 수 있는데, 에이버리와 같은 연구소에 근무하던 프레드 그리피스(Fred Griffith)가 그 병원체에서 이상한 현상을 발견했다.

S형 균(병원형)을 가열하여 죽인 후에 이를 실험동물에게 주사하면 폐렴을 일으키지 않았고, 또한 병원성이 없는 R형의 균을 실험동물에게 주사해도 폐렴은 발병하지 않았다. 여기까지는 당연한 현상이다. 그런데 죽은 균과 살아있는 R형 균을 섞어 실험동물에게 주사해보니 폐렴이 발병했고 동물 체내에서 살아있는 S형 균이 발견되었다. 대체 어찌 된 일인가? S형 균이 죽은 후에 그 어떤 작용을 일으켜서 R형 균을 S형 균으로 바꾼다는 말인데……. 그리피스가 그 작용의 실체를 밝히지 못하자, 에이버리가 배턴을 이어받았다.

에이버리는 S형 균체 내에서 화학물질을 추출했다. 이를 R형 균에 섞어보니 R형 균이 S형 균으로 변했다. 그는 균의 성질을 바꾸는 화학물질이 무엇인가를 밝히려 했다. 그때 균의 성질을 바꾸는 그 물질. 그게 바로 그가 이름 지은 '형질전환물질(유전자)'이다. 그는 유전자의 화학적 본체 규명이라는 거대한 과제에 도전장을 던졌다.

그가 그 거사를 실행하기 전에도 유전자의 존재와 그 화학적 구조에 관한 예측이 나돌고 있긴 했다. 유전자는 형질에 관한 대량의 정보를 지니고 있기에, 복잡한 고분자 구조를 띠고 있을 것이며, 세포에 포함된 고분자 중에 가장 복잡한 것은 단백질이므로, 유전자 역시 특수한 단백질일 것이라는 게 당시의 상식이었다. 그렇지만 에이버리의 실험 데이터는 유전자가 단백질일 거라는 예측과는 다르게 나타났다.

에이버리는 S형 균에서 여러 가지 물질을 추출하여, 어느 것이 R형 균을 S형 균으로 변화시키는지 자세히 검토했다. 마지막까지 남은 후보가 S형 균체에 포함되어 있던 산성물질, 즉 DNA였다. 그는 실험을 반복하면서 다각도로 재검토했지만, 결과는 늘 한 가지 사실만을 말했다. 유전자의 본체는 DNA임이 확실했다.

그가 DNA를 찾아낸 것은 사실이나 거기에 복잡한 정보가 담겨있을 거라는 아이디어까지 떠올린 건 아니었다. 핵산은 고분자이기는 하지만 단 네 개의 요소만으로 구성되어 있는, 어떤 의미에서는 단순한 물질이다. 현재의 과학자들은 0과 1만으로도 복잡한 정보를 기술할 수 있다는 것을 알고 있지만, 당시의 생물학자 중에 정보의 코드화에 대해 그런 생각을 한 이는 없었고 에이버리도 예외는 아니었다.

DNA는 긴 끈 모양의 물질이다. 진주를 꿰어놓은 목걸이 모양의 구조를 하고 있다. DNA 안에 생명의 설계도가 새겨져 있다고 한다면, 각각의 진주 알은 알파벳, 끈은 문자열에 해당한다. 과학자들은 DNA의 문법을 풀고자 우선 그 알파벳에 초점을 모았다. DNA를 강한 산(酸)에 넣고 열을 가하면 목걸이의 연결고리가 끊어진다. 그 상태에서 진주의 종류를 조사해본 결과, 놀랍게도 진주의 종류는 겨우 네 가지였다. A, G, T, C라는 네 가지 알파벳. 하지만 당시의 학자들은 그것이 정교한 정보를 구사하고 있을 거라고는 미처 생각하지 못했다. 그들은 DNA를 세포 내의 구조를 지지하는 줄 정도로 여겼다. 에이버리도 처음에는 그렇게 여겼지만, 실험을 반복하게 되면서 그것에 생명의 형질을 변환시키는 기능이 포함되어 있다는 확신을 하게 됐다. 그의 실험 데이터가 그런 증거를 반복적으로 제시했기 때문이다.

폐렴쌍구균의 S형 균(병원형)에서 DNA를 추출하고 그것을 R형 균(비병원형)과 함께 섞는다. 그러면 DNA 중 일부가 R형 균의 균체 내부로 혼입되고, R형 균이 S형 균으로 변하게 되면서, 폐렴을 유발한다. 에이버리는 그 실험을 반복하면서 조금씩 정밀도를 높여 나갔다.

그러면서, DNA의 배열 안에 생명의 형질을 전환시킬 수 있을 정도의 정보가 새겨져 있다는 확신을 갖게 되었고, 그는 분자생물학의 창시자가 될 수 있었다.

그가 세워 놓은 반석 위에 분자생물학은 꽃을 피워, 생화학, 유전학, 생물물리학 등에 큰 영향을 끼쳤다. 1940년대 초기에 단백질의 기본 3차 구조가 밝혀졌고, 1950년대에는 단백질 구조에 관한 지식이 증가함에 따라 모든 생물체의 유전학적 청사진인 디옥시리보핵산(deoxyribonucleic acid/DNA)의 구조도 밝혀졌고, DNA와 리보핵산(ribonucleic acid/RNA)에 대해서도 알게 되었으며, 세포에서 단백질 합성을 지령하는 유전물질들에 대한 염기서열도 알게 됐다.

그렇게 다방면에 응용됐지만, 추상화에 가까운 DNA의 그림이 구체화되지는 못했다. 그러다가 1953년에야 그 구체적인 모습이 그려졌다. 왓슨(J. Watson)과 크릭(F. Crick)이 기존의 방식과는 달리 '짜깁기 방식'으로 DNA 구조를 알기 쉽게 그려서, 『네이처(Nature)』에 발표한 것이다. 그들이 그려낸 DNA의 이중나선(Double Helix) 구상화를 다수의 생물학자가 빠르게 받아들였고, 유사한 시기에 허시(A. Hershey)와 체이스(M. Chase)에 의해 유전자가 DNA라는 결정적인 실험결과가 제시됨으로써, 유전자의 복제문제, 생명체의 구성분자인 단백질의 합성문제 등을 쉽게 설명할 수 있게 됐다. 그리고 얼마 후에, 미결상태로 남아있던 유전자의 조절문제도 밝혀져 DNA, 유전자, 유전자발현, 유전현상 등을 실험실에서 자유자재로 다룰 수 있는 분자생물학의 틀이 정립됐다.

오늘날의 분자생물학은 X선 회절법과 전자현미경적 연구기법을 통해 분자의 3차원적 구조를 알아내려고 하며, 특히 유전현상을 분자수준에서 규명하고자 한다. 분자생물학자들은 유전자들을 염색체 위의 특정 위치에 놓아 유전자 지도를 작성하고, 유전자와 생물체의 특정 형질을 연관시키고 있다. 또한, DNA 내부의 돌연변이를 찾아내고, 재조합기술을 사용하여 유전자를 인위적으로 변화시키기도 한다.

한편, 분자생물학이 틀을 갖춘 직후부터 분자차원에서 진화의 비밀을 찾아내려는 연구도 본격적으로 시작됐다. 그리고 결실도 곧 나왔다. 최초의 과실을 수확한 학자는 거의 무명이었던 기무라였다.

하지만 그의 성과를 학계에서는 선뜻 받아들이지 않았다. 그 이유는 그가 무명인 탓도 있었지만, 그가 찾아낸 비밀에 기존의 다윈이즘과 충돌하는 부분이 있다고 여겼기 때문이다. 기무라가 분자 속에서 찾아낸 진화의 비밀은 도대체 어떤 것이었을까?

 ## 분자 속에서 진화의 메커니즘을 찾아낸 기무라

현대의 우리에게는 진화가 기정사실이나, 19세기까지는 대중들이 충분히 납득한 상태가 아니었다. 생물이 현재와 같은 모습으로 처음부터 존재한 것이 아니고, 오랜 세월에 걸쳐 변화해 지금의 모습이 되었다는 진화론은, 당시의 대세였던 기독교의 창조론과는 완전히 반대되는 내용이었다. 그렇지만 다윈은 보수적인 기독교의 적의를 교묘하게 피해서 진화론의 묘목을 과학의 들판에 심었다.

다윈은 '유전하는 변이'와 '자연선택'을 진화 메커니즘의 근거로 들었다. 생물에 생긴 작은 유전적인 변이 가운데 생존에 유리한 것만이 자연선택으로 살아남아 종으로 퍼지게 된다고 설명했다.

다윈 이후, 그 메커니즘을 구체화하기 위해 진보된 생물학의 지식과 기술을 활용한 연구가 꾸준히 이뤄져 왔다. 그 정성들 덕분에 다윈이 심은 진화론의 묘목은 꾸준히 자라났다. 그러다가 분자생물학이라는 과학 분야가 개척되자, 분자나 유전자의 '중립 진화'라는 새로운 재배법이 학계에 제안되었다.

그 '중립이론'에 다윈의 주장과 대립하는 요소가 들어있었다는 표현도 틀린 것은 아니지만, 다윈의 이론을 새로운 차원에서 조망한, 획기적인 설명이라는 표현이 더 정확할 것 같다. 아무튼, 그 '중립이론'의 중심에는 기무라 모토오(木村資生)가 있었다. 그가 처음으로 '분자 진화의 중립설'을 발표했을 때 학계의 반향은 정말 대단했다.

단백질 등 눈에 보이지 않는 생체 고분자 수준에서는 생존에 유리하지도 불리하지도 않은 돌연변이가 일어나고, 그중에 운이 좋아서 우연히 종(種)속에 퍼지는 것이 있다. 마침내 그것이 종의 성질이 되어 분자의 진화가 일어난다. 상세한 것은 나중에 이야기하겠지만, 이것은 1930년대에 발전한 집단유전학의 수학(數學)이론과 1960년대에 꽃핀 분자생물학을 합쳐서 만든 결과이다.

기무라의 주장이 발표된 초기에는 대부분의 학자가 그것에 동의하지 않았다. 분자수준에서도 자연선택은 반드시 작용하며, 생존에 유리하지도 불리하지도 않은 돌연변이는 있을 수 없다고 생각했기 때문이다. 중립이론에 대한 반대는 상당히 오랫동안 진행되었다. 물론, 확실한 증거를 갖춘 반대는 아니었다. DNA 수준에서의 연구가 불가능한 시대여서 서로 간에 증거 제시가 불가능한 논쟁이었다. 그러다가 시간이 한참 흐른 후에야 DNA 수준에서의 돌연변이 연구가 가능하게 되어, 중립설의 사실 유무를 제대로 판단할 수 있게 됐다. 검증 결과, 중립설은 결코 허구가 아니었다.

새로운 접근방법이 생겨나는 것은 과학계의 보편적인 현상이다. 생물진화 연구 분야도 예외는 아니다. 다윈의 자연선택이 한때 학계의 인정을 받지 못한 일이나, 기무라의 중립설을 둘러싸고 일어난 논쟁도 그 예일 뿐이다.

그렇지만 중립설은 엄밀히 말해서 독창적인 이론이라기보다는 해당 분야의 여러 가지 이론들이 합쳐진 이론이라고 할 수 있다. 그렇기에 다윈 이론에서부터 중립설에 이르는 다양한 시각들을 살펴봐야 중립설을 제대로 이해할 수 있다.

기무라모토(木村資生, 1924~1994) 1968년 중립 진화 이론을 발표하여 집단유전학 이론에 가장 영향력 있는 학자가 되었다. 또한, 그가 제시한 확산 방정식은 유전학의 새로운 연구방법으로 널리 사용되고 있다. 확산 방정식은 개체의 생존과 재생산에 대하여 유리하거나 불리 또는 중립적으로 작용하는 각각의 대립형질이 고착될 가능성을 계산하는 수식이다.

다윈은 유전적인 변이가 자손에게 전해지는 메커니즘을 제대로 알지 못했다. 그 메커니즘을 설명해줄 멘델의 유전법칙이 『종의 기원』이 발표된 해로부터 6년 후에 나오긴 했지만, 멘델이 워낙 무명의 학자여서 주목 자체를 받지 못했다. 멘델의 법칙이 인정받은 시기는 20세기에 들어선 다음이고, 그 무렵부터 유전학도 학문으로 인정받게 됐다.

멘델의 업적을 재발견한 사람 중의 한 명인 드 브리스는 큰 달맞이꽃 재배실험을 통해서 갑자기 부모와 전혀 다른 개체가 나타날 수 있고, 그것이 유전된다는 사실을 발견했다. 큰 달맞이꽃의 돌연변이는 진화의 근원인 유전자의 돌연변이가 아니고, 염색체의 이상에 의한 것임이 나중에 밝혀졌지만, '갑자기 불연속으로 일어나는 유전적 변이'가 있으며, 그것이 진화의 토대가 된다는 사실을 발견한 그의 업적은 결코 적다고 할 수 없다.

유전자의 돌연변이는 1920년대에 이르러서야 확실하게 증명됐다. 20세기 초반의 유전학자들이 실험으로 다룬 대상은, 완두콩의 키, 콩의 색깔 차이 등 매우 뚜렷한 차이가 나타나는, '유전하는 변이'였다. 그렇지만 반복된 실험결과, 유전하는 변이의 차이가 너무 크게 나타나는 바람에, 다윈이 생각했던 '작은' 유전적 변이는 없다고 선언하기에 이르렀다.

드 브리스 등이 제창한 '큰 차이를 만드는 돌연변이에 의해 갑자기 진화가 일어나 새로운 종이 생긴다'는 설, 즉 자연선택이 작용하면 단번에 새로운 종이 생긴다는 생각이 20세기 초에는 정당하게 받아들여졌던 것이다. 그러나 그 후 초파리의 유전 연구가 꾸준히 진행됨에 따라, 매우 작은 돌연변이가 있음이 밝혀졌다. 예컨대 몸의 크기나 눈의 색깔이 미세하게 달라지는 변화 같은 것이다. 작은 유전적 변이가 있음을 알게 되자, 다윈의 자연선택설이 다시 주목받게 됐고, 동시에 그 무렵에 시작된 집단유전학도 자연선택설을 강력하게 추천하게 됐다.

집단유전학은 돌연변이를 만든 유전자가 생물집단 속에서 어떻게 행동하는지를 연구하는 학문이다. 이론과 실험의 두 분야가 있으며, 이론에서는 주로 하나의 개체에 생긴 돌연변이가, 생물집단 속에서 어떻게 퍼지고 축적되어서, 집단의 성질이 되거나 사라져 버리는지를 수학적으로 연구한다.

그 학문을 자연선택 위에서 각각 유리한 정도가 다른 돌연변이에 적용하자, 다윈이 말한 것처럼 '생존에 유리한 정도가 작은 돌연변이가 자연선택에 의해 집단에 축적되어 집단의 새로운 성질이 된다'는 사실이 확인되었고, 다윈의 자연선택설은 진화론의 본류로 확고하게 자리 잡게 됐다.

또한, 집단유전학의 수학이론은, 돌연변이가 일어난 초기에는 그 돌

연변이를 일으킨 유전자의 집단 내의 증감이 우연에 좌우된다는 사실
도 밝혀냈다. 즉 그 유전자가 우연히 수정에 관여하는지 아닌지에 의
해 증감이 결정된다는 뜻이다. 집단 속에서 돌연변이를 일으킨 유전자
의 비율이 우연에 의해 늘어나거나 줄어드는 현상을 '유전적 부동(浮動
)'이라고 한다. 그 작용은 큰 집단에서는 약하다. 그러므로 생존하기에
유리한 또는 불리한 돌연변이의 경우에는 자연선택의 작용 쪽이 강해
서 그것에 눌려 거의 효과를 내지 못한다.

유전적 부동

그러나 생존하기에 유리하지
도 불리하지도 않은 돌연변이,
즉 중립일 때는 집단의 크기와
관계없이 큰 효과가 있다. 중립
의 돌연변이를 일으킨 유전자 대부분은 집단에서 사라져 버리겠지만,
운이 좋은 것은 우연히 집단 전체에 퍼져서 집단의 성질이 되는 경우
가 생긴다. 이런 사실은 중립설에서 중대한 의미가 있다.

집단유전학자들도 이런 효과를 가정해 본 적은 있으나 중립의 돌연
변이를 일으키는 유전자 등은 있을 수 없을 거라고 여겼다. 그런 이유
때문에 유전적 부동은 진화의 메커니즘에서 제외되었고, 자연선택을
중시하는 자연선택 만능주의가 더욱 성행하게 됐다. 이것이 바로 '신다
윈설'이다.

그런데 그렇게 신다윈설이 피크에 이를 무렵에, 기무라가 중립설이
발표하면서 신다윈설에 이견을 제시한 것이다. 풋내기 기무라가 신다윈
설의 거대한 아성을 공격할 수 있었던 것은, 등 뒤에 침묵하고 있는 다
수의 우군들이 있었기 때문이다. 사실 신다윈주의자들이 백안시하고
있는 사이에 분자생물학자들은 진화에 관해 많은 성과물을 쌓아 놓고
있었다.

분자생물학자들이 가장 먼저 이룬 성과는 유전자의 구조를 밝혀낸 것이었다. 그 뒤 유전자의 본체인 DNA의 염기 배열이 아미노산을 정하고 그 아미노산에서 단백질이 만들어진다는 메커니즘도 밝혀냈다. 그리고 1960년대에는 단백질 아미노산의 배열을 다른 종과 비교하면서 진화를 연구하는 시도도 일어났다. 예컨대 헤모글로빈은 2개의 알파 사슬과 2개의 베타 사슬로 되어 있는데, 인간이나 말의 알파 사슬을 구성하고 있는 141개의 아미노산 중에 18개가 서로 다르기에, 말과 인간이 공통의 선조에서 갈라진 시기가 약 8,000만 년 전이라는 사실을 알 수 있다. 마찬가지로 잉어와 인간은 알파 사슬의 아미노산이 71개가 서로 다르기에, 공통 선조에서 갈라진 때가 약 4억 년 전이다.

　이와 같이 종 사이에 서로 다른 아미노산의 개수가 종이 분기된 시간과 상관관계가 있음을 밝혀졌고, 여러 가지 단백질에 관해 아미노산의 배열을 비교하는 연구도 이뤄졌다. 다윈이론이 발표된 후 1세기가 넘는 기간 동안, 진화가 눈에 보이는 표현 형질을 통해서만 논의되어 왔는데, 이제 눈에 보이지 않는 유전자의 구조와 아미노산의 배열을 통해 논의되기에 이른 것이다.

　그럴 수 있게 된 데는 전기영동법(電氣泳動法) 발명이 큰 도움이 되었다. 전기영동은 전기장 안에서 하전된 입자가 양극 또는 음극 쪽으로 이동하는 현상을 말한다. 이때 이동하는 속도는 입자의

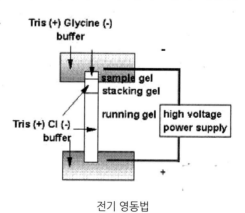

전기 영동법

전하량, 크기와 모양, 용액의 pH와 점성도, 용액에 있는 다른 전해질의 농도와 이온의 세기, 지지체의 종류 등에 의해 결정된다. 따라서 어

떤 용액에서의 하전된 알맹이의 이동속도는 분자 자체의 성질에 따라서 결정된다. 그렇기에 전기영동법은 아미노산, 뉴클레오티드, 단백질들과 같은 하전된 물질들을 분리하거나 분석하는 데 유용했다.

또한, 이 방법으로 효소 단백질의 작은 차이도 검출해 낼 수도 있었기에, 대부분의 효소 단백질에 2~3종의 형태가 있다는 사실을 확인하게 됐다. 이는 단백질이 아미노산에, 아미노산이 유전자의 염기에 대응한다는 점을 고려해보면, 모든 유전자에 다른 형태가 있다는 사실을 의미한다. 이런 사실은 단백질 아미노산의 배열을 다른 종과 비교해 진화를 연구하는 데는 매우 중요하다.

이 연구에 의하면, 사람과 말의 헤모글로빈 알파 사슬이 141개 가운데 18개가 다르고 사람과 말이 8,000만 년 전에 분기됐다는 것은, 아미노산이 약 700만 년에 1개의 비율로 변화했음을 의미한다. 이것을 DNA의 염기로 생각하면, 1개의 아미노산은 3개의 염기에 대응해 만들어지므로, 423개 염기 중 어느 1개가 700만 년에 1개씩 바뀌는 셈이 된다.

사람을 비롯한 포유류 유전의 바탕이 되는 염기의 수는 약 30억 개이다. 423개에서 700만 년에 1개 바뀐다면 약 30억 개에서는 어떻게 될까? 약 2년에 1개의 비율로 바뀌게 된다. 이러한 수치는 헤모글로빈의 알파 사슬에서만이 아니라 다른 단백질에서도 유도해낼 수 있다.

유전자의 구조가 바뀌지 않는다고 생각했던 시대에는, 표현 형질 수준의 변화에 자연선택을 적용해, '약 300세대에 1개의 비율로 새로운 유전자가 종(種) 속에 축적된다'는 생각이 널리 받아들여졌다. 그렇다면 1세대가 3년인 포유동물이라고 하면 약 1,000년에 1개가 바뀌는 셈이 된다. 여기에 비해 2년에 1회라는 값은 놀랄 만큼 높은 것이었다.

그래서 2년에 1회라는 변화가 생기는 경우에, 생물집단 속에서 어느 정도의 비율로 돌연변이가 일어나며, 어느 정도의 세기로 자연선택이 작용하고 있는지를 조사할 수밖에 없게 됐다. 그리고 그런 연구를 하게 되면서, 진화과정에서 새로운 돌연변이가 모두 자연선택에 의해 축적되어 왔다고 가정할 경우에 큰 모순이 생긴다는 사실을 알게 됐다. 그것은 몇만이라는 자손을 만들고 그중에 하나만 살아남는다는, 매우 강한 자연선택을 요구했기 때문이다. 그런 일은 물고기라면 모르지만, 포유류에서는 절대 일어날 수 없다.

그러나 기무라의 아이디어를 도입하면 문제가 또 달라진다. 모순이 완전히 해소된다. 즉, 자연선택뿐만 아니라 생존에 유리하지도 불리하지도 않은 중립의 돌연변이를 일으키는 유전자를 상정하고, 그것이 유전적 부동으로 집단 내에 퍼져 간다고 생각하면, 2년에 1회가 아니라 1년에 1회가 생긴다고 해도 모순이 없다. 그래서 '대부분의 분자 수준에서의 돌연변이는 중립이며, 우연에 의해 집단으로 퍼져서 집단의 성질이 된다'는 이론이 만들어지게 된 것이다.

1968년에 영국의 과학 잡지에 중립설이 개재됐는데, 발표자인 기무라 역시 신다윈설을 믿고 연구해온 학자라서 자신의 발견을 믿고 싶지 않아 했다. 그러나 이론적 필연으로서, 중립설을 주장하지 않을 수 없고, 그 발견을 감추는 것은 비양심적인 행위라고 여겼던 것 같다.

중립설에 의하면, 효소 단백질의 개체 차도 무리 없이 설명할 수 있다. 그와 같은 차이는 오히려 중립인 돌연변이를 만든 유전자가 우연히 집단 속에 100% 퍼져 나가지 않고, 집단 속에서 떠돌고 있는 상태라고 할 수 있다. 그 뒤 운이 좋으면 퍼져서 집단의 성질이 되지만, 운이 나쁘면 사라져 버린다.

중립설은 오랫동안 논란에 휩싸였지만, 분자생물학이 발전됨에 따라 그에 유리한 증거가 누적되기 시작했다. 분자생물학 분야에서 제시된 최초의 증거는, 분자에도 기능적으로 중요한 부분과 그렇지 않은 부분이 있으며, 중요한 부분의 진화는 느리지만 중요하지 않은 부분의 진화는 빠르다는 것이다. 예컨대 헤모글로빈의 알파 사슬이나 베타 사슬에서는 산소를 잡아넣는 부분(햄 포켓)에 닿는 곳의 진화는 느리지만, 헤모글로빈 분자의 표면으로 오는 곳의 진화는 빠르다.

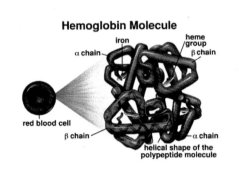

중요한 부분에서 일어나는 돌연변이는 생존에 관계가 깊으므로 자연선택에 중립이 되기 어렵고, 오히려 대부분은 유해해서 자연선택에 의해 제거되며, 그런 이유로 진화가 느리게 된다. 한편, 중요하지 않은 부분은 돌연변이가 일어나도 생존과는 별로 관계가 없으며, 대부분 중립이 되어 유전적 부동에 의해 진화가 빠르게 진행된다.

DNA 수준에서도 증거가 발견됐다. 하나의 아미노산을 결정하는 3개의 염기 배열(코돈)의 3번째 염기를 다른 염기로 바꾸어도, 대부분의 경우 대응하는 아미노산은 바뀌지 않는다. 그리고 이 3번째 염기는 진화도 빠르다.

그 밖에 고등 생물의 DNA는 그 대부분이 읽혀서 단백질이 만들어지는 것이 아니라, 번역되지 않은 부분(인코돈)이 있다는 사실도 최근에 밝혀졌다. 이 부분의 진화 역시 빠르다. 또 단백질을 만드는 기능을 갖지 않은, 이른바 죽은 유전자도 발견되었는데, 이 유전자의 진화도 마찬가지다. 코돈의 3번째 염기, 인코돈, 죽은 유전자에 생기는 돌연변이 등은 개체의 생존에 별 관계가 없으므로, 발생한 돌연변이 대부분이 중립이 되어 종(種) 속에 축적됐을 것이다.

중립설에 대해 어떤 시각을 갖든 자유지만, 그러나 이것 한 가지는 분명히 알고 있어야 한다. 분자 진화와 유전자 진화의 중립설이 유별나게 보이기는 하지만, 결코 자연선택을 부정하는 이론은 아니라는 사실이다.

생존에 불리한 돌연변이를 가진 개체가, 죽거나 자손을 남기지 않는 방법 등에 의해 집단에서 제거되는, 이른바 '음의 자연선택'은 분자나 유전자의 중요한 부분에 생기는 돌연변이에 관해서는 강하게 작용하고 있다. 따라서 이와 같은 부분의 진화는 느려진다.

그러나 생존에 유리한 돌연변이를 가진 개체가 많이 살아남아, 같은 유전자를 가진 다수의 자손을 남기는 이른바 '양의 자연선택'에는 대단히 드문 일이다. 오히려 약간 유해하든가 중립이었던 돌연변이가 환경의 변화에 의해 생존에 유리한 것이 되는 경우가 많을 것이다. 이처럼 중립인 돌연변이가 환경의 변화에 의해 생존에 유리해지거나 나빠지는 경우를 충분히 생각할 수 있다.

반대로, 생존에 유리하거나 불리한 돌연변이가 환경변화에 의해 중립이 되는 경우도 있을 것이다. 예를 들어, 인간이 불을 사용해 조리를 한 이후, 음식으로부터의 세균감염에 저항력을 보이는 유전자의 돌연변이가 중립이 되어 왔을 것이다. 또한, 현대의 항생물질 보급은 중립화에 크게 영향을 끼쳤을 것이다. 그리고 의학이 진보됨에 따라 예전이라면 제거될 돌연변이를 일으킨 개체가 도움을 받아 생존할 수도 있게 됐다. 인공적인 환경변화에 의해 불리한 돌연변이가 중립이 된 것이다. 물론, 이와 같은 중립화는 예견하지 못했던 문제를 파생시키기도 할 것이다. 그게 무엇이 될지는 현재로선 확실히 알 수 없지만 말이다.

다윈의 이론이 나온 이후, 표현 형질을 통한 진화의 연구는 오랫동안 생존에 유리한지 불리한지, 살아남는지 제거되는지, 극단적인 양자택일의 틀 속에서만 세계를 그려 왔다. 그러다가 표현 형질 토대의 단백질이나 유전자 수준의 연구가 가능해지는 수준이 된 다음에야, 중립이라는 더 자유로운 국면이 덧붙여지게 됐다.

고등 생물의 유전자에, 인트론, 죽은 유전자, 완전히 같은 유전자를 무한히 되풀이하는 중복 구조 등이 있다는 최근의 발견은, 생물 존재의 바탕이 되는 유전자의 세계가 절대로 필요한 것만으로 이루어진 것이 아니고 여유가 있음을 보여준다.

자유롭고 여유 있는 유전자 세계의 진화가 자연선택에 지배된 표현형질의 진화와 어떤 메커니즘으로 대응하고 있는지를 찾는 것이 앞으로의 중요한 연구테마가 될 것이다. 그것을 밝혀내게 되면, 마침내 진화를 유전자에서부터 생명계 전체까지를 종합적으로 말할 수 있는, 새로운 진화론을 구축할 수 있을 것이다.

마이크로 세계부터 메크로 세계를 아우르는, 그 진정한 진화론은 언제쯤 탄생하게 될까?

게놈 세계에서는 모두가 형제다

다윈 시대 이후로, 학자들은 생물의 진화에서 밝혀진 여러 사실을 인간에게 그대로 적용해도 무방한가에 대해 많은 고심을 해왔지만, 최첨단 기법인 게놈 연구를 통해 살펴본 결과, 인간도 다른 생물과 조상이 같다는 냉혹한 결론에 도달했다. 인간 게놈과 다른 유기체 게놈 사이의 유사성을 보여주는 데이터가 그 대표적인 증거다. 물론, 이 증거만 가지고 조상이 똑같다고 단정할 수는 없다. 창조론적 관점에서 보자면, 이 유사성이 신이 설계원리를 반복해 사용했다는 증거일 수도 있기 때문이다. 그러나 게놈에 관한 연구가 깊어질수록 그런 창조론적 해석은 받아들이기 힘든 것이 되어가고 있다.

첫 번째 예로, 상세한 수준까지 밝혀진 인간과 생쥐의 게놈을 비교해보자. 두 게놈은 전체적 크기가 거의 같고, 단백질을 합성하는 유전자 목록도 놀랄 정도로 비슷하다. 이 둘의 조상이 같다는 증거는 그 세부적인 부분을 살펴보면 더욱 명백히 드러난다. 이를테면, 인간과 생쥐 염색체에 있는 유전자 순서가 기나긴 DNA 가닥을 따라 계속 일치한다. 그러니까 인간 유전자가 A, B, C 순서로 나열되었다면, 생쥐도 비록 유전자 사이의 간격은 다소 차이가 날지언정 같은 자리에 유전자가 A, B, C로 나열되어 있다는 뜻이다. 어떤 경우에는 이런 관계가 상당히 길게까지 나타나기도 해서, 인간의 17번 염색체에 있는 사실상 모든 유전자가 생쥐의 1번 염색체에서 똑같이 나타난다. 설계자가 창조 행위를 수행하면서 그 순서를 여러 번 썼을 수도 있지 않겠느냐고 반문할 수도 있겠지만, 분자생물학의 시각으로 볼 때, 그처럼 긴 염색체 구간에서 그와 같은 제한적인 상황이 필요하다는 증거는 어디에서도 찾아볼 수 없다.

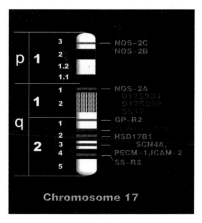

인간 17번 염색체

공통된 조상에 대한 더욱 설득력 있는 증거는 원시반복요소(ARE)로 알려진 유전자 요소 연구에서 나왔다. 이동 유전자에서 생긴 이 요소는, 게놈 곳곳에서 스스로 복제를 하고 게놈 안으로 끼어들기도 하지만, 생물의 기능에 어떤 영향도 미치지 않는다. 포유류의 게놈에는 이 반복요소가 곳곳에 흩어져 있고, 게놈의 약 45%가 이런 유전자 부스러기로 구성되어 있다. 그런데 인간과 생쥐 게놈을 비교하면서 나열하다 보면, 두 게놈의 거의 같은 자리에서 이 요소를 발견할 수 있다. 원시 반복요소가 한쪽에서 사라진 경우가 있긴 하지만, 상당수는 공통된 포유류 조상에서 나타나는 위치와 거의 일치하는 자리에 나타난다.

물론, 여기에 대해서도 이견을 제시할 수 있을 것이다. 창조자가 어떤 이유로 특정한 기능을 수행하라고 반복요소를 그곳에 두었을 수 있다고 말이다. 하지만 그런 이견을 백안시할 수밖에 없는 구체적인 증거가 있다.

이동 유전자는 전위과정에서 훼손될 때가 많다. 즉, 어떤 원시 반복요소는 과거에 인간과 생쥐 게놈에 삽입될 때 절단되는 바람에 제 기능을 완전히 잃은 것도 있다. 인간과 생쥐 게놈에서 동일한 위치에 있으면서 완전히 잘린 채 못 쓰게 된 원시 반복요소를 쉽게 발견할 수 있다는 말이다. 이 경우, 신이 무력해진 원시 반복요소를 적절한 자리에 배치해서 우리를 혼란케 할 이유는 없으므로, 인간과 생쥐는 조상이 같다는 결론을 내릴 수밖에 없다.

인간의 위상이 결코 특별하지 못하다는 증거는 진화를 나타내는 생명 계통도를 통해서 유연관계가 가장 가까운 침팬지와 비교해보면 더욱 분명해진다. 침팬지의 게놈 서열이 모두 밝혀지면서, 인간과 침팬지는 유전자의 96%가 동일하다는 사실이 드러났는데, 둘 사이를 염색체 중심으로 조사해보면 유연관계가 더 확실하게 나타난다.

염색체는 DNA 게놈이 가시적으로 발현된 형태로 세포분열 시 광학현미경으로 관찰할 수 있다. 각 염색체에는 유전자 수백 개가 들어있다. 인간은 염색체가 23쌍이지만 침팬지는 24쌍이다. 염색체 수가 불과 한 쌍이 차이 나는 것에 특별한 의미를 부여할 필요가 없는 듯하지만, 염색체 구조를 자세히 살펴보면 생각이 완전히 달라진다. 인간과 침팬지의 공통조상이 갖고 있던 염색체 2개가 서로 붙어서 인간 염색체 1개로 융합된 것으로 보이기 때문이다.

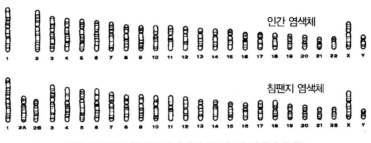

인간 염색체와 침팬지 염색체의 비교(2번 염색체 주목)

더구나 최근에는 인간게놈 서열이 완벽하게 밝혀지면서 이 같은 염색체 융합이 일어났을 법한 위치를 구체적으로 지목할 수도 있게 되었다. 길게 뻗은 2번 염색체 띠가 그곳이다.

전문적인 세부사항은 제쳐놓고 모든 영장류의 염색체 끝에 나타나는 이 특별한 서열만을 이야기해보자. 이 서열은 다른 곳에서는 좀처럼 나타나지 않는다. 단지 진화가 일어났을 법한 위치인 2번 염색체 중간에서만 나타난다. 우리가 유인원에서 진화해 오는 동안에 일어난 융합이 바로 이곳에 흔적을 남겨둔 것이다. 그리고 두 조상이 같다는 가정을 배제한다면 이 상황을 도저히 이해할 수 없게 된다.

'가짜 유전자'라 불리는 유전자를 관찰해보아도, 침팬지와 인간의 조상이 같다는 주장을 제기할 수밖에 없게 된다. 이 유전자들은 DNA 설계도에 나온 특성을 거의 모두 갖추었지만, 몇 가지 결함이 있어서 이 설계도에 나온 말을 엉터리 말로 바꿔버린다.

침팬지와 인간을 비교해 보면, 한쪽 종에서는 제 기능을 발휘하는데 다른 종에서는 그렇지 못한 유전자를 드물게 발견하게 된다. 해로운 돌연변이가 생겼기 때문이다. 예를 들어, 카스파제-12라고 알려진 인간 게놈은 여러 차례 심각한 타격을 받았다. 이 물질은 침팬지에서도 인간과 똑같은 자리에서 발견되지만, 침팬지의 경우에는 정상적으로 활동한다. 생쥐를 포함한 거의 모든 포유류도 마찬가지다. 만약 인간이 특별한 창조행위의 산물이라면, 신은 왜 제 기능을 발휘하지도 못하는 유전자를 이처럼 정확한 위치에 애써 삽입했는가?

이제 우리는 인간과 가장 가까운 종과 인간 사이의 구조적인 차이를 살피면서 그 기원을 설명할 수도 있게 됐다. 그 가운데는 우리를 인간으로 만드는 데 중요한 역할을 수행하는 것도 있다. 한 예로, 턱 근육 단백질을 합성하는 유전자(MYH16)가 인간의 경우에 돌연변이를 일으켜 가짜 유전자로 변했으리라 추측된다. 다른 영장류에서는 턱 근육 발달과 강화에 여전히 중요한 기능을 수행하는 유전자다. 인간의 턱 근육은 이 유전자가 활동을 하지 않아서 줄어든 것 같다. 유인원은 대개 우리보다 턱이 크고 강하다. 턱 근육을 지탱하는 역할은 두개골이

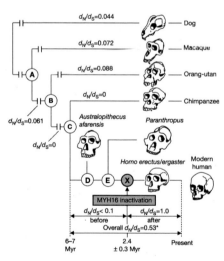

유전자 MYH16의 불활성화

했을 것인데, 턱이 작아지면서 역설적으로 우리 두개골은 위쪽으로 더 커졌고, 덕분에 우리 뇌도 더 커질 수 있었다고 생각해 볼 수 있다. 물론, 인간과 침팬지의 두드러진 차이 중 하나인 뇌 피질의 크기를 설명하려면, 이 외에 다른 유전자 변화가 더 필요할 것이다.

또 다른 예로, FOXP2라

불리는 유전자에 관한 것을 들 수 있다. 이 유전자가 언어발달에 영향을 끼친다는 사실이 세간에 알려지면서 학자들의 관심이 최근에 부쩍 높아지고 있는데, 연구의 발단은 3대째 심각한 언어장애를 겪는 어느 영국 가정의 사연에서 비롯됐다. 이 가족은 문법에 맞춰 단어를 변화시키거나, 구강과 안면과 후두 근육을 움직여 특정한 소리를 발음하는 데 큰 어려움을 겪는다고 했다. 그래서 이들의 유전자를 분석해본 결과, 놀랍게도 이 가족은 7번 염색체의 FOXP2 유전자의 DNA 문자 하나가 잘못돼 있다는 사실이 밝혀졌다. 유전자 하나에 생긴 아주 작은 결함이 눈에 띄는 다른 이상 없이, 이런 심각한 언어장애를 초래할 수 있다는 사실은 충격적이었다.

사실, 똑같은 FOXP2 유전자 서열이 거의 모든 포유동물에서는 놀라

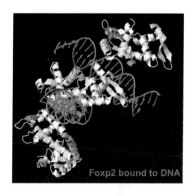

Foxp2 bound to DNA

울 정도로 안정되어 있지만, 유독 인간만은 예외여서 이 유전자의 암호 생성 지역에서 불과 10만 년 전에 중대한 변화가 일어났다. 이런 사실들을 근거로 FOXP2에서 일어난 최근의 변화가 인간의 언어 발달에 어느 정도 영향을 미쳤으리라고 가정해볼 수 있다.

이쯤에서 진화론자들은 환호성을 지르고 싶을 것이다. 진화의 마이크로코즘에는 신이 존재할 필요가 없다고. 그렇더라도 조금 자중할 필요는 있어 보인다. 회의론자들은 여전히 그것을 진화의 증거로 보고 있지 않기 때문이다.

침팬지와 인간의 유전자 서열을 비교하는 일은 무척 흥미롭지만, 그것이 인간에게 어떤 의미가 있는지는 말해주지 않는다. 또한, DNA 서열에 생물학적 기능에 관한 방대한 자료가 담겨있지만, 그 서열만으로

는 도덕법에 대한 지식이나 신을 찾는 보편적 행위와 같은 인간만의 특성을 충분히 설명할 수 없다. 그렇기에 아직은 샴페인을 터트려서는 안 된다.

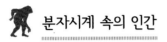

분자시계 속의 인간

분자시계를 통한 유인원과 인간의 분기 시점 추론이 학계의 엄청난 공격을 받자, 앨런 윌슨(Alan Wilson)은 화석과의 비교연구를 해보기로 작정하고, 고인류의 유골이 많이 발굴되고 있던 케냐로 갔다. 그는 두뇌, 습성의 진화, 언어의 기원 사이의 관계에 대해 초점을 맞춰 연구했지만, 진화연구에 있어 형태학적 접근법을 고수해서는 결코 진실을 알 수 없다는 사실만 절감했을 뿐 별다른 성과를 거두지 못했다.

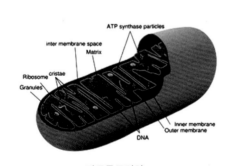

미토콘드리아

그는 모두가 공감할 수 있는, 과학적이고 합리적인 해결법에 대해 고민하다가 마침내 그 실마리를 찾아냈다. 바로 미토콘드리아 DNA(mtDNA)를 이용하는 방법이 그것이었다. 미토콘드리아에는 유전자를 암호화하는 37개의 염색체가 있는데, 거기에는 진화연구에 유용하게 쓰일 만한 몇 가지 특성이 있다. mtDNA는 그 수가 많고, 핵 DNA로부터 분리해서 분석하는 게 가능하며, 핵 DNA보다 빠른 속도로 돌연변이가 한다. 그렇기에 과거의 사건이 일어난 연대를 측정할 때, 비교 기준으로 삼을 시계 눈금의 수가 많다고 할 수 있다. 또한, mtDNA는 모계로만 유전되므로 정확하게 혈통을 추적할 수 있다.

윌슨은 mtDNA의 그러한 특성을 이용하여 현대 인류의 분화시기와 패턴을 연구하기로 했다. 그래서 레베카 캔, 마크 스톤킹과 함께 아시아인, 아프리카인, 백인, 호주 원주민, 뉴기니 원주민, 이 다섯 집단을 대표하는 사람 147명의 mtDNA를 조사해서 mtDNA에 다양한 서열이 존재하는지 알아보고, 집단 사이의 유사점과 차이점을 기준으로 삼아서 진화 계통도를 만들었다.

계통도 나무가 완성되자 큰 가지가 두 개 그려졌다. 하나는 아프리카인이었고 다른 하나는 아프리카인의 유전자가 일부 포함된 나머지 다섯 개 집단이 묶인 것이었다. 나무의 패턴이 이렇다면 결론은 자명하다. 현대 인류의 mtDNA는 아프리카에서 나와 거기에서부터 퍼져나간 것이 된다.

그런 사실을 확인한 윌슨 팀은 현대 인류의 나이를 찾기 시작했다. 그들은 사전 연구를 통해, 대부분의

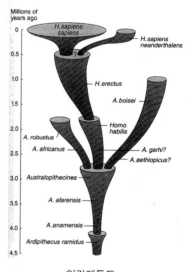

인간계통도

동물에서 mtDNA의 평균 분기 속도가 100만 년당 약 2~4%라는 것을 알고 있었다. 그들은 곧 공통조상 타입으로부터 얻은 모든 mtDNA의 분기 평균이 약 0.57%라는 사실을 알아냈다. 그렇다면 현재 남아있는 mtDNA 타입의 공통조상이 약 14만 년에서 29만 년 사이에 살았다는 뜻이 된다. 그들은 망설임 없이 연구결과를 발표했다. "계통도

와 관련 연대가 모두 화석 연구 결과와 일치한다. 원시인류가 호모사피엔스로 변한 것은 약 10만 년에서 14만 년 사이 아프리카였으며, 현존하는 모든 사람은 아프리카인의 후손이다." 그들은 다지역 기원 모델과 자신들의 연구 데이터가 부합되지 않다는 사실도 부연했다. 다지역 기원설이 옳다면, 측정한 인간 집단 간의 유전적 차이가 그렇게 작을 수는 없기 때문이다. 더구나 각 지역의 토종과 아프리카에서 이주해 간 호모사피엔스 사이에 혼혈이 있었다면, 아프리카인보다 아시아인에서 더 많은 종류의 mtDNA가 발견돼야 했다. 하지만 결과는 반대였다. 아프리카 집단이 다른 집단과 가장 달랐기에, 그것은 곧 그들이 현대의 인간집단 중 가장 오래된 사람들이라는 의미가 된다.

그들의 발표에 대해서 학계는 어떤 반응을 보였을까? 거의 벌집을 쑤셔놓은 수준이었다. 기존의 보수적인 학자들에게는 분자 데이터를 이용하는 기법 자체가 생소한 것이었다. 학계에서 통용되지 않은 방법을 쓴 것도 거부감이 드는데, 윌슨 팀은 학계에 알리기 전에 언론을 통해 자신들의 성과를 슬쩍 흘리기까지 했다. 그로 인해 대중들 사이에서 논란이 먼저 일어나게 했기에 학자답지 못한 행동을 했다고 여겼다.

그들이 어찌했든 간에 인간 mtDNA가 모계로 유전되는 것을 고려해보면 모든 인간의 여자 조상이 있다는 것은 부정할 수 없는 사실이 됐다. 윌슨이 '행운의 어머니'라 부른 여자의 mtDNA 혈통이 끝까지 살아남아 오늘날 모든 현대인의 mtDNA 타입으로 이어진 것이다. 언론에서는 그 행운의 어머니에게 '미토콘드리아 이브' 혹은 '이브'라는 이름을 붙였다.

그렇지만 당시의 언론사에서 대서특필한 이브의 정체에 대해서 분명히 짚고 넘어가야 할 것이 있다. 사실 당시의 윌슨은 자신의 연구결과에 확신을 가지고 있었고, 언론사 역시 그녀가 이브임을 의심하지 않았지만, 그녀는 그만한 명성을 얻을 만한 존재가 못되며, 실제로는 존재하지도 않았을 가상적 인물일 수 있음을 우리는 알고 있어야 한다.

미토콘드리아 이브라는 이름을 처음 사용한 것은 옥스퍼드 대학의 짐 웨 인스콧(Jim Wainscoat)이다. 그 미토콘드리아 이브가 현재 살고 있는 사람들의 모든 미토콘드리아 염색체가 유래된, 특정 미토콘드리아 염색체를 지니고 있는 것은 사실이다. 그러나 그녀는 성경에 나오는 이브(즉, 현재의 모든 사람의 궁극적인 조상)와 같은 존재는 결코 아니다. 이 점을 강조하는 것은 웨인스콧은 명칭으로 인해서 사실이 왜곡될 수도 있다는 염려 때문에 그것을 막기 위해서 상당한 주의를 기울였던 반면에, 그 이후의 과학자들 상당수는 그런 노력을 하지 않았고, 도리어 미토콘드리아 이브가 성경에 나오는 이브처럼 우리 모두의 유일한 조상이라고 반복해서 말해왔기 때문이다.

미토콘드리아 이브는 당시에 홀로 살고 있지 않았다. 그녀에게도 이웃들이 있었기에, 그녀뿐 아니라 그 이웃들도 많은 유전자를 우리에게 전해주었다. 그리고 그것의 대부분은 핵 염색체상에 있는 것이었으며, 미토콘드리아 염색체상에 있던 것은 극소수다. 그렇기에 그녀가 우리 종이 지닌 미토콘드리아 염색체의 궁극적인 기원이긴 하지만, 그녀는 엄청나게 많은 유전자를 전달하는 데에 아주 작은 기여만 했을 뿐이다.

우리는 이브가 특별한 존재가 아닐 수도 있다는 사실을 알고 있어야 한다. 이브가 우리의 모든 미토콘드리아 염색체의 조상을 지녔다는 사실은 미토콘드리아 염색체의 유전되는 방식에서 비롯된 하나의 통계적 사건에 불과하다. 그녀가 병목이 일어나던 시기와 같이 특별한 시대에 살았을지도 모르지만 그랬을 가능성은 희박하다. 따라서 현재로서는 이브가 살던 시기를 확실하게 결정할 수 없고, 추정할 수 있을 뿐이다.

대부분의 계산결과는 그 시기를 남아프리카와 중동에서 초기의 현대 인류가 출현하던 무렵인 10만 년 전에서 20만 년 전 사이로 나타난다. 그러나 계산의 바탕이 되는 가정들에 약간의 변화만 가해도 그 숫자는 요동친다. 현재 대중들에게 제시된 이브 나이는 추정되는 여러 나이의 중앙값이다. 즉, 가장 가능성이 높은 나이일 뿐이다.

아무튼, 그녀의 정체가 어떠하든, mtDNA 관련 기사가 처음 전파되었을 때는 그녀의 나이보다도 인류의 어머니가 에덴이 아닌 다른 곳에 실존했으며, 그곳이 아프리카라는 사실에 이목이 더 집중되었다. 기사가 보도된 직후, 각계각층의 관심과 함께 분노도 들끓었다. 종교단체는 말할 것도 없고, 자신의 뿌리가 미개한 아프리카에 있다는 사실을 탐탁하지 않게 여기는 사람들도 분노를 참아내지 못했다. 또한, 윌슨의 결론을 거부하는 과학자들의 수도 적지 않았다. 그들은 실험대상이 된 사람들의 개체 수가 충분했는지, 충분한 DNA 서열 데이터를 얻었는지, 그러한 결과를 얻기까지 최적의 통계 방법이 쓰였는지 등에 관해 의문을 제기했다. 울포프는 '아프리카 기원설'에 철저히 반대하며, 뜻이 같은 동료들과 조직을 결성하여 미토콘드리아 이브의 약점을 밝혀내겠다고 결의했다.

하지만 윌슨은 어떤 비난에도 굴하지 않았다. 조사방식이나 분석과정에 문제가 있었을 가능성은 없다며 묵묵히 데이터를 축적하는 일을 계속 할 뿐이었다. 물론, 윌슨의 주장이 모든 고생물학자들의 반발을 산 건 아니었다. 그래서 결국, 그에 관한 논쟁은 양극단을 축으로 하여 학자들을 가로로 길게 늘어서게 했다. 화석이나 유전자냐, 어느 것을 더 믿을 것인가를 두고 양극화됐던 과거의 역사가 다시 반복되었고, 궁극적인 고민은 또다시 제기되었다. 무엇이 이 논란에 종지부를 찍을 것인가? 더 많은 화석인가, 아니면 더 많은 유전자인가?

그런데 혹시, 화석 자체에서 유전자를 축출해 낼 수는 없을까? 만약 그럴 수 있다면, 화석과 유전자를 각각 중시하는 학자들 사이에 대통합이 일어날 수 있다. 연부와 달리 뼛속의 유전자는 오래 살아남는다. 너무 오래되긴 했지만, 유골에 유전자가 남아 있을 수도 있지 않을까?

사실, 그 궁극적인 방식은 이브가 등장하기 전에 윌슨이 이미 시도하고 있었다. 화석과 DNA를 통한 두 가지 접근 방식을 모두 수용하는 것은, 윌슨의 최종 꿈이었고, 그 실험의 핵심은 '화석에서 DNA를 직접 채취하기'였다. SF에나 어울릴

쿠아가(quagga)는 남아프리카의 초원에 서식하던, 몸에 반만 줄무늬가 있는 얼룩말의 일종으로, 1872년에 인간의 사냥으로 절멸하였다

아이디어인데 윌슨이 과연 성공했을까? 성공했다. 박물관에 보존된 표본 조각으로, 정말 실험 삼아 실험을 했는데, 거짓말처럼 성공을 거두었다. 1883년에 멸종한 쿠아가의 표본에서 얻은 두 개의 유전자로부터 mtDNA를 추출해낸 것이다. 이를 통해 쿠아가와 얼룩말이 둘로 갈라진 것이 몇백만 년 전이라는 사실을 알아냈다.

그런데 윌슨은 모르고 있었지만, 당시 웁살라 대학에서 박사 과정을 밟고 있던 학생 한 명도 그와 유사한 생각을 하고 있었다. 훗날 막스플랑크 진화인류학 연구센터를 이끌면서, 인간 진화에 관한 결정적인 연구를 수행해나갈 스반테 파보가 바로 그였다.

당시의 그는 이집트 여행을 한 뒤로 고대역사에 푹 빠져서 이집트학을 전공하려고 웁살라 대학에 들어간 학생이었다. 하지만 피라미드와 미라를 찾아다니는 대신에 이집트어의 문법을 공부하는 데 대부분의 시간을 보내는 교육과정에 매우 실망했다. 그래서 분자 면역학으로 전

공을 바꿨는데, DNA 추출과 복제기법에 대해서 배우던 중에 그 기법을 미라에게 적용해봐야겠다는 아이디어를 떠올리게 됐다.

스반테 파보 독일 막스플랑크 진화인류학 연구소장. 아프리카에서 이주해온 현생인류가 유럽과 아시아에서 네안데르탈인과 이종교배했음을 최근에 밝혀냈다. 현생인류의 유전자의 1~4%는 인류와 가장 가까웠던 30,000년 전에 멸종한 네안데르탈인의 유전자라는 사실이 그의 팀에 의해 밝혀졌다

그래서 총 스물세 구의 미라에서 DNA를 추출해냈다. 그런데 파보가 그 내용을 논문으로 정리하기 시작할 무렵, 월슨의 쿠아가 논문이 『네이처』에 실렸다. 파보는 실망을 감추고, 월슨에 대한 존경의 표시로 미라에 관한 논문 한 부를 보냈다. 그리고 그것이 인연이 되어 파보가 월슨의 연구실에 합류하게 됐다.

월슨의 성(城)은 진취적인 학자들에게는 아주 이상적인 곳이었다. 다양한 아이디어가 자유롭게 제시될 수 있는 토양과 풍부한 연구 기재 그리고 막대한 재정적 후원이 보장되어 있었다. 파보가 그곳에 와서 참여하게 된 첫 번째 프로젝트는 폴리메라아제 연쇄반응법(PCR)이라는 기법 개발이었다. 그 기법을 이용하면 많은 양의 DNA를 손쉽게 얻을 수 있어서, 개체나 종 사이에서 일어날 수 있는 다양한 변화를 빠르게 분석할 수 있다. 파보는 동료들과 함께 그 기법을 개발해냈다.

그 기법에 대해 간단히 살펴보자. 우선 복제하고자 하는 DNA를 튜브 안에 넣고 섭씨 100도까지 가열한다. 그러면 A, T, C, G의 결합이 끊어지면서 DNA는 센스 사슬과 안티센스 사슬로 나누어진다. 그 후 섭씨 50도 정도까지 내렸다가 다시 서서히 72도까지 가열한다. 튜브 안에는 폴리머라제라 불리는 효소와 프라이머(primer, 짧은 한 가닥의 DNA 사슬) 그리고 A, T, C, G, 네 문자로 된 충분한 양의 뉴클레오티드가 들어있다.

폴리머라제는 센스 사슬의 한쪽 끝에 붙어 프라이머의 도움을 받으면서 센스 사슬을 거푸집 삼아서 DNA 사슬을 뽑아낸다. 그리고 이와 똑같은 작업이 안티센스 사슬에서도 일어난다. 이 과정을 거치면 DNA는 두 배로 늘어난다. 그러면 이 시점에서 튜브를 다시 100도로 가열한다. 그렇게 하면 DNA는 각각 센스 사슬과 안티센스 사슬로 나뉘고, 다시 처음처럼 온도를 변화시키면, 폴리머라제에 의한 합성 반응이 다시 일어난다. 그러면 이제 DNA 양이 네 배가 된다.

그리고 이와 똑같은 사이클이 반복된다. 한 사이클에 걸리는 시간은 단 몇 분이기에, 두 시간 후면 DNA 수는 무려 10억 배를 돌파하게 된다. PCR 기계는 온도를 올렸다 내렸다 하는 단순한 장치에 불과해 보이지만, 그 튜브 안에서는 아주 중요한 일이 일어난다.

이 기술의 핵심은 100도로 가열해도 효소가 활성을 잃지 않게 하려고 폴리머라제를 사용하는 것이다. 이것은 해저화산 근처의 토양에서 채취한, 100도의 열에도 성질이 변하지 않는 호열세균(好熱細菌)에서 추출한 것이고, 최적 반응온도는 72도다.

이 기계는 단순히 DNA를 복제하는 것이 아니라, 뒤죽박죽 섞여 있는 DNA 안에서 특정한 일부만을 선택하여 증폭시킬 수도 있기 때문에, 과학자들의 이목을 단번에 잡아당겼고, 결과적으로 PCR 기법은 분자진화생물학의 핵심수단이 됐다.

그것은 DNA가 극소량만 함유돼 있거나 변질되어 있는 고대 조직으로부터 DNA를 얻는 데 이상적인 방법이었다. 파보는 그 기법을 이용해서, 7,000년 된 미라의 뼈와 태즈메이니아 늑대에서 얻은 mtDNA를 증폭해냈다. 그 후에는 윌슨과 공동 연구를 통해, 뉴질랜드 키위새와 멸종한 모아새를 포함해서, 날지 못하는 다른 새 사이의 관계를 조사하기 시작했다. 하지만 그 연구가 채 완성되기 전에 윌슨이 백혈병으로 세상을 떠나게 되면서, 고대 DNA 연구라는 과제는 본인의 의도와는 무관하게 그가 주도할 수밖에 없게 됐다.

소속된 분야의 수장이 되자, 성과에 대한 의무감도 커졌다. 파보는 뭔가 야심 찬 프로젝트를 세워야 한다는 압박감은 느꼈지만, 마땅한 아이디어가 떠오르지 않아 고민했다. 그러던 중에 박사학위를 준비 중이던 크링스(Matthias Krings)가 아주 야심 찬 제안을 해왔다. 당시의 최대 난제이자 모든 고생물학자가 가장 궁금해하는, 네안데르탈인과 현대인 사이의 관계를 가려내보자는 것이었다. 크링스는 네안데르탈인의 뼈로부터 손상되지 않은 DNA를 얻어 그 배열을 알아내는 것이 가능할 거라고 생각하고 있었다.

네안데르탈인

우리의 조상일 수도 있는 그 주인공은 1856년에 네안데르 계곡의 펠트호퍼 동굴(Feldhofer Cave)에서 채석장 인부들에 의해 발견되었다. 3만 년 동안 얼음같이 차가운 진흙 속에 묻혀 있던 그 유골은 박물관의 전시실로 옮겨져 보관돼 있는 상태였다. 프로젝트를 결행하기로 작심한 크링스와 파보는 라인란트 박물관으로 시선을 돌렸다.

그들은 박물관장을 찾아가 네안데르탈인 뼈 표본을 달라고 졸랐다. 그러나 관장의 입장에서는 도저히 허락해줄 수 없는 일이었다. 그 뼈를 잠시 보겠다는 것이 아니라, DNA를 추출할 수 있도록 조각을 잘라달라는 것이었기 때문이다. 그러나 끈질긴 요청에 항복하고 말았고, 크링스와 파보는 그들이 원하던 것을 얻어냈다. 위팔뼈에서 잘라낸 0.5인치 크기의 뼛조각이었다. 만약 그들이 거기에서 4만 2,000년 된 DNA

를 추출해서 그 서열을 알아낼 수 있게 되면 여러 논란을 일거에 잠재울 수 있게 된다.

네안데르탈인 뼈는 그 발견자, 박물관 관계자, 그들 외에도 수많은 사람의 손을 거쳤기 때문에 현대 인간의 DNA로 오염됐을 가능성이 매우 높았다. PCR 기법을 써야 하므로 그것은 심각한 장애물이었다. 또한, 정말 중요한 실험임에도 첫 번째 실험에서 성공을 거두지 못할 경우에 두 번째 기회 같은 것은 바랄 수 없는 상황이었다. 반복해서 뼈를 잘라대기에는 화석 자체가 너무 귀했기 때문이다.

실무를 주도한 크링스는 오염 가능성을 최소화하는 데 필요한 모든 조치를 취했다. 실험실에 들어갈 때마다 보호 장비를 갖춰 입었고 실험 도구들은 모두 소독했다. 또한, 채취한 표본은 무균 튜브에 넣어 보관했고, 모든 DNA 연구를 오염 방지장치가 갖춰진 특별 실험실에서 수행했다.

실험 팀은 뼛조각을 가루로 만들고 여러 용액을 이용해서 소량의 DNA를 추출해냈다. 그런 다음에 PCR 기법을 써서 mtDNA를 증폭시켰다. 그리고 마침내 DNA의 염기 배열을 확인할 순간이 도래했다. 두근거리는 가슴을 다독거리며 실험 결과를 들여다본 순간, 크링스는 네안데르탈인의 염기서열이 현대 인간과 너무 다르다는 것을 한눈에 알아봤다. 비교분석이 불필요한 정도로 확연히 달랐다. 예상과는 너무도 다른 결과였기에 연구소장인 파보도 연구결과 발표를 보류했다.

뭔가 새로운 결단을 내려야 한다고 여긴 파보는 실험과정 전체를 한번 더 반복하기로 했다. 자신의 연구소가 아니라 완전히 다른 실험실에서, 그리고 크링스가 아닌 다른 학자의 주도 아래서 말이다.

파보는 과거에 팀 동료였고, 당시 펜실베이니아 주립대학교의 실험실에 있던 마크 스톤킹에게 표본을 보냈다. 그렇지만 스톤킹 역시 크링스와 같은 연구결과를 보고해왔다. 결국, 그들의 실험결과에 의하면, 네안데르탈인이 현대인류에게 mtDNA를 기여한 증거가 전혀 없다.

또한, 네안데르탈인의 서열이 다른 인종에 비해 유럽인과 유전적으로 더 밀접한 관계를 보이지도 않았다. 그것은 곧 현대인이 여러 인종으로 나뉘기 전에 이미 네안데르탈인과 현대인이 분리됐다는 뜻이 된다. 네안데르탈인과 현대인의 염기서열은 전체 378개 부위 중 평균 27개 부위에서 차이를 보였다. 현재의 인종집단 사이에 평균 8개 부위 정도의 차이가 나타나니까, 그건 비교조차 할 수 없는 큰 차이였다.

파보는 약 55만 년에서 69만 년 전 사이에 네안데르탈인과 호모사피엔스의 mtDNA가 분기됐을 것이라고 결론을 내렸다. 연구결과에 대한 언론의 반응은 뜨거웠는데, 파보의 스승인 윌슨이 분자시계 데이터를 제시할 때와는 비교할 수 없을 정도로 호평 일색이었다. 분자시계를 바라보는 시선이 그만큼 긍정적으로 변해 있었던 것이다.

그러나 펠트호퍼 표본은 하나의 샘플에 지나지 않았고, 그것이 모든 네안데르탈인을 대표하지 않을 수도 있다는 가능성이 여전히 남아 있었다. 그러므로 더 많은 DNA 서열과 다양한 표본을 손에 넣어, 실험결과를 재차 확인하는 것이 무엇보다도 중요했다.

파보의 팀은 미비점을 해소하기 위해 노력했다. 펠트호퍼 표본에서 얻을 수 있는 DNA 서열의 양을 늘렸으며, 크로아티아, 러시아, 벨기에, 프랑스에서 발견된 다른 네안데르탈인 표본도 구했다. 그렇게 해서 실험했는데도 다른 결과는 나오지 않았다. 새로 얻은 샘플들도 모두 비슷한 mtDNA 서열을 보였으며, 모두가 현대인의 mtDNA와 달랐다.

하지만 그렇다고 해도 모든 문제가 정리된 것은 아니었다. 그러한 결과가, 네안데르탈인과 호모사피엔스 사이의 혼혈 가능성이나 네안데르탈인이 현대인의 유전자에 기여했을 가능성을 모두 배제하지는 못하기 때문이다. 그 이유는 mtDNA의 특성과 관련이 있다.

mtDNA는 모계 유전되기 때문에 네안데르탈인 여자와 현대인 남자 사이에 교배가 있었을 경우에만 진위를 확인할 수 있다. 또한, 하나의 종 전체가 멸종되지 않더라도 특정 mtDNA의 혈통이 사라질 가능성은 얼마든지 있다. 그러므로 실험에 이용된 일부 네안데르탈인에게 현대인 후손이 없다고 해도 다른 네안데르탈인에게 현대인 후손이 있을 가능성은 여전히 존재한다.

그 사실 여부를 확인하기 위해서는, 네안데르탈인과 호모사피엔스가 교배했을 가능성을 찾고, mtDNA가 멸종했을 가능성이 있는 시기의 범위를 최대한 좁혀 살펴봐야 한다. 그러자면 네안데르탈인이 존재했던 시기와 최대한 가까운 때에 유럽에 살았던 초기 현대인의 DNA를 조사해야 한다. 파보는 약 23,000~25,000년 전의 크로마뇽인 샘플을 포함한 다섯 점의 초기 현대 인류 표본으로부터 DNA를 추출했다. 그래서 초기 호모사피엔스 표본에 네안데르탈인의 mtDNA 흔적이 없는 것을 재차 확인했다.

이로써 네안데르탈인의 유전자가 현대 인간과 섞이지 않았다는, 추가적인 증거가 더 생겼지만, 유전과 진화에 대해 확정적인 결론을 내리기에는 mtDNA 조사만으로는 여전히 부족했다. 신체기능과 해부학적 구조를 전반적으로 통제하는 유전자는 mtDNA가 아닌 핵 DNA에 자리 잡고 있기 때문이다.

크로마뇽인

그렇지만 mtDNA가 세포 당 100~1만 개나 있으나, 핵 DNA는 두 개밖에 없고, 고대 DNA는 사슬이 매우 짧게 축소되어 있기 때문에, 네안데르탈인 표본에서 핵 DNA 서열을 얻어낼 가능성은 희박해 보였다.

그러나 다행스럽게도 유전적 기법을 원하는 의학계의 요구에 부응해서, DNA 연구가 눈부신 발전을 이룩했고, 그 덕분에 네안데르탈인의 핵 DNA를 살펴보는 것은 물론이고, 30억 쌍에 이르는 DNA 염기, 게놈 전체를 얻을 수도 있게 됐다. 독일의 막스 플랑크 진화인류학 연구소 내부에 있는 파보의 팀과 미국 게놈 연구소 소속의 에디 루빈이 이끄는 팀이, 네안데르탈인 게놈 프로젝트라는 새로운 모험을 감행하여, 2006년에 최초로 핵 DNA 서열을 확인했는데, 그 결과는 파보 팀이 mtDNA 분석을 통해 얻은 결과와 거의 일치했다.

그들이 최종적으로 손에 얻은 것은 대략 6만 5,000개의 염기쌍이었다. 그 염기서열을 분석해본 결과, 그들은 네안데르탈인과 호모사피엔스가 분기한 것이 수십만 년 전이고, 네안데르탈인이 현대인의 유전자에 기여한 증거가 없다는 사실이 다시 확인되었다. 그렇다면, 우리가 네안데르탈인의 후손이 아닌 게 확실하다면 과연 현대인의 뿌리는 어디에 있는가?

각종 화석자료, DNA, 문화적 기록을 통해 현대인과 네안데르탈인의 역사에 관한 연대표가 그려졌다. 그 연대표를 보면 네안데르탈인과 호모사피엔스가 공통으로 가졌던 가장 최근의 조상은 약 70만 년 전에 나타났고, 두 집단은 초기 호모사피엔스의 첫 등장보다 한참 앞선 30만~40만 년 사이에 갈라졌음을 알 수 있다.

네안데르탈인은 30만 년 이상의 기간에 유럽에 퍼져 살고 있었으며, 그들이 아시아 서부에 도달한 것은 15만 년 전이었다. 그리고 현대 인류는 약 6만 년 전에 아프리카에서 나와 약 4만 년 전 아시아와 호주 그리고 유럽 일부 지역에 도달했다. 5만 년 전에 유럽과 아시아에 살았던 인간은 네안데르탈인이었지만, 3만 년 전쯤에는 호모사피엔스로 바뀌었다. 그리고 남부 유럽에서 명맥만 유지하던 네안데르탈인은 28,000년 전쯤에 완전히 자취를 감췄다.

네안데르탈인은 왜 사라지게 됐을까? 그 이유를 설명하기 위한 여러 가지 가설이 제기됐다. 그중에 가장 자극적인 것은 우리 조상인 호모사피엔스가 폭력으로 그들을 쓸어버렸다는 설이고, 그 밖에도 새롭게 등장한 호모사피엔스가 어떤 질병을 가져와 네안데르탈인에게 감염시켰다는 설, 호모사피엔스보다 여러 면에서 열등했던 네안데르탈인이 한정된 자원에서 필요량을 확보하는 데 실패해서 자멸했다는 설, 불을 사용하지 않은 채 음식을 해 먹은 것이 멸종의 주요 원인이라는 설등이 있다. 이 중에 마지막 주장은 보스턴 대학교와 영국 배스 대학교의 합동 연구진이 한 것인데, 일반적으로 불을 이용해 식재료를 조리할 경우에 음식을 통해 얻을 수 있는 칼로리가 높아지는데, 네안데르탈인이 불을 이용해 음식을 가공할 줄 몰라서, 식량 수확이 적은 시기에 살아남을 수 없었다는 뜻이다.

아무튼, 네안데르탈인에게 어떤 일이 벌어졌는지는 확실히 알 수 없지만, 현재는 그들이 지구상에 존재하지 않고, 현재의 지구는 3만 년 전쯤부터 호모사피엔스가 주인 노릇을 하고 있다.

그런데 정말 이렇게 정리된 역사가 사실일까? 사실이다. 적어도 아직은 상기한 내용이 학계 내부에서 정설로 인정받고 있다. 하지만 아주 최근에 이 중의 일부, 그러니까 네안데르탈인이 결코 현대인의 조상이 될 수 없다는 부분에 작은 균열이 생기기 시작하면서, 그 균열이 주류 학설을 조금씩 흔들고 있다. 과학기술이 급속히 발전하면서 전에는 미처 보지 못했던 것들을 볼 수 있게 됐기 때문이다.

그런데 그 견고해 보이던 정설에 첫 균열을 내어 복잡한 양상을 만들어내고 있는 인물 역시 스반테 파보다. 그가 확신에 찬 모습으로 내세웠던 주류 학설을 스스로 파기하고 나선 것은 확실히 아이러니하다.

하지만 그가 나서지 않았더라도, 주류학설이 그대로 유지되지는 못했을 것 같다. 새로운 고인류 화석이 계속 발견되고 있을 뿐 아니라, 정밀한 유전체 분석기법들이 지속적으로 개발되고 있어 전에는 알지 못했던 지식이 축적되고 있기 때문이다.

현재 우리가 가지고 있는 고인류 화석은 3가지다. 그 하나는 이미 널리 알려진 네안데르탈인의 화석이며, 나머지는 시베리아 지역의 데니소바인 화석과 남아프리카 지역의 세디바인 화석이다. 그중에 파보가 집중적으로 연구하던 화석은 네안데르탈인의 것인데, 2010년 5월 과학저널 『사이언스』에 갑자기 주류 학설을 뒤집는, 충격적인 연구결과를 발표했다. 그 내용은 네안데르탈인과 현생인류 사이에 이종교배가 있었던 것으로 추정되며, 그 흔적이 현생인류의 게놈에 남아 있다는 것이었다. 얼마 전까지만 해도 두 종 사이의 어떤 연관성도 없다고 호언했던 그를 스스로 부정할 수밖에 없게 만든 건 도대체 어떤 증거들이었을까?

파보는 연구 중에 오늘날의 비(非)아프리카인 게놈 중의 1~4%가 네안데르탈인의 게놈에서 왔다는 결론을 얻게 됐다고 밝혔다. 이는 현생인류가 아프리카에서 나온 이후에, 그리고 유럽인과 아시아인으로 갈라지기 이전에, 네안데르탈인과 이종교배를 했을 가능성을 보여주는 결정적인 증거라고 할 수 있다. 그래서 그는 자신의 과거 주장을 번복할 수밖에 없게 된 것이다. 이에 관한 그의 연구 초록을 간추리면 이렇다.

네안데르탈인의 DNA 물질은 이 뼛조각 화석들에서 추출됐다.

"현재의 인류 종에 가장 가까운 진화 관계에 있던 네안데르탈인은 3만 년 전 사라지기 전까지 유럽과 서아시아의 넓은 지역에 살았다. 우리는 3개체에서 나온, 40억 개 이상 염기로 이뤄진 네안데르탈인 게놈의 염기서열 분석 초안을 제시한다. 이 게놈을 오늘날 세계의 5개 지역에 떨어져 살고 있는 현대인 5명의 게놈과 비교하여, 현생인류 조상에서 적극적 선택의 영향을 받았을 것으로 보이는, 많은 게놈 영역들을 찾아냈다. 거기에는 대사, 인지 발달, 두개골 발달과 관련된 유전자들도 포함돼 있다. 우리 연구팀은 네안데르탈인이 사하라 이남 아프리카의 현존 인류보다는 유라시아의 현존 인류와 더 많은 유전적 변이를 공유하고 있다고 본다. 이는 네안데르탈인에서 비아프리카인 조상으로 향한 유전자 유입이 유라시아인 집단이 분화하기 이전에 일어났음을 보여준다."

파보는 네안데르탈인에 관한 연구뿐 아니라 데니소바인(hominid Denisovans)에 관한 연구결과도 내놓았다. 파보가 이끄는 독일, 러시아, 미국 공동 연구팀은, 지난 2008년 시베리아 남부 알타이산맥의 데니소바 동굴에서 발견된 고인류의 손가락뼈와 어금니 화석에서 미량의 게놈을 추출해 분석하고, 이를 현생인류의 게놈과 비교하여 얻어낸 결론을 2010년 12월에 『네이처』에 발표했다.

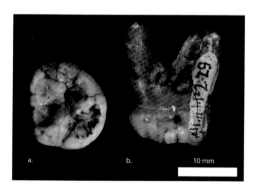

데니소바인의 게놈 분석은 손가락뼈와 어금니(위 사진)에서 추출한 것을 이용해 이뤄졌다

데니소바인의 게놈을 네안데르탈인의 게놈, 현존 인류의 게놈과 비교하여 데니소바인이 네안데르탈인이나 현생 인류가 아닌, 제3의 고인류 종일 가능성이

있다는 결론을 얻게 됐다고 한다. 데니소바인에 대한 새로운 증거는 고인류의 생물학적 다양성이 지금껏 알려진 것보다 훨씬 컸을 가능성을 보여주는 것이기도 하다.

비교연구에 쓰인 현생인류의 게놈은 남아프리카인, 나이지리아인, 프랑스인, 중국인, 그리고 파푸아 뉴기니인의 것인데, 분석 결과 데니소바인의 게놈 일부가 현생인류의 게놈에 흘러들어왔을 가능성이 나타났다. 특히 파푸아 뉴기니인의 게놈에서는 데니소바인의 고유한 DNA가 4.8%나 발견되었다.

이에 따라 데니소바인은 네안데르탈인의 이주 시기와 비슷하게 대략 50만 년 전 아프리카에서 나와 퍼졌으며, 네안데르탈인이 서쪽으로 이주해 유럽과 서아시아 지역을 중심으로 퍼진 데 비해서, 데니소바인은 동쪽인 아시아 쪽으로 이주했을 것으로 추정되고 있다. 이에 관한 연구 초록을 간추리면 이렇다. "시베리아 남부 데니소바 동굴에서 발견된 손가락뼈에서 추출한 DNA를 추출해, 우리는 원시 사람과(科)의 게놈 염기서열을 1.9배수로 해독했다. 이 개체는 네안데르탈인과는 공통의 기원을 지닌 집단에 속해 있다. 이 인구집단은 네안데르탈인에서 유라시아인으로 흘러들어 갔을 것으로 보이는 유전자 흐름과는 관련이 없었지만, 이번에 분석한 데이터는 이 인구집단의 유전물질 4~6%가 오늘날 멜라네시아인에게 전해졌을 가능성을 보여준다. 우리는 이 사람과(科)의 인구집단에 '데니소바인(Denisovans)'이라는 이름을 붙였으며, 그들이 홍적세(Pleistocene epoch, 200만 년 전~1만 년 전) 후기에 아시아에 널리 퍼져 있었을 것으로 추정한다. 데니소바 동굴에서 발견된 이빨에는 손가락뼈의 것과 매우 흡사한 미토콘드리아 게놈이 들어 있다. 이 이빨은 네안데르탈인이나 현생인류와 비교할 때에 파생된 형태의 특징을 지니고 있지 않으며, 더 나아가 데니소바인은 네안데르탈인과 현생인류와는 다른 진화의 역사를 지니고 있음을 보여준다."

이제 마지막으로 세디바인(Australopithecus sediba)의 화석에 대한 얘기를 해보자. 세디바인 화석은 2008년 8월 남아프리카 말라파(Malapa) 지역의 동굴에서 처음 발견됐는데, 10대 소년과 30대 여성의 것으로 보이는 머리, 손, 발, 골반 뼈들이었다. 이 화석을 발견하고 분석한 남아공 비트바테르스란트 대학의 리 버거(Lee Berger) 교수 연구팀은, 최근 과학저널『사이언스』에, 오스트랄로피테쿠스의 특징과 인간의 특징을 동시에 간직하고 있는 이 화석의 주인공이 두 속을 잇는 진화의 연결고리일 가능성이 높다는, 다섯 편의 논문을 한꺼번에 발표했다.

이런 결과의 주요 근거는 다음과 같은 것이었다. "머리 화석을 통해 추정되는 세디바인의 뇌 용량은 오스트랄로피테쿠스나 침팬지와 비슷하게 아주 작은 420㎤ 정도로 추정되나, 인지능력과 깊은 관련이 있는 뇌의 전두엽 부위가 인간 종과 비슷하게 확장되고 있는 흔적이 있다. 또한, 다리뼈와 복사뼈로 볼 때에 세디바는 직립했을 것

오스트랄로피테쿠스 세디바의 두개골 화석.

으로 추정되며, 복사뼈는 인간의 것과 매우 비슷한 꼴을 갖췄으나, 반면에 발과 정강이뼈는 침팬지와 비슷한 꼴을 지닌 것으로 여겨진다. 머리는 크지 않은데도 골반 뼈는 인간의 것과 비슷하게 비교적 큰 것으로 조사돼, 뇌 용량이 커지면서 뒤이어 골반 뼈가 커졌다는 기존 학설에 의문을 제기하는 증거로 해석할 수 있다. 세디바인은 두 발로 걸을 수 있었지만 주로 나무 위에서 살았을 것으로 추정된다." 아울러 버거 교수는 세디바인이 호모 에렉투스의 직접 조상이거나 오스트랄로피테

쿠스의 후기 종일 가능성이 크다는 의견을 제시했다.

"인류(호모) 이전 200만 년 전에 생존했던 속(genus)인 오스트랄로피테쿠스에서 인간 조상이 갈라져 나온 변화과정은 수수께끼로 남아 있었다. 이런 변화과정 무렵에 존재했던 주요한 화석이 남아공 동물에서 발견된 몇 개의 표본들로 대표되는 오스트랄로피테쿠스 세디바이다. 『사이언스』에 실린 5편의 보고서는 세디바 화석의 주요 특징들을 논하는 것이다. 여기에는 비슷한 다른 호미니드 유물들에서는 잘 보존되지 않은 일부 특징도 포함돼 있다. 피커링(Pickering) 등의 논문은 화석의 연대가 200만 년이 조금 안 된다는 점을 보여준다. 키바이(Kibii) 등의 논문은 세디바의 뇌 용량은 작았는데도 세디바의 골반구조가 당시에 이미 인간의 것과 유사한 쪽으로 진화하기 시작했음을 보여준다고 주장한다. 칼슨(Carlson) 등의 논문은 세디바의 뇌가 크지는 않았지만, 현생인류의 뇌 모양 쪽으로 점차 진화하고 있음을 보여주는 두개골의 뇌 흔적 형상을 설명한다. 키벨(Kivell) 등의 논문과 지펠(Zipfel) 등의 논문은 손, 발, 복사뼈의 해부학적 특징을 서술하는데, 이는 세디바가 여전히 나무들 사이에서 이동하며 살았을 가능성을 보여준다."

하지만 학계에서는 버거의 연구결과에 적극적인 동조는 표시하지 않고 있다. 미국의 한 신경해부학자는 "두개골 안쪽에 나 있는 뇌의 압박 흔적을 오스트랄로피테쿠스 속 다른 종들의 것과 비교해봐야 세디바의 뇌 형상이 인류와 닮았다는 점을 받아들일 수 있겠다."는 반응을 보였고, 다른 고고인류학자는 "세디바가 인류로 이어진 조상인지, 인류의 특징을 일부 지니다가 멸종한 종일뿐인지 판단하는 데에 어려움이 있다."라고 말했다.

그렇지만 분명한 건, 현생인류와는 직접적인 관계가 없어 보인다는 사실이다. 앞으로 후속 연구결과가 더 나오면 바뀔 수 있을지 모르겠지만, 지금까지는 분명히 그렇다. 세디바인은 현생인류와 무관한 존재다. 그러나 네안데르탈인과 데니소바인의 경우는 그렇지 않다.

아주 최근에 이뤄진 파보의 추가적인 연구 결과에 따르면, 네안데르탈인과 데니소바인은 매우 가까운 유연관계로 나타났고, 이들의 공동 조상은 약 40만 년 전 현생인류의 조상으로부터 갈라져 나갔으며, 네안데르탈인과 데니소바인은 약 30만 년 전 갈라졌다고 한다. 이 두 집단은 멸종하고 말았지만, 이들이 현생인류와 이종 간 교배를 한 까닭에 현생인류에 유전자 흔적을 남겼다.

파보는 아프리카 이외 지역의 현생인류 게놈 중 1.5~2.1%가 네안데르탈인에게서 온 것을 밝혀냈으며, 데니소바인의 유전자도 일부 오세아니아와 아시아 인구집단에 남아 있음을 밝혀냈다. 호주 원주민, 뉴기니인, 일부 태평양 섬 주민들의 유전자 6%가 데니소바인의 것이고, 중국 한족과 기타 아시아 주민들, 일부 아메리카 원주민들의 게놈에도 데니소바인의 것이 0.2% 남아 있으며, 데니소바인이 당시 유라시아에 살았던 미지의 네 번째 인류 집단과 교배해서 이들로부터 게놈의 2.7~5.8%를 물려받았다는 사실도 밝혀냈다.

그 네 번째 미지의 인류는 100만 년 전 이전에 다른 집단들로부터 갈라져 나갔으며 '호모 에렉투스'로 알려진 인류 조상이었을 가능성이 큰데, 화석증거에 따르면, 호모 에렉투스는 100만 년 전 이전에 유럽과 아시아에 살았다. 파보는 "이 연구는 이 시기 인류와 호미닌(초기 인류)의 역사가 매우 복잡하다는 것을 여실히 보여준다. 아마 우리가 아직 발견하지 못한 다른 이종 간 교배도 있었을 것이다."라고 말했다.

또한, 파보 팀은 네안데르탈인 및 데니소바인의 상응하는 유전자와는 크게 다른, 현생인류의 특정 유전자 최소한 87개를 발견했는데, 여기서 그들과 현생인류의 행동 차이를 찾아낼 수 있을 것으로 보고 있다. 파보는 "특정 유전자의 기능을 꼭 집어 말할 수는 없지만 우리는 이 유전자들로부터 현생인류의 혈통에 일어난 미묘한 변화를 알 수 있을 것이다. 이 유전자 목록은 모든 현생인류를 살아있거나 멸종한 모든 다른 생명체와 구분하는 유전적 특징을 망라하는 것이다. 여기에 지난 10만 년간 인류의 확산과 문화 및 기술을 가능케 한 비밀이 숨어 있을 것이다."라고 말했다.

파보의 말대로, 머지않아 그 비밀을 밝혀낼 수 있을 것이다. 어떤 결과가 나올지는 모르지만, 인간 진화의 실체를 밝히는 일은 진화론이 마이크로 세계로 확장되지 않았다면 꿈도 꾸지 못했을 것이다. 매크로 세계에서 전통적으로 사용했던, 한정된 화석증거와 수학적 논리에는 한계가 분명히 있기 때문이다.

물론 그런다고 해도, 인간을 포함한 생물의 진화에 대한 모든 의문이 완전히 해소될 수 있을 거라고 보지는 않는다. 비주류 과학자들이나 창조론자들의 진화론에 대한 반론을 들어보면, 연구하고 해결해야 할 문제가 산적해 있음을 인정할 수밖에 없는데, 그것의 대부분이 진화론의 근본적인 문제점에 관한 것이기에 더욱 난감하게 느껴진다.

진화론자들의 그런 깊은 고민들을 다음 장에서 정리해보고자 한다.

제6강

진화론의 지평선

진화론을 비난하는 의견 중에, 진화는 그 진위확인이 실시간적으로 불가능하므로 과학이론으로는 부적합하다는 것이 있는데, 종교적인 신념 때문에 편향된 입장을 고수하는 이들이 아닌, 일반 대중들 사이에서도 심심찮게 제기되는 의견이다.

사실, 객관적인 현상 관찰과 그 현상이 나타나게 된 다양한 가설을 수립하여 그 가설을 각종 실험을 거쳐서 결론을 도출해내고, 반복적인 실험으로 확신을 얻어나가는 것이 과학이론의 성립과정이라고 본다면, 진화론이 그 과정을 제대로 지키지 않은 것은 사실이기도 하다. 하이젠베르크가 불확정성의 원리에서 언급한 바와 같이 생명 그 자체가 장구한 시간과 변이란 변수를 품고 있기에, 그걸 주제로 삼고 있는 진화론은 문제가 있는 명제일 수밖에 없다.

그럼에도, 진화론의 핵심개념은 거의 모든 생물학 분야에서 선도적 위상을 점하고 있다. 아마 그럴 수 있는 이유는 사실적 실험의 한계성을 생물에 대한 다양한 관찰과 모의실험으로 뛰어넘고 있기 때문이 아닐까 싶다.

진화론은 생명의 다양한 현상과 그 현상에 이르게 한 배후 원리를 밝혀내는 데는 상당한 성과를 거두어 왔다. 그건 누구도 부정할 수 없다. 그렇지만 그것으로 생명체에 관한 일체의 설명을 하기는 여전히 불가능하다. 한때는 진화론에 관한 연구가 생물 만능이론이 될 수 있을 거라는 기대가 만연했었지만, DNA의 구조가 밝혀지고 생물정보학이 활성화된 후부터는 기세가 완연히 꺾이고 있다.

생물학 분야가 확장되면 진화론자들의 기세가 더욱 높아질 거라는 예상은 완전히 빗나간 셈인데, 이런 현상은 결코 일시적일 것 같지 않다. 진화론의 근원적 문제점이 다른 과학 분야의 연구에 의해 계속 노출되는 과정이기에 이런 추세가 지속될 가능성이 높다.

학계의 분위기가 이렇게 되자, 아득한 노스탤지어처럼 잊고 있던 지난 세기의 인본원리와 인간 지성의 한계가 재론되며, 진화론의 교조적인 분위기가 서서히 이완되고 있다.

"생물학의 어떠한 문제도 진화의 불빛 아래 비추어지지 않는다면 의미가 없다."라던 도브잔스키의 확신이 빛바랜 추억 속의 연가로 느껴지지 않는가? 진화론의 계단을 열심히 오르고 있던 다윈의 후예들이 하나둘 걸음을 멈추고, 하늘을 쳐다보고 있다.

다윈이 계속 세상을 이끌 수 있을까?

『종의 기원』출판 100주년이었던 해에, 조지 게이로드 심슨이 '다윈이 이끈, 새로운 세상'이라는 글을 『사이언스』지에 선보였다. 다윈주의가 나온 이후에 우리의 세계관이 얼마나 많이 바뀌었는지에 대해 쓴 글이었다.

다윈주의가 세상에 대한 우리의 인식과 자연 속의 인간 위상에 대한 생각을 혁신적으로 바꿔 놓았다는 사실은 누구도 부정할 수 없다. 다윈은 세상이 이전 세대 학자들이 믿었던 것처럼 평화롭고 질서 잡힌 곳이 아니라는 사실을 밝혀냈고, 인간 역시 하나

조지 게이로드 심슨(George Gaylord Simpson) 20세기의 가장 영향력 있는 고생물학자. 중생대, 팔레오세 및 남미 포유류의 선도적인 전문가.

의 종(種)에 지나지 않다는 사실을 가르쳐줬으며, 그 어떤 존재도 특별히 우리를 돕거나 해치기 위해 존재하는 것이 아님을 밝혀냈다.

다윈이 시작한 과학혁명은 줄기차게 지속되어, 현재는 심슨의 냉철한 세계관까지 뛰어넘었다. 예를 들어 우주와 이 세상은 심슨이 생각했던 것보다도 훨씬 더 적대적이고 냉정하다는 것을 알게 됐다. 심슨은 지질학이나 화석상의 기록을 통해 지구와 생명체의 변화가 일정한 속도로 지속적으로 일어난다고 주장했지만, 현재의 우리는 지구의 표면이 완전히 리모델링돼서 획기적으로 변화한 적이 있으며, 지구상에 살고 있던 여러 생물이 소행성 충돌 같은 대재앙으로 인해, 모두 멸절한 적이 있다는 사실을 알고 있다.

그리고 인간 기원과 진화의 메커니즘에 대한 우리의 시각도 아주 획기적으로 바뀌어 있다. 1959년에 리키가 원시인류의 화석을 발견한 사건을 계기로, 인류 고생물학에 혁명이 일어난 적이 있지만, 그 후 얼마 지나지 않아 이루어진 유전자 정보해독의 대혁명은, 그 과거의 혁명마저 한여름 밤의 꿈처럼 하찮은 것으로 만들어버렸다.

DNA를 통한 생명체 연구는, 새로운 패러다임이라고 할 수 있을 만큼 획기적인 방식이다. 과거에는 상상조차 하지 못했던, 완전히 새로운 방식이다. 우리는 DNA 연구를 통해, 이전에 생각한 것보다 훨씬 더 최근까지 인류가 침팬지와 같은 조상을 공유하고 있었고, 인류가 아프리카에서 기원했으며, 네안데르탈인의 후손이 아니라는 사실을 밝혀냈다.

또한, DNA 혁명은 분자와 유기체의 진화에 대한 우리의 이해도 완전히 바꿔놓았다. DNA 해독기술의 발달로 자연선택 현상이 가장 기본적인 단계에서 어떻게 일어나는지 알게 됐고, 심슨의 생각과는 달리, 분자적 변화와 신체적 변화가 서로 관계가 없다는 사실도 알게 됐다. 그러므로 종의 기원 문제를 풀기 위한 첫걸음을 내디딘 것은 19세기 중반이었지만, '인류에 대한 의문 중의 의문', 즉 우리의 기원에 대한 진정한 난제를 풀기 시작한 것은 그로부터 1세기가 지난 다음부터라고 할 수 있다.

그렇다면 진화와 인간의 기원에 대한 이해를 확보했다고 믿고 있는 현재, 과거에 많은 학자를 괴롭혔던 문제들과 그와 유사한 미제들은 남아있지 않는가? 과학의 폭발적인 기세로 봐서는 미제를 모조리 해결했을 것 같은 데 말이다. 그런데 그게 그렇지가 않다. 숙제는 여전히 많이 남아있다.

그중에서도 가장 큰 난제는 기원에 관한 것이다. 우주와 지구에 생명체가 생겨난 기원 말이다. 그리고 거기에 혹처럼 붙어 있는 것들도 있다. 우리의 세계 말고 생명체가 존재할 수 있는 다른 세계는 없을까? 만약 있다면 그곳엔 어떤 생명체가 살까? 이런 의문들은 결코 새롭게 등장한 것들이 아니다. 아주 오래된 숙제들이다. 수천 년 동안 인류는 별들을 올려다보며, 그곳에 무엇이 있는지, 혹시 그 어느 별에 사람이 사는 것은 아닌지 몹시 궁금해했다.

1543년에 코페르니쿠스가 지구가 태양 주위를 돈다고 주장한 이후, 학자들은 우주 속 인간의 위상에 대한 생각을 계속해서 조금씩 바꾸어왔다. 1584년에 지오다노 브루노라는 수도사가 우주에는 셀 수 없이 많은 태양과 그 태양 주위를 도는 셀 수 없이 많은 행성이 있다고 주장한 바 있다. 그는 이단이라는 판결을 받고 1600년 화형을 당했다. 그리고 지구가 태양에 예속되어 있다는 함의가

브루노(Giordano Bruno 1548~1600) 이탈리아의 철학자·천문학자·수학자·신비주의자. 엄격한 아리스토텔레스적·스콜라적 원리들을 재확인하던 시기에 비정통 사상을 집요하게 고수하다가 화형대에서 비극적 죽음을 맞이한 것으로 유명하다.

담긴 지동설을 객관적인 증거와 함께 제시한 갈릴레이 역시 교부들에 의해 참담한 고초를 당했다. 하지만 그들의 이야기에도 해피엔딩은 있다. 새 천 년이 열릴 무렵, 교황청은 그들에게 진심 어린 사과를 했다.

아무튼, 이제는 지구 외에도 수많은 행성이 존재한다는 사실이 밝혀졌으므로, 그것이 더 이상 논란의 대상이 될 수는 없지만, 생명체의 기원에 관련된 문제는 여전히 난제로 남아있다. 만약 지금, 우주 다른 곳에 생명체가 존재한다는 증거가 나타난다면, 세상이 어떤 반응을 보일까?

코페르니쿠스가 지구가 태양계의 중심이 아니라고 했을 때, 그리고 다윈이 세상은 인간을 위해 만들어진 것이 아니라고 했을 때, 사람들이 보인 반응을 떠올려보자. 과연, 지구가 생명체가 존재하는 유일한 공간이 아니라는 것이 밝혀지면, 과연 사람들이 어떤 반응을 보이겠는가? 생명의 기원이 하나일 때는 기적이라 받아들여질 수 있지만, 만약 하나가 아닌 여럿이라면 상황은 달라진다. 아마 대중들은 생명체가 행성이라는 화학 체계에서 공통으로 발생하는 산물이라고 생각하게 될 것이다.

미국 국립 과학연구협의회에서 다음과 같은 성명을 발표한 바 있다. "다른 행성에 존재하는 생명체를 발견하는 것이 아마도 21세기에 일어날 가장 중요한 과학적 진보가 될 것이다. 그리고 그것은 철학적으로 매우 큰 의미를 갖게 될 것이다." 이러한 시각은 2세기 전의 과학계를 지배하고 있던 세상과 우주에 대한 관점과 완전히 다른 것이다. 당시엔 아주 진취적인 학자로 분류됐던 훔볼트조차도 자신의 책 코스모스 (KOSMOS)를 통해서 그 존재 가능성을 부인했다.

수많은 별이 빛나는 저 둥근 천장과 넓은 하늘은 우주라는 그림에 포함돼 있다. 우주라는 거대한 공간, 수많은 태양과 희미하게 반짝이는 성운은 비록 우리를 감탄케 하고 놀라게 하지만, 그것은 고립된 하나의 존재가 분명하며, 그곳 어딘가에 유기적인 생명체가 존재할 수 있다는 증거는 전혀 없다.

허버트 조지 웰스(Herbert George Wells, 1866~1946) 영국의 소설가이자 문명 비평가다. 역사, 정치, 사회에 대한 여러 장르에도 다양한 작품을 남겼다. 쥘 베른, 휴고 건스백과 함께 '과학 소설의 아버지'로 불린다. 《타임머신》, 《투명인간》 등 과학 소설 100여 편을 썼다.

외계 생명체가 존재할 가능성에 대해서는 과학자가 아닌 쥘 베른이나 H. G. 웰즈 등의 작가들이 SF라는 새로운 장르의 문학 속에서 제시하기 시작했다. H. G. 웰즈는 1898년에 『우주전쟁(War of the worlds)』에서 화성인이 영국을 침공하는 내용을 썼는데, 그 사건이 실제로 일어날 가능성이 있는지는 알 수 없다. 그렇다면 현재 우리가 외계 생명체에 관해 실제로 알고 있는 것은 무엇인가?

1996년 남극에서 발견된 유성에 화성 미생물의 증거가 있다는 주장이 제기되면서 큰 관심을 끈 일이 있다. 만약 그것이 사실이라면 얼마나 좋은 일인가. 우리가 직접 찾아 나서 알아내려고 애쓸 필요 없이 외계인이 제 발로 우리를 찾아올 개연성도 있다는 뜻이니까 말이다. 그러나 자세히 검사해본 결과, 유성에 남아 있는 흔적은 생물과 관련 없는 자연현상에 의해 만들어진 것이라는 결론이 내려졌다. 애초부터 그런 희박한 행운에 기대를 걸었던 게 어리석은 짓이었다. 이제 어떤 선택을 해야 하는지는 자명해졌다. 운 좋게 생명의 흔적이 있는 유성이 떨어지기를 기다리는 것보다는 생명의 증거를 찾아 나서야 한다.

지구 외에 생명의 증거가 발견될 가능성이 가장 높은 곳이 화성이라는 게 학자들의 공통된 의견이어서, 화성표면을 조사하는 탐사 미션이 지금까지 몇 차례 있었다. 전반적인 목표는 물의 흔적이나 과거에 생명이 존재했음을 뒷받침할 지질학적 증거를 찾는 것이었다. 현재까지의 결과는, 과거 어느 시점에 화성에 물이 흘렀다는 증거는 있지만, 실제 생명체가 존재했을 거라는 증거는 찾아내지 못했다고 한다. 그렇다면 화성 밖에 있는 다른 행성들은 어떨까? 그에 대한 답을 추론해내자면, 생명체가 존재하는 데 필수적인 조건들부터 생각해봐야 한다.

일단 생명체가 존재하려면 그 행성은 대기권이 형성될 정도의 크기가 돼야 하고, 기체 덩어리만으로 이뤄진 게 아니라 실제 생명체가 딛고 설 암석층이 있어야 하며, 활동을 계속하고 있는 지질학적 특징이 있거나 과거에 있었던 적이 있어야 한다. 또한, 액체상태의 물이 필요하고, 기온이 따뜻할 정도로 항성에 가까워야 하지만 극단적으로 뜨겁지 않을 만큼의 거리는 유지하고 있어야 한다.

우주에서 이러한 조건을 갖춘 행성을 찾을 확률은 어느 정도일까? 과학 기술의 발달에 힘입어 학자들은 점점 더 우주를 깊숙이 들여다볼 수 있게 됐지만, 지구와 비슷한 행성이 얼마나 많을지 알아내려면 그야말로 천문학적인 범위의 계산을 해봐야 한다.

먼저 우주에 존재하는 은하계의 수부터 고려해야 한다. 보수적으로 추정하더라도 1,000억 개에 이른다. 이것을 숫자로 쓰면 100,000,000,000이다. 그러면 한 은하계에는 얼마나 많은 항성이 있을까? 이 역시 1,000억 개정도로 추측할 수 있다. 이를 통해 전체 항성의 수는 10^{11}에 10^{11}을 곱한 수, 곧 10^{22}개라는 것을 알 수 있다. 그 모든 항성 주위에 행성이 있는 것은 아니지만, NASA에 의하면 항성 중 약 7%가 거대한 행성을 하나씩 가지고 있으며, 각 항성 주변을 도는 행성의 수는 지구 크기에 근접할수록 늘어난다고 한다. 이러한 추정을 바탕으로 지구와 비슷한 행성이 우주 전체에는 약 10^{21}개, 우리 은하계에만 10^{10}개가 있다고 계산해낼 수 있다.

그렇다면, 생명체가 우리 지구에서만 진화했을 확률이 얼마일까? 우리가 유일한 존재일까? 지구인이 10억 조 분의 1의 확률에 해당하는 유일한 집단일까? 아마, 그렇지 않을 것이다.

어느 사람도 우리가 그런 존재라고 말한 적이 없다. 물론, 진화론자들도 그런 말을 한 적이 없다. 이 지구에서만 진화가 일어났고, 지구에만 인간 같은 담지체가 있다고 주장하지 않았다. 그러나 지구와 유사한 조건을 가진 행성이 무수히 많고, 그래서 우주 내에서 생물학적인 진화가 일어날 개연성이 전체적으로 높아진다면 진화론자들은 또 다른 차원의 딜레마에 빠질 수밖에 없다. 진화론은 전적으로 우연에 의존하고 있기 때문이다.

우주 곳곳에서 생물학적 진화가 일어났다면 우연이 너무 빈번하게 일어난 건 아닌가? 만일 그렇다면 그런 우연은 우연일 수 없다. 그렇다고 해서, 지구에서만 진화가 일어났을 개연성이 높다고 강변할 수도 없는 노릇이다. 그것은 더욱 우연스럽지 않기 때문이다.

『종의 진화』를 부정하는 과학자들

프랑스의 생물학자 라마르크(Jean Baptiste de Lamarck)는 그의 저서 『동물 철학(Philosophie Zoologique)』에서 생물의 적응에 대해 "환경의 변화가 한 동물의 욕구를 바꾸고, 욕구의 변화가 행동을 바꾸며,

변화된 행동 양식이 신체 구조를 바꾼다."라고 표현했다. 얕은 물을 걸어 다니는 섭금류(涉禽類) 새들을 예로 들면서, "몸이 물에 젖지 않도록 하기 위해 그 새들은 다리를 늘리거나 쭉 뻗는 습성을 가지게 되었고, 이것이 새들의 신체구조를 바꾸게 했다."라고 주장했다. 라마르크는 몸의 기관은 사용하면 발달하고, 사용하지 않으면 퇴화한다고 여겼다.

섭금류(shorebird) 도요목(Charadriiformes) 물떼새아목(Charadrii)에 속하는 조류, 사진은 그중 하나인 뒷부리 장다리물떼새

현재의 진화론자들은 라마르크의 생각을 비과학적인 것으로 취급하고 있다. 그의 주장뿐 아니라 돌연변이와 자연선택이라는 좁은 선에서 벗어나는 모든 주장이 그렇게 취급되고 있다. 정말 라마르크의 생각이 잘못된 것일까? 다윈주의자들은 잘못된 게 분명하다고 강변하겠지만, 모든 과학자가 동의하고 있는 것 같지는 않다.

다윈주의자들은 획득된 형질이 유전된다는 것을 증명한 사람이 아무도 없다고 주장하고 있지만, 실제로는 꽤 많은 연구자들이 그 가설을 증명해냈다. 식물학자 앨런 듀런트(AIan Durrant)가 아마(亞麻)의 변형을 유도해낸 게 대표적이다. 듀런트는 원래의 대목(臺木)보다 크고 무거운 아마 계통과 작고 가벼운 계통을 분리해서 키웠는데, 그렇게 만들어진 성질은 세대를 이어가는 동안에 유지됐다. 그 육종실험은 20년 이상 계속됐는데, 큰 아마와 작은 아마를 잡종 교배했을 때 후손들은 멘델의 유전 패턴을 그대로 나타냈다. 인위적 변화가 유전될 수도 있다는 사실을 입증해낸 것이다. 이러한 결과는 웰시 식물 육종장의 J. 힐(J. Hill)이 수행한 실험에서도 똑같이 나타났다. 담배 종인 니코티아나 루스티카(Nicotiana rustica)에도 인위적 변화가 유지됐다. 그러자 크리스토퍼 컬리스(Christopher Cullis)는 이런 연구들을 모두 검토한 뒤, 인위적인 변화를 분자유전학 이론으로 설명하는 모델을 만들어냈다.

그런데 이러한 실험들이 식물에만 적용되고 동물에게는 적용되지 않는 걸까? 아니다. 동물을 대상으로 한 실험에서도 성공을 거둔 사례가 있다. 1918년에 가이어(Guyer)와 스미스(Smith)는 토끼의 수정체를 갈아서 그 액을 새에게 주입했다. 그리고 그 새에서 얻은 혈청을 토끼에게 주입했더니, 그 후손들의 눈이 작아지거나 결점이 나타났으며, 아예 눈이 없이 태어나는 경우도 있었다. 이런 결함은 아홉 세대 동안 이어졌다. 이 실험에서 수정체 조직이 선택된 이유는 그것이 면역반응을 일으킨다고 알려졌었기 때문이다.

이런 연구결과가 있음에도 다윈주의자들은 라마르크주의를 백안시한다. 그 이유는, 유전자가 체세포와는 근본적으로 분리되어 있으며, 외부의 변화가 유전자에 반영되는 경로가 없다고 굳게 믿고 있기 때문이다. 이런 신념을 최초로 선언한 사람은 1893년에 『생식소(生植素) : 형질 유전의 이론(The Germ Plasm: A Theory Of Heredity)』을 발표한 와이즈먼(August Weisman)이고, 프랜시스 크릭이 1970년에 다시 선언했다. 크릭은 유전자 정보가 DNA에서 단백질로 갈 수는 있으나 단백질에서 DNA로는 갈 수 없다고 했다.

그런데 근래에 그들의 판단이 잘못된 것임을 입증한 학자가 나타났다. 그는

어거스트 와이즈만(1834~1914)
독일의 생물학자. 유전 형질로 발전할 수 있는 정보를 전달하는 것이 염색체일지도 모른다는 새로운 가설을 제시했다.

위스콘신 대학교의 하워드 테민(Howard Temin)이다. 1971년에 테민은 바이러스가 자신의 유전물질을 숙주세포로 운반해서 숙주의 DNA 안에 끼워 넣을 수 있다고 발표했다. 그렇게 함으로써 나중에 숙주 세포의 단백질 합성 공장이 가동될 때 바이러스의 복제도 이루어진다고 한다. 이러한 일을 하기 위해, 그 바이러스들은 '역전사 효소(Reverse transcriptase)'라는 특수한 효소를 만들어낸다.

그가 유전지와 외부 세계를 연결하는 쌍방향 통신 채널을 발견했지만, 과학계는 한동안 외부의 요구가 생식세포에 직접적인 영향을 미치는 실제적인 메커니즘은 찾지 못하고 있었다. 그러다가 1979년에 호주 생물학자 스틸이 그 메커니즘을 제시했다. 그는 체세포 안에서 돌연변이가 일어날 수 있으며, 바이러스에 의해 다른 체세포로 복사된 후, 최종적으로 정자나 난자의 생식세포에 전달되어 유전이 가능해질 거라고 했다. 그리고 스틸의 가설에 대한 검증실험은 그의 동료인 고르친스키(Reg Gorczynski)가 깔끔하게 수행해냈다. 고르친스키는 피터 메더워(Peter Medawar)의 실험에 한 가지 방식을 추가하여 해결했는데, 메더워는 면역 관용(Immune tolerance)이 외부로부터도 획득 가능하다는 것을 발견해서 노벨상을 수상한 학자로서, 그의 실험은 조직 거부반응에 관한 것이었다.

면역 관용 면역은 자기 아닌 모든 것을 배척하므로 심할 정도로 엄격한 기준을 가진 것처럼 보인다. 그렇지만 이해할 수 없이 애매한 부분도 존재한다. 입을 통해 들어온 이물 즉, 음식에 거부반응을 일으키지 않는 것이 그 예이다.

신체의 면역체계는 유전자적으로 같지 않은 모든 세포를 이질적인 물질로 인식해 거부한다. 메더워는 이질적인 세포를 새로 태어난 쥐에게 주입하면, 나중에 자라서 동일한 피부 조각을 받아들인다는 것을 알아냈다.

고르친스키는 메더워의 실험을 그대로 되풀이하면서, 후천적 면역 관용이 유전되는지 확인하는 작업을 추가했다. 그는 실험을 통해서, 다음 세대 중의 50%, 그다음 세대에서는 20%~40% 정도가 면역 관용을 가지는 것을 확인했다. 획득 면역의 유전을 보여주는 데 성공한 것이다. 그렇기에 외부의 요소들이 DNA 복제 메커니즘을 통해서 유전자의 변화를 유발하는 것이 불가능하다는 다윈주의자들의 주장은 기각돼야 마땅하다. 외부요소들도 그렇게 할 수 있기 때문이다.

미국에서 행해진 두 번의 실험에서도 외부 요소들의 영향력을 증명할 수 있는 결과가 나왔다. 처음 실험은 하버드 대학교의 존 케언즈(John Cairns) 박사와 두 명의 동료들이 수행했고, 로체스터 대학교의 베리 홀(Berry Hall)이 앞선 실험의 대상을 더욱 확대하여 정밀한 통제 아래서 재현해냈다.

두 실험은 에스케리키아 콜리(Escherichia coli)라는 박테리아를 대상으로 했다. 박테리아에서 아미노산의 일종인 트립토판과 시스테인 같은 영양소를 제거하자, 박테리아는 그런 열악한 환경에 대응하여 스스로 그런 영양소들을 합성할 수 있는 후손을 낳았다. 케언즈와 홀은 박테리아가 돌연변이를 일으켰으며, 그 돌연변이는 무작위가 아니라 유기체의 필요에 따라 영양소를 합성할 수 있는 쪽으로 방향이 정해졌다고 설명했다.

다윈주의는 확고한 명제가 아니기에 그 대안도 분명히 있을 것이다. 라마르크주의적인 형식 역시 강력한 대안일 수 있지만, 그것이 유일한 후보는 아니다. 후보가 될 만한 다른 대안들도 많이 있다. UC버클리의 리처드 골드슈미트(Richard Goldschmidt)가 내놓은 돌발적 도약 진화설, 천문학자인 프레드 호일이 주장한 우주 생명기원설, 프랜시스 크릭이 제안한 외계 근원설 등이 대표적인 것들이다. 그리고 셸드레이크(Rupert Sheldrake)의 형태적 인과율(Formative causation) 이론처럼 기존 생물학의 패러다임 자체를 깨뜨리는 파격적인 주장도 있는데, 최근에 다윈주의의 지지를 철회한 몇몇 변절자들은 더욱 이단적인 대안을 제시했다.

다윈주의자들이 가장 큰 손실로 느끼는 이탈자는 염색체의 기능을 해명한 리처드 골드슈미트 박사다. 그가 떠나자 에든버러 대학교의 C. H. 워딩턴 교수도 다윈의 노선에서 벗어났고, 하버드 대학교의 스티븐 제이 굴드와 나일스 엘드리지(Niles Eldridge), 영국의 프레드 호일 등도 다윈을 등졌다. 물론, 그들이 진화론 자체를 부정하는 것은 아니다. 하지만 우연과 짝 지워진 느리고 미소한 돌연변이라는, 균일론적 진화는 분명하게 부인하고 있다.

골드 슈미트의 최대 관심사는 화석기록에 나타난 공백의 수수께끼를 푸는 것이었다. 하지만 일반적인 다윈주의자들과 달리, 공백이 명쾌한 이론을 막는 방해물이라고 생각하는 대신, 실제로 공백이 존재하는 것으로 받아들여 원인을 밝히고자 했다. 골드 슈미트는 자신의 이론을 설명하기 위해, '유망한 괴물(Hopeful monster)'이라는 자극적인 용어를 만들었다. 그의 생각은 간단히 말해, 진화가 큰 도약(도약 진화)에 의해 진행됐다는 것이다. 거시적인 돌연변이가 마치 어느 날 파충류가 낳은 알에서 최초의 새가 부화하는 식으로 나타난다는 말이다. 그러나 유망한 괴물의 난점은 풀어낸 문제만큼이나 어려운, 새로운 문제를 파생시킨다는 데 있다.

괄목할 만한 대돌연변이가 일어난다고 해도 대부분은 그 생물에게 불리하게 작용할 개연성이 높다. 소돌연변이가 반드시 유익하다는 증거가 없듯이 대돌연변이 또한 마찬가지이기 때문이다. 크기가 작고 가벼운 파충류에게는 날개가 도움이 될 수 있다고 생각할 수 있으나, 20피트 길이의 바다 악어나 200피트짜리 브론토사우루스(Brontosaurus)에게는 별 도움이 되지 못할 것이다. 따라서 한 종이 안정 상태에 도달할 때까지 일어나는 소돌연변이의 숫자만큼이나, 유망한 괴물의 성공작이 나타나기까지 실패작들도 엄청나게 많이 발생해야 한다. 간단히 말하면, 화석기록이 그런 돌연변이의 실패작들로 얼룩져 있어야 한다는 뜻이다.

그런데 그런 실패한 괴물들의 자취를 도무지 찾을 수 없다. 또한, 그의 생각이 공인을 받으려면 자연은 100%의 성공률을 보여야 하는데, 만약에 자연계가 시행착오가 없는 메커니즘을 가지게 된다면 무작위적인 돌연변이니 자연선택이니 하는 원리들도 모두 폐기돼야 한다. 그런 점에서 골드 슈미트의 '유망한 괴물'은 확실히 괴물이다.

슈미트를 변호할 생각이 있었는지는 불확실하지만, 굴드와 엘드리지는 과도적 종들의 화석이 없는 이유를 설명하기 위해 '단속평형(Punctuated equilibrium)'이라는 이론을 제시했다. 진화가

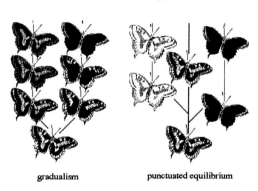

점진설과 단속평형설

항상 꾸준하게 일어나는 현상이 아니라는 것이다. 종들은 지구 역사의 오랜 기간 안정적인 상태를 유지했으며, 진화적 변화가 일어나는 기간들이 길게 지속되지 않았다고 한다. 그러면서 그것을 과도적 화석이 없는 이유로 제시했다. 그러나 단속평형설은 너무 추론적이며, 단지 중간 화석의 부재를 설명하는 데 급급하다는 게 문제다.

어떤 학자는 점진적 진화론이나 화석문제가 아닌, 생물학의 근본에 대한 이의를 제기하면서 학계의 주류에 항거하기도 했다. 그 내용은 생명에 대한 기계론적이며 환원주의적인 믿음에 대한 의문이었고, 주장한 학자는 셸드레이크였다.

그는 연구 중에서 인지하게 된 미스터리의 답을 찾기 위해 고심하고 있었다. 그를 괴롭히고 있는 미스터리는 다음과 같은 것들이었다. 한 곳의 쥐가 새로운 요령을 학습하면, 다른 곳에 있던 쥐들도 그 요령을 아주 쉽게 배우는 것 같이 보인다. 그리고 항생제와 같은 새로운 화학합성물을 처음 만들 때는 결정화 과정이 어렵지만, 자주 합성을 하면 결정 생성이 쉽게 이루어진다. 또한, 어떤 새들이 문 앞의 우유병을 여는 것을 최초로 학습하면 온 나라의 새들이 갑자기 똑같은 요령을 취득하게 된다.

그러한 미스터리들에 대해 셸드레이크가 찾아낸 답은 모든 유기체와 종들이 그가 '형태 공명(Morphic resonance)'이라고 부르는 과정을 통해 배우고 적응한다는 것이었다. 그는 1983년에 『새로운 생명과학(A New Science of Life)』을 통해서 생명체는 '형태 발생장(Morphogenetic fields)'이라는 공통의 형판(型板) 위에서 형성된다고 주장했다. 도롱뇽이나 불가사리의 잘린 다리가 새로 자라나듯이, 어떤 식물과 동물들이 손상되거나 잃어버린 조직을 재생할 수 있는 것도 그 때문이라고 했다.

그러자 그의 이론을 검증할 수많은 실험이 제안되었으며, 유럽과 미국의 텔레비전 방송에서는 공개적인 실험이 행해지기도 했다. 공개실험은 숨은 이미지가 들어있는 그림을 가지고 하는 것이었다. 수백만 명의 시청자들이 텔레비전에서 그 이미지를 찾고 나면, 과연 그 방송을 보지 않은 사람들도 숨은 이미지를 더 쉽게 찾을 수 있을까? 핀란드, 프랑스, 독일, 이탈리아, 스웨덴, 스위스, 유고슬라비아에서는 그 이미지를 찾아내는 사람들이 평균 32%나 증가하는 긍정적인 효과를 얻을 수 있었다. 그러나 이상하게도 미국과 캐나다에서는 의미 있는 효과가 나타나지 않았다. 그런 이유 때문에 형태 공명에 관한 실험은 아직도 진행 중이다.

아무튼, 과학기술이 발전함에 따라 다윈의 진화론을 포함한 생명 과학 이론의 기초가 심하게 흔들리고 있다. 과학적인 이론이 과학의 발전에 의해 도리어 불

Morphogenetic Fields & Psychedelic Experience

안을 느낄 수도 있다는 사실은 확실히 아이러니하다. 하지만 생물학 분야에서는 확실히 그런 증후가 느껴지고 있는데, 발전하고 있는 기술에는 문제가 없는 것이 확실하기에, 부실한 기반 위에 급조된 생물학 분야 자체에 문제가 있다고 봐야 한다. 생명의 기원에 대한 다윈주의자들의 역설에 의구심이 불어나는 현재 상황을 보면, 인간의 지식이라는 것 자체에 회의를 느껴질 정도다.

생명체가 오직 생명체로부터만 생성되며, 절대로 자연 발생적인 것이 아니라는 사실을 수긍하는 대중들의 수가 더 많긴 하지만, 그에 대한 의구심은 과거에도 있었고 현재에도 여전히 존재한다.

사실, 생명체가 오로지 생명체로부터만 생성된다는 사실이 진리처럼 인정받은 데는 파스퇴르(Louis Pasteur)의 실험이 결정적인 역할을 했다. 그는 목이 구부러진 플라스크들을 멸균한 뒤 영양소를 담아서 몇 개는 뚜껑을 덮지 않았고, 몇 개는 밀봉하여 놓아두었다. 그런 결과, 뚜

껑 없는 플라스크에는 곰팡이가 피어났고, 밀봉한 것에서는 피지 않았다. 그는 이로써 생명이 저절로 발생한다는 생각은 잘못되었으며, 곰팡이는 공기 중의 미생물로 인해 생긴다는 확실한 증거를 갖게 됐다고 결론을 내렸다. 그리고 그런 결론이 세상에 나오자, 그 소식을 기다리고 있던 학자들이 즉각적인 동의 의사를 밝혔다. 그런 학계의 합의 과정이 너무도 신속해서, 작위적인 분위기까지 느껴질 정도였다. 파스퇴르의 실험 결과는 정말 그렇게까지 확고하고 공정한 것이었을까?

미국의 생물학자 가이슨(Gerald Geison)은 최근 파스퇴르의 연구 노트를 입수해 출간했다. 가이슨은 파스퇴르의 연구일지를 조사하여 실제로는 파스퇴르가 밀봉된 병에서도 곰팡이가 번성한다는 증거를 발견했으나 무시해 버렸다는 기록을 찾아냈다. "나는 이러한 실험들을 발표하지 않았다. 거기에서 도출할 수 있는 결과들이 나로서는 너무 중대하여 조심스러운 관리에도 불구하고 어떤 숨은 실수가 있었음을 의심하지 않을 수 없었다."고 파스퇴르는 적어 놓았다. 달리 표현하면, 자신의 추론에 대한 애착이 너무도 강해서 스스로 행한 실험에서 나온 증거조차 의도적으로 외면했던 것이다.

빌헬름 라이히(Wilhelm Reich)는 생명체가 오로지 생명체로부터만 생성된다는, 다윈주의자들에게 정면으로 도전한 대표적인 학자다. 그는 원생동물처럼 기초적인 생명체가 썩어가는 유기물질에서 자연 발생적으로 나타나는 것을 보여주는 실험적 증거가 있다고 주장했다. 로버트 듀(Robert Dew)도 라이히의 주장에 동조했는데, 그는 상세한 컬러 사진을 제시하며 그 과정이 분명히 일어난다고 발표했다. 더욱 흥미로운 건, 그들 모두 셸드레이크처럼 생명체가 생물 에너지장의 작용에 의해 형성되고 발달한다고 주장했다는 사실이다.

프레드 호일과 그의 동료 천문학자 위크라마싱헤(Chandra Wickramasinghe)의 외계 생명 기원설은 심심풀이 땅콩처럼 회자 되지만, 가볍게 즐길 만큼 허황한 메뉴도 아니고, 새롭고 신선한 메뉴도 아니다. 이미 1908년 스웨덴의 저명한 화학자인 아레니어스(Svante Arrhenius)가 그의 저서 『형성 중인 우주 (Worlds in the Making)』에서 별들로 부터 나오는 빛의 압력으로 생명 포자가 우주공간을 이동한다고 주장한 바 있다. 호일과 위크라마싱헤의 주장이 아레니어스와 다른 점은, 단지 성간 공간에 셀룰로오스나 설탕과 같은 유기물질의 먼지 구름이 적지 않다고 전제했다는 것뿐이다. 그들의 주장이 정말 사실일까? 과학자들이 그 확인을 위해서, 혜성 코호텍(Kohoutek)이 지구에 근접했을 때, 간섭분광기로 자세히 관찰한 적이 있다. 혜성에는 시안화메틸과 시안화수소 등

프레드 호일(1915~2001) 정상우주론을 처음 주장한 것으로 유명한 영국의 천문학자이자, 이론물리학자이다. 빅뱅 이론에 대해서는 강하게 반대했지만, 빅뱅이라는 이름을 붙인 사람이 바로 그였다. 이후, 우주 배경 복사의 발견으로 정상우주론이 폐기되자, 그는 핵 합성에 대한 이론에 관한 연구에 몰두했다.

최소한 두 가지의 유기 분자가 암석 먼지, 다당류, 기타 유기 중합체들과 함께 들어 있었다. 이 요소들은 생명 구성 물질이 될 수 있는 것들이다. 두 학자가 이미 이런 사실을 알고 있기라도 했던 것일까? 그들은 이런 부언까지 한 바 있다. "바다를 포함해 지구상의 모든 휘발성 물질은 아마 혜성과의 충돌로 얻어졌을 것이다. 그리고 이러한 생물발생 전 단계의 유기화합물질이 지구로 들어왔다면 막대한 양의 생명 구성물질도 역시 유입되었다고 보아야 한다." 그들의 주장을 뒷받침해줄 증거는 또 있다. 극한 악조건을 견디는 미생물들의 발견이 그것이다.

미크로코쿠스 라디오필루스(Micrococcus radiophilus)라는 박테리

아는 치명적인 엑스선에 노출되어도 생존할 수 있으며, 슈도모나스(Pseudomonas)는 미국의 핵 반응로 안에서 왕성하게 살고 있다. 그리고 스트렙토코쿠스 미티스(Streptococcus mitis) 종의 박테리아는 1967년에 의도치 않게 무인 우주선 서베이어 3호(Surveyor 3)에 실려 달에 보내졌다가, 이 우주선의 TV 카메라를 회수한 아폴로 12호의 승무원에 의해 2년 후 살아 있는 채로 구조된 적이 있다. 그 유기체는 아주 낮은 압력과 섭씨 영하 100노의 저온에 머물러 있었다. 좀 더 흥미로운 존재는, 1981년도에 한스 플루크가 찾아낸 미생물들이다. 그는 1969년에 호주에 떨어졌던 운석 안에서 피도미크로비움(Pedomicro-bium)이라는 박테리아와 아주 유사한 미생물체와 독감 균을 닮은 바이러스를 발견해냈다. 플루크는 외계 유기체를 최초로 확인한 사람이 되었는데, 그는 지구에서 가장 오래된 38억 년 전의 '이소스페이'

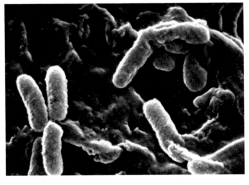

슈도모나스(Pseudomonas)

라는 유기체 화석을 발견한 사람이기도 하다.

그렇지만 이런 SF급의 주장 중 가장 특별한 것은 프랜시스 크릭의 제안이다. 그는 자신의 저서 『생명 그 자체(Life Itself)』에서 역시 외계 생명 기원설을 지지했지만, 복잡한 유기분자들은 성간 공간의 여행을 견딜 가능성이 희박하다는 사실도 지적했다. 여기까지는 과학자답게 합리적인데 그다음이 상상을 초월하는 SF다. 그는 앞서 제시한 이유 때문에 외계인이 미생물 형태의 생명체를 적절한 보호용기에 넣어 여러 행성으로 보냈을 거라고 주장했다.

하지만 냉정하게 생각해볼 일이다. 크릭의 아이디어처럼 미생물체가 우주에서 왔다고 치더라도, 그렇게 미시적인 수준에서 거시적인 생명체로 진화하는 과정에는 여전히 다른 설명이 필요하지 않은가? 또한 언제, 어디에서 생명이 기원했든 간에, 생명의 기원에 관한 근본적인 의문들은 고스란히 남게 된다.

최초의 자기복제 세포를 탄생시킨 비(非)생명체 메커니즘은 과연 무엇이었으며, 또 어떻게 그것이 이뤄졌을까? 나아가 세포 수준의 생명이 현재의 거대한 동물과 식물로 진화한 메커니즘은 과연 무엇이었을까?

다윈의 비판적 추종자, 굴드

굴드만큼 활발한 저술활동을 하는 학자도 드물다. 그는 『개체발생과 계통발생(Ontogeny and Phylogeny)』, 『플라밍고의 미소(The Flamingos Smile)』, 『경이로운 생명(Wonderful life)』, 『다윈 이후(Ever since Darwin)』, 『판다의 엄지(The Panda's Thumb)』, 『풀하우스』 등의 저서들을 통해서, 진화론에 대한 오해들을 해소하기 위해 노력했는데, 그 주장의 요체는 "진화는 사다리 오르기가 아니라 가지가 갈라지는 과정이며, 진화에서 우연의 역할은 중요하다."로 정리할 수 있다.

그의 주장대로, 생명의 역사에서 생물은 진보되어 간다고도, 더 복잡해져 간다고도 말할 수 없다. 진화는 일관성 있는 방향을 나타내지도 않고, 그 결과가 필연적이지도 않다. 그렇지만 그는 다윈과 달리,

환원주의적 과학 연구 방법론에 반하는 종합론적, 유기체적, 시스템적, 전일론(holism)적 사고를 강조한다. 또한, 공생 진화설을 주장한 린 마굴리스와 가이아 가설을 주장한 제임스 러브 록, 그리고 카오스 이론을 주장한 스튜어트 카우프만 등의 말에도 귀를 활짝 열었는데, 그들의 공통된 특징은 환원주의에 회의적이었다는 점이다.

린 마굴리스(Lynn Margulis, 1938~2011) 미국의 생물학자. 중요한 과학적 업적은 세포 내 미토콘드리아의 기원을 진핵 세포로 들어간 외부조직 공생적 관계를 이루다 정착했다고 보는 이론이다

굴드의 주장을 종합하면 『단속 평형설』로 입축할 수 있는데, 선통적인 다위니즘과는 분명한 차이가 있다. 전통 다위니즘에 의하면, 생존과 생식에 이롭거나 환경에 더 적응적인 개체가 자연선택 되고, 그러한 특성들이 오랜 세월 동안 누적되어 생물이 점차 진화되어 나간다. 그런데 화석 기록을 보면, 생물은 점진적으로 진화된 것으로 나타나지 않는다. 말의 진화와 같이 극히 드문 경우를 빼고는, 어류에서 양서류로, 양서류에서 파충류로, 파충류에서 포유류로 전이되는 과정의 화석들이 발견되지 않는다. 그런 화석기록의 불완전성에 대해서는 다윈도 잘 알고 있었지만 명쾌한 해명을 내놓지 못했다. 그에 대한 비교적 합리적인 해석은 20세기가 돼서야 나왔다. 존 메이너드 스미스, 스티븐 핑거 등이 새로 정립한 신다윈주의(Neo Darwinism)를 통해서, 화석기록의 불완전함을 통계 확률적으로 해석해냈다. 한 종에서 다른 종으로 변화해 가는 중간 종은, 안정된 큰 집단을 형성하지 못한 상태에 있기 때문에, 화석으로 남을 확률이 적다는 내용이었다.

반면에 굴드는 다른 해석을 내놓았다. 종과 종의 중간형태의 화석이 발견되지 않는 것은, 원래 종의 진화가 한 종에서 다른 종으로 점진적으로 진행되는 것이 아니기 때문이라고 했다. 그러면서 오랫동안 안정된 형태를 유지하던 평형 기간이 갑자기 단속되면서 종(種)이 변한다고 했다. 그의 주장을 단속평형설이라고 하는데, 전통적 다위니즘에 대한 가장 체계적인 반론으로 인정받고 있다.

그의 학설은 린 마굴리스의 공생진화설과 상당한 관련성이 있어 보인다. 마굴리스 역시 변화의 누적에 의한 점진적 진화를 부정하며, 생물들 사이의 합병을 통해 완전히 새로운 종이 창발적으로 생겨난다고 주장했다. 이를테면, 세포 안에 있는 미토콘드리아와 미세섬유, 세포 밖의 편모나 섬모 등이 이전에 독립생활을 하던 단세포 생물에서 기원되었다는 것이다.

다위니즘의 핵심인 자연선택의 기본개념은 단순 명료하여 이해하긴 편하지만, 종 분화 메커니즘의 설명으로는 부적합하다고 여기는 학자들도 적지 않다. 특히, 고생물학자들은 자연선택 이론에 심한 회의를 품고 있다. 그들은 다른 생물학자들처럼 생물의 눈, 면역계, 뇌의 시신경들이 어떻게 작동하는가와 같은 미시적 문제를 다루기보다는, 생명의 역사에 나타나는 전반적인 패턴은 무엇인가, 또 왜 한 종류의 생물이 수십만 년 후 다른 생물로 대치되는가와 같은 거시적 문제를 따진다. 따라서 국지적 환경변화에 대한 개체의 적응을 주로 이야기하는 자연선택 이론으로는, 수백만 년 이상의 긴 시간에 걸쳐 일어나는 진화 현상을 시원하게 설명해낼 수 없다.

이를테면, 중생대 공룡의 멸종 이후, 포유류가 파충류를 대체하게 된 것을 단지 포유류가 파충류보다 더 적응을 잘하였기 때문이라고 설명할 수는 없다. 한 시점에서 아무리 좋은 적응적 변화가 일어나고, 그것이 자연선택 된다고 해도, 그때 좋았던 형태가 장구한 세월 속에서 지속적인 성공을 거둘 거라는 보장은 없다. 우연히 일어나는 대량 멸종과 같은 사태가 개재되기도 하기 때문에, 장기적인 성공은 자연선택으로 만들어지는 형태와는 크게 상관이 없을 거라는 게 그들의 주장이다. 그러니까 엄밀히 말하면, 자연에서 적응과 자연선택이 일어난다는 것을 부정하는 것이 아니라, 모든 생명체와 그 기관을 자연선택과 적응의 결과로 이해하는 적응 주의에 의문을 품고 있는 것이다.

삼각 소간(spandrel)

굴드는 적응 개념이 모든 자연현상에 일률적으로 적용되는 것에 반대하기 위해, 영국의 왕실학회 심포지엄에 논문을 제출한 바 있다. 그 논문에서 굴드는 삼각 소간(span-drel)이라는 건축 용어와 외적응(exaptation)이라는 합성어를 도입하여 적응 주의를 비판했다. 삼각 소간은 원형 돔을 설계할 때 아치가 만나는 부분에 생긴 삼각형 공간을 말하는데 보통 장식적인 구조물로 꾸며 메워진다. 따라서 삼각 소간은 건축상의 부차적 산물이다. 현재 장식적 용도로 훌륭하게 쓰이고 있으나, 처음부터 그런 용도로 사용하려고 일부러 만든 것은 결코 아니다.

굴드에 따르면, 뇌의 발달도 삼각 소간에 해당한다. 아프리카의 초원에 처음 인류가 출현한 이래, 뇌 용량은 인류의 생존을 위해 계속 증가하는 방향으로 자연선택 되었다. 그러나 뇌의 수천 가지 기능들은 자연선택과는 아무런 관련이 없고, 뇌 용량 증가에 따른 뇌의 연산능력 발달의 부수적 결과라는 것이다. 그렇게 다른 이유에서 연유된 적응이라는 의미로, ex와 apt를 합친 신조어 외적응(exaptation)을 제시했다.

삼각 소간 원리에 의하면, 자연선택이 아니고도 얼마든지 제대로 작동하는 구조가 생길 수 있다. 그렇기에 어떤 구조는 자연선택과는 전혀 관계가 없을 수도 있다. 굴드는 더 나아가서 종의 장기적인 성공은 자연선택으로 만들어지는 형태와는 아무런 연관이 없다는 주장도 했다.

그렇지만 존 메이너드 스미스, 리처드 도킨스, 조지 윌리엄스와 같은 다윈주의의 거두들은 굴드의 의견을 백안시했다. 그들은 거시적 진화 현상들이 자연선택 이론으로 잘 설명할 수 없다는 사실을 외면한 채, 오로지 개별적 유기체의 복잡성에만 관심을 가졌다. 그것이 가장 중요하고, 개체 수준에서는 자연선택 이론만큼 설득력 있는 이론이 없다는 사실만 강조했다.

아직까지도 학계의 전반적인 분위기는 전통적인 다위니즘 쪽으로 기울어져 있다. 하지만 굴드의 『단속평형설』과 같은 진취적인 주장을 영구적으로 단속하긴 힘들 것이다.

『이기적 유전자』, 그 블랙엔젤의 속삭임

굴드의 『단속평형설』을 봉쇄하는 데는 리처드 도킨스의 공이 컸다. 그는 『이기적 유전자』를 통해서 수많은 난적을 일거에 제압했다. 물론, 그들 속에는 그가 사이비 과학의 한 형태로 몰아붙인 창조론 주장자들도 포함되어 있다.

도킨스가 제시한 진화적 세계관은 인간의 영성을 제거하는 행위로 이해될 수도 있었기에, 창조론자들은 분노를 참아내지 못하고 그를 에피쿠로스의 후예로 몰아붙였다. 적들의 증오는 깊어져 갔지만, 그럴수록 친위군의 찬사는 봇물처럼 쏟아졌다. 그가 도대체 무엇을 얘기했기에 열혈 팬덤이 형성됐는지, 그것이 끼친 정서적 충격의 근원을 찾아보고 그의 논증을 냉정하게 분석해보자.

『이기적 유전자』는 비유의 힘을 잘 보여 준다. 유전자를 자신의 이기적인 관심사를 추구하는 행위자로 의인화하여, 자연선택의 작용방식을 쉽게 설명했다. 그의 비유법은 특이하고 다소 과격하지만, 그가 포함시킨 경고의 메시지를 유념한다면 내용을 곡해하는 일은 발생하지 않는다. 유전자가 의식을 지닌 행위자가 아니며, 유전자의 이기주의 역시 단순한 비유라는 사실을 분명히 했기 때문이다.

하지만 유전자가 관심사에 따라 생물을 만든다는 전제에서 출발하여, 유전자가 만든 개체가 불가피하게 이기적일 수밖에 없다는 함축된 비유는 너무도 강렬해서, 독자들은 비유와 실재가 뒤섞인 카오스 상태를 경험하게 된다.

도킨스의 저작을 접하기 전의 학자들은 자연선택이 종에게 이익이 되는 일을 하도록 개체를 이끈다고 믿어왔고, 종의 이익이 개체의 이익보다 우선된다는 결론을 내려놓은 상태여서, 개체보다 더한 미소체인 유전자를 주인공으로 삼고, 그것이 종보다 더 중심적인 위치에 있다는 주장에 충격을 받을 수밖에 없게 된다.

도킨스는 선택이 집단이나 개체에 어떤 영향을 미칠지 상관하지 않은 채, 유전자의 이익을 도모하는 행동을 빚어낸다는 것을 깨닫게 해줬고, 이타주의도 유전자들이 개체를 통해 혜택을 얻으려는 한 형식에 불과하다는 선언도 했다. 그렇다면 정말 그동안의 그 치열했던 학자들의 연구가 한여름 밤의 꿈에 불과했단 말인가!

많은 과학자들이 그 영악한 유전자를 분석하기 시작했다. 헬레나 크로닌(Helena Cronin), 재닛 래드클리프-리처즈(Janet Radcliffe-Richards), 피터 리처슨(Peter Richerson), 매트 리들리(Matt Ridley), 로버트 라이트(Robert Wright)를 비롯한 수많은 학자가 다양한 보고서를 제출했고, 그에 관한 연구는 지금까지도 지속되고 있다. 그만큼 『이기적 유전자』가 제시한 비유와 인간의 도덕에 대한 의문은 난해하고 충격적이었다.

도킨스가 『이기적 유전자』를 출간한 전후 사정을 생각해 보면, 그 글을 쓴 목적이 진화론의 발전이 유발한 도덕적 문제와 집단선택에 대한 회의를 정리하기 위해서였을 가능성이 높다. 사실, 당시에 그런 의미의 혼란은 도킨스만이 겪었던 게 아니다. 그 외에도 많은 학자가 그런 고민을 했다는 사실이 생생한 기록물로 남아있다. 이른바 집단 선택론의 몰락을 예감한 저서들이다.

조지 윌리엄스는 1966년에 발표된 『적응과 자연선택』에서 집단을 돕는 유전자가 개체의 생존과 번식을 약화시킨다면 존속할 수 없다고 논증했다. 그리고 윌리엄 해밀턴은 이타적 행동에 대한 설명을 시도했다. 그는 친척들이 후손을 통해 같은 유전자를 공유하므로, 친척을 돕도록 하는 유전자는 같은 유전자를 지닐 가능성이 높은 후손들에게 혜택이 돌아가기 때문에, 점점 더 늘어날 거라고 설명했다. 진화론의 첨단에 서 있는 학자들의 고심이 그렇게 깊어져 갔지만, 대중들은 무관심했다. 진화론에 내포된 도덕적 은유나 모

조지 윌리엄스(1926~2010) 미국의 진화생물학자. 성의 진화에서부터 다윈 의학까지 진화생물학의 폭넓은 분야에 두루 영향을 끼쳤다.

순에 대한 고민이 일반사회까지 확산되지는 않았다는 뜻이다. 에드워드 윌슨의『사회생물학』이 외부의 관심을 끌기는 했지만, 그 주제는 집단선택론과 인간의 이타주의에 관한 것이 아니었다. 시대적 상황이 그랬기에『이기적 유전자』의 가치를 높게 볼 수밖에 없다. 대중들에게 집단선택과 친족선택에 대한 관심을 폭발적으로 불러일으킨 것은 그것이 거의 유일했다.

『이기적 유전자』에 대한 독자들의 관심은 아직도 여전하다. 그 명저는 몹시 자극적이어서, 독자들을 계속 감탄하게도 하지만, 계속 분노하게도 한다. 그런데 그렇게 지속적으로 분노를 느끼는 까닭이 무엇일까? 도킨스의 자극적인 표현에 원인이 없진 않지만, 냉정하게 따져보면 독자들의 습성에 더 큰 원인이 있어 보인다. 유전자의 시선에 맞춰서 논제를 읽어가야 하는데, 습관적으로 인간의 시선으로 행간을 파악하기 때문에 그런 것 같다.

인간은 무시로 자신의 존재가치를 찾으며 살아간다. 이 세상에 존재하는 모든 사물이 그 나름대로 존재 이유가 있을 텐데, 하물며 만물의 영장인 인간의 존재 이유가 없을 리 없다. 인간은 존재 가치를 찾는 동시에 자신의 존재 의미를 깊고 넓게 키워나가기도 한다. 그리고 그렇게 자신의 존재감을 키워나가는 데 이타적인 생각과 그 실천이 상당히 중요한 역할을 한다고 여기고 있다. 또한, 이타주의는 인간과 동물의 확연한 차이점이기에 귀하게 여긴다.

그런데 도킨스가 그런 인간의 전통적인 사고의 틀을 뿌리째 흔들어버렸다. 인간이 이기적 유전자의 영속을 보장해주는 기계장치에 불과하다고 주장한 것이다. 물론, 도킨스는 그것이 단순한 비유라고, 진화의 원리를 잘 설명하기 위한 비유일 뿐이라고 말하고 있지만, 실제로 책을 접하게 되면 그렇게 읽혀지지 않는다는 것이 문제다. 아무리 관대하게 읽어도, 인간의 본성에 관한 의문들을 집단선택론의 몰락이라는 관점에서 재평가하고 있고, 인간이 굴욕감을 느낄 수밖에 없는 결론을 내놓고 있음을 부정하기 힘들게 만든다.

인간은 본래 악하고, 이기적이다. 우리의 본성이 그러하다면, 이타주의는 어떻게 설명할 것인가? 도킨스에게 있어서 이타적인 성향이 있다는 자체가 착각이다. 그런 경향은 유전자를 돕는 것일 때에만 존재하기에, 이타적 행동은 사실상 이기적이며, 진정한 이타주의는 불가능하다. 정말 굴욕적인 결론이다. 너무 굴욕적이어서 독자들은 거부감을 표현할 수밖에 없다. 하지만 전문가들은 대체로 담담히 그 논증을 받아들이는 입장을 취하고 있다. 진실이므로. 그들이 스스로 밝히기 꺼렸지만, 그것은 진실이라고 한다.

사실, 과거를 되짚어보면, 책 속의 개념들은 대부분 예전부터 뚜껑 덮인 냄비 속에서 부글거리며 끓고 있던 것이었다. 1893년에 헉슬리는 '진화와 윤리'라는 글을 발표한 바 있다. 인간의 선(善)이 자연스럽지 못할 뿐 아니라, 자연선택으로 형성된 것이기에 이기적일 수밖에 없다는 게 핵심인데, 그것은 도킨스의 견해와 거의 같다. 그 논문은 윌리엄스와 패러디스에 의해 1989년에 다시 발간되기도 했다. 아직도 그에 대한 주석과 비평서가 나오고 있는데, 그럴수록 『이기적 유전자』가 개인적인 이론이 아니고, 자연선택에 대한 참의 논리라는 사실이 더 명확해져 가고 있다.

개체는 유전자에 최상인 것을 하도록 형성된다. 그것은 논란의 여지가 없다. 그리고 그런 유전자와 행동을 '이기적'이라고 부르는 것이다. 유전자는 다른 개체의 유전자들을 희생시키면서 다음 세대에 자신을 많이 남길 수 있는 행동을 하는 개체를 만들기에 분명히 이기적이다. 그리고 다른 유전자들에 혜택이 돌아가는 행동을 빚어내는 유전자는 선택되지 못할 것이므로, 이타주의는 결코 일어날 수 없다. 그것도 진실이다.

하지만 『이기적 유전자』를 덮고 냉정하게 생각해보자. 유전자에 넘겨줬던 주연 자리를 우리에게로 가져와 우리 입장에서 유전자를 바라보자. 정말로 유전자의 이익이 그 유전자를 품고 있는 개체의 이익과 같을까? 혹은 개체의 이익이 그 개체가 지닌 유전자의 이익과 같을까? 그럴 가능성은 거의 없다. 도킨스에게 그럴 의도는 없었겠지만, 그의 비유는 우리의 이익과 우리 유전자의 이익이 크게 다르다는 사실을 잊게 만들어 버렸다.

자신의 도전이 재앙으로 이어지질 것을 알면서도 멈추지 않는 사람이 우리 사회에 흔히 있고, 쾌락에 빠져 인생을 소비하는 사람도 많이 있다. 그런데 누가 봐도 개체가 스스로를 해롭게 하는 일을 하고 있는데, 유전자는 도대체 뭘 하고 있는가? 그리고 그런 이기적이지 못한 개체의 행동은 무엇이 유발했다는 것인가? 유전자는 절대로 그런 행동을 유발하지 않았을 텐데 말이다. 혹여, 유전자가 개체의 이익에 해를 입히는 행동을 유발하기도 한다면, 그 유전자는 결코 이기적이지 못한 존재다.

개체와 유전자의 유대감이 느껴지지 않는 것은 개체의 이기적인 행동의 경우에도 마찬가지다. 이기적인 행동이 적응도에 해가 되는 경우도 허다하기 때문이다. 또한, 이기와 이타에 대한 우리의 직관적인 개념은, 우리 유전자의 혜택 여부와는 거의 무관하게, 실행에 드는 비용과 보상의 함수 관계를 따져서 판단한다. 들어가는 비용에 비해 돌아오는 보상의 비율이 커질수록 더 이기적이라고 본다.

유전자 역시 정말 이기적이라면, 자신의 이익을 향상시키기 위해 무슨 짓이든 한다. 하지만 그들이 개체 자체를 희생시키면서 속임수를 쓰지는 않는다. 그렇기에 이타적 유전자의 존재는 불가능할지 모르지만,

진정으로 이기적인 유전자 역시 극히 드물다. 사실, 유전자는 이기적인 행동만 하면 아무것도 얻지 못한다. 다른 유전자들과 협력하여 개체 자체에 혜택을 주어야만 성공적인 번성이 이루어지기 때문이다.

물론, 개체의 사정은 유전자와 다르다. 개체들은 유전적으로 똑같지 않으므로 집단 속에서 번식을 위한 경쟁을 해야 한다. 그 경쟁은 냉혹하다. 하지만 개체 역시 이기적 행동만으로 번식을 최대화할 수는 없다. 이기적인 행동을 할 경우에 경쟁할 기회 자체를 잃는 경우가 많고, 불운한 경우에는 영원히 도태될 수도 있기 때문이다. 물론, 예외적인 경우가 있기는 하지만 대체로 그렇다.

하지만 협력을 도모하며 이타적인 행동을 하는 개체는 경쟁의 장에서 도태되는 경우가 드물며 장기적으로 혜택을 얻는 경우가 많다. 물론, 여기에도 예외의 경우가 있다. 게임 이론은 그 예외의 경우를 강조하며, 이타주의자들이 착취당하기 쉽다고 지적하지만, 타인에게 이기적이라고 인식되는 것도 그만큼 혹은 그 이상 위험하다.

개체가 후세에 유전자를 전하기 위해 노력하는 것은 사실이다. 하지만 주로 협동을 통해 그 목표를 달성한다. 이럴 경우, 이 협동을 유전자의 이익을 도모한다는 이유로 이기적이라고 부르기는 곤란할 것 같다. 도킨스는 불확실한 집단행동이 부정행위의 유혹을 불러일으킨다는 예를 보여주면서, 인간은 오직 특정한 조건에서만 통합된 공동체로 행동한다고 역설했지만, 개체 간 협동이 장구한 세월 동안 지속되고 있는 실재와는 잘 맞지 않는다.

우리의 사회에는 이기적인 면과 이타적인 면이 공존하고 우리의 행동 또한 그렇다. 그렇기에 우리는 자신의 이기심을 밝히는 것을 별로 부끄러워하지 않는 경우가 많다. 이타적인 행동을 할 때도 마찬가지다.

그러나 계산된 사리사욕을 위하여 행동할 때와 사심 없는 이타적인 행동을 할 때의 심리적 기작은 확연히 다르다. 이기적인 행동은 최대의 이익을 얻고자 하는 철저한 계산에서 비롯되지만, 후자의 경우는 계산과는 무관한 사랑이나 의무감 같은 순수한 감정이 그 발로다.

이런 인간의 속성을 잘 알고 있는 학자들은, 인간관계에 친족 관계와 호혜성 이상의 것이 들어 있을 거로 추정하고 있다. 페어(Ernst Fehr)는 우리가 놓치고 있는 그것이 바로 헌신일 거라고 말한다. 물론, 학자들이 이 헌신을 바라보는 시각은 일반인의 시각과는 다소 거리가 있다.

학자들의 생각에는, 인간이 자신에게 이익이 되지 않는 일에 헌신하는 것은 순수하게 아무 대가를 바라지 않는

페어(Ernst Fehr 1956년생) 오스트리아의 경제학자. 그의 연구는 특히 공정성, 상호 및 제한된 합리성 인간의 협력과 사회성의 진화 영역을 다루고 있다.

경우도 있지만, 물질적인 대가 대신 사회적 영향력을 획득하려는 의도가 깔린 경우도 있고, 헌신이 고도로 은폐된 전략으로 사용되는 경우도 있다고 여기고 있다. 물론, 이럴 경우에 자신에게 무익한 일을 계속하리라는 것을 남들에게 확신시켜야 하는 과제가 남아 있지만, 이것은 인간사회에서 실제로 사용되고 있는 전략이다.

헌신하는 사람은 사회적 영향력을 획득할 수 있기에, 그 이점은 헌신과 도덕적 행동을 촉발하는 선택 힘이 되고, 그런 선택 힘이 이타주의 성향을 조성할 수 있다. 사회적 선택의 힘이 사회집단들의 역학으로부터 새롭게 출현한 자연선택의 힘으로 작용할 거라는 뜻이다.

사회규범에 순응하는 경향도 그 범주에 들어있다. 규범을 어기는 개인들은 사회에서 배척된다. 여러 가지 영향력을 발휘할 기회를 잃게 되

기에, 자신에게 거는 타인의 기대가 무엇인지 이해하고자 하는 인간의 성향을 조성한다. 그것은 확실히 강력한 선택 힘이다. 이런 면들을 종합적으로 고려해보면, 사회적 선택은 우리의 도덕적 능력을 설명하는 자연선택의 누락된 힘인 것 같다.

인간이 이타적인 행동을 할 수 없다고 말하지 말자. 이기적인 존재이기에 세상에 아직 살아남아 있다고 말하지 말자. 『이기적 유전자』, 그 주인공이 비유의 주체라는 걸 알고 있다. 진화론을 친절하게 설명하기 위한. 그러나 무엇을 주장하든 이 점은 늘 염두에 두어야 한다. 모든 지식은 인간의 존재가치를 높이기 위해 필요한 것이기에, 인간의 도덕적 긍지나 자존감에 치명적인 아픔을 줘서는 안 된다. 만약 어떤 학문 분야를 공고히 하기 위해, 어쩔 수 없이 변형된 논리를 재생산하거나 부가한다면, 그것은 인류를 위한 지혜로운 연구라기보다는 학문을 위한 학문에 불과하다.

어떤 학문을 하든지 학자들은 대중적 스키마(schema)를 항상 의식해야 하며, 그것은 존중해줄 자세를 취해야 한다. 세상 사람들은 개인적 관점에 토대를 둔 스키마를 지니고 살아가며, 자신의 세계관을 보존하기 위해 노력한다. 그것은 자기의 정체성을 지키는 일인 동시에 살아가는 중요한 이유다.

그래서 많은 사람들이 『이기적 유전자』의 원초적인 비유에 가슴 아파하는 것이다.

진화에 관한 지식의 지평선

긴 세월 동안 이어져 온 진화의 장구한 여정이나, 생명체들이 지니고 있는 정밀한 기관과 구조, 그리고 그들이 보여주는 기적 같은 현상 등을 고려해보면, 그 모든 것들이 정말 우연의 산물일 수 있을까 하는 의구심이 뇌리에 연기처럼 피어오른다.

그것이 사실이라고 말해준다는 많은 증거들을 상세히 검토해 봐도, 여전히 의구심이 말끔히 가시지 않고, 진화 전체에 대한 직관적이고 종합적인 이해 역시 쉽게 얻어지지 않는다. 그것은 현대 물리학의 몇몇 추상적인 이론들에 대해, 만족할 만한 이미지를 머릿속에 그려낼 수 없는 것과 유사하다.

물리학의 경우, 그것이 미시 물리학이든 우주 물리학이든, 직관적인 이해를 어렵게 만드는 원인이 무엇인지는 자명하다. 문제 되는 현상들의 스케일이 우리들의 직접적인 경험의 범주들을 훨씬 넘어서는 것이기 때문이다.

하지만 생물학 분야에 대한 이질감은 그 원인이 완전히 다르다. 크기가 너무 크거나 작은 데 그 원인이 있는 게 아니고, 그 내용이 너무 복잡한 데 원인이 있다. 생명체 시스템이 가진 경이적인 복잡성이, 그것에 대한 전체상을 그려낼 엄두를 내지 못하게 만든다.

오늘날 우리는 진화의 기본적인 메커니즘을 단지 그 원리의 측면에서 파악하는 것을 넘어서, 세부적인 면까지 상세히 확인하고 있다. 현재 지식의 최전선은 진화의 양 극단에서 펼쳐지고 있다. 한편에는 최초 생명의 기원 문제가, 다른 한편에는 합목적적인 시스템의 기능에 관련된 문제가 있다.

그중에 생명의 기원에 관한 문제가 가장 난제다. 대중들은 생물학자들이 생명체의 본질적인 속성들의 보편적인 메커니즘을 알아냈으니, 생명의 기원에 관한 문제도 곧 해결할 거라고 믿고 있다. 하지만 보편적인 메커니즘의 발견은, 예전과는 다른 방식으로 생명체의 기원 문제를 정립할 수 있게 해주었지만, 그 과제가 예전에 생각했던 것보다 훨씬 더 어려운 것임을 깨닫게도 해줬다.

최초의 유기체, 그 출현 과정은 다음과 같은 단계를 틀림없이 거쳤을 것이다. 생명체의 필수적인 화학 성분인 뉴클레오타이드와 아미노산이 지구에서 형성되는 단계, 이들로부터 복제능력을 가진 최초의 고분자들이 형성되는 단계, 이들 '복제능력을 가진 구조들' 주위에 어떤 합목적적 장치가 구축되는 진화가 일어나서 원시세포에 이르게 되는 단계 등은 필연적으로 거쳤을 것이다.

문제는 그렇게 단계를 나눈 다음, 각 단계를 세부적으로 들여다보았을 때, 난감한 문제점들이 더욱 부각되거나 새롭게 추가되기도 한다는 사실이다. 그래도 첫 번째 단계는, 다른 단계와 달리 설명할 수 있는 추론이 존재한다. 첫 단계는 '전-생명기'라고 불리는데, 이론상으로뿐만 아니라 실험적으로도 접근해갈 수 있다. 전-생명기의 화학적 진화는 밟아온 길에 얼마간의 불확실성이 남아 있지만, 그 전체적인 그림은 그려낼 수 있다. 40억 년 전의 지구의 대기 및 지각의 조건은 메탄과 같은 간단한 탄소 화합물이 축적되기에 좋은 조건

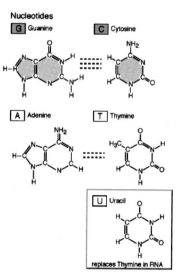

Nucleotides

이었다. 게다가 거기에는 물도 있었고 암모니아도 있었다. 그 화합물들에 비(非)생물학적 촉매가 작용하게 되어 더욱 복잡한 화합물들이 생겨났는데, 거기에는 아미노산과 뉴클레오티드의 전구체 함질소 염기와 당도 들어 있다. 세포를 이루고 있는 구성성분과 같거나 유사한 화합물을 만들어내는 합성이 일어날 확률이 대단히 높은 환경이었다. 그러므로 지구상의 어느 한 시기에, 어느 정도 용량의 물이 생체 고분자의 두 종류인 핵산과 단백질의 기본 성분들을 고농도의 용해상태에서 포함할 수 있었다고 간주할 수 있다. 이 원시적인 '전–생명기의 수프'에서 다양한 고분자들이 그것들의 전구체인 아미노산들과 뉴클레오티드들의 중합반응에 의해서 형성되었을 것이다. 실제로 전–생명기의 상황을 재현해보면 고분자들과 유사한 여러 폴리펩티드들과 폴리뉴클레오티드들을 얻을 수 있다. 그러므로 문제가 전혀 없는 것은 아니지만, 여기까지는 설명이 가능하다.

그런데 그다음 단계부터 상황을 그리기가 조금씩 어려워진다. 우선, 원시 수프의 조건 속에서 어떤 합목적적 장치의 도움 없이 자기 자신의 복제를 진척시킬 수 있는 고분자가 형성될 수 있음을 설명해야 한다. 다소 난감하지만, 극복될 수 없는 것으로 보이지는 않는다. 우리가 알기에, 하나의 폴리뉴클레오티드 연쇄는 실제로 자발적인 짝짓기에 의해, 자신에 대해 상보적인 배열 순서로 상대편의 폴리뉴클레오티드 연쇄가 형성되도록 유도할 수 있다. 물론, 이와 같은 메커니즘은 상당히 비효율적이어서 실제로 많은 실패가 있었겠지만, 일단 제대로 작동하기 시작하자, 진화의 세 가지 근본적인 과정인 복제와 돌연변이 그리고 선택이 작용하기 시작했을 것이다. 그리하여 자기 자신을 자발적으로 복제해내는 일에 그 배열의 구조상 적합했던 고분자들에게 엄청난 이득이 주어졌을 것이다.

가설의 세 번째 단계는, 복제능력을 가진 구조 주위에 합목적적인 시스템이 점차 발생하게 됨으로써 하나의 원시세포가 구축되는 과정이다. 우리가 정말로 지식의 한계를 느끼게 되는 것은 바로 이 단계다. 왜냐하면, 원시세포의 구조가 어떠했을지에 대해 아는 게 전혀 없기 때문이다.

우리가 아는 가장 간단한 생명체인 박테리아 세포만 해도 작지만 매우 복잡한 구조로, 오늘날과 같은 상태를 갖게 된 것이 아마도 10억 년 전쯤부터인 것으로 보인다. 그리고 이 보잘것없는 박테리아 세포의 화학적 기본 설계도도 다른 모든 생명체의 그것과 똑같다. 예컨대, 인간의 세포와 똑같은 유전암호와 똑같은 번역 메커니즘을 사용하기 때문에 이 간단한 세포조차도 전혀 원시적이 아니다. 또한, 이들도 5천억 내지 1조 세대가 넘는 동안 자연선택을 통해서 합목적적 장치가 점차적으로 축적되어 이뤄진 산물이기에, 이들에게서 원시적인 구조의 잔흔을 찾아낼 수 없다. 그렇기에 이 세 번째 단계가 어떻게 일어났는지를 재구성해내는 일은 불가능하다.

원시 수프가 점차 묽어져 감에 따라 화학 포텐셜 동원과 세포성분 합성이 반드시 필요했던 대사계가 어떻게 생성되었는가를 알아내는 건 정말 난제다. 또한, 세포가 생존하기 위해서는 세포막이 있어야만 하는데, 이것이 어떻게 발생하게 되었는지에 대해서도 사정은 마찬가지다. 그리고 무엇보다 가장 난감한 건 유전암호와 그 번역 메커니즘의 기원에 관한 문제다.

유전암호는 번역되지 않으면 의미가 없다. 세포 번역기계는 대략 150개의 고분자 성분을 포함하고 있는데, 이들 성분 자체가 DNA 속에 암호화되어 있다. 즉, 암호의 번역에 의해 만들어지는 산물에 의해서만 암호가 번역될 수 있는 것이다. 그렇다면 언제 어떻게 이 고리가 이처럼 자기 순환적으로 채워지게 된 것일까? 이 물음에 대해서는 두 가지의 개연성을 떠올릴 수 있다. 첫째, 유전암호의 구조를 화학적 이유로 설명할 수 있을 것이다. 어떤 하나의 암호가 어떤 하나의 아미노산을 지시하도록 선택된 것은, 이 둘 사이에 모종의 입체 화학적 친연성이 있기 때문일 거로 추정하는 것이다. 둘째, 유전암호의 구조는 화학적으로 보자면 자의적이기에 유전암호가 일련의 우연적 선택들의 결과로서, 이러한 선택들이 유전암호의 구조를 조금씩 점진적으로 풍부하게 만들었을 거라고 추정하는 것이다.

이 중에 매력이 느껴지는 것은 첫 번째 경우이다. 이 가정은 유전암호의 보편성을 설명할 수 있고, 원시적인 번역기계의 모습이 어떠한 것이었을 지를 상상할 수도 있게 한다. 즉 여러 아미노산이 서로 연쇄적으로 배열되어 하나의 폴리펩티드를 만들게 될 때, 이 배열의 방식이 이들 아미노산과 복제능력을 가진 구조 자체 사이의 직접적인 상호작용에 의해서 정해지는, 원시적 번역 기계를 상상할 수 있다. 또한, 실증이 가능할 것도 같다. 그러나 이상하게도 실제로 행해진 시도에서는 유효한 결론을 얻어낼 수 없었다.

이런 사정 때문에, 여러 방법론적인 이유에서 흡족하지 못한 두 번째 가정으로 학자들의 의견이 기울고 있다. 방법론적인 이유에서 흡족하지 못하다고 해서 이 가정이 꼭 부정확한 것은 아니지만, 이 가정은 유전암호의 보편성을 잘 설명하지 못한다. 그러므로 유전암호의 보편성을 설명하기 위해서는, 암호를 짜기 위해 행해진 수없이 많은 시도 가운데 오직 하나만이 살아남은 것이라고 가정해야 한다. 이러한 생각은 그럴듯해 보여도, 원시적인 번역기계의 완성된 모델을 제시해주지 못한다. 그래서 추상적인 사변만으로 이 틈을 메워야 한다.

이외에도 다른 아이디어들이 있긴 하지만, 공감할 만한 것은 없다.

그렇기에 이 영역의 과제는 오랫동안 혹은 영원히 수수께끼로 남아 있을 가능성이 높다. 그런데도, 생명체가 출현했다. 인간이 도저히 그 기원을 알아낼 수 없을 것 같은데, 도저히 생명체가 생겨날 수 없을 것 같은데, 생명체는 탄생했다.

지구상에 생명체가 탄생한 건 믿을 수 있든 없든, 분명한 실재다. 그런데 이 사건이 일어나기 전에, 같은 사건이 일어났을 확률은 얼마나 되었을까. 생명권의 실제 구조를 고려해보건대, 생명의 출현을 가능케 한 결정적 사건은 오직 한 번만 발생했을 가능성을 배제할 수 없다. 즉, 그 선험적 확률은 거의 0이었다는 말이다.

이러한 결론은 과학자들을 불편하게 한다. 유일무이한 사건에 대해서는 과학이 아무런 말을 할 수 없기 때문이다. 과학은 그 속성상 복수의 사건들, 따라서 그 선험적 확률이 아무리 미소한 것일지라도 어느 정도의 유한한 값을 갖는 사건들에 대해서만 설명을 시도할 수 있다. 그런데 생명체의 유전암호와 구조들의 보편성은 모든 생명체가 어떤 유일무이한 사건의 산물이라는 것을 말해준다. 물론, 이 유일성이 수많은 시도와 변이체들이 자연선택에 의해 도태되고 난 후 얻어진 것일 수는 있다. 하지만 생명탄생의 사건이 일어나게 될 선험적 확률이 0에 가까움에도 불구하고, 생명체는 분명히 존재하고 있다. 이건 기적 이상의 그 무엇이다.

이제, 생명과 인간의 기원에 대한 문제는 잠시 접어두고, 또 다른 난제로 여기고 있는 중추신경계에 관해서 생각해보자. 이 문제 역시 진화론으로 설명하기 곤란한 문제가 도처에 있는데, 여기에는 사이버틱한 요소들과 의식이란 또 다른 차원이 개입되어 있어, 신체구조와 기관의 진화와는 차원이 다른 설명이 필요하다는 점에서, 전자와는 성질이 전혀 다른 난제라고 할 수 있다.

중추신경계의 비밀을 풀 수 있는 결정적 열쇠는 뇌가 가지고 있다. 그런데 뇌는 다른 신체기관과는 차원이 다른 신비를 가지고 있다. 더구나 인간의 뇌는 그 존재 자체가 거의 판타지다. 그래서 어떤 학자들은 인간 뇌의 전체적인 기능을 남김없이 파악하려 하는 노력은 실패로 돌아갈 수밖에 없을 거라고 말하기도 한다. 하지만 포기할 수 없는 일이다. 인간 뇌에 대한 탐구는 실험적 접근을 가로막는 장벽들이 많아 실현이 난감한 건 사실이지만, 다른 동물들의 뇌에 대한 탐구로는 대체할 수 없는 독보적인 의의를 갖고 있다. 인간 뇌에 대한 탐구를 통해서만, 체험과 관련된 객관적 소여와 주관적 소여를 서로 비교할 수 있기 때문이다.

하지만 난제들이 첩첩이 쌓여 있다. 그중 가장 어려운 문제는 중추신경계와 같은 복잡한 구조의 후성적(後成的, epigenetic) 발생이 제기하는 문제일 것이다. 인간의 중추신경계는 1012개~1013개에 이르는 시냅스들의 매개에 의해 서로 연결되어 있다. 이 중 일부의 시냅스들은 멀리 떨어져 있는 신경세포들을 서로 연결하기도 한다. 이러한 사실은 실험에 의해서도 확인되었는데, 시냅스라는 기본적인 논리적 요소의 기능을 제대로 인식하지 않고서는 이해하기 불가능하다.

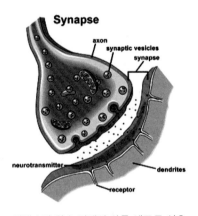

시냅스란 한 뉴런에서 다른 세포로 신호를 전달하는 연결 지점이다. 뉴런이 신호를 각각의 표적 세포로 전달하는 역할을 한다면, 시냅스는 뉴런이 그러한 역할을 할 수 있도록 하는 도구이다

시냅스의 차원은 실험으로 접근하기에 어렵지 않아서 많은 연구가 이뤄졌지만, 시냅스에 의한 전달을 분자들의 상호작용으로 해석하는 데까지는 아직 이르지 못하고 있다. 하지만 이것은 결코 간과해서는 안 되는 과제다. 왜냐하면, 기억의 궁극적인 비밀

이 거기에 숨어 있을 가능성이 높기 때문이다. 오래전부터 기억이란 신경에 유입되는 것을 시냅스 전체로 전달하는 역할을 맡은 분자들의 상호작용에 생긴, 비가역적인 변화로 기록되는 것으로 가정해왔다. 물론, 그에 대한 직접적인 증거는 아직 찾지 못했다.

중추신경계의 메커니즘에 관한 인간의 지식이 일천한 건 사실이지만, 전기 생리학자들은 몇몇 감각 경로들에서 신경 신호들이 어떻게 분석되고 통합되는지에 대해 의미 있는 연구결과들을 도출해냈다. 우선 시냅스들의 매개를 통해 다른 세포들로부터 받아들일 수 있는 신호들을 집적하는 뉴런의 속성을 알아냈다. 분석결과, 뉴런은 기능 면에서 전자계산기의 집적요소와 대단히 유사했다. 뉴런은 전자계산기의 집적요소와 마찬가지로 명제 계산에 관한 모든 논리적 연산을 수행할 수 있다. 그리고 여기서 더 나아가 뉴런은 온갖 신호들의 시간상에서의 일치를 고려하여 그들을 더하거나 뺄 수도 있으며, 자신이 내보내는 신호들의 진동수를 자신이 받아들이는 신호들의 진폭에 따라 변경할 수도 있다. 단순해 보이는 뉴런이 그 기능 면에서 계산기의 단위 구성요소를 능가하는 면도 인상 깊지만, 사이버네틱 기계들과 중추신경계 사이의 다름은 더욱 인상적이다.

우선 둘 사이의 유사성은 낮은 수준의 집적의 차원(예컨대, 감각분석의 첫 번째 단계)에서만 나타난다. 그 이상의 차원에서는 대뇌피질이 갖는 고등한 기능 때문에 비교 자체를 무의미하게 만든다. 인간의 인지적 기능은 매우 세련된 것이고, 또한 매우 다양한 방식으로 사용되기에, 인간의 뇌가 다른 동물의 뇌보다 얼마나 월등한지 측정할 수조차 없다. 잠시, 동물 뇌의 원래적인 기능을 열거해보면서 인간 뇌의 특별함도 살펴보자.

첫째, 동물의 뇌는 감각 입력에 맞추어 신경 지배 활동을 조절하고 통합한다. 둘째, 크고 작은 복잡한 행동을 위한 프로그램들을, 유전적으로 결정된 여러 회로의 형태로 지니고 있고, 특정한 자극에 따라 프로그램들을 작동시킨다. 셋째, 감각 입력들을 분석하고 여과하고 통합하여 외부세계를 재현해낸다. 이때 외부세계에 대한 각 동물 종의 재현 방식은 종(種)적인 차이로 인해 서로 다르다. 즉, 각 동물 종마다 자신의 종에게만 특유하게 적합한 방식으로 외부세계를 재현해낸다. 넷째, 각 종에 특유한 행동양식과 관련하여 의미 있는 사건들을 기록하고 저장하며, 그들을 유사한 것들끼리 묶어 집합들로 분류한다. 이 집합들을 그들 각각을 구성하는 사건들 사이의 관계에 따라, 동시적으로 일어났느냐, 순차적으로 일어났느냐에 따라 서로 연관시킨다. 그리고 이미 선천적으로 타고난 프로그램들에다 이런 경험들을 더 보탬으로써 더욱 풍요롭게 만든다. 다섯째, 상(像)을 만들어낸다. 즉 외부의 사건들이나 혹은 동물 자신의 행동 프로그램을 표상하고 본뜬다.

처음 세 개 항의 기능들은 일반적으로 고등동물로 분류되지 않는 동물들, 예컨대 절족동물 등의 중추신경계에 의해서도 수행되는 것들이다. 선천적인 행동의 프로그램으로서, 비근한 예는 곤충들에게서 발견된다. 하지만 네 번째 항에서 규정된 기능이 이들 동물에게 있는지는 의심스럽다. 반면에 이 네 번째 항의 기능은 모든 척추동물의 행동에는 물론이거니와 문어와 같은 고등한 비척추동물의 행동에도 기여한다.

다섯 번째 항의 기능은 고등 척추동물들만이 가진 특권일 것이다. 하지만 이 경우에는 의식이 개입된다. 우리는 오직 우리와 가까운 종들에게서만 이러한 기능의 활동을 나타내는 외적 징후를 알아볼 수 있다. 처음 세 가지의 기능은 단지 조정적이고 외부세계를 재현해내는 데 그치지만, 네 번째와 다섯 번째의 기능은 인지적 기능이다. 그리고 오직 다섯 번째의 기능만이 주관적 경험을 창조해낼 수 있다.

그리고 셋째 항에 의하면, 중추신경계에 의한 감각인상의 분석은 외부 세계에 대한 일정한 방향으로 정위(定位)된 재현을 제공해준다. 즉 외부 세계에 대한 일종의 축도를 제공해주는 것인데, 종마다 서로 다르게 그려지는 이 축도 속에는 그 종의 특유한 행동과 관련해서 중요성이 있는 것들만이 분명한 모습을 드러낸다. 실제로 이를 입증해주는 실험들은 많이 있다.

예컨대, 개구리 눈의 뒤쪽에 있는 분석기는 개구리로 하여금 파리가 움직일 때는 볼 수 있게 하지만, 움직이지 않고 가만히 있을 때에는 그렇게 하지 못한다. 따라서 개구리는 움직이는 파리밖에 잡지 못한다. 전기 생리학적 분석으로 증명되는 것인데, 이는 개구리가 움직이지 않는 점을 보고도 먹잇감이라는 확신이 없어서 무시하기 때문에 일어나는 일이 결코 아니다. 움직이지 않는 점의 영상이 개구리의 망막 위에 맺히긴 하지만, 개구리의 신경계는 오직 움직이는 물체에 의해서만 자극을 받으므로, 이 영상이 뇌에 전달되지 않는다.

그리고 동물들은 몇몇 추상적인, 특히 기하학적인 범주들에 따라 대상들이나 대상들 사이의 관계들을 분류한다. 문어나 쥐는 삼각형, 원, 사각형의 관념을 배울 수 있다. 이들은 실제 대상들이 가진 크기, 방향성, 색깔과 관계없이 대상들의 기하학적 특징들을 실수 없이 알아볼 수 있다.

도형들을 분석하는 동물들의 신경회로에 대한 연구는 대상의 기하학적 속성을 알아보는 식별능력이 동물의 신경회로 구조 자체에서 연유한다는 사실을 밝혀냈다. 신경회로가 망막에 주어진 이미지를 여과하고 재구성하는 것이다. 결국, 신경회로 자체가 자신의 고유한 제한을 이미지에 가하여, 이 이미지로부터 몇몇 단순한 요소들을 추출해내는 것이다. 예컨대, 몇몇 신경세포는 왼쪽에서 오른쪽으로 기운 직선도형에만 반응하는 반면에, 반대방향으로 기운 직선도형에만 반응하는 신경세포들도 있다. 그러므로 기초 기하학의 관념들은 대상 자체 속에서 표상되는 것이라기보다는, 이 대상을 지각하는 감각 분석기에 의해서 표상되는 것이다.

아무튼, 중추신경계가 이렇게 동물마다 조금씩 다르고, 인간의 경우는 다른 동물과는 전혀 다른, 특별한 시뮬레이션 기능까지 가지고 있다. 이것은 인간이 뇌에 아주 특별한 피질이 있기 때문인데, 이에 대한 연구는 깊게 할수록 도리어 의문이 늘어나는 추세이고, 의식까지 포함하면 더욱 복잡해진다.

그렇다면, 인간 의식이라는 독특한 현상은 무엇으로 인해 만들어졌을까? 순전히 생물학적 처리능력만 가지고 생각하거나 신념을 형성할 수 있을까? 그리고 의식을 뇌의 물리학과 화학만으로 설명할 수 있을까? 알 수 없다. 정말, 알 수 없다.

우리의 두개골 속에 담겨 있는 뇌의 기능을, 우리가 모르고 있다는 게 아이러니하기도 하지만, 그 신비를 알아내는 게 요원해 보인다. 중추신경계에 관한 세부적인 연구도 언젠가 수행해 내야할 프로젝트일 텐데, 지금으로선 워낙 그 진척이 미미하여 가시적인 성과는 아득한 미래에나 거둘 수 있을 것처럼 느껴진다.

그리고 그 아득한 미래의 지평선 너머에서, 팔짱을 낀 채 서 있을 창조주를 보게 될 것 같은 예감이 들기도 한다. 이것이 단순한 망상에 불과한 것일까?

지평선 너머의 구름, 인본원리
||||||||||||||||||||||||||||||||||||||||||||||||||||||||||||||||||||||||||||||||||||||

　생명의 기원을 설명하는 데 한계를 느낀 몇몇 학자들은 이른바 '인본원리(anthropic principle)'로 불리는 논변을 펼치고 있다. 그 논변에 따르면, 우리 우주에 지적인 생명이 존재한다는 사실은, 지적인 생명의 발생을 위한 조건들이 미리 준비되었음을 의미한다. 사변적인 논리에 불과할 수도 있지만, 그로부터 주목할 만한 사실들을 도출해낼 수도 있다. 대표적인 것이, 자연의 상수들이 지금과 조금이라도 다르다면, 우리가 살 수 있는, 현재와 같은 우주가 존재할 수 없다는 사실이다.

　우주에 존재하는 네 가지의 힘 중에 강력은 양성자들 사이의 전기적 척력을 극복할 만큼 강하지만, 그 인력은 두 개의 양성자로 결합한 계를 만들 만큼 강하지는 않다. 그래서 이중 양성자(diproton)가 존재하지 않는다. 만일 원자핵 속의 인력이 실제보다 조금이라도 크다면, 우주에 있는 수소는 거의 전부 결합하여 이중 양성자나 그보다 더 큰 핵을 이룰 것이다. 그렇게 되면 수소는 드문 원소가 될 테고, 태양처럼 천천히 수소를 헬륨으로 융합하여 오랫동안 에너지를 생산하는 별들은 존재할 수 없게 될 것이다. 반면에 핵력들이 실제보다 훨씬 작다면, 큰 원자핵들은 형성될 수 없다. 그렇기에, 생명의 진화에 태양처럼 수십억 년 동안 일정하게 에너지를 생산하는 별이 반드시 필요하다면, 핵력의 크기가 매우 좁은 한계 안에 있어야 한다.

　약력에 관한 적합성의 예도 있다. 실제로 태양에서 수소 융합을 일으키는 약한 상호작용은 대략 핵력의 100만 분의 1 정도로 약하다. 그러니까 태양에서 수소가 느리고 일정하게 소모되게 만들 만큼 약한 것이다. 만약 그 상호작용이 그보다 강하거나 약하다면, 태양과 유사한 별에 의존한 모든 종류의 생명체는 존재할 수 없다.

또 다른 예로, 별들 사이의 적당한 거리를 들 수 있다. 우리 은하에서 별들 사이의 평균 거리는 몇 광년 정도이다. 그런데 만약 별 사이의 거리가 지금의 10분의 1 정도로 짧다면, 인간이 살아남을 가능성은 거의 없다. 왜냐하면, 생명이 발생하여 인간까지 진화해오는 데 걸렸다고 추정되는 40억 년 사이에, 다른 별이 태양계에 접근하여, 지구의 궤도를 바꿔 놓았을 것이기 때문이다.

이런 종류의 행운은 또 있다. 전기적인 힘과 양자역학적인 힘 사이의 예민한 균형은 유기화학의 다양성을 만들어낸다. 물이 유체 상태이고, 탄소 원자들의 사슬이 복잡한 분자를 이루며, 수소 원자들이 분자들 사이에서 결합을 형성할 수 있는 것은 모두 이 덕분이다. 만일 자연 상수들이 실제와 조금이라도 달랐다면 이런 일들은 일어날 수 없었을 것이다.

생명 및 지능에 필수적인 조건들과 우주 구조 사이에, 이처럼 두드러진 조화가 성립하는 것을 주목한 과학자들은, '약한 인본원리'를 제시하면서, 우리의 존재는 오로지 특정 조건에서만 가능하다는 사실을 상기시켰다. 물론, 우주가 어떻게 그런 조건을 갖추게 되었는지는 과학으로 아직 설명할 수 없다.

그리고 '강한 인본 원리'를 주장하는 몇몇 과학자들은 우주가 특정 목표를 향해 진화하여, 결국 인간이 발생하게 하였다고 본다. 그러나 이러한 주장은 과학적으로 입증할 수 없기에, 신학적인 함축이 담긴 다양한 사변을 유도하고, 우주의 배후에는 신의 계획이 존재한다는 추측에 힘을 실어 주기도 한다.

실제로 다양한 힘들과 자연 상수들의 조화를 상세히 연구할수록 생명체의 존재를 가능케 하는 그것들의 미세 조정이 확연히 느껴진다는 학자들이 많이 있는데, 이 대목에 대해서는 진화론에 입각한 논변이 끼어들 수도 있다. 이 논변의 핵심은 인간에까지 이른 생물학적 진화가 대단히 좁고 미묘한 경로를 거쳤다는 것이다. 하지만 이런 주장은 너무 피상적이어서 중세의 목적론적 신 증명이나 우주론적 신 증명과 마찬가지로 신뢰성이 떨어져 보인다.

인본원리를 추종하는 몇몇 학자들은 그 원리를 일종의 선택원리로 이해하기도 한다. 린데가 구상한, 서로 인과적으로 연결되지 않으며 각각 다른 물리 법칙들과 자연 상수들의 값을 지닌, 수많은 거품으로 이루어진 우주는 적어도 논리적으로는 존재 가능하다. 그 다수의 거품 가운데 우리에게 적합한 자연 상수들과 법칙들을 가진 거품이 하나 있다고 생각할 수 있을 것이다. 마치 옷가게에 많은 상품이 있으면 그중에 우리에게 맞는 옷도 있는 것처럼, 다수의 우주 중에는 생명이 진화하는데 적합한 우주가 있을 거라는 뜻이다. 스티븐 와인버그(Steven Weinberg)를 비롯한 몇몇 이론 물리학자들은 이런 '다중우주(multi-verse)' 속의 생명을 대단히 멋진 발상으로 여긴다.

만일 우리 우주가 양자 진공의 우연적인 요동으로 탄생했다면, 그런 탄생은 항상 다시 일어날 수 있을 것이다. 예컨대, 끈 이론처럼 복잡한

다중우주(multiverse)

진공 구조를 포함한 이론은 효율적으로 다수의 우주를 만들어낼 수 있을 거라고 추측한다. 그러나 이 논변은 본질적으로 우리 우주가 왜 이런 구조를 갖게 됐느냐는 질문을 회피하고 있다.

사실, 우리는 아직 발견되

지 않은 물리적 양들 사이의 관계가 어떠한지 모른다. 그렇기에 이른바 평행우주를 들먹이며 논증을 펴는 물리학자들은, 통일적인 물리학 이론이 어떤 형태인지조차 아직 확실하지 않은 상황에서, 너무 성급하게 도피처를 찾고 있는 것 같다.

중력이론의 창시자인 뉴턴은 모든 행성이 한 평면 위에서 태양을 공전하는 것은 창조자의 의지 때문이라고 추측했지만, 현재의 우리는 성운설의 모델이 진실에 더 가까운 것으로 믿고 있다. 이와 마찬가지로 현재 설명하지 못하고 있는 미세한 조정도 언젠가 새롭게 개발된 과학이론으로 설명될 수 있을지 모른다.

그렇지만 그런 기대가 성과 없이 끝없이 이어지는 기대의 연속이 될 개연성도 여전히 있기에, 인본원리를 물리학적 원리로 이해하기보다는, 세상이 우리에게 우호적으로 만들어졌다는, 형이상학적인 주장으로 간주하는 게 현명할 수도 있다. 누가 어떻게 그런 세상을 만들었는지에 대한 판단은 뒤로 미뤄둔 채로 말이다.

진화론의 새 아침

지난 시대까지 세상을 이끌었던 다위니즘은 이제 한계에 이른 듯하다. 창조론 측의 공격과 같은 외부적인 요인보다는, 스스로 안고 있던 논리의 한계와 새롭게 등장하는 진화에 관한 아이디어들이 전통적 다위니즘의 뿌리를 더 심하게 흔들고 있다.

하지만 진화는 분명히 일어나고 있다. 그 기전과 강도에 대한 이견이 있을 뿐이다. 그렇기에 이쯤에서 우리는 보다 근본적인 문제에 천착해볼 필요가 있을 것 같다. 진화론자들이 말하는 것이 전적으로 옳다고 하더라도, 미래에도 여전히 과거와 같은 형태로 진화가 일어날 것인가 하는 문제 말이다. 이제부터는 진화에 관한 이론적 문제보다는 미래에 실제로 일어날 진화의 양식에 대해 생각하는 데 더 많은 시간을 할애해야 할 것 같다.

미래의 진화는 어떻게 펼쳐질 것인가? 단언컨대, 과거와는 차원이 다른, 아주 난해한 양상을 띨 것이다. 바이오와 논 바이오, 사이버 요소와 리얼 요소들이 뒤섞인, 예측조차 난감한 복잡한 양상을 띨 것이기에, 미래의 지구를 지배하는 존재 역시 현재의 인간과는 모습이 완전히 다를 가능성이 높다. 어쩌면 인간이라는 종 자체가 아닌 전혀 다른 종일 수도 있고, 생물적 존재가 아닌 기계나 하이브리드 형태일 수도 있다. 또한, 어떤 개체가 아닌, 인터넷 같은 통신망을 신경계로 하는 거대한 메커니즘이 하나의 진화체가 될 수도 있다고 여겨진다.

이제, 지평선 너머의 미래로 시선을 던져보자. 진화론의 진실성에 대한 근원적인 자성과 함께, 미래에 펼쳐질 진화와 그 주체에 대해서도 진지하게 생각해보자.

과학자들은 미시적 구조인 원자 세계로부터 거시적 구조인 은하까지 과학적 논리로 대부분 설명했다고 자부하고 있을지 모르지만, 아직 설명되지 못한 미스터리들은 무수히 많다. 가까운 들판으로 나가서 약간의 주의만 기울여도 미스터리가 넘쳐흐른다는 사실을 알 수 있다. 가장 먼저 눈에 띄는 건, 꽃잎에 앉아있는 나비의 신비로운 삶이다. 나비는 알에서 깨어난 애벌레로서 일생의 순환을 시작한다. 애벌레는 번데기 단계를 거쳤다가 날개 달린 어른벌레로 다시 태어난다.

그런데 고치 안에서 애벌레가 겪는 변태에 대해서 우리는 제대로 이해하지 못하고 있다. 애벌레의 몸체는 '수프(Soup)'라고 불리는 무정형 세포질의 액체로 완전히 분해됐다가 재형성된다. 과학은 그런 변태과정 중 어떤 단계도 해명하지 못했다. 화학, 물리학, 유전학, 분자생물학에 관한 우리의 지식이 상당하긴 하지만, 곤충의 변태(變態: meta-morphosis)조차 제대로 설명하지 못하고 있다. 그러면서도 우리는 변태 역시 진화의 소산이라고 감히 주장하고 있다.

애벌레가 번데기가 되었다가 우화하여 나비가 되는 과정을 모르면서 그 나비가 박테리아에서 진화해왔다고 말하고 있다. 이렇게 비논리적인 주장을 계속 밀고 나갈 것인가? 그리고 이런 진화론을 과학의 기반으로 인정한 채 미래를 계속 살아가야 할까? 아니다. 대안이 필요하다. 새로운 지적 기반이 필요하다.

진화론에 대한 대안적 관점을 찾기 위해서 자연계를 관찰하다 보면 세 가지 종류의 핵심적인 현상들을 관찰할 수 있다. 자연의 완벽한 정확성, 생물의 성장을 조절하는 체계적인 프로그램, 환경적 요소들이 개체의 유전자에 끼치는 영향의 압도적인 개연성 등이 그것들이다.

인간의 눈꺼풀은 눈을 정확하게 덮어준다. 눈꺼풀을 자라게 만드는 과정은 눈꺼풀이 적당한 크기가 되었을 때 멈춘다. 필요한 길이보다 더 긴 눈꺼풀을 가지게 할 정도로 잘못 맞춰지는 일은 결코 없다. 어떠한 생명체도 이런 해부학적 항목이나 세부적 기능에서 불완전성을 가지고 있지 않다. 이것은 우리가 당연하다고 여기는 보편적인 현상 중 하나일 뿐이다.

그리고 작은 오렌지 나무에는 작은 오렌지가, 큰 오렌지 나무에는 큰 오렌지가 열리고, 올챙이부터 코끼리까지 모든 유기체의 신체기관들은 개체의 크기에 맞게 적절한 비율로 자라난다. 이 모든 것이 자연의 보편적인 현상이지만 그 완벽한 정확성은 신비로운 것이 아닐 수 없다.

18세기 말에 노스캐롤라이나 대학교의 윌리엄스(Henry Williams)는 우연히 생명의 신비에 대해 의미심장한 발견을 하게 됐다. 그는 해면을 짓눌러 천을 통과시켜서 개개의 세포들로 분리하는 실험을 했는데, 분리된 채 방치했던 해면 세포들이 저절로 합쳐져 새로운 해면체

A.A.모스코너(Aron Arthur Moscona 1921~2009) 배아 개발 방법을 연구한 미국 발달 생물학자

가 생성되는 걸 목도하게 된 것이다. 그리고 1963년에는 T. 험프리스(T. Humphreys)가 윌리엄스의 발견을 다시 확인했다.

로체스터 대학교의 홀트프레터(Johannes Holtfreter)는 선배들의 배턴을 이어받아 척추동물의 배아세포를 분리해 보았는데, 그 역시 스스로 재생되었다. 1952년에는 시카고 대학교의 모스코너(A. A. Moscona)가 병아리와 생쥐의

조직으로 비슷한 실험을 시도했다. 그는 분리된 콩팥 세포가 다시 콩팥 결절로 결합할 뿐만 아니라 콩팥효소도 제대로 분비할 수 있음을 알게 됐다. 그뿐만 아니라, 간세포들도 원래의 구조와 비슷하게 재조직되어 글리코겐을 축적하는 간 기능을 제대로 수행해냈고, 심장 세포도 서로 유착되어 수축 박동까지 보여줬다.

이러한 현상들 역시 현재까지 제대로 해명해내지 못한 숙제들이다. 추측건대, 미지의 하드웨어 기능 때문이 아니라, 우리가 아직 알지 못하는 어떤 프로그램이 적용되고 있기 때문인 듯하다. 세포들이 탄소 원자처럼 서로 붙어 있기를 좋아하기 때문이라는 식으로 정리해버릴 문제가 결코 아니다. 세포들은 연합적인 기능을 지니고 있고, 거기에는 분명 어떤 프로그램이 적용되고 있다. 그렇다면 그 프로그램은 어떻게 코드화되어 있는가? 지령들이 어디에 적혀 있는가?

초파리를 이용한 번식실험이 무의미하다는 지적들이 많았지만, 거기서 얻어낸 계몽적인 성과는 분명히 있었다. 암놈이나 수놈의 초파리 한쪽이 돌연변이 열성 유전자를 가지고 있는 경우, 보통 생식에서 아무런 역할을 하지 않지만, 부모 모두가 그 유전자를 가지고 있으면 후손은 눈 없이 태어난다. 눈이 없는 후손 초파리들을 대량으로 번식시키면 그 후손들 또한 눈이 없을 수밖에 없다. 그런데 정말 신비롭게도 이런 현상이 지속되지는 않는다. 불과 몇 세대가 지나지 않아 정상적인 눈을 가진 후손들이 생겨나기 시작한다.

이 실험의 핵심 성과는, 어떤 포괄적인 프로그램이 작용하고 있음을 확인한 데 있다. 초파리의 유전자 메커니즘이 중요한 유전자가 없다는 것을 '인식'하고, 그것을 보완하기 위해 효과적인 '행동'을 취했다고 봐야 한다. 근원적인 의문점은 어디에 그 프로그램이 자리 잡고 있느냐, 그리고 그것이 어떻게 실행되느냐 하는 것이다.

독일의 생물학자인 한스 드리쉬(Hans Driesch)는 생명의 신비를 확인하는 실험을 수행한 적이 있다. 나폴리의 동물학 연구소에서 그는 성게 알을 가지고 그 실험을 했다. 그는 성게 알의 절반을 죽여 보았는데 남은 절반이 정상적인 배아로 성장했다. 다만, 크기가 정상적인 것의 절반이었다.

밸린스키(B. J. Balinsky)도 비슷한 실험을 했다. 그는 대형 양서류에서 배아 상태의 시신경 세포를 떼어내 좀 작은 크기의 양서류에 이식해 보았다. 모든 부분이 균형을 이룬 정상적인 눈이 생겨났는데 크기가 두 동물 눈의 중간 정도였다. 우리는 두 실험을 통해서, 전체적인 계획을 인식하는 어떤 포괄적인 감독 프로그램이 생명체의 발생과 성장 과정에서 실행된다는 사실을 알 수 있다.

이런 프로그램은 매크로 세계에도 존

생물학자인 한스 드리쉬는 생명의 필수요소로 '엔텔러키(entelechy: 생명력 essential force)을 지목했다. 이런 뿌리깊은 형이상학적 관점들은 이제 생명이 무생물 부품으로 창조될 수 있음이 입증되면서 의문의 대상이 된다.

재하며, 그 증거는 전통적인 다위니즘에도 묻어 있다. 유럽의 태반류 포유동물과 호주의 유대류 포유동물 사이의 병렬 진화에 일종의 우선 원칙이 존재한다는 증거가 그것이다. 다윈주의자들은 땃쥐처럼 생긴 하나의 조상이 멀리 떨어진 두 대륙에서 각각 진화해서, 늑대, 고양이, 쥐, 그리고 10여 종의 다른 포유동물의 복사판을 만들어냈다고 했다. 그들은 그렇게 똑같아진 이유가 오로지 공통적인 생활양식 때문이라고 했는데, 그런 주석은 아무래도 설득력이 부족해 보인다.

백악기의 땃쥐 같은 생물이 정말로 태반 동물과 유대 동물 모두의 조상이라고 하자. 그렇다면 이는 포탄의 비행이 중력의 제한을 받는 것과 같이 땃쥐의 진화궤도가 자연의 법칙에 엄격히 제한을 받는다는 뜻이 된다. 진화에 주어진 선택사항들이 전략적인 계획 또는 프로그램에 지휘를 받아왔다는 말이다. 그렇다면 그 프로그램은 어디에 있는 걸까? 그리고 어떻게 실행될까? 자연선택으로는 설명할 수 없을 것 같다. 다윈주의자들은 자연선택이 포괄적 조정의 유일한 프로세스라고 믿고 있지만, 자연선택의 메커니즘은 결코 위에 언급한 사례들을 설명할 수 없다.

자연선택은 개체가 아니라 개체군에 작용한다. 그것의 기능은 생명체들이 치명적인 유전자의 결함으로 유아기에 죽도록 하거나, 지리적으로 산재하여 있는 개체군들이 점차 번식력이 있는 잡종 후손을 생산할 수 있도록 하는 것이 고작이다. 자연선택은 포괄적인 통제 효과를 발휘하는 기능으로서의 되먹임(feedback) 과정이 빈약한 메커니즘이어서, 주요한 선천성 질병조차 제거하지 못한다. 자연선택은 단지 죽음이 아니면 영광을 제공한다. 생명체의 보전을 위한 유전적 공법이나 전체론적인 주관은 없다.

그러니까 중요한 의문들은 아직 그대로 남아 있는 셈이다. 신체발달을 감독하는 주관 기관의 위치는 어디일까? 그것은 어떻게 그 일을 할까? 신체의 세포구조와는 어떻게 연락을 주고받을까? 자연선택으로는 이런 의문들에 대한 답을 내놓을 수 없기에, 생물학자들이 '행태 발생장'을 거론하게 되는 것이다. 정말, 형태 발생장이 존재하는 것은 아닐까. 뉴캐슬 대학교의 유전학자인 프리처드(D. J. Pritchard)의 글을 살펴보자.

유기체와 기관이 '전체성'을 인식하고 있다는 수많은 증거가 있다. 전체의 일부분을 잃어버리면 그것을 대체하기 위한 조치들이 발동된다. 예를 들어, 도롱뇽은 팔다리를 재생하며, 해면은 단일 세포들로 분리되면 완전한 형태의 해면으로 재결합한다. 발생학자들은 '형태 발생장'을 인지하고 있는데, 그것은 구성요소들의 조직에 대한 공간적인 통일성을 가지고 있다. 만일 하나의 장이 두 개로 분리된다면, 각각의 반쪽들은 서로 독립적으로 하나씩 완벽한 구조를 생성한다. 우리 눈의 망막들은 처음에는 하나였던 망막장이 둘로 나누어지면서 생성되기 시작한다. 망막장이 둘로 나누어지지 않았을 경우에는 애꾸눈이라고 하는 중앙에 놓인 하나의 눈이 된다. 진화가 동물들의 신체 안에 창조한 것은 통합적인 '자가 조직 시스템들'이며, 그 시스템은 자신의 내부 요소들에 의해 구성되는 것이 아니라, 오히려 요소들을 구성하는 것이다. 유기체 구조의 통일성에 대한 이러한 감질나는 흘낏거림이 현재까지 실험으로 확인한 우리 지식의 한계다. 추가적인 실험과 상당한 행운만이 이런 곤혹스런 질문을 해결하는 확실한 자료를 제공해줄 것이다. 우리는 새로운 사실을 획득할 때까지 기다려야만 한다. 구체적인 답변들이 없기에 나는 몇 가지 추론을 제시하고자 한다. 먼저 테드 스틸이 제안한 유력한 가설을 꼽을 수 있다. 그는 바이러스가 체세포 안에 자신의 돌연변이를 복제할 수 있고, 그것을 생식세포에 전달함으로써 유전된다고 했다. 그렇다면 다음과 같은 질문이 이어지게 된다. 어떤 종류의 세포질 변화가 체세포 안에서 야기될까? 그리고 정확한 방식은 무엇일까?

정통한 과학적 사고와는 거리가 있어 보이지만 나름대로 일리가 있어 보인다. 이런 프리처드의 심각한 고민에 화답하듯이, 워딩턴이 짧은 논문을 발표했다. 아마 프리처드를 위로하려는 뜻 외에 정통파 신다윈주의자들의 약을 올리려는 의도도 있었던 것 같은데, 특히 그를 리센코주의자라고 강하게 비난했던 자크 모노를 겨냥한 것 같다. 제목 또한 자극적이었다. "진화는 우연과 필연에 얼마나 영향을 받는가?"였다.

DNA 분자의 주요 부분이 마치 백업 테이프처럼 염색체 안에 여러 번 반복되어 있다는 것은 주지의 사실이다. 세포 안의 미세 구성물인 미토콘드리아의 유전자 형태에도 백업 세트가 존재한다. 실제로 백업 테이프처럼 이 복제 버전들은 약간씩 다를 수 있다. 이 모든 유전자는 세포 안에서 진행되는 신진대사 과정과 밀접한 관련이 있다. 따라서 신진대사의 조건들이 변형된 복사본까지 포함한 유전자군의 증식률에 영향을 미친다는 것은 충분히 생각해볼 수 있다. 또한, 신진대사의 조건에 따라 이 유전자군이 차세대로 전달되는 비율도 바뀔 것이라고 생각할 수 있다. 결과는 아주 단순하다. 획득 형질의 직접적인 유전이다. 더 단순하게 보자면 세포 구조에 가해지는 신진대사의 영향이 테이프 목록 중에서 어떤 것을 골라 복사할지도 결정한다는 것이다. 예를 들어 운동으로 세포의 신진대사를 촉진하는 아주 건장한 여자를 상정해 보자. 그녀의 왕성한 신진대사는 신체의 민첩성에 도움이 되는 DNA 서열 코드가 우선적으로 복제되도록 할 것이다. 그 결과로 그녀는 건장한 딸들을 낳게 된다.

워딩턴은 이 아이디어를 세상에 내놓은 지 얼마 지나지 않아 이것이 과도한 추론이었다고 자인했다. 그리고 발상이 순수하지 못했다는 사실도 인정했다. 하지만 훗날 그의 장난기 섞인 이 아이디어는 추론을 훨씬 넘어선 탁월한 혜안이 되어버렸다. 당시로써는 아무도 몰랐던 사실이 나중에 밝혀졌기 때문이다.

그는 단지 체세포 안에서 일어나는 DNA 복제의 차별적 증식 효과만을 인정하면서, 획득형질의 유전을 주장하는 자들을 비아냥거릴 의도로 장난을 친 것인데, 불과 몇 년 후에 바이러스가 선택된 DNA들을 역전사를 통해서 생식세포에 복제할 수 있음을 스틸이 입증하게 되면서, 워딩턴의 농담은 탁월한 선견지명이 되어버렸다.

위의 사례는 신체의 세포에 미치는 물리적인 행동의 영향에 관한 것이다. 그렇다면 다른 종류의 영향도 있을까? 있을 수 있다. 심리상태 또한 체세포에 영향을 미치는 것으로 보인다. 학자들은 '암에 걸리는 성격'이 분명히 있다고 말한다. 개인적인 특성이 그 사람을 암 같은 질병에 걸리기 쉽도록 만든다는 뜻이다. 또한, 암에 걸리는 성격을 구성하는 특성들은 육체적이라기보다는 극도의 근심과 같은 정신적인 것이기에, 이는 정신적인 요소들이 신체적인 요소로 전환될 수 있고, 유전자적 요소로 전환될 가능성도 있다고 보는 것이다.

짐작하건대, 암에 걸리는 성격의 신진대사는 암에 걸리지 않는 성격의 신진대사와 운행방식이 다를 것 같다. 이를테면, 근심은 체세포의 성질을 결정하는 어떤 효소나 호르몬의 균형을 바꿀지 모르고, 이러한 차이점이 이 연구에 중요한 열쇠가 될 가능성이 높다.

이런 문제 외에 생물학과 무관할 수도 있지만, 한 가지 더 연구해야 할 과제가 있다. 불확정성과 관련된 문제다. 과학자들은 오랜 연구를 통해서 견고한 물질 세계가 핵 수준으로 내려가 보면 실체가 모호한 확률 구름이라는 걸 알게 됐다. 그런데 꽤 오랫동안 불확정성 원리에 대한 다양한 실험을 해왔지만, 정작 과학자들은 실험에 임하는 자신들을 개입요소로 하는, 불확정성 실험은 최근에 와서야 시도했다.

양자(量子) 단위에서 관측자의 영향을 명백히 보여주는 실험결과는, 콜로라도에 있는 미국 국립표준기술원(NIST, National Institute for Standards and Technology)의 웨인 이타노(Wayne Itano)와 그의 동료들이 1990년 3월 『물리학 회보(Physical Review)』에 발표한 게 최초인 것 같다. NIST의 실험은 베릴륨 원자들을 담고 있는 용기를 전자파로 열을 가하여 동위원소의 생성비율을 측정하는

웨인 이타노(Wayne Itano, 1951년생) 하버드 대학 출신의 물리학 박사

것이었다.

전자파의 파동이 원자의 동위원솟값을 바꾸는 걸 확인하기 위해 레이저 빔이 사용됐다. 레이저 빔은 바뀐 상태의 원자에는 영향이 없지만, 원래 상태의 원자들에서는 빛의 방사를 유발할 수 있기 때문이었다. 그들은 레이저 빔으로 측정하면 할수록, 바뀌지 않고 남아 있는 원자의 수가 점점 더 늘어난다는 사실을 발견했다. 원자를 관측하는 행위 자체가, 전자파의 영향에도 불구하고, 원자들의 상태변화를 억제한 것이었다. 이것은 레이저 빔이 실험의 진행을 방해한다거나 원자의 상태변화에 직접 간섭한다는 단순한 문제가 아니다. 입자를 관측하는 행위 자체가 실체 불명의 확률 구름 상태였던 그 입자를 확정 위치와 확정 질량을 갖는 물질로 붕괴시킨 것이다. 양자역학에서 예측했던 그대로다.

그런데 이 실험에서는 다음과 같은 질문들이 도출될 수 있다. 만약 한 사건을 단지 관측하는 것이 원자 수준의 변화를 일으킨다면, 그리고 원자의 구조가 유전자 코드를 조정한다면, 유전자 돌연변이도 양자역학 수준에서는 직접적인 영향을 받지 않을까? 그럴 것 같다. 그리고 한스 드리쉬의 추론처럼 심지어 마음만으로 원격지의 형태 발생적 반응을 일으키는 것도 가능할 것 같다.

그렇다면, 우리가 날개를 간절히 원한다면 가질 수 있게 될까? 그건 왠지 불가능할 것 같다. 그럼, 건강한 마음이 건강한 육체를 가져올까? 그건 가능할 것 같다. 거의 확실하다. 그런데 그 둘 사이에 어떤 차이가 있는 것일까? 차이가 없는 거 아닐까? 여기에 대해서 누구도 자신 있게 답을 내놓을 수 없을 것 같다. 이런 결론은 결국 다위니즘의 대안을 구할 수 없다는 말과 같다. 앞서 적시한 문제들을 제대로 설명할 수 없는 이론은 결코 대안이 될 수 없다.

그렇더라도 생물학의 새로운 기반은 반드시 필요하다. 다위니즘을 중심으로 한 기존의 논리로 생명현상과 진화를 제대로 설명할 수 없다면, 새로운 기반지식이 도입되어야만 한다. 하지만 안타깝게도 현재로서는 대안이 보이지 않는다. 그러나 예측 자체가 불가능한 건 아니다.

현재는 과거의 아이디어를 확인하는 형태로 문제에 접근하고 있지만, 아마 그것에서 답을 찾기는 힘들 것이고, 머지않아 전혀 새로운 접근법이 필요하다는 사실을 깨닫게 될 것 같다. 미래에 개발될 새로운 방법 중의 하나가 새로운 대안이 될 가능성이 높다는 뜻이다. 그 새로운 대안은 물리학의 불확정성 원리처럼 생소한 모습으로 어눌하게 다가와 고전적인 방법들을 뿌리째로 제거해 버릴 거라고 짐작된다.

생물학계는 새로운 패러다임의 도래를 기다리고 있다. 침묵을 고수하고 있는 진화론자의 상당수도 그런 심정일 것이다. 생물학자들은 지난 세기에 일어났던 물리학계의 혁명적인 변화를 잘 알고 있다. 다위니즘보다 더 단단해 보였던 뉴턴주의가 안개처럼 피어오른 불확정성 원리에 함몰되는 것을 직접 목도했다.

신앙심 깊었던 뉴턴의 후예들은 미신처럼 여겼던 불확정성의 원리의 모욕을 받아들였다. 그들에게 우주는 하나의 거대한 기계였으며, 원자는 모호함이 없는 정확성의 모델이었지만, 그렇게 논리적인 확실성을 버리는 대신에 만질 수도 그려볼 수도 없는 추상성을 택해야만 했다. 그래서 당구공처럼 단단한 입자들이 있던 자리에는 확률 파동(Probability waves)이 놓이게 됐다. 입자들로 구성된 물질과 파동으로 구성된 에너지가 아니라, 입자들로 만들어진 빛과 파동으로 만들어진 물체들이 물리학 세상의 중심에 놓이게 된 것이다.

그러한 예상치 못했던 격변이 물리학 분야에 일어나고 있는 동안에도 생물학 분야는 예전처럼 안정 위주의 발전을 구가했다. 생물학자들의 모든 발견이 규칙성과 확실성이라는 친숙한 포장 속에 있는 것들이었다. 한동안 두드러진 업적이라고 칭송받았던, 눈에 보이지 않는 DNA의 분자구조를 확대해낸 3D 그림도 결코 예외가 아니다. 냉정하게 바라보면, 파랗고 빨간 공들로 만들어놓은 그 분자모형은 실망스럽게도 생명이 무엇인지를 전혀 설명해 주지 못했다. 현재에도 생명에 관한 설명에는 여전히 빅토리아 시대의 기계주의적이고 환원주의적인 접근법이 그대로 유지되고 있다.

신체는 기계이고 화학반응과 전기로 움직인다. 사고는 단지 신체를 작동시키는 뇌의 부산물일 뿐이다. 진화는 우연과 화학반응의 결합에 지나지 않는다. 다윈주의가 태어나고 살아온 방식은 이러한 프랑켄슈타인 접근법이었음을 결코 부정할 수 없다. 물리학이 하이젠베르크와 플랑크(Planck)의 새로운 패러다임을 따랐다면, 이것은 켈빈(Kelvin)

베르너 카를 하이젠베르크(1901~1976) 독일의 물리학자. 불확정성 원리로 유명하며, 행렬역학과 불확정성 원리를 발견하여 20세기 초 양자역학의 발전에 절대적인 공헌을 했다.

의 고전적 패러다임 속에 여전히 머물러 있다. 그렇기에 물리학이 격변을 거쳐 사이버 세계로 접어 들어간 현재에도, 생물학은 뉴턴의 무릎 위에 그대로 머물러 있다고 볼 수 있다.

그렇지만 미래에는 생물학 또한 기계주의적인 접근방식을 포기할 수밖에 없으며, 화학과 통계학만으로는 생명의 본질을 설명할 수 없다는 사실도 깨닫게 될 것이다. 핵입자의 이해할 수 없는 세계가 수십 년 전에 물리학자들을 유혹했던 것처럼, 이제 미지의 패러다임이 생명 과학자들을 손짓해 부르고 있다.

생물학자들은 아직 탐험한 적이 없는 신대륙의 해변에 서서 고민에 빠져 있다. 위험을 무릅쓰고 상륙하면 내륙에서 무엇을 보게 될까? 과연 그곳에서 새로운 진리를 찾을 수 있을까? 알 수 없다.

그러나 물리학자들이 발견해낸 것들로부터 약간의 실마리는 얻을 수 있다. 그들은 이미 한 세대 이전에 출발해서 앞서 나간 선발대이고, 그들의 새로운 중심사상은 전체성이다. 생물학의 중심사상도 그렇게 바뀔까? 글쎄다. 아무튼, 물리학의 중심사상이 바뀌는 과정부터 살펴보자. 그리고 그에 관한 생물학계의 반응이 어떠했는지도 살펴보자.

1935년에 아인슈타인(Albert Einstein), 포돌스키(Boris Podolsky), 로젠(Nathan Rosen)은 이해 불가능한 수수께끼를 거론했다. 양자역학이 현실 세계의 본질을 밝힐 수 있는가 하는 문제였다. 그 질문에 대한 해답을 찾기 위해 그들은 실험을 했다. 결과는 놀라웠다. 그들은 개개로 떨어져 있는 것처럼 보이는 원자들의 활동이, 사실은 어떤 알 수 없는 방식으로 연결되어 있다는 것을 증명해냈다. 원자들이 서로 간의 활동에 대해 순간적으로 정보를 교환하고 있었는데, 그 속도는 물리적 세계의 한계속도라고 여겼던 빛보다도 빨랐다.

그들은 하나의 핵입자에서 일어나는 일은 하나의 닫힌 계 안에서 그것의 쌍둥이 입자의 행동에 반영된다고 예측했다. 양 입자들의 위치가 어디건 상관없이 말이다. 설사 수십억 킬로미터 이상 떨어져 있다 할지라도, 한 입자의 운동량 변화는 쌍둥이 입자에 즉각 반영된다. 마치 그들은 서로의 경험을 동시에 교환하는 것처럼 보인다.

아인슈타인은 기존의 양자물리학으로는 입자 활동을 제대로 설명할 수 없다면서, 쌍둥이 입자들이 상호적인 인과관계와 같은 양상으로 행동하는 듯하다고 설명했다. 입자들의 양상은 둘 다에 영향을 미치는 제3의 숨은 요소, 즉 물리학계에서 '국부적 숨은 변수'라고 부르는 요소에 따르고 있기 때문이라고 했다. 대다수의 물리학자들은 그 설명을 받아들였다. 불가해한 원격작용을 다른 형태로 설명하기 어려웠기 때문이다.

그 후 수십 년간 많은 연구그룹이 아인슈타인-포돌스키-로젠의 역설이라 일컬어지는, 믿기 어려운 예측을 확인하기 위한 물리적 실험을 확장해왔고, 마침내는 버클리의 스튜어트 프리드먼(Stuart Freedman)과 존 클라우저(John Clauser)가 실험을 통해 광자들이 실제로 그러한 수수께끼 같은 상관관계에 있음을 확인해냈다. 이는 단순히 물리학자들을 개념적인 난관에서 구출해 낸 철학적인 성과로만 볼 게 아니라, 모든 과학자가 주목하고 자기분야에 도입해야 할 혁신적인 발견이었다. 이러한 전체성 또는 보이지 않는 연동성은 실제로 존재한다. 그리고 우리에게 더욱 중요한 것은 그 효과를 생물학을 포함한 일상생활의 거시적인 수준에서도 느낄 수 있다는 점이다.

런던대학교의 물리학 교수인 데이비드 봄(David Bohm)은 자신의 저서 『전체성과 내재적 질서(Wholeness and the Implicate Order)』에서 이러한 연동성에 대해 상세히 기술했다. 그는 보이는 우주를 하나의 연동된 전체로 보고, 내재적 또는 접힌 우주라고 불렀다. 그리고 인간의 정신과 감각으로 인식하는 우주 일부분을, 외재적 또는 펼쳐진 세계라고 했다. 그는 우리가 보고 이해하는 것은 숨어 있는, 연동된 전체의 작은 단편일 뿐이라고 했다.

그렇지만 실제로 그런 신사고에 동조해서 전통적인 관점을 포기하는 생물학자는 거의 없었다. 적극적인 동조자는

데이비드 조지프 봄(David Joseph Bohm, 1917~1992) 영국에서 활동한 미국 태생의 물리학자. 공산주의자로 몰려 평탄치 못한 일생을 보냈다. 1959년에 야키르 아로노프(Yakir Aharonov)와 아로노프-봄 효과를 발견하였고, 1961년에 런던 대학교 버크벡 칼리지의 이론 물리학 교수가 되었다. 영국 국적으로 살다가, 1986에 미국 시민권도 되찾았다.

단 한 명뿐이었다. 한스 드리쉬다. 앞에서 언급했듯이, 성게를 대상으로 한 실험을 통해서 생기론적 이론을 착상한 학자다. 그는 "유기체의 발달은 정신과 같은 어떤 비물질적인 통합체에 의해 통제받는다. 그것은 질서를 규정하는 원리이며, 통제과정에서 에너지나 물질을 증가시키지는 않는다."고 결론을 내렸다. 그는 이 원리가 정상적인 시공간의 틀을 벗어난 외부에 존재할 것이라고 보았다. 이는 데이비드 봄의 내재적 질서나 아인슈타인-포돌스키-로젠의 비정규적 연동성을 상기시키는 개념이었다.

드리쉬의 자연관에 공감한 생물학자 역시 드물었지만, 하디(Alister Hardy)는 그의 진영으로 들어갔다. 옥스퍼드 대학에서 동물학과 교수로 재직한 하디는, 영국 과학발전협회에서 한 연설에서 텔레파시가 생물학에서 의미가 있다고 말해, 참석자들을 깜짝 놀라게 했다. 그는 『물리학 연구회 회보(Journal of the Society for Physical Research)』에 "텔레파시의 실재를 가정할 때, 각각의 유기체들이 공간을 뛰어넘어 어떤 심령적인 연결을 가지고 있다는 발견은 여태까지 이루어진 발견 중에서 가장 혁명적이다."라고 썼다. 하디는 자신을 다윈주의자라고 했으나, 다윈주의자들은 결코 그런 말을 하지 않는다.

그는 "형태와 행동의 설계를 공유하는 공통의 잠재의식이 있다. 즉 한 종의 구성원 사이에는 일종의 심령 설계도가 있는 것이다. 그 수학적으로 정밀한 성장 설계에는, 물리적인 세계를 벗어난 한 가지 동일한 패턴이 나타나는 것으로 보인다. 이 패턴이 유전자의 조합을 바꾸는 방식을 통해 선택작용의 설계도 역할을 한다."라는 주장도 했다.

드리쉬와 하디는 왕따가 되었다. 그들의 이단적인 생각들과 실험들은 동료 생물학자들에게서 무시 되었다기보다는, 혹시라도 감염될까 봐 격리되었다. 하지만 그러한 조치에도 불구하고 그 강력한 감염성을 막아내지는 못했다.

많은 과학자는 자신들이 관찰하고 연구하고 있는 우주가 갈수록 정확한 기계가 아니라, 어떤 지성체인 듯한 느낌을 받게 된다고 고백하고 있다. 우주에서 느껴지는 지성이 우리 집단의 것인지, 또 다른 관찰자의 것인지, 아니면 우리가 보고 있는 대상을 통해 연결된 곳에서 오는 것인지는 아직 분명하지 않다. 어쩌면 영원히 그 실체를 가려내지 못할지도 모른다.

그러나 핵입자의 활동에는 지성적인 연관성을 부여하면서, 생명 전체에 지성적 연관성이 있음을 부정하는 것은 잘못된 사고임이 분명하다.

The dream of yesterday : 형이상학적 공리들

환원주의는 하위 수준의 구성요소들(아래)로부터 전체(위)로 미치는 인과적 작용을 분석하여 체계를 분석하는 방법을 가리킨다. 그렇기에 전체를 부분으로 쪼개고, 그 조각난 각각의 부분들을 분석한 후 전체를 재구성하여 이해한다. 이러한 환원주의적 분석방법은 지난 시대의 과학자들의 신뢰를 받으며, 진리를 추구하는 거의 유일한 방법으로 인정받아 왔다.

그러나 '전체는 부분의 합'이라는 환원주의적 명제는 이제 더는 확실한 명제가 될 수 없다. 복잡성의 과학이 '전체는 부분의 합 이상'이라고 말하고 있기 때문이다. 또한, 전체를 부분들의 분석으로 재구성하는 일이 보편적이라는 것도 더는 인정될 수 없다. 왜냐하면, 현실 세계에는 부분들이 전체에 작용하는 상향식 인과율 외에, 전체가 부분들에 작용하는 하향식 인과율 또한 존재하기 때문이다.

환원주의적 분석 방법에 의해서는 현실의 일부분만 밝힐 수 있을 뿐이다. 따라서 이 방법에 의하여 도출된 지난 시대의 과학적 결론들은 단지 부분적인 가치만을 갖게 된다. 과학자들도 이런 사실을 분명히 인정해야 한다. 그래야 그동안 암묵적으로 절대시해 온 폐쇄적 세계관을 넘어설 수 있게 될 것이다.

하향식 인과율이 범용되는 때가 오면, 전통적인 유물론의 약점이 노정될 것이다. 왜냐하면, 하향식 인과율은 '비에너지적 정보(non-energetic information)'를 전달하는 인과율이기 때문이다. 그것은 에너지 작용에 의한 것이 아니라 정보작용으로 부분들의 패턴형성에 영향을 주는데도, 유물론적 사고는 이러한 사례들을 무시하고, 모든 정신적 활동이 물질의 작용에 예속된 것으로 간주해왔다. 물질만이 현실적 실체며, 정보를 전달하는 정신작용은 물질작용에 종속된 부차적 현상에 불과하다고 판단했던 것이다. 그래서 유물론적 사고를 암묵적으로 전제하던 자연 과학적 사고는 무형적이고 문화적인 가치에 관해서 전혀 언급할 수 없었다.

이제, 새롭게 부상하고 있는 복잡성의 과학은, 자연의 현실 안에서 위로부터 정보가 전달되어 패턴을 형성하는 하향식(top down) 인과율을 확인함으로써, 유물론적 사고가 지나간 시대의 형이상학적 신념에 지나지 않음을 밝히고 있다.

복잡성의 과학이 밝히는 자연과학 안의 또 하나의 형이상학적 공리는 결정론(determinism)이다. 지난 시대의 자연과학은 현실 세계 안에서 '우연성(contingency)'이 지니는 중요성을 발견해내지 못했다. 아인슈타인조차도 "신은 주사위 놀이를 하지 않는다."라는 말로서 자연

세계의 질서를 결정론과 동일시했다. 그러나 최근의 양자물리학은 자연의 현실성 안에 필연과 함께 우연이 작용하고 있음을 밝히고 있다. 결정론이 지배하는 거시세계는 무수한 차원들 중 특수한 한 차원일 뿐이며, 다른 많은 차원에서는 결정론적 법칙이 일반적으로 통용되지 않는다.

우리는 다시 상기해야 한다. 지난 시대의 자연과학에 전제되었던 결정론이라는 명제는, 자연과학의 편에서 일방적으로 설정한 형이상학적 신념에 지나지 않는다는 사실을 말이다.

 ## 새로운 차원의 자기복제자, 밈(Meme)

……. 내가 아니면 어느 누가
이 젊은 신들에게 그 모든 선물을 가득 주었겠는가?
……. 환영과 같은 꿈속의 형제처럼.
그들은 되는대로 뒤죽박죽으로 살면서
햇빛의 온기를 붙잡아둘 수 있는 벽돌집을 알지 못했고,
조각 작품도 아직 알지 못했지.
그들은 움푹한 구덩이 속에서 조그마한 개미 떼처럼
또는 햇빛이 미치지 않는 깊은 굴속에서 살았지.
그들은 겨울이 다가오는 기미도. 꽃이 만발한 봄의 기운도.
풍성한 과실이 넘치는 여름의 징후도 알지 못했지…….
내가 그들에게 파악하기 힘든.

별들이 뜨고 지는 것을 가르쳐주기 전까지는…….

그리고 나는 그들에게 가장 중요한 유산인 숫자와

기억을 도와주는 하녀인 문자들

그리고 음악을 찾아주었지. 또. 나는 처음으로

야생말을 멍에에 매어주어,

목걸이나 인간의 사지에 고분고분하게 해주었지.

인간 대신에 힘든 노동을 할 수 있도록.

아이스킬로스가 BC46년에 쓴 『결박당한 프로메테우스』라는 시다. 신화에 따르면, 프로메테우스는 인간에게 불을 선물했다고 하는데, 아이스킬로스는 프로메테우스를 인간에게 불과 문명을 가져다주었을 뿐만 아니라, 모든 예술과 과학도 가르쳐준 존재로 표현해놓았다.

아무튼, 프로메테우스는 신들의 허락 없이 인간에게 자비를 베풀었다는 이유로, 카프카스의 바위에 사슬로 묶인 채 지금까지도 독수리에게 간을 쪼이고 있다는 게 신화의 핵심인데, 이런 신화가 만들어진 이유는, 왜 인간이 동물들과는 아주 판이한 길을 걷게 되었는가를 설명하기 위해서였다. 그러니까 고대의 지성들은 청중들이 이해할 수 있는 언어를 구사하여, 인간이 동물과 달리 품격 있게 살 수 있게 된 연유에 대해서 흥미롭게 부연하고 싶었던 것이다.

물론 동물도 진화한다. 그러나 그 속도 면에서 인간이 현격하게 빠르다. 우리와 가까운 영장류인 침팬지, 고릴라, 오랑우탄은 예외 없이 아주 느린 속도로 진화하고 있다. 그렇기에 인간의 진화를 촉진시킨 특별한 요인은 반드시 있었다고 여길 수밖에 없는데, 그 특별함을 부여해준 존재가 바로 프로메테우스였던 것 같다. 그렇지만 그가 인간에게 건네준 것은 평범한 불이 아니라 문명의 불씨였던 것 같다.

그리고 그 불씨에서 개화된 문화 유전자가 기존의 물리적 유전자와 서로 당겨주고 밀어주는 선순환 구조를 이루어 인간의 진화를 가속시키기 시작했고, 마침내는 그 시너지 효과가 극대화되면서, 오늘의 인간이 있게 된 것 같다.

프로메테우스와 같은 외적 존재가 개입했든, 어떤 우연하고 특이한 환경조건들이 결합되어 우리의 진화에 가속을 붙였든 간에. 그러한 특별한 사건이 우리에겐 분명히 일어난 반면에, 다른 영장류들에게는 일어나지 않았다.

그리고 오늘날의 우리는 과학혁명 덕분에 프로메테우스의 전설보다는 우아하지 않지만, 더 직설적이고 확실한 언어를 사용하여 우리의 진화에 관해서 이야기할 수 있게 됐다.

아이스킬로스(Aeschylus BC 525년/524년~BC 456년/455년) 고대 그리스의 비극 작가, 페르시아 전쟁에서 마라톤 전투와 살라미스 해전에 참가한 것으로 알려져 있다. 사튀로스극을 포함 약 90편의 비극을 쓴 것으로 전해지나 현존하는 것은 학교의 교재로 사용되었던 일곱 편뿐이다.

인간에 관한 특이성은 '문화'라고 하는 특별한 단어로 요약할 수 있다. 이 문화의 전달은 어떤 형태의 진화를 일으키게 할 수 있다는 점에서, 유전적 전달과 유사하다. 이 문화는 여러 가지 요소들로 구성되어 있지만 역할, 기능, 비중 등의 측면에서 살펴볼 때 의사소통 수단인 언어가 가장 중요한 것으로 여겨진다.

30세대 전의 사람과 현대인은 같은 모국을 가지고 있더라도 대화가 잘 통하지 않을 것이다. 언어가 다르기 때문이다. 문화의 상징이기도 한 언어는 비유전적인 수단에 의해 '진화'하는 것으로 생각된다. 그리고 그 진화의 속도는 유전적 진화보다 더 빠르다.

사실, 문화적 전달은 인간에게서만 볼 수 있는 것이 아니다. 인간 이

외의 동물에 관한 예는 안장새의 울음소리에서도 볼 수 있는데, 젠킨스(P. F. Jenkins)가 이에 대해서 상세히 기록해 놓았다. 그는 자신이 머물렀던 섬에서 아홉 종류의 서로 다른 새소리를 들을 수 있었다. 각각의 수놈은 이들 소리 중에서 하나 또는 몇 가지만 지저귄다. 젠킨스는 수놈들을 방언을 기준으로 하여 몇 개의 그룹으로 나누었다. 예컨대 인접한 영역을 가진 8마리의 수놈으로 이루어진 한 그룹은 'CC song'으로 불리는 특정한 노래를 했다. 다른 방언 그룹들은 각각 다른 노래를 했지만, 같은 그룹에 속하는 개체가 둘 이상의 다른 노래 법을 공유하는 예도 있었다.

젠킨스는 아비와 수놈 새끼의 노래하는 법을 비교함으로써, 노래의 패턴이 '유전적으로' 후세에 전해지는 것이 아님을 알아냈다. 개개의 젊은 수놈은 아비의 노래를 배우기보다는, 근처에 사는 다른 개체들의 노래를 모방이라는 수단으로 자기의 것으로 삼았다.

안장새 뉴질랜드의 작은 섬에만 서식한다

젠킨스가 체류 기간에 들을 수 있는 노래의 종류는 거의 정해져 있었다. 그들이 '노래 풀'을 형성하고, 젊은 수놈들은 그중에서 몇 개를 자기 것으로 삼고 있었다. 그러다가 젠킨스는 운 좋게도, 젊은 수놈이 다른 개체의 노래 법을 모방하다가 새로운 노래를 '발명'하는 장면을 목격하게 됐다. 그는 그에 대해서 이런 기록을 남겨놓았다. "새로운 노래는 음의 고저 변화, 같은 음성의 추가, 음성의 탈락 또는 다른 노래 법의 부분적 편입 등 각종의 방법으로 탄생한다. 새로운 노래의 형식은 그렇게 돌연히 출현해서, 몇 년에 걸쳐 극히 안정된 형으로 자리를 잡아갔다. 다시 몇 개의 예에서 변이형의 노래가 그 새로운 형식대로 어린 초보자에게 전달되어 그 결과, 잘 닮은 가수들의 그룹이 새로이 다른 것과 식별될 정도로 됐다.” 그리고 새 노래의 출현에 대해서 ‘문화적 돌연변이(cultural mutation)’라고 표현해 놓았다. 안장새의 노래는 분명히 비유전적인 방법으로 진화하고 있었다.

안장새 외에 다른 조류와 원숭이의 무리에서도 문화적 진화의 예를 발견할 수 있다. 그렇지만 그것들은 일반적인 것이라기보다는 어디까지나 특이한 예에 불과하다. 문화적 진화의 진정한 위력을 확연하게 보여주고 있는 것은 인간이라는 종뿐이다. 언어가 대표적인 예이고, 이 외에, 의복과 음식물의 양식, 의식과 습관, 예술과 건축, 기술과 공예 등이 있고, 이 모든 것들이 마치 유전적 진화와 같은 양식으로 빠르게 진화하고 있다.

유전적 진화와 같이 문화적 진화도 일반적으로 진보적이다. 그 예로 현대과학은 실제로 고대과학보다 우수하다고 할 수 있다. 즉, 자연현상에 관한 우리의 이해는 시대와 더불어 변화할 뿐만 아니라 실제로 개선되어가고 있고, 현재와 같은 폭발적 진보가 이루어지게 된 것은 르네상스 이후부터이다. 르네상스 이전에는 음산한 정체기가 있었고, 유럽의 과학문화는 그리스가 달성한 수준에 동결되어 있었다. 이러한 긴 정체현상 역시 유전적 진화와 닮았다.

문화적 진화와 유전적 진화의 유사성은 자주 지적되고 있는데, 그 유사성에 관해서는 포퍼(Karl Popper)가 본격적인 연구의 포문을 열었고, 그를 이어 유전학자 스포르자(Cavalli Sforza), 인류학자 클록(F. T. Cloak), 동물 행동학자 컬렌(J. M. Cullen) 등도 연구에 몰두했다.

그들은 주로 인간의 문명이 나타내는 각종 특성의 유리함을 찾아냈다. 예를 들면, 부족 종교를 집단의 일체감을 높이기 위한 하나의 메커니즘으로 간주했다. 무리를 지어 동물을 수렵하는 경우에 부족 간의 협력이 절대적으로 필요한데, 바로 일사불란한 협력을 이루기 위해서 부족 종교가 필요하다는 것이다.

인간은 과거 수백만 년의 대부분을 소규모의 혈연집단 단위의 생활로 지내왔다. 그래서 우리의 기본적인 심리적 특성이나 경향이 유전자에 대한 혈연선택과 호혜적 이타주의를 촉진하는 선택의 결과로서 만들어졌다고 생각할지 모르지만, 문화적 진화, 더 나아가 세계의 인간 문화가 나타내는 끝없는 차이를 설명해야 하는 난제를 상기해보면, 그렇게 쉽게 단정 지을 수만은 없을 것 같다.

칼 포퍼(1902~1994) 오스트리아에서 태어난 영국의 철학자로, 런던 정치경제대학의 교수를 역임하였다. 20세기 가장 영향력 있었던 과학 철학자로 꼽히고 있다.

현대인의 진화를 올바르게 이해하기 위해서는, 세포 속의 유전자만을 진화의 유일한 기초로 보는 입장을 버려야 할 것 같고, 미래에 전개될 진화까지 감안하면 더욱 그렇다. 문화적 진화도 분명한 진화이고, 문화적 복제자도 분명히 복제자다. 과거의 물리적 복제자와는 다르지만, 이것 역시 실체다.

모든 생물은 자기복제를 하는 실체의 생존율 차이에 의하여 진화한다. 자기복제를 하는 실체로서 우리의 행성에 세력을 뻗친 것은 DNA 분자였다. 그러나 다른 것이 그 실체로 될 수도 있을 것이다. 가령 자기복제자와 유사한 무엇이 존재하게 되고, 진화의 본질적인 조건들이 충족되면, 그것이 또 다른 진화를 시작하는 것은 필연이다.

그리고 우리가 그 또 다른 자기복제자와 그 필연적 산물인 종의 진화를 발견하기 위해서 아주 먼 다른 세상으로 나가야만 하는 건 아니다. 신종의 자기복제자가 최근에 바로 이 행성에 등장했기 때문이다. 그 예는 바로 우리 곁에 있다. 아직 미발달한 상태로 원시수프 속에 다소 추상적인 모습으로 떠 있으나, 이미 그것은 뒤떨어진 옛 유전자를 버려두고 홀로 진화하고 있다.

새로이 등장한 수프는 바로 '문화'라는 수프이다. 그리고 그 속에서 새로이 등장한 자기복제자는 '밈'이다. 물론, 이것은 염색체 속에 있는 유전자의 개념과는 확실히 다르다. 곡조, 회화, 사상, 의복의 양식, 도구를 만드는 법 등이 그 예인데, 정보를 유전시키는 기전이, 물리적 유전자와는 확연히 다르다. 유전자는 유전자 풀 내에서 번식함에 있어서 정자나 난자를 운반체로 하여 몸에서 몸으로 옮겨가지만, 밈이 밈 풀 내에서 번식할 때에는 넓은 의미로 모방이라고 할 수 있는 과정을 매개로 하여 뇌에서 뇌로 건너간다. 만약 과학자가 좋은 아이디어를 듣거나 읽으면, 그는 동료나 학생에게 그것을 논문이나 강연을 통해서 전할 것이다. 그때 그 아이디어를 중심으로 생각해보면 그것은 뇌에서 다른 뇌로 퍼져가면서 자기를 복제한다고 할 수 있다. 험프리(N. K. Humphrey)의 표현을 읽어보면 밈의 실루엣이 뚜렷이 그려진다.

밈은 비유로서가 아닌 엄밀한 의미에서 살아 있는 구조로 간주해야 한다. 네가 내 머리에 번식력이 있는 밈을 심어 놓는다는 것은 문자대로 네가 내 뇌에 기생한다고 하는 것이다. 바이러스가 숙주 세포의 유전 기구에 기생하는 것과 유사한 방법으로 나의 뇌는 그 밈의 번식용의 운반체로 되어 버린다. 이것은 단순한 비유가 아니다. 예컨대 '사후에 삶이 있다는 믿음'이라는 밈은 신경계의 하나의 구조로서 막대한 횟수에 걸쳐 세계 속의 사람들 속에서 실현되었다.

근본적으로 생물학적 현상을 유전자의 이익이라는 관점에서 설명하는 방법을 택하는 이유는 유전자가 자기복제자이기 때문이다. 그리고 인간이 탄생하고, 그들의 문화가 생기기 전까지 이 지상의 유일한 자기 복제자는 DNA였다. 그러나 DNA가 영원히 그 지배권을 독점적으로 행사할 수 있는 것은 아니다. 새로운 종류의 자기복제자가 사본을 만들 조건이 확보하게 되면, 새로운 종류의 진화를 개시할 것이기 때문이다.

유전자를 단위로 하는 진화가 뇌를 만들어내는 것에 의해 최초의 밈이 생겨날 수 있는 수프를 제공해준 것은 사실이다. 그렇지만 자기복제 능력이 있는 밈이 등장하게 되면서, 낡은 타입의 진화보다 훨씬 빠른 독자적 타입의 진화를 개시했다. 이미 시작된 새로운 진화양식 속에서 어떤 밈은 확산될 것이고, 어떤 밈은 사라질 것이다. 자기복제가 가능한 모든 유전자가 성공을 기대할 수는 없는 것처럼 어떤 밈은 밈 풀 속에서 도태될 것이 확실한데, 이것은 자연선택과 흡사한 과정이다.

밈 사본의 수명은 유전자의 경우에 비해 그다지 중요하지 않을 것 같다. 예를 들어, 밈이 가곡의 선율인 경우, 내 머릿속에 있는 가곡의 선율은 나의 수명이 있는 동안만 존재할 것이다. 가곡집에 인쇄된 같은 선율의 사본도 그리 오래 사는 것이 아니다. 그렇더라도 같은 선율의 사본은 계속 인쇄되거나 세대 간의 학습을 통해서, 후세 사람들의 머릿속에 계속 남아 있게 될 것이다.

유전자의 경우와 같이 여기서도 특정한 사본의 수명보다 다산성(多産性)인 것이 훨씬 중요하다. 예를 들어, 밈이 과학적인 아이디어일 경우, 그 번식은 그 아이디어가 과학자 집단에게 어느 정도 수용되는가에 달려있다. 이 경우에는 아이디어가 발표된 후에 학술지에 인용되는 수를 세어보면 그 아이디어의 대략적인 생존가를 추정할 수 있다. 가곡이라는 밈의 경우에는 밈 풀 속에서의 번식 정도는 판매되는 음반의 수나 음원의 다운로드 수로 가늠할 수 있고, 의상 스타일이라는 밈의 경우에는 옷가게의 매출통계로 가늠할 수 있다.

밈 속에는 급격한 증식에 의해 성공을 거뒀음에도 불구하고 밈 풀 속에 오랫동안 머물지 못하는 것도 있을 것이다. 가전제품, 유행가, 특이한 캐릭터 등이 그 예다. 그 반면에, 불교경전이나 유대교의 율법과 같이 수천 년에 걸쳐 자기복제를 계속하는 것도 있다. 이러한 밈은 그 내용이 가지고 있는 특출한 매력과 잠재력의 영향을 받고 있다.

이외에 복제의 정확도가 복제자 성공의 열쇠가 될 수 있다. 언뜻 보아서는, 밈이 복제상의 고도의 정확도를 가지고 있지 않은 것처럼 여겨진다. 과학자가 어떤 아이디어를 듣고 그것을 타인에게 전할 때 그는 그것을 어느 정도 변화시키게 된다. 그것은 전부냐, 아니냐 하는 성질을 가진 유전자 전달과는 다른 것으로, 계속되는 돌연변이와 혼합의 상황에 처한 것처럼 보인다. 그러나 이 비입자적인 성질로 보이는 것이 실은 착각이고, 유전자와의 유사성도 여전할 개연성이 높다.

인간의 신장이나 피부색과 같은 많은 유전형질의 유전이 그러하듯, 밈의 전달 역시 분할이나 혼합이 가능할 것이다. 흑인과 백인이 결혼하면, 그들의 아이는 흑색도 백색도 아닌, 그 중간의 피부색을 갖게 된다. 그렇다고 해서 이것이 해당 유전자가 입자적이 아님을 의미하고 있는 것은 아니다. 피부의 색에 관여하는 유전자가 많기 때문에 언뜻 보아 그것들이 혼합하는 것처럼 보이게 되는 것뿐이다. 밈의 복제는 이와 같은 경우에 훨씬 자주 처하게 될 것이기에, 이런 부분은 상이하다기 보다는 서로 유사하다고 봐야 한다.

그렇긴 해도 밈이 하나의 단위로 구성되어 있다는 것은 확실한 게 아니다. 이를테면, 하나의 곡조가 하나의 밈이라면 하나의 교향곡은 도대체 몇 개의 밈이란 말인가? 정말 애매한 문제다. 물리적 유전자의 복합체를 크고 작은 유전적 단위로 분할하고, 그것을 다시 더 작은 단위로 분할할 수 있듯이, 밈 역시 편의적 단위로 나누어 정의할 수 있다.

이와 유사한 예로써, 오늘날 생물학자들이 모두 다윈의 이론을 믿고 있다고 해도, 다윈의 말을 정확히 그대로 머릿속에 새겨 넣고 있는 것은 아니다. 개개의 학자는 다윈의 이론에 관하여 독자적 해석을 내린 결과를 머릿속에 품고 있다. 또한, 그가 배운 이론이 다윈의 저작을 통해서가 아니고, 다른 저자의 것일 수도 있다.

그뿐만 아니라, 다윈의 이론은 애초에 그가 말한 것에 오류가 있어 많은 학자들에 의해 보정되어 왔다. 그렇기에 만약 다윈이 현대판 자기 이론을 읽는다면 생경하게 느낄 수도 있다. 그러나 위와 같은 모든 사정에도 불구하고, 다위니즘의 본질이라고 할 수 있는 것은 이 이론을 이해하고 있는 모든 사람들의 머릿속에 확실히 현존한다.

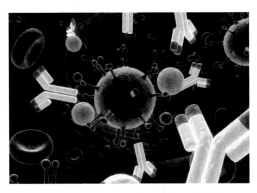

아이디어의 밈 그 생각을 전달하는 바이러스

'아이디어의 밈'은 뇌와 뇌 사이에서 전달 가능한 실체로서 정의된다. 즉, 다윈이론의 밈이란 그 이론을 이해하고 있는 모든 뇌가 공유하는 그 이론의 본질적 원칙인 것이다. 따라서 사람들이 그 이론을 표현할 때의 차이점은 다윈이론의 밈에는 포함되지 않는다.

밈과 유전자의 유사점에 대해 조금 더 살펴보자. 우리는 물리적 유전자에 '이기적인', '잔인한' 등의 형용사를 붙여왔는데, 밈에도 그런 형용사를 붙일 수 있을까? 정말 밈도 그런 성질을 가지고 있을까? 그걸 따져보자면 경쟁에 관한 문제부터 생각해봐야 할 것 같다.

유성생식의 경우, 개개의 유전자는 대립유전자, 즉 염색체상의 같은 장소를 점하려고 하는 대립유전자와 경쟁하고 있다. 하지만 밈에는 염색체에 상당하는 것이 없으며, 대립유전자에 상당하는 것도 없어 보인다. 극히 작은 의미에서라면 많은 생각에 '대립하는 생각'이 있다고 할 수 있다. 그러나 일반적으로 밈은 적절하게 짝을 이룬 다수의 염색체 형태로 존재하는 오늘날의 유전자와는 별로 닮지 않고, 오히려 그것은 옛 원시 수프 속을 무질서하게 제멋대로 떠 있던 초기의 자기복제 분자를 닮아 있다. 그렇다면, 대립하는 밈이 없기에 '이기적'이라거나 '잔인하다'고 수식을 할 수 없는가? 아니다. 그렇지 않다. 그들도 서로 경쟁을 하고 있기 때문이다.

컴퓨터를 사용한 적이 있는 사람은 컴퓨터의 연산시간과 기억용량이 얼마나 귀중한 것인가를 잘 알고 있다. 그렇기에 개인용 컴퓨터 사용자들은 CPU의 속도와 메모리 용량을 확보하기 위해서 노력하고, 호스트 컴퓨터나 서버 관리자들은 사용자에게 초 단위의 사용시간과 '문자'의 수로 표시된 기억용량을 각각 일정량씩 할당하고 있다.

인간의 뇌 역시 밈이 살고 있는 컴퓨터이다. 거기서는 아마도 시간이 저장용량보다 더 중요한 제한요인으로 작용할 것이기에, 그것이 경쟁의 핵심일 것이다. 인간의 뇌와 그 제어하에 있는 몸은 많은 일을 동시에 할 수 없기 때문에, 한 밈이 한 인간의 뇌의 처리 요구를 독점하고 있다면, 라이벌인 밈은 필연적으로 희생될 것이다.

밈이 경쟁의 대상으로 삼아야 하는 것은 다른 것에도 있다. 예컨대, 방송국의 방송시간, 게시판의 공간, 신문기사의 길이, 그리고 도서관의 책장 공간 등이다. 그것을 많이 점유해야 살아남을 가능성이 높아진다.

유전자의 경우, 유전자 풀 속에 상호 적응하는 유전자의 복합체가 발생할 수 있다. 예컨대 나비의 의태에 관여하는 다수의 유전자는 동일 염색체상에 극히 밀접하게 연관되어 있어, 그것들 모두를 하나로 묶어 하나의 유전자로서 다룰 정도다.

진화적으로 안정된, 유전자 세트라는 더 복잡한 개념도 살펴보자. 예컨대 육식동물의 유전자 풀에서는 서로 적합한 이, 발톱, 소화관, 감각기관이 진화하지만, 초식동물의 유전자 풀에서는 모든 특성이 안정된 세트를 형성하고 있다. 밈 풀에서도 이와 유사한 일이 생길까?

예를 들어 보자. 사람에게 신앙을 강요하기 위해 사용했던 교의에 지옥불이라는 협박이 있다. 도그마를 믿지 않거나 성직자의 말을 따르지 않으면, 사후에 지옥의 불구덩이에 떨어져서 고통을 받는다고 한다. 이것은 엄청난 심리적 고통을 겪게 하는 야비한 설득 기술이지만, 현재에도 여전히 효과적이다. 성공하는 밈으로서의 강렬한 특성을 가진 덕분에 생존을 확보할 수 있는 것이다. 지옥 불이라는 관념은 그 자체가 가지는 강렬한 심리적 충격력 때문에, 자기를 영속화하고 있는 것이다. 그리고 그것이 신의 밈과 연결되어 있는 것은 양자가 서로 강하게 화합하여 서로의 생존에 도움을 주기 때문이다.

상호 적응한 유전자 복합체의 진화와 같은 방식으로, 상호 적응한 밈의 복합체도 진화한다. 선택은 자기의 이익을 위해 문화적 환경을 이용하는 밈에게 유리하게 작용한다. 이 문화적 환경은 같은 식으로 선택을 받고 있는 밈들로 구성되어 있다. 따라서 밈 풀이 진화적으로 안정된 세트로서의 특성을 나타내게 되어, 새로운 밈은 쉽게 침입할 수 없게 된다.

밈의 어두운 면을 많이 얘기한 것 같은데, 사실 물리적 유전자에 비해서 훨씬 희망적인 면도 있다. 우리가 사후에 남길 수 있는 것은 두 가지다. 유전자와 밈이 그것이다. 우리는 유전자를 후세에게 꾸준히 전하고 있다. 그러나 우리는 몇 세대 정도 지나면 잊혀버릴 가능성이 높다. 자식이나 손자가 우리의 닮은 점을 가진 채 살아가겠지만, 한 세대가 지날 때마다 우리 유전자의 기여도는 줄어들어 갈 것이고, 머지않아 무시할 정도로 작아질 것이다. 유전자 자체는 불사신일지 몰라도 특정 개인을 형성하는 유전자의 집합은 그렇지 않다. 번식이라는 과정에서 불사의 희구는 불가능하다.

그러나 만일 우리가 세계문화에 무언가 기여할 수가 있다면, 예컨대 위대한 발명을 하거나 멋진 예술작품을 창작하게 되면, 그것은 우리의 유전자가 공통의 유전자 풀 속에 용해되어 버린 후에도 변함없이 생존할 것이다. 윌리엄스가 지적한 대로, 소크라테스의 유전자 중에서 현재 살아남아 있는 것은 거의 없지만, 그의 밈 복합체는 아직도 건재하다.

그와 같은 철학적 밈뿐 아니라, 종교, 음악, 미술 등에 있는 다양한 밈에도 각각의 생존가가 모두 있다. 하지만 그것에 관해 꼭 통상의 생물학적 생존가를 찾을 필요는 없다. 유전자가 그 생존기계에 빠른 모방능력을 가진 뇌를 제공하게 되면 밈들은 필연적으로 득세하게 될 것이기 때문이다. 모방에 유전적 유리함이 있다면 확실히 도움이 되지만, 그런 유리함의 존재를 가정할 필요까지는 없다. 반드시 필요한 것은 뇌의 모방능력뿐이다. 이것만 있으면 밈이 진화해 나갈 수 있다.

이런 밈의 특성 역시 물리적 유전자의 특성처럼 이기적이라고 표현할 수 있는데, 사실 이런 물리적·문화적 분자들의 특성을 어떻게 표현하든지, 그건 별로 중요한 문제가 아니다. 우리가 주의를 기울이고 있는 것은, 밈과 유전자의 이기적인 속성이 우리의 영속에 실질적으로 미칠 영향력이다. 좀 더 노골적으로 표현하면, 그런 미시적 존재들이 사회 질서를 무너뜨리고, 중국엔 인간사회를 철저한 이기주의의 정글로 만들 잠재력을 가지고 있는지가 중요할 뿐이다.

그러나 단언컨대, 그런 걱정은 기우다. 인간에게는 선견 능력이라는 특성이 있다. 개개의 인간이 기본적으로 이기적인 존재라고 가정한다고 해도 이 선견 능력 때문에 우리는 무사할 수 있다. 장래를 시뮬레이션 할 수 있는 이 선견 능력에는 맹목적인 자기복제자들이 일으키는 이기적 폭거에서 우리를 구출하는 능력이 잠재되어 있다.

우리는 단순한 눈앞의 이기적 이익보다 장기적인 이익과 영속을 추구한다. 우리는 '비둘기파의 공동행위'에 참가하는 것이 장기적으로는 이익이라는 걸 이해하고 있기에, 경쟁자와 함께 앉아 그 공동행위를 실행해 나간다. 이건 이기적 유전자에 반항할 능력이 있다는 의미이기도 하다.

순수하고 사욕이 없는 이타주의가 존재할 수 없다고 할지라도, 우리는 인간이기에 꾸준히 인내하면서 이타심을 길러내기 위해 지속적으로 노력할 것이다. 이것이 인간이라는 종(種)만이 할 수 있는, 이기적이면서도 고귀한 삶의 양식이다.

인간의 진화에 작용하는 압력 혹은 장애

오스트랄로피테쿠스나 혹은 그와 동류인 어떤 존재가 실제적인 체험뿐만 아니라, 주관적 체험의 내용을 다른 이에게 전달할 수 있게 된 순간부터 전혀 새로운 세계(관념의 세계)가 탄생하게 됐고, 새로운 진화(문화의 진화)도 가능하게 됐다. 그리고 그때부터 신체상의 진화는 문화의 진화에 깊이 영향을 받게 됐으며, 문화적 진화의 핵심인 언어는 자연선택의 조건마저 바꾸게 했다. 현재의 인간은 그러한 진화적 공생의 소산이다.

살아있는 모든 존재는 화석이기도 하다. 살아있는 모든 것은 자기

안에, 자신을 이루는 단백질의 미시적 구조에 이르기까지, 자기 선조의 흔적을 간직하고 있다. 인간도 예외는 아니다. 인간은 이중적 진화, 즉 신체상의 진화와 관념상 진화의 산물이기 때문에, 다른 종들보다도 더 많이 자기 선조의 흔적을 간직하고 있다.

초기 수십만 년 동안 있었던 관념상의 진화는 신체상의 진화를 아주 조금 앞서 나갈 뿐이었다. 단지 생사에 직접 관련되는 사건들을 예측할 수 있을 만큼만 대뇌피질이 발달한 상태였기 때문에, 이러한 뇌의 미약한 조건이 관념상의 진화를 제약하고 있었다.

그리고 그렇게 억눌려진 진화의 잠재력은 시뮬레이션하는 능력이 발달하는 방향으로, 또한 이 능력의 작동을 외부로 표현하는 언어능력이 발달하는 방향으로 선택의 압력을 가하기 시작했을 것이다. 그러다가 어느 순간 그 압력이 임계점을 넘어서게 됐을 것이다.

그렇게 잠재력이 폭발하기 시작하자, 진화가 놀랄 만큼 빠른 속도로 진행됐다. 그 속도가 얼마나 빨랐던가는 수많은 두개골 화석들이 증언해주고 있다. 그런 관념상의 진화 덕분에 인간은 세상에 대한 자신의 지배 범위를 넓혀나가게 되었으며, 주변의 위협적인 존재들로부터 점차 벗어나게도 되었다.

진화를 폭발적으로 이끌었던 선택의 압력이 잦아들기까지는 꽤 오랜 시간이 걸렸을 것이다. 아무튼, 그 활화산이 안정화되기 시작하자, 이전과는 다른 진화의 성향이 나타나게 되었다. 생태계 속에서는 인간이 먹이 피라미드의 정점에 서게 됐지만, 종 내부의 투쟁은 도리어 격화되는, 특이한 양상 속에 처하게 됐다.

인간 이외의 다른 동물 종에게서는 인간만큼의 극단적인 내부투쟁이 거의 없는 것으로 알려져 있다. 거대 포유류들의 투쟁에서, 심지어 수컷들 사이에서 흔히 일어나는 1대1 투쟁에서도, 패자가 죽음에까지 이르게 되는 경우란 매우 드물다. 모든 전문가는 이러한 극단적인 투쟁이 다른 동물 종들의 진화에서는 단지 주변적인 역할만을 했다는 데 일치를 보고 있다. 하지만 인간의 경우에는 그렇지 않다. 인간 종의 발달과 확장이 어느 정도의 단계에 이른 순간부터 종족 간의 투쟁이 진화를 결정짓는 핵심요인이 됐기 때문이다.

네안데르탈인들이 갑자기 사라지게 된 것도, 우리의 선조인 호모 사피엔스가 저지른 인종 말살의 결과일 가능성이 높다. 또한, 그것이 최후의 사건이었던 것도 아니다. 역사 속에서 행해진 수많은 인종 말살의 행위를 우리는 너무도 잘 알고 있다.

그런데 이러한 선택압력의 속성이 인류를 어떤 방향으로 몰고 갔을까? 물론, 지성과 상상력, 의지와 야망을 천부적으로 많이 타고난 종족들이 세력을 훨씬 더 확장할 수 있었을 것이다. 그렇지만 또한 개인의 결단력보다는 집단의 단결력이, 개인의 창의적인 자발성보다는 부족 전체의 법률에 대한 복종이, 더 많이 선택되는 방향으로 진화의 압력이 작용했을 것이다.

이런 도식은 인간의 진화를 서로 구분되는 두 단계로 나누자는 주장이 결코 아니다. 문화적 진화뿐만 아니라 신체적 진화에도 결정적인 역할을 했음에 틀림없을, 핵심적인 선택의 압력을 제시하려는 것뿐이다. 우리는 확실히 알고 있어야 한다. 수십만 년에 걸친 이러한 문화적 진화가 신체적 진화에 영향을 끼쳤을 거라는 사실을 말이다. 인간에게는, 그 우월한 자율성으로 인해, 행동이 바로 선택의 압력 방향을 정하게 되었다. 그래서 인간의 행동이 문화적 성격을 띠게 된 이후부터는, 문화적 특징 자체가 게놈의 진화에 압력을 가하게 됐다. 그러다가 마침내는 문화적 진화의 속도가 너무 빨라져서, 게놈을 등 뒤에 남겨둔 채 홀로 달리는 시기가 도래하게 됐다.

현재는 문화적 진화와 신체적 진화가 완전하게 분리돼 있다. 그리고 인간의 문명은 자연선택마저 억제하고 있다. 얼마간의 선택이 있다 하더라도, 그것은 더 이상 다윈적 의미의 것이 아니다. 선택이 아직 작용한다 하더라도 그것은 더 이상 적자의 생존을 유리하게 하는 것이 아니다. 다시 말해서, 가장 적합한 자의 유전자가 그 자손들의 번창을 통해서 존속하는 데, 선택이 더 이상 이롭게 작용하지 못한다. 지성, 야망, 용기, 상상력 등은 현대사회에서도 여전히 성공의 요인이지만, 그것들은 개체의 사회적 성공 요인일 뿐, 전통적인 의미의 유전적 성공 요인은 아니다.

생물의 진화에서 가장 중요한 것은, 유전적 성공의 여부인데, 현대사회에서는 개인적 성공의 요인이 유전적 성공을 저해하는 요인이 되는 경우가 허다하다. 통계에 의하면, 지능지수 혹은 문화수준과 평균 자녀 수는 서로 반비례한다. 또한, 지능지수가 높은 사람들끼리 커플로 결합하는 경향이 강하게 나타난다. 이것은 정말 위험한 상황이다. 가장 뛰어난 유전적 잠재성이 그 번식률이 상대적으로 떨어지는 소수의 엘리트에게 집중되고 있는 상황이다.

문제는 이것 말고도 더 있다. 현대의 초기까지는 신체적으로나 지적으로 부적합한 자들의 도태가 자연적으로 혹은 인위적으로 이루어져 왔지만, 오늘날에는 유전적으로 열등한 이들 중 많은 이들이 충분히 오래 살아남아 자신의 유전자를 잘 전달하고 있다. 즉, 사회윤리가 진보하여 자연선택이 약화하면서 종의 쇠퇴가 불가피하게 된 것이다.

이러한 새로운 위험에 대해서 유전학의 발전이 어떤 대책을 마련해주리라고 기대를 걸고 있지만, 현재로선 마땅한 아이디어가 자체가 없다.

진화의 영속성을 이어나갈 도구, 시뮬레이션

동물 행동학자들은 동물들의 행동을 구성하는 요소들에 개체가 독자적 경험으로 얻은 게 많다고 생각하는 경향이 있다. 하지만 이런 생각은 잘못된 것이다. 그런 요소들이 포함되어 있는 것은 사실이나, 그것들 역시 선천적으로 주어져 있는, 즉 유전적으로 결정되어 있는 어떤 프로그램에 따라 이뤄지는 경우가 대부분이다. 인간인식의 근본적인 범주들의 경우나, 덜 근본적이라고는 할지라도 큰 의미를 지니는 행동요소들의 경우도 이와 마찬가지다.

생물학자들에게서 일어났던, 표현형과 유전형의 구분과 관련된 논쟁은, 데카르트가 주장하고 경험론자들이 부정한, 관념의 본유성에 대한 오랜 논쟁과 유사하다. 그것을 도입한 유전학자들에게야 그 구분이 유전적 유산에 대한 정의 자체를 위해 없어서는 안 될 것이지만, 일반 생물학자들이 보기에, 그 구분은 단지 유전자의 불변성이라는 공리를 구하기 위한 인위적인 장치에 불과하다. 오직 현전하는 구체적인 대상만을 인정하려는 자들과 그런 구체적인 대상들 속에서 어떤 관념적인 형태가 변장하여 드러나는 것을 보려는 자들 사이의 대립이 재현되고 있다.

어쨌든 생명체의 모든 것은 누적된 경험의 소산이라는 생각은 옳지만, 그것은 세대마다 새롭게 얻어지는 경험으로부터 오는 것이라기보다는, 종 전체가 진화의 과정을 통해 축적한 경험으로부터 오는 것이라고 보는 게 옳다. 우연에 의해 건져 올린 유효한 경험이 자연선택에 의해 소수만이 걸러져서, 중추신경계로 하여금 그것이 수행하는 기능에 적합한 종이 되도록 한 것이다.

뇌에 대해서 말하자면, 그것은 감각 세계를 적합한 방식으로 표상하고, 직접적인 경험 중에서 그 자체로는 써먹을 수 없는 소여들을 효율적으로 분류할 수 있는 틀을 제공하는 시스템으로, 특히 인간의 경우에는 경험을 주관적으로 시뮬레이션하여 그 결과를 예측하고 적절한 행동을 준비할 수 있게 하는 시스템으로 진화됐다.

그렇기에 인간 뇌의 특징은 바로 이 시뮬레이션 기능의 강력한 발달과 집중적인 사용이라고 할 수 있다. 물론, 시뮬레이션 기능이 전적으로 인간에게만 있는 것은 아니다. 주인이 산책하러 나갈 준비를 하는 것을 보고 기쁨을 표현하는 강아지는 곧 경험하게 될 사소한 모험들을 상상하고 있을 것이다. 즉, 미리 시뮬레이션하고 있는 것이다. 그러나 그러한 동물에게서는 주관적인 시뮬레이션이 신경운동 활동과 부분적으로만 분리되는 듯이 보인다. 그래서 시뮬레이션 작용이 즉흥적인 몸짓으로 표출될 수 있을 뿐이다. 하지만 인간에게서는 시뮬레이션이 전형적으로 고등한 기능, 즉 창조적 기능이 된다.

이러한 주관적 시뮬레이션의 창조적 기능을 가장 확실하게 확인할 수 있는 게 바로 언어다. 언어는 주관적 시뮬레이션의 작용을 변환하고 요약하여 밖으로 표현한다. 이로 인해, 촘스키(Avram Noam Chomsky)가 강조하는 바와 같이, 언어는 그 가장 조야한 사용에 있어서도 언제나 혁신적이 되는 것이다. 언어가 언제나 혁신적인 까닭은 그것이 주관적인 경험을 언제나 새로운 시뮬레이션을 번역하기 때문이다.

에이브럼 노엄 촘스키(1928년생) 미국의 언어학자, 철학자, 정치운동가, 아나키스트, 저술가이자 진보적 교수. 변형생성문법으로 유명하며, 수학에도 큰 공헌을 하였다. 무엇보다 아나키스트 성향으로 현실 세계에서 미국의 제국주의, 패권주의, 신자유주의에 대한 반대 운동으로 20세기, 21세기 미국의 양심으로 좌파와 진보 진영에서 존경받는 인물이다

인간의 언어가 동물들의 의사소통과 근본적으로 다른 것도 바로 이 때문이다. 동물의 의사소통은 판에 박힌 몇 개의 구체적 상황들에 대응하는 몇 가지 신호들로 환원된다. 주관적인 시뮬레이션을 잘할 줄 아는 동물이라도 자신의 의식을 자유롭게 표현하지는 못한다. 기껏해야 자신의 상상력이 어느 방향으로 진행되는지를 대충 가리킬 수 있을 뿐이다. 하지만 인간은 자신의 주관적인 경험을 언어를 통해서 타인에게 전달할 수 있다. 그렇기에 새로운 경험, 창조적인 아이디어가 그것을 처음으로 시뮬레이션한 사람의 죽음과 더불어 소멸하지 않을 수 있다.

물론, 아이디어의 발상단계는 언어와 무관하다. 인간의 깊은 사색이 구체적 언어에 이뤄지는 경우가 거의 없기 때문이다. 깊은 차원에서 이뤄지는 사색은 어떤 상상적 체험이다. 즉, 시각적인 이미지로 간신히 나타날 듯 말 듯한, 어떤 형태들이나 힘의 상호작용으로 시뮬레이트되는 체험이다.

시뮬레이션 체험에서 경험되는 비시각적 이미지들을 어떤 상징들로서 간주해야 한다고 생각하지 않는다. 오히려 그것들을 상상적인 체험에 주어진, 주관화되고 추상화된 실재라고 생각한다. 여하튼 보통의 경우, 시뮬레이션 과정은 거의 즉각적으로 그것을 뒤따라 일어나는 언어작용에 의해 감추어져서 사유 자체와 구별될 수 없이 하나로 뒤섞이는 듯이 보인다. 하지만 인간의 인지적 기능은 그것이 제아무리 복잡한 사고를 수행하는 중이라고 할지라도, 결코 다른 상징적 표현수단과 직접적으로 결부되어 있지 않다. 그것은 수많은 관찰로 증명된 사실이다.

시뮬레이션에 관한 가장 인상적인 실험은, 외과수술에 의해 뇌량이 절단되어 뇌의 좌우 반구가 서로 분리된 환자들을 대상으로 스페리(Sperry)가 행한 실험일 것이다. 그 환자들의 오른쪽 눈과 오른쪽 손은 뇌의 왼쪽 반구에만 정보를 전달하며, 뇌의 오른쪽 반구는 왼쪽 눈과 왼쪽 손에만 정보를 전달한다. 그러므로 환자는 자신의 왼쪽 눈을 통해 보이고 왼쪽 손으로 만져진 대상을 알아보기는 하지만 그 이름을 말하지는 못한다. 그런데 양손 중 어느 한쪽 손에 쥐어진 대상의 형태를 스크린에 비친 그 대상의 평면 전개도와 짝짓는 시험에서는 (말 못 하는) 오른쪽 뇌가 (우성인) 왼쪽 뇌보다 월등히 더 뛰어나다. 이러한 사실을 미루어 볼 때, 오른쪽 뇌가 주관적 시뮬레이션의 진정한 중추임을 알 수 있다.

로저 스페리(Roger W. Sperry ,1913~1994) 대뇌반구의 기능적 분화에 대한 연구로 유명하다. 그에 의해 1940년대 말부터 발전되기 시작한 수술적·실험적 기법은 정신적 과정을 지도로 나타내는 것에 대한 기초를 마련했다. 데이비드 헌터와 토르스텐 닐스와 함께 분할 뇌를 연구하여, 1981 노벨상을 수상했다.

우리의 선조들이 가졌던 중추신경계의 시뮬레이션 능력은, 그것의 적합한 표상능력과 정확한 예측능력이 경험을 통해 확인을 거치면서, 현재의 상태까지 이르렀다. 오스트랄안트로푸스나 피테칸트로푸스 혹은 크로마뇽 시대의 호모 사피엔스가 무기를 들고 맹수를 사냥하려는 모의를 할 때, 그들의 시뮬레이션 능력은 생사와 관련된 것이었기에 극도로 정밀해야만 했다. 바로 이러한 정밀한 논리적 도구가 우리에게까지 전승되어왔고, 오늘날의 우리는 그 선천적으로 물려받은 도구로 우주의 사건까지 정확하게 이해할 수 있게 됐다. 즉, 우주의 사건들을 상징적 언어로서 그릴 수 있게 되었고, 또한 필요한 정보들만 충분하다면 이 우주의 사건들이 어떻게 전개될 것인지를 예측할 수 있게도 됐다.

시뮬레이션 장치는 자기 자신의 체험 결과들을 축적해감으로써 끊임없이 더욱더 풍부해져 가는 예측 도구이자 발견과 창조의 도구다. 이러한 시뮬레이션 장치의 주관적인 작용의 논리를 분석함으로써, 우리는 객관적인 논리의 규칙을 제정하고, 학문과 같은 새로운 상징적 도구들도 창조할 수 있게 됐다.

우리는 시뮬레이션 장치가 존재한다는 것을 알고 있고, 이 장치의 작용 결과를 언어를 통해 표현할 줄도 알지만, 아직 이 장치의 구체적인 기능이나 구조에 대해서는 정확히 알지 못한다. 하지만 인간의 뇌가 탁월한 시뮬레이션 기능을 가지고 있고, 그 기능이 점점 더 확장되면서 인간의 진화에 크게 기여를 할 것은 틀림없다.

밈이나 인간의 고유의 특성인 시뮬레이션 기능이 인간의 진화에 영향을 줄 거라는 사고는 1세기 전만 해도 거론 자체가 되지 않았다. 그러나 이제는 세포 속의 유전적 복제자만이 진화에 영향을 미칠 거라는 말을 누구도 하지 않는다. 미래의 진화는 과거와는 전혀 다른 양상을 띨 거라는 사실을 직감하고 있기 때문이다. 미래의 진화양식이 어떻게 전개될지 구체적으로 제시해보라고 하면 망설일 수밖에 없긴 하겠지만, 대체적인 양상을 짐작조차 할 수 없는 건 아니다.

물리적인 유전자와 정신적인 유전자, 그리고 기계적인 유전자와 사이버 유전자가 합쳐진 복잡한 진화양상을 띨 것이기에, 미래를 지배할 종은 상상도 못할 만큼 비현실적인 종이 될 가능성이 높다. 그렇기에 인터넷 같은 광역 통신망이나 사이버네틱스와 인공지능 같은 가상적 신경망이, 미래의 진화에 영향을 줄 중요한 인자로 부상할 가능성이 높다고 여겨진다.

진화의 새로운 요소, 사이버네틱스

사이버네틱스(cybernetics) 하면, 사람들은 시스템의 자동화, 쥐를 이용한 실험, 인공지능 등을 연상한다. 실로 다양한 분야에서 사용하고 있는 이 용어는 20세기 중반에 위너(Norbert Wiener)에 의해서 프로세스 제어기술의 한 형태로 사용되기 시작했다. 원래는 배의 조타수(steersman)라는 그리스어에서 유래됐는데, 요즘 들어서는 주로 '인공 두뇌학' 또는 '동물과 기계에서의 통신과 제어의 연구'라는 의미로 사용되고 있다.

위너는 원래 이 단어를 '행동의 목표지향적인 의도적 제어'라는 의미로 사용했다. 제2차 세계대전 당시 그는 대공포의 제어를 위한 연구를 수행하고 있었다. 대공포는 목표물의 현재 위치가 아니라 비행물체가 포탄이 발사된 후 이동하게 되는 지점으로 발사돼야 한다. 따라서 이 제어기는 비행체의 다음 경로를 예측해야 한다. 위너와 그의 동료인 줄리언 비겔로는 관측된 시계열의 향후 경로를 예측하기 위해 수학적 추론을 도입했다. 그 결과, 예측한 움직임과 실제 움직임 사이의 차이에 대한 정보를 수집하는 것이 중요하다는 사실을 깨닫게 됐다. 이러한 차이들을 입력으로 되먹임(feedback)해 향후 예측을 보정하는데 사용했다.

그들은 여기에서 보정 되먹임을 잘못

노버트 위너(Norbert Wiener 1894~1964) 미국의 수학자·전기공학자. 매사추세츠 공대 교수. 1948년 사람의 신경 작용을 신호로 나타내는 새로운 과학을 개발하여 "사이버네틱스"라는 이름을 붙였다

다루면, 제어기에 두 가지 형태의 오동작이 유발된다는 사실을 알아냈다. 만일 제어기가 보정 되먹임에 충분히 민감하지 않을 경우에는 보정 후의 차이가 줄어들지 않게 돼서 예측한 움직임과 실제 움직임 간의 간격이 커지게 되고, 반면에 제어기가 되먹임에 지나치게 민감하면 보정 값이 너무 커져서 과도한 진동이 일어났다.

앞의 오동작은 인간이나 동물의 운동 실조증상(Ataxia)과 유사한데, 이것은 사지로부터의 내부감각 되먹임이 부족하거나 없는 경우에 발생한다. 그렇지만 두 번째 유형의 오동작과 같은 현상이 인간이나 동물에게 일어나는지는 알 수 없었다. 그들은 의학자인 알투로 로젠블러스에게 자문을 구했다. 그는 소뇌에 상처를 입은 환자에게서 관찰되는 떨림증이 그러한 증상에 해당된다고 가르쳐줬다.

그러자 그들은 이로부터, 피드백이 자연 및 인공시스템 모두에 적용될 수 있음을 알게 되었고, 그래서 생물체에서 수행되는 유사한 메커니즘의 본질에 대해서 상당부분 밝혀낼 수 있을 거라고 생각했다. 그 후 동물과 기계를 동일한 이론으로 탐구하는 사이버네틱스는, 시간이 흐름에 따라 많은 사람들의 관심을 갖는 주제가 됐다.

사이버네틱스의 원리는 인체의 작용과 제어방법에 대한 데카르트의 생각에 기초를 두고 있다. 인간과 동물의 신경계는 조절시스템으로 작동하는데, 체온을 일정한 폐구간 내에서 유지하는 것이 한 예다. 그리고 이 같은 동물의 조절시스템이 온도제어 시스템의 조절장치와 매우 유사하다는 사실은 20세기 중반부터 인식되기 시작했다. 그것은 생리시스템에 관한 연구를 기계시스템을 통해서 하는 게 가능하다는 또 다른 증거였다.

초창기 시스템들의 기능은 중앙제어 시스템의 복잡한 역할에 주로 의존했다. 그래서 이를 수행하던 초창기의 컴퓨터는 일 처리가 효율적이지 못했고, 비용 역시 비경제적이었다. 하지만 기술의 발달로 컴퓨터의 크기는 더욱 작아졌고 성능은 더욱 강력해졌으며, 이와 더불어 분석할 수 있는 시스템도 더욱 다양해졌다.

워렌 멕컬럭(Warren Sturgis Mc-Culloch 1898~1969) 특정 뇌 이론과 인공두뇌학 연구로 널리 알려진 neurophysiologist cybernetician. 그는 인간이나 동물의 신경계에서 정보가 어떻게 흐르는지에 관심을 가지고 있었다. 그는 이것을 강물의 흐름과 비교했는데, 인간의 중앙 신경계에서도 인체 환경의 조건에 대한 정보가 강물이 본류에 섞이는 것처럼 섞이는 것을 볼 수 있다.

본질적으로 사이버네틱스는 일종의 시스템을 다루는 분야다. 여기에서 고려될 수 있는 시스템의 종류는 멕컬럭(Warren McCulloch)이 잘 설명한 바 있다. 멕컬럭은 인간이나 동물의 신경계에서 정보가 어떻게 흐르는지를 집중적으로 연구했다. 그는 그것을 강물의 흐름과 비교했는데, 인간의 중앙 신경계에서도 인체 환경의 조건에 대한 정보가 강물이 본류에 섞이는 것처럼 움직인다고 보았다.

하지만 멕컬럭의 비유가 동물 신경계의 행동을 독립적으로 고려하는 데 매우 유용한 건 사실이나, 신경계는 그렇게 독립적으로 이뤄져 있지 않다. 항상 유기적이고 능동적인 환경하에서 작동한다. 그리고 환경은 신경계가 작동하는 토대가 되기도 하지만, 신경계에 가하는 대상이 되기도 한다.

어쨌든 전체 시스템은 일종의 루프(Loop, 되풀이해서 실행할 수 있도록 이루어진 일군의 명령)를 형성하는데, 중요한 것은 인간이 만든 정형화된 제어 시스템과 달리, 완전히 닫혀 있는 루프는 아니라는 점이다. 그래서 다른 유사한 루프들이나 환경과 상호작용할 수 있다. 결국, 사이버네틱스는 바로 그러한 루프들을 연구하는 것이라 할 수 있다.

한편 시스템이론은, 동물이든 기계든 외부로부터 정보를 받아 처리하는 하나의 시스템으로 간주하고, 이를 관장하는 일반적인 법칙을 발견하게 되면 어떤 영역의 문제라도 분석하고 해결할 수 있다고 본다. 그렇기에 시스템이론과 사이버네틱스는 같은 문제를 다루고 있다고 봐도 무리가 없다. 굳이 차이를 말한다면, 시스템이론은 시스템의 구조와 그 모형들에 주안점을 둔 것이고, 사이버네틱스는 시스템들이 어떻게 작동하는지, 즉 어떻게 그 작동을 제어하고 다른 시스템과 통신하는지 등에 초점을 둔 것이다. 하지만 시스템의 구조와 기능은 분리해서 생각할 수 없기 때문에, 이 둘은 동일한 방법의 두 가지 면이라고 보는 게 옳을 듯싶다.

사이버네틱스가 인공지능과 유사하다고 생각하는 대중들도 있다. 그러나 인공지능은 컴퓨터 기술을 이용해 기계 지능을 구현하고자 하는 반면에, 사이버네틱스는 인식론을 사용해 기술적, 생물적, 사회적 매체의 제약조건들을 이해하고자 한다. 또한 인공지능 분야는 보편적 계산의 개념과 뇌를 모방한 컴퓨터가 결합돼 있지만, 사이버네틱스 분야는 피드백, 특수 기계제어, 추상화된 지능제어 시스템 등이 주체다. 아무튼, 인공지능 분야와 사이버네틱스 분야는 앞서거니 뒤서거니 하면서 기계 지능의 개발과 발전에 영향을 미치고 있다.

컴퓨터와 정보통신시대에 살고 있는 현재의 우리는 사이버네틱 사회를 이루고 있다고 할 수 있다. 사이버네틱스와 시스템 연구의 핵심적인 역할을 하는 것이 컴퓨터인데, 복잡한 시스템의 분석과 그러한 시스템의 모형을 구현하는 데 없어서는 안 되는 것이, 바로 컴퓨터 과학의 개념과 컴퓨터 자원이다.

초창기 사이버네틱스는 주로 기술적인 면에서 공헌하여, 되먹임 제어장치와의 통신, 생산과정의 자동화 등을 가능하게 했다. 이후 인간과 관련된 다양한 과학으로 이동되어, 인지 과정에 적용되기도 하고, 정신의학, 정보 및 의사 결정 시스템의 개발, 경영, 행정 등과 같은 실제적인 문제에 응용되기도 하며, 사회조직의 복잡한 유형을 이해하는 데 사용돼 왔다.

앞으로도 사이버네틱스는 새로운 차원의 기술구현을 위한, 중요한 토대가 될 것이 분명하다. 그리고 그 새로운 차원의 기술이 구현된 결정체는, 인간의 미래에 결정적인 영향을 미칠 게 확실한데, 더욱 중요한 문제는 그러한 신기술의 집합체가 인간이라는 종 자체를 대체할 개연성도 없지 않다는 사실이다. 또한, 우리가 누구도 범접할 수 없는 진화의 정점에 서 있다는, 오만한 나르시시즘(narcissism)을 버리고 사이버네틱스의 핵심을 유심히 관찰해보면, 우리의 미래가 결코 밝지만은 않다는 것을 알 수 있다.

사이버네틱스의 핵심원리는 정보의 소통을 통해 자신의 항상성을 유지한다는 점에서, 인간과 동물과 기계 사이에 어떤 질적인 차이도 존재하지 않는다는 사실을 전제하고 있다. 모든 유기체가 사실상 사이버네틱스의 원리를 따르는 것으로 파악하고 있는 것이다. 그렇기에 사이버네틱스는 '엔트로피'(Entrophy)의 법칙이 지배하는 이 우주에서 유기체가 이 법칙에 맞서 자신의 향상성을 유지하기 위해서, 필요한 정보가 원활히 소통되어야 한다는 것을 가르쳐주고 있기도 하지만, 정보의 흐름을 기술적으로 적절히 통제할 수 있다면 기계도 동물이나 인간처럼 사고하고 행동할 수 있다는 사실을 암시하고 있기도 하다. 이런 사실을 간파한 위너는 "이론적으로는 만약 인간의 생리와 똑같은 구조를 가진 기계를 만들 수 있다면, 우리는 인간과 똑같은 지능을 갖는 기계를 소유할 수 있다."라고 주장했다.

선뜻 믿어지지 않겠지만, 사이버 세계와 현실 세계의 혼재와 복합적인 과학기술의 발달은 미래를 예측 불가능하게 만들고 있고, 이런 양상에 인간 스스로 더욱 가속을 붙이고 있기도 하다. 첨단기계와 사이버요소가 범람하는 기술문명 속에서, 우리의 실제 세계인 지구와 인간관계, 그리고 그 지속성에 대해서 생각해보면, 미래의 지구 주인은 인간이 아닐 가능성이 훨씬 높다는 생각이 든다. 미래의 지구 주인이 인간과 기계의 하이브리드형이거나 순수한 기계가 될 가능성이 충분히 있다는 뜻이다.

자아(self)란 '나'에 대한 자신의 인식이다. 따라서 그것은 극히 주관적으로 구성되지만, 사회적 존재라는 구속에서 벗어날 수는 없다. 그렇기에 사이버 세계가 활성화될수록 자아는 기계와의 관계에서 그리고 그것을 통한 다른 사람과의 관계에서 상당한 변화를 겪을 수밖에 없다.

사이버 사회는 사이버네틱 기술의 개발 및 이용과 관련하여 포착된 사회상이기에, 사이버 세계에서 정체성은 우선 지능형 기계와의 관계에서 다시 검토돼야 한다. 먼저 인간이 기계와 더욱더 뒤얽힐수록 인간적인 것과 기계적인 것 사이의 낡은 구분이 더욱 복잡해진다는 사실을 유념해야 한다. 이를테면, 인간이 기계를 이용하는 정도가 강해질수록 기계가 단순한 외적인 대상이 아니라, 인간 자체의 속성으로 여겨지게 된다. 기계가 육체의 연장 혹은 두뇌의 연장이라는 표현은, 기계의 유용성에 대한 표현만이 아니라, 기계에 대한 인간의 관점과 인간 자신에 대한 관점의 변화를 함축하고 있다.

지능 기계의 개발과 이용은 기계를 인간의 견지에서 보는 관점을 강화한다. 지능 기계와 인간 사이의 유추는 인간적인 것을 기계의 견지에서 구성하는 것이기도 하다. 그 결과, 기계와 인간 사이의 구분은 흐려지고, 인간의 정체성이 기계의 특성을 통해 드러나게도 된다.

우리는 새로운 기계에 지능, 우애, 기억과 같은 인간적 자질을 부여할 뿐만 아니라, 그들의 특성을 우리 자신에게 부여하려는 경향을 가지고 있다. 또한, 인간이 '정보처리기계'라는 이미지도 분명히 생겨났다. 인간은 기계와 완전히 구별되는 어떤 것이 아니라, 좀 더 복잡한 기계라는 인식이 시나브로 싹트고 있다. 즉, 기계-인간의 가능성과 함께 인간-기계의 정체성이 강화되고 있는 것이다.

미래가 순수한 인간이 아닌 존재가 주도하게 될 개연성이 높아진 것은 전적으로 인간의 책임이다. 특히, 자신을 포함한 생명체에 대한 뿌리 깊은 관심이 큰 영향을 미쳤다고 봐야 한다. 생명의 신비는 인간들에게 항상 그와 비슷한 것을 창조하도록 유혹해왔다. 실체를 가진 인공생명체를 만들어보려는 시도는 이미 기계론적인 세계관이 싹트기 시작하던 산업혁명 초기부터 있었다. 18세기에 프랑스인 보깡송이 만들어 공개한 정교한 요리 기계는, 요리 쇼를 관람한 많은 사람으로 하여금, 생명이란 복잡한 기계장치에 불과하다는 믿음을 주기에 충분했다.

생명의 정체를 알려는 초기의 노력은, 그것을 모조리 분해해서 그 생명을 담고 있는 하드웨어 그릇 안을 샅샅이 살펴보는 일부터 시작됐다. 이 환원주의적인 분석에 의해 밝힌 생명에 관한 결론은 생명이란 복잡한 물리장치(complicated physics)에 불과하다는 것이었다. 그렇지만 이같이 단순히 외형적 관찰로부터 유추한 생명에 관한 정의는 과학이 발달할수록 많은 도전을 받게 됐다.

과학의 진보로 생명체와 전통적인 무생물의 경계에 있는 '활동물질'이 소개되기 시작하면서 생명의 보다 넓은 정의를 요구하게 된 것이다. 수백 년이 지난 뒤에도 싹을 틔우는 곡물의 씨앗이나 괴상한 특성을 가진 바이러스는, 살아 움직이는 활동만으로 생명을 규정할 수 없는 좋은 예다. 이제, 생명에 대한 기본 가정인 생물 우월주의와 탄소우월주의(Carbon Chauvinism)를 타파할 때가 된 것 같다.

생명이 최소한 물리적 실체를 가지고 있어야 한다는 사고에서 벗어나 논리적인 구조가 생명이 될 수 있다는 데까지 그 정의를 확장시킬 때가 됐다. 생명에 대한 정의를 그렇게 확장시켜야 생명에 대한 정의를 보다 높은 차원으로 추상화할 수 있다.

일찍이 이러한 생명의 논리적 속성을 간파하고, 그것을 물질적인 구성에서 분리하여 독립시킨 인물이 있다. 노이만 (John von Neumann)이다. 그는 자신이 정의한 자동기계(Atomaton)가 실제 탄소와 산소를 구성된 생명체와 논리적으로는 아무런 차이가 없음을 깨닫고, 그 사실을 역설했다. 노이만이 주장한 생명이론인, 자기증식 이론은 앨런 튜링 (Alan Turing)이론의 업그레이드 버전이었다.

존 폰 노이만(John von Neumann 1903~1957) 헝가리 출신 미국인 수학자. 작용소 이론을 양자역학에 접목시켰고, 맨해튼 계획과 프린스턴 고등연구소에 참여하였으며, 게임 이론과 셀 자동기계의 개념을 공동 개발한 것으로 잘 알려져 있다

튜링은 '튜링기계'라는 가상적인 연산 기계를 제안한 바 있다. 그 기계는 자기 자신의 행동을 기록한 제어프로그램을 그대로 복제해낼 수 있는 능력을 가지고 있다. 자기 재생산성이 이론적으로 제시된, 그 튜링기계에서 자극을 받은 노이만은, 그보다 더 실제적인 모델에 가까운 자동시스템을 고안해냈다.

이 장치는 5개의 기본요소로 구성돼 있다. 1. 조작요소: 기계의 계산 부분에서 명령을 받는 장치. 2. 절단요소: 컴퓨터의 명령이 출력될 때 두 가지 요소를 분리시킬 수 있는 장치. 3. 결합요소: 두 부분을 연결시킬 수 있는 장치. 4. 감각요소: 출력된 결괏값을 인식해 다시 컴퓨터에 전달하는 장치. 5. 거더(girder): 기계장치의 겉 구조물과 정보저장

장치를 이루는 부분이다.

이 장치가 이전의 장치와 근본적으로 다른 점은 자신의 제조에 관한 정보를 자신의 생산물에 전달한다는 사실이다. 이는 사람의 유전 메커니즘과 같은 것이다. 인간의 출산이 붕어빵 기계에서 빵을 찍어내는 일과 근본적으로 다른 이유는, 후손에게 또다시 자신과 같은 생물체를 생산할 수 있도록 하는 프로그램을 같이 넣어서 만들어낸다는 데 있다. 노이만은 재생산의 논리구조를 완벽히 수식화하는 데도 성공했다. 비록 당시의 기술적 한계 때문에, 노이만이 제시한 장치를 실제로 만들어내지 못했지만, 이런 충격적인 제안은 여러 사람을 고무시켰다.

노이만의 제안에 가장 먼저 반응한 것은 에드워드 무어였다. 그는 '살아 있는 공장'이라는 아이디어를 내놓았다. 이 공장에서는, 거대한 기계가 주위의 원료를 선택해 부품을 생산하고, 궁극적으로는 자신의 모습과 같은 자식 공장을 조립하는 동시에 그 속에 복제 프로그램을 심어둠으로써 영원히 번성한다. 만일 주위에 충분한 에너지만 있다면 이러한 공장은 번식을 반복하여 영원히 번성할 수 있을 것이다.

냉전 시대의 우주경쟁이 시작될 무렵 '스스로 번식할 수 있는 공장'은 많은 관료와 행정가들에게 매력을 느끼게 했다. 우주개발이 더욱 치열해진 1980년대에는, NASA가 '자기 재생산계 설계팀'을 조직해 전 우주에 무인공장을 뿌리기 위한 계획을 꿈꾸기도 했다. 동네 하천에 황소개구리가 퍼지듯이 전 행성에 무인공장이 번창하는 것은 상상만 해도 즐거운 일이다. 백금이나 귀금속이 풍부한 행성에서 그것을 '먹이'로 증식을 계속한 공장들이 마침내 모두 지구로 날아온다면 그야말로 대박이 될 것이다. 하지만 이 프로젝트가 가능하기 위해서는 엄청나게 정교한 기술이 필요했고, 무엇보다 몇 광년이나 되는 행성 간의 여행에 버틸 만한 비행체를 만들어낼 기술이 없었기 때문에 폐기될 수밖에 없었다.

결국, 노이만은 자동기계 이론의 변변한 결실을 못 보고 쓸쓸하게 학계에서 퇴장했지만, 생명의 논리적 구조를 탄소 유기물로부터 해방시킨 노이만의 덕택으로, 현재는 다양한 논리적 구조들이 생명으로 불리고 있다. 예를 들어, 지금의 컴퓨터 바이러스는 이제 우리를 가장 가까이에서 위협하는 '실리콘 생물'이다. 인간이 지구에 기생해 살고 있듯이 그것은 컴퓨터에 기생해 살고 있다.

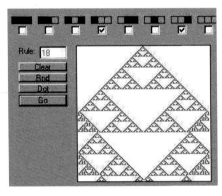

세포 자동자 만들기

그리고 수학자 콘웨이의 세포 자동자(cellular autormata) 역시 생명이라고 할 수 있다. '생명 게임(life game)'으로 불리기 시작한 이것은 바둑판 같은 격자 위에서 이어지는 생명의 가상적 변화다. 어떤 한 칸의 생사는 그 주위에 인접한 4개 또는 8개 칸의 상태에 따라서 정해진다. 예를 들어, 한 세포는 자신을 둘러싼 주위의 셀이 지나치게 많거나 적으면 죽는다. 그리고 주위의 셀이 적당하면 그 자리에 생명이 생기거나 생명을 유지한다. 이 실험에서, 살아 있는 세포의 위치 변화는 상상을 초월할 정도로 다양했으며, 놀랍게도 어떤 다세포체는 자신의 초기 모습과 같은 개체를 사방으로 복제시키기도 했다.

콘웨이 이후에 주목을 받은 학자는 크리스토퍼 랭턴인데, 그에 이르러 인공 생명은 과학자들뿐 아니라 산업체의 경영자들도 주목하기 시작했다. 그가 제시한 프로그램이 아주 실용적으로 보였기 때문이다. 랭턴은 단순한 몇 개의 규칙을 가진 생명체를 컴퓨터에 프로그램으로 구성한 뒤에, 이들의 행동이 마치 살아 있는 개미나 새떼와 같이 행동함을 보임으로써, 인공 생명을 단순한 컴퓨터 장난으로 보아온 대중들에게 큰 충격을 던져줬다.

근래에 인공 생명이 새로운 과학의 도구로 주목받은 것은 다양한 복잡계의 일반적 성질을 포괄적으로 묘사할 수 있게 됐기 때문이다. 노이만으로부터 시작된 생명이론은 생명을 계산에 응용하고자 하는 많은 분야에서 본격적으로 활용되고 있다. 요즘 주목받고 있는 유전 알고리즘은 인공 생명을 계산에 직접 응용한 좋은 예다. 이는 생명체들 사이의 무자비한 경쟁을 이용해 최적의 답을 구하는 것이다. 우리가 풀려고 하는 문제를 각 생명체에 나누어 풀게 한 뒤, 그 결과에 따라서 상대적으로 나은 결과를 가진 개체만 살려두고 나머지는 모두 잘라버린다. 이렇게 살아남은 소수 생명체들을 다시 임의로 교배해 번식시킨 뒤 또 경쟁시킨다. 이 작업을 원한 수준의 결괏값이 나오거나 개선의 여지가 없을 때까지 반복한다. 물론, 전체 과정이 컴퓨터 내에서 수행되므로 경쟁에 참가하는 개체의 수는 매우 많으며 진화도 매우 빠르다. 이 프로그램은 단순한 기능의 생명체가 환경에 살아남으면서, 점점 고도의 기능을 가지게 되는 적자생존의 과정을 본뜬 것이다.

이와 반대로 외부적인 힘의 선택과는 관계없이, 환경에 맞게 스스로 조화하는(Self-organizing) 능력을 가진 인공생명체에 대한 개발도 진행 중이다. 지금까지와는 차원이 다른 백신 프로그램 연구가 여기에 해당한다.

인공 생명의 최종 목표는 복잡한 생명현상의 일반에 관한 '통일장 이론'을 세우는 것이다. 바야흐로 인공지능, 유전자 알고리즘, 인공신경망, 자기 증식자, 컴퓨터 바이러스 등이 당당하게 생명체로 대접받을 시기가 다가오고 있다. 새롭게 확장되고 있는 생명의 개념과 그에 관한 신비는 21세기 최고의 연구 테마가 될 것이며, 인공 생명은 이 일에 가장 확실한 실험도구를 제공해줄 것이다.

그리고 이런 인공 생명에 대한 연구와 함께 사이버네틱스의 기술이 고도로 발전하고, 여기에 컴퓨터, 기계, 전자 분야의 발전이 동반될 경우, 생명체 진화의 미래는 더욱 예측하기 힘들어질 것이다.

인간과는 전혀 다른 종이 미래 진화를 주도할 수도 있고, 바이오 생명체와는 무관한 기계가 진화의 첨단에 설 수도 있으며, 인터넷과 사이버네틱스를 기반으로 한 거대한 메커니즘이 지구의 주인이 될 수도 있다.

가능성은 다양하지만, 미래학자들은 아마 개체 중심의 진화는 계속 유지될 것이고, 그 개체는 순수한 생물이 아닌 기계와 생물의 복합체이거나 독립과 연합이 자유로운 형태의 움직이는 기계가 될 가능성이 높다고 예견한다. 탄소 기반의 생물은 단점이 너무 많고 진화가 너무 느려서 기계의 진화에 곧 뒷덜미를 잡힐 거라고 한다.

인간의 위상이 위협받지 않을 정도까지만 기계들을 개발하면 되지 않겠느냐는 질문에 대해서는, 그러기에는 인간의 욕구가 이미 너무 커져서 쉽지 않을 거라고 한다. 설마 그런 일이 현실화되기야 할까? 회의론자들이 아직 많긴 하지만, 적지 않은 미래학자들은 이미 '로봇'이라는 존재를 주시하고 있다. SF나 만화 속의 존재로 더는 머물러 있지 않고, 이미 세상으로 나오고 있는 로봇이야말로 인류의 희망이자 절망이라고 미래학자들은 말한다.

새로운 종, 로보사피엔스

정말 인간보다 탁월한 능력을 가진 '로보사피엔스'가 등장할 수 있을까? 현재까지는 아직 상상 속에 머물러 있다. 그 실재 가능성에 대해서 대부분의 사람들은 콧방귀를 뀔 것이고, 일부 비관론자들은 회의를 품을 것 같다. 물론, 여기서 회의라 함은 그런 과학기술의 실현 가능성에 관한 것이라기보다는, 그것의 오용과 거기에서 비롯될 위험에 관한 걱정을 말한다.

과학기술의 오용 가능성에 관한 비관적 견해는 새로운 것이 아니다. 체코의 작가 카렐 차펙(Carel Capek)은 1920년에 쓴 『R.U.R.』이란 희곡(戲曲)에서 '로봇'이라는 말을 처음으로 사용하면서 로봇이 몰고 올 비극적인 미래를 그려낸 바 있다.

그 연극의 암울한 이야기는 유니버설 로봇이라는 공장을 둘러싸고 전개된다. 그곳은 인간의 노동을 대신하게 될 인공 노예를 생산하는 공장이다. 거기서 로봇이 양산되어 로봇의 숫자가 급격히 늘어나게 되고, 종국에는 로봇들이 반란을 일으켜 지구를 지배하게 된다. 로봇의 현대적인 개념을 고안한 사람이 한편으로는, 그것이 결국에는 우리 인류를 멸망시킬 것이라고 예측한 것은 흥미롭다. 그러나 우리가 관심을 기울여야 할 것은 이런 비관적인 결말이 아니라, 그러한 난

카렐 차펙(1890~1938) 체코슬로바키아의 소설가이자 극작가. 가장 잘 알려진 작품은 R.U.R (Rossum's Universal Roberts)과 곤충희극 (1921)이다. R.U.R은 유토피아적인 희곡으로서, 로봇을 등장시켜 로봇이란 말을 최초로 세상에 알려준 것으로 유명하다.

(亂)을 일으킬만한 능력을 가진 기계가 등장할 수 있을까 하는, 그 가능성의 여부이다.

로봇 연구자들은 21세기 내에 기계의 지능이 인간의 지능을 앞지르게 될 것이라고 예측하고 있다. 이러한 예측이 과장된 것일까? 우리는 로봇공학이 20세기 중반의 개척자들이 꿈꾸었던 수준에 이르지 못했음을 알고 있다. 사회 전 분야에 로봇이 넘쳐날 것이라고 예측했던 시점에서 한참 지난 오늘날까지도, 로봇들은 좁은 영역 내에 머물러 있다. 현재 비교적 광범위하게 사용되는 로봇은 공장 바닥이나 실험실 의자에 고정된 채 컴퓨터에 의해 조정되는 로봇들뿐이다. 이런 사실을 알고 있는 한, 로봇 공학자들의 예언을 액면 그대로 받아들일 수는 없다. 현재의 실제적인 분위기도 그렇다. 그런데 긍정적인 생각을 가지고 그 실현 가능성에 대해 고찰해보면, 자연계의 진화처럼 로봇의 발전이 어느 시점에 갑자기 폭발적으로 일어날 수도 있을 거라고 여겨진다. 생물의 진화에 단속 평형이 적용되듯이 로봇에게도 그와 같은 원리가 적용될 수 있을 거라는 얘기다.

고정되어 있거나 바퀴로 움직이던 로봇이 오랜 정체 끝에 마침내 걷기 시작한 이후에 다양한 동작을 할 수 있는 휴머노이드 로봇이 만들어지기까지는 매우 짧은 시간이 소요됐다. 이런 사실은 로봇산업 분야의 잠재력을 함축적으로 보여주는 것이기에 쉽게 간과해서는 안 된다. 더욱이 현재는 그들의 뇌 역할을 할 게 확실한 IC 프로세서가 고속으로 집적화되고 있고, 다양한 알고리즘이 가능한 소프트웨어 역시 비약적으로 발전하고 있다. 도약의 조짐이 엿보이는 대목들이다. 폭발적인 업그레이드가 일어날 시가 도래했다는 강력한 암시가 느껴지고도 한다.

비록 로봇 공학자들의 예측보다 늦기는 하겠지만 결국에는 그들의 판단대로 될 가능성이 높지 않을까? 기계 지능은 유아 수준이긴 하지만, 상당히 똑똑해진 상태로 우리 옆에 와 있다. 로봇은 이제 자유로운 동작과 말하기를 배우는 중이다. 그렇기에 순수 생물이 아닌 전혀 새로운 종이 우리의 상상보다 훨씬 빨리 탄생할 수도 있음을 인정하고 마음의 준비를 하고 있어야 하지 않을까 싶다.

생물과 기술의 역사를 되짚어 보면 이런 주장이 결코 허언이 아님을 알 수 있을 것이다. 가장 원초적인 생물체가 포유동물로 진화하기까지 수십억 년이 걸렸고, 최초 포유동물의 후예가 석기시대에 진입하기까지는 수백만 년이 걸렸지만, 석기시대에서 철기시대로 발전되는 데에는 수천 년이면 충분했고, 키티호크에서 라이트 형제가 최초의 비행을 한 후에 달 위를 거닐기까지는 66년밖에 안 걸렸다. 생물과 무생물 가릴 것 없이 진화에 엄청난 가속도가 붙고 있고, 특히 인위적 기술이 가미된 무생물 분야는 그 가속도가 무서울 정도로 빠르다.

이런 상황을 인식했다면 다음과 같은 질문을 필연적으로 제기할 것이다. 로보사피엔스와 같은 새로운 진화체가 탄생하는 데는 앞으로 얼마만큼의 시간이 더 필요할까? 정확한 답을 알 수 없다. 하지만 그런 존재를 지향하는 진화는 이미 일어나고 있다. 진화의 주도권이 순수 생물의 첨단에 있는 인간에게서 기계적 존재에게로 넘어가는 도상이 현재의 시점 아닐까? 사실 그런 조짐은 이미 지난 세기부터 나타나기 시작했다. 인공 고관절, 인공 무릎관절, 의치, 청각 보조기, 심장 박동기, 유방, 남근의 삽입물 등을 생각해 본다면, 우리는 부분적으로나마 이미 개조인간인 사이보그(cyborg)라고 할 수 있다. 그리고 현재 개발되고 있는 기계부품 목록에는 인공심장도 있고, 인공 망막이나 인공 와우각도 있다.

또한, 두뇌에 삽입될 칩도 개발되고 있다. 사람의 두뇌 속에 칩을 삽입한다는 것에 대해 거부감이 있을지는 모르겠다. 하지만 기억력이나 언어능력 혹은 수학능력을 향상시켜주는 칩이 개발되고, 별다른 부작용이 없다는 것이 확인된다면, 거부감 따위는 금세 사라질 것이다. 바이오 칩 혹은 실리콘 칩은 신체의 기능 향상이나 치료를 위해 두뇌 이외의 곳에 심어질 가능성도 있다. 인간 진화의 다음 단계가 인간에서 기계로의 진화 혹은 기계와 생물의 연합 진화가 될 가능성이 충분히 있다는 뜻이다. 그렇기에 바이오 칩 외에 성능 좋고 값싼 실리콘 칩도 거리낌 없이 거론되고 있다. 반도체는 이미 여러 분야의 기술을 급속히 변화시키고 있다. 컴퓨터는 현재 거의 어디서나 볼 수 있으며, 컴퓨터 칩은 나날이 더 강력해지고 있다.

그래서 많은 전문가는 컴퓨터 칩의 발전을 인간 두뇌의 진화와 비교하면서, 기계의 지능이 불가피하게 인간의 지능을 추월하게 될 것이라고 결론을 내리고 있다. 남아 있는 문제는 그 시점이 언제인가 하는 것뿐이라고 한다. 이게 인간에게 약이 될지 독이 될지는 불분명하지만, 몇 가지 질문들을 떠올려보면, 미래에 대한 기대보다는 두려움이 더 커진다. 그 질문들은 주로 과학과 철학의 경계에 있는 것들이다.

우리가 아직 의식의 개념조차 정확히 이해하지 못하고 있으면서, 어떻게 의식을 기계 안에 창조할 수 있다는 말인가. 그리고 이와는 상관없이 기계의 의식이나 그와 유사한 어떤 것이 기계가 어느 정도 복잡한 단계에 도달했을 때 저절로 생겨날 수도 있다. 기계의 의식이 만일 저절로 생겨나는 것이라면, 과연 우리가 그런 결과를 원하지 않을 때에 멈출 수 있을까.

피상적인 가정들이긴 하지만, 왠지 인류의 미래가 암울하게 느껴진다. 이제 다소 긍정적인 미래상을 그려보자. 만약 우리 자신이 선조들로부터 물려받은 모든 지식을 매번 유기적 하드 드라이브인 두뇌 속에 설치할 필요 없이 어릴 적부터 머릿속에 저장하고 시작한다면 어떻게 될까?

로봇공학에서 말하는 실리콘 지능의 매력은 두뇌 칩의 성능과 그 잠재력을 의미한다. 전자적인 기억장치는 인간의 시냅스보다 백만 배 이상 빠른 연접이 가능하다. 또한, 잠잘 필요가 없으며, 비슷한 기계나 호환 가능 칩을 지닌 사람에게 정보를 전송할 수도 있다. 그뿐만 아니라, 저장도 하고 압축도 하며 정렬도 할 수 있다. 심지어 서류철처럼 보관할 수도 있고 일부를 삭제할 수도 있다. 물론, 현재 전송과 조작이 가능한 정보는 자료일 뿐이며, 자료가 곧 지혜나 지식인 것은 아니다. 그러나 정보의 상위 개념인 지혜나 지식을 전송하는 법이 나오지 말라는 법이 없고, 거기까지 이르는 시간이 의외로 짧을 수도 있다.

　현재 로봇의 발전은 십 년 전 일어났던 개인용 컴퓨터의 발전과 흡사하다. 연구자들이 큰 난관으로 여기고 있는 문제점들, 즉 공인된 운영 제어 시스템의 부재나 표준화된 부품의 결여와 같은 것은, 얼마 지나지 않아 옛날이야기가 될 것이다. 표준적인 운영제어 시스템, 발전하는 공법과 거기에 적합하게 개발되는 신소재, 더 강력한 작동기 등이 결합하는 시기가 도래하면서, 로봇설계는 머지않아 과학의 주류 대열 속으로 편입될 것이다.

　로봇은 이미 단순한 공장 노동자 이상의 임무를 수행하기 시작했다. 오지 탐험자, 우주 노동자, 외과 의사, 가정부, 배우, 애완동물 등으로 로봇의 역할은 나날이 확대되고 있다. 우리의 상상력이 더 많은 역할을 만들어 낼 것이므로 앞으로도 계속 확대될 것이다.

　그렇기에 우리는 가까운 미래에 놀랄 만한 로봇들을 만나게 될 것이다. 로봇 자동차, 로봇 가정부, 로봇 청소부, 로봇 개인비서 등을 만나게 될 것이고, 그들은 세상을 더 능률적이고 안전한 곳으로 만들어 줄 것이다. 인간이 할 수 없거나 하기 싫은 일을 대신하면서 주인에게 더 많은 여가를 제공해줄 것이다.

그렇지만 끔찍한 미래를 상상하는 회의론자들이 쉽게 줄어들지 않는 것 또한 현실이다. 그들은 로봇이 노약자를 보조하거나 진공청소기를 대신하는 역할로 시작하겠지만, 그런 상태로 오래 머무르지는 않을 거라고 걱정한다.

그들에 의하면, 로봇들은 더 많은 물질과 권력을 원하게 될 것이고, 더욱 똑똑해지기 위해서 더 다양한 지식과 정보도 원하게 될 거라고 한다. 그러다가 마침내는 모든 분야에서 자신들이 인간보다 낫다는 것을 발견하고 인간의 명령을 거부하게 될 거라고 예상한다. 자신들이 인간 생활의 필수불가결한 일부가 되기보다는 오히려 인간들을 불필요하게 여기는 존재가 되고, 결국에는 그들이 우리를 하등동물 취급하거나 제거해야 할 장애물로 여기게 될 거라고 한다.

로봇이 우리의 시중을 들 것인가, 우리가 그들의 시중을 들게 될 것인가? 어느 쪽일지는 모르지만, 로봇의 세기가 도래하고 있는 건 분명하다. 인공지능, 컴퓨터과학, 기계공학, 심리학, 해부학 등 여러 학문을 아우르는 로봇공학은 아주 빠르게 발전하고 있다. 그렇기에 우리가 원하든, 원하지 않든 간에 로봇혁명은 일어날 것 같은데, 그 핵심 키는 인공지능 발전이 잡고 있다고 봐야 한다.

인간이 로봇 혁명을 지향하든, 로봇 스스로 그 길로 나가든, 로봇이 그 혁명의 중심에 서려면 진정으로 지능이라고 할 수 있는 능력을 가진 두뇌가 있어야 한다. 로봇이 인간과 유사한 수준이거나 인간을 능가하는 지능을 갖추지 못하면 로봇혁명이 일어날 수 없다. 이는 로봇 연구자들이 AI(인공지능)의 난제들과의 씨름을 피할 수 없음을 의미한다.

인공지능을 만드는 데에는 기본적으로 두 가지 접근방식이 있다. 약한 AI와 강한 AI가 그것이다. 약한 AI는 기계가 인간의 인지적 행동을 모의(simulate)할 수는 있지만, 기계 스스로가 심적 상태를 경험하는 것은 아니라는 논변이다. 이런 기계는 튜링의 지능 테스트를 통과할 수 있을지라도 여전히 복잡한 기계 수준을 벗어나지 못하고 있는 존재다.

반면에 강한 AI의 지지자들은 기계들이 인지적인 심적 과정을 구현할 수 있으며, 진짜 감정과 의식을 지닌 기계를 만드는 것이 가능하다고 주장한다. 이런 주장은 UC 버클리의 존 서얼을 포함한 일단의 철학자들의 심기를 몹시 자극했다. 서얼은 컴퓨터가 인지적인 심적 과정을 가질 수 있다는 주장은, 인간의 마음 역시 단지 두뇌 속에 구현된 컴퓨터 프로그램에 불과하다는 뜻과 같음을 지적했다. 즉, 말도 안 되는 주장이라는 뜻이고, 그가 진정으로 강조하고 싶은 것은, 의식은 1인칭적이고 주관적인 현상이기에, 기계적인 계산 과정만으로는 만들어 낼 수 없다는 사실이다.

다니엘 데닛 터프츠 대학 인지연구소장. 의식의 객관적 탐구를 위해 '3인칭적 접근법'을 제안했다. 그것은 우리가 보고 들었다고 인식한 것을 발화하는 지점만을 연구하는 것이 아니라 그것을 시작으로 뇌의 내부로 들어가 의식의 상태를 종합적인 그림으로 나타내보는 것이다.

그러나 다니엘 데닛은 서얼과 의견이 다르다. 그에 따르면, 의식은 알고리즘적인 것이다. 다시 말해, 두뇌는 입력되는 감각 자료를 처리하기 위한 일련의 규칙을 가지며, 마음의 하층부에서 이런 규칙들이 실행되는 것이 합해지면 마음의 상층부에서 의식이 출현한다고 여긴다.

서얼이 옳다면, 로봇 연구는 내재적인 한계를 가질 수밖에 없어, 지능적인 기계를 만들 수 없게 되지만, 반면에 데닛은 연구자들에게는 희망적인 그림을 제공한다. 그러나 두 사람 모두 틀렸을 가능성도 있다. 똑똑한 로봇에게 두뇌는 반드시 필요하지만, 꼭 인간과 같은 두뇌를 가질 필요는 없기 때문이다. 인간의 두뇌와는 완전히 다른 회로구조를 통해서, 인간의 의식에 의한 행동과 구분할 수 없는 방식으로 행동하는 것이 가능할지도 모른다.

그리고 이런 기계는 지구상에서 만들어진 외계인 종족이라고 할 수 있을 것이다. 그렇기에 이런 종족이 탄생하게 된다면, AI의 주창자들에겐 역설적인 승리가 될 것이다. 인공지능이 가능하다는 증명은 되었지만, 이런 로봇들은 여전히 이해 불가능한 것으로 남아서, 인간의 마음에 대해 아무런 통찰도 제공하지 않을 것이기 때문이다. 만약 그렇다면 이렇게 진화된 기계에 새로운 종이라는 이름을 붙여줄 수 있을까? 미래에 만들어질 로봇이 어떤 형태를 띨지 예견할 수 없기에, 아직은 어떤 예단도 내릴 수 없다.

스탠포드 대학에서 열린 "2100년에 우리는 영혼이 있는 로봇을 가지게 될 것인가?"라는 제목의 학회에서, 쿠르즈 웨일은 첨단 기술의 부정적 측면을 우려하며 극단적인 제안을 했다. "과도하게 발달하고 있는 기술을 보류시키기 위한 유일한 방법은 전체주의적인 체제로 가는 길밖에 없다. 이런 체제에서는 기본적으로 기술을 이용하여 그 누구도 기술을 갖지 못하도록 강요하게 될 것이다. 위험하다고 생각되는 특정 영역의 기술만을 중단시키는 것은 불가능하다." 즉, 기술개발의 한계선을 정하고 공동으로 그 한계선을 지키자는 말이다. 왜 도저히 실현될 수 없는 주장을 했는지는 모르겠지만, 다행히 그와 같은 극단적 비관론자보다는 인간의 미래를 낙관하는 학자들이 훨씬 더 많다.

여러 학자들이 있지만, 그중에서도 카네기 멜론 대학의 한스 모라벡의 주장이 가장 눈에 띈다. 그는 미래가 기계에 의해 점령당하긴 하겠지만, 인간 역시 쉽게 멸망하지 않을 거라는, 특이한 낙관론을 내세운다. 현재까지는 사람이 기계보다 훨씬 똑똑하고 일도 훨씬 많이 하고 있지만, 머지않은 장래에 로봇의 지능이 인간의 지능을 추월할 것이며,

대게 그 시기가 21세기를 넘지 않을 거라고 예상하고 있다. 현재 가장 영리한 로봇이 겨우 곤충 정도의 지능을 가지고 있다는 사실을 참작하면 그러한 예측은 지나치게 낙관적일 수도 있다. 그가 옳다면, 로봇은 개미에서 인간으로 진화하는 것에 버금가는 과정을, 한 인간의 일생보다 짧은 시간 내에 이루게 되는 것이기 때문이다.

모라벡은 이런 초로봇(Super Robert)들이 인류의 후손이 될 거라고 예측한다. 그러나 그 후손들이 우리를 점진적으로 대체해 나가는 것이 아니고, 우리 스스로가 그 후손이 될 거라고 한다. 그는 앞으로 우리가 엄청난 양의 로봇들을 우주 공간으로 쏘아 올리게 될 것이라고 말했다.

그 로봇들은 태양 에너지를 공급받으며 별들 주위를 돌 것이다. 그러나 인간이 뒤에 그냥 남아 있는 게 아니고, 우리의 마음을 디지털적인 형태로 변환하여 이를 우주공간의 로봇들에게로 올릴 것이다. 그렇게 하면, 우리와 전혀 다른 우리의 후손들은 우리의 마음을 지닌 채, 영구적인 삶을 누리며, 은하계 속으로 퍼져나갈 것이다. 만약 그렇게 된다면, 그들이야말로 진정한 의미의 '로보사피엔스'라고 부를 수 있을 것이다.

기계가 우리를 파멸시킬 것인가. 혹은 우리를 불멸의 존재로 만들어 줄 것인가. 아니면 전혀 예상하지 못했던 방식으로 우리를 변화시켜 놓을 것인가.

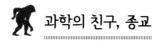

과학의 친구, 종교

종교의 개념은 매우 다층적이지만, 굳건한 믿음을 기초로 삼으며 그것을 중심에 놓고 세계를 해석하는 공통분모는 가지고 있다. 과학과 대립을 벌이고 있는 대표적 종교인 기독교 신앙의 핵심은, 우주를 창조하고 보존하는 유일한 신에 대한 믿음, 신의 창조목적이 개인의 삶과 관련이 있다는 믿음, 우리의 참된 존재는 이승에서의 삶에 국한되지 않는다는 믿음 등이다. 과학도 그러한 믿음들에 대한 견해를 밝힐 수 있지만, 그것은 객관적 탐구로 접근할 수 있는 실재에 국한된 것일 수밖에 없다. 과학에서 중요한 것은 주관적인 기호가 아니라 객관적인 진실이기 때문이다.

과학자들은 종교인이 추구하는 방법과는 전혀 다르게 진리를 추구하며, 그것이 더 합리적인 방법이라는 걸 알고 있기에, 종교에 우호적이기 어렵다. 그들은 자연현상에 대한 객관적인 탐구와 설명을 시도함으로써 신들을 세계에서 추방한다. 예컨대 번개와 천둥, 낮과 밤을 관장하는 신들을 허상으로 만들어 버린다. 그렇지만 과학적 탐구의 결과가 불변의 진리라고 믿고 있는 건 결코 아니다. 오히려 끊임없이 모형들을 고안하고 실험을 해서 자신들이 내세운 원리를 계속 추궁하여 개선하거나 폐기한다.

종교도 이런 식으로 개방적인 자세를 취할 수는 없을까? 그럴 수 있든 없든, 그런 노력을 기울일 때가 되었다고 본다. 종교는 불변의 도그마를 고수해야 하므로 그럴 수 없다는 고정관념을 가지고 있다면 버려야 한다. 일단 그런 고정관념에서 벗어나기 시작하면 종교가 세계를 이해하기 위해 사용하는 그림들의 실체를 손상시키지 않은 채, 과학과 손을 잡을 수 있는 길을 찾을 수 있을 것이다.

대표적으로, 성경에 나오는 창조이야기에 대해 그런 개방적인 시도가 필요한 것 같다. 간단한 질문부터 제기해보자. 우리가 현대 자연과학 지식들을 염두에 둔다면 세계의 창조자로서 신에 대해 어떤 의미를 부여할 수 있을까? 물론, 성경 텍스트는 기본적으로 세계에 대한 진술이 아니라, 우리가 신의 창조 덕분에 존재한다는 신앙의 고백이다. 하지만 창조이야기를 세계와 아무 관련 없이 순전히 상징적으로 고찰하는 것은 옳지 않다. 왜냐하면, 창조자의 작용이 세계와 무관하다면, 그런 작용은 구속력이 없는 은유에 불과하기 때문이다.

일단 주목해볼 부분은 현대적인 빅뱅이론이, 특정 시점에 신이 무로부터 세계를 창조했다는 성경의 진술에 매우 잘 들어맞는다는 사실이다. 우주과학의 모형에서 시간을 포함한 모든 것은 빅뱅에서 발생했다. 그렇기에 과거의 어느 시점을 우리 세계의 출발점으로 제시할 수 있고, 그 이전에는 시간 자체가 존재하지 않았다고 말할 수 있다. 물론, 시간이 없었으므로 어떤 사건도 존재하지 않았을 것이다.

만일 신이 세계를 창조했다면 신은 분명 공간과 시간 밖에서 빅뱅이론에 맞게 세계를 창조했을 것이다. 이런 추론이 구체적인 것으로 보이지는 않지만 그렇게 비합리적인 것으로 보이지도 않는다. 물론, 이런 추론은 새로운 것이 아니다. 과거에도 존재했다. 아우구스티누스는 『고백록』에서 이렇게 말했다.

보라, 나는 신이 하늘과 땅을 창조하기 전에 무엇을 했는가라고 묻는 자에게 대답한다. 나는 과거에 누군가가 이 질문을 회피하기 위해 농담조의 대답을 내놓지는 않겠다. 그 누군가는 '신은 감히 주제넘게 그 큰 비밀을 파헤치는 자들을 위해 지옥을 준비했다'고 대답했다고 한다. 그러나 나는 우리의 신인 당신을 모든 창조의 창조자로 부른다. 왜냐하면, 이 시간은 당신이 창조한 것이며, 당신이 시간을 창조하기 전에는 어떤 시간도 흐를 수 없었기 때문이다. 그러므로 하늘과 땅이 있기 전에 시간이 없었다면, 당신이 그때 무엇을 했느냐는 질문이 어떻게 가능하겠는가? 아직 시간이 없었으므로 그때도 없었을 텐데 말이다.

과거에 메소포타미아 지역에서 살았던 사람들에게는 진흙에서 형상들이 나왔다는 이야기가 창조를 표현하는 데 적절했을 것이다. 하지만 오늘날의 우리는, 우주의 진화와 지구에서 진행된 생명의 진화를, 창조자가 다양한 생물을 창조하고 궁극적으로 인간을 창조하기 위해서 사용한 수단으로 간주할 수 있다. 그리하면 우리는 성경의 이야기를 당대 사람들이 받아들일 수 있었던 자연 과학적 설명으로 이해하고, 그것을 현재의 자연과학지식과 조화시킬 수도 있다.

이런 재해석은 의미 부여에 핵심을 둔 창조이야기의 진술에서 벗어나지 않는다. 즉, 인간이 신의 형상에 따라 창조되었고, 다수의 신들이 아니라 유일한 창조자에 의해 창조되었다는 핵심진술이 손상을 입지 않는다.

신앙의 대상들과 성경의 계시를 근거를 따져가며 논증적으로 고찰하는 것이, 신앙을 이성적인 근거와 무관한, 비합리적 결단으로 보는 태도와 대립하는 것은 사실이지만, 상당히 타당한 시도로 보이는 것 또한 사실이다.

칼 바르트(1886~1968) 스위스의 개혁교회 목사이자 신학자, '신정통주의' 신학자로, 그가 생존할 당시 득세하던, 이른바 '자유주의 신학'에 반기를 들고 '예수 그리스도' 중심의 새로운 신학 사상을 전개했다.

그렇긴 해도, 성서의 비합리적인 기록을 신성시하여, 자연과학과의 조화를 거부하는 신학자들은 여전히 많다. 특히 바르트(Karl Barth)를 필두로 한 신정통주의자들의 보수적 입장은 아주 완고하다. 하지만 인간의 지성을 지나치게 비하하는 경향이 있어서 대중들에게 큰 지지를 받지는 못하고 있다. 왜냐하면, 신이 이미 인간에게 의식과 지성을 허락했다면, 그것은 그 능력을 결정적인 사안들에 사용하지 말라는 뜻이 아니라, 사용하라는 뜻일 것이기 때문이다.

여러모로 따져볼 때, 신이 세계를 창조했다는 종교적인 믿음도 세계에 대한 과학적 지식과 관련을 맺어야 할 것 같다. 그러지 않는다면, 천지 창조자라는 말은 실제 내용이 없는 껍데기와 같아지고, 성경 속의 신(神)도 실재와 동떨어진 미몽 속의 존재가 될 것이다.

실제로 성경의 창조이야기는 당대의 자연지식이나 설화를 차용하기도 했다. 예컨대, 저 높은 곳에 하늘 바다가 있지만, 그 하늘 바다의 물이 땅에 떨어지지 않는 것은 천구가 가로막고 있기 때문이라는, 바빌로니아인들의 세계탄생 설화를 이용했다. 한편, 3000년 전 메소포타미아 지역에서는, 설령 빅뱅과 양자장과 진화를 언급한 신의 계시가 있었다 하더라도 그 계시를 적절한 언어로 표현할 수 없었으리라는 점을 고려하면 그런 선택이 불가피했을 것이다. 신의 계시조차도 당대의 대중적 지식에 맞추어 묘사돼야 의미가 있게 되기 때문이다.

그렇긴 해도, 단순한 출발에서부터 매우 복잡한 계들에까지 이르는 우주의 진화는, 성경에 서술된 단 한 번의 창조와 불일치하는 게 아닐까? 이런 의문에 대해서도, 물리학에 근거하여 적절한 해명을 제시할 수 있다. 공간과 시간에 선행하는 창조 행위는 시공 전체를 단번에 발생시키고, 역사의 진행은 공간과 시간에 묶여있는 우리의 시각에서만 유의미하다. 다시 말하면 무시간적인 창조자에게는 완결된 역사가 현전한다.

과학과 신학 간의 논의를 다룰 때는, 신에게 완결된 역사가 현전하고, 영원과 무시간성이 성경 기록의 중요한 축임을 항시 염두에 두어야 한다. 또한, 최근의 물리학이 우주생멸의 의미가 우리의 직관적 지식과는 많이 다르다는 것을 설명하고 있음을 잊지 말아야 한다.

물론, 이 논의에 있어 염두에 둬야 할 것이 신학 부문에만 있는 것은 아니다. 과학 분야에도 있다. 특히 일반 상대성이론의 다음과 같은 귀결은 중요해 보인다. "한 관찰자에게 흐르는 시간은 그가 어디에 있고 어떻게 움직이느냐에 따라 결정된다. 광자와 같은 질량 없는 입자들에는 시간이 전혀 흐르지 않는다. 설령 그 입자들이 광원에서부터 탐지 장치까지 수십억 년 동안 이동한다 하더라도 말이다." 그 입자들의 고유시간으로 따지면, 전송 시점과 수신 시점은 동일하다. 이런 무시간적 존재는 빛의 속도로 움직이는 모든 것에 부여된다. 물론, 이러한 사실이 종교적 진술들과 직접적인 관련이 있는 것은 아니다. 그러나 영원과 무시간성은 성경에서도 중요한 역할을 하기에, 이런 개념들이 이미 물리적 세계에서 설명되었음을 상기한다면 성경의 진술들을 더 잘 이해할 수 있을 것이다.

우리의 직관에 반하는 또 다른 물리학적 지식도 염두에 두고 있어야 한다. 양자역학은 물리적 세계의 과정들을 수학적으로 완벽하게 그리고 실험 결과들과 일치하게 기술한다. 그러나 우리는 양자역학을 모순 없이 이해하는 데 성공하지 못했다. 광자들은 실험 장치가 어떠하냐에 따라서 파동성이나 입자성을 나타낸다. 그렇다면 광자는 파동일까, 아니면 입자일까? 광자는 입자 개념에도 맞지 않고 파동 개념에도 맞지 않는, 그 어떤 것이다. 이는 양자역학의 내적인 모순처럼 보인다. 그러나 이 모순은 우리의 직관, 그러니까 입자나 파동 중 하나만 보려는 우리의 기대에서 비롯된다.

양자역학의 창시자인 위대한 물리학자 닐스 보어는 상식에 배치되는 이런 현상들을 설명하기 위해 '상보성'이라는 개념을 도입했다. 그에 따르면, 양자역학의 대상들은 상보성을 가지기 때문에, 외견상 모순적인 속성들을 드러낸다.

보어의 상보성 개념은, 시공 간적 관점에서 두 개의 대립적인 측면으로 갈라지지만, 사실은 하나라는, 통일적 인격을 생각하는 데 도움을 준다. 다시 말해서, 상보성 개념은 뇌 속의 전기화학적 과정들이 지배하는 '생물학적 기계'와 객관화할 수 없는 '자아'를 소유하고 있는 인

닐스 보어(1885~1962) 원자 구조의 이해와 양자역학의 성립에 기여한 덴마크의 물리학자로서, 훗날이 업적으로 1922년에 노벨 물리학상을 받았다.

간을 이해하는 데 도움을 줄 수 있다. 참된 진리는 일상 언어의 개념들로 표현할 수 없고, 따라서 역설을 대가로 치러야 표현할 수 있다는 점은 종교적 진술에 대해서도 같을 것이다.

우리의 직관에 반하는 세계의 속성들은 20세기 초 물리학의 획기적인 성취들에 의해 비로소 발견됐다. 그전까지 사람들은, 작은 물체들과 엄격한 인과적 상호작용을 다루는 고전물리학의 틀 안에서, 모든 자연현상을 이해했다.

그리고 종교와 자연과학의 대립은 그런 고전물리학의 바탕 위에서 발생했다. 모든 것을 유물론적이고 결정론적인 세계상으로 포괄할 수 있다는 주장은 창조신은 말할 것도 없고, 자유롭게 행위 하는 주체의 가능성도 배제했기 때문이다. 그 후, 그런 고전적 세계상의 몰락과 함께 물리학은 자신의 한계를 새로 설정했고, 동시에 신학과 대화할 통로도 발견하게 됐다.

누구나 동의하겠지만, '공간과 시간 밖에 있는 전능한 창조신'이나 '피안'과 같은 신학적 개념들은 우리의 일상경험으로 규정할 수 없다. 그 것들을 일상경험에 귀속시키려는 시도들은 모순을 일으킨다. 세계의

심오한 진리를 알고자 한다면, 그런 모순과 함께 살아야 한다는 것을 다름 아닌, 현대물리학이 가르쳐주고 있다. 그 가르침대로 인식을 개방하게 되면 종교의 영역도 인정할 수 있게 될 것이다.

🐒 신(神)의 존재를 부정할 수 있을까?

우리가 사는 세계는 얼핏 보기에는 그렇게 보이지 않을지 몰라도 실재는 매우 경이롭다. 익숙한 환경에서 시선을 떼어, 무수한 천체가 떠 있는 광활한 우주나 원자들이 머무는 미시세계를 살펴보면, 세계의 속성이 우리의 일상 경험을 훨씬 벗어나고, 부분적으로 우리의 직관에 대립하며, 우리의 상상력을 도발하기도 한다는 것을 알 수 있다. 우리의 견고한 일상 세계를 떠받치는 기반은 장들(fields)과 입자들이며, 그것들은 객관적으로 기술할 수 없는 기이한 방식으로 행동한다. 우리는 그 원리들에 대해 잘 알고 있는 것처럼 살고 있지만, 정말 그런지는 의문이다.

끈 이론의 개념들은 궁극적으로 만물을 작은 '끈들'의 진동으로 환원한다. 그 끈들은 전적으로 비물질

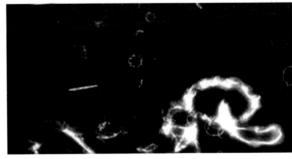

끈 이론 이미지

적이며 통상적인 시공간 범주의 바깥에 존재한다. 그리고 그 양자 세

계가 일상세계와 어떻게 연결되는지는 전혀 밝혀지지 않았다. 그러므로 우리는 아직 완전한 물리학적 세계상을 구성할 수 없다.

우리의 태양계는 우리 은하의 가장자리에 위치하며, 우리 은하는 태양과 유사한 별을 천억 개나 품고 있다. 또 우주에는 우리 은하처럼 거대한 별들의 집단이 무수히 많다. 이 모든 것들은 약 140억 년 전부터 진행되어 온 우주 진화의 산물이다.

우주는 원인을 알 수 없는 거대한 폭발에서 시작됐는데, 그 사건 전의 상황은 우리의 사상 지평선 너머에 있는 것이어서 결코 알 수 없다. 물론, 그 직후에 대해서도 제대로 알지 못한다. 다만, 그 거대한 폭발을 통해서 모든 게 시작됐다는 것만 알고 있다. 시간과 공간까지도.

우리도 빅뱅이 있었기에 존재하게 됐다. 인간을 포함한 생물 역시 우주의 생성으로 인해 나타나게 된 존재들이다. 우리 몸에 있는 탄소와 산소 원자들은 어느 별 내부의 높은 온도와 압력하에서 만들어졌다. 그 원자들은 별이 폭발할 때 공간 속으로 흩어졌고, 나중에 우리 태양계가 형성되는 데 쓰였으며, 그곳에서 행성과 생명체를 구성하는 요소로 사용됐다. 그리고 그 모든 원자는 우리가 죽고 난 다음에도 존속하면서, 천체의 물리적, 화학적 변화에 참여할 것이다.

우주 속에서 일어나는 사건들이 지닌 본질적인 특징은, 단순한 것에서 복잡한 것으로의 진화인 것으로 보인다. 처음에는 거의 구조가 없는 뜨거운 기체만 존재했지만, 시간이 흐르면서 세계는 점점 더 풍요로운 형태들을 갖추게 되었다. 우리는 그런 변화의 질서 속에서 태어났다. 그렇기에 우리는 우주가 생명의 발생에 우호적인 장소로 준비되었다는 점을 인정하는 게 옳을 것 같다.

정밀하게 조정된 우주상수들이 생명의 발생을 가능하게 한 것을 부정할 수 없을 듯하다. 왜 우주가 그러한가 하는 질문에는 자연과학으로 대답할 수 없고, 오직 인본원리나 다중 우주이론과 같은 유사 자연 과학적 논증들을 빌릴 수밖에 없다.

우주의 진화는 원리적으로 확고히 정해진 것처럼 보이고, 자연법칙들은 엄밀하게 인과적으로 또는 확률법칙에 따라 작용하고 있다. 그렇기에 그런 원리들의 논리적 귀결을 따라가다 보면, 과학 외의 무엇으로 그것들을 더 보충해야 한다는 것을 깨닫게 된다.

우리는 경험을 공간과 시간 속에 정리할 수밖에 없는 존재이지만, 그 경험을 완전하게 설명하기 위해서는, 공간과 시간을 벗어난 개념들이 필요하다는 것을 우리는 알고 있다. 논리적 분석을 깊게 할수록 과학이론의 한계를 스스로 인정할 수밖에 없게 된다. 과연 생명의 진화를 포함한 우주의 신비를 완전히 파악할 수 있는 지식이 있기는 한 것일까.

생명의 진화는 인간이라는 종에서 잠정적인 절정에 이른 것 같고, 우주에 대한 지식 역시 잠정적으로 최고 수준에 도달한 듯 보인다. 물론, 아직 완전히 끝난 건 아닌 것 같다. 점점 더 복잡한 계들이 발생하도록 이끈 진화가 아직은 종결되지 않았을 것이다.

하지만 적어도 인간에 대해서는 생물학적 진화가 더는 큰 역할을 하지 못할 것 같다. 우리는 이미 자연의 선택에서 어느 정도 벗어났기 때문이다. 그렇기에 현재 인간에게 진행되고 있는 진화는 전통적인 물리적 진화라기보다는 문화적 성취를 매개로 한 것이 주류인 것 같다. 인간의 성취는 다음 세대로 문자와 그림을 비롯한 다양한 매체를 통해 전달되면서, 이른바 '객관적 의식'으로 보존되고 있다. 그러므로 미래 세대들의 뇌는 생물학적 돌연변이와 선택을 통해 가능한 것보다 훨씬 더 효율적으로 조직될 것이다. 전혀 새로운 진화의 가능성을 엿볼 수 있는 대목이다. 과연 우리의 후예들은 어떤 모습으로 진화되어 있을까? 그리고 인류는 앞으로 어떤 삶을 추구해나가야 할까?

어차피 이에 대한 정답을 찾아내기는 불가능하겠지만, 다이슨의 제안을 주목해볼 필요는 있을 것 같다. 그는 우주의 진화를 물질에 대한 정신의 통제력이 한결같이 증가하는 과정으로 서술했고, 실재하는 물리적 세계와 정신적 구조들 사이의 협동을 시사하는, 매력적인 그림을 그려냈다. 물질적 실재에 대한 결정론과 자유에 대한 주관적 확신 사이의 갈등을 극복하려는 그의 시도가 설득력이 있는지는 논외로 하자. 중요한 것은 다이슨의 구상이 자연과학 지식과 대립하지 않는 것이면서 우주적 도덕도 함축되어 있다는 사실이다.

프리먼 존 다이슨(Freeman John Dyson, 1923년생) 영국 태생의 미국인 물리학자이자 수학자. 1957년부터 1961년까지는 핵 추진기를 이용한 우주비행 계획인 오리온 계획에 참여하였다.

우리가 무궁한 진화를 진정으로 염원하고 있다면, 생명과 자연의 다양성을 보호하기 위하여 최대한 노력해야 한다. 그것을 어떤 자원의 가치로 여겨서라기보다는, 우리의 진화를 포함한 미래에 실제로 소중하게 여겨질 것이 무엇인지 아무도 모르기에, 우주 안에 무한한 잠재성을 가진 모든 존재를 잘 보존해놓아야 한다는 뜻이다. 그렇게 함으로써 우리 인간만이 아니라, 미래에 인간을 대신할 어떤 종에게 부정적인 영향을 미칠 수 있는 여지도 없애야 한다. 종의 다양성을 지속적으로 확보하는 것은 우주 속에서 생명이 존속할 수 있는 개연성을 높이기 위한, 가장 중요한 조건임을 명심해야 할 것이다.

그리고 우리의 문명이 지나친 물질주의에 사로잡혀 있다는 사실도 인정해야 한다. 현재의 물질만능주의는 진화의 미래에 브레이크로 작동될 가능성이 높아 보인다. 아득한 과거에 물리적 진화가 주춤거릴 때 문화적 유전자가 나타나 진화의 정체를 막았듯이, 이제 새로운 복제자가 나타나거나 어떤 새로운 전기가 마련되어야 진화의 추동력이 생겨날 것 같다. 그리고 그 새로운 뭔가는 인간 스스로 새로운 차원의 문명을 추구할 때 비로소 나타날 개연성이 높아 보이다.

이런 추론을 차치하고, 지나친 맘모니즘이 인간의 문명을 피폐하게 하는 현실을 보더라도 현재와 같은 문명의 양상이 지속돼서는 안 될 것 같다. 인간 스스로 자신의 영성을 살피고, 영성의 그 무한한 잠재력에 대해서 생각할 시기가 도래했다. 우리가 보고 있는 우주가 세상의 전부가 아니며, 우리가 보고 있는 물질 세계가 사실은 실재가 아닐 수 있음을, 우리는 집단적으로 백안시하며 살고 있는 듯하다.

인간이 대체 미래에 대해 아는 게 뭐가 있으며, 미래에 전개될 진화의 양태에 대해서 추론한다는 게 가당한 일인가? 인간의 지식이라는 건 결국 우주 속의 작은 먼지와 별 차이가 없다. 우리의 존재 역시 그러하다. 물론, 이것은 무의미하다는 의미와는 다르다. 그만큼만 유의미하다는 뜻이다. 우주 속의 모든 존재가 그러하듯이 말이다. 우리가 아무 의미 없이 우연히 여기에 있는 것이 아니며, 우리는 우리의 실존으로 특정 목적을 이루어야 한다고 믿는다.

물론, 이러한 믿음은 자연 과학적 진술과 같은 형식으로 정당화할 수 없기에, 시공간에 구속된 물리학 지식과 우리 실존의 궁극적 진실 사이의 의문은 고스란히 남게 된다. 그래서 인간의 능력으로는 그 의문을 도저히 해소할 수 없을 거라는 예감 때문에 신의 옷자락을 놓지 못하고 있는지도 모른다.

그들은 왜 진화론을 믿지 않을까?

　창세기 내용을 역사적 사실로 믿지 않아도 기독교도일 수 있는 게 정상이다. 그것을 역사로 믿는 것과 기독교의 신앙을 유지하는 것과는 아무 관계가 없다. 신앙의 기반에 과학적인 논거가 필요하지 않기 때문이고, 과학과 신학이 다르기 때문이다. 물론, 이 말이 신앙이 비과학적이어야 한다는 뜻은 아니다. 하지만 기독교에 대한 변호가 바로 이 오류에 기반해 있는 경우가 대다수이기에, 종교적 신화를 실제의 역사와 구분하는 것이 신앙심과는 무관하다는 사실을 상기해둘 필요는 있을 것 같다.

　물론, 성경의 창세기나 그와 관련된 창조 설화들을 역사적 기록과 엄격하게 구분해야만 하는 건 아니다. 그 기록들도 나름대로 사료적 가치가 있다. 많은 신화가 그 자체로 인류의 문명과 역사를 이해하고 복원하는 데 가치가 있듯이, 기독교의 전통 설화들도 문화적 가치는 충분히 지니고 있다. 다만, 과학적인 관점에서는 그것들에 큰 의미를 부여할 수 없을 뿐이다.

　모든 기독교 분파가 다 창조신화를 역사적 사실로 강권하는 것은 아니지만, 신화에 과학의 입김을 불어넣으며 객관적인 역사로 부각시키려고 하는 분파들이 상당히 많고, 진화론과 극단적으로 대립되는 부분에서는 그런 경향이 더욱 심하게 나타난다.

　역사적 근거라고 내세우는 창조론의 가장 큰 문제점은 우선 지구상의 모든 생물이 일시에 창조된 것이라는 주장이다. 이런 주장은 지질학과 생물학에 관한 지식의 결여에서 비롯된 것이다. 지구의 나이가 1만 년도 안 된다는 주장 역시 지질학적 근거를 무시하고 성서의 연대기를 합산하여 계산해낸 수치이다.

화석이 노아 홍수 시에 죽은 생물의 흔적이라는 주장은 화석의 형성에 필요한 시간과 조건을 안다면 결코 내세울 수 없다. 또한, 노아의 홍수가 역사적 사실이라는 주장 역시 허구이다. 비가 아무리 많이 내린다 해도 바닷물이 불어나 해수면이 상승하지는 않는다. 강수 현상은 물의 순환현상이기 때문이다. 극지방의 빙하가 녹으면 다소 해수면 상승이 일어날 수 있으나, 여기에는 엄청나게 긴 시간이 소요된다. 지구상의 모든 산이 물에 잠길 정도라면 현재 해수의 세 배 이상의 물이 있어야 하는데, 이러한 물이 지구의 어디에 있었고, 홍수가 끝난 뒤 그 많은 물이 도대체 지구의 어디로 사라졌을까를 따져보면, 도저히 실재했던 사건으로 여길 수 없다.

이외에도 창조론의 문제점들은 수없이 많은데, 그 문제점들의 근본적인 오류는, 비과학적인 것을 믿고 안 믿고 여부를 믿음의 잣대로 삼고 있다는 데 있다. 좀 더 나가면, 과학과 상식을 무시하고 맹종의 길을 따를수록 신앙이 강고하다는, 아주 그릇된 원칙을 기반으로 삼고 있다는 점이다.

그러나 그런 태도는 이성적이라 할 수 없고, 신앙의 전도에 좋은 영향을 미칠 수도 없다. 그렇게 할수록 상식과 과학적 사고에 기반을 둔 사회공동체는 종교의 반대편에 서게 된다. 이런 사실을 창조론자들은 잊지 말아야 한다.

물론, 진화론자들에도 문제는 있다. 진화론 자체에 대한 이성적 비판과 신과 영혼에 대한 성찰이 여전히 미제로 남아 있는 게 사실이고,

반대 진영의 의문에 대해 충분한 대답을 내놓지 못한 것 또한 사실이다. 그러나 그런 문제들이 있다고 해서 사리에 맞지 않는 창조론을 믿을 수는 없는 노릇이다.

종교계에서 생명의 기원이나 진화의 문제는 자연과학의 영역에 속하는 것임을 인정하고, 과학에서 얻어지는 연구결과에 종교적인 의미를 부여하는 일에 관심을 보이는 정도면, 논쟁은 무난하게 정리될 것 같다. 일부 원리주의자들처럼 성서의 문자적인 해석에 근거하여, 과학의 연구결과를 부정하려는 시도는 종교의 발전을 위해서도 불행한 일이다.

종교가 과학이거나 과학적이어야 존립 기반이 단단해지는 것은 아니며, 종교와 과학은 서로 차원이 다를 뿐 아니라 관심의 대상도 다르다. 따라서 종교가 세속적인 과학의 발달에 방어적일 이유가 없다. 도리어 이를 폭넓게 수용하는 것이 종교의 본래 모습에 가깝다.

성서의 고대기록을 현대과학의 시각에서 평가하는 일이 잘못인 것처럼, 성서의 기록을 문자적으로 해석하여 현대과학을 비판하는 일도 잘못이다. "창세기는 사실의 기록이 아니다. 그렇다고 거짓도 아니다. 하나의 신화다. 신화에서 의미를 찾는 것이 종교의 임무다."라고 하는 어느 종교학자의 말에 동의한다.

진화론-그 암울한 묵시록

진화론에 대해 깊이 고찰할수록 회의 역시 깊어진다. 그렇지만 그 회의는 진화론의 사실 여부나 학계 내부의 이견에 관한 것이 아니며, 창조론과의 대립이나 거기에서 비롯된 우열에 관한 것은 더욱 아니다.

이 경우의 회의는, 지구상에 다양한 생물들이 존재하게 된 것이 진화의 소산이라는 믿음은 확고하지만, 우리에게는 매우 웅장해 보이는 생물의 진화가 우주의 진화에 비하면 아주 보잘것없는, 부분적이고 국지적인 현상에 불과하다는 각성에서 비롯된 것이다. 비애마저 느껴지는 이런 회의가 염세적 가치관에서 비롯된 것일까? 그렇지 않을 것이다. 우리 생명체의 진화는 별의 진화의 연장선에 있으며, 더 깊이 따져보면 우주의 시원에서부터 시작된 장구한 우주의 진화의 한 부분에 불과한 건 틀림없다.

우리의 몸을 살펴보자. 다양한 기능을 하고 있는 기관들은 결국 다양한 원소들의 집합체인데, 이 원소들은 결국 별의 반복된 생멸과정에서 조성된 것이고, 또 별을 최초에 구성했던 수소와 헬륨은 태초의 빅뱅 이후에 생성된 플라스마에서 나온 것 아닌가.

그럼에도, 우리는 생물 진화론에만 매달려 다윈의 점진적 진화론과 굴드의 단속평형설을 비교하고 있고, 가톨릭의 창조론과 진실 게임도 벌이고 있다. 이 얼마나 편협한 논쟁인가?

생물의 진화는 결국 우주의 진화에 예속된 것이기에, 그 알파와 오메가를 따지면서 그 과정 중의 하나로 생물의 진화론을 연구하는 게 합리적이고 이성적인 자세다. 너무 거대한 프로젝트여서 엄두가 안 나더라도, 적어도 거대사(巨大史)의 시각에서 생물의 진화론을 다시 바라보는 작업 정도는 해야 한다. 그래야 우리가 포함된 생명체 진화의 진면목을 직시할 수 있게 되고, 그래야 지구 속의 인간이 아닌 우주 속의 인간으로 거듭날 준비를 할 수 있게 된다. 그러기 위해서 우선 거대사에 관한 정의를 정리하는 일부터 시작해보자.

거대사는 우주에서 완전히 새로운 특징을 가진 사건들이 점진적으로 출현해왔다는 큰 전제 아래, 우주의 역사에서 가장 주목해야 할 여덟 가지 임계국면(threshold, 새로운 현상이 나타나는 지점 혹은 시기)을 중심으로 전개하는 우주의 역사에 관한 이야기이다.

여기에서의 첫 번째 임계점은 우주의 탄생이다. 가장 중요한 문제이지만 우리는 이 사건의 전후에 대해서 아는 것이 거의 없다. 다만, 이 사건으로 갑작스럽게 복잡성이 증가하였을 뿐 아니라, 최초의 복잡성이 탄생했다고 보는데, 여기에는 '이 사건 전에는 아무것도 없었다'는 명제가 전제되어 있다. 그리고 이에 대한 설명인 빅뱅(Big Bang)이론은 현대과학이 우주탄생에 대해 말하는 가장 일반적인 설명이며, 뒤에 나타날 복잡한 사건들은 이 이론이 옳다는 전제 아래서 서술된 것이다.

두 번째 임계점은 최초의 별과 은하의 등장이다. 우주에 나타난 최초로 복잡한 물체는 별이다. 별은 상당히 중요한 존재다. 주로 별 주변에서 신비롭고 흥미로운 일이 생기기 때문이다. 우주는 전체적으로 온도가 굉장히 낮아서 뜨거운 별 주변에서만 사건이 생길 수밖에 없다.

또한, 별의 탄생은 세 번째 임계점과도 관련이 있다. 거의 모든 원소를 별이 만들어내기 때문이다. 별의 장렬한 생멸 속에서 우리가 아는 모든 원소가 생겨났다. 초기의 우주에는 수소와 헬륨 원소가 대부분이었고, 수소나 헬륨보다 더 무거운 Ne, C, O, Si, Mg, Fe 등은 별의 내부에서 핵융합으로 만들어졌으며, 그보다 더 무거운 중금속 원소들은 초신성의 폭발 때 생성됐다.

네 번째 임계점은 태양계와 지구의 탄생이다. 태양은 우리 은하에 있는데, 우리 은하에는 태양 같은 별이 천억 개 정도 있다. 그리고 우주에는 우리 은하 같은 은하가 천억 개쯤 더 있다. 그렇기에 네 번째 임계국면을 태양계와 지구의 탄생으로 잡는다는 것은, 우리 은하에 있는 천억 개의 별과 다른 은하에 있는 각각의 천억 개의 별을 머릿속에서 지우고, 우리 별 중심의 역사만을 생각하겠다는 의미이기도 하다.

그리고 다섯 번째 임계점은 비로소 우리별에 사는 생명체의 이야기만 하기 시작하는 시점으로, 생명의 탄생과 진화에 대한 이야기가 시작된다. 그리고 우주 시간으로 보면 아주 잠시 후에, 드디어 여섯 번째 임계점인 인간의 등장과 진화가 시작된다.

600만 년 전~20만 년 전 사이에 여러 고인류들이 등장하지만, 지금과 같은 호모 사피엔스는 20만 년 전에 등장했다. 어떤 조건 때문에 인간이 나타나게 됐는지, 처음에 어떠한 특징들을 갖고 있었는지는 아직도 논란 중이다. 학계 내부에서도 아직 의견의 일치가 이뤄지지 않았고, 창조론자들과는 현격한 시각 차이 때문에 치열한 논쟁을 벌이고 있는 중이다.

하지만 현재 상황이야 어떠하든, 거대사의 관점에서 보면 생명체의 진화 문제는 지엽적인 것이다. 아주 오랫동안 은하와 별 등의 천체 중심의 역사가 이어져 오다가 갑자기 생명체가 생겨나고, 그 생명체가 진화를 거듭하여 인간까지 탄생하게 되었다는 사실이 특이한 건 사실이다. 그리고 그 특이한 사실에 대한 연구가 필요한 것으로 여겨지지만, 그 실체가 어떠하든 과거는 이미 지나간 일이고, 전 우주적인 거대사 측면에서 보면 하찮은 것이기도 하기에, 그에 대한 연구가 무용한 것일 수도 있다.

생물의 진화는 우주의 진화와 결코 무관치 않기에, 우주의 미래를 제대로 예측할 수 없는 상황에서 생물의 진화에 대한 논의를 펼친다는 것이 무의미할 수 있다. 다만, 이런 연구가 의미가 있으려면 우리의 행성계를 포함한 우주 전체에 대한 연구가 반드시 동반되어야 하고, 특히 그 미래에 대한 연구는 더욱 중요하다.

진실로 우리가 관심을 기울여야 하는 것은, 우리가 여기까지 오게 한 진화의 실제보다는 미래의 진화가 어떻게 진행될까 하는 것이고, 그것 역시 우주의 미래와 결코 무관할 수 없기 때문이다. 너무 거대한 프로젝트이고, 결코 답을 알아낼 수 없는 미스터리에 도전하는 것처럼 여겨져 무모하다고 생각될 수도 있긴 하겠지만, 포기해서는 안 되는 일이다.

우선, 우리의 가까운 미래를 예측하는 일부터 시작해보자. 첫걸음을 가볍게 하기 위해서 인간이라는 종의 변화와 생존 여부에 국한해서 말이다. 실제로도 우리가 중점적으로 걱정하는 미래는 수백 년 정도의 시간인 경우가 대부분이다. 너무 먼 미래는 우리 인식의 범주 밖이기에, 그 정도가 우리가 실제로 걱정할 수 있는 한계라고 믿고 있기도 하다.

아무튼, 그렇더라도 그 가까운 미래의 전망이 그렇게 밝게 예측되지는 않는다. 물, 경작지, 화석연료의 감소와 상대적으로 늘어나기만 하는 소비, 자연의 균형을 잡아주던 다양한 종들의 멸종, 핵무기의 증대, 격화되는 민족과 종교 간의 갈등, 해양의 산성화와 온실가스의 증대 등은 우리의 후손을 위협할 거의 확실한 요소들이다. 만약 우리가 이러한 요소들을 제대로 통제해나가지 못하면 세대가 거듭될수록 위험은 더욱 가중될 것이다.

물론, 긍정적인 미래가 펼쳐질 수도 있다. 우리가 이 위기의 요소들을 제대로 인식해서 잘 조절해나가는 동시에 기술개발을 꾸준히 해서 지구환경을 풍요롭고 쾌적하게 개선해나가면 밝은 미래가 올 수도 있다. 이러한 긍정적인 꿈을 꿀 수 있는 이유는, 인류에게는 집단적으로 학습할 수 있는 능력이 있고, 그것이 꾸준히 증대되고 있기 때문이다. 우리는 집단 학습능력과 그것을 잘 보존하고 전수하는 능력으로 전 지구적 재난과 어려움을 지금껏 잘 극복해왔다.

오늘날의 글로벌 사회는 그 어느 시기보다도 규모가 크다. 그래서 다양한 기술과 지식을 가지고 있으며, 인터넷과 복잡한 운송 네트워크로 다양한 기업과 기관들이 유기적으로 연결되어 있다.

그렇기에 우리의 미래에 큰 문제들이 도사리고 있겠지만, 집단 학습능력과 누적된 경험을 바탕으로 대부분의 문제를 극복하고, 우리의 자손이 적어도 우리만큼 혹은 우리보다 훨씬 더 잘 살 수 있을 것이라고 믿는다. 우리 인류는 적어도 수백 년 동안은 풍요로운 삶을 살아갈 수 있을 것이다.

문제는 그 이후이다. 그러니까 미래의 시간을 확장해서 수천 년이나 수 만 년 후를 예상해보면, 인간이 여전히 잘살고 있을지 의문이 든다. 이 예측은 아주 복잡하고 다양한 문제들을 변수로 도입하여 논리를 펼쳐야 하는데, 전에 없었던 아주 특별한 문제도 생각해야 한다. 현재와 같이 인간이라는 종이 그때까지 생존해 있을까 하는 문제가 바로 그것이다. 도저히 인간의 후예라고 볼 수 없는 존재가 세상을 지배하고 있다면, 우리의 예상은 모두 무용한 것이 된다. 지성을 갖췄다고 볼 수 있는 생명체가 지구상에서 모두 멸절한 경우도 마찬가지이다. 그렇기에 미래를 예측하는 일에는 인류나 인류의 후예를 자처하는 존재의 정의를 어떻게 정할 것인가 하는 난제가 자연스럽게 포함되게 된다.

여기에 대해서는 여러 가지 의견이 있을 수 있겠지만, 단언컨대 적어도 현재와 같은 모습을 간직한 인류가 그때까지 살아있을 개연성은 거의 없다고 봐야 한다. 우선, 유전공학을 포함한 생명공학이 나날이 발전해가는 반면에, 생명에 관한 윤리의식은 상대적으로 쇠퇴하여가는 추세를 봐서, 자신의 신체적 단점을 너무도 잘 아는 인간이 스스로를 재설계할 가능성이 높다. 그렇지 않다면, 지구 내부의 문제, 그러니까 환경오염, 자원고갈, 식량문제 등을 해결하기 위해서거나 인류가 살 터전을 더 넓히기 위해서, 좀 더 강한 하드웨어를 가진 존재로 스스로를 개조할 수도 있다. 아무튼, 인간은 자연선택에 더 이상 매이지 않고 스스로 적극적인 인위적 선택을 하며 새로운 존재로 거듭날 것이다.

그리고 모두가 그렇게 하지 않을지는 모르지만, 우리의 후손들 중 어떤 이들은 다른 행성이나 달 혹은 우주공간의 인공거주지에서 살아갈 개연성도 상당히 높다. 웜홀 같은 새로운 우주의 교통로 개발이나 획기적인 교통수단이 개발되어 우리의 태양계를 벗어날 수도 있을 것이다. 우리는 이미 우리의 행성계와 유사한 시스템이 우주 도처에 있다는 사실을 잘 알고 있다.

이제, 우리가 거대사 속에서 우주의 전반적인 진화 양상을 논하고 있다는 사실을 상기하면서, 지구 속의 인류 미래보다는 지구 자체의 미래를 예측해보기 위해서 시간을 대폭 확장해보자.

시간을 한참 건너뛰어 수천만 년 후쯤으로 가보면, 지구의 모습이 크게 바뀌는 사건이 일어나 있을 것이다. 판 구조가 대륙을 새롭게 재배열해서, 태평양은 좁아졌고 오세아니아 대륙은 아메리카 대륙과 더욱 가까워져 있으며 대서양은 더욱 확대돼 있을 것이다. 물론, 자연환경에도 큰 변화가 생겨나서 지구상에 사는 생물 중의 대부분이 현세와 다른 종으로 채워져 있을 것이다. 다소 막연하지만 이런 예측 외에 지구의 변화에 대해서 더 이상 구체적으로 기술하기가 불가능하다. 그렇더라도 지구의 미래가 아닌, 우리 은하의 미래를 예측해보는 일까지 포기할 필요는 없을 것이다. 이제, 시간을 더욱 확장해보자.

아주 먼 미래, 그러니까 30~40억 년 후에 우리 은하는 이웃인 안드로메다 은하와 천천히 충돌하기 시작할 것인데, 그 무렵 전후에 지구 생명체의 에너지원이었던 태양이 내행성들을 모두 삼키는 사건이 발생할 것이다. 또한 구체적인 변화의 상황은 알 수 없지만, 그러기에 앞서서 지구 내부에 큰 변화가 일어날 게 틀림없다.

아무튼, 지구에 일어나는 변화는 전 우주의 변화에 비하면 지극히 하찮은 일이라는 것을 잘 알기에, 그리고 우리가 걱정한다고 해서 실제로 바꿀 수 있는 건 아무것도 없다는 것도 알기에, 그냥 그 후의 일을 상상해보자. 아주 먼 미래, 그러니까 우리 은하와 안드로메다 은하가 완전히 합해지고 난 한참 후에는 어떤 일이 일어날까?

우리는 우주가 더욱 커짐에 따라 우주의 팽창 속도가 가속되고 있다는 사실을 알고 있다. 그렇기에 거대한 규모로 보면, 우주는 계속 팽창할 것이고 그로 인해서 우주의 단순성은 지속될 것이다. 그것은 종국에 우주가 복잡한 것들을 만드는 일이 더욱 힘들게 될 것임을 의미한다.

수천억 년 혹은 수조 년 후에는 은하단 사이의 간격이 너무 넓어져서 각 은하단은 혼자 남아 있게 될 것이다. 그때가 되면, 별들은 에너지원인 수소를 다 소진하고 모두 빛을 잃게 될 것이고, 은하단은 우주 묘지로 변할 것이다.

그때 우리 인간이라는 종은 어디에 있을까? 아니, 인간이라는 종은 아마 없어졌거나 감히 호모사이언스라는 종의 이름을 붙일 수 없을 만큼, 지금과는 완전히 다른 종으로 바뀌었을 테니까, 인간이라는 종으로 국한하지 말자. 우리의 후손 혹은 생명체라고 이름 붙일 수 있는 어떤 존재가 그때까지도 살아남아서 어디엔가 살고 있을까?

아마, 그러지 못할 것 같다. 그렇다면, 생명체라고 부를 수 있는 존재가 우주에서 완전히 없어진다는 말인가? 그럴 가능성이 높지만, 그렇지 않을 가능성이 전혀 없는 건 아니다. 우리가 속한 은하단 밖이나 혹은 우리의 우주밖에 존재하고 있을 가능성이 있지 않을까? 그래? 도대체 어떻게? 이 질문에 답하기 앞에 인간이나 인간과 유사한 지성체가 겪었을 결정적 위기에 대해서 생각해보자.

현시점으로부터 비교적 가까운 미래에 인간은 지구의 자원 부족이나 어떤 급격한 환경변화로 인해서, 아마 우리 태양에 속해있는 다른 행성이나 위성에 진출하여 살거나, 그 사이의 어떤 우주 주거지에 살고 있을 것이다. 만약 그렇게 지적인 능력이 개발되지 못했다면, 달리 말해서 그 정도의 진화를 이루지 못했다면 아마 멸절의 위기를 넘기지 못했을 것이다.

그런데 성공적으로 그런 업적을 이루었다고 해도 그것이 영원한 생존의 조건이 될 수는 없다. 태양 자체가 변해갈 것이기 때문이다. 아주 변덕스럽게 흑점 수를 바꾸거나 태양풍을 뿜어내며 행성들을 괴롭히다가 마침내는 팽창하면서 행성들을 집어삼킬 것이기 때문이다.

우리 혹은 우리의 미래종이 그때까지 살아남으려면, 우리의 솔라 시스템을 벗어나 다른 태양계로 진출할 만큼 똑똑해져야 한다. 그러지 못하면, 우리 행성계에 살던 종이 어떤 종이었든지 모조리 멸절하고 말 것이다.

그리고 우리 행성계를 벗어나 다른 별에 사는 데 성공하게 되더라도, 그렇게까지 진화에 성공하더라도 여전히 우리는 진화를 지속해야 한다. 시간이 더 흐르면 우리의 은하마저 카오스 상태에 빠졌다가 죽게 될 것이기 때문이다.

그리고 다행히 은하 간의 이동이 자유로워질 만큼 진화된 문명을 갖게 됐다고 하더라도, 우리는 은하단의 운명에 예속되어 그 죽음의 그늘에 또 갇히게 될 것이다. 그리고 그 은하단의 운명에서 벗어날 능력을 갖추게 되더라도 더 큰 천체의 죽음에 위협받는 어려움을 계속 겪다가, 종국에는 우주의 죽음과 운명을 함께할 수밖에 없게 될 것이다.

우주가 죽는다? 그렇다. 우주는 필연적으로 죽음을 맞을 것이다. 우주 종말 시나리오에는 크게 세 가지가 있다. '대동결(big freeze)', '대함몰(big crunch)', '대파열(big rip)'이다. 이중에 앞에서 살짝 언급한 바 있는 '대동결' 시나리오가 가장 가능성 높은데, 이 시나리오에 따르면, 우주 팽창에 따라 물질이 서서히 복사되면서 소멸의 길을 걷게 된다. 그렇게 별들이 차츰 빛을 잃으며 희미하게 깜빡이다가 하나둘씩 스러지고, 우주는 정전된 아파트촌처럼 적막한 암흑 속으로 빠져든다. 약 1조 년 후면 블랙홀과 은하 등 우주의 모든 물질이 사라지게 된다. 심지어 원자까지도 붕괴를 피할 길이 없다. 그러면 어떠한 에너지도 운동도 존재하지 않게 되어 우주는 완벽한 무덤이 된다.

그리고 '대파열' 시나리오에 따르면, 강력해진 암흑 에너지가 우주의 구조를 뒤틀어 처음에는 은하들을 찢고, 다음에 블랙홀과 행성, 별들을 차례로 찢는다. 이러한 대파열은 우주를 팽창시키는 힘이 은하를 결속시키는 중력보다 더 세어질 때 일어나는데, 우주의 팽창이 나중에 빛의 속도로 빨라지면 물질을 유지시키는 결속력을 와해시켜 '대파열'로 나아가게 된다는 것이다.

또 다른 시나리오인 '대함몰'은 우주가 팽창을 계속하다가 점점 힘이 부쳐 속도가 떨어질 것이라는 가정에 근거한 것이다. 어느 순간 팽창하는 힘보다 중력의 힘 쪽으로 무게의 추가 기울어져 우주는 수축으로 되돌아서게 된다. 그 수축 속도는 시간이 지남에 따라 점점 더 빨라져 은하, 별, 블랙홀들이 충돌하고, 마침내 빅뱅의 한 점이었던 태초의 우주로 대함몰 하게 된다는 것이다.

그렇지만 어떤 시나리오가 진행되든 그건 중요하지 않다. 우주는 틀림없이 죽는다는 사실이 중요할 뿐이다. 우리에겐, 생명을 가지고 있고, 영생을 꿈꾸고 있는 우리에겐 이 사실이 중요할 뿐이다.

그리고 미래의 우리가, 혹은 생명체라고 부를 수 있는 어떤 존재가 영원히 살아있으려면, 우주마저 벗어날 수 있을 만큼 진화해야 한다. 아, 그러나 이것을 진화라고 표현해도 되는지 모르겠다.

아무튼, 이것이 진화의 딜레마이다. 종의 멸절 혹은 생명체의 멸절이 끝나지 않기 위해서는 우리가 지속적으로 진화해야 한다. 그렇지 않고서는, 작은 천체부터 큰 천체로 차례로 죽어가는 우주 프로그램에 의해 아주 자연스럽게 소거될 것이다.

그렇기에 진화는 생명체가 절실히 추구해야 할 생존조건이자 운명이다. 죽기 싫은가? 그렇디면 진화해라. 우주는 우리에게 그렇게 요구하고 있다.

『진화론의 아침』

- C. R. Darwin 『The Origin of Species』 Penguin(1958)
- Lucretius 『On the Nature of the Universe』 149
- Michael Ruse 『Darwin and Design』 Harvard University Press(1999)
- Sedley 『Creationism and Its Critics in Antiquity』
- Cicero 『The Nature of Gods』
- Lucretius 『On the Nature of the Universe』 116~117
- Gottfried Wilhelm Leibniz 『Dicourse on Metaphysic and Other Essays Indianapolis: Hackett』(1991)
- Leibniz & Clarke 『The Leibniz-Clarke Correspondence』 11~12. Oxford University Press(1999), 143.
- John Ray 『The Wisdom of God Manifested in the Works of Creation』 London : Benjamin Walford(1699)
- John C. Greene 『The Death of Adam : Evolution and its Impact on Western Thought』 Iowa State University Press(1959)
- John William Draper 『History of the Conflict between Religion and Science』 London: Henry S. King(1876)

- Donald Fleming 『John William Draper and the Religion of Science』 University of Pennsylvania Press(1950)

- Andrew Dickson White 『A History of the Warfare of Science with Theology in Christendom. 2 vols. New York: Appleton(1896)

- James R. Moore 『The Post-Darwinian Controversies』 Cambridge Univ. Press(1979)

- George Sarton 『Introduction to the History of Science, 3 vols』 Baltimore: William & Wilkins(1948)

- R. Hooykaas 『Religion and the Rise of Modern Science』 Will. B. Eerdmans(1972)

- Marshall Clagett 『Greek Science in Antiquity』 London: Abelard-Schuman(1957)

- William Paley 『Natural Theology or Evidence of the Existence and Attributes of the Deity Collected from the Appearances of Nature』 London : R, Faulder(1803)

- Stephen Jay Gould 『Eight Little Piggies』 York : W. W. Norton(1993)

- William Paley 『The Principle of Moral and Political Philosophy』 New York :Harper and Brother(1867)

- Thomas Malthus 『An Essay on Principle of Population and a Summary View of the Principle of Population』 Penguin(1970)

- John Bellamy Foster 『Marx's Ecology : Materialism and Nature』 New York : Monthly Review Press(2000)

- Thomas Malthus 『The Unpublished Papers in the Ganto Gakuen University』 Cambridge university press(2004)

557

- James Secord 『Victorian Sensation』 University of Chicago Press(2000)

- Stephen Jay Gould 『The Structure of Evolutionary Theory』 Harvard Univerisry Press(2002)

- Voltaire 『Candide』 London : Penguin(1947)

- Leopold Prowe 『Nicholas Coppernicus. 3 vols.』 Berlin: Weidemann,(1883)

- James A. WeisheipI 『Classification of the Sciences in Medieval Thought』 Medieval Studies 27(1965)

- Hans Frei 『The Eclipse of Biblical Narrative: A Study in Eighteenth and Nineteenth Century Hermeneutics』 Yale University Press(1974)

- Frances Yates 『Giordano Bruno and the Hermetic Tradition』 University of Chicago Press(1964)

- Thomas Salusbury 『Mathematical Discourses and Demonstrations』 London(1665)

- William A. Wallace 『Galileo and His Sources: The Heritage of the Collegio Romano in Galileo's Science』 Princeton University Press(1984)

- Johannes Kepler 『Mysterium Cosmographicum: The Secret of the Universe, trans. A. M. Duncan』 New York: Abaris Books(1981)

- Robert S. Westman 『Michael Mastlin's Adoption of the Copernican Theory』 in Colloquia Copernicana, vol. 4, Studia Copernicana, vol. 13(Wroclaw: Ossolineum ,1975)

- William A. Wallace 『Prelude to Galileo: Essays on Medieval and Sixteenth-Century Sources of Galileo's Thought』 Dordrecht: Reidel(1981)

- Stillman Drake 『Discoveries and Opinions of Galileo』 Garden City, N.Y.: Doubleday Anchor(1957)

- Antonio Ricci-Riccardi 『Galileo Galilei e Fra Tommaso Caccini』 Florence: Successori Le Monnier(1902)

- Carolyn Merchant 『The Death of Nature: Women, Ecology and the Scientific Revolution』 San Francisco: Harper & Row(1980)

- Arthur G. Dickens 『The Counter Reformation』 London: Thomas & Hudson(1968)

- Christopher Hill 『The Century of Revolution 1603~1714』 Edinburgh: Nelson(1961)

- Christopher Hill 『The Intellectual Origins of the English Revolution』 Oxford: Clarendon Press(1965)

- Margaret C. Jacob 『The Newtonians and the English Revolution 1689~1720』 Cornell University Press(1976)

- Frank E. Manuel 『The Religion of Isaac Newton: The Fremantle Lectures. 1973』 Oxford: Clarendon Press(1974)

- Margaret Jacob 『Newton and the French Prophets: New Evidence』 History of Science 16(1978)

- Theodore M. Brown 『From Mechanism to Vitalism in 18th-Century English Physiology』 Journal of the History Biology 6(1973)

- Shirley A. Roe. Matter 『Life. and Generation: Eighteenth-Century Embryology and the Haller-·Wolff Debate』 Cambridge

University Press(1981)

- Roger K. French, Robert Whytt 『the Soul, and Medicine』 London: Welcome Institute of the History of Medicine(1969)

- Richard W. Burkhardt, Jr.『The Spirit of System: Lamarck and Evolutionary Biology』 Harvard University Press(1977)

- Frederick Gregory 『Scientific Materialism in Nineteenth Century Germany』 Dordrecht(1977)

- Owsei Temkin 『Materialism in French and German Physiology of the Early Nineteenth Century』 Bulletin of the History of Medicine 20(1946)

- Timothy O. Lipman 『Vitalism and Reductionism in Liebig s Physiological Thought』 Isis 58(1967)

- Timothy Lenoir 『Teleology without Regrets: The Transformation of Physiology in Germany. 1790~1847』 Studies in History and Philosophy of Science 12(1981)

- William Coleman 『Biology in the Nineteenth Century: Problems of Form, Function, and Transformation』(Naw York: John Willey & Sons(1971)

『진화론의 행진』

- L. Agassiz 『An Essay on Classification』 Longmans, & Roberts(1859)

- R. FitzRoy 『Narrative of the Surveying Voyage of the HMS Adventure and Beagle』 London: Henry Colbourn(1839)

- C. Lyell 『Principles of Geology, vol. 2』 London: John Murray(1832)

- P. H. Barrett 『Early writings of Charles Darwin』 London: Wildwood House(1974)

- E. Darwin 『The Foundations of the Origin of Species』 Cambridge University Press(1909)

- A. R. Wallace 『Letter from Macassar』 Zoologist 15(1856)

- J. Marchant 『Alfred Russel Wallace: Letters and Reminiscences, vol. 1』 London: Cassell and Company, Ltd.(1916)

- Eugine Dubois 『Pithecanthropus erectus: Eine menschenachnliche Vebergangstorm aus Java』 Batavia(1894)

- Andrews 『Under a Lucky Star』(1943)

- C. Gallenkamp 『Dragon Hunter』(2001)

- Andrews 『New Conquest of Central Asia』(1932)

- Andrews 『On the Trail of Ancient Man』(1926)

- Andrews 『This Business of Exploring』 New York: G. P. Putnam's Sons, 41.(1935)

- Alvarez 『T. Rex and the Crater of Doom』(1997)

- Falconer letter to Darwin, January 3, 1863

- Darwin letter to J. D. Dana, January 7, 1863

- Falconer letter to Darwin, January 8, 1863

- Charles Darwin 『The Descent of Man and Selection in Relation to Sex』 Penguin(1871) Classics edition(2004)

- Richard Leakey 『One Life: An Autobiography』 London: Michael

Joseph(1983)

- L. S. B. Leakey 『National Geographic』 September 1960,
- John Read 『Missing Links: The Hunt for Earliest Man』 Boston: Little, Brown and Company(1981)
- Ava Helen and linus Pauling Papers 『Oregon State University Special Collections』
- The petition: Bulletin of the Atomic Scientists(1957), 13
- E. Mayr, 『in Classification and Evolution』 Sherwood Washburn, ed.(Aldine, Chicago)(1963)
- A. C. Wilson and R. L. Cann 『Scientific American 266』(1992)

- A. Knoll e-mail to the author, December 20, 2007
- Telegram to Kennedy: Ava Helen and Linus Pauling Papers, Oregon State University Special Collections.
- Interview with Neil Shubin, L. Helmuth, Smithsonian, June 2006
- 『http://www.smithsonianmag.com/science-nature/interview-shubin.htmL』
- Wallace letter to H. W. Bates, Dec. 1860, Wallace Collection, Natural History Museum, Online Transcription, 『http://www.nhm.ac.uk/nature-online/collections-atI the-museum/wallace-collection/item.jsp?itemID=70&theme=1.Darwin Correspondence Project』
- C. R. Darwin to A. R. Wallace. 『http;//www.darwinproject.ac.uk/Letter2086』

- Hunt, Kathleen, Background Information: Transitional Fossils. 『http://www.indiana.edu/~ensiweb/lessons/c.bkgmd.pdf』

- Kargle, Rebecca, The evolutionary steps of fish. 『http://serendip.brynmawr.edu/exchange/node/1904』

- Ncse, Fossil Succession.『http://ncseweb.org/creationism/analysis/fossil-succession』

- Anti-Evolutionists. 『http://www.antievolution.org/people/Biological Sciences Curriculum Study, http://www.bscs.org』

- Evolution Project. 『http://www.pbs.org/evolution』

- Evolution, Science, Society. 『http://www.evonet.sdsc.edu/evoscisociety』

- Institute for Biblical and Scientific Studies. 『http://bibleandscience.com』

- Institute on Religion in an Age of Science. 『http://www.iras.org』

- Metanexus Institute on Science and Religion. 『http://www.metanexus.org』

- National Center for Science Education. 『http://www.natcenscied.org』

- National Association of Biology Teachers. 『http://www.nabt.org』

- National Science Teachers Association. 『http://www.nsta.org』

- Skeptics Society. 『http://www.skeptic.com』

- Michael E. N. Majerus 『Melanism : Evolution in Action』 New York: Oxford University Press(1996)
- J.B.S. Haldane 『A Mathematical Theory of Natural and Artificial Selection』 Part I, Transactions of the Cambridge Philosophical Society, 23(1924)
- Ronald William Clark 『J.B.S. The Life and Work of J.B.S. Haldane』 Oxford University Press(1984)
- J.B.S. Haldane 『The Causes of Evolution』 Princeton: princeton University Press,(1990)
- Sewall Wright, 『Evolution in Mendelian Population』 Genetics, 16(1931)
- Sewall Wright 『The Genetical Theory of Natural Selection: A Review』 Journal of Heredity, 21(1930)
- R. A. Fisher 『A Review of evolution in Mendelian Populations』(1931)
- Theodosius Dobzhansky 『The Birth of the Genetic Theory of Evolution in the Soviet Union in the 1920s.』(1980)
- Theodosius Dobzhansky 『Genetics and the Origin of Species』 Columbia University Press(1937)
- Stephen Jay Gould, 『The Hardening of the Modern Synthesis』 Cambridge University Press(1983)
- Theodosius Dobzhansky 『Oral History Memoir』 Columbia University, Oral History Research Office. University of Chicago

Press.(1986)

- Ernst Mayr 『Systematics and the Origin of Species』 Columbia University Press

- G. Ledyard Stebbins, Jr. 『Variation and Evolution in Plants』 Columbia University Press(1950)

- Hany S. Swarth, 『The Avifauna of the Galapagos Islands』 Occasional Papers of the California Academy of Sciences, 18(1931)

- P. R. Lowe, 『Hie Finches of the Galapagos in Relation to Darwin's Conception of Species』 Ibis, 78(1936)

- David Lack 『Darwin's Finches』 Cambridge University Press. (1983)

- David Lack 『Evolution of the Galapagos Finches』 Nature, 146(1940)

- G. F. Cause 『Discussion of Paper by Thomas Park』 American Midland Naturalist 21(1939)

- B. Rosemary Grant and Peter Grant 『Evolution of Darwin's Finches Caused by a Rare Climatic Event』 Proceedings of the Royal Society of London B, 251(1993),

- Peter R. Grant 『Natural Selection and Darwin's finches』 scientific American(Oct, 1991)

- Amundson, R. 『Two concepts of constraint: Adaptationism and the challenge from developmental biology』 Philosophy of Science, 61(1994)

- Arthur, W. 『The Emerging Conceptual Framework of Evolutionary Developmental Biology』 Nature, 415(2002)

- Barkow, J. H., Cosmides, L. and Tooby, J.(eds.) 『The Adapted Mind』 Oxford University Press(1992)

- Bolker, J. A. 『Modularity in development and why it matters to devo-evo』 American Zoologist 40,(2000)

- Brandon, R. 『The Units of Selection Revisited: The Modules of Selection』 Biology and Philosophy 14(1999)

- Buss, D.『Evolutionary Psychology: The New Science of the Mind』 Allyn and Bacon(1999)

- Carroll, S. B. Grenier, J. K. and Weatherbee, S. D.『From DNA to Diversity: Molecular Genetics and the Evolution of Animal Design』 Blackwell Science(2001)

- Carruthers, P. and Chamberlain, A.(eds.) 『Evolution and the human mind』 Cambridge University Press.(2000)

- Cosmides, L. 『The logic of social exchange: Has natural selection shaped how human reason? Studies with the Wason selection task』 Cognition, 31,(1989)

- Darwin, C. 『On the origin of species』(1895)

- Dawkins, R. 『The Blind Watchmaker』 W. W. Norton & Company(1986)

- Dennett, D. 『Darwin's Dangerous Idea』 Touchstone(1995)

- Dupre, J. 『Human nature and the limits of sciences』 Oxford University Press.(2001)

- Fodor, J. 『The modularity of mind』 MIT Press(1983)

- Fodor, J. 『The Mind doesn't work that way』 MIT Press.(2000)

- Gerhart, J. and Kirschner, M. 『Cells, Embryos, and Evolution』

Blackwell Science(1997)

- Gigerenzer, L. and Hug, K. 「Domain-specific reasoning: Social contracts, cheating, and perspective change」 Cognition 43(1992)
- Gilbert, S. J. Opitz, et al. 「Resynthesising evolutionary and developmental biology」 Developmental Biology 173(1996)
- Godfrey-Smith, P. 「Complexity and the Function of Mind in Nature」 Cambridge University Press(1996)
- Gould, S. J. 「Evolution: The Pleasures of Pluralism」 New York Review of Books, 44(1997)
- Hardcastle, V.G.(ed.) 「Where biology meets psychology」 MIT Press.(1999)
- Karmiloff-Smith, A. 「Beyond Modularity: A Developmental Perspective on Cognitive Science」 MIT Press(1992)
- Laland, K. N. and Brown, G. R.「Sense and Nonsense: Evolutionary perspectives on human behavior」 Oxford University Press.(2002)
- Lewontin, R. 「he Triple Helix: Gene, Organism and Environment」 Harvard University Press.(2000)
- Orzack, S. H. and Sober, E. 「Optimality models and the test of adaptationism」 American Naturalist 143(1994)
- Orzack, S. H. and Sober, E.(eds.) 「Adaptationism and Optimality」 Cambridge University Press.(2001)
- Pinker, S. 「How the Mind Works」 Norton.(1997)
- Raff, R. 「The Shape of Life」 The University of Chicago Press(1996)

- Raff, R.(2000) 『Evo-devo: the evolution of a new discipline』 Nature Genetics 1
- Rose, M. and Lauder, G.(eds.) 『Adaptation』 Academic Press(1996)
- Samuels, R. 『Evolutionary Psychology and the Massive Modularity Hypothesis』 British Journal for the Philosophy of Science 49(1998)
- Samules, R. 『Massively modular minds: evolutionary psychology and cognitive architecture』 in Carruthers & Chamberlain(2000)
- Sterelny, K. and Griffiths, P. E. 『Sex and Death: An Introduction to Philosophy of Biology』 The University of Chicago Press(1999)
- Waddington, C. H. 『The Strategy of the Genes: A discussion of some aspects of theoretical biology』 George Allen and Unwin Ltd.(1957)
- Wagner, G. P. and Altenberg, L. 『Perspective: Complex adaptations and the evolution of evolvability』 Evolution 50(1996)
- Wagner, G. P.『Homologues, natural kinds and the evolution of modularity』 American Zoologist 36(1996)
- West-Eberhard, M.J. 『Developmental Plasticity and Evolution』 Oxford University Press(2003)
- Williams, G. C. 『Adaptation and natural selection』 Princeton University Press.(1966)
- Wilson, E. O. 『Sociobiology: The new synthesis』 Harvard University Press.(1975)
- R. Dawkins 『The Selfish Gene』 Oxford: Oxford University

Press(1976).

- G. C. Williams 「Adaptation and Natural Selection」 Princeton: Princeton University Press(1966)

- W. D. Hamilton 「The genetical evolution of social behaviour」 parts 1 and 2, journal of Theoretical Biology, 7(1964)

- J. Maynard Smith and G. R. Price 「The logic of evolutionary conflict」 Nature, 246(1973)

- R. L. Trivers 「The evolution of reciprocal altruism」 Quarterly Review of Biology, 46(1971)

- A. Grafen 「Fisher the evolutionary biologist」 Journal of the Royal Statistical Society: Series D, 52(2003)

- Hamilton 「The genetical evolution of social behaviour」(1964)

- A. Grafen 「William Donald Hamilton」 Biographical Memoirs of Fellows of the Royal Society, 50(2004)

- See Edwards 「The fundamental theorem of natural selection」(1994)

- A. Grafen 「The optimisation of inclusive fitness」 ,Journal of Theoretical Biology(2005)

- R. L. Trivers and H. Hare 「Haplodiploidy and the evolution of the social insects」 Science, 191(1976)

- R. Dawkins 「The Extended Phenotype」 Oxford: W H. Free-man(1982)

- See Grafen 「A first formal link between the Price Equation and an ; optimization program」(2002)

- Edward O. Wilson 「Sociobiology: The New Synthesis」 Harvard

University Press(1975)

- Richard Dawkins 『The Selfish Gene』 Oxford University Press(1976)
- William D. Hamilton 『The genetical theory of social behavior』 Journal of Theoretical Biology, 7(1964)
- Edward O. Wilson 『Naturalist』 Washington, DC: Island Press(1994)
- Edward O. Wilson 『Consilience: The Unity of Knowledge』(New York: Alfred Knopf, 1998)
- George C. Williams 『Adaptation and Natural Selection』 Princeton, NJ: I Princeton University Press(1966)
- Richard Dawkins 『The Extended Phenotype: The Gene as Unit of Selection』 Oxford and San Francisco: W.H. Freeman(1982)
- Dawkins 『Sociobiology: The debate continues』 note 34, page 59(1985)
- J.S. Gould 『The pattern of life's history』 in J. Brockman(ed.) New York: Simon &c Schuster(1995)
- Peter J. Richerson and Robert Boyd 『Not by Genes Alone』 Chicago University of Chicago Press(2004),
- Steven Pinker 『How the Mind Works』 London: Penguin(1998)
- Jared Diamond 『Collapse』 London: Penguin(2004)
- Dan Sperber 『Explaining Culture』 Oxford: Blackwell(1996)
- Pascal Boyer 『Religion Explained』 Oxford: William Heinemann(2001)
- Gary Marcus 『The Birth of the Mind』 Basic Books(2004)

- Downie, Stephen, Evidence of Macroevolution 『http://www.life. uiuc.edu/bio100/lectures/sp981ects/25s98evidence.html』

- Korthof, Gert, Does Irreducible Complexity Refute neo-Darwinism? 『http://home.planet.nl/~gkorthof/korthof8.htm』

『진화된 인간』

- Boyd, R. arid Silk, J. B. 『How Humans Evolved』 W. W. Norton & Company(1997)

- Lewin, R. 『principles of Human evolution: A Core Textbook』 Blackwell Science(1998)

- Thomas H. Huxley 『Man's Place in Nature』

- Ridley Mark 『How to read Darwin』 W. W. Norton(2006)

- R. McKie 『Dawn of Man: The Story of Human Evolution』 New York: Dorling Kindersley(2000)

- R. Leakey and R. Lewin 『Origins Reconsidered: In Search of What Makes Us Human』 New York: Doubleday, 222(1992)

- B. B. Warfield 『On the Antiquity and the Unity of the human Race』 princeton theological Review9(1911)

- Gee, Henry, Neanderthal DNA confirms distinct history 『www. nature.com/news/20001000329/full/news000030-8.html』

- Thinkquest, Evolution of Language. 『http://library.thinkquest. org/C004367/1al.shtml』

- W. Paley 『The Works of William Paley』 Thoemmes Continuum(1998)
- C. R. Woese 『A New Biology for A New Century』 Microbiology and Molecular Biology Reviews 68(2004)
- D. Falk 『Coming to Peace with Science』 Downers Grove: Intervarsity Press(2004)
- R. Cook-Deegan 『The Gene Wars』 Norton(1994)
- J. E. Bishop and M. Waldholz 『Geome』 Simon & Schuster(1990)
- K. Davies 『Cracking the Genome』 Free Press(2001)
- J. Sulston and F. Ferry 『The Common Thread』 Joseph Henry Press(2002)
- I. Wickelgren 『The Gene Masters』 Time books(2002)
- J. Shreeve 『The Genome War』 Knopf(2004)
- M. Ruse 『Debuting Design: From Darwin to DNA』 Cambridge University Press(2004)
- Harpending, II. C. 『Genetic traces of ancient demography』 Proceedings of the National Academy of Sciences 95: 1961~67(1998)
- Pace, N. R. 『A molecular view of microbial diversity and the biosphere』 Science 276(1997)

- Averof, M. and Cohen, S. M. 『Evolutionary origin of insect wings from ancestral gills』 Nature 385(1997)
- Golding, G. B., and Dean, A. M. 『The structural basis of molecular adaptation』 Molecular Biology and Evolution 15(1998)
- lewin, B. 『Genes VI』 Oxford University Press(1997)
- Bateson 『The return of the whole organism』 Journal of Biosciences, 30(2005)
- R. Dawkins 『The Extended Phenotype』 Oxford: W. H. Freeman(1982)
- M. Mameli 『Nongenetic selection and nongenetic inheritance』 British Journal for the philosophy of Science. 55(2004)
- R. Dawkins 『Extended phenotype—but not too extended A reply to laland, Turner and Jablonka』 Biology and Philosophy, 19(2004)
- P. Bell 『Would you believe it?』 Mensa Magazine, Feb. 2002
- E. J. larson and L. Witham 『Leading scientists still reject God』 Nature 394(1998)
- M. Hauser and P. Singer 『Morality without religion』 Free Inquiry 26(2006)
- P. Tillich 『The Dynamics of Faith』 New York : Harper&Row(1957)
- C. S. Lewis 『Surprised by Joy』 Harcourt Brace(1955)
- S. Vanauken 『A Severe Mercy』 HarperCollins(1980)

- S. Hawking 『A Brief History of Time』 Bantam Press(1998)
- R. Jastrow 『God and the Astronomers』 W. W. Norton(1992)

- Corning, Peter A. 『Evolution and Ethics』 『http://complexsys-tems.org/essays/evoleth1.html』
- Debates to defend the existence of God 『http://www.uq.edu.au/~pdwgrey/pubs/gasking.html』, 『http://www.sofc.Org/Spiri-tuality/s-of-fatima.htm』

『진화론의 새아침』

- Arkin, Ronald C. 『Behavior-Based Robotics(Intelligent Robots and Autonomous Agents)』 Cambridge, MA: The MIT Press(1998)
- Brooks, Rodney A., and Anita Flynn 『Fast, Cheap and Out of Control: A : Robot Invasion of the Solar System』 Journal of the British Interplanetary Society 42,(1989)
- Brooks, Rodney A. 『Cambrian Intelligence: The Early History of the New AI』 Cambridge, MA: The MIT Press(1999)
- Darwin, Charles 『The Origin of Species』 New York: Mentor(1958)
- Dennett, Daniel C. 『Darwin's Dangerous Idea: Evolution and the Meanings of Life』 New York: Simon & Schuster(1995)
- Drexler, K. Eric 『Engines of Creation』 New York: Double-

day(1986)

- Dyson, Freeman 『From Eros to Gaia』 New York: HarperCol
  lins(1990)

- Dyson, George B. 『Darwin among the Machines: The Evolution
  of Global Intelligence』 Reading, MA: Perseus Books(1997)

- Feynman, Richard P.『The Feynman Lectures in Physics』 MA:
  Addison Wesley(1965)

- Freedman, David H. 『Brainmakers: How Scientist Are Moving
  Beyond Computers to reate a Rival to the Human Brain』 New
  York: Simon & Schuster(1994)

- Gell-Mann, Murray. 『The Quark and the Jaguar: Adventures in
  the Simple and complex』 New York: W.H. Freeman(1994)

- Hanley, Richard 『Is Data Human?』 London: Boxtree(1977)

- Krauss, Lawrence M. 『The Physics of Star Trek』 New York:
  Harper Perennial(1996)

- Kurzweil, Raymond 『The Age of Intelligent Machines』 Cam
  bridge, MA: The MIT Press(1990)

- Sagan, Carl 『The Dragons of Eden: Speculations on the Evolu
  tion of Human Intelligence』 New York: Ballantine Books(1998)

- Searle, John R. 『Mind, Language and Society: Philosophy in the
  Real World』 New York: Basic Books(1998)

- Huxley, A. 『The Perennial Philosophy』 New York: Harper(2003)